Modernes Marketing für Studium und Praxis
Herausgeber Hans Christian Weis

Prof. Dr. Sabine Haller
Handels-Marketing

W0064710

umweltfreundlich
... weil auf chlor- und säurefrei
gefertigtem Papier gedruckt

Sie finden uns im Internet unter: http://www.kiehl.de

MODERNES MARKETING FÜR STUDIUM UND PRAXIS

Herausgeber Hans Christian Weis

www.kiehl.de

Handelsmarketing

Von Professor Dr. Sabine Haller

3., vollkommen überarbeitete Auflage

Prof. Dr. Sabine Haller lehrt Marketing und Dienstleistungsmanagement an der Fachhochschule für Wirtschaft Berlin.

Nach ersten Berufserfahrungen bei einer Fluggesellschaft folgte ein Studium der Betriebswirtschaftslehre an der Freien Universität Berlin. Im Anschluss daran war sie als wissenschaftliche Mitarbeiterin in der Weiterbildung und für Unternehmensberatungen tätig. 1994 wurde sie an die Berufsakademie Berlin berufen, wo sie sich auf das Fach Handels-Marketing spezialisierte, bis sie 1997 an die Fachhochschule für Wirtschaft Berlin wechselte.

Prof. Dr. Hans Christian Weis (Hrsg.)
Fachhochschule Niederrhein
Webschulstraße 31-35
41065 Mönchengladbach

ISBN 978-3-470-**47873**-9 · 2008
© Friedrich Kiehl Verlag GmbH, Ludwigshafen (Rhein) 1997
Alle Rechte vorbehalten. Das Werk und seine Teile sind urheberrechtlich geschützt. Jede Nutzung in anderen als den gesetzlich zugelassenen Fällen bedarf der vorherigen schriftlichen Einwilligung des Verlages. Hinweis zu § 52 a UrhG: Weder das Werk noch seine Teile dürfen ohne eine solche Einwilligung eingescannt und in ein Netzwerk eingestellt werden. Dies gilt auch für Intranets von Schulen und sonstigen Bildungseinrichtungen.

Druck: Präzis-Druck GmbH, Karlsruhe – wa

Modernes Marketing für Studium und Praxis

Die Fachbuchreihe „Modernes Marketing für Studium und Praxis" will das akute und praktisch anwendbare Wissen des Marketing anwendungsbezogen, anschaulich und übersichtlich darstellen und vermitteln.

Die einzelnen Bände sind so konzipiert, dass sie einzeln und in sich abgeschlossen über ein Teilgebiet des Marketing ausführlich informieren. Alle Bände der Reihe sind einheitlich gestaltet und wie folgt gegliedert:

- Der Textteil will das jeweilige Wissen vermitteln. Beispiele und grafische Darstellungen sollen die Veranschaulichung erleichtern. Den Abschluss bilden Kontrollfragen, die dem Leser zur Wissenskontrolle dienen. Jedem Kapitel ist ein Literaturverzeichnis angefügt, das die wesentlichen Literaturhinweise enthält.

- Der Übungsteil am Ende des Buches enthält Aufgaben/Fälle, die zur Vertiefung und zur Anwendung des im Textteil dargestellten Stoffgebietes dienen sollen.

Die Reihe „Modernes Marketing für Studium und Praxis" wendet sich an alle Marketinginteressierten, insbesondere an

- Studenten an Universitäten, Gesamthochschulen, Fachhochschulen sowie sonstigen Instituten, denen eine anwendungsbezogene und aktuelle Einführung in Teilgebiete des Marketing vermittelt werden soll

- in der betrieblichen Praxis Tätige, die sich über die verschiedenen Gebiete des Marketing informieren wollen.

Den einzelnen Autoren, die sowohl in der Praxis als auch durch langjährige Lehrtätigkeit im Hochschulbereich sowie im Managementtraining ausgewiesen sind, gilt mein besonderer Dank.

Für weitere Anregungen, durch die diese Fachbuchreihe verbessert werden kann, danke ich allen Lesern.

Hans Christian Weis

Benutzungshinweis

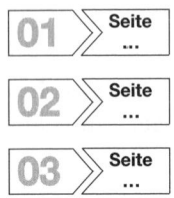

- Diese Zahlen im Textteil
- verweisen auf den Übungs-
- teil am Schluss des Buches.

Vorwort zur dritten Auflage

Unternehmenskonzentration, internationaler Wettbewerb, sinkender privater Verbrauch und Flächenexpansion – dies sind einige der Faktoren, die den Handel von heute kennzeichnen. Durch Vertikalisierung drängen zudem neue Konkurrenten auf den Markt, und die neuen Technologien lassen innovative Vertriebsformen entstehen. Das Discountprinzip boomt und drängt andere Handelstypen vom Markt. Vor diesem Hintergrund ist eine marketingorientierte Ausrichtung von Handelsunternehmen unabdingbar. Es gilt, sich vom Wettbewerb abzugrenzen und durch eine positive Alleinstellung zu profilieren. Damit avanciert der Einsatz des Marketings zu einem entscheidenden Wettbewerbsvorteil für Handelsunternehmen.

Dieses Buch vermittelt eine Einführung in das Marketing von Handelsbetrieben. Es zeigt den Gesamtzusammenhang zwischen den Marketinginstrumenten, die zur Verfügung stehen, auf. Auch wenn viele der klassischen Konzepte übernommen werden können, stellt das Handelsmarketing aufgrund seiner Spezifika eine eigene Richtung dar. Ein klar abgestimmtes Instrumentarium der unterschiedlichen Instrumente des Handelsmarketings trägt dazu bei, sich von den Mitbewerbern abzugrenzen und im Wettbewerb zu behaupten.

Verständlichkeit und Praxisbezug zählen zu den Prinzipien dieser Reihe und tragen wesent-lich zu ihrem Erfolg bei. Daher wurden, soweit möglich, aktuelle Tabellen, Schaubilder und Beispiele eingefügt. Kontrollfragen am Ende jedes Abschnitts sollen den Studierenden helfen, ihren Lernerfolg zu überprüfen. Aufgaben und Fälle im Übungsteil sollen zur Reflexion und Anwendung der Lehrinhalte beitragen. Als weitere Serviceleistung finden Lehrende auf den Dozentenseiten des Kiehl Verlags Foliensätze für sämtliche Kapitel, die ihnen die Vorbereitung und die Durchführung des Unterrichts erleichtern sollen.

Das einzig Beständige am Handel ist der Wandel. Wie zutreffend dieses Sprichwort ist, wurde mir bewusst, als ich mich an die umfassende Überarbeitung des Buchs machte. Ich empfand aufgrund der vielen neuen Entwicklungen im Handel weder Struktur noch Inhalt als adäquat. Daher habe ich das gesamte Buch zum großen Teil neu gegliedert und umgeschrieben. Ein praxisnahes Lehrbuch lebt von seiner Aktualität. Ich habe neueste Zahlen und Fakten zusammengetragen, neue Kapitel geschrieben und die bestehenden Texte revidiert und aktualisiert.

Berlin, im August 2008

Sabine Haller

Inhaltsverzeichnis

D. Strategische Marketingplanung im Handel 101

E. Sortimentspolitik 179

F. Preispolitik 245

I. Von der Strategischen Marketingplanung zum Marketing-Mix 421

A. Grundlagen

1. Der Handel als Untersuchungsobjekt der Betriebswirtschaftslehre

Als **Handel** wird der gesamte Güteraustausch in einer Volkswirtschaft verstanden. Dabei versteht man ihn als Ankauf und Verkauf von Waren ohne wesentliche Bearbeitung. Diese Definition lässt nicht erkennen, dass der Begriff im Wesentlichen zwei Bedeutungen umfasst. Unter dem **Handel im funktionalen Sinne** wird die Tätigkeit des Warenaustauschs gefasst. Diese dient dazu, das Grundprinzip einer Wirtschaft zu erfüllen, welches darin besteht, bestehende Bedürfnisse zu befriedigen. In arbeitsteiligen Volkswirtschaften fallen die Produktion und die Verwertung von Gütern in der Regel auseinander. Dem Handel fällt die Aufgabe zu, diese Lücke zu überbrücken. Diese Funktion lässt sich in mehrere Teilfunktionen untergliedern (vgl. *Schenk* 2007, S. 57):

- **räumliche** Überbrückung, da Ort der Leistungserstellung und Leistungsverwertung nicht identisch sind.

- **zeitliche** Überbrückung, da die Zeitpunkte der Leistungserstellung und -verwertung nicht gleich sind.

- **qualitative** Überbrückung, da bestimmte Güter noch nicht den Grad der Verwendungsreife nach dem Produktionsprozess erreicht haben.

- **quantitative** Überbrückung, da Herstellungs- und Verwendungseinheiten unterschiedlich groß sind.

Dabei bezieht sich die klassische Handelsdefinition ausschließlich auf bestimmte Güterarten. Sie umfasst bewegliche Sachgüter. Ausgeschlossen werden der Handel mit Rechten (z. B. Lizenzen), mit Diensten (z. B. Beförderung), Wertpapieren, Devisen, Immobilien und sonstigen stationären Großanlagen (vgl. *Lerchenmüller* 2003, S. 15). Dagegen werden in den Handel diejenigen Transaktionen miteinbezogen, die auf dem rechtlichen Austausch von materiellen, beweglichen Gütern beruhen, wie es beispielsweise im Warenterminhandel der Fall ist.

Von der Definition des Handels im funktionellen Sinne sind die Träger dieser Tätigkeit zu unterscheiden. Dabei handelt es sich um die Unternehmen, die den Warenaustausch vornehmen, um den **Handel im institutionellen Sinne**. Die Tätigkeit des Handelns kann auch von Industrieunternehmen ausgeführt werden, während es sich bei den Trägern (institutionell) ausschließlich um **Handelsunternehmen** handelt (vgl. *Barth / Hartmann / Schröder* 2007, S. 1).

Lässt sich der Handel als Austausch von Gütern zwischen Wirtschaftsgliedern bezeichnen, letztendlich zwischen Produzenten und Konsumenten, ist darauf hinzuweisen, dass diese Tätigkeit zwischenzeitlich nicht auf den reinen Warenaustausch beschränkt werden kann. Heute übernimmt der Handel zusätzliche Aufgaben wie die Erschließung von Märkten, Beratungs- und Serviceleistungen und stellt überdies einen Ort der Kommunikation dar.

Der institutionelle Handel lässt sich grob in drei Bereiche gliedern:

- **Einzelhandel**, der an Endverbraucher verkauft.
- **Großhandel**, der an Wiederverkäufer und Weiterverarbeiter verkauft.
- **Ein- und Ausfuhrhandel,** der an Wiederverkäufer und Weiterverarbeiter anderer Staaten verkauft bzw. von ihnen kauft und im Inland weiterverkauft.

Werden im Rahmen der Handelstätigkeit Staatsgrenzen überschritten, wird dies als **Außenhandel** bezeichnet. Dagegen liegt **Binnenhandel** vor, wenn sich alle Transaktionen innerhalb einer Volkswirtschaft abspielen.

2. Entwicklung des Handels

Die Stellung des Handels heute ist vor dem historischen Hintergrund zu betrachten. Bis ins 19. Jahrhundert hinein war diese unbedeutend. Die Kaufkraft der Bevölkerung war gering, und sie lebte in meist ländlichen Gebieten, in denen der Selbstversorgergrad als hoch anzusehen war. Die Bauern verkauften ihre Erzeugnisse selbst auf den Märkten, der verbleibende Bedarf wurde vom Wanderhandel abgedeckt (vgl. *Berekoven* 1995, S. 6 f.).

Erst die **industrielle Revolution** führte zu einem gewaltigen Wachstum der Städte und zu zunehmendem Bedarf und steigender Kaufkraft. Es entwickelten sich der Kleinhandel und zugleich auch die Großhandelsstrukturen, die diesen mit Waren versorgten. Dennoch war der Handel auch zu dieser Zeit noch von der Tradition beherrscht: Er beschaffte die Waren, die der Konsument nachfragte. Im Einzelhandel dominierten die Kleinstrukturen. Der Markt war zersplittert, eine Vielzahl kleiner und kleinster Unternehmen war dort tätig, wenngleich sich in dieser Phase (Anfang des 20. Jahrhunderts) auch schon die ersten Filialunternehmen und Warenhäuser herausbildeten. Als charakteristisch für den Handel dieser Zeit gelten die ausschließliche Fremdbedienung sowie kleine Sortimente, die selten mehr als 200 - 1.000 Artikel umfassten.

Zwei Weltkriege und der damit verbundene Mangel an Waren hinderten den Handel daran, sich weiter zu entwickeln. Seine Aufgabe bestand in dieser Zeit in der bloßen Verteilung knapper Waren. Erst **nach dem zweiten Weltkrieg** setzten hier starke Veränderungen ein. Zu den wichtigsten davon zählen (vgl. *Oehme* 1992, S. 16 ff.):

- **Einführung der Selbstbedienung:** Ausgehend vom Lebensmitteleinzelhandel setzte sich die Selbstbedienung in weiten Bereichen des Einzelhandels durch. Neben Rationalisierungen im Personalbereich bot diese Bedienungsform den Vorteil, dass der Kunde das gesamte Sortiment sehen konnte und zugleich zu Spontankäufen angeregt wurde.

- **Einführung der elektronischen Datenverarbeitung:** Mit der elektronischen Datenverarbeitung kann der Handel eine straffe Sortimentskontrolle durchführen und das Unternehmen betriebswirtschaftlich steuern. Im Großhandel wurde diese bereits weitestgehend eingesetzt, im Einzelhandel erfolgte die Einführung von Scanner-Systemen, mit deren Hilfe es möglich ist, ein geschlossenes Warenwirtschaftssystem einzuführen.

- **Expansion der Sortimente:** Im Marketingbereich ist eine entscheidende Entwicklung darin zu sehen, dass die Sortimente des Handels heute im Lebensmitteleinzelhandel bereits 3.000 - 6.000 Artikel umfassen. Warenhäuser führen teilweise mehr als 100.000 Artikel. Mit steigenden Sortimenten verwischen auch die früher herkunftsorientiert gestalteten Branchengrenzen. Textilgeschäfte führen Lederwaren, Kaffeegeschäfte Bekleidung. Die Gestaltung erfolgt heute zunehmend unter bedarfsorientierten Aspekten.

- **Vordringen der Handelsmarken:** Die Handelsmarken, die vom Handel selbst initiiert und geführt werden, machen heute bereits mehr als ein Fünftel des Umsatzes aus. Sie treten in starke Konkurrenz zur Herstellermarke. Der Handel versucht, sich und seinen Filialen ein eigenes, unverwechselbares Profil zu geben. Der Verbraucher weiß dabei i. d. R. nicht, welcher Hersteller die Produkte produziert hat.

- **Entstehung differenzierter Betriebstypen:** Zwischenzeitlich existiert eine Vielzahl von unterschiedlichen Erscheinungsformen im Handel. Zu den klassischen Fachgeschäften, die das Bild des Einzelhandels noch vor 40 Jahren prägten, sind heute z. B. Fachmärkte, Discounter, SB-Warenhäuser, Verbrauchermärkte und andere Betriebstypen hinzugekommen.

Der Käufermarkt und der Siegeszug der Neuen Technologien hinterließen ihre Spuren nicht nur in Form neuer Betriebstypen und strafferer Sortimentskontrolle. Veränderungen der Handelsstrukturen lassen sich ebenfalls feststellen. So haben sich in den letzten 40 Jahren folgende Faktoren entscheidend verändert:

- **Hohe Kapitalintensität:** Früher bestand der größte Teil der Kosten für den Handel in dem Warenvorrat und den zu zahlenden Löhnen für die Mitarbeiter. Heute erfordern bereits die Ladenausstattung und Präsentation der Waren, Kühlungsanlagen und Kasseneinrichtungen einen hohen Kapitaleinsatz. Der Handel substituierte den Einsatz von Arbeit durch den von Kapital. Zugleich steigt damit auch die Produktivität der Handelsunternehmen. In den letzten dreißig Jahren stieg die Personalproduktivität (Umsatz pro Mitarbeiter) von ca. 45.000 Euro auf 200.000 bis 400.000 Euro. Ebenso hat sich der Umsatz pro Quadratmeter Verkaufsfläche sehr stark erhöht. Betrug er vor 30 Jahren noch 2.000 bis 2.500 Euro, werden heute teilweise zwischen 4.000 und 9.000 Euro erwirtschaftet. Allerdings muss dabei berücksichtigt werden, dass es sich um Nominalwerte handelt, die Inflationsrate wurde nicht berücksichtigt.

- **Konzentration und Gruppenbildung:** Die Ursachen von Konzentration und Gruppenbildung liegen nicht zuletzt im höheren Kapitalbedarf. Neue Betriebstypen mit immer mehr Artikeln, die in Form von Selbstbedienung verkauft werden, erfordern mehr Verkaufsfläche. Damit steigen die erforderlichen Investitionen. Zugleich können durch größere Bestellmengen bei den Herstellern höhere Rabatte ausgehandelt werden. All diese Faktoren führten zu einem gewaltigen Konzentrationsprozess im Handel. Es entstanden die Massenfilialisten einerseits, die heute das Bild der meisten Haupteinkaufszentren dominieren, und Kooperationsformen, in denen sich kleine und mittlere Betriebe zusammenschlossen, andererseits.

- **Hoher Verdrängungswettbewerb:** Abgesehen von einigen Nischen lässt sich das heutige Bild vom Handel durch einen starken Verdrängungswettbewerb kennzeichnen. Die Handelsunternehmen, die mit hohen Fixkosten belastet sind, müssen Umsatz um jeden Preis machen. Die Märkte sind weitgehend gesättigt und der Wettbewerb zwischen den Handelsunternehmen hart. Marktanteile können nur gewonnen werden, indem sie einem Mitbewerber abgerungen werden. Letztendlich profitiert heute der Verbraucher von diesen Strukturen.

- **Neue Wettbewerbsstrukturen:** Heute streben immer mehr Hersteller danach, ihre Produkte über eigene Filialsysteme zu verkaufen, es entstehen Vertikale Ketten. Das Bild von Hersteller und Händler wandelt sich völlig. Wer ist was? Insbesondere im Textilbereich wird diese Veränderung sichtbar. Die Haupteinkaufsstraßen werden von Herstellerfilialen dominiert, der Handel tritt als Vermieter von Verkaufsfläche auf oder verliert seine Bedeutung gänzlich.

3. Funktionen des Handels

Schon früh haben Wissenschaftler begonnen, sich mit der Problematik der **Funktionen des Handels** auseinander zu setzen. Ein Grund dafür ist sicherlich darin zu sehen, dass der Handel über Jahrhunderte als unproduktiv galt und sozial auf einer niedrigen Stufe angesiedelt wurde. Aus der ständigen Rechtfertigung seiner Existenz und seiner aus dieser Tätigkeit resultierenden Gewinne begann man in Deutschland bereits Anfang dieses Jahrhunderts (vgl. *Schär* 1921, *Seyffert* 1972), die Aufgaben und Funktionen des Handels in einer Volkswirtschaft zu definieren und damit sein Vorhandensein zu begründen. Dementsprechend sind in der Literatur eine Vielzahl unterschiedlicher Funktionssystematiken vorzufinden (vgl. *Seyffert* 1972, *Tietz* 1993). Da hier die pragmatische Orientierung im Vordergrund stehen soll, wird eine Unterteilung in **informations- und aktionsorientierte Handelsaufgaben** vorgenommen, wie sie auch in der Praxis anzutreffen ist (vgl. *Lerchenmüller* 2003, S. 51 ff.).

Unter dem Begriff **informationsorientierte Handelsfunktionen** werden alle Aufgaben zusammengefasst, die dazu dienen, eine Informationsbasis im Rahmen der Entscheidungsfindung zu schaffen. Unter diesen Aufgaben sind die Bereiche Beschaffung und Absatz für den Handel als die wesentlichen anzusehen. Ziel ist demnach die Beschaffung, Analyse und Interpretation von Informationen, die gezielt und systematisch besorgt werden. Die informationsorientierte Handelsfunktion unterteilt sich somit in:

- Beschaffungsmarktforschung

- Absatzmarktforschung

Eine wirtschaftliche Durchführung der Beschaffungstätigkeiten setzt **Beschaffungsmarktforschung** voraus. Das Handelsunternehmen muss sich über potentielle Lieferanten, deren Sach- und Dienstleistungsangebot und deren Preise informieren. Ebenfalls muss es in Bezug auf branchenbedeutende Innovationen auf dem neuesten Stand sein. Auch aus volkswirtschaftlicher Sichtweise kommt dem Handel hier eine wichtige Funktion zu. Als Bindeglied in der Kette zwischen Herstellern und Konsumenten nimmt er den letzteren einen großen Teil der Informationsbeschaffung ab, die zur Befriedigung von Bedürfnissen durch den Kauf von Gütern erforderlich sind. Ohne Beschaffungsmarktforschung müsste der Konsument selbst bei allen Anbietern Informationen über Angebot und Preise einholen, wenn er sich beispielsweise ein Fahrrad kaufen möchte. Unter wirtschaftlichen Aspekten wäre der Güterkauf für den Konsumenten ohne Handel schwer durchführbar.

Durch den Einsatz der **Absatzmarktforschung** des Handels profitieren alle Wirtschaftssubjekte einer Volkswirtschaft. Hier werden Informationen über Kaufkraft, Nachfragevolumen, veränderte Bedürfnisse, veränderte Einkaufsgewohnheiten etc. gewonnen. In erster Linie können sich die Hersteller, denen die Kundennähe fehlt, sich die Handelsmarktforschung zunutze machen und somit zusätzliche Informationen gewinnen. Den Konsumenten kommt zugute, dass auf ihre veränderten Anforderungen schnell reagiert werden kann.

Die **aktionsorientierten Handelsfunktionen** betreffen die Aktivitäten der Handelsunternehmen. Als solche sind im weitesten Sinne zu bezeichnen:

Funktionsgruppe	Einzelfunktion	Wesentliche Teilaufgaben
(1) reine Warenfunktion	• Mengenumgruppierung	- Sammlung - Verteilung
	• Sortimentsbildung	- Breitenfunktion (Bedarfsbündelung) - Tiefenfunktion (Einzelartikelauswahl)
	• Warenmanipulation	- Sortierung/Mischung - Sonstige Bedarfsanpassung
(2) Überbrückungsfunktion im engeren Sinne	• Raumüberbrückungsfunktion	- Schaffung logistischer Infrastrukturen (Standorterschliessung) - Transportdurchführung
	• Zeitüberbrückungsfunktion	- Vordisposition - Lagerung - Umsatzkreditierung
(3) Funktionen der Umsatzorganisation	• Preisbildungsfunktion	- Berücksichtigung von Anbieterinteressen - Berücksichtigung von Nachfragerinteressen
	• Leistungssicherungsfunktion	- Qualitätssicherung - Konditionensicherung - Anwendungsunterstützung
	• Umsatzdurchführungsfunktion	- kfm. Umsatzentwicklung - Rechtliche Umsatzabwicklung - Inkassotätigkeit
(4) Kommunikationsfunktionen	• Beeinflussungsfunktion	- Bedarfsweckung - Kaufstimulation
	• allgemeine Informationsfunktion	- Lieferanteninformation - Kundeninformation
(5) Sozialfunktion	• Freizeitfunktion	- Schaffung von Erlebniswelten
	• Sozialkontaktfunktion	- Schaffung persönlicher Kontaktmöglichkeiten

Abb.: Die aktionsorientierten Handelsfunktionen
Quelle: *Lerchenmüller* 2003, S. 53

Zu der **reinen Warenfunktionen** zählt zunächst die **Mengenumgruppierung**. Bereits unter historischer Betrachtung zählt es zu den zentralen Aufgaben des Handels, produktionsbedingte Mengeneinheiten zu **zerlegen** und daraus abnehmergerechte Kleinmengen zu gestalten. Umgekehrt gehört es zu den Aufgaben des Großhandels, Kleinmengen unterschiedlicher Erzeuger zusammenzufassen, wie es beispielsweise im landwirtschaftlichen Bereich üblich ist. Unter umweltorientierten Aspekten fällt dem Handel die Aufgabe zu, von den Abnehmern Kleinmengen zu sammeln und wieder dem Wirtschaftskreislauf zuzuführen (**Recycling**).

Die zweite Komponente bildet die **Sortimentsbildung**. Die Waren unterschiedlicher Anbieter werden zusammengefasst und daraus wird entsprechend dem Bedarf der Abnehmer ein Sortiment gebildet. Durch eine hohe **Sortimentsbreite** wird dem Kunden ermöglicht, seinen gesamten Bedarf bei einem einzigen Anbieter zu decken, ohne dass er verschiedene Einkaufsstätten aufsuchen muss. Dagegen ermöglicht eine hohe **Sortimentstiefe** dem Nachfrager, unter unterschiedlichen Artikeln der einzelnen Warengruppen wählen zu können und somit auch spezielle Bedürfnisse zu befriedigen. Das zusammengestellte Sortiment eines Handelsunternehmens bedarf der ständigen Aktualisierung, da einerseits die Hersteller permanent Innovationen auf den Markt bringen. Andererseits entstehen auf Kundenseite neue Bedürfnisse, denen das Handelsunternehmen durch **Anpassungen** im Sortiment gerecht werden muss.

Die dritte Aufgabe der reinen Warenfunktionen bildet die **Manipulation**. Sie umfasst die Veränderungen, die an den eingekauften Produkten vorgenommen werden, um die Verwendungsreife zu erhöhen. Eine völlige Umgestaltung der Produkte erfolgt nicht. Unter Manipulation fallen Vorgänge des **Mischens und Sortierens** (z. B. Futtermittel). Darunter sind ebenfalls **bedarfsanpassende Warenbearbeitungen** zu fassen, zu denen beispielsweise die Umarbeitung eines Kostüms oder das Nähen von Vorhängen fällt.

Zu den **Überbrückungsfunktionen** im engeren Sinne zählen die Raumüberbrückung sowie die Zeitüberbrückung. Die Herstellung von Produkten findet i. d. R. nicht dort statt, wo sie auch konsumiert werden. **Raumüberbrückung** im kurzfristigen Sinne kann durch **Transport** durchgeführt werden. Im langfristigen Sinne beinhaltet Raumüberbrückung auch die Eröffnung von **Zweitlagern** oder die **Erschließung neuer Standorte**.

Unter **Zeitüberbrückung** versteht man dagegen die temporär ausgleichende Funktion, da der Zeitpunkt der Güterproduktion und des Güterkonsums i. d. R. nicht zusammenfallen. Eine Form der Lösung zeitlicher Überbrückungsprobleme besteht in der **Vordisposition**. Hier nimmt der Handel die Bestellungen der Kunden entgegen und leitet sie an den Hersteller weiter. Dabei übernimmt er quasi eine Mittlerfunktion zur Auftragsfertigung. Diese Form erscheint nur bei solchen Gütern angebracht, die selten benötigt werden, eine hohe Spezifität besitzen und von relativ hohem Wert sind. Häufiger werden zeitliche Spannungen durch **Lagerung** gelöst. Hier kommt dem Handel die Aufgabe zu, den Herstellern größere Mengen abzunehmen und bis zur endgültigen Verteilung zwischen zu lagern.

Eine dritte Form der Zeitüberbrückung stellt die **Umsatzkreditierung** dar. Sie kann eine zeitliche Divergenz zwischen Produktion und Konsum insofern ausgleichen, als dass sie es den Kunden ermöglicht, Käufe zu tätigen, die deren aktuelle

Budgetrestriktion nicht zulassen würde. Mit anderen Worten werden Käufe zeitlich vorgezogen, obwohl die finanziellen liquiden Mittel zu diesem Zeitpunkt nicht ausreichen. Umgekehrt können Kredite auch dazu genutzt werden, Liquiditätsengpässe bei Herstellern zu beseitigen und die Produktion bestimmter Güter zu ermöglichen.

Die **Umsatzfunktion** umfasst die Preisbildungsfunktion, die Leistungssicherungsfunktion und die Umsatzdurchführungsfunktion. Im Handel treffen Angebot der Hersteller und Nachfrage der Kunden zusammen. Damit kommt dem Handel die Aufgabe zu, **Preise zu bilden**, die einerseits gewährleisten, dass diese von der Mehrzahl der Kunden auch bezahlt werden können, denn nur so kann der Absatz sichergestellt werden. Andererseits muss berücksichtigt werden, dass bei den bestehenden Preisen die Hersteller ihre Kosten decken und darüber hinaus einen Gewinn erzielen können.

Mit der **Leistungssicherung** fällt dem Handel die Funktion zu, zu gewährleisten, dass der Kunde eine hohe Leistungsqualität erhält, zumindest seine Rechte wahrnehmen kann, falls dem nicht so ist, und aus den gekauften Produkten auch den maximalen Nutzen durch fachgerechte Anwendung ziehen kann. Der Handel hat sicherzustellen, dass die von den Herstellern gelieferten Produkte die marktüblichen Qualitätsanforderungen einhalten. Dies können beispielsweise die permanente Überprüfung von Nahrungsmitteln im Labor sein (i. d. R. vom Hersteller bzw. in seinem Auftrag durchgeführt) oder die Funktionsüberprüfung von Elektrogeräten. Auch die Wirkung der Qualitätsbeurteilungen der Stiftung Warentest ist großenteils darauf zurückzuführen, dass Produkte mit schlechter Qualität vom Handel ausgelistet werden. Bei Qualitätsmängeln müssen dem Kunden die ihm laut Vertrag zustehenden **Rechte** wie Umtausch oder Inanspruchnahme von Garantien sichergestellt werden. Damit der Kunde vor allem erklärungsbedürftige Produkte fachgerecht nutzen kann, fällt es dem Handel zu, die **Anwenderunterstützung** zu gewähren. Auch dieser Begriff fällt unter Leistungssicherung. Ein Beispiel hierfür ist eine Telefon-Hotline eines EDV-Handels, die die Kunden bei Problemen mit Hard- und Softwarekomponenten unterstützt.

Die **Umsatzdurchführungsfunktion** umfasst die rechtlichen und kaufmännischen Einzelaufgaben des Kaufes. Durch hohen Standardisierungsgrad ist es heute möglich, diese zu vereinfachen. Zur Umsatzdurchführung gehört gleichfalls die **Inkassofunktion** des Handels. Dadurch entlastet er die Hersteller von der Verwaltung dieser Vorgänge. Ebenfalls nimmt er ihm das Risiko der Forderungsausfälle bei einzelnen Kunden ab.

Zusätzlich kommt dem Handel eine **Kommunikationsfunktion** zu. Hierbei müssen zwei Aspekte unterschieden werden. Zunächst obliegt ihm die Aufgabe, den Bedarf zu wecken bzw. zu erhalten. Dies wird als **Beeinflussungsfunktion** bezeichnet. In einer Marktwirtschaft ist diese Aufgabe nötig, um den Wirtschaftskreislauf in Gang zu halten. Der Handel versucht, durch Sortimentsbildung, Preisbildung und Warenpräsentation die Nachfrage der Konsumenten zu stimulieren. Neutraler ist dagegen die **Informationsfunktion**. Handelsunternehmen sammeln die Beschwerden, Anregungen und Wünsche der Konsumenten und geben sie an die Hersteller weiter. Damit wird für einen schnellen und flexiblen Anpassungsprozess der Güter an die Bedürfnisse der Nachfrager Sorge getragen.

Zusätzlich zu den oben genannten Aufgaben führt *Lerchenmüller* (2003, S. 56) die **Sozialfunktion** des Handels auf, die sicher nicht unumstritten ist. Er unterscheidet dabei die Freizeitfunktion und die Sozialkontaktfunktion. Unter **Freizeitfunktion** versteht er den Handel als alternatives Freizeitangebot. Heute geht der Trend zum Erlebniseinkauf, dessen Inszenierung dem Handel obliegt. Rückläufig ist heute dagegen die Bedeutung der **Sozialkontaktfunktion**. Der Besuch im Einzelhandel bietet den Kunden Gelegenheit, sich mit anderen Kunden und/oder dem Händler zu unterhalten und Kontakte zu knüpfen. Von großen Teilen der Bevölkerung wird der Rückgang der „Tante Emma"-Läden heute bedauert, die diese wichtige Funktion wahrnahmen und besonders von älteren und allein stehenden Personen geschätzt wurden.

01 ⟩⟩ Seite 445

4. Die Stellung des Handels in der Volkswirtschaft

Die auf den folgenden Seiten abgebildeten Tabellen geben einem Überblick darüber, welche Bedeutung der Handel in der Volkswirtschaft einnimmt und wie diese sich entwickelt. Im Jahre 2004 wurden in der Bundesrepublik insgesamt eine Billion Euro im Handel umgesetzt. Diese Leistung wurde von rund 3,8 Millionen Beschäftigten erbracht. Rechnet man den Kraftfahrzeughandel und die Tankstellen dazu, fallen weitere 666.000 Arbeitsplätze in den Handelsbereich (vgl. *EHI Retail Institute* 2007).

	Großhandel*	**Einzelhandel**
Umsatz 2004	651.793 Mrd. Euro	348.146 Mrd. Euro
Anzahl der Unternehmen	71 379	274 193
Beschäftigte 2004	1,16 Millionen	2,6 Millionen

* ohne Großhandel mit Kfz, einschließlich Handelsvermittlung
Quelle: *Statistisches Bundesamt* 2007, *EHI Retail Institute* 2007

Der Großhandel lässt sich in fünf Branchen unterteilen, die wie folgt zum Gesamtumsatz beitragen:

Branchen des Großhandels[1]	Unternehmen Anzahl	Beschäftigte Anzahl	Umsatz[2] Mio. Euro
Großhandel mit landwirtschaftlichen Grundstoffen und lebenden Tieren	5.943	52.464	36.807
Großhandel mit Nahrungsmitteln, Getränken und Tabakwaren	10.453	203.401	121.311
Großhandel mit Gebrauchs- und Verbrauchsgütern, davon	19.892	332.122	156.975
mit Textilien, Bekleidung, Schuhen	3.764	40.873	13.481
mit elektr. Haushaltsw., Rundfunk-, Fernsehgeräten	3.891	68.656	42.975
mit Haushaltswaren, keram. Erzeugnissen	1.169	12.465	4.187
mit kosmetischen Erzeugnissen und Körperpflegemitteln	751	19.045	6.809
mit pharmazeutischen, medizinischen und orthopädischen Erzeugnissen	2.781	84.135	47.948
mit Papier, Pappe, Büroartikeln u. Ä.	2.183	45.457	17.482
Großhandel mit nicht absatzwirtschaftl. Halbwaren, Altmaterial und Reststoffen	17.420	301.434	214.714
Großhandel mit Maschinen, Ausrüstungen und Zubehör	15.907	195.476	80.748
Großhandel insgesamt	**71.379**	**1.157.360**	**651.793**

[1] Exkl. Handelsvermittlung und ohne Kfz   [2] Ohne Mehrwertsteuer

Abb.: Struktur des Großhandels nach Branchen 2004
Quelle: *Statistisches Bundesamt, EHI Retail Institute* 2007

Die Umsatzsteigerung im Einzelhandel hielt sich in den letzten Jahren in Grenzen. Im Jahr 2006 wurden trotz vorgezogener Käufe und Fussballweltmeisterschaft nominal gerade einmal 0,5 % mehr umgesetzt als im Jahr 2005. Damit beliefen sich die Einzelhandelsumsätze insgesamt auf 392 Milliarden Euro und sind nach Abrechnung der Preissteigerungsrate real unverändert geblieben (vgl. *HDE* 2007). Diese Zahlen stellen gegenüber denen von 2004 keine wesentliche Steigerung dar, da das Statistische Bundesamt die Datenbasis für die Branchendaten veränderte, und somit keine direkte Vergleichbarkeit vorliegt. Auch für das Jahr 2007 werden keine realen Wachstumsraten erwartet.

In den letzten Jahren zeichnet sich ein deutlicher Trend dahingehend ab, dass der Einzelhandel einer der Hauptverlierer der Entwicklungen zu sein scheint. Wurden 1991 noch rund 48,2 % des privaten Verbrauchs im Einzelhandel ausgegeben, sank dieser Anteil 2005 auf 40,3 %. Damit hat sich die Umsatzentwicklung im Einzelhandel von der gesamten wirtschaftlichen Entwicklung abgekoppelt. In den letzten zehn Jahren zeigten sich kontinuierliche Zuwächse der verfügbaren Einkommen der privaten Haushalte, die jährlich zwischen 0,7 und 3,9 % lagen. Und obgleich die Konsumausgaben der privaten Haushalten über die letzten zehn Jahre einen stetigen Anstieg aufweisen, kommt dieser nicht dem Handel zugute.

Kaufkraftentwicklung in Deutschland	1995	2000	2005
Verfügbares Einkommen in Mrd. Euro	1.142,7	1.311,8	1.431,8
Einkommenszuwachs gegenüber Vorjahr	3,3 %	3,3 %	1,8 %
Pro Kopf Jahreseinkommen in Euro	13.967	15.946	17.348
Private Konsumausgaben in Mrd. Euro	1.067,2	1.214,2	1.322,2
Durchschnittl. Verbrauch der privaten HH im Inland pro Kopf in Euro	12.358	13.976	15.299
Ausgaben im Einzelhandel (i. e. S., in Mrd. Euro)*	369,5	375,8	362,8
Anteil an den Konsumausgaben privater Haushalte im Inland in %	36,5	32,7	28,7

Quelle: *Statistisches Bundesamt*, * *HDE*- und *BBE*-Berechnungen

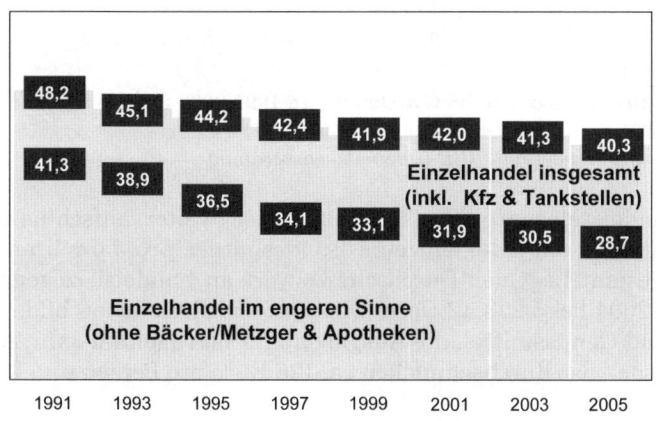

Abb.: Anteile des Einzelhandels und des Einzelhandels i. e. S. an den Konsumausgaben der privaten Haushalte 1991-2005
Quelle: *Statistisches Bundesamt*, HDE- und *BBE*-Berechnungen

Betrachtet man die Ausgaben der privaten Haushalte im Zeitablauf, fällt ins Auge, dass sich der handelsrelevante Konsum nur sehr unwesentlich verändert hat. Es sind vor allem drei Bereiche, in denen die Bundesbürger mehr ausgeben als zuvor: Wohnung/Wasser/Strom, Verkehr und Nachrichtenübermittlung sowie der Posten „übrige Verwendungszwecke", der leider nicht weiter ausgeführt wird. Im Gegensatz dazu fällt auf, dass die für den Handel relevanten Bereiche über 15 Jahre hinweg nominal fast konstant geblieben sind oder gar rückläufig waren. Unter Einbezug der Preissteigerungsquote bedeutet Konstanz sogar einen realen Rückgang.

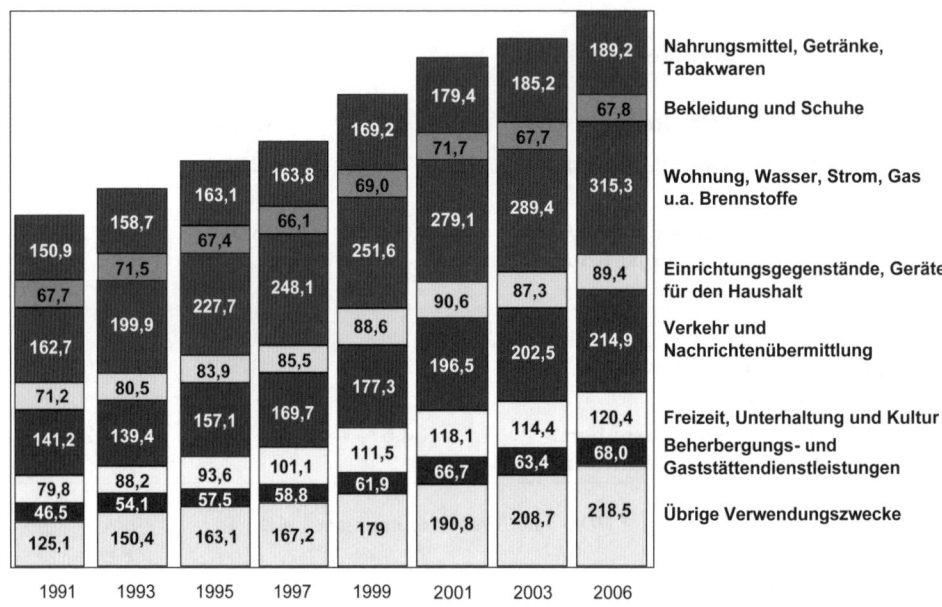

Abb.: Konsumausgaben der privaten Haushalte 1991-2006 nach Ausgabenbereichen (in Mrd. Euro)

Quelle: *Statistisches Bundesamt, BBE Unternehmensberatung*

Die einzelhandelsrelevante Kaufkraft lässt sich weiter aufschlüsseln. So wird deutlich, wie viel Geld jeder einzelne Bundesbürger pro Jahr branchenbezogen ausgibt. Insgesamt liegt der Durchschnittswert an handelsbezogenen Ausgaben für das Jahr 2004 bei 5.223,42 Euro. Den größten Block davon bildet der Bereich Nahrungs- und Genussmittel, die Ausgaben hier betrugen im Jahr 2004 1.514,63 Euro pro Person, also durchschnittlich ca. 126 Euro pro Person und Monat.

Marktdaten Deutschland	Prognosewerte auf Basis HR 2004	
Einzelhandelsrelevante Kaufkraft 2005	**Pro-Kopf-Ausgaben in Euro**	**in %**
Nahrungs- und Genussmittel	1.514,63	29,0 %
Bäcker/Metzger	260,59	5,0 %
Blumen/Zoo	73,96	1,4 %
Drogerie (WPR/Hygiene/Baby)/Parfumerie/Kosmetik	226,31	4,3 %
Pharmazeutische, medizinische und orthopädische Artikel	475,72	9,1 %
PBS (privat)/Zeitungen/Zeitschriften/Bücher	186,64	3,6 %
Überwiegend kurzfristiger Bedarf	**2.737,85**	**52,4 %**
Bekleidung/Wäsche	490,78	9,4 %
Schuhe (ohne Sportschuhe), Lederwaren	107,07	2,0 %
Gartenbedarf (ohne Gartenmöbel)	80,78	1,5 %
Baumarktsortiment i. e. S. (Bau/TFL/Eisenwaren/SHK/Heimwerker/Autozubehör etc.)	471,94	9,0 %
GPK/Hausrat/Geschenkartikel	77,50	1,5 %
Spielwaren/Hobby/Basteln/Musikinstrumente	99,74	1,9 %
Sportartikel/Fahrrad/Camping	84,46	1,6 %
Überwiegend mittelfristiger Bedarf	**1.412,29**	**27,0 %**
Teppiche/Gardinen/Deko/Sicht- und Sonnenschutz	63,33	1,2 %
Bettwaren/Haus-, Tisch- und Bettwäsche	61,94	1,2 %
Möbel (inkl. Bad-, Garten- und Büromöbel gesamt)	290,17	5,6 %
Elektro/Leuchten/sonstige hochwertige Haushaltsgeräte	130,07	2,5 %
Unterhaltungselektronik/Musik/Video/PC/Drucker/Kommunikation	312,50	6,0 %
Foto/Optik/Akkustik	107,88	2,1 %
Uhren/Schmuck	49,01	0,9 %
Sonstiges	58,37	1,1 %
Überwiegend langfristiger Bedarf	**1.073,28**	**20,5 %**
Zwischensumme Einzelhandel i. e. S. (ohne Bäcker/Metzger/Apotheken/KFZ, Brenn- u. Kraftstoffe)	**4.515,12**	**86,4 %**
Zwischensumme Einzelhandel i. e. S. inkl. Apotheken	**4.962,82**	**95,0 %**
Einzelhandelsrelevantes Kaufkraftpotenzial insgesamt (inkl. Versandhäuser)	**5.223,42**	**100,0 %**

Quelle: *BBE Unternehmensberatung*

Insgesamt betrachtet lässt sich sagen, dass dem Handel als Branche sowohl unter Umsatzbetrachtungen als auch unter dem Aspekt als Arbeitsgeber in Deutschland eine sehr wichtige Position zukommt. Dabei zeigt sich jedoch auch ein starker Konzentrationsprozess, der sich in Abnahmeraten der Beschäftigung konkretisiert. Ferner zeichnet sich über die letzten Jahrzehnte ab, dass die Bundesbürger einen immer geringer werdenden Teil ihres Einkommens im Handel ausgeben. Dies kann unterschiedliche Gründe haben. So ist bei steigenden Einkommen der Anteil, der für den Lebensunterhalt ausgegeben wird, geringer anzusetzen. Zusätzlich blieben die Preise in vielen Bereichen aufgrund des starken Wettbewerbs durchaus über Jahre konstant. Bezieht man die Inflationsrate mit ein, handelt es sich damit um eine reale Preissenkung.

5. Handelsmarketing – Definition und Abgrenzung des Begriffs

Allgemein wird unter dem Begriff Marketing marktorientiertes Entscheidungsverhalten in der Unternehmung verstanden. Dabei konzentriert sich der Begriff auf den Absatzmarkt. Es lassen sich eine unternehmensexterne und eine unternehmensinterne Perspektive unterscheiden (vgl. *Homburg / Krohmer* 2006, S. 10).

- In unternehmensexterner Sichtweise umfasst Marketing die Konzeption und Durchführung marktbezogener Aktivitäten eines Anbieters gegenüber potentiellen und/oder gegenwärtigen Nachfragern. Diese Aktivitäten umfassen die systematische Informationsgewinnung über Marktgegebenheiten und die Gestaltung des Marketing-Mix, d. h. sämtlicher Instrumente, durch die sich das Unternehmen vom Wettbewerb abheben und sich einen Wettbewerbsvorteil verschaffen kann.

- In unternehmensinterner Hinsicht bedeutet Marketing die Schaffung der Voraussetzungen für die effektive und effiziente Durchführung der marktgerichteten Aktivitäten. Hier steht die Führung des gesamten Unternehmens nach der Leitidee der Marktorientierung im Mittelpunkt, aber auch Marketingorganisation und -controlling nehmen eine zentrale Rolle ein.

- Alle Ansatzpunkte des Marketing zielen dabei auf eine im Sinne der Unternehmensziele optimale Gestaltung der Kundenbeziehungen ab. Unternehmungen haben im Regelfall nicht das Ziel, einmalig in eine Austauschbeziehung einzutreten, sondern sie leben hauptsächlich von langfristigen, dauerhaften Kundenbeziehungen.

Bis in die 70er-Jahre wurde die Marketinglehre fast ausschließlich von der Industrie geprägt. Hierbei spielte die Konsumgüterindustrie die entscheidende Rolle. Es wurde fast ausschließlich darauf eingegangen, wie Produkte vermarktet werden sollten. Erst Ende der 70er-Jahre begannen die Wissenschaftler eigenständige Theorien für die unterschiedlichen Erwerbszweige zu entwickeln. In den 80er-Jahren schließlich erfolgte eine Unterscheidung von

- Herstellermarketing
  - Konsumgütermarketing
  - Investitionsgütermarketing

- Dienstleistungsmarketing

- **Handelsmarketing**

- Non-Profit-Marketing

Diese Unterscheidung in Erwerbszweige wird bis heute weiter verfeinert. Aufgrund der Tatsache, dass das Marketinginstrumentarium generalisiert nicht auf alle Sektoren übertragbar ist, wird die allgemeine Theorie abgewandelt und unter speziellen Aspekten wieder zusammengefasst. Es entstanden das Bankmarketing, Versicherungsmarketing, Hotelmarketing oder Marketing für das Gesundheitswesen, um nur einige zu nennen. Diese Spezialisierung zeigt, dass die allgemeinen Theorien nur schwer ohne Abwandlungen auf die einzelnen Branchen übertragen werden können und Anpassungen nötig sind. Zudem entwickeln sich in der Praxis der einzelnen Branchen ständig neue Konzepte und Praktiken, die in einer generellen Konzeption nur schwerlich unterzubringen sind.

Handelsmarketing wird hier verstanden als **Marketing von Handelsunternehmungen**. Davon abzugrenzen ist das Marketing von Herstellern gegenüber dem Handel, auch handelsgerichtetes, vertikales oder Trade Marketing genannt. Dieses ist nicht Gegenstand dieses Buches, obgleich insbesondere für die Konsumgüterindustrie eine fundierte Kenntnis ihres Kunden, dem Händler, unerlässlich ist, um erfolgreich mit ihm zusammenarbeiten zu können. Mit Beginn der Spezialisierungstendenz auf das Handelsmarketing entstanden auch die ersten Lehrbücher in den 80er-Jahren. Bis dahin wurde der Handel überwiegend als Absatzweg der Hersteller betrachtet. Charakteristisch für den Handel waren zu dieser Zeit auch noch seine lokale bzw. allenfalls regionale Bedeutung und seine weitgehend an kleinen und mittleren Betrieben orientierten Strukturen, die auch nur geringe finanzielle Mittel für Kommunikation und andere Instrumente des Marketing übrig ließen.

In den letzten dreißig Jahren fand im Handel eine bedeutende Kräfteverschiebung statt. Durch den anhaltenden Konzentrationsprozess entstanden Konzerne mit zahlreichen Filialen und unterschiedlichen Betriebstypen. Diese verfügen über die nötigen Ressourcen, um sämtliche Instrumente des Marketing einzusetzen. Zwischenzeitlich verfügt der Handel über einen der höchsten Kommunikationsetats aller Branchen. Die große Zahl der Filialen macht den Einsatz von Handelsmarken unter wirtschaftlichen Bedingungen möglich. Ferner ist zu konstatieren, dass in den letzten Jahren der Preiskampf sehr viel härter wurde und die Unternehmen auch daher gezwungen sind, alle verfügbaren Instrumente einzusetzen, um sich am Markt zu behaupten. Überdies hat der Handel erkannt, dass er bei seiner geringen Produktionstiefe sehr leicht von den Mitbewerbern imitiert werden kann. Um sich im Wettbewerb zu profilieren, muss er über ein eigenständiges Image verfügen. Daher ist der Gegenstand der Marketingstrategien im Handel stets der

Betriebstyp bzw. die Einkaufsstätte, während sich das Herstellermarketing auf die einzelnen Produkte bezieht. Ziel des Handels ist es, durch kombinierten Einsatz der unterschiedlichen Instrumente des Marketing-Mix ein wirtschaftliches Optimum zu erreichen.

Das eigentliche **Marketing-Mix** der Handelsunternehmen setzt sich aus Entscheidungen bezüglich der vier Instrumentalbereiche zusammen:

- **Sortimentspolitik**

- **Preispolitik**

- **Kommunikationspolitik**

- **Standortpolitik**

Die Entscheidungsfindung innerhalb der einzelnen Instrumentalbereiche wird durch den Einsatz der **Marketingforschung** unterstützt. Im Rahmen des strategischen **Marketing-Management** werden die Entscheidungen in den einzelnen Bereichen weitgehend koordiniert. Festgelegte Marketingziele sollen durch konsequente Umsetzung der Marketingstrategien erreicht werden.

Kontrollfragen zu A

**Lösungs-
hinweise**

Seite

(01) Was wird unter Handel im funktionalen Sinne verstanden?	15
(02) Was wird unter Handel im institutionellen Sinne verstanden?	15
(03) In welche Bereiche lässt sich der institutionelle Handel gliedern?	16
(04) Welchen wesentlichen Veränderungen war der Handel in den letzten 50 Jahren unterworfen?	17/18
(05) Was wird unter informationsorientierten Handelsfunktionen verstanden?	19
(06) Welche reinen Warenfunktionen unterscheidet man?	20/21
(07) Was bedeutet Warenmanipulation?	21
(08) Was versteht man unter Raumüberbrückungsfunktion?	21
(09) Welche Funktionen der Umsatzorganisation lassen sich unterscheiden?	22
(10) Welche Sozialfunktionen unterstützt der Handel?	23
(11) Welche Bedeutung kommt dem Handel in der Volkswirtschaft zu?	23
(12) Welche Bereiche gibt es im Großhandel?	24
(13) Wie haben sich die Umsätze im Einzelhandel in den letzten 15 Jahren entwickelt?	24/25
(14) Wie veränderten sich die Ausgaben der Bundesbürger im Handel im Verhältnis zum privaten Verbrauch? Welche Trends erkennen Sie?	26
(15) Was versteht man unter einzelhandelsrelevantem Kaufkraftpotenzial und wie lässt es sich errechnen?	26
(16) Was versteht man unter dem Begriff Marketing? Welche Perspektiven lassen sich unterscheiden?	28

Literatur

Barth, K./Hartmann, M./Schröder, H.: Betriebswirtschaftslehre des Handels, 6. Aufl., Wiesbaden 2007

BBE Unternehmensberatung: Kaufkraft 2005 – Höheres Einkommensplus in Ostdeutschland; Umsatzverluste im Einzelhandel, o. J.

Berekoven, L.: Geschichte des deutschen Einzelhandels, 4. Aufl., Frankfurt a. M. 1988

Berekoven, L.: Erfolgreiches Einzelhandelsmarketing; Grundlagen und Entscheidungshilfen, 2. Aufl., München 1995

EHI Retail Institute: Handel aktuell, Ausgabe 2007/2008, Köln 2007

HDE (Hauptverband des Deutschen Einzelhandels): Einzelhandel: 392 Milliarden Umsatz 2006, Pressemitteilung des HDE, http://www.einzelhandel.de/servlet/PB/-s/rbbu2u16vkwtb1iv0vwetvc1ahjj7auj/menu/1068131/index.html, Zugriff am 31.10.2007

Homburg, C./Krohmer, H.: Marketingmanagement, Strategie – Instrumente – Umsetzung – Unternehmensführung, 2. Aufl., Wiesbaden 2006

Kotler, P./Keller, K. L./Bliemel, F.: Marketing-Management, 12.Aufl., München 2007

Lerchenmüller, M.: Handelsbetriebslehre, 4. Aufl., Ludwigshafen 2003

Oehme, W.: Handelsmarketing, 2. Aufl., München 1992

Schär, J. F.: Allgemeine Handelsbetriebslehre, 4. Aufl., Leipzig 1921

Schenk, H.-O.: Psychologie im Handel, 2. Aufl., München 2007

Seyffert, R.: Wirtschaftslehre des Handels, 5. Aufl., Opladen 1972

Tietz, B.: Der Handelsbetrieb, 2. Aufl., München 1993

Weis, H. C.: Marketing, 14. Aufl., Ludwigshafen 2007

B. Vertriebsformen und Betriebstypen im Handel

In der Handelsbetriebslehre wird meist ausschließlich der **stationäre Handel** betrachtet. Er stellt jedoch nicht die einzige Vertriebsform dar. Eine zweite wichtige Form ist der **Versandhandel** bzw. Distanzhandel, der in den letzten Jahren Marktanteile dazugewinnen konnte. Daneben existieren weitere Formen wie der ambulante und der halbstationäre Markthandel.

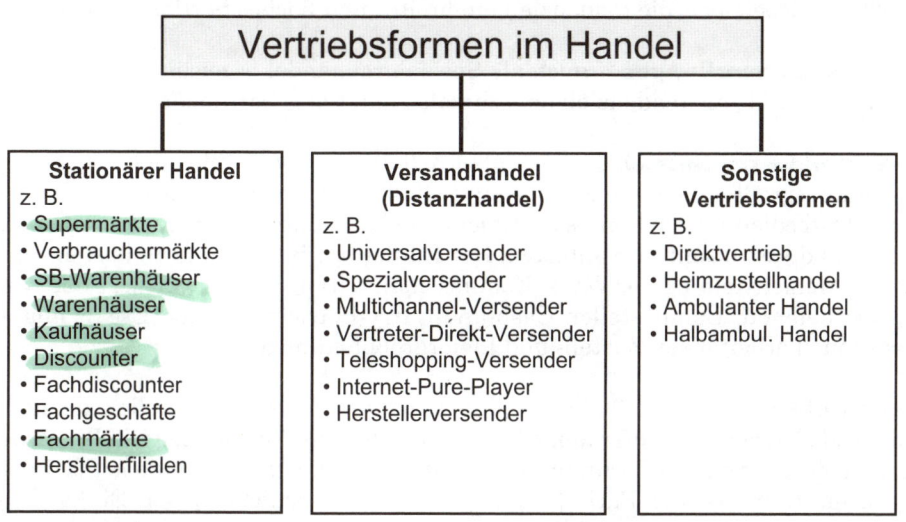

Die hier verwendeten Definitionen wurden, wenn nicht anders gekennzeichnet, vom *Ausschuss für Begriffsdefinitionen zu Handel und Distribution* formuliert und festgelegt (vgl. *Ausschuss für Definitionen* 2006). Unter dem Begriff Betriebstyp (Betriebsform, Vertriebstyp) wird eine **Kategorie von Handelsbetrieben** verstanden, die über eine gleiche oder ähnliche **Kombination von Merkmalen** verfügt, die über einen längeren Zeitraum beibehalten werden. Mit der Wahl der Betriebsform legt der Handelsbetrieb seine Struktur, sein Leistungsspektrum und seinen Auftritt am Markt fest. Durch Veränderungen im Umfeld entsteht im Zeitablauf eine **Dynamik** der Betriebsformen. Dies bedeutet, dass permanent neue Typen entstehen und die bestehenden Anpassungen unterworfen werden. Obsolete Betriebstypen scheiden aus dem Markt aus.

1. Definition der Betriebstypen

1.1 Betriebstypen des Großhandels

Die unterschiedlichen Betriebstypen (Betriebsformen) des Großhandels sind insbesondere durch das Sortiment, die Absatz- und Beschaffungsreichweiten sowie durch die Dienstleistungs- und Logistikintensität beschrieben.

Sortimentsgroßhandlungen – auch als Sortimentsgroßhandel bezeichnet – sind Großhandelsbetriebe, die tendenziell ein breites und flaches Sortiment haben.

Spezialgroßhandlungen – auch als Spezialgroßhandel bezeichnet – sind Großhandelsbetriebe, die tendenziell ein schmales und tiefes Sortiment haben.

Cash-and-Carry-Betriebe – auch als Cash-and-Carry-Großhandel oder Selbstbedienungsgroßhandel bezeichnet – sind Großhandlungen, die nach dem Prinzip der Selbstbedienung ein breites Sortiment von Konsumgütern (vor allem von Nahrungs- und Genussmitteln) anbieten. Der Käufer hat Barzahlung zu leisten sowie die Zusammenstellung der Ware (Kommissionieren) und den Transport der Ware zu übernehmen. Damit stellen Cash-and-Carry-Betriebe oft eine Ergänzung zu traditionell arbeitenden Zustell- und Liefergroßhandlungen dar.

Rack Jobber (Regalgroßhändler) sind Großhändler oder Hersteller, denen in Handelsbetrieben Verkaufsraum oder Regalflächen zur Verfügung gestellt werden und die dort für eigene Rechnung Waren anbieten, die das vorhandene Sortiment ergänzen. Dabei ist der Rack Jobber selbst verantwortlich für den Einkauf, die Auslieferung und gegebenenfalls den Austausch der Waren. Auch Aufgaben wie Preisauszeichnung, Präsentation und Regalauffüllung sind ihm vorbehalten. Das Handelsunternehmen, welches die Regalfläche zur Verfügung stellt und die Abrechnung beim Verkauf der Produkte durchführt, erhält eine umsatzabhängige Provision.

Vom Rack Jobber zu unterscheiden sind Food Broker oder Service Merchandiser. Sie übernehmen im Auftrag der Hersteller die Pflege und Festlegung des marktgerechten Regal- und Stapelplatzes, die Prüfung des Warenbestandes, die Manipulation der Waren, die Preisauszeichnung, unter Umständen die Nachlieferung, die Weiterleitung von Kundenbeschwerden oder die Berichterstattung. Dabei handelt es sich um keine eigene Betriebsform, sondern um eine Tätigkeit im Vertrieb von Herstellern.

Der **Produktionsverbindungshandel** umfasst diejenigen Zweige des Großhandels, die sich mit der Belieferung von Produktionsbetrieben (industrielle Hersteller, Handwerksbetriebe oder andere gewerbliche Verbraucher bzw. Verwender) mit Investitionsgütern, Roh-, Hilfs- und Betriebsstoffen befassen.

Ein **Werkshandelsunternehmen** – auch als Werkshandelsgesellschaft bezeichnet – ist ein rechtlich selbstständiges Handelsunternehmen, das wirtschaftlich

(Kapitalmehrheit) zu einem oder mehreren Produktionsunternehmen gehört und überwiegend dessen oder deren Erzeugnisse absetzt.

Als **Streckengeschäft** – auch Streckenhandel genannt – bezeichnet man den Handel, bei dem die Handelsware vom Vorlieferanten zum Abnehmer befördert wird, ohne dass sie von der Handelsunternehmung eingelagert wird. Zollager sowie Lager im Freihafen und im Ausland gelten dabei nicht als Lager. Von einem **Streckengroßhandel** im institutionellen Sinne wird gesprochen, wenn ein Großhandelsunternehmen mehr als die Hälfte seiner Umsätze durch Streckengeschäfte tätigt.

Der **BtoB-Versandhandel** handelt mit Produkten für den betrieblichen Bedarf, z. B. Bürobedarf. Solche Handelsunternehmen dagegen, die mit Handelsware handeln, die wiederum vom gewerblichen Kunden verkauft wird, nennt man **Zustellgroßhändler**. Die Grenzen zwischen beiden Formen sind jedoch fließend.

1.2 Betriebstypen des Einzelhandels

Im **stationären Einzelhandel** unterscheiden sich die einzelnen Betriebsformen (Betriebstypen) durch Branche, Sortiment, Preisniveau, Bedienungsform, Fläche, Standort und Filialisierung.

Unter **Handwerkshandel** wird die Einzelhandels- und auch die Großhandelstätigkeit von Handwerksbetrieben verstanden, die – wie z. B. Bäcker, Fleischer, Tischler, Elektroinstallateure, Kraftfahrzeugmechaniker oder Friseure – zur Ergänzung ihrer Produktion oder Dienstleistung auch Erzeugnisse anderer Produzenten anbieten.

Das **Fachgeschäft** ist ein Einzelhandelsbetrieb, der ein in sich zusammenhängendes Sortiment – meist branchenbezogen – in großer Auswahl und in unterschiedlichen Qualitäten und Preislagen mit ergänzenden Dienstleistungen (z. B. Kundenberatung) anbietet.

Der **Fachmarkt** bietet ein breites und meist auch tiefes Sortiment aus einem Warenbereich (Bekleidungsfachmarkt, Schuhfachmarkt), einem Bedarfsbereich (Sportfachmarkt, Baufachmarkt) oder einem Zielgruppenbereich (Möbel- oder Haushaltswarenfachmarkt für designorientierte Kunden). Er ist meist großflächig und bietet eine übersichtliche Warenpräsentation bei tendenziell niedrigem bis mittlerem Preisniveau.

Die Standorte sind zum Teil in Randlagen oder außerhalb der Zentren anzufinden (z. B. Gartenfachmarkt), da sie sich an motorisierten Kunden orientieren. Einige Fachmärkte wählen auch den Innenstadtbereich (Sportfachmarkt, Drogeriefachmarkt). Die Verkaufsverfahren sind Selbstbedienung und Vorwahl, meist verbunden mit der Möglichkeit einer fachlichen und sortimentsspezifischen Beratung auf Wunsch des Kunden.

Eine engere Unterteilung in **Servicefachmärkte, discountorientierte Fachmärkte** und **Spezialfachmärkte** kann vorgenommen werden. Die serviceorientierten Fachmärkte bieten neben ihrem Warensortiment auch eine Vielfalt sortimentsbezogener und selbstständig vermarktbarer Dienstleistungen an (z. B. Reise- und Versicherungsleistungen). Discountorientierte Fachmärkte verzichten zu Gunsten niedriger Preise auf jedwede Beratung und Dienstleistung. Der Spezialfachmarkt führt Ausschnittssortimente aus dem Programm eines Fachmarktes (z. B. Fliesenfachmarkt, Holzfachmarkt aus dem Programm eines Baumarktes).

Der **Fachdiscounter** ist ein meist klein- bis mittelflächiger Einzelhandelsbetrieb, der ein an der Bedarfsmenge je Haushalt orientiertes schmales und flaches Sortiment anbietet. Dabei handelt es sich überwiegend um Waren des täglichen Bedarfs, die in Selbstbedienung und ohne Service gegen Barzahlung oft zu den niedrigsten für diese Waren im Einzelhandel geforderten Preisen angeboten werden. **Markenartikeldiscounter** führen überwiegend Markenartikel, **Handelsmarkendiscounter** stützen sich überwiegend auf Handelsmarken. Als Sonderform existieren die **Einheitspreisdiscounter**, die nur Waren mit einem oder wenigen Einheitspreisen führen (z. B. 5 Euro, 1 US-Dollar). Seit einigen Jahren gibt es auch **Discountboutiquen** (Bekleidung, Parfümerie, Schmuck).

Spezialgeschäfte sind Einzelhandelsbetriebe, deren Warenangebot sich auf einen Ausschnitt des Sortiments eines Fachgeschäftes beschränkt, aber tiefer als jenes gegliedert ist. Für Spezialgeschäfte sind Sortimente charakteristisch, die besonders hohen Auswahlansprüchen genügen, Bedienung und ergänzende Dienstleistungen bieten.

Die **Boutique** ist ein zumeist kleines Einzelhandelsgeschäft, das durch auffällige Aufmachung Käuferkreise ansprechen will, die für das den jeweiligen modischen und extravaganten Strömungen angepasste Sortiment (z. B. Bekleidung, Einrichtungsgegenstände, Antiquitäten, Schmuck) besonders aufgeschlossen sind. Die Boutique kommt auch als Shop in the Shop vor, z. B. in Waren- und Kaufhäusern.

Der **Fabrikladen (Factory Outlet)** im herkömmlichen Sinne ist ein mittel- bis großflächiger Einzelhandelsbetrieb mit einfacher Ausstattung, über den der Hersteller im Direktvertrieb insbesondere Waren zweiter Wahl, Überbestände und Retouren der Waren seines Produktionsprogramms oder seines Zusatzsortiments meist in Selbstbedienung an fabriknahen oder verkehrsorientierten Standorten absetzt. Dieser Definition ist hinzuzufügen, dass sich Factory Outlets zu einer eigenständigen Betriebsform entwickeln, die von den Herstellern zum Aufbau eines Direktvertriebssystems genutzt werden. In **Factory Outlet Malls** sind Geschäfte zahlreicher Hersteller in Centern angesiedelt, die auch von Besuchern aus weiterer Entfernung aufgesucht werden. Hier werden auch nicht mehr ausschließlich Retouren oder zweite Wahl vertrieben, sondern teilweise aktuelle Sortimente zu Preisen, die 10 - 20 % unter denen des Handels angesiedelt sind.

Ein **Gemischtwarengeschäft** (häufig als ländliches Gemischtwarengeschäft vorkommend) ist ein zumeist kleiner oder mittelgroßer Einzelhandelsbetrieb, der ein breites, aber relativ flaches Sortiment überwiegend im Wege der Bedienung anbietet. Das Sortiment ist zumeist auf den Bedarf der ländlichen Bevölkerung ausgerichtet und umfasst i. d. R. Nahrungs- und Genussmittel, Textilien, Schreibwaren, Hausrat, Eisenwaren und manche landwirtschaftlichen Betriebsmittel. Bei erklärungs- oder beratungsbedürftigen Waren findet Bedienung statt.

Ein **Warenhaus** ist ein großflächiger Einzelhandelsbetrieb, der in verkehrsgünstiger Geschäftslage Waren aus zahlreichen Branchen – Hauptrichtungen: Bekleidung, Textilien, Hausrat, Wohnbedarf sowie Nahrungs- und Genussmittel – anbietet. I. d. R. werden auf mehreren Etagen breite und überwiegend tiefe Sortimente mit tendenziell hoher Serviceintensität und eher höherem Preisniveau verkauft. Die Verkaufsmethoden reichen von der Bedienung, die z. B. im Textilbereich vorherrscht, bis zur Selbstbedienung, z. B. bei den Lebensmitteln. Große Bedeutung haben Zwischenformen (Vorwahl). Die Warensortimente umfassen überwiegend Nichtlebensmittel der Bereiche Bekleidung, Heimtextilien, Sport, Hausrat, Möbel, Einrichtung, Kosmetik, Drogeriewaren, Schmuck, Unterhaltung sowie auch oft Lebensmittel. Dazu kommen Dienstleistungssortimente der Bereiche Gastronomie, Reisevermittlung und Finanzdienstleistungen. Nach der amtlichen Statistik ist eine Verkaufsfläche von mindestens 3.000 qm erforderlich, um zu den Warenhäusern gezählt zu werden.

Durch Herausnahme von Sortimenten (**Branching Out**) werden die Grenzen zwischen Warenhaus und Mehrfachgeschäft mit mindestens zwei Branchensortimentsschwerpunkten oft fließend (z. B. durch zunehmende Textilanteile an Gesamtfläche und Sortiment).

Ein **Gemeinschaftswarenhaus** ist der Verbund von Fach- und Filialgeschäften verschiedener Branchen und ergänzender Dienstleistungsbetriebe unter einem Dach (z. B. Gastronomie, Reinigungsbetriebe) in einem meist mehrstöckigen Gebäude. Einrichtung, Warenpräsentation und Visualisierung der Betriebe sollen so abgestimmt sein, dass ein einheitlich profiliertes Erscheinungsbild entsteht. Das Gemeinschaftswarenhaus hat sich in Deutschland nicht durchsetzen können.

Unter einem **Kaufhaus** wird ein größerer Einzelhandelsbetrieb verstanden, der überwiegend im Wege der Bedienung Waren aus mindestens zwei Branchen anbietet. In mindestens einer Branche davon muss ein tiefes Sortiment geführt werden. Am stärksten verbreitet sind Kaufhäuser mit Textilien, Bekleidung und verwandten Bedarfsrichtungen.

Der **Verbrauchermarkt** ist ein großflächiger Einzelhandelsbetrieb, der ein breites und tiefes Sortiment an Nahrungs- und Genussmitteln und ein breites und flaches Sortiment an Gebrauchs- und Verbrauchsgütern des kurz- und mittelfristigen Bedarfs anbietet. Die Verkaufsform ist die Selbstbedienung. Die Preispolitik ist entweder auf eine Dauerniedrigpreispolitik oder auf eine Sonderangebotspolitik abgestellt. In der Regel wird ein verkehrsorientierter Standort gewählt, der sich an den Autokunden orientiert. Entweder wird die Alleinlage gewählt oder eine Fläche innerhalb von Einkaufszentren. Nach der amtlichen Statistik liegt die Verkaufsfläche bei mindestens 1.000 qm, nach der Abgrenzung von Handelsverbänden wie z. B. dem *EHI* bei 1.500 qm.

Das **Selbstbedienungswarenhaus (SB-Warenhaus)** ist ein großflächiger, meist ebenerdiger Einzelhandelsbetrieb, der ein umfassendes Sortiment mit Schwerpunkt bei Lebensmitteln ganz oder überwiegend in Selbstbedienung ohne kostenintensiven Kundendienst mit hoher Werbeaktivität in Dauerniedrigpreispolitik oder Sonderangebotspolitik anbietet. Der Standort ist grundsätzlich autokundenorientiert, entweder wird er isoliert gewählt oder in gewachsenen oder geplanten Zentren. Nach der amtlichen Statistik muss ein SB-Warenhaus über mindestens 3.000 qm Verkaufsfläche verfügen, nach internationalen Vereinbarungen sind es sogar 5.000 qm.

Ein **Supermarkt** ist ein Einzelhandelsbetrieb, der auf einer Verkaufsfläche von mindestens 400 qm Nahrungs- und Genussmittel einschließlich Frischwaren (wie z. B. Obst, Gemüse, Fleisch) und ergänzend Waren des täglichen und des kurzfristigen Bedarfs anderer Branchen vorwiegend in Selbstbedienung anbietet.

Discounter, SB-Warenhäuser, Verbrauchermärkte und Supermärkte unterscheiden sich stark über die angebotenen Sortimente. Die unten stehende Tabelle verdeutlicht, wie unterschiedlich die Artikelzahlen für einzelne Warengruppen aussehen.

Durchschnittliche Artikelzahl nach ausgewählten Warengruppen in verschiedenen Betriebstypen				
	Supermarkt	Discounter	Verbrauchermarkt	SB-Warenhaus
Fleisch/Wurst/Fisch/Geflügel	308	126	518	611
Obst und Gemüse	239	72	277	322
Brot und Backwaren (nur SB)	172	50	320	359
Biere, alkoholfreie Getränke	479	77	711	712
Dauerbackwaren, Süßwaren, Knabberartikel	752	191	1.184	1.622

Quelle: *EHI Retail Institute* 2007

Bei dem **Convenience Store (Nachbarschaftsladen)** handelt es sich um einen kleinflächigen Einzelhandelsbetrieb, der ein begrenztes Sortiment an Lebensmitteln sowie gängige Haushaltswaren zu einem eher hohen Preisniveau anbietet. Teilweise können eine Tankstelle und Dienstleistungsangebote angeschlossen werden. Je nach Land sind lange Öffnungszeiten (bis zu 24 Stunden) üblich. In der Bundesrepublik Deutschland versteht man unter Nachbarschaftsläden kleinflächige Lebensmittel- oder Gemischtwarengeschäfte mit wohnungsnahem, frequenzintensivem Standort („Tante-Emma-Läden").

Der **Drugstore** ist eine in den USA weit verbreitete Form eines Einzelhandelsbetriebes, der außer Drogeriewaren zahlreiche andere Warengruppen führt wie z. B. Süßigkeiten, Bücher, Zeitschriften, Zeitungen, Schreibwaren, Geschenkartikel etc. Üblicherweise sind ihm eine Apotheke und eine Gaststätte, zumindest eine Imbissecke und Getränkebar angegliedert.

Der **Discounter** bietet im Lebensmittelbereich ein enges, auf raschen Umschlag ausgerichtetes Sortiment zu niedrig kalkulierten Preisen an. Bei hoher Werbeintensität ähnelt die Angebotsstrategie einer permanenten Sonderangebotsstrategie. Im Discountbereich lassen sich die **Hard-** und die **Softdiscounter** unterscheiden. Erstere differenzieren sich dadurch, dass sie das Discountprinzip mit hoher Konsequenz umsetzen, auch wenn damit Sortimentslücken verbunden sind. In Deutschland sind die bekanntesten Vertreter Aldi und Lidl. Sie zeichnen sich durch eine überschaubare Zahl von Artikeln, meist 600-800, aus, wobei nur „Schnelldreher" aufgenommen werden. Softdiscounter fahren ein etwas umfassenderes Sortiment und bieten dem Kunden eine etwas größere Auswahl. Finanziell gesehen ist die Strategie der Harddiscounter jedoch bislang erfolgreicher. Da Discounter für diese Strategie große artikelspezifische Einkaufsvolumina benötigen, wird das Discountgeschäft fast ausschließlich von großen Einzelhandelsunternehmen nach dem Filialprinzip betrieben.

Herstellerfilialen sind Einzelhandelsgeschäfte, die den klassischen Fachgeschäften und Spezialgeschäften ähneln. Ihr Warenangebot ist überwiegend auf das eines Herstellers beschränkt. Typische Bespiele sind Salamander, WMF oder Hush Puppies (vgl. *Tietz* 1993, S. 34).

Partievermarkter bieten meist nur ein geringes permanentes Grundsortiment. Der überwiegende Teil der Waren besteht aus Sonderposten. Sie werden verkauft „solange der Vorrat reicht". Da sie große Mengen ordern, lassen sich häufig hochwertige Waren zu günstigem Preis verkaufen. Klassische Beispiele sind Tchibo oder Posten & Partien. Daneben existieren Einzelhandelsgeschäfte, die ausschließlich Partien verkaufen (Restposten, Versicherungsschäden etc.).

Ein **Off-Price-Store** stellt eine spezielle Form des Fachdiscounters (bzw. Mehrfachdiscounters) dar. Hier werden vorwiegend bekannte Markenartikel des Nichtlebensmittelbereiches (z. B. Textilien, Schuhe, Glaswaren etc.) in Selbstbedienung wesentlich unter dem dafür üblichen Preisniveau angeboten. Charakteristisch ist, dass das Sortiment nicht aus regulärer Ware besteht, sondern aus Überschussware, Auslaufmodellen, Saisonendware, Reklamationsware, Ware zweiter Wahl oder Ware aus Konkursen. Die Sortimentszusammensetzung unterliegt einem raschen Wandel, da ein Nachordern der Artikel meist nicht möglich ist.

Der **Katalogschauraum (Catalog Showroom)** ist eine in den USA entstandene Form des Einzelhandels, welche Versandhauswerbung mit einer offenen Verkaufsstätte verbindet. Muster der Waren, die im Katalog angeboten werden, können in den Ausstellungsräumen besichtigt werden. Bei Kauf wird die Ware aus einem angegliederten Lager originalverpackt in der Regel gegen Barzahlung ausgehändigt.

Geführt werden in den USA vorzugsweise Waren guter Qualität überwiegend aus den Branchen Uhren, Schmuck, Lederwaren, optische Geräte und Elektrogeräte. Bei hoher Informationsintensität wird ein vergleichsweise niedriger Verkaufspreis angestrebt.

Der **Duty-Free-Shop** ist eine Einzelhandelsverkaufsstätte, in der Waren zollfrei eingekauft werden können. Meist findet man sie auf Flughäfen und auf Schiffen.

Der **Versandhandel (Distanzhandel)** ist eine Vertriebsform, bei der zwischen Anbieter und Nachfrager eine räumliche Distanz besteht, die medial zu überwinden ist. Das Handelsunternehmen gibt seine Angebote durch Kataloge, Prospekte, Anzeigen, elektronische Medien oder Außendienstpersonen ab. Die schriftlich, telefonisch, elektronisch oder mündlich bestellten Waren werden den Käufern per Post, durch sonstige Transportbetriebe oder eigene Transportmittel zugestellt.

Zu unterscheiden sind **Spezialversandgeschäfte**, die ihr Sortiment auf einen oder wenige Warenbereiche ausgerichtet haben und **Sortimentsversandgeschäfte.** Diese führen ein allgemeines, meist warenhausähnliches Sortiment (i. d. R. ohne Lebensmittel). Großbetriebe des Versandhandel betreiben zum Teil nebeneinander sowohl Sortimentsversandhandel als auch Spezialversandhandel.

Ein weiterer Typ des Versandhandels ist das **Teleshopping**, Verkäufe über das Medium Fernsehen (vgl. *Thieme* 2006, S. 39). Hierbei handelt es sich um 24-Stunden-Verkaufkanäle. Die Teleshopping-Sender (wie *QVC* oder *HSE*) sind weder als Spezial- noch als Sortimentsversender einzuordnen, sondern passen sich mit ihrem Sortiment schnell der Sendezeit und Zielgruppe an. Ihr Sortiment ist breit und flach und wechselt sehr häufig.

Unter **Online-Shopping** versteht man den Vertrieb von Waren und Dienstleistungen über das Internet. Hierbei lässt sich eine ganze Reihe von Vertriebstypen einsetzen (vgl. *Bvh* 2007):

- **Internet-Pure-Player:** Sie sind nur im Internet vertreten (z. B. Amazon).

- **Multi-Channel-Versender:** Sie nutzen traditionelle Medien (Katalog) und das Internet. Hierzu gehören die großen Versender wie Otto oder Quelle.

- **Internet-Verkaufs-Portale:** Kleinere Anbieter mieten sich in Portalen (virtuelle Center) ein und richten dort virtuelle Shops ein. Der Vorteil ist, dass es für den Kunden attraktiver ist, ein Portal aufzusuchen, da er hier mehr Auswahl hat, als dass er sich zu einem einzelnen Anbieter begibt.

- **Apothekenversender:** Aufgrund der rechtlichen Restriktionen beginnt der Online-Apothekenversand derzeit erst. Medikamente und Nahrungsergänzungsmittel werden per Internet bestellt und zugesandt.

- **Herstellerversender:** Zahlreiche Hersteller bauen sich mit dem Versand über Internet einen zusätzlichen Vertriebsweg auf. Hier kann der Kunde das vollständige Sortiment erwerben und der Hersteller umgeht die Handelsspanne.

- **Ebay-Powerseller:** Kleine Händler treten bei Ebay unter der Rubrik Powerseller auf. Sie verkaufen Neu- und Gebrauchtwaren. I. d. R. haben sie keinen eigenen Internetauftritt und verkaufen kein festes Sortiment. Sie nutzen den hohen Bekanntheitsgrad der Auktionsplattform Ebay, um dort ihre Artikel zu versteigern.

Der **Direktvertrieb** stellt eine Symbiose zwischen Versandhandel und Direct Marketing dar. Das Beratungs- und Verkaufsgespräch erfolgt i. d. R. beim Kunden in der Wohnung. Unter einem **Beratungsgespräch** wird das Angebot an Waren und Dienstleistungen an private Endverbraucher durch ein Hersteller- oder Handelsunternehmen verstanden, das den Endverbraucher durch Handelsvertreter, Eigenhändler oder sonstige Vertriebsmitarbeiter zu Hause mit dem Ziel aufsuchen lässt, Waren im Original oder anhand von Mustern bzw. Abbildungen oder Dienstleistungen mittels Beschreibung vorzuführen und Bestellungen aufzunehmen (vgl. *Tietz* 1993, S. 390).

Im Direktvertrieb werden folgende **Formen der Kundenansprache** unterschieden:

- der Tür-zu-Tür-Verkauf
- der Verkauf auf Interessentenversammlungen
- der Partyverkauf

Grundprobleme des Direktvertriebs liegen in erster Linie in der mangelnden Akzeptanz der Verbraucher. Dieser Vorbehalt ist großenteils auf die Existenz einer Anzahl „schwarzer Schafe" in dieser Branche zurückzuführen. Betriebswirtschaftlich ist der wesentliche Erfolgsfaktor – neben einem attraktiven Sortiment – in der Rekrutierung und Schulung der Mitarbeiter zu sehen, die meist rechtlich den Status von Handelsvertretern haben. Die Fluktuation ist in dieser Vertriebsform sehr hoch.

Der **Heimzustelldienst** stellt eine Mischform aus Versandhandel und mobiler Verkaufsstelle dar. Die bekanntesten Vertreter dieser Vertriebsform sind Eismann und Bofrost, welche die Verbraucher mit Tiefkühlkost zu Hause beliefern. Der Kunde bestellt telefonisch nach einem Katalog, die Ware wird dann zugestellt. Die Lieferung erfolgt ab einem bestimmten Warenwert frei Haus. Zusätzlich werden an bestimmten Tagen bestimmte Routen abgefahren, an denen der Kauf kleiner Mengen ohne Lieferkosten möglich ist. Für die Zukunft ist zu erwarten, dass durch den Einsatz der Neuen Medien der Anteil der Heimzustelldienste am Einzelhandelsumsatz steigt. Der Kunde kann im virtuellen Laden die Produkte betrachten, die Preise vergleichen und per Mausdruck ordern. Die Ware wird dann ins Haus geliefert.

Der **ambulante Handel** ist ein Teil des Einzelhandels. Er ist nicht an feste Standorte und offene Verkaufsstellen gebunden. Zum ambulanten Handel gehören die Hausierer (Wanderhandel), die private Haushalte aufsuchen und die angebotenen Waren mit sich führen, der Markthandel (wichtigster Teil die Wochenmärkte, daneben Weihnachtsmärkte u. a.), der Straßenhändler (Obstkarren) und Verkaufs-wagen, deren Inhaber teils als Spezialisten Waren (Obst, Gemüse, etc.) anbieten, teils größere Sortimente führen und vorzugsweise in Regionen mit dünnem Einzel-handelsnetz zu finden sind (mobile Läden).

Mobile Verkaufsstellen sind eine der Vertriebsformen, die seit Jahrhunderten bzw. Jahrtausenden existieren. Das Handelsunternehmen fährt mit einem Ver-kaufswagen die Orte ab. Im Normalfall liegen eine feste Route und feste Zeiten vor. Heute wird diese Vertriebsform meist von Bäckereien gewählt, die auf diese Weise ein großes ländliches Gebiet, in dem sich eine Filiale nicht lohnen würde, bearbeiten können.

2. Die Struktur des Einzelhandels

2.1 Die Struktur des Einzelhandels nach Betriebstypen

Die Zahl der unterschiedlichen Betriebsformen im Einzelhandel ist hoch. Nicht alle diese Formen sind gleichbedeutend in Bezug auf Anzahl und Umsatz der Ge-schäfte. Seit Jahren wird ein Trend zu den großflächigen Discountformen und zu den Filialgeschäften festgestellt. Das traditionelle Fachgeschäft stellt einen der Verlierer dieses Trends dar. Wurde 1980 über die Hälfte des Umsatzes in Fach-geschäften getätigt, war es 1995 nur noch knapp mehr als ein Drittel und 2005 weniger als ein Viertel. Gewinner der Entwicklung der letzten fünfzehn Jahre sind die Fachdiscounter, die Fachmärkte und die Massenfilialisten, deren Marktanteil auch in der Zukunft weiter zulegen wird.

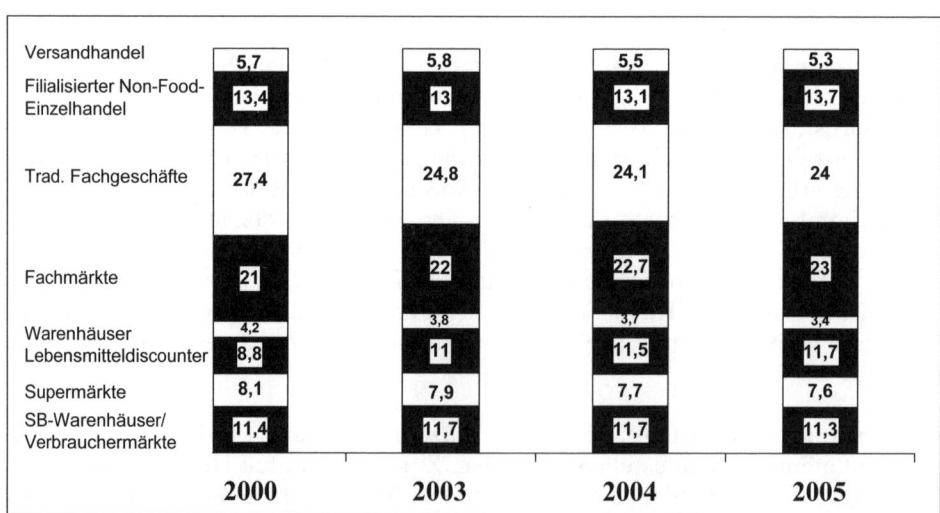

Abb.: Marktanteile der Betriebsformen im Einzelhandel 2000 – 2005
Quelle: *EHI Retail Institute* 2007, S. 200

Auf den Lebensmitteleinzelhandel beschränkt bestätigt sich dieser Trend. Geschäfte mit weniger als 400 qm machten im Jahre 1995 noch fast 70 % aller Geschäfte des Lebensmitteleinzelhandels aus, hier wurden noch ca. 17 % der Umsätze getätigt. Im Jahr 2006 war die Gesamtzahl auf 54 % der Geschäfte geschrumpft, und der prozentuale Anteil am Umsatz ging auf 8,4 % zurück. Hauptgewinner der Entwicklung waren die Discounter, die ihren Umsatzanteil binnen 11 Jahren von 28 % auf fast 40 % des gesamten Lebensmitteleinzelhandels steigern konnten.

Einzelhandelstyp	Geschäfte		Umsatz		
	Anzahl	in %	Insg. in Mio. €	in %	je Geschäft in 1.000 €
Discountmärkte[1)2)]	14.785	25,8	49.700	39,7	3.362
Lebensmittel-Abteilungen der Warenhäuser[2)]	30	0,1	363	0,3	12.100
SB-Warenhäuser (über 5.000 qm)[3)]Größe	705	1,2	16.880	13,5	23.943
Große Verbrauchermärkte (1.500 - 5.000 qm)	2.438	4,3	19.475	15,6	7.988
Kleine Verbrauchermärkte (800 - 1.500 qm)	4.528	7,9	17.065	13,6	3.769
Supermärkte (400 - 800 qm)	3.860	6,7	10.710	8,6	2.775
Große Geschäfte (200 - 400 qm)	3.360	5,9	3.990	3,2	1.188
Mittlere Geschäfte (100 - 200 qm)[4)]	7.330	12,8	4.020	3,2	548
Kleine Geschäfte (unter 100 qm)[4)]	20.169	35,3	2.910	2,3	144
Insgesamt	57.205	100,0	125.113	100,0	2.187

[1)]Einschließlich Aldi
[2)]Schätzungen
[3)]nur Lebensmittelteil
[4)]einschließlich Bäckereien

Abb.: Struktur- und Leistungszahlen des Lebensmitteleinzelhandels 2006
Quelle: *BVL, nach Unterlagen von A.C. Nielsen GmbH und TradeDimensions GmbH*

Der deutsche Lebensmitteleinzelhandel konnte insgesamt im Zeitraum von 1995 bis 2005 ca. 1 % reales Umsatzwachstum jährlich erwirtschaften (vgl. *KPMG/EHI* 2006). Damit steht er besser da als der Einzelhandel gesamt, der in diesen zehn Jahren 2 % Umsatzverlust zu verzeichnen hatte. Allerdings muss dabei berücksichtigt werden, dass im Lebensmitteleinzelhandel in diesem Zeitraum ein überdurchschnittliches Flächenwachstum von 20 % verzeichnet wurde. Das bedeutet, dass trotz des Umatzwachstums insgesamt eine deutliche Abschmelzung der Flächenproduktivität zu verzeichnen war. Wurden 1995 noch 4.850 Euro pro Quadratmeter Fläche umgesetzt, betrug die Flächenproduktivität 10 Jahre später, 2005, nur noch 4.350 Euro/qm. Damit ist sie pro Jahr um durchschnittlich knapp 0,5 % gesunken.

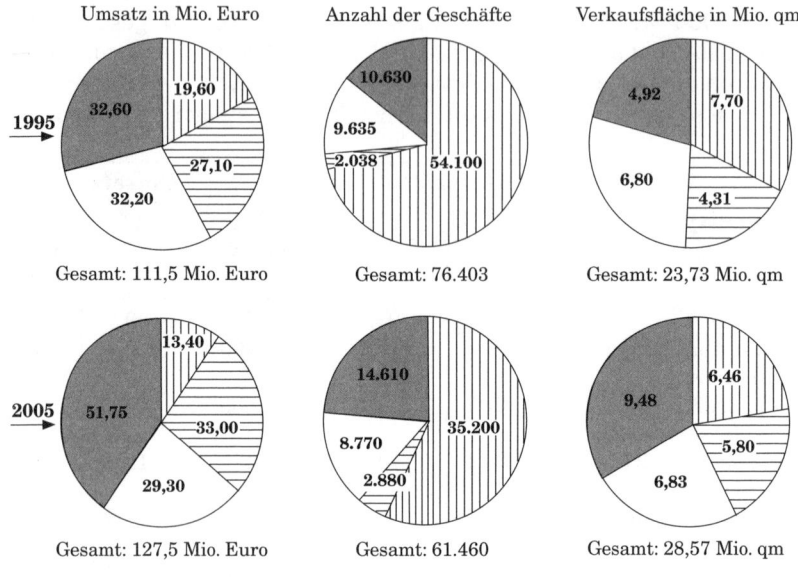

Gesamt: 111,5 Mio. Euro   Gesamt: 76.403   Gesamt: 23,73 Mio. qm

Gesamt: 127,5 Mio. Euro   Gesamt: 61.460   Gesamt: 28,57 Mio. qm

▤ SB-Warenhäuser/Verbrauchermärkte   ▦ Discounter   ▥ Supermärkte   ▯ Übrige Lebensmittelgeschäfte

Abb.: Entwicklung von Umsatz, Anzahl und Verkaufsfläche nach Betriebsformen 1995-2005

Quelle: *KPMG / EHI* 2006, S. 19

Strukturdaten und Leistungskennziffern im LEH						
	SB-Geschäfte bis 399 qm	Supermärkte	Discounter	Verbrauchermärkte klein	Verbrauchermärkte groß	SB-Warenhäuser
Umsatz je Verkaufsstelle in Tsd. €	1.335	3.930	2.965	12.273	14.944	31.605
Verkaufsfläche je Verkaufstelle in qm	308	1.026	587	2.456	3.963	31.605
Flächenproduktivität in €/qm	4.341	3.829	5.049	5.492	3.953	4.902
Zahl der beschäftigten Personen	8,7	19,9	7,1	39,3	47,6	73,8
Umsatz pro Beschäftigten in €	154.334	197.459	418.174	311.966	313.604	428.025
Lagerumschlag	10,2	12,7	25,8	n. v.	n. v.	n. v.

Quelle: *EHI Retail Institute* 2007, S. 341, S. 349

Insgesamt zeigt sich deutlich, dass nicht alle Betriebstypen im vergangenen Jahrzehnt gleich erfolgreich waren.

Auf den **Versandhandel** entfielen 2007 7 % des gesamten deutschen Einzelhandelsumsatzes, die Tendenz ist steigend. Rund 27,6 Mrd. Euro wurden in jenem Jahr mit dieser Vertriebsform umgesetzt, davon 10,9 Mrd. Euro mit Waren, der Rest mit Dienstleistungen (vgl. *bvh* 2007). Derzeit dominieren noch die klassischen Bestellwege, über die 16,7 Mrd. Euro umgesetzt wurden (Online: 10,9 Mrd. Euro). Dabei sind es die deutschen Frauen, die mit 17 Mrd. Euro die höchsten Umsätze generieren (Männer 10,6 Mrd. Euro). Über 40 % der Versandhandelskunden kaufen auf Distanz Bekleidung, Textilien oder Schuhe ein, gefolgt von dem Kauf von Medien (19 %) und Unterhaltungselektronik/-technik (8 %). Erstaunlicherweise werden traditionelle und neue Medien offenbar problemlos miteinander kombiniert. Der Bundesverband Versandhandel fand heraus, dass 73 % der Online-Besteller sich über das Produkt im Katalog des Versenders informiert hatten. Dabei dominiert noch mit 54 % aller Bestellungen der telefonische oder schriftliche Bestellweg, gefolgt vom Internet mit 39,5 %. Letztlich trifft die Annahme zu, dass die Jungen eher über das Internet bestellen, Ältere dagegen lieber telefonisch. In der Altersgruppe 14-29 orderten 76 % online und 19 % telefonisch. Dagegen dominierte in der Altergruppe 60+ die telefonische Bestellung mit 61 %, während das Internet nur 15 % ausmachte (vgl. *bvh* 2007).

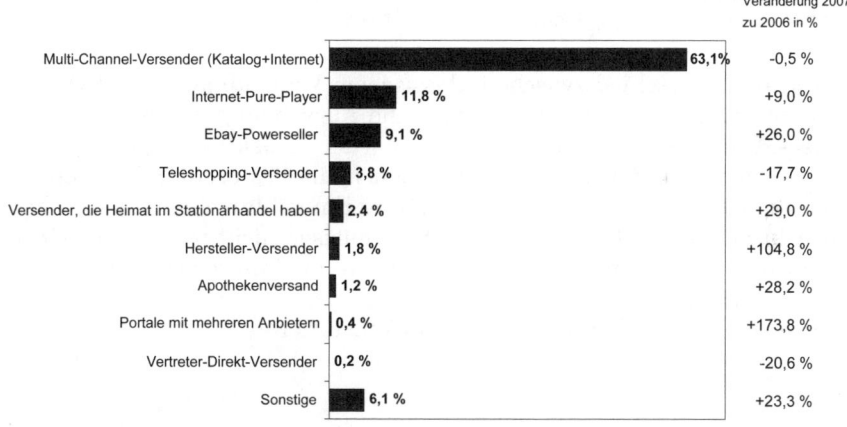

Abb.: Verteilung des Versandhandels auf Typen
Quelle: *bvh* 2007

Insbesondere der **Online-Handel** ist aufgrund des hohem Wachstums von Interesse. Im Jahr 2007 betrug die Wachstumsrate 9 %. 29,37 Mio. Verbraucher bestellten in diesem Jahr online, wobei die Zahl der Männer (55 %) noch leicht überwog. Die Kunden sehen unterschiedliche Vorteile in den verschiedenen Möglichkeiten der Kontaktaufnahme:

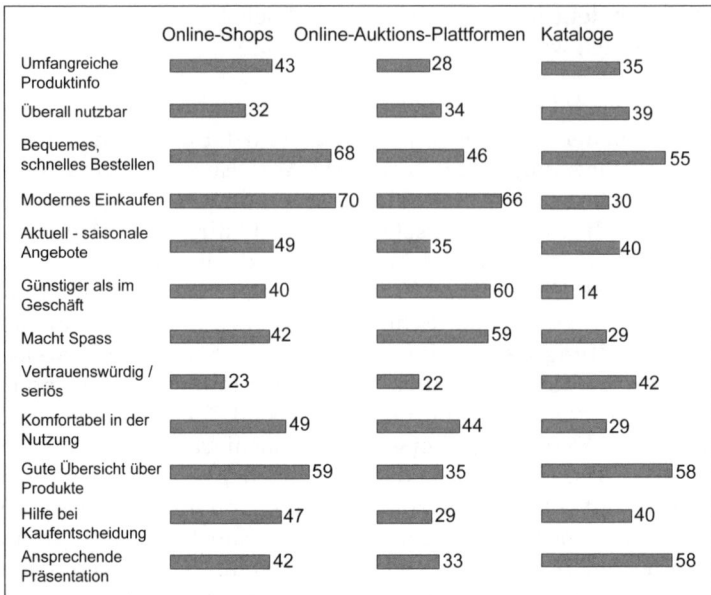

Abb.: Wahrgenommene Vorteile von Online Shops, Online-Auktions-Plattformen, Katalogen (in Prozent)

Quelle: *TNS Emnid Medienforschung* 2007

Ein wesentlicher Unterschied zwischen klassischem Versandhandel und Online-Handel liegt in der umfassenden Sammlung und Auswertung von Kundendaten im **Database-Marketing.** Da beim Online-Kauf jeder Mausklick gespeichert werden kann, ist es dem Handelsunternehmen möglich, die Präferenzen jedes einzelnen Kunden zu analysieren und maßgeschneiderte Empfehlungen auszusprechen. Dies ermöglicht ein One to One-Marketing. Hier müssen nicht mehr große Gruppen angesprochen und entsprechende Streuverluste in Kauf genommen werden, sondern einzelne Zielpersonen mit bekannten Präferenzen. Ferner lassen sich folgende Vorteile zum klassischen Versandhandel konstatieren:

- **Globalisierung:** Mit einem Internetauftritt ist jeder Händler global erreichbar.

- **Aktualität:** Der Auftritt kann kontinuierlich aktualisiert werden. Dies vereinfacht eines der größten Versandhandelsprobleme, die Disposition von Einkaufsmengen. Mit dem Katalog legte man sich auf einen großen Zeitraum im Sortiment fest, ohne den Erfolg prognostizieren zu können. Im Netz können Artikel beliebig aufgenommen oder entfernt werden.

- **Niedrigere Kaufbarrieren:** Der Schritt zum „in den Einkaufswagen legen" ist im Internet schnell getan, aufwändiger ist es dagegen, anzurufen oder eine Postkarte auszufüllen und abzuschicken.

Die Annahme hingegen, dass das Betreiben eines Online-Shops geringere **Kosten** verursache als der stationäre bzw. Versandhandel, konnte sich bislang nicht bestätigen. Es hat sich gezeigt, dass zwar hohe Mieten und aufwändiges Drucken von Katalogen obsolet werden, der Werbeaufwand jedoch immens ist, da der Nutzer stets wieder auf die Website aufmerksam gemacht werden muss. Zudem ist ein hoher Pflegeaufwand der Seiten erforderlich.

Nachteile des Online-Shops im Gegensatz zum klassischen Katalog-Versandhandel sind darin zu sehen, dass ein umfassendes Sortiment, wie es Quelle oder Otto anbieten, im Internet nicht übersichtlich darstellbar ist. Dies führt zu einer Ausdünnung der angebotenen Waren. Auch entfällt das „gemütliche Blättern auf der Couch", das häufig zu mehr Verbund- und Impulskäufen führt. Im Internet werden vermutlich mehr Bedarfskäufe getätigt.

2.2 Die Struktur des Einzelhandels nach Organisationsformen

Bei einer Betrachtung der Handelsstrukturen lassen sich generell die rückläufige Anzahl von Handelsbetrieben und die Trends zu Großflächen und Discount beobachten. Der Konzentrationsprozess im Handel scheint ungebrochen. Immer weniger Unternehmen erwirtschaften einen immer größeren Teil des gesamten Einzelhandelumsatzes. Im Lebensmitteleinzelhandel erreichten die Top 50 der Unternehmen einen Marktanteil von 98 %. Die Top Ten erzielen bereits fast 80 % des gesamten Umsatzes. Die Spitzenposition hält dabei die Metro-Gruppe, die in der Aufstellung unten jedoch nur auf Platz drei erscheint. Hier wurden offenbar nicht die gesamten Umsätze berücksichtigt (z. B. Unterhaltungselektronik, Warenhäuser). Insgesamt betrug der Metro-Umsatz im Jahr 2006 59,89 Mrd. Euro.

TOP 20 der Handelsunternehmen in Deutschland 2006			
Rang	Unternehmen	Umsatzschwerpunkt	Bruttoumsatz Mrd. Euro
1.	Edeka	Lebensmittelhandel, C+C	35,32[1]
2.	Rewe	Lebensmittelhandel, C+C	31,22[1]
3.	Metro	Lebensmittelhandel, C+C	26,40[1]
4.	Schwarz-Gruppe	SB-Warenhäuser, Discountmärkte	35,32[1]
5.	Aldi	Discountmärkte	21,80[*]
6.	Tengelmann	Lebensmittelhandel, Bau- und Textilfachmärkte	13,82
7.	Arcandor (vorm. Karstadt/Quelle)	Warenhäuser, Versandhandel	12,21[1]
8.	Otto	Versandhandel, Fachhandel	7,09[1]
9.	Lekkerland	Convenience-Großhandel	6,33[1]
10.	Schlecker	Drogeriemärkte	5,37
11.	Globus	SB-Warenhäuser, Baumärkte	4,20
12.	Euronics	UE-Fachmärkte	3,20[*]
13.	Tchibo	Fachgeschäfte, Versandhandel	3,00
14.	Ikea	Möbelmärkte	2,95
15.	EP	UE-Fachmärkte	2,89
16.	C&A	Modekaufhäuser	2,81
17.	dm-drogerie markt	Drogeriemärkte	2,70
18.	Norma	Discountmärkte	2,63
19.	Expert	UE-Fachmärkte	2,49
20.	Praktiker	Baumärkte	2,28[1]

[1] Nettoumsatz   [*] Schätzwerte

Anmerkung der Verfasserin: Es wurden offensichtlich nur Teilbereiche von Metro in die Statistik miteinbezogen. Der Gesamtumsatz lag 2006 bei 59,89 Mrd. Euro und damit bleibt Metro das größte deutsche Handelsunternehmen.

Abb.: Top 20 der Handelsunternehmen in Deutschland 2006
Quelle: *EHI Retail Institute*

Die Stärke und Konkurrenzfähigkeit deutscher Handelsunternehmen offenbart sich im internationalen Vergleich. Die Hälfte der TOP 10 Europas bilden dabei deutsche Unternehmen, auch wenn diese zwischenzeitlich einen großen Teil ihres Umsatzes im Ausland erwirtschaften.

Die Struktur des Einzelhandels

TOP 10 der europäischen Handelsunternehmen 2006			
Rang	Unternehmen	Land	Umsatzschwerpunkt	Bruttoumsatz Mrd. Euro
1.	Carrefour	F	Lebensmittel	77,9
2.	Tesco	GB	Lebensmittel	63,2
3.	Metro	D	Lebensmittel, C+C, Fach	59,9
4.	Ahold	NL	Lebensmittel	44,9
5.	Rewe	D	Lebensmittel	43,5
6.	Schwarz-Gruppe	D	Lebensmittel	40,0
7.	Aldi	D	Lebensmittel	37,4
8.	Edeka	D	Lebensmittel	37,2
9.	Auchan	F	Lebensmittel	35,0
10.	Mousquetaires	F	Lebensmittel	31,6

Quelle: *EHI Retail Institute*

Weniger stark dagegen fällt die Konzentration im Textileinzelhandel in Deutschland aus. Überraschend ist dabei die hohe Anzahl an Unternehmen, bei denen der Textilhandel nicht zum definierten Schwerpunktgeschäft gehört. Aldi und Lidl machen auf wenigen Quadratmetern Verkaufsfläche für Textilien je zwei Drittel des Umsatzes, den das renommierte Textilkaufhaus Peek & Cloppenburg erzielt. Auch die Position des Tengelmann-Konzerns, der den Textilumsatz durch den Textildiscounter kik und den Discounter plus realisiert, deutet darauf hin, dass ein hoher Prozentsatz des Textilumsatzes im Discountbereich getätigt wird.

TOP 10 der Textileinzelhandelsunternehmen in Deutschland 2005		
Rang	Unternehmen	Textilumsatz Mio. Euro
1.	Arcandor (vorm. Karstadt/Quelle), Essen	4 424
2.	Otto, Hamburg	3 650
3.	Metro, Düsseldorf	3 245
4.	C&A Mode, Düsseldorf	2 700
5.	Hennes & Mauritz, Hamburg	2 120
6.	Peek & Cloppenburg, Düsseldorf	1 453
7.	Tengelmann, Mülheim/Ruhr	1 244
8.	Aldi, Essen, Mühlheim/Ruhr	1 095
9.	Tchibo, Hamburg	1 077
10.	Lidl, Necharsulm	1 055

Quelle: *Textilwirtschaft*

Im internationalen Vergleich fällt das Bild allerdings etwas anders aus. In Europa dominieren hier die schwedische Kette H&M und die spanische Inditex-Kette (u. a. Zara). Unter den ersten zehn finden sich jedoch immerhin noch drei deutsche Unternehmen, C&A, P&C und kik.

Rang	Unternehmen	Vertriebslinien	Länderpräsenz	Anzahl Verkaufsstellen	Nettoumsatz Mrd. Euro
1.	Hennes & Mauritz	H&M	22 Länder Europa/ USA/Asien	1.345	77,9
2.	Inditex	u. a. Zara, Massimo Dutti, Bershka,	62 Länder weltweit, 33 Europa	3.131	63,2
3.	C&A	C&A	15 Länder Europa	1.111	59,9
4.	Groupe Mulliez	u. a. Orsay, Pimkie, Xanaka, Jules	17 Länder Europa	1.800	44,9
5.	Marks & Spencer	Marks & Spencer	GB, Franchise in 34 Ländern	524	43,5
6.	Next	Next	DK, GB, IE	439	40,0
7.	Arcadia	u. a. Burton, Evans, Miss Selfridge, Wallis	14 Länder Europa, 10 Asien	2.500	37,4
8.	Benetton	Benetton	Weltweit	5.000	37,2
9.	Peek & Cloppenburg	P&C, Ansons	9 Länder Europa	88	35,0
10.	kik	kik	D, A	2.045	31,6

TOP 10 der europäischen Textilhandelsunternehmen 2006

Quelle: in Anlehnung an *EHI Retail Institute 2007*

Neben den allgemeinen Konzentrationstendenzen im Einzelhandel zeigt sich, dass sich die Unternehmen heute mit wenigen Ausnahmen wie Aldi und C&A nicht mehr auf den Erfolg einer einzigen Betriebsform verlassen, sondern vermehrt verschiedene Betriebstypen parallel fahren. Auf diese Weise können nicht nur verschiedene Branchen abgedeckt werden, sondern es ist auch möglich, frühzeitig auf neue, erfolgversprechende Betriebstypen zu setzen und diese zusätzlich ins Portfolio aufzunehmen. Für viele Handelsunternehmungen lassen sich die verschiedenen Betriebsformen mit den Produkten beim Hersteller vergleichen. So wie dieser neue Produkte entwickelt und führt, verfährt ein Handelsunternehmen bei der Entwicklung und Führung neuer Vertriebstypen. Die größten deutschen Einzelhandelsunternehmen sollen hier in ihrer Struktur kurz dargestellt werden.

Betriebstyp	Retail Brand	Umsatz Mrd. € netto	Zahl der Verkaufsstellen	Zahl der Mitarbeiter
Struktur der Metro-Group 2006				
Cash & Carry	Metro/Makro	29,9 (davon 24,2 im Ausland)	584 (davon 464 im Ausland)	97.779
SB-Warenhäuser/ Verbrauchermarkt	Real Extra	10,4 (davon 1,3 im Ausland)	701 (davon 71 im Ausland)	47.913
Fachmärkte	Media Markt Saturn	15,2 (davon 7,5 im Ausland)	621 (davon 281 im Ausland)	42.109
Warenhäuser	Kaufhof	3,6 (davon 0,3 im Ausland)	127 (davon 15 im Ausland)	19.043
Sonstiges		0,83		
Metro-Group ges.		59,89 (davon 33,45 im Ausland)	2.378 (davon 849 im Ausland)	221.944
Struktur der EDEKA-Handelsgruppe 2006				
Cash & Carry	Cash & Carry	1,57	115	n. v.
SB-Warenhäuser	Marktkauf	3,85	186	n. v.
Super- und Ver- brauchermärkte	Nah & Gut, E-Ak- tiv, E-Neukauf, E-Center	ca. 21,30	ca. 8.380	n. v.
Discounter	Netto*	3,27	1.100	n. v.
Gesamt		37,17	9.781	253.619
Struktur der REWE 2006				
Cash & Carry	u. a. C-Gro, Fegro/Selgros	5,53	n. v.	n. v.
SB-Warenhäuser, Verbrauchermarkt, Supermärkte	Rewe, Nahkauf, Toom, Billa, Merkur	18,44	8.764	n. v.
Discounter	Penny	7.91 (davon 2,41 im Ausland)	1.983 (davon 826 im Ausland)	n. v.
Fachmärkte	Toom, Promarkt	1,72	262	n. v.
Touristik		4,52	n. v.	n. v.
Gesamt:		31,15	11.948	268.907
Struktur der Tengelmann-Handelsgruppe 2006				
Supermarkt/ Verbrauchermarkt	Kaiser's- Tengelmann	2,54	712	17.500
	A&P USA	5,80	405	36.661
Discounter*	Plus	9,32	3.989	42.466
Fachmärkte	Obi-Baumärkte, Gartencenter	5,28	490	37.074
Discountmärkte	Kik Textil	1,17	2.045	15.601
Gesamt:		25,7 (davon 11,87 im Ausland)	7.641 (davon 1.931 im Ausland)	150.880 (davon 64.362 im Ausland)

* Im November 2007 übernahm Edeka die Mehrheit des Discounters Plus von der Tengelmann-Gruppe. Netto/Plus sollen zukünftig zusammengelegt werden.

Quelle: *EHI Retail Institute*

Betriebstyp	Retail Brand	Umsatz Mrd. € netto	Zahl der Verkaufsstellen
Struktur der Schwarz Gruppe 2006			
SB-Warenhaus/ Verbrauchermarkt	Kaufland	10,2 nur Inland	n. v.
Discounter	Lidl	13,8 nur Inland	n. v.
Gesamt:		44,8 weltweit	7.893
Struktur Aldi 2006			
Discounter	Aldi Nord	18,62 (davon 8,02 im Ausland)	4.485 (davon 1.982 im Ausland)
Discounter	Aldi-Süd	18,80 (davon 7,6 im Ausland)	3.428 (davon 1.736 im Ausland)

Quelle: *EHI Retail Institute*

Auch im Versandhandel zeigt sich die Konzentration. Hier dominieren europaweit immer noch die Universalversender.

		TOP 6 der europäischen Versandhandelsunternehmen 2006		
Rang	Unter-nehmen	Vertriebslinien	Länderpräsenz	Nettoum-satz in Mrd. €
1	Otto (DE)	Otto, Schwab, Baur, Heine, Witt, SportScheck, bonprix, Grattan, Freemans, u. a.	AT, BE, CH, CN, CZ, DE, ES, FR, GB, HU, IT, JP, KR, NL, PL, PT, RO, RU, US	9,21
2	Redcats Group (PPR) (FR)	La Redoute, Daxon, Cyrillus, Vert Baudet, La Maison de Valérie, Empire Stores, Ellos, Brylane Home, Somewhere u. a.	AT, BE, CA, CH, CN, CZ, DE, DK, ES, FR, FI, GB, GR, HR, IT, JO, JP, KR, LB, LU, MT, NO, PT, RU, SA, SE, SI, US	4,38
3	Arcandor (vorm. Karstadt-Quelle) (DE)	Quelle, Neckermann, Saalfrank, Bogner, Walz, Madeleine, Afibel, Peter Hahn, Elégance, Mercatura, Bon'A Parte, hessnatur, HSE 24, Mirabeau, Atelier Goldener Schnitt	AT, BA, BE, CH, CZ, DE, DK, EE, ES, FR, FI, GB, GR, HU, IT, LV, NL, NO, PL, PT, RO, RU, SE, SI, SK, US	4,21
4	Littlewoods Shop direct Group (GB)	Littlewoods, Sport-E, Marshall Ward, Universal, Kays, abound, Choise, Halens, Additions	IE, GB, SE	3,00
5	Bertels-mann Direct Group (DE)	France Loisirs, Der Club, BCA, BMG Music Service, Doubleday Australia, Doubleday New Zealand, Doubleday Canada, Bookspan, BMG Columbia House, BOL	AT, AU, BE, CA, CH, CN, CZ, DE, ES, FR, GB, HU, IE, IT, JP, KR, NL, NZ, PL, PT, RU, SE, SK, UA, US	2,70
6	Klingel (DE)	Klingel	AT, BE, DE, FI, NL, NO, SE, SK	1,00*

* geschätzt

Quelle: *EHI Retail Institute*

02 ⟫ **Seite 445**

3. Dynamik der Betriebstypen

Die Marktanteilsentwicklung der einzelnen Betriebsformen in diesem Jahrhundert hat gezeigt, dass das einzig Beständige in der Handelslandschaft der Wandel ist. Es ist permanent zu beobachten, dass neue Betriebsformen entstehen, bestehende sich verändern und andere an Bedeutung verlieren und schließlich ausscheiden. Für die nächsten Jahre kann erwartet werden, dass sich die virtuellen Geschäfte weiter etablieren. Diese werden sich wieder auf die Handelsstruktur generell auswirken. Dieser stetige Veränderungsprozess wird auch als **Dynamik der Betriebsformen** bezeichnet.

Bereits in den dreißiger Jahren wurde der erste Ansatz zur Dynamik der Betriebsformen entwickelt (vgl. *McNair* 1931). Dieses Konzept wurde ***Wheel of Retailing*** genannt, das Rad des Einzelhandels. Es erklärt den Wandel der Betriebsformen anhand eines überwiegend identischen Grundmusters. Innovative Handelsunternehmen bringen neue Betriebsformen mit aggressiven, niedrigeren Preisen auf den Markt. Sie können in dieser Form kalkulieren, da sie ein straffes Sortiment führen, geringe Overhead-Kosten haben und auch auf Services verzichten. Mit den Jahren werden die Sortimente erweitert, die Verwaltung aufgebaut und es gibt immer mehr Bereiche, die nicht mehr der Preisaggressivität unterliegen. Schließlich treten sie mit der etablierten Konkurrenz in den Qualitätswettbewerb. Zu dieser Zeit erkennt ein innovativer Händler, dass eine Marktlücke für einen preisaggressiven Betrieb besteht und startet ein solches Geschäft. Der Kreislauf beginnt von neuem.

Kritik an dem Konzept:

• Discounter haben ihre niedrigen Preise über Jahrzehnte gehalten.

• Es gibt auch Formen, die nicht über das Wettbewerbsinstrument *Preisaggressivität* einsteigen.

Daher wurde das Konzept des Wheel of Retailing mit den Jahren erweitert und (vgl. *Nieschlag* 1974) zum Modell der **Dynamik der Betriebsformen** verändert.

Bezieht sich das Marketing der Hersteller auf die einzelnen Produkte, so bildet im Handel die einzelne Betriebsform den Gegenstand der Marketingstrategie. Genau wie die Produkte des Herstellers einem Lebenszyklus unterliegen, betrifft dieser auf Handelsebene die Betriebsform. Der **Lebenszyklus** macht generelle Aussagen über Charakteristika der verschiedenen Phasen, die ein Produkt, ein Markt oder eine Betriebsform durchlaufen. Grob lassen sich im **Lebenszyklus der Betriebsformen** die Phasen der Einführung, des Wachstums, der Reife und der Degeneration von Betriebstypen unterscheiden (vgl. *Berger* 1977). Dies trifft in der Regel lediglich auf den Einzelhandel zu, da der Großhandel meist nicht vom Endverbraucher abhängig ist, er sich daher auch nicht kurzfristigen Bedürfnisänderungen anpassen muss. Zudem betreten die Kunden das Geschäft häufig nicht. Es sind daher lediglich technische oder organisatorische Veränderungen nötig. Allerdings ist anzumerken, dass auch hier neue Betriebsformen wie z. B. die Rack Jobber entstanden sind.

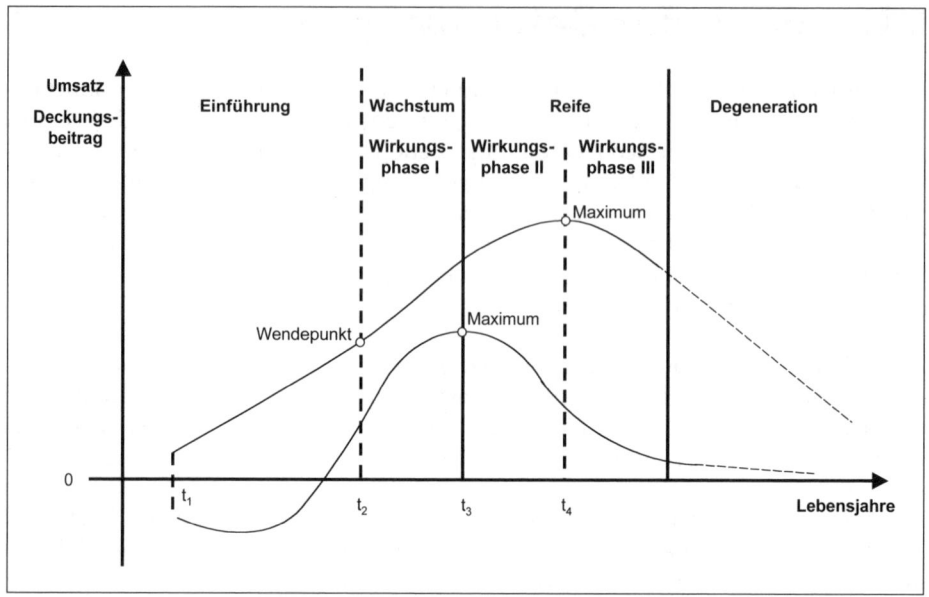

Abb.: Der Lebenszyklus von Betriebsformen im Einzelhandel
Quelle: *Berger* 1977, S. 194

Der Lebenszyklus beginnt mit der **Entstehung** eines neuen Betriebstyps. Sofern sich dieser am Markt durchsetzen kann, beginnt die **Wachstumsphase**. In dieser Zeit erfolgt der Aufschwung der Betriebsform, sie verbreitet sich stark und erweist sich als erfolgreich. Nach einigen Jahren/Jahrzehnten steigt die Anzahl der Betriebe dieses Typus nur noch gering. Die **Reifephase** ist damit erreicht, der Markt ist gesättigt. Der weitere Verlauf des Lebenszyklus der Betriebsformen ist danach nicht mehr zwingend. Möglich ist, dass nach einiger Zeit die **Degenerationsphase** beginnt und Geschäfte dieses Typus aus dem Markt ausscheiden. Dies ist allerdings nur selten der Fall. Häufig gelingt es der Betriebsform, weiter am Markt zu bestehen und ihren Marktanteil zu halten. In anderen Fällen erfolgen Maßnahmen mit dem Ziel, einer alten Betriebsform ein neues Profil zu geben. Aus Herstellersicht wird das Modernisieren eines alten Produktes als Relaunch bezeichnet, im Handel nennt man es **Restoring** oder **Restructuring**. Durch Anpassung des Betriebstyps an eine veränderte Umwelt und neue Bedürfnisse lässt sich die Degeneration verhindern oder zumindest hinauszögern, manchmal kommt es wieder zu einer neuen Aufschwungphase.

Der Lebenszyklus der Betriebsformen soll hier an zwei Beispielen demonstriert werden. Die **Warenhäuser** entstanden in der zweiten Hälfte des 19. Jahrhunderts. Ihre Blütezeit mit stärkstem Wachstum erlebten sie am Anfang des 20. Jahrhunderts und nach dem zweiten Weltkrieg. Seitdem steigt ihr Marktanteil nicht mehr. In vielen Bereichen müssen sie gegen die Fachmärkte, SB-Warenhäuser und Einkaufszentren „auf der Grünen Wiese" ankämpfen.

Die **Supermärkte** entstanden in den USA in den 50er-Jahren und breiteten sich dann auch in der Bundesrepublik aus. Hauptkennzeichen waren Nachbarschaftslage und Selbstbedienung. Mit zunehmender Motorisierung war es den Käufern jedoch möglich, die preisgünstigeren Discounter und Verbrauchermärkte aufzusuchen. Durch den harten Konkurrenzkampf werden die kleinflächigen Betriebe zusehends weniger rentabel. Für die Zukunft dürfte diese Form weiter Marktanteile verlieren.

An diesen beiden Beispielen wird deutlich, dass die Betriebsformendynamik sich sehr unterschiedlich auswirken kann. Unter dem Begriff **Store Erosion** wird der Verschleiß der am Markt bestehenden Betriebsformen verstanden. Die Betriebsform wurde konzipiert und unterlag im Laufe der Jahre einer großen Zahl von Veränderungen im Umfeld. Dennoch wurde sie diesen Abweichungen nicht angepasst. Dadurch verschleißt diese Form. Sie verliert Marktanteile und wird von neu konzipierten Betriebstypen überholt.

Die **Ursachen von Veränderungen** können in den unterschiedlichen Bereichen des Umfelds zu suchen sein (vgl. *Lerchenmüller* 2003):

Veränderungen im weiteren Umfeld:

- **Politisch-rechtliche Faktoren:** Gesetze können sich stark auf die Betriebsformenentwicklung auswirken. Es ist z. B. damit zu rechnen, dass sich neue **Ladenschlusszeiten** auswirken werden. **Umweltschutzgesetze** zwingen den Handel, sich auch mit der Rückführung der Abfallstoffe zu beschäftigen. Die **Baunutzungsverordnung** untersagt den Bau von großflächigen Betriebsformen außerhalb von City und Sondergebieten.

- **Ökonomische Faktoren:** Eine schwache **Konjunktur** wirkt sich positiv auf den Marktanteil der diskontierenden Betriebsformen aus. Hohe Zinsen mindern den Konsum. Eine schwache Währung verteuert Importgüter. Hohe Einkommen fördern den Trend zum Zweitwagen und damit zum Einkauf auf der „Grünen Wiese".

- **Sozio-kulturelle Faktoren:** Es gibt eine Zunahme von Single-Haushalten, die vermehrt in der Nachbarschaft einkaufen möchten. Das Umweltschutzverhalten ist verstärkt bei der jüngeren Generation zu finden. Zunehmende Freizeitorientierung fördert den Trend zum erlebnisorientierten Einkauf in edlen Shopping-Centern.

- **Technologische Faktoren:** Multimedia wird den Trend zum Einkauf im virtuellen Warenhaus unterstützen. Die RFID-Technik verbessert den Warenfluss und reduziert die Logistikkosten. Dies kommt vermehrt großen Handelsunternehmen zugute, die diese neuen Technologiepotenziale in vollem Umfang ausschöpfen können.

Veränderungen im näheren Umfeld:

- **Lieferanten:** Der Großhandel geht dazu über, größere Mengen an den Einzelhandel zu liefern und somit die Lagerhaltung auf ihn zu übertragen. Die großen

Hersteller übernehmen die Logistik und die Planung und Bestückung von Regalen.

- **Konkurrenten:** Neue preisaggressive Betriebsformen der Wettbewerber zwingen die Handelsunternehmung dazu, ihre Betriebsformenkonzepte zu überdenken und zu restrukturieren. Hersteller vertikalisieren und vertreiben nicht mehr über den Handel, sondern über eigene Filialsysteme und werden somit zu neuen Wettbewerbern.

Veränderungen bei der Handelsunternehmung selbst:

Technische Innovationen oder neue, kreative Ideen bei der Handelsorganisation selbst führen zur Konzeption neuer Betriebstypen.

Diese bestehende Dynamik der Betriebsformen führte in den vergangenen Jahren dazu, dass die größeren Handelsunternehmen eine Reihe unterschiedlicher Betriebsformen parallel betreiben. Diese **Diversifikation** gewährleistet ihnen, am Wachstum bestimmter Typen zu partizipieren und gleichzeitig das Risiko degenerierender Formen zu verringern.

4. Multichannel-Retailing

Vertreibt ein Unternehmen identische Produkte über mehr als einen Kanal, z. B. über den Fachhandel, über Katalog und einen Online-Shop, wird dies als Multichannel-Vertrieb bezeichnet. Können die Endnachfrager bei einem Händler ihren gewünschten Einkaufsweg auswählen, spricht man vom **Multichannel-Retailing** (vgl. *Ausschuss für Definitionen* 2006, S. 192). Es kann in verschiedenen Ausprägungen auftreten:

- Stationäre Einzelhändler eröffnen eigene Online-Shops oder kaufen Online-Anbieter (z. B. Tengelmann, Schlecker, Ahold) (vgl. *Schröder* 2005, S. 6).

- Betreiber klassischer Mehrkanalsysteme erweitern ihre Vertriebssysteme um Online-Shops (z. B. IKEA, Tchibo).

- Einzelhändler mit bislang reinem Online-Auftritt (Pure Player) eröffnen Ladengeschäfte oder vertreiben zusätzlich über Katalog.

- Stationäre Händler kooperieren mit Mehrkanalbetreibern und eröffnen sich somit Zugang zu Mehrkanalsystemen (z. B. Obi@Otto).

Mit dem Multichannel-Retailing verfolgen Händler i. d. R. mehrere **Ziele** zugleich. Grundsätzlich lässt sich durch die Ausweitung der Kanäle der Nutzen für den Kunden erhöhen. Auf der emotionalen Ebene besteht dies insbesondere in der Möglichkeit, nach Lust und Laune den Kanal wechseln und jederzeit ordern zu können (vgl. *Wegener* 2008, S. 204). Auf der rationalen Ebene besteht der Nutzen darin, die gesteigerten Service- und Informationsansprüche befriedigen zu können, indem man den Kanal nach seinen spezifischen Stärken auswählt.

Dem Händler eröffnen sich mit dieser Strategie neue Umsatzquellen. Er kann die bestehenden Kunden besser bedienen, indem er ihnen mehr Information zur Verfügung stellt und sie zeitlich und räumlich von Öffnungszeiten und Standorten unabhängig macht. Daneben kann er insbesondere mit Online- und Mobile-Vetriebsformen eine neue, jüngere Kundengruppe erreichen. Auch kaufen viele Kunden nur in ganz bestimmten Kanälen. Eröffnet ein Versandhandel stationäre Geschäfte, so kann er unter Umständen eine ganz neue Kundengruppe erschließen.

Ziele des Kunden	Ziele des Einzelhändlers
• Möglichkeit des Channel-Hopping • Nutzung der spezifischen Stärken eines Vertriebskanals je nach Bedürfnis • Befriedigung gesteigerten Service- und Informationsbedürfnisses • Unabhängigkeit von Einkaufsstätte und Kaufzeitpunkt	• Zunahme der Kundenbindung durch erhöhte Kundenzufriedenheit • Umsatzsteigerung pro Kunde • Neukundengewinnung • Image-Gewinn und Markenverjüngung

Abb.: Ziele des Multichannel-Retailing
Quelle: in Anlehnung an *Wegener* 2008, S. 205

I. d. R. wird ein Händler anfangs nur einen Kanal anbieten. Kommt ein zweiter hinzu, wird damit begonnen, Synergien zwischen beiden Kanälen herzustellen. In wie weit sollen sie sich voneinander unterscheiden? In Bezug auf die **Sortimentsstrategie** stellt sich hier die Frage, ob in allen Kanälen identische Sortimente angeboten werden sollen. Hier verfolgen die Händler bislang unterschiedliche Strategien: Einige bieten identische Sortimente (*ikea.de*), andere erweitern sie oder schränken sie ein (*karstadt.de, otto.de*) und wieder andere verfolgen die Strategie, online Sortimente losgelöst vom Ursprungssortiment zu offerieren (*ottosupermarkt.de*). Vergleichbar ist Frage nach der **Preisstrategie**. Sollen die Preise auf allen Kanälen identisch sein oder sollen z. B. im Internet günstigere Offerten angeboten werden? Diese Frage lässt sich nicht einfach beantworten. Zunächst ist besonders im Internet die Informationstransparenz äußerst hoch. Zudem weiß der Kunde, dass es sich um einen für den Anbieter kostengünstigen Vertriebskanal handelt und erwartet daher einen Preisabschlag. Letztlich ist die Preisbildung auch eine Frage der Preisstrategie des Händlers. Ist es sein Ziel, ein gewisses, mit hohen Kosten verbundenes Sortiment über das kostengünstigere Internet zu vertreiben, sollte er dem Kunden dafür einen Preisvorteil einräumen.

Auch in der **Kommunikationsstrategie** spiegeln sich unterschiedliche Zielsetzungen wider (vgl. *Wegener* 2008, S. 207). Auf der einen Seite soll zur Stärkung der Retail Brand eine integrierte Kommunikationsstrategie eingesetzt werden, d. h. es soll eine absolute Harmonisierung der werblichen Instrumente geschaffen werden. Auf der anderen Seite setzen Anbieter auf eine jeweilige Differenzierung in ihrer

Kommunikation und versuchen damit, die kanalspezifischen Möglichkeiten voll auszuspielen. Beim Elektronikanbieter Conrad z. B. stehen im Internet umfassende Suchmöglichkeiten und aktuelle Aktionen im Vordergrund. In den stationären Geschäften dagegen wird der fachkompetente Service besonders hervorgehoben.

In der **Servicepolitik** dagegen wird i. d. R. versucht, einheitliche Qualität und damit Standards zu liefern. Anders dagegen sieht es bei **Verkauf und Abwicklung** aus. Stationär kann durch Beratung der Kaufvorgang aktiv beeinflusst werden, dies ist im Internet oder bei Katalogkauf nicht möglich. Einige Unternehmen nutzen daher die Unterschiede der Kanäle für Differenzierung, die Mehrzahl garantiert hingegen eine identische Qualität (Verpackung, Zahlungsart, Rückgaberechte).

Kontrollfragen zu B

Lösungs-
hinweise

Seite

(1)	Was versteht man unter Vertriebsformen im Handel?	35
(2)	Was wird unter einem Betriebstyp verstanden?	35
(3)	Was ist ein Cash-and-Carry-Betrieb?	36
(4)	Was versteht man unter einem Rack Jobber?	36
(5)	Nach welchen Kriterien werden Betriebsformen im Einzelhandel unterschieden?	37
(6)	Unterscheiden Sie Fachgeschäft und Fachmarkt!	37
(7)	Was verstehen Sie unter dem Begriff Factory Outlet?	38
(8)	Unterscheiden Sie das Warenhaus vom SB-Warenhaus!	39/40
(9)	Grenzen Sie Supermarkt, Verbrauchermarkt und SB-Warenhaus voneinander ab!	39/40
(10)	Was ist ein Branching Out?	39
(11)	Was wird unter einem Convenience-Store verstanden?	40
(12)	Was ist der Unterschied zwischen Partievermarkter und Kleinpreisgeschäft?	41
(13)	Was wird unter Distanzhandel verstanden?	42
(14)	Welche Vertriebstypen lassen sich im Online Shopping einsetzen?	42/43
(15)	Was wird unter Direktvertrieb verstanden?	43
(16)	Was ist der ambulante Handel?	43
(17)	Welche Betriebsformen werden wahrscheinlich zukünftig an Bedeutung gewinnen?	44
(18)	Erläutern Sie den Begriff „Konzentration im Lebensmittel-Einzelhandel"!	46
(19)	Wie würden Sie die derzeitige Bedeutung der Lebensmittel-Discounter charakterisieren?	45/46
(20)	Wie charakterisieren Sie die Entwicklung im Versandhandel?	47

(21) Was sind die Unterschiede von Online Shopping und Katalog-versand?	48/49
(22) Was versteht man unter dem Begriff „Dynamik der Betriebsfor-men"?	55
(23) Erklären Sie die Phasen des Lebenszyklus der Betriebsfor-men!	56
(24) Was wird im Handel unter Restoring oder Restructuring ver-standen?	56
(25) Welche Veränderungen im weiteren Umfeld der Unternehmung sind verantwortlich für Store Erosion?	57
(26) Welche Veränderungen im näheren Umfeld der Unternehmung sind verantwortlich für Store Erosion?	57/58
(27) Mit welcher Strategie begegnen große Handelsunternehmen der Store Erosion?	58
(28) Was ist Multichannel-Retailing?	58
(29) Welche Ziele verfolgt ein Händler damit?	59
(30) Welche wesentlichen Entscheidungen müssen in diesem Zu-sammenhang getroffen werden?	59/60

Literatur

Ausschuss für Definitionen zu Handel- und Distribution: Katalog E, Köln 2006

Barth, K./Hartmann, M./Schröder, H.: Betriebswirtschaftslehre des Handels, 6. Aufl., Wiesbaden 2007

Berekoven, L.: Erfolgreiches Einzelhandelsmarketing; Grundlagen und Entscheidungshilfen, 2. Aufl., München 1995

Berger, S.: Ladenverschleiß (store erosion): Ein Beitrag zur Theorie des Lebenszyklus von Einzelhandelsgeschäften, Göttingen 1977

Bundesverband Versandhandel (bvh): Versandhandel in Deutschland, Ergebnisse, 2007, Zusammenfassung, http://www.versandhandel.org/uploads/media/Distanzhandel_in_Deutschland_07_Zusammenfassung_03.pdf, Abruf am 27.2.2008

Bundesverband Versandhandel (bvh): Entwicklung des E-Commerce in Deutschland (BtoC), Pressekonferenz, Düsseldorf 29. Okt. 2007, www.versandhandel.org/uploads/media/bvh_PraesentationPK_E_Commerce27_02.pdf, Abruf am 27.2.2008 (2007a)

EHI Retail Institute: Handel aktuell, Ausgabe 2007/2008, Köln 2007

Gümbel, R.: Handel, Markt und Ökonomik, Wiesbaden 1985

KPMG: Vertikalisierung im Handel, Auswirkungen auf zukünftige Absatzwegestruktur, 2001

KPMG/EHI: Status Quo und Perspektiven im deutschen Lebensmittel-Einzelhandel 2006, KPMG 2006

Lerchenmüller, M.: Handelsbetriebslehre, 4. Aufl., Ludwigshafen 2003

McNair, M.: Trends in Large-Scale Retailing, in: Harvard Business Review, Vol. 10, 1931, No. 1, S. 30-39

Müller-Hagedorn, L.: Handelsmarketing, 4. Aufl., Stuttgart/Berlin/Köln 2005

Nieschlag, R.: Dynamik der Betriebsformen im Handel, in: Tietz, B. (Hrsg.): Handwörterbuch der Absatzwirtschaft, Stuttgart 1974, Sp. 366-376

Schröder, H.: Multichannel-Retailing, Berlin/Heidelberg 2005

Thieme, J.: Versandhandelsmanagement, 2. Aufl., Wiesbaden 2006

Tietz, B.: Der Handelsbetrieb, 2. Aufl., München 1993

Wegener, M.: Erfolg durch kundenorientiertes Multichannel-Management, in: Riekhof, H.-C. (Hrsg): Retail Business in Deutschland, 2. Aufl., Wiesbaden 2008, S. 201-222

C. Marketingforschung

1. Begriff, Ziele und Methoden der Marketingforschung

Unter dem Begriff Marketingforschung wird die systematische Gewinnung, Auswertung und Interpretation von Informationen über jetzige und zukünftige Marketingsituationen und Entscheidungen eines Unternehmens verstanden (vgl. *Meffert / Burmann / Kirchgeorg* 2008).

Dabei durchläuft der Marktforschungsprozess unabhängig vom Entscheidungsproblem mehrere Stufen, die als die **Phasen der Marketingforschung** bezeichnet werden.

- **Problemdefinitions- bzw. Designphase:** Zunächst wird definiert, worin das Entscheidungsproblem besteht. Dieses wird umformuliert in marktforschungsspezifische Fragestellungen.

- **Informationsgewinnungsphase:** Aus den unterschiedlichen Instrumenten der Marketingforschung werden diejenigen ausgewählt, die sich für das spezielle Untersuchungsproblem am besten eignen. Daraufhin wird die Datenerhebung durchgeführt.

- **Informationsverarbeitungsphase:** Die erhobenen Daten werden verarbeitet, ausgewertet und interpretiert. In der Dokumentation werden alle Informationen aus unterschiedlichen Quellen zusammengefasst und präsentiert.

- **Kommunikationsphase:** Die Informationen werden auf die einzelnen Entscheidungsträger im Unternehmen abgestimmt und an sie weitergeleitet.

Unabhängig vom jeweils untersuchten Problem sollte berücksichtigt werden, dass diese Informationen die Datenbasis für wichtige Entscheidungen darstellen. Da von ihnen häufig weitreichende Konsequenzen für die Unternehmung ausgehen, sollten sie abgesichert und objektiv sein. Daher müssen sie bestimmten **grundsätzlichen Anforderungen und Beurteilungsmaßstäben** genügen (vgl. *Meffert / Burmann / Kirchgeorg* 2008, S. 146).

- **Relevanz** und **Vollständigkeit** stellen die wichtigsten Beurteilungsmaßstäbe von Informationen dar. Das Ziel kann es nicht sein, alle verfügbaren Informationen zu sammeln. Entscheidend ist, dass sie auf das jeweilige Entscheidungsproblem abgestimmt sind und auf die einzelnen Entscheidungsträger zugeschnitten werden.

- Unter **Zuverlässigkeit (Reliabilität)** wird die formale Genauigkeit von Daten verstanden. Bei wiederholten Messungen unter identischen Versuchsbedingungen müssen die Daten reproduzierbar sein. Anders ausgedrückt: Die Ergebnisse müssen unabhängig sein von einem einmaligen Messvorgang.

- Die **Gültigkeit (Validität)** bringt zum Ausdruck, inwieweit inhaltlich auch tatsächlich der Sachverhalt gemessen wird, den man zu messen beabsichtigte. Für betriebswirtschaftliche Entscheidungen spielt ferner die **Aktualität** der Daten eine entscheidende Rolle. Die benötigten Daten müssen rechtzeitig zum Entscheidungsträger gelangen. Gleichzeitig müssen sie die aktuelle Situation widerspiegeln. Dies stellt in der Praxis häufig ein Problem dar. Je umfangreicher die benötigten Daten sind, desto länger dauert die Untersuchungsphase. Unter Umständen kann sich eine Unternehmung dies nicht leisten, da die Mitbewerber eher reagieren könnten.

- Aus betriebswirtschaftlicher Perspektive ist immer der **Kosten-Nutzen-Effekt** von zentralem Interesse. Informationsgewinnung lohnt sich unter dieser Prämisse so lange, wie der Nutzen der gewonnenen Information die Kosten übersteigt.

Werden die benötigten Informationen nach ihrer Herkunft klassifiziert, lassen sich generell betriebsinterne und externe Quellen unterscheiden. Unter **betriebsinternen** Daten werden diejenigen verstanden, die im Handelsbetrieb selbst anfallen und somit leicht beschafft werden können. Als Beispiele können Absatzstatistiken und Kundenstatistiken genannt werden. Dagegen müssen **betriebsexterne** Daten von außen in Erfahrung gebracht werden. Generell können Daten auf dem Weg der Sekundär- oder Primärforschung beschafft werden. Im Falle der Primärforschung werden die **Befragung**, die **Beobachtung** und das **Experiment** unterschieden (vgl. *Berekoven / Eckert / Ellenrieder* 2006, *Kuß* 2007, *Weis / Steinmetz* 2005).

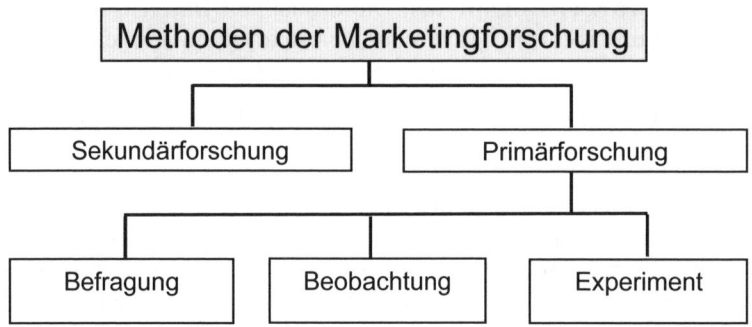

Unter **Sekundärforschung** (desk research) wird die Beschaffung und Auswertung bereits vorhandenen Materials verstanden. Gewissermaßen ist darunter „Informationsmaterial aus zweiter Hand" zu verstehen. Diese Informationen werden unter dem Aspekt der Fragestellung ausgewertet. In der Marktforschung gilt allgemein die Regel: **Sekundärforschung kommt vor Primärforschung!** Die Gründe dafür liegen darin, dass die Auswertung von Sekundärmaterial i. d. R. günstiger ist als die Erhebung von Primärdaten, zudem sind sie im Normalfall schneller zu beschaffen (vgl. *Berekoven / Eckert / Ellenrieder* 2006). Dazu kommt, dass bestimmte Daten wie beispielsweise solche zur wirtschaftlichen Gesamtsituation nicht selbst erhoben werden können.

In vielen Fällen reicht das Sekundärmaterial nicht aus, um Antwort auf eine spezifische Frage zu erhalten. Die Daten können veraltet sein, sie sind nicht detailliert genug oder es bestehen Zweifel an der Zuverlässigkeit. In diesem Fall kann die Sekundärforschung zur Einarbeitung in die Materie sowie zur Vorbereitung der Primärerhebung dienen.

Unter **Primärforschung** (field research) wird die Gewinnung originärer Daten verstanden. Im Gegensatz zur Sekundärforschung wird hier nicht vorhandenes Material neu ausgewertet, sondern es werden neue Informationen „vor Ort" gewonnen. Dazu können unterschiedliche Methoden eingesetzt werden.

Die **Befragung** wird heute als wichtigste Methode der Informationsbeschaffung betrachtet. Unter einer Befragung wird ein systematisches Vorgehen verstanden, bei dem Personen durch gezielte Fragen zur Abgabe verbaler Informationen veranlasst werden sollen. Diese Methode, die zur Informationsgewinnung am weitesten verbreitet ist, dient der Erfassung sowohl des beobachtbaren als auch des nicht beobachtbaren Verhaltens. Ein wesentlicher Einsatzpunkt von Befragungen ist die Erforschung des bisherigen Kaufverhaltens (welche Produkte, welche Menge, wie, wo, wann) und der Einstellungen und Motive von Kunden und Nichtkunden. Bei der Durchführung von Befragungen müssen zahlreiche Gestaltungsrichtlinien und -alternativen beachtet werden (vgl. *Weis/Steinmetz* 2005). Sie betreffen zum einen die Form, in der die Befragung durchgeführt wird: mündlich, telefonisch, schriftlich oder internetbasiert. Zum anderen ist die Güte der Marktforschungsergebnisse in hohem Maße von der Auswahl der Befragten abhängig.

Unter einer **Beobachtung** versteht man die zielgerichtete und planmäßige Erfassung von sinnlich wahrnehmbaren Sachverhalten im Augenblick ihres Auftretens durch andere Personen als die, um deren Eigenschaften und Verhaltensweisen es geht. Dies kann mit oder ohne technische Hilfsmittel geschehen (vgl. *Berekoven/Eckert/Ellenrieder* 2006). Anders ausgedrückt, das Verhalten einer beobachteten Person wird von einer anderen oder einem technischen Gerät erfasst und ausgewertet.

Bei dem **Experiment** handelt es sich nicht um eine eigene Erhebungsmethode, sondern um eine bestimmte Versuchsanordnung. Damit sollen **Ursache-Wirkungs-Beziehungen** überprüft werden. Durch Veränderung einer Größe (seltener: mehrerer Größen) wird die Auswirkung dieser Veränderung auf andere Größen aufgezeigt. So kann beispielsweise die Wirkung einer Preissenkung oder einer Zweitplatzierung getestet werden. In der Regel wird die isolierte Veränderung eines einzigen Inputfaktors auf das Output getestet (vgl. *Berekoven/Eckert/ Ellenrieder* 2006).

2. Begriff, Besonderheiten und Einsatzgebiete der Handelsmarketingforschung

Begriff, Aufgaben, Phasen der Marketingforschung sowie die Anforderungen an die gewonnenen Daten sind branchenübergreifend zu sehen, hier unterscheidet man nicht zwischen Industrie, Handel und Dienstleistern. Aus der spezifischen Handelsleistung resultieren hingegen **Besonderheiten der Handelsmarketingforschung** gegenüber der industriellen Marketingforschung. Auch ist der Handel in zunehmendem Maße bestrebt, für seine unterschiedlichen Betriebstypen verschiedene Marketingstrategien und -taktiken auszuarbeiten und sich am Markt zu profilieren. Dazu wird teilweise eine auf die Branche zugeschnittene Marktforschung benötigt. Die Unterschiede zwischen Hersteller- und Handelsmarktforschung sind im Wesentlichen (vgl. *Falk / Wolf* 1992, S. 149 ff., *Weis / Steinmetz* 2005, S. 433):

- Der **Standort** ist von großer Bedeutung im Hinblick auf Bedarf, Kaufkraft und Konkurrenz im Einzugsgebiet. Groß- und Einzelhandelsbetriebe verfügen meist über ein regional oder sogar lokal begrenztes Absatz- bzw. Einzugsgebiet. Dabei handelt es sich um im Allgemeinen relativ überschaubare Teilmärkte, über die sehr tiefgehende und differenzierte Informationen gewonnen werden können, die jedoch i. d. R. selbst erhoben werden müssen, da Probleme bei der Auswertung von Sekundärforschung bestehen. Die meisten Statistiken sind für Handelszwecke zu stark zusammengefasst, als dass sie nützlich sein könnten. Die Kaufkraft einer Region beispielsweise nützt einem kleinen Einzelhändler wenig, er möchte sie auf sein Einzugsgebiet beziehen.

- Vorteilhaft für den Handel ist die **Kundennähe**. Hier bestehen persönliche Kontakte zwischen Unternehmen und Kunden, über die Hersteller i. d. R. nicht verfügen. Daher finden im Handel neben der Befragung verstärkt Marktforschungsmethoden wie die Beobachtung Einsatz.

- Mit Bezug auf die Kundenorientierung ist die Kenntnis über die **Käuferstruktur** und ihr **Kaufverhalten** von zentraler Bedeutung. **Kundenzufriedenheit** und die sie bestimmenden Faktoren gelten ebenfalls als ausschlaggebend.

- Aufgrund der filialisierten Struktur und unterschiedlichen Betriebstypen vieler Handelsunternehmen fällt der **Informationsbedarf spezifisch** und vor Ort an. Daten aus anderen Betrieben können unter Umständen kaum verwendet werden, da auf die filialrelevanten Faktoren nicht eingegangen wird. Auch benötigen unterschiedliche Betriebsformen differenzierte Marketingstrategien. Dies bedeutet, dass Marktanalysen gegebenenfalls mehrfach durchgeführt werden müssen.

- Während in der industriellen Marktforschung das Produktimage im Mittelpunkt der Imageforschung steht, kommt die zentrale Bedeutung hier dem **Einkaufsstättenimage** zu. Dies lässt sich in Komponenten wie Preisimage, Qualitätsimage, Sortimentsimage etc. differenzieren.

- Ferner ist im Handel die **horizontale Kooperation** von Bedeutung. Händlergemeinschaften wie Shopping Center, Fußgängerzonen, Großhandelszentren haben ähnlichen Bedarf an Informationen, die durch spezielle, gemeinsam angewandte Marktforschungsmethoden gedeckt werden können.

Aus diesen Besonderheiten lassen sich mehrere zentrale Einsatzgebiete identifizieren, in denen die Marketingforschung in Handelsunternehmen von besonderer Relevanz ist. Diese beziehen sich auf:

3. Einsatzgebiete der Marketingforschung im Handel

3.1 Kundenorientierte Marketingforschung

Ein Schwerpunkt der Marketingforschung im Handelsbereich ist die **Kundenforschung**. Sie beinhaltet die Gewinnung und Analyse aller Informationen, welche die Kunden des Unternehmens betreffen. Für den Großhandel sind dies die Einzelhändler sowie die Großverbraucher, für den Einzelhändler diejenigen Personen, die innerhalb einer bestimmten Periode mindestens einmal eingekauft haben.

3.1.1 Kundenbeobachtung

3.1.1.1 Analyse von Kassenbon und Laufverhalten

Die **Kundenbeobachtung** kann bereits mit im Einzelhandel vorhandenen Hilfsmitteln durchgeführt werden.

Bonanalyse: Mithilfe der **Kassenbons** lässt sich Aufschluss gewinnen über

- die Zahl der Kunden pro Tag/Woche/Monat
- die zeitliche Verteilung der Einkäufe
- die Einkaufsbeträge pro Kunde
- die Artikelzahl pro Kunde

Einfach durch Mitarbeiter zu beobachten ist die **Struktur der Kundschaft** nach Alter und Geschlecht. Durch Kombinationen lassen sich erste Rückschlüsse bilden (vgl. *Berekoven* 1995, S. 370 f.). Es lässt sich beispielsweise feststellen, dass morgens ein hoher Anteil an älteren Frauen mit niedrigen Einkaufsbeträgen einkauft. Diese Form der Kundenbeobachtung sollte von Zeit zu Zeit wiederholt werden. Auf diese Weise lässt sich erkennen, wie sich beispielsweise neue Ladenöffnungszeiten auf die Kundenstruktur auswirken.

Um Platzierungspotenziale auszuschöpfen, ist es notwendig, dass **Laufverhalten der Kunden** im Geschäft zu beobachten. Es empfiehlt sich, **Kundenlaufstudien** dergestalt durchzuführen, dass der Kunde sich seiner Rolle als Beobachteter nicht bewusst ist. Sollen tiefer gehende Informationen gewonnen werden über seine Beweggründe und Motive, ist zu empfehlen, die Beobachtung mit einer anschließenden Befragung zu koppeln.

Folgende Informationen lassen sich aus **Kundenlaufstudien** gewinnen:

- durchschnittliche Aufenthaltsdauer im Geschäft
- der Lauf durch das Geschäft
- die Art und Anzahl der Warengruppen/Abteilungen, die aufgesucht wurden
- die Verweildauer bei den Warengruppen/in den Abteilungen
- die Reaktion auf Sonderangebote
- die Zahl der Einkäufe, die getätigt wurden

Bei der Wahl der Registrierungsform ist zu beachten, dass die Beobachter in der Regel von umfangreichen Schreibarbeiten während der Beobachtung entlastet werden sollten, da diese sich auf ihre eigentliche Aufgabe konzentrieren müssen. Neben dem Einsatz von Diktiergeräten, die aufwändig auszuwerten sind, empfiehlt sich ein gut strukturierter Beobachtungsbogen, der den Aufwand der Eintragung minimiert. Hier sollte festgehalten werden:

- der Grundriss des Geschäftes, in den der Kundenlauf eingezeichnet werden kann
- statistische persönliche Daten des Kunden, soweit sie ohne Befragung geschätzt werden können (z. B. Geschlecht/Alter)
- Tag, Uhrzeit und Dauer der Beobachtung
- welche Kaufabschlüsse in welcher Abteilung getätigt wurden

Ein Beispiel stellt der folgende Bogen dar:

Kundenanalyse im Shopping-Center
Beobachtungsbogen

1. Beobachter-Name ....
2. Beobachtungstag ....
3. Nummer der Beobachtung ....
4. Beobachtungsbeginn - Uhrzeit ....
5. Center-Eingang ....
6. Einzelbesuch: ....
   (a) Geschlecht
      1. Weiblich
      2. Männlich
   (b) Alter
      1. Unter 20 Jahre
      2. 20 bis 29 Jahre
      3. 30 bis 39 Jahre
      4. 40 bis 49 Jahre
      5. 50 bis 59 Jahre
      6. 60 Jahre und älter
7. Gruppenbesuch
   (a) Erwachsen(e)r
      1. Weiblich
      2. Männlich
   (b) Kinder
      1. Weiblich
      2. Männlich
8. Kundenlauf durch das Center:

(a) Besuchte Betriebe	(b) Aufenthaltsdauer in Minuten	(c) Kaufabschluss ja/nein
1.		
2.		
3.		
4.		

      5. Keinen Betrieb
         aufgesucht
9. Gebäudeausgang ....
10. Grundstücksausgang ....
11. Verkehrsmittelart:
   (a) Fußgänger
   (b) Busbenutzer
   (c) Radfahrer
   (d) Motorradfahrer
   (e) Kfz-Benutzer - Amtl. Kennz.
12. Beobachtungsende - Uhrzeit+C20
13. Ist die Beobachtung vom Beobachteten bemerkt worden?
   (a) nicht bemerkt worden
   (b) nicht korrekt zu bestimmen
   (c) bemerkt worden
14. Sonstige Bemerkungen des Beobachters über den Kundenlauf?

Ort, Datum, Unterschrift: ....

Abb.: Beobachtungsbogen für eine Kundenanalyse
Quelle: *Weis / Steinmetz* 2005, S. 440

Aus der Auswertung einer solchen Kundenlaufstudie kann ersehen werden, welche Teile des Geschäftes stark und welche weniger stark frequentiert sind. Daraus lassen sich Schlussfolgerungen bezüglich der Abteilungs- und Warenplatzierung ableiten.

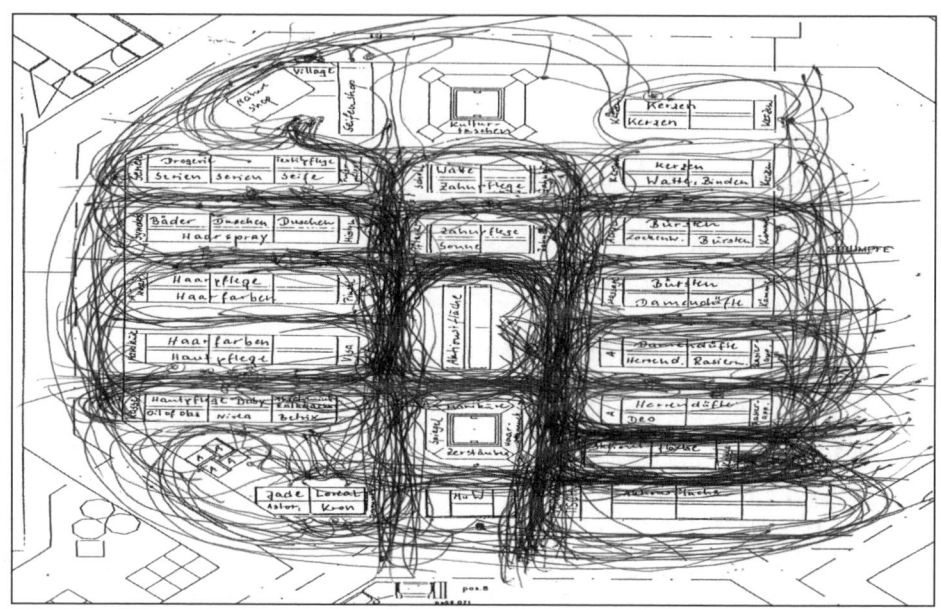

Abb.: Auswertung einer Kundenlaufstudie in der Parfumerie-/Drogerieabteilung eines Warenhauses

Quelle: *Luxenburger* 2000

Auf der Basis dieser Informationen lassen sich Platzierungsempfehlungen aussprechen. In diesem Beispiel wurde aufgrund der Erkenntnisse aus der Laufstudie folgende Warenplatzierung empfohlen:

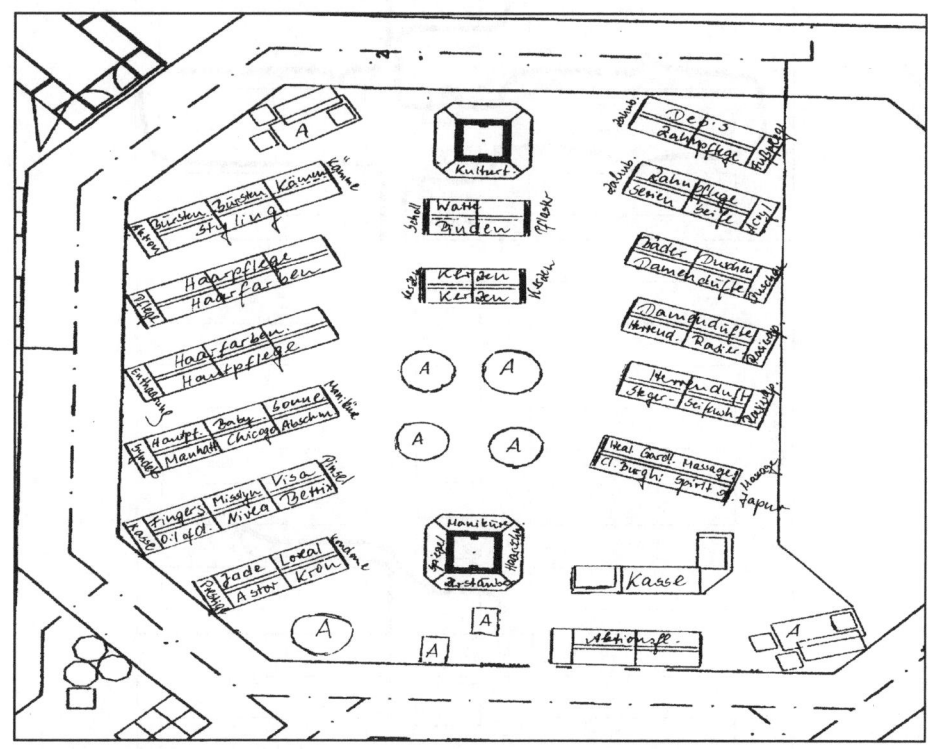

Abb. Anordnungs- und Platzierungsvorschlag für die Parfumerie-/Drogerieabteilung eines Warenhauses
Quelle: *Luxenburger* 2000

Im Rahmen dieser Beobachtungen lassen sich auch unterschiedliche Formen des Laufverhaltens unterscheiden. Die „Bummler" verbrachten z. B. am meisten Zeit in der Abteilung, generierten jedoch auch die höchste Bonhöhe, während die „Schnellkäufer" den niedrigsten Betrag ausgaben. Ferner handelte es sich bei den „Bummlern" meist um jüngere Frauen, die ein besonders starkes Interesse an dekorativer Kosmetik zeigten.

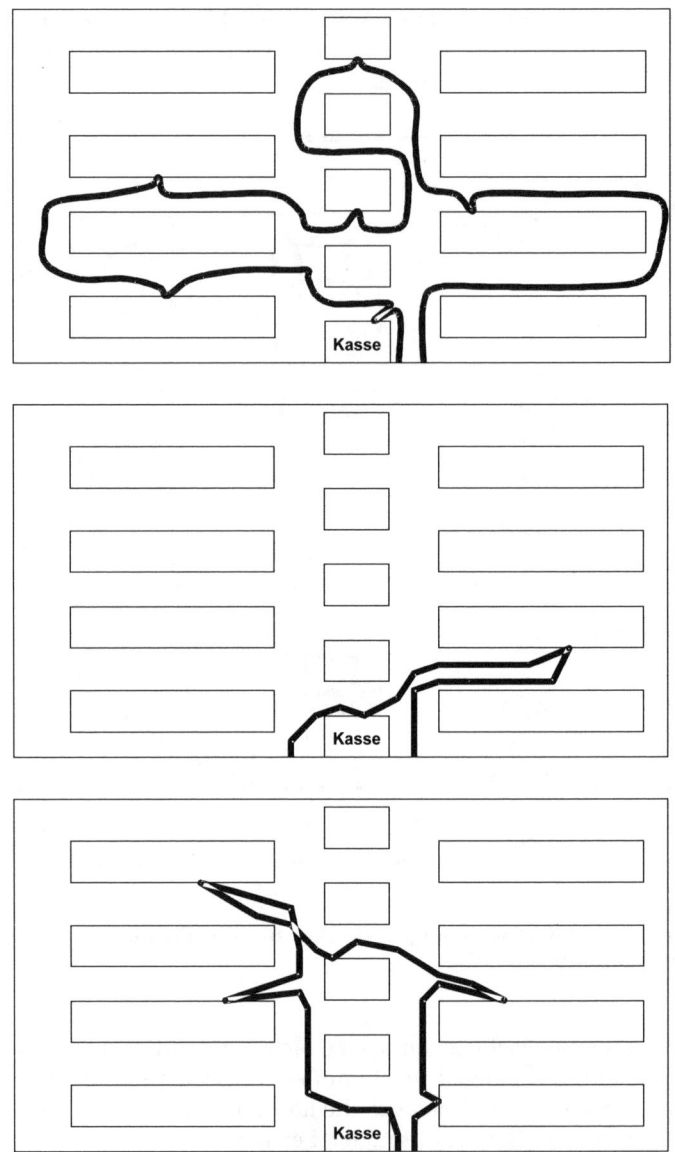

Abb.: Typisches Einkaufsverhalten von Bummlern, Schnell- und Zielkäufern

Die Aussagekraft von Kundenbeobachtungen lässt sich stark erhöhen, wenn sie mit einer anschließenden Befragung oder einer Kassenbonanalyse gekoppelt wird, da hier Aussagen über die Umsätze einzelner Kundengruppen geliefert werden können.

3.1.1.2 Analyse der Warenplatzierung mittels Eye Tracking

Beobachtungen des Verhaltens am Regal können durch **Blickregistrierung (Eye Tracking)** analysiert werden. Die Versuchspersonen betreten ein Geschäft, um dort ihre Einkäufe zu tätigen. Dabei tragen sie einen Fahrradhelm mit eingebautem Blickaufzeichnungsgerät. Auf dieses Weise kann ermittelt werden, wohin sich ihr Blick richtet und wie lange er dort verweilt. Die Daten werden per Funk an einen zentralen Rechner gesendet und dort ausgewertet. Nach dem Einkauf führen Interviewer meist ergänzende Tiefeninterviews mit den Versuchspersonen durch.

Abb.: Versuchsperson mit Blickaufzeichnungsgerät im Supermarkt
Quelle: *Schießl / Diekmann* 2007

Ziel des Blickregistrierungsverfahren ist es, Aufschluss über eine wirtschaftliche Raumverteilung und Regalplatzzuweisung zu erhalten (vgl. Kap. E, 2.3.3). Um den Gesamtertrag zu optimieren, benötigt der Händler Informationen über die Wertigkeit von Regalzonen und der einzelnen Artikel. Der Einsatz des Eye Tracking-Verfahrens dient dazu, folgende Fragen zu beantworten (vgl. *Schroeder / Berghaus / Zimmermann*: 2005, S. 32):

- Was nehmen Kunden am Regal wahr, was wird übersehen?

- Welche Regalbereiche werden wie lange betrachtet?

- Wie verläuft der Blick des Kunden und welche Blickverlaufsmuster lassen sich identifizieren?

- Gilt die Aufmerksamkeit eher dem Regalplatz oder einem bestimmten Artikel, der dort platziert wurde?

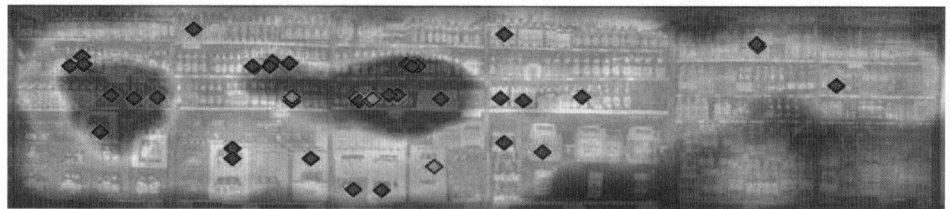

Abb.: Aufmerksamkeits- und Kaufzonen am Regal
Quelle: Quelle: *Schießl / Diekmann* 2007

Legende: In den Regalbereichen, die am meisten Aufmerksamkeit bekommen (dunkle Flächen), finden die meisten Käufe (Rauten) statt.

Praxisbeispiel: Shopper Research am Knorr-Regal

Jede Woche gibt es 600 neue Artikel im Lebensmitteleinzelhandel. Die konkrete Entscheidung fällt zunehmend erst am POS. Daher kommt der richtigen Warenplatzierung eine immer höhere Bedeutung zu. Unilever erforscht systematisch das Knorr-Regal. Dabei hat sich ein zweistufiges Vorgehen bewährt. Zuerst erfolgt eine Grundlagenstudie, dann wird ein Instore-Test zur Analyse des Kaufverhaltens unter veränderten POS-Konzepten durchgeführt. In mehreren Projekten wurden über zwei Jahre die Bewegungen am Regal von 47.000 Regal-Besuchern aufgezeichnet.

In der Grundlagenstudie wurde zunächst untersucht, wie sich das Kaufverhalten bei unterschiedlichen Platzierungen verhält. Erfasst wurden die Zahl der das Regal aufsuchenden Personen (Frequenz), Information, Zugriff, Verweildauer und Zugriffsmuster. Unilever stellte fest, dass die Fix-Produkte von Knorr als Magneten im Regal fungieren und die höchsten Frequenzwerte erreichen. 40 % der Shopper suchen sie auf, und die Frequenz ist mit 20 % die höchste der Warengruppe. Die Konsumenten beschäftigen sich sehr intensiv mit dem Regal, im Durchschnitt liegt die Verweildauer bei 37 Sekunden. Dabei greift der Kunde dreimal zu.

Im zweiten Schritt wurde die Anordnung der Produkte im Regal analysiert. Dies erfolgte über eine Analyse der Zugriffsmuster. Dabei wurde festgestellt, dass nebeneinander liegende Segmente sehr hohe Abstrahlungseffekte aufwiesen, während sich zu entfernter liegenden Produkten kaum Verbundeffekte aufzeigen ließen. Dementsprechend wurde das Regal so ausgerichtet, dass diese gefördert wurden.

Angeregt durch die Ergebnisse der Studie wurde ein Visibility-Konzept entwickelt, um dem Kunden die Orientierung am Regal zu erleichtern. Knorr setzte „Fahnen" ein, vertikal ausgerichtete Banner, die vor dem Regal hingen und es sichtbar unterteilten. Dies resultierte in einem 16 % schnelleren Entscheidungsprozess, die Suchwege verringerten sich um 23 %. Es stellt sich heraus, dass die Fahnen beim Stöbern störend wirken können. Dies resultierte in einem geringen Umsatzeinbruch. Allerdings zeigte es sich auch, dass die Fahnen nur dann störten, wenn sie in einem Abstand von unter 1,50 m platziert wurden. Größere Abstände wirkten sich dagegen positiv auf Zugriffe und Käufe aus.

Quelle: Groepler / Steckner 2007

Ergebnisse von Studien zum Eye Tracking am Regal

- Leven untersuchte das Blickverhalten an Zeitschriftenregalen. Er fand heraus, dass viele Kunden ihre Suche in der oberen Regalmitte begannen und die Randbereiche eher vernachlässigten. Die Suche ging über verschiedene Regalböden, war demnach vertikal ausgerichtet.

- Schwarzkopf & Henkel beobachteten die Wahrnehmung an einem Regal mit Drogerieartikeln. Als Ergebnis fanden sie, dass sich Kunden bei kurzen (3-4 m) und niedrigen Regalen (1,40 m), die im 90 Grad-Winkel zum Hauptgang ausgerichtet sind, auf die Mitte des Regals konzentrieren. Bei einem 45 Grad-Winkel zum Hauptgang beschäftigen sich die Kunden eher mit dem ersten Teil des Regals.

- Wella beobachtete Kunden an Regalen mit Haarcolorationen. Sie fanden heraus, dass sich die Kunden offenbar an Produktkriterien orientierten (z. B. Produktart, Farbe, Marke).

Quelle: *Schroeder / Berghaus / Zimmermann* 2005, S. 32

Nach aktuellen Erkenntnissen der neurokognitiven Forschung verläuft das Aufmerksamkeitsverhalten der Kunden in Supermarkt in drei Phasen nach dem **ARC-Modell** (Awareness, Relevance, Consideration) (vgl. *Schießl / Diekmann* 2007):

- **Awareness:** Jeder Kunde verschafft sich erst einmal einen groben Überblick am Regal. Während ca. 5 Sekunden registriert er, wo sich welche Produktkategorie befindet. Dabei orientiert er sich an Farben, Formen und Marken.

- **Relevance:** Der Kunde fokussiert sich auf einzelne Produkte und überprüft, ob diese in sein Relevance-Set, d. h. das Alternativenspektrum, welches in die engere Auswahl gelangt, passen.

- **Consideration:** Der Kunden nimmt das Produkt vor der eigentlichen Entscheidung in die Hand und überprüft den Preis. Er informiert sich genauer über bestimmte Produktmerkmale.

3.1.1.3 Testkaufforschung

Zur **Testkaufforschung** werden die so genannten **Mystery Shopper** eingesetzt. Dabei handelt es sich um „geheimnisvolle Käufer", meist Mitarbeiter eines Marktforschungsinstituts, die durchschnittliche Kunden beim Kauf simulieren. Formal ist diese Form der Datenerhebung als eine teilnehmende Beobachtung einzuschätzen. Die Testkäufer kaufen in mehreren Abteilungen/Filialen bestimmte Artikel ein. Oftmals handelt es sich dabei um erklärungsbedürftige Produkte, um das Beratungsgespräch des Verkäufers bewerten zu können. Im Anschluss an die Käufe wird ein Beurteilungsbogen ausgefüllt. Dies geschieht meist außerhalb des Geschäftes, denn der Mystery Shopper muss unerkannt bleiben. Im Vorfeld der Erhebung ist darauf zu achten, dass dieser Fragebogen weitestgehend standardisiert

wird. Dabei ist zu beachten, dass Mitarbeiter stets mehrmals beurteilt werden soll-
ten, da eine einmalige Bewertung leicht zu Verzerrungen führen kann. Derartige
Testkäufe sollten mehrmals pro Jahr durchgeführt werden. Die Ergebnisse geben
Aufschluss über die Kundenorientierung der Mitarbeiter und über Stärken und
Schwächen des Betriebes.

Generell lassen sich **drei Arten von Testkäufern** unterscheiden (vgl. *Haller*
1999, S. 138):

- Einsatz von „**Checkern**": Dabei handelt es sich um speziell für diese Aufgabe authorisierte Mitarbeiter der Unternehmen. Sie kennen die Standards und
  können Mitarbeiter bei der Durchführung der Aufgabe beobachten und beurteilen. Sie können die Ergebnisse auch mit den Beobachteten auswerten und
  Verhaltensanregungen geben. Nachteilig dagegen ist, dass sie erkannt werden
  können, entweder persönlich oder weil sie sich nicht so verhalten wie Durch-
  schnittskunden. Zudem kann der Fokus hier zu stark auf internen Standards
  liegen, Kundenerwartungen und Konkurrenzstandards werden dagegen vernachlässigt.

- Einsatz von „**Experten**": Hierunter werden externe Tester verstanden, die sich
  auf ihrem Gebiet eine hohe Kompetenz erworben haben. Bekannt sind sie vor
  allen aus der Gastronomie. Sie kennen Wettbewerbsumfeld und branchenüb-
  liche Standards. Daher eignen sie sich besonders für vergleichende Branchen-
  studien. Der potenzielle Nachteil liegt jedoch darin, dass sie i. d. R. nicht zur
  Zielgruppe gehören und andere (höhere) Maßstäbe als die Kunden setzen.

- Einsatz von „**Kunden**": Hierbei handelt es sich um externe Personen, die möglichst die gleichen Merkmale aufweisen sollten wie die Zielgruppe. Daher werden hier auch Bewertungsmaßstäbe von Durchschnittkunden zugrunde gelegt.
  Nachteilig ist, dass sie oftmals nicht geschult und auch mit den internen Standards nicht vertraut sind.

Beobachtungsbogen Testkauf

Paginier-Nr.: ....
Studien-Nr.: ....
Interviewer-Nr.: ....

1. Uhrzeit
   9:00-12:00 Uhr ☐
   12:00-15:00 Uhr ☐
   15:00-18:00 Uhr ☐
   18:00-20:00 Uhr ☐

2. Abteilung-Nr. ....
   Verkäufer-Name ....

3. Barkauf ☐
   Kundenkartenkauf ☐
   Nicht-Kauf ☐
   Rückgabe ☐

4. Wie lange hatten Sie zu warten, bis Sie bedient wurden?
   überhaupt nicht (unter 1/2 Minute) ☐
   kurze Zeit (ca. 2 Min.) ☐
   lange Zeit (ca. 5-10 Min.) ☐
   sehr lange (über 10 Min.) ☐

5. In welcher Situation fanden Sie das Personal vor?
   war beim Bedienen war anderweitig beschäftigt ☐
   war ohne Beschäftig. ☐
   war in Unterhaltung mit Kollegen ☐

6. War die Aufsicht anwesend?
   ja ☐
   nein ☐

7. Wie bereitwillig war das Personal, Sie zu bedienen?
   wurde sofort angespr. nach einigem Warten angesprochen ☐
   durch eigene Initiative kam bald das Verkaufspersonal ☐
   durch eigene Initiative kam nach längerer Wartezeit (üb. 5 Min.) Verkaufspersonal ☐
   auf anderes Personal verwiesen ☐

8. Wie war die Bedienung aufgelegt?
   sehr freundlich (z. B. mit Lächeln) ☐
   durchschnittlich (ohne eine Stimmung anzumerken) ☐
   schlecht aufgelegt (mit abfäll. Bemerkg.) ☐

9. Welchen Eindruck hatten Sie vom Erscheinungsbild der Bedienung?
   wirkte sehr gepflegt (Kleidung und Aufmachung vorbildlich) ☐
   wirkte durchschn. gepflegt (alles in Ordnung)^ ☐
   wirkte etwas ungepflegt (z. B. unfrisiert, unpassende Schuhe) ☐
   wirkte sehr ungepflegt (z. B. schlampig, schmutzig) ☐

10. Wie stand es mit der Bereitschaft, Sie zu beraten?
    sehr gute Beratung (wurde sofort beraten) ☐
    gute Beratung (auf Anfr.ber.) ☐
    mittelgute Beratung (nur teilweise beraten) ☐
    mäßige Ber. (nur zögerl. ber.) ☐
    schlechte Beratung (falsche oder keine Beratung) ☐

11. Wurde von d. Bed. darauf hingew., dass d. gl. Ware auch an and. Stellen zu kaufen ist?
    kein Hinweis ☐
    Hinweis auf andere Abteil. ☐
    Hinweis auf andere Geschäfte ☐
    Hinweis auf andere Geschäfte und Abteilungen ☐

12. **Nur bei Kundenkartenkauf:** Wie sicher beherrscht die Bedienung die Kundenkarte?
    wusste mit d. KK gut Bescheid (zügige Abwicklung) ☐
    war etwas unsicher m. d. KK (umständl. Abwicklung) ☐
    konnte m. d. KK nicht genüg. umgehen (musste nachfragen) ☐
    konnte m. d. KK überhaupt nicht umg. (jem. anders musste die Abwicklung vornehmen) ☐

13. Wie freundlich verhielt sich die Bedienung beim Zeigen der KK?
    war freundlcher als vorher ☐
    zeigte weiter das bisherige Verhalten ☐
    war jetzt ungeduldig oder weniger freundlich ☐

14. **Nur bei Nichtkauf:** Wie verhielt sich das Personal bei Nichtkauf?
    noch freundlicher als beim vorhergh. Verkaufsgespräch ☐
    gleiches Verhalten wie vorher ☐
    merkl. nachlassend im Verh. ☐
    ausgesprochen ungehalten ☐

15. Besonders pos. Vorkommnisse ....
    Bes. neg. Vorkommnisse ....

16. Würden Sie sich beim nächsten Eink. wieder vom gleichen Verk. bedienen lassen?
    gleiche Bed. bevorzugen ☐
    andere Bed. bevorzugen ☐

Abb.: Beobachtungsbogen (Testkaufforschung)
Quelle: *Falk / Wolf* 1992, S. 208

3.1.2 Kundenstruktur- und Zufriedenheitsanalyse

Ziel einer **Kundenanalyse** ist es, festzustellen, welche **Zielgruppen** die Unternehmung hauptsächlich anspricht. I. d. R. plant ein Handelsunternehmen eine bestimmte Kernzielgruppe anzusprechen. Mittels dieser Analyse kann überprüft werden, ob diese geplante Kundenstruktur auch tatsächlich erreicht wurde. Zu diesem Zweck ist die Befragung einzusetzen. Von Interesse sind beispielsweise folgende Daten:

- **geografische** Daten: Einzugsgebiet, Wohnort, Wohngegend, Bevölkerungsdichte

- **soziodemografische** Daten: Alter, Geschlecht, Haushaltsgröße, Beruf, Einkommen

- **psychografische** Daten: Lebensstil, Geschmack, Trend

Es lassen sich folgende **Kundentypen** unterscheiden:

- **Loyale Kunden** sind solche, die regelmäßig in einem Geschäft einkaufen. Sie sollten unbedingt gehalten werden. Dieses spezifische Geschäft hat für sie Priorität.

- Zu den **Stammkunden** zählen solche, die mehrere unterschiedliche Stammgeschäfte haben, die sie abwechselnd aufsuchen. Ihre Geschäftswahl nennt man auch „vagabundierend" (*Theis* 2008, S. 390). Dies liegt darin begründet, dass es für sie das „ideale" Geschäft nicht gibt. Um ihre Bedürfnisse zu befriedigen, suchen sie daher unterschiedliche Läden auf.

- **Gelegenheitskunden** kaufen nur ab und an in einem bestimmten Geschäft ein, wobei die Wahl im Wesentlichen ungeplant erfolgt.

Unter Umständen konstatiert eine Handelsunternehmung, dass ihre tatsächliche Hauptkundengruppe stark von ihrer ursprünglich geplanten Zielgruppe abweicht. Prinzipiell stehen dann zwei Möglichkeiten zur Verfügung. Die Handelsunternehmung kann sich einerseits stärker auf die derzeitige Hauptzielgruppe ausrichten im Hinblick auf Sortiment, Preis und Kommunikation. Die andere Möglichkeit besteht darin, dass versucht wird, die ursprünglich anvisierte Zielgruppe stärker zu umwerben und sie als Kunden zu gewinnen.

Befragungen zur **Kundenstruktur** können mit solchen zur **Kundenzufriedenheit/Qualität** kombiniert werden. Hier geht es in erster Linie darum, die Stärken und Schwächen des Betriebskonzepts aufzudecken. Darauf aufbauend können Maßnahmen eingeleitet werden, die zur Qualitätsverbesserung beitragen.

Je schwieriger das Marktumfeld des Handelsunternehmens und je intensiver der Wettbewerb, desto wichtiger wird es für das Unternehmen, sich mit der Erhaltung und Pflege bestehender Kundenbeziehungen auseinander zu setzen. Gebundene Kunden nehmen die Leistungen ihres Anbieters häufiger und in größerem Umfang in Anspruch und sind i. d. R. auch weniger preissensibel. Die Kundenzufriedenheit ist einer der wesentlichen Faktoren, die zu einer hohen **Kundenbindung** beitragen. Es besteht hier jedoch leider kein Automatismus, d. h. die einfache Regel, dass zufriedene Kunden auch gebundene Kunden sind, hat in dieser Form keinen Bestand. Sicherlich führt eine hohe Kundenzufriedenheit in den meisten Fällen auch zu einer hohen Kundenbindung, doch wird dieses Verhalten auch durch die Existenz von Wechselbarrieren und der Attraktivität des Konkurrenzangebotes determiniert.

Unter **Kundenzufriedenheit** wird das Ergebnis eines komplexen Vergleichsprozesses verstanden. Der Kunde vergleicht die erhaltene Leistung (Ist-Leistung) mit einer zuvor definierten Soll-Leistung. Ist die erhaltene Leistung größer oder gleich dieser Soll-Leistung, ist der Kunde zufrieden. Ist sie jedoch kleiner, ist er unzufrieden. Dies wird als das Confirmation/Disconfirmation-Paradigma (C/D-Paradigma) bezeichnet.

Die **Messung der Kundenzufriedenheit** wird überwiegend mittels Likert-Skalen durchgeführt. Die Gesamtleistung „Einkauf" wird in einzelne Teilleistungen zerlegt. Diese könnten z. B. sein: Sortiment (Auswahl, Frische), Preisniveau, Ladenatmosphäre, Ladenübersicht, Bedienung und Service. Die Kunden werden direkt nach ihrer Zufriedenheit mit den einzelnen Teilleistungen befragt. Zusätzlich sollte stets zu den Zufriedenheiten mit den einzelnen Leistungskriterien auch die Globalzufriedenheit erhoben werden (z. B.: Wie zufrieden sind Sie mit dem Einkauf bei XY insgesamt?). Auch spielen hier Fragen nach der Weiterempfehlungsabsicht oder der Wiederkaufabsicht eine wichtige Rolle (vgl. *Homburg / Werner* 2000, S. 916 ff.). Derart lässt sich die Gesamtzufriedenheit ermitteln.

Abb.: Beispiel für eine Befragung zur Kundenzufriedenheit

Aus der Beziehung zwischen Globalzufriedenheit und den Zufriedenheiten mit den einzelnen Teilleistungen lässt sich die **Wichtigkeit der Teilleistungen** berechnen. Hat man darüber Kenntnis, welche Kriterien für die Kunden von besonderer Bedeutung sind, können die einzusetzenden Maßnahmen nach Priorität und Eignung zur Beseitigung von Schwachstellen eingesetzt werden. Eine direkte Erfragung nach der Wichtigkeit einzelner Kriterien ist generell wenig empfehlenswert, da den Befragten meist alle Kriterien wichtig sind und damit der Aussagewert begrenzt ist (vgl. *Haller* 1999, S. 104 ff.). Daher sollte eine indirekte Ermittlung der Wichtigkeit der Teilkriterien vorgenommen werden. Die hierfür geeignete Methode ist die Kausalanalyse (vgl. *Homburg / Werner* 2000, S. 917; *Homburg / Pflesser* 2000, S. 633 ff.). Sie setzt die Zufriedenheiten mit den Teilkriterien zu dem Globalurteil in Beziehung. Besteht ein starker Zusammenhang, kann von einer hohen Wichtigkeit der betreffenden Leistungsdimension ausgegangen werden. Besteht im Gegenzug nur ein schwacher Zusammenhang, ist anzunehmen, dass nur eine niedrige Wichtigkeit vorliegt. Mittels der Kausalanalyse besteht die Möglichkeit, die standardisierten Ergebnisse mit Prozentwerten zu versehen. Auf diese Weise erhält man eine Rangfolge der Bedeutung der einzelnen Teilkriterien. Z. B. lässt sich sagen, dass das Preisniveau mit einer Bedeutung von 45 % und die Sortimentsauswahl mit 23 % zum Gesamtzufriedenheitsurteil beiträgt. Bei der Durchführung einer Kausalanalyse sind allerdings eine Reihe von Voraussetzungen unabdingbar, um valide und zuverlässige Ergebnisse zu erhalten.

05 >> Seite 446

3.2 Konkurrenzorientierte Marketingforschung

Einen wichtigen Teil der Handelsmarktforschung stellt die **Konkurrenzforschung** dar. Generell beinhaltet sie die Beobachtung und Analyse der auf einem Markt mit einem Handelsunternehmen konkurrierenden Unternehmen. Da im Handel noch kleine und mittlere Unternehmen vorherrschen, wird Marketingforschung diesbezüglich noch sporadisch und unsystematisch betrieben. Zudem existieren in Bezug auf die lokale Konkurrenzforschung kaum Sekundärdaten, da es sich hierbei häufig ebenfalls um kleine und mittlere Unternehmen handelt. Daher muss die Konkurrenzanalyse in erster Linie über Primärerhebungen erfolgen. Dabei darf diese sich nicht auf einen C-Gang beschränken. Die Konkurrenzforschung muss vielmehr umfassend erfolgen, um in die eigene Strategie einbezogen werden zu können (vgl. *Falk / Wolf* 1992, S. 180 ff.). Auch müssen Reaktionen der Konkurrenz im Voraus erkannt und eingeplant werden. Nur dann ist der Erfolg der eigenen Marketingstrategien gewährleistet. Dabei muss sich die Informationsbeschaffung über die Mitbewerber an folgenden Fragen orientieren (vgl. *Theis* 2008, S. 368):

• Welche Hauptmitbewerber existieren?

• Welche Informationen sollen über diese Konkurrenten ermittelt werden?

• Wie sollen die Informationen gewonnen werden?

3.2.1 Arten von Konkurrenzbeziehungen

Das Ziel jedes Handelsunternehmens ist es, einen größtmöglichen Anteil der vorhandenen, begrenzten Kaufkraft abzuschöpfen. Dabei konkurriert der Handel auf mehreren Ebenen. Die zentrale Frage ist, wen er als Mitbewerber identifiziert. Mitbewerber können auf **güterbezogener** Ebene sowie auf **einkaufsstättenbezogener Ebene** existieren (vgl. *Berekoven* 1995, S. 389). Diese Systematik soll im Folgenden veranschaulicht werden:

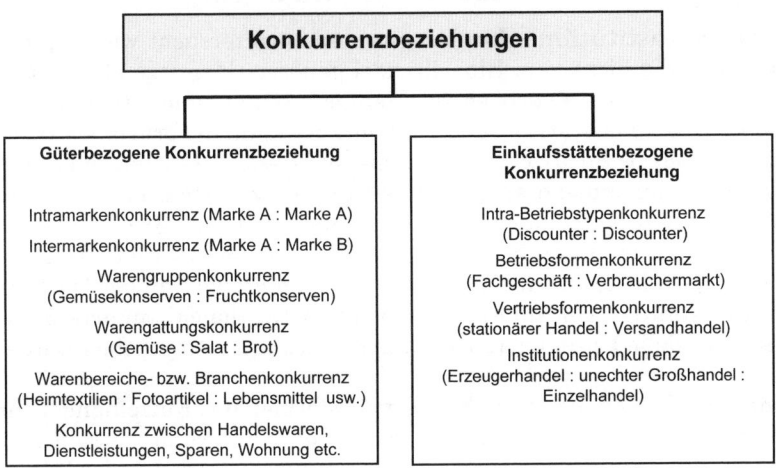

Abb.: Überblick über güter- und einkaufsstättenbezogene Konkurrenzbeziehungen im Einzelhandel
Quelle: in Anlehnung an *Berekoven* 1995, S. 389

Güterbezogene Konkurrenzbeziehungen:

Besonders der Einzelhandel konkurriert mit **anderen Güterarten** um die vorhandene verfügbare Kaufkraft der Konsumenten. Der an den Handel abfließende Anteil des verfügbaren Einkommens hängt u. a. von der Höhe der Zinsen ab, denn hohe Zinsen machen das Sparen attraktiv. Ebenso schlagen sich deutliche Mieterhöhungen in einem Rückgang des dem Konsum zukommenden Anteils nieder. Treten mehrere solcher Faktoren zugleich auf, bekommt dies der Einzelhandel (und die Gastronomie) am stärksten zu spüren.

Zudem bestehen Konkurrenzbeziehungen **zwischen Warenbereichen**. Bei einem begrenzten Einkommen müssen sich Nachfrager zwischen den Güterarten entscheiden (Gardinen oder Auto?). Hierzu existieren Untersuchungen der Industrie sowie von Handelsverbänden. Aus diesen geht hervor, wie sich die Kaufkraft zu Lasten bzw. zu Gunsten welcher Branchen verschoben hat.

Ein Vergleich der Käufe **innerhalb der einzelnen Warengattungen** gibt Aufschluss über langfristige Veränderungen im Einkaufverhalten. Hier kommt der

Produktlebenszyklus zum Tragen. Z. B. werden mehr Notebooks verkauft, der Anteil der klassischen PCs geht dagegen zurück. Es werden weniger alkoholische Getränke konsumiert, dagegen steigen die Marktanteile von Erfrischungs- und Light-Produkten. Informationen sind diesbezüglich von der Industrie zu erhalten oder der Fachpresse zu entnehmen. Das gleiche gilt für die **Intramarken-** und **Intermarkenkonkurrenz**. Die Konkurrenzbeziehungen werden hier immer direkter.

Einkaufsstättenbezogene Konkurrenzbeziehungen:

Im Rahmen die **Institutionenkonkurrenz** muss untersucht werden, inwieweit Organisationen, die nicht zum Einzelhandel gehören, Umsätze abziehen. Hierzu ist als Beispiel der direkte Vertrieb von Herstellern zu nennen. Immer mehr Hersteller eröffnen beispielsweise eigene Filialen. Dies kann in Form eines klassischen Filialsystems oder als Factory Outlet geschehen. Besonders letztere Form erfreut sich in den USA zunehmend an Beliebtheit und ist zwischenzeitlich als ernstzunehmende Konkurrenzform anzusehen. Auch der „unechte" Großhandel und Verkäufe der Nachfrager untereinander gehören dazu. Im Gebrauchtwagenbereich oder auf Online-Auktionen wird auf diese Weise ein großer Teil der Nachfrage am Handel vorbei getätigt. Um Informationen zur Institutionenkonkurrenz zu erhalten, müssen spezielle Untersuchungen angefordert bzw. neu erhoben werden.

Ferner konkurrieren die bestehenden Vertriebsformen des Einzelhandels untereinander. Es werden heute Prognosen aufgestellt, dass aufgrund der Neuen Technologien der Kunde zukünftig verstärkt Home Shopping betreiben wird. Der Anteil wird für das Jahr 2015 auf ca. 16 % geschätzt. Das würde für den stationären Handel einen Verlust von rund 10 % Kaufkraft implizieren. Die Gesamtmarktanteile der unterschiedlichen Vertriebsformen werden über die Umsatzsteuerstatistik erhoben. Über relevante Informationen verfügt auch die Industrie.

Zahlreiche Informationen existieren über die **Betriebsformenkonkurrenz**. Besonders die Hersteller sind daran interessiert, zu erfahren, welche Verdrängungsprozesse und Marktanteilsverschiebungen z. B. mit der Einführung der neuen Betriebsformen wie Fachdiscounter oder Fachmarkt verbunden sind. Hierüber liegen zahlreiche Informationen vor.

Als direkteste Konkurrenz wird der **Wettbewerb der Betriebstypen** untereinander empfunden. Hier geht es um Marktanteilsverschiebungen zwischen Fachmarkt und Fachmarkt oder zwischen Harddiscounter und Harddiscounter. Die Informationsquellen diesbezüglich sind identisch mit denen des Vergleichs der Vertriebsformen. Auf dieser disaggregierten Ebene sind auch eigene Erhebungen zu empfehlen.

3.2.2 Relevante Informationen im Rahmen der Konkurrenzforschung

3.2.2.1 Basisinformationen

Die Konkurrenzforschung muss sich auf alle potenziellen Mitbewerber im Absatzgebiet des Handelsunternehmens erstrecken. Dazu muss zunächst eine grundsätzliche Charakterisierung der Unternehmen erfolgen. Hierfür eignen sich die folgenden Basisdaten (vgl. *Falk / Wolf* 1992, S. 186 ff.):

Name und Anschrift des Mitbewerbers
Branche
Rechtsform
Betriebstyp
* Großhandel: Nur Zustellgroßhandel
                Nur Abholgroßhandel
                Zustell- und Abholgroßhandel
                Mit/ohne eigene Einzelhandelfilialen
* Einzelhandel: Fachgeschäft
                Fachmarkt
                Warenhaus etc.
Standort
Parkmöglichkeiten
Betriebsgröße (ca.-Werte)
* Jahresumsatz
* Zahl der qm Lagerfläche
* Zahl der Beschäftigten
* Zahl der Reisenden
* Kapitaleinsatz
Händlerkataloge (Großhandel)
Erscheinungsbild

Handelt es sich bei den Mitbewerbern um Kapitalgesellschaften (GmbH, AG), bietet sich eine Bilanzanalyse an, da diese zur Veröffentlichung ihrer Jahresabschlüsse verpflichtet sind. Dieser können wichtige Daten über Jahresgewinn, Rentabilität, den Cashflow, die Finanzstruktur etc. entnommen werden. Anders sieht es bei Personengesellschaften aus. Hier gibt es kaum Möglichkeiten, detaillierte Informationen über die Geschäftslage zu gewinnen.

3.2.2.2 Ermittlung der Marktanteile

Der Marktanteil von Groß- und Einzelhandelsunternehmen kann auf zweifache Weise errechnet werden (vgl. *Falk / Wolf* 1992, S. 187).

Die erste Berechnungsform besteht darin, dass der jährlich erzielte Umsatz der im Absatzgebiet konkurrierenden Gruppen von Großhandels- bzw. Einzelhandelsunternehmen (Gruppenumsatzpotenzial) ermittelt wird.

$$M_B = U_B / U_G \cdot 100$$

Legende:
M_B = Marktanteil des Handelsunternehmens
U_B = Jahresumsatz des Handelsunternehmens
U_G = Gruppenumsatzpotenzial

Bei Anwendung der zweiten Alternative wird der Jahresumsatz des Handelsunternehmens zu dem Gesamtumsatzpotenzial des Einzugsgebiets in Beziehung gesetzt.

$$M_B = U_B / U_V \cdot 100$$

Legende:
M_B = Marktanteil des Handelsunternehmens
U_B = Jahresumsatz des Handelsunternehmens
U_V = Theoretisches Umsatzpotenzial innerhalb des Einzugsgebiets

Für den Einsatz dieser Kennzahlen werden folgende Werte benötigt:

- der Umsatz eines jeden Konkurrenten

- das Gruppenumsatzpotenzial (kumulierte Jahresumsätze der Konkurrenten in einem Gebiet)

- das theoretische Umsatzpotenzial

Schätzung des Umsatzes

Beide Verfahren setzen voraus, dass der **Umsatz** des Mitbewerbers bekannt ist. In den meisten Fällen muss man davon ausgehen, dass veröffentlichte Jahresabschlüsse aufgrund der gewählten Rechtsform der Mitbewerber nicht zur Verfügung stehen. Hier muss selbst eine Schätzung vorgenommen werden.

Im Großhandel steht als geeignetes Schätzverfahren dazu die Hochrechnung mit Hilfe der Raumleistungskennzahl **Umsatz je qm Lagerfläche** zur Verfügung. Die Lagerfläche muss dabei individuell geschätzt werden. Dagegen benutzt man im Einzelhandel die vergleichbare Kennzahl **Umsatz pro qm Verkaufsfläche**. Durchschnittswerte zur Verkaufsflächenproduktivität liegen vor, individuelle Anpassungen sowie die Berechnung der Geschäftsfläche müssen vor Ort vorgenommen werden. Eine zweite Kennzahl zur Umsatzschätzung besteht darin, den durchschnittlichen **Umsatz pro Beschäftigten** mit der Zahl der Beschäftigten zu multiplizieren. Sowohl für den Groß- als auch für den Einzelhandel liegen hierzu Durchschnittswerte für die jeweilige Betriebsform vor. Die Zahl der Beschäftigten dürfte zu ermitteln sein. Nachdem unterschiedliche Umsatz-Hochrechnungen ausgearbeitet wurden, wird aus diesen das arithmetische Mittel für den Jahresumsatz eines jeden Konkurrenten gebildet.

Ermittlung des Umsatzgruppenpotenzials

Die geschätzten und gemittelten Jahresumsätze der Wettbewerber werden addiert.

Ermittlung des theoretischen Umsatzpotenzials

Eine Voraussetzung für die Anwendung dieses Verfahrens stellt die Abgrenzung des Absatzgebietes dar. Dabei sollte die Unterteilung in primäres, sekundäres und tertiäres Absatzgebiet berücksichtigt werden, da zu erwarten ist, dass das primäre den größten Umsatzanteil stellt. Zudem werden die jährlichen Verbrauchsausgaben für die gehandelten Warengruppen benötigt. Diese werden auf dem Wege der Sekundärforschung beschafft und mit der Zahl der Einwohner im Absatzgebiet multipliziert. Auf diese Weise kann das theoretische Umsatzpotenzial ermittelt werden.

Beispiel: Die jährlichen Verbrauchsausgaben für Spielwaren betragen 57 Euro. Im Absatzgebiet leben 50.000 Einwohner. Das theoretische Umsatzpotenzial beträgt demnach 2.850.000 Euro.

Durch Einsetzen in die Formel lässt sich sowohl der eigene Marktanteil als auch derjenige der Konkurrenz berechnen.

3.2.2.3 Analyse der Marketingkonzeptionen der Mitbewerber

Bei der Analyse der Marketingkonzeptionen der Mitbewerber handelt es sich um die Beschaffung von Instrumental- und Strategieinformationen. Die Hauptaufgabe besteht hierbei darin, die einzelnen Marketingmaßnahmen zu einem mittel- oder langfristigen Konzept zu verdichten, welches die Strategie des Konkurrenten darstellt. Darauf aufbauend lässt sich diese in die eigene Strategieplanung mit einbeziehen (vgl. *Falk / Wolf* 1992, S. 190 ff.).

Strategiekonzeptionen über Wettbewerber:

• Aus dem nach außen sichtbaren Einsatz der Marketinginstrumente wird versucht, Rückschlüsse auf die verfolgten Ziele und eingesetzten Strategien zu ziehen.

• Mit welchen Betriebstypen konkurriert der Wettbewerber? Wie lässt sich die genaue Ausprägung charakterisieren?

• Welche Vertriebsformen (stationärer Handel, Versand, Multi-Channel-Distribution) setzt der Konkurrent ein, um seine Ware zu verkaufen? Welche Kanäle möchte er in Zukunft stärken?

- Welche Marktsegmente werden durch den Wettbewerber bearbeitet (vgl. *Theis* 2008, S. 378)?

- Welches Leistungsangebot soll zur Geschäftsprofilierung beitragen?

- Wie verhält sich der Konkurrent gegenüber dem Wettbewerb (defensiv, offensiv)?

- Welche Strategien der Marktdurchdringung (z. B. Gewinnung von Konkurrenzkunden) lässt der Marketingeinsatz des Konkurrenten erkennen?

- Ist er auf die bestehenden Märkte ausgerichtet oder konzentriert sich der Wettbewerber auf neue Märkte? Welche Zielsetzung wird dabei verfolgt?

Marketing-Mix des Wettbewerbers:

Die Analyse der Sortimentspolitik

Hier besteht die Aufgabe der Konkurrenzforschung darin, gezielt Informationen über die Sortimentspolitik der wichtigsten Mitbewerber zu beschaffen (vgl. *Falk / Wolf* 1992, S. 190 ff.). Dazu gehört u. a.:

- Führt der Mitbewerber direkt vergleichbare Artikel, wie Markenartikel bekannter Hersteller, im Sortiment? In welchem Umfang werden diese geführt? Werden diese direkt vergleichbaren Artikel günstiger oder teurer angeboten?

- Werden Eigenmarken oder Artikel angeboten, die exklusiv vertrieben werden? In welchem Umfang?

- Sind beim Mitbewerber Änderungen des Sortiments, beispielsweise Expansion oder Kontraktion, festzustellen? Werden ganze Warengruppen oder Warenbereiche modifiziert?

- Werden Veränderungen im Qualitätsniveau vorgenommen? Werden Artikel höherer oder niedrigerer Qualitätsniveaus geführt?

Speziell im Großhandel sind zudem folgende Informationen von Bedeutung:

- Verfügt die Konkurrenz über spezielle Händlerkataloge? Ist es möglich, vertrauenswürdige Kunden (Einzelhändler) einzuschalten, um diese in die Hand zu bekommen?

Setzt das Unternehmen Außendienstmitarbeiter ein, sollten diese damit beauftragt werden, Informationsbeschaffung zu betreiben und dem Management zu berichten.

Die Analyse der Servicepolitik

Die Analyse der Servicepolitik hat die Aufgabe, die servicepolitischen Ziele sowie das Serviceniveau der Mitbewerber in Erfahrung zu bringen. Im Wesentlichen steht die Beantwortung folgender Fragen im Vordergrund:

- Erfolgt vor dem Kauf eine Beratung?

- Werden telefonische Bestellungen bearbeitet? Steht hierfür ein qualifizierter Mitarbeiter bereit?

- Welche Einkaufserleichterungen werden gewährt? Bestehen Verlademöglichkeiten? Ist das Personal beim Einladen behilflich?

- Gibt es die Möglichkeit der Zustellung? Zu welchen Konditionen? Wie schnell, wie häufig und wie zuverlässig werden die Waren geliefert?

- Welche sonstigen Serviceleistungen werden angeboten?

- Welche Finanzierungsleistungen werden zu welchen Konditionen offeriert?

- Existieren Kundenkarten bzw. Kundenklubs? Welche Leistungen offerieren diese?

Für den **Großhandel** ist zudem die Beantwortung der folgenden Fragen von Relevanz:

- Wird vom Konkurrenten das Ordersatzverfahren praktiziert?

- Werden Schulungsmaßnahmen für die Kunden durchgeführt?

- Wird eine Unternehmensberatung angeboten? Wenn ja, in welchen Gebieten?

- Werden Finanzierungshilfen gewährt? Welcher Art sind diese?

- Werden Führungsinformationen zur Verfügung gestellt, z. B. Rundschreiben über aktuelle Entwicklungen, Werbeplanung oder sonstiges?

- In welchem zeitlichen Rhythmus werden die Kunden der Mitbewerber von deren Außendienstmitarbeitern aufgesucht?

Die Analyse der Preispolitik

Im Einzelhandel lassen sich Informationen über die Preispolitik der Mitbewerber relativ leicht erfassen. Dafür können Mitarbeiter, die dem Konkurrenten nicht bekannt sind, eingesetzt werden. Informationen über Aktionen und Sonderangebotsanzeigen müssen gesammelt und diesbezüglich ausgewertet werden. In regelmäßigen Abständen sollte ein Preisvergleich für einen ausgewählten Warenkorb mit ca. 50 Artikeln durchgeführt werden. Der Warenkorb sollte die wesentlichen Zugartikel enthalten. Diese sollten nur dann verändert werden, wenn es aufgrund veränderter Verbrauchergewohnheiten nötig wird. Auf diese Weise lässt sich die Preisentwicklung über einen längeren Zeitraum hinweg verfolgen.

Dem **Großhandel** stehen weitere Instrumente zur Verfügung:

- Einzelne Kunden, zu denen ein besonderes Vertrauensverhältnis besteht, werden aufgefordert, laufend Preislisten und Sonderangebotsrundschreiben der Konkurrenz zu sammeln. Diese können dann ausgewertet werden.

• Die Vertrauenskunden können Angebote bei der Konkurrenz einholen. Auf diese Weise offenbart sich die Preis- und Konditionenpolitik der Mitbewerber. Welche Rabatte werden eingeräumt?

Um einen Preisvergleich zwischen allen Wettbewerbern durchzuführen, benötigt man die Preise der Artikel im Warenkorb. Diese werden wie folgt aufbereitet:

1. Zunächst werden die Preisabweichungen zwischen den Handelsunternehmen untersucht. Dabei errechnet man die Preisabweichung des Konkurrenten zum untersuchten Unternehmen und rechnet diese in Prozent um.

Beispiel:
Artikelpreis des Konkurrenten A	4,00 Euro
Artikelpreis des Untersuchungsbetriebes	5,00 Euro
Preisabweichung: absolut	+ 1,00 Euro
in Prozent	+ 20 %

2. Auf dieselbe Art werden die Abweichungen zwischen allen Mitbewerbern und dem Untersuchungsbetrieb für jeden Artikel berechnet. Daneben wird der Durchschnittspreis aller Konkurrenten und die Abweichung davon ermittelt:

Beispiel:
Durchschnittspreis aller Konkurrenten	4,20 Euro
Artikelpreis des Untersuchungsbetriebes	5,00 Euro
Preisabweichung: absolut	+ 0,80 Euro
in Prozent	+ 19 %

3. Dieser Vorgang wird für alle Artikel des Warenkorbes wiederholt. Aus den einzelnen Abweichungen der Durchschnittswerte der Konkurrenten zum Untersuchungsbetrieb wird der Mittelwert gebildet.

Konkurrenten	Artikelpreise/Abweichungen (absolut und in Prozent)							Durchschnittspreisniveau der Konkurrenten
	A_1	+/-	%	A_2	+/-	%	...A_n	Abweichung
Untersuchungsbetrieb								in %
Konkurrent A Konkurrent B Konkurrent C								
Durchschnittspreise der Artikel/Konkurrenzpreisniveau								

Abb.: Konkurrenzvergleich
Quelle: *Falk / Wolf* 1992, S. 191

Anschließend können die durchschnittlichen Preisabweichungen des Untersuchungsbetriebes in Bezug auf den einzelnen Konkurrenten ermittelt werden:

Konkurrent A: Artikel 1   +   9,7 %
                Artikel 2   + 12,2 %
                Artikel 3   - 11,0 %
                Artikel 4   +   3,7 %
                (9,7 % + 12,2 % - 11,0 % + 3,7 %) : 4 = 3,65 %

Die durchschnittliche Abweichung zum Konkurrenten A beträgt + 3,65 %. Das Untersuchungsunternehmen ist damit als „etwas teurer" zu bewerten.

Aus den durchschnittlichen Abweichungen zu jedem einzelnen Konkurrenten werden über alle Mitbewerber hinweg die Mittelwerte gebildet. Das Resultat ist die durchschnittliche Abweichung zum Gesamtpreisniveau der Konkurrenten.

Beispiel:

Konkurrent	Abweichung (in %)
A	+ 3,6
B	+ 10,7
C	- 11,3
D	+ 16,8

(3,6 % + 10,7 % - 11,3 % + 16,8 %) : 4 = 4,95 %

Der Untersuchungsbetrieb ist in Bezug auf die untersuchten Artikel im Durchschnitt 4,95 % teurer als seine direkten Konkurrenten A, B, C, D.

Im Rahmen dieses Preisvergleichs können sowohl einzelne Konkurrenten oder auch einzelne Artikel stärker in den Mittelwert einbezogen werden, indem alle Artikel mit einer Gewichtung versehen werden. Diese fällt umso höher aus, je mehr Bedeutung dem Artikel/Konkurrenten zukommt.

Analyse der Kommunikationspolitik

Im Rahmen der Konkurrenzanalyse ist auch die Auswertung von Daten zur Kommunikationspolitik der Mitbewerber von Relevanz. Gezielt sind zu diesem Sachverhalt Informationen zu sammeln.

- **Anzeigen und Beilagen** der Konkurrenz in den Tageszeitungen sollten gesammelt und ausgewertet werden. Festzuhalten sind die zeitlichen Abstände, in denen sie gestreut werden, die Anzeigengröße, die Gestaltung sowie die Werbeinhalte.

- In gleicher Weise ist die **Hörfunkwerbung** auszuwerten.

- Aufgrund der Häufigkeit der Schaltung und der Kosten des jeweiligen Werbeträgers können die **Streukosten** geschätzt werden. Daraus wiederum zieht man Rückschlüsse auf die Höhe des Werbeetats.

- Ferner sind alle verfügbaren Informationen bezüglich der **PR-Maßnahmen** der Konkurrenz zu beobachten und zu verarbeiten. Hierbei kann es sich um Veranstaltungen, um Wettbewerbe, um Preisausschreiben oder vergleichbare Maßnahmen handeln.

- Ebenso sollten die Aktivitäten im Bereich **Verkaufsförderung** analysiert werden. Sonderangebotsaktionen sind relativ leicht zu beobachten, da sie beworben werden. Ebenso werden andere Aktionen wie Prominenten- oder Themenaktionen meist in der Presse bekannt gemacht und sind damit leicht verfügbar. Anders sieht es bei Aktionen aus, die nur im Hause bekannt gegeben werden. Doch auch hierzu sollten weitestmöglich alle Daten gesammelt werden.

- Im Großhandelsbereich sind die **Außendienstmitarbeiter** dazu angehalten, alle verfügbaren Werbematerialien der Konkurrenz, wie Prospekte oder Direct Mails, zu beschaffen und der Zentrale zur Verfügung zu stellen.

Durch gezielte Auswertung aller Informationen lassen sich Rückschlüsse ziehen auf Kommunikationsziele und Strategien der einzelnen Mitbewerber. Diese wiederum können in der eigenen Strategie berücksichtigt werden.

06 ≫ Seite 446

3.3 Standortorientierte Marktforschung

Eines der wichtigsten Entscheidungsfelder eines Handelsunternehmens ist die Standortpolitik. Standortentscheidungen legen die Erfolgschancen einer Filiale für lange Zeit fest. Durch sie werden Umsatz und Kosten wesentlich determiniert und können nur sehr begrenzt beeinflusst werden.

Typische Fragestellungen, die eng mit der Standortentscheidung verknüpft sind, können sein (vgl. *Herbst* 2000, S. 1134):

Wo kommen unsere Kunden her?	Einzugsgebiet
Werben wir dort, wo unsere Kunden wohnen?	Werbeoptimierung
Welche Marktanteile erzielen wir wo?	Stärken/Schwächen des Wettbewerbsumfelds
Gibt es Gebiete, in denen wir noch nicht vertreten sind?	Expansionsmöglichkeiten
Gibt es Gebiete, die wir zu wenig ausschöpfen?	Schwach genutzte Potenziale

Um den wirtschaftlichen Erfolg einer Filiale bewerten zu können, die Marktanteile zu berechnen und der Werbeeinsatz effizient zu gestalten, ist eine **Analyse des Einzugsgebiets** notwendig. Geeignete Verfahren dazu werden in Kap. H, 3.2.1 dargestellt. Z. B. wird für ein Postleitzahlgebiet die Zahl der Bewohner mit einer sortimentspezifischen Kaufkraftkennziffer (meist von der Gesellschaft für Konsumforschung GfK berechnet) multipliziert. Auf diese Weise erhält man regionale Marktvolumina. Diesen wird der anteilige Filialumsatz des speziellen Gebiets gegenübergestellt. Z. B. werden die Kunden an der Kassen nach der Postleitzahl gefragt und die Höhe der Kassenbons der jeweiligen Gebiete addiert und aufs Jahr hochgerechnet. Letztlich werden die Gebiete nach A-, B- und C-Gruppen sortiert auf einer Karte eingetragen. So erhält man das geografische Einzugsgebiet.

Mittels dieser Methode lässt sich der Werbemitteleinsatz optimieren. Es werden nur in den relevanten geografischen Gebieten Prospektverteilungen durchgeführt.

Werden die regionalen Marktanteile mit weiteren Wettbewerbsmerkmalen verknüpft, lässt sich aufzeigen, in welchem Umfeld sehr hohe Marktanteile erreicht werden bzw. wo noch Verbesserungspotenziale bestehen. Zeigt es sich, dass das Handelsunternehmen überall dort, wo es innerhalb eines Gebiets gegen einen bestimmten Wettbewerber konkurriert, stets über unterdurchschnittliche Marktanteile verfügt, deutet das auf eine unterlegene Marketingstrategie hin.

Expansionsmöglichkeiten können erkannt werden, wenn für alle Filialen eines bestehenden Unternehmens derartige Einzugsgebietsanalysen durchgeführt werden. So wird deutlich, in welchen nationalen Gebieten die Unternehmung von der Bevölkerung noch nicht erreicht werden kann. Gleichzeitig lässt sich daraus ersehen, in welchen räumlichen Bereichen eine sehr gute Marktposition erreicht wird.

3.4 Imageforschung

Um die Kaufgründe bzw. Kaufbarrieren der Kunden besser analysieren zu können, bedarf es der **Imageanalyse**. Im übertragenen Sinne bedeutet Image so viel wie ein Bild, das sich jemand von einem Gegenstand macht (vgl. *Kroeber-Riel/ Weinberg* 2003, S. 197). Unter einem **Image** wird die Gesamtheit aller Einstellungen verstanden, die Menschen gegenüber einem Subjekt oder Objekt hegen. Eine **Einstellung** stellt die gelernte, relativ stabile Bereitschaft dar, sich gegenüber einem Einstellungsobjekt konsistent positiv oder negativ zu verhalten (vgl. *Trommsdorff* 1980, S. 120). Der Unterschied zwischen den beiden Begriffen besteht darin, dass es sich bei der Einstellung um ein **eindimensionales** hypothetisches Konstrukt handelt. Sie kann lediglich eine Ausprägung auf einer Skala, die i. d. R. über die Extreme *gut - schlecht* verfügt, annehmen. Ein Image dagegen ist mehrdimensional, d. h. die Versuchsperson bildet Einstellungen gegenüber verschiedenen Merkmalen des Objektes. Diese unterschiedlichen Einstellungen gegenüber den verschiedenen Merkmalen verknüpfen sich zu einem ganzheitlichen Image gegenüber dem Betrachtungsobjekt. Diese Images sind i. d. R. stabil, das bedeutet, sie ändern sich nur sehr langsam, und sie sind stets subjektiv. Der Mensch nimmt das wahr, was ihm wesentlich erscheint, nicht das, was objektiv wahr ist. Damit ist ein Image auch eine vereinfachte, subjektive Abbildung der Realität. Es werden nicht alle Merkmale in eine Bewertung einbezogen, sondern ausschließlich die, welche in den Augen des Betrachters dominieren.

In Bezug auf das Einkaufsstättenimage kann diese vereinfachte Abbildung der Realität dem Handelsunternehmen zu Gute kommen. Ein Unternehmen setzt z. B. lediglich wenige Schlüsselartikel im Preis herab und bewirbt diese. Daraus schließt der Kunde auf ein günstiges Preisniveau des gesamten Geschäfts. Die Vereinfachung wirkt sich negativ aus, wenn ein Geschäft zum Beispiel für einige Zeit Waren schlechter Qualität angeboten hat. Auch wenn dieses Manko schon längst beseitigt wurde, kann ein solches Image doch für lange Zeit haften bleiben. Es kann erst durch nachhaltige, gezielt eingesetzte Marketingstrategien verändert werden.

Beachtet werden muss, dass Faktoren existieren, die vom einzelnen Geschäft nicht direkt beeinflusst werden können, dennoch aber das Image dieses Geschäfts mitprägen (vgl. *Falk / Wolf* 1992, S. 197).

- Das **Produktimage/Markenimage:** Im allgemeinen beeinflusst das Image eines Markenartikels das Image des ihn führenden Geschäftes positiv.

- Das **Image der Betriebsform:** Auch die jeweilige Betriebsform beeinflusst den Konsumenten. Mit einem *Fachgeschäft* verbindet der Käufer die *umfassende Beratung*, mit einem *Discounter* die *Preisgünstigkeit* und mit einem *Warenhaus* die *große Auswahl*.

- Das **Image des Standortes:** Auch dieser färbt auf das Image ab. Standorte in exklusiven Wohngegenden oder in der Innenstadt werden anders bewertet als solche in Vororten, die aus Hochhäusern bestehen.

In der Marktforschung wird die Imageanalyse eingesetzt, um die einzelnen Dimensionen, die zusammengesetzt das Image bilden, zu analysieren. Ziel ist es, Ansatzpunkte für eine Verbesserung des Images zu erkennen und durchzusetzen, denn es stellt eine wichtige Orientierungsfunktion für die Kunden eines Geschäfts dar.

3.4.1 Messung durch das Semantische Differenzial

Gewöhnlich erfolgt die Messung eines Einkaufsstättenimages durch Erstellung eines **Semantischen Differenzials**.

Zur Erstellung eines Semantischen Differenzial werden Gegensatzpaare gebildet (vgl. *Berekoven / Eckert / Ellenrieder* 2006, S. 82). Diese sollten für die zu beurteilende Einkaufsstätte wesentlich sein und sämtliche Dimensionen erfassen. Solche Gegensatzpaare können beispielsweise modern - altmodisch, exklusiv - gewöhnlich etc. sein. Zwischen diesen Begriffen ist jeweils eine fünf- bzw. siebenstufige Skala angesiedelt. Die Befragten kreuzen nun diejenige Intensitätsausprägung an, die ihrer Meinung nach zutrifft. Dieser Vorgang wird für sämtliche Begriffspaare wiederholt.

Beispiel:

große Auswahl ☐ ☐ ☐ ☐ ☐ ☐ ☐ *geringe Auswahl*

Um zu vermeiden, dass Kunden sich von vornherein auf eine Seite der Skala festlegen, sollten die positiven Ausprägungen abwechselnd auf der einen und anderen Seite angeordnet werden. Die Anordnung der abgefragten Attribute sollte zufällig ausgewählt werden.

Die Durchschnittswerte aller angekreuzten Ausprägungen werden miteinander verbunden und es entsteht ein Profil. Dieses stellt die Imagebeurteilung der Befragten dar. Um den Aussagewert zu erhöhen – ein Profil allein ist nicht sehr aussagekräftig – können diesem Vergleichsprofile gegenübergestellt werden. Dazu eignen sich

- das Semantische Differenzial eines **konkurrierenden Unternehmens** (muss i. d. R. in demselben Fragebogen miterhoben werden)

- das **Idealimage** eines Geschäfts desselben Betriebstyps

- das Imageprofil, von welchem das **Handelsmanagement** glaubt, dass es aus der Sicht der Kunden voraussichtlich so aussähe.

Der Vergleich mit einem dieser Profile lässt die Stärken und Schwächen des Untersuchungsgeschäfts deutlich erkennen. Daneben ist es möglich, Profile für unterschiedliche Kundengruppen (z. B. Stammkundschaft und Laufkundschaft) aufzustellen.

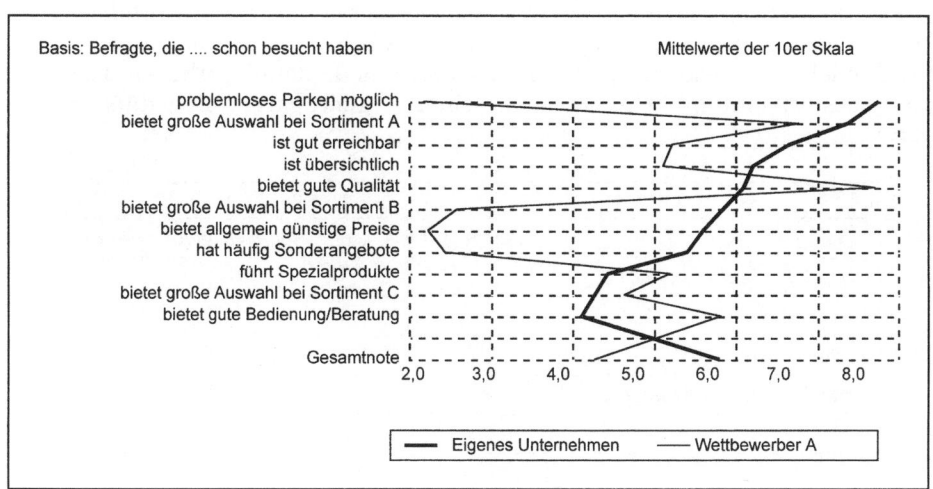

Abb.: Imageprofile zweier Einzelhandelsgeschäfte
Quelle: *Herbst* 2000, S. 1144

Auffällig ist, dass das Profil der eigenen Unternehmung das eines typischen Fachmarkts darstellt, während es sich bei dem Wettbewerber A um ein innerstädtisches Fachgeschäft handelt.

Eine Imageerfassung durch Aufstellung eines Semantischen Differenzials sollte in regelmäßigen Abständen wiederholt werden. Nur so lässt sich erkennen, ob der Einsatz bestimmter Marketinginstrumente wie Umgestaltung des Sortiments oder intensive Personalschulungen positive Auswirkungen auf das Image zeigen.

Aus methodischer Sicht ist bei Anwendung von Semantischen Differenzialen generell darauf zu achten, dass

- vorab zu klären ist, auf welche Ebene sich das Profil beziehen soll. Unterschieden werden beispielsweise die Ebenen der Betriebsform, des einzelnen Geschäfts oder einzelner Abteilungen.

- Voruntersuchungen dahingehend anzustellen sind, nach welchen Kriterien die Kunden ein Geschäft beurteilen. Es ist einerseits darauf zu achten, dass alle wesentlichen Kriterien miteinbezogen werden, andererseits dürfen sie sich nicht überschneiden.

- in solchen Voruntersuchungen ebenfalls festgestellt wird, ob einige Kriterien besonders wichtig sind. Es ist davon auszugehen, dass nicht alle Attribute gleichgewichtig sind. Dies sollte vor allem im Rahmen der Interpretation dieser Profile beachtet werden.

3.4.2 Weitere Methoden der Imagemessung

Einsatz von Multiattributmodellen

Hier sind zunächst **Multiattributverfahren** zu nennen, die überwiegend in der Qualitäts- bzw. Zufriedenheitsmessung eingesetzt werden. Es wird zunächst eine Liste aufgestellt mit den Eigenschaften, welche die Kunden für die Beurteilung eines Handelsunternehmens als wesentlich erachten. In der eigentlichen Befragung wird jedes Attribut mit Schulnoten oder einer vergleichbaren Intensitätsskala bewertet.

Beispiel:				
	sehr gut	*gut*	*befriedigend*	*mangelhaft*
Wie beurteilen Sie die Auswahl?	☐	☐	☐	☐
Wie beurteilen Sie die Preise?	☐	☐	☐	☐
Wie beurteilen Sie den Kundendienst?	☐	☐	☐	☐
Wie beurteilen Sie die Atmosphäre?	☐	☐	☐	☐
usw.				

Auch hier entsteht das Problem, dass die einzelnen Attribute unterschiedlich wichtig sein können. Es ist daher zu überlegen, ob gleichzeitig eine Erhebung der Bedeutung (Wichtigkeit) der Arttribute durchgeführt werden soll.

Einsatz von Satzergänzungstests

Den Versuchspersonen werden die Anfänge von Sätzen vorgelegt, die sie vervollständigen sollen. Hierbei handelt es sich um offene Fragen.

> *Beispiel:*
>
> *Wer preiswerte Elektroartikel kaufen will, der geht zu ....*
>
> *Wer hochmodisches Design und Qualität beim Kauf von Möbeln erwartet, der geht zu ......*

Messung des Bekanntheitsgrades

Neben den klassischen Methoden der Imagemessung werden in der Handelspraxis auch Fragen nach dem **Bekanntheitsgrad** einer Einkaufsstätte eingesetzt. Die Fragen werden so formuliert, dass sich daraus Rückschlüsse auf das Image ziehen lassen. Allerdings scheint es hier weniger angebracht, die Kunden des Handelsunternehmens zu befragen. Vielmehr sollte die Befragung per Quotenverfahren im Einzugsbereich der Geschäftsstätte durchgeführt werden. Es können beispielsweise folgende Fragen gestellt werden (vgl. *Falk / Wolf* 1992, S. 205):

> *Welche Geschäfte, die Fahrräder führen, gibt es hier?*

Die Reihenfolge der genannten Betriebe ermöglicht es, den Bekanntheitsgrad in Relation zur Konkurrenz festzustellen. Die zuerst genannten Geschäfte haben einen höheren Bekanntheitsgrad als später aufgezählte.

> *Ich möchte in ... (Ort) gerne ein Fahrrad kaufen und mich beraten lassen. Können Sie mir sagen, wo man dort so etwas gut kaufen kann?*
>
> *Welches Geschäft hat Ihrer Meinung nach die größte Auswahl an Fahrrädern?*

Die Auswertung der Spontanantworten lässt Rückschlüsse auf den Bekanntheitsgrad und das Image der Einkaufsstätten zu.

Kontrollfragen zu C

**Lösungs-
hinweise**

Seite

(1)	Was versteht man unter Marketingforschung?	65
(2)	Welche Phasen umfasst der Prozess der Marketingforschung?	65
(3)	Was wird unter Zuverlässigkeit verstanden?	65
(4)	Was wird unter Validität (Gültigkeit) verstanden?	66
(5)	Was versteht man unter Sekundärforschung?	66
(6)	Welche Methoden werden im Rahmen der Primärforschung eingesetzt?	67
(7)	Worin liegen die Besonderheiten der Handelsmarketingforschung?	68
(8)	Welche Informationen lassen sich durch Einsatz einer Kundenbeobachtung erhalten?	70
(9)	Was ist eine Kundenlaufstudie und wie wird sie durchgeführt?	70
(10)	Welche Informationen lassen sich aus der Kundenlaufstudie ersehen?	72
(11)	Welche Informationen werden durch Eye Tracking gewonnen?	75
(12)	Was verstehen Sie unter Testkaufforschung? Zu welchem Zweck wird sie eingesetzt?	77
(13)	In welcher Form kann man Mystery Shopping durchführen?	78
(14)	Was lässt sich aus der Kundenanalyse ersehen?	80
(15)	Wie lässt sich die Kundenzufriedenheit messen?	81
(16)	Warum sollte die Globalzufriedenheit miterhoben werden?	81
(17)	Welche einkaufsstättenbezogenen Konkurrenzbeziehungen lassen sich unterscheiden?	84
(18)	Wie lassen sich Umsatz und Marktanteile der Mitbewerber ermitteln?	86/87
(19)	Welche Informationen über die Sortimentspolitik der Konkurrenz sind von Interesse?	88

(20) Wie lässt sich ein Preisvergleich zwischen allen Mitbewerbern durchführen?	90/91
(21) Wie erheben Sie die Daten zur Kommunikationspolitik der Konkurrenz?	91/92
(22) Was wird unter Imageforschung verstanden?	93
(23) Wie lassen sich Images hauptsächlich messen?	94
(24) Worin sind generelle Problembereiche bei der Anwendung des Semantischen Differenzials zu sehen?	95
(25) Wie lässt sich die Messung des Bekanntheitsgrades zur Imagemessung einsetzen?	97

Literatur

Berekoven, L.: Erfolgreiches Einzelhandelsmarketing; Grundlagen und Entscheidungshilfen, 2. Aufl., München 1995

Berekoven, L./Eckert, W./Ellenrieder, P.: Marktforschung, 11. Aufl., Wiesbaden 2006

Falk, B./Wolf, J.: Handelsbetriebslehre, 11. Aufl., Landsberg/Lech 1992

Green, P. E./Tull, D. S.: Methoden und Techniken der Marketingforschung, 4. Aufl., Stuttgart 1982

Groepler, C./Steckner, C.: Shopper Research am Knorr-Regal, in: Planung & Analyse, Heft 6, 2007

Haller, S.: Beurteilung von Dienstleistungsqualität, 2. Aufl., Wiesbaden 1999

Hammann, P./Erichson, B.: Marktforschung, 4. Aufl., Stuttgart 2000

Herbst, S.: Marktforschung im Handel; Analyse der Marktabdeckung, in: Herrmann, A./Homburg, C. (Hrsg.): Marktforschung; Methoden – Anwendungen – Praxisbeispiele, 2. Aufl., Wiesbaden 2000, S.1127-1148

Homburg, C./Pflesser, C.: Strukturgleichungsmodelle mit latenten Variablen: Kausalanalyse, in: Herrmann, A./Homburg, C. (Hrsg.): Marktforschung, Methoden, Anwendungen, Praxisbeispiele, 2. Aufl., Wiesbaden 2000, S. 633-660

Homburg, C./Werner, H.: Kundenzufriedenheit und Kundenbindung, in: Herrmann, A./Homburg, C. (Hrsg.): Marktforschung, Methoden, Anwendungen, Praxisbeispiele, 2. Aufl., Wiesbaden 2000, S. 911-932

Kotler, P./Keller, K. L./Bliemel, F.: Marketing-Management, 12.Aufl., München 2007

Kroeber-Riel, W./Weinberg, P.: Konsumentenverhalten, 8. Aufl., München 2003

Kuß, A.: Marktforschung, 2. Aufl., Wiesbaden 2007

Lerchenmüller, M.: Handelsbetriebslehre, 4. Aufl., Ludwigshafen 2003

Luxenburger, A.: Space Management – Warenplatzierung am Beispiel der Drogerieabteilung eines Warenhauses, unveröffentlichte Diplomarbeit der Berufsakademie Berlin, 2000

Mayntz, R./Holm, K./Hübner, P.: Einführung in die Methoden der empirischen Soziologie, 5. Aufl., Opladen 1978

Meffert H./Burmann, C./Kirchgeorg, M.: Marketing, Grundlagen marktorientierter Unternehmensführung; Konzepte – Instrumente – Praxisbeispiele, 10. Aufl., Wiesbaden 2008

Schießl, M./Diekmann, S.: Lost in the Supermarket, in: Planung & Analyse, Heft 1, 2007, S. 20-23

Schröder, H./Berghaus, N./Zimmermann, G.: Das Blickverhalten der Kunden als Grundlage für die Warenplatzierung im Lebensmitteleinzelhandel, in: Der Markt, Heft 1, 2005, S. 31-43

Theis, H.-J.: Handbuch Handelsmarketing Band 3: Erfolgreiche Instrumente der Handelsmarktforschung, 2. Aufl., Frankfurt 2008

Trommsdorff, V.: Image der Einstellung zum Angebot, in: Hoyos, C.E. et al. (Hrsg.): Grundbegriffe der Wirtschaftspsychologie, München 1980, S.117-128

Weis, H. Chr.: Marketing, 14. Aufl., Ludwigshafen 2007

Weis, H. Chr./Steinmetz, P.: Marktforschung, 6. Aufl., Ludwigshafen 2005

D. Strategische Marketingplanung im Handel

1. Inhalte und Bedeutung

Der Planungshorizont des Handels zeichnete sich im Gegensatz zur Industrie früher durch seine Kurzfristigkeit aus. Auf Veränderungen der Nachfrage musste umgehend durch Sortiments- oder Preisänderungen reagiert werden. Entscheidungen konnten kurzfristig revidiert werden, die Investitionen waren begrenzt, womit auch das Risiko in Grenzen gehalten wurde. Die Bedeutung der strategischen, d. h. langfristigen, Planung war dementsprechend gering. Meist beschränkte sie sich auf die Standortplanung, alle anderen Instrumente konnten flexibel eingesetzt werden. In den letzten Jahrzehnten zeichneten sich Entwicklungen ab, die eine verstärkte Beschäftigung mit einer langfristigen Marketingplanung notwendig machen. Ein immer größer werdender Teil des Umsatzes wird von immer weniger Handelsunternehmen getätigt, die auf internationalen Märkten im Wettbewerb zueinander stehen. Neue Entwicklungen wie die Standorte auf der „Grünen Wiese" und die Neuen Medien führen dazu, dass die bisherigen Wettbewerbsvorteile hinfällig werden. Renommierte Hersteller beginnen, vorwärts zu integrieren und bauen zur Profilierung und Spannensicherung eigene Vertriebssysteme auf. All diese Faktoren machen es nötig, dass zumindest die Großunternehmen des Handels strategische Planungsmethoden einsetzen. Weitestgehend wurden diese für die Industrie entwickelt und bedürfen, soweit sie im Handel einsetzbar sind, lediglich einer Adaption.

Der **Einsatz strategischer Planungstechniken** zwingt die Unternehmensführung dazu,

- die Umwelt laufend zu beobachten und zu begreifen

- sich permanent mit langfristigen Fragestellungen auseinander zu setzen und sie dadurch besser zu verstehen

- laufend die Gestaltung der Organisation und der strategischen Geschäftseinheiten zu bewerten und gegebenenfalls zu verändern

- die Verteilung der Ressourcen zielgerichtet zu entwickeln (vgl. *Berekoven* 1995, S. 397).

Die Begriffe **strategische Unternehmensplanung** und **strategische Marketingplanung** werden in der Literatur sehr unterschiedlich eingesetzt (vgl. *Homburg/Krohmer* 2006, S. 436 ff.). Im Rahmen der strategischen Unternehmensplanung wird in erster Linie die Frage beantwortet, in welchen Bereichen die Unternehmung tätig sein soll und welche Bedeutung die verschiedenen Bereiche für sie einnehmen. Die Ziele und Ressourcen (Finanzmittel und Mitarbeiter) müssen den einzelnen Geschäftsfeldern zugeordnet werden. Auf dieser Ebene werden häufig nur Normstrategien abgeleitet, grobe Stoßrichtungen, die die Richtung der angestrebten Aktivitäten angeben, z. B. Wachstum/Investition, Behauptung oder Rückzug.

Für die **strategische Unternehmensplanung** ergeben sich die folgenden **Teilaufgaben**:

- Festlegung der strategischen Stoßrichtung des Unternehmens

- Festlegung der zentralen finanziellen und nichtmonetären Ziele

- Abgrenzung des relevanten Marktes und der strategischen Geschäftseinheiten

- Vorgabe von Zielen für die strategischen Geschäftseinheiten und Funktionsbereiche

- Festlegung von Handlungsrahmen für strategische Maßnahmen in einzelnen Geschäftseinheiten und Funktionsbereichen

- die kontinuierliche Weiterentwicklung strategisch relevanter Ressourcen und Fähigkeiten des Unternehmens.

Aus der Unternehmensstrategie resultieren Strategien für einzelne Geschäftsbereiche, die festlegen, wie der Wettbewerb dort bestritten werden soll (vgl. *Homburg/Krohmer* 2006). Aus beiden Strategien, Unternehmens- und Geschäftsbereichs-, werden dann die Funktionalstrategien abgeleitet, die die strategische Orientierung bestimmter Funktionen (z. B. Marketing, Finance, HRM) im Unternehmen definieren. I. d. R. stellt die Marketingstrategie unter den Funktionalstrategien die dominante dar, da der Absatzmarkt meist den Engpass darstellt und somit eine Priorität der Planung gegeben sein sollte.

Strategische Marketingstrategien orientieren sich an Leitfragen, die den folgenden Kategorien zuzuordnen sind:

Abb.: Kategorien von Leitfragen zur Formulierung von Marketingstrategien
Quelle: *Homburg / Krohmer* 2006, S. 509

2. Der Prozess der strategischen Marketingplanung

Strategische Fragestellungen sind i. d. R. vielschichtig und komplex, die Auswirkungen getroffener Entscheidungen sind von zentraler Bedeutung. Daher erscheint es sinnvoll, den Ablauf der Planung zu strukturieren und damit zu systematisieren. Dies bedeutet nicht, dass damit eine einzuhaltende Abfolge der einzelnen Schritte vorgegeben wird. In der Praxis werden Rückkopplungen und Abstimmungen meist nötig, ebenso können sich einzelne Phasen überschneiden.

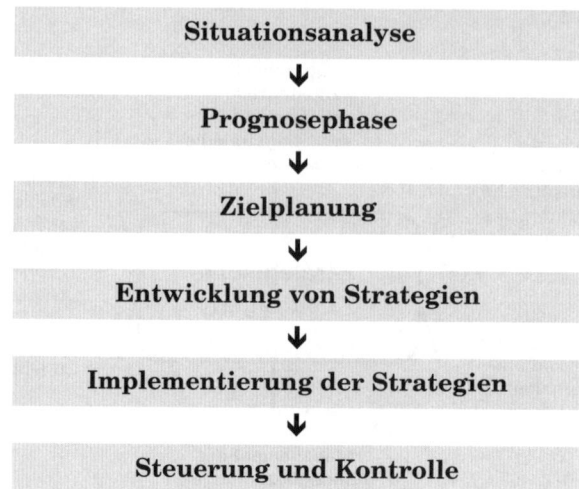

Abb.: Prozess der strategischen Marketingplanung

Generell beginnt der Planungsprozess mit der Ist-Analyse. Die Umwelt, der Markt, die Mitbewerber und die Stärken und Schwächen der Unternehmung selbst müssen analysiert werden, um eine Entscheidungsgrundlage bilden zu können. Die Ist-Analyse wird ergänzt durch Prognosen. Diese werden benötigt, um darauf aufbauend die unternehmensrelevanten Entscheidungen für die Zukunft treffen zu können.

Anschließend kann die Unternehmensleitung beginnen, die langfristigen Ziele festzulegen. Da jedes Ziel auf unterschiedlichen Wegen erreicht werden kann, müssen dann Strategien ausgearbeitet werden, welche den Weg vorgeben. Diese Strategien werden nachfolgend konkretisiert und operationalisiert, bis schließlich die Maßnahmen für die einzelnen Marketinginstrumente abgeleitet werden können. Es folgt die Umsetzung der geplanten Strategien. Damit diese erfolgreich ablaufen können, muss ein Prozess der Steuerung und Kontrolle erfolgen.

3. Die Situationsanalyse

3.1 Vorgehensweise in der Analysephase

Voraussetzung für eine strategische Planung ist die umfassende Analyse, um langfristige Veränderungen, Stärken und Schwächen zu erkennen und in die Planung miteinzubeziehen.

Analysiert werden:

- die globalen Umweltfaktoren der Unternehmung

- die Märkte, auf denen die Unternehmung tätig ist
- die Mitbewerber
- die Handelsunternehmung selbst.

Dabei empfiehlt sich die Vorgehensweise, im ersten Schritt der Analyse die bedeutendsten wahrscheinlichen **Entwicklungstrends aus Gesellschaft, Politik, Bevölkerung, Technologie und Wirtschaft** mithilfe von Checklisten aufzuführen. In einem zweiten Schritt wird daraufhin geprüft, in wie weit diese Veränderungen die Unternehmung tangieren und welche Konsequenzen daraus entstehen könnten. Daraus ergeben sich erste Hinweise auf die Strategie. Beispielsweise ist dem steigenden ökologisch orientierten Denken in der Bevölkerung durch Aufbau von ökologischen Sortimenten zu begegnen.

Besonderes Augenmerk muss auf das veränderte Einkaufsverhalten der Konsumenten und auf den **Erfolg bestimmter Betriebstypen** gelegt werden. Festgestellt werden sollte, welche Betriebstypen Marktanteile gewinnen und welche zu den Verlierern gehören. Soweit möglich, sollten Daten über die Mitbewerber gesammelt und analysiert werden, um ihre Positionen einschätzen zu können.

Anschließend muss prognostiziert werden, wie sich Trends, die in der Vergangenheit bereits entstanden sind, in der Zukunft entwickeln werden. Für einige Problembereiche lassen sich dafür klassische **Prognosemodelle** einsetzen, die in der Regel auf der Fortschreibung von Zahlenreihen beruhen. Häufig stehen jedoch Fragen an, die eine bloße Fortschreibung von Kennziffern unmöglich machen und eine vielschichtige und komplexe Beantwortung von Fragen erfordern. Z. B. ist heute die Frage von besonderer Relevanz, wie sich die Entwicklung der Neuen Medien auf den stationären Einzelhandel auswirken wird. Ferner stellt sich die Frage, ob künftig die Kaufkraftströme von der Innenstadt weiterhin auf die „Grüne Wiese" und in die Stadtteilzentren verlagert werden.

Nach der Analyse der wichtigsten Faktoren aus Umwelt und Markt einerseits und der derzeitigen Unternehmensposition andererseits können mittels einer **SWOT-Analyse** die Stärken und Schwächen des Unternehmens den Chancen und Gefahren, die sich aus den zentralen Trends ergeben, einander gegenübergestellt werden. So ergibt sich ein komplexes Bild der aktuellen Situation. Daraus lassen sich dann die Ziele und erste Strategieansätze ableiten.

Die Analyse sowie die strategische Planung generell kann sich nicht auf die gesamte Unternehmung beziehen, es sei denn, diese besteht aus einem Betrieb. In der Regel müssen für größere Handelsunternehmen Einheiten gebildet werden, für die jeweils die Analyse erfolgt. Solche Einheiten, auf deren Basis die strategische Planung erfolgt, bezeichnet man als **strategische Geschäftseinheiten (SGE)**. In Industrieunternehmen stellen sie bestimmte Produkte, Produktgruppen bzw. Produkt-/Markt-Kombinationen dar. Im Handel versteht man unter den strategischen Geschäftseinheiten in der Regel die unterschiedlichen **Betriebstypen**, mit denen die Unternehmung am Markt agiert. In den Unternehmungen werden sie auch Sparten, Vertriebslinien oder Geschäftszweige genannt. Bei einer strategischen Entscheidung in Handelsunternehmen steht i. d. R. zunächst einmal die grundsätzliche Entscheidung bezüglich der Vertriebsform bzw. -formen an. Das Unternehmen muss eine Entscheidung zwischen stationärem, ambulantem oder medialem Handel (oder einer Kombination daraus) treffen. Die gewählte Vertriebsform des stationären Handels gibt dann den Rahmen bei der Entscheidung über den **Betriebstyp** (Betriebsform, Retail Format) vor. Die Wahl der Betriebsform ist von zentraler Bedeutung bei der strategischen Marketingplanung. Damit werden Grundsatzentscheidungen zur Sortimentstiefe und -breite, zur Preisstruktur, zur Kostenstruktur und zum Standortkonzept festgelegt. In Kapitel B wurde deutlich gemacht, dass die unterschiedlichen Betriebstypen wie Warenhäuser, Supermärkte, Discounter oder Fachmärkte in ihrem Erfolg und ihrer Bedeutung über die Jahre nicht konstant bleiben. In den Wachstumsphasen sind Ertragssituation und Expansionsaussichten meist erfolgreicher als in den Stagnations- und Degenerationsphasen. Somit ist die Wahl des Betriebstyps in hohem Maße mitentscheidend für eine erfolgreiche Struktur.

3.2 Analyse der globalen Umwelt am Beispiel des Einzelhandels

Die Analyse der globalen Umwelt, auch Makro-Umwelt genannt, stellt den ersten Schritt der Analysephase dar. Der Wandel unterschiedlicher Einflussfaktoren führt zu wachsender Unsicherheit und steigendem Risiko für die Unternehmung. Diese versucht man mittels der **PESTE-Analyse** zu systematisieren.

1. **Politisch-rechtliche Faktoren:** Politische Veränderungen und neue Gesetze beeinflussen die Aktionsmöglichkeiten der Unternehmen. Die Gesetzgebung schränkt Optionen ein oder schafft neue.

2. **Ökonomische (Economical) Faktoren:** Zahlreiche Entscheidungen hängen von der Konjunkturentwicklung, der Inflationsrate, den Energie- und Rohstoffpreisen und anderen wirtschaftlichen Faktoren ab.

3. **Soziokulturelle Faktoren:** Dazu zählen die soziodemografischen Entwicklungen und Trends, die sich im Lebensstil abzeichnen. Verändertes Konsumverhalten kreiert neue Betriebstypen und neue Produkte.

4. **Technologische Faktoren:** Die Entstehung neuer Technologien kann Chancen für die Entwicklung neuer Geschäftsbereiche mit sich bringen. Andere dagegen werden obsolet.

5. **Ökologische (Ecological) Faktoren:** Ökologische Faktoren können auch unter den anderen Kriterien aufgeführt werden, z. B. wirken sich neue Umweltgesetze auf den Handel aus. Ebenso kann ein verstärktes ökologisches Denken der Konsumenten Veränderungen im Einzelhandel bewirken.

Zunächst erfolgt eine bloße Auflistung der Faktoren. Sie ist wie eine Checkliste zu betrachten. Einige Faktoren sind wichtig, andere haben weniger Bedeutung. Ziel ist es, aus dieser Aufzählung diejenigen Faktoren zu identifizieren, die den zukünftigen Erfolg der Unternehmung voraussichtlich entscheidend positiv oder negativ beeinflussen können, denn auf solche sollte die Strategie ausgerichtet werden.

3.2.1 Auswirkungen politisch-rechtlicher Veränderungen auf den Einzelhandel

Aus den zahlreichen Beispielen, wie die Gesetzgebung den Erfolg einer Branche beeinflussen kann, sollen hier nur einige herausgegriffen werden:

Fernabsatzgesetz: Es trat 2000 in Kraft und wurde 2002 in das BGB integriert: Es betrifft alle Käufe, die durch Fernverträge, also per Telefon, Post oder Internet, zustande gekommen sind. Der Verbraucher erhielt das Recht, innerhalb von zwei Wochen ein Widerrufsrecht auszuüben. Dies bedeutet, er kann – auch heute – alle bis auf genau definierte Ausnahmen per Fernvertrag gekauften Güter kostenlos an den Verkäufer zurücksenden und erhält sein Geld zurück. Den Versandhandel hat dies zusätzlich besonders betroffen, da auch das Porto für den Umtausch von Waren wegfiel. Der Versender muss heute diese Portogebühren übernehmen.

Einwegpfand: Als Einwegpfand wird das Pfand auf Einwegverpackungen wie Getränkedosen, Einweg-Glasflaschen und Einweg PET-Flaschen bezeichnet. Das Einwegpfand wurde 2003 eingeführt. Zunächst gab es Regelungen, dass die Einwegbehälter nur dort, wo der Kunde sie gekauft hatte, oder bei bestimmten anderen Händlern eines Systems zurückgegeben werden konnten. Seit dem 1. Mai 2006 sind alle Getränkeverpackungen mit den Ausnahmen von Säften, Wein, Spirituosen und Milch pfandpflichtig. Seitdem gilt auch das Gesetz, dass jeder, der Getränke in Pfand-Einwegverpackungen verkauft, die Behälter auch gegen Pfandrückerstattung zurücknehmen muss. Dies beschränkt sich jedoch auf die jeweilige Materialart. Wer also nur Dosen verkauft, muss auch nur Dosen zurücknehmen. Dieses Gesetz betrifft den Handel insofern, als dass er zahlreiche organisatorische und logistische Regelungen treffen muss. Die Kosten können weitestgehend auf die Hersteller abgewälzt werden, doch sind für den Handel mit diesem Gesetz viele Umstellungen und ein hoher Aufwand verbunden.

Elektro- und Elektronikgesetz (ElektroG): Das ElektroG trat 2005 in Kraft und regelt das Inverkehrbringen, die Rücknahme und die umweltverträgliche Entsorgung von Elektro- und Elektronikgeräten. Hersteller müssen sich verpflichten, die von ihnen hergestellten Geräte zurückzunehmen und einer umweltfreundlichen Entsorgung zuzuführen. Wenn dies auch Aufgabe der Hersteller ist, ist der Handel doch unmittelbar betroffen, zumal ein großer Teil der Geräte aus Asien importiert wird und der Hersteller hier nur schwer haftbar gemacht werden kann. Der Handel muss zumindest als Sammelstelle für Altgeräte auftreten. Dies kann er sich vom Hersteller vergüten lassen. Doch sind mit dem Gesetz zahlreiche organisatorische, finanzielle und logistische Anforderungen verbunden, die gelöst werden müssen.

Ladenschlussgesetz: Das Ladenschlussgesetz ist eine Regelung, nach der Ladengeschäfte aus Gründen des Arbeitnehmerschutzes zu bestimmten Zeiten geschlossen bleiben. Seit 1957 galt das Gesetz, dass Geschäfte werktags von 7:00 bis 18:30 Uhr und sonnabends bis 14:00 Uhr geöffnet sein durften. Kurz darauf wurde einmal monatlich der „Lange Samstag" eingeführt sowie die „Langen Adventssamstage". Dann blieb die Regelung dreißig Jahre lang unverändert. Erst 1989 wurde der „Lange Donnerstag" eingeführt, und 1996 kam eine generelle Lockerung der Öffnungszeiten bis werktags um 20:00 Uhr und samstags um 16:00 Uhr durch. 2003 beschloss der Deutsche Bundestag die noch geltende Regelung, werktags und samstags 6:00 bis 20:00 Uhr offen halten zu dürfen. 2006 stimmte der Bundestag der Förderalismusreform zu und übertrug die Gesetzgebungskompetenz an die Länder. Seither kann jedes Land die Ladenöffnungszeiten selbst anpassen. Die meisten Bundesländer führten eine 6 x 24 Regelung ein, nach der Geschäfte an sechs Tagen 24 Stunden geöffnet bleiben dürfen. Ebenso gibt es fast überall eingeschränkte verkaufsoffene Sonn- und Feiertage.

Für die Händler ist die neue Regelung nicht uneingeschränkt positiv. Die längeren Öffnungszeiten fördern das Geschäft in den Innenstädten und Einkaufszentren. Im Nahversorgungsbereich hat sich 20:00 Uhr als inoffizieller Ladenschluss durchgesetzt, doch auch hier gibt es Ausnahmen. Längere Öffnungszeiten sind mit aufwändigen Einsatzplanungen der Mitarbeiter und der Zahlung von Lohnaufschlägen verbunden. Die höheren Kosten werden nicht überall von höheren Einnahmen kompensiert.

Mehrwertsteuer: Die letzte Erhöhung der Mehrwertsteuer fand zum 1.1.2007 statt, hier wurde die MwSt. um drei Prozentpunkte von 16 % auf 19 % erhöht. Es gab auch hier Ausnahmen, z. B. blieb die MwSt auf Lebensmittel mit 7 % konstant. Die Erhöhung hat für den Handel weitreichende Konsequenzen. Die meisten Preise sind so kalkuliert, dass sie nicht auf einen glatten Betrag enden, z. B. 19,90 Euro. Bei einer Mehrwertsteuererhöhung entstünde bei identischer Preisbildung ein neuer Preis von 20,41 Euro. Aus psychologischer Sicht ist dieser Preis jedoch denkbar ungünstig, wird dabei doch die Preisschwelle von 20 Euro knapp überschritten. Bei zahlreichen Produkten muss der Händler bei dem alten Preis bleiben. Demnach verlieren entweder er oder der Hersteller (oder beide) Gewinn. Zudem muss bei einer MwSt-Erhöhung stets mit einem Nachfragerückgang gerechnet werden, da die Haushalte die Preiserhöhungen an anderer Stelle einsparen müssen.

Innenstadtmaut/Umweltzone/Parkraumbewirtschaftung: Händler in den Stadtzentren sind von diesen Faktoren betroffen. Die **Innenstadt-** oder **Citymaut** ist die Erhebung von Gebühren für die Nutzung innerstädtischer Straßen. Sie hat das Ziel, die Umwelt durch weniger Verkehr zu entlasten, Staus zu reduzieren, die Verkehrsnachfrage zu steuern und zusätzliche Einnahmen zu generieren. Die Innenstadtmaut wurde in Deutschland bislang noch nicht eingeführt, aber bereits in mehreren Städten Europas. Bereits 1985 erhob Bergen in Norwegen eine Gebühr für die Einfahrt in die Innenstadt. Es folgten Trondheim (N), Durham (GB), London, Edinburgh, Stockholm, Bologna (I) und Mailand. Londoner, die außerhalb des Gebührenrings wohnen, zahlen 12 Euro täglich für die Einfahrt in das Stadtgebiet. Es gibt zahlreiche Ausnahmegenehmigungen. Das Verkehrsaufkommen in der City ging um ca. 20 % zurück.

In Deutschland hat man sich (zunächst) für das Modell der **Umweltzonen** entschieden, das 2008 in Berlin, Hannover, Stuttgart und in anderen Städten eingeführt wurde. Hier wird nicht schadstoffarmen Fahrzeugen die Einfahrt in den Innenstadtbereich verwehrt.

Zahlreiche Städte Deutschlands haben **Parkraumbewirtschaftungssysteme** eingeführt. Dies bedeutet, dass in definierten Stadtbereichen die Nutzung des vorhandenen Parkraums, d. h. aller vorhandenen öffentlichen Parkflächen, durch Gebührenpflicht und/oder Höchstparkdauer geregelt wurde. Anwohner erhalten spezielle Parkausweise.

Alle drei Maßnahmen tragen dazu bei, die Einkäufe von der City zur „Grünen Wiese" oder zu den neuen Einkaufszentren in den Stadtteilzentren zu verlagern. Hier gibt es tendenziell mehr großflächige Betriebsformen und in den Einkaufszentren einen höheren Filialisierungsgrad als in der Innenstadt. Dies wirkt sich negativ auf den Fachhandel aus, der meist im Innenstadtbereich angesiedelt ist.

EU-Erweiterung: Mit der Erweiterung des EU-Raums nach Osten und den neuen Mitgliedstaaten ergeben sich für den Einzelhandel insbesondere im grenznahen Raum gravierende Veränderungen. Anwohner nahe der Grenzen pendeln zwischen den Einkaufsstätten hin und her, je nachdem, in welchem Land die Waren günstiger zu erwerben sind. Im Falle der Grenznähe zu Polen und Tschechien dürfte dies die Einkaufsströme eher in die grenznahen Gebiete dieser Länder lenken. Auf der anderen Seite nutzen im westlichen Raum besonders Niederländer und Franzosen die Möglichkeit, in Deutschland einzukaufen.

3.2.2 Auswirkungen wirtschaftlicher Veränderungen auf den Einzelhandel

Zu den Faktoren, die die Umsätze und Gewinne im Handel nachhaltig beeinträchtigen, zählen u. a. **Arbeitslosenquote, Inflation** und **Energiepreise**. Mit höherer Arbeitslosigkeit geht eine niedrigere Kaufkraft einher. Die war in den ersten Jahren des neuen Jahrhunderts deutlich zu spüren, während die Erholung der letzten Jahre sich langsam auch im Konsumverhalten niederschlägt.

Die Kosten der Lebenshaltung sind in der **Inflationsrate** wiedergegeben. Steigt diese, wird ein größerer Teil des Einkommens für die lebensnotwendigen Güter wie Miete, Strom, Gas, Kraftstoffe oder Lebensmittel aufgewendet. In Folge dessen verbleibt weniger Geld für den Einkauf nicht lebensnotwendiger Produkte wie Bekleidung, Möbel oder PKWs, deren Anschaffungen verschoben werden. Insbesondere der Anstieg der **Energiekosten** in den letzten Jahren machte diesen Effekt deutlich.

Schwaches Wirtschaftswachstum, Arbeitslosigkeit, hohe Inflationsraten und hohe Energiepreise wirken sich i. d. R. negativ auf den Handel aus. Allerdings werden bestimmte Betriebstypen begünstigt. Dabei handelt es sich überwiegend um die Discounter. Sie profitieren von der angespannten Finanzlage der Verbraucher, weil die Nachfrage von den Geschäften mit höheren Preislagen umgelenkt wird.

Die **Sparquote**, die zu Beginn der 90er Jahre noch 12,9 % betragen hatte, sank über 10 Jahre auf das Niveau von 9,2 % (2000), um dann langsam wieder anzusteigen. Den Stand der frühen 90er wird sie jedoch voraussichtlich nicht mehr erlangen, obgleich das Sparen im Hinblick auf die private Altersvorsorge notwendiger wurde. Ein Absinken der Sparquote von einem Prozent würde ca. 15 Mrd. Euro mehr Ausgaben im Jahr ausmachen (vgl. *KPMG* 2006).

Wie bereits in Kapitel A erwähnt, ist der Anteil des privaten Konsums, der im Einzelhandel getätigt wird, rückläufig und beträgt unter 30 %. Voraussichtlich wird sich dieser Trend auch nicht umkehren. Höhere Kosten für Energien, eine ungebrochene Reiselust und eine nicht nachlassende Liebe zum Automobil zehren einen immer größeren Anteil am verfügbaren Einkommen auf.

3.2.3 Auswirkungen sozioökonomischer Veränderungen auf den Einzelhandel

Die **demografische Entwicklung** nimmt unter den Einflussfaktoren auf den Handel eine bedeutende Stellung ein. Dabei sind **zwei Veränderungen** entscheidend:

1. Die Bevölkerungszahl in Deutschland nimmt ab.

2. Die Zahl der Älteren nimmt absolut und proportional zu.

Das Problem der **abnehmenden Bevölkerung** wird sich voraussichtlich erst in ferner Zukunft auf den Handel auswirken. Bis 2010 soll die Nachfrage Prognosen zu Folge stabil bleiben bzw. durch die steigende Lebenserwartung noch leicht zunehmen (vgl. *KPMG* 2006, S. 20). Dabei ist die größte Veränderung darin zu sehen, dass die geburtenstarken Nachkriegsjahrgänge, die „Baby-Boomer", in die Gruppe der 50-59-Jährigen eintreten. Sie werden zu **„Best Agern"** und mit ihrer Kaufkraft den Konsum entscheidend prägen. Sie werden als konsumfreudig angesehen, fühlen sich jung und fit und räumen dem Genuss einen besonderen Stellenwert ein. Prognosen einer Unternehmensberatung zu Folge werden sie wichtige Nachfragetrends im Bereich Genuss- und Wellness setzen. Ab dem Jahr 2015 jedoch tritt diese Gruppe langsam in das Rentenalter ein und ihre Kaufkraft wird sich voraussichtlich langsam verringern.

Absolut und prozentual sinkt der Anteil der **unter 20-Jährigen**. Diese Zielgruppe gilt prinzipiell als besonders aufgeschlossen gegenüber neuen Medien und neuen Produkten. *KPMG* schätzt, dass 2010 fast drei Millionen weniger innovationsfreudige Kunden existieren, die neue Trends setzen und etablieren. Dies wird sich besonders in Branchen mit hohem Anteil innovativer Produkte niederschlagen.

Bei Betrachtung der sozioökonomischen Aspekte lässt sich konstatieren, dass der **Polarisierungsprozess** fortschreitet, die Schere zwischen Arm und Reich öffnet sich weiter. Für die Einkommensentwicklung und -verteilung lassen sich für die nächsten Jahre keine gravierenden Veränderungen prognostizieren. Für Teile der Bevölkerung wird daher der sehr preisbewusste Einkauf im Vordergrund stehen. Dies spricht für die zukünftige Marktstellung der Discounter und Fachmärkte. Nichtsdestotrotz wird das private Vermögen der Haushalte weiter anwachsen. Dieses ist allerdings ungleichmäßig verteilt. Während die unteren 50 % der Haushalte über weniger als 4 % des gesamten Vermögens besitzen, gehört den vermögenden 10 % der Haushalte 47 %. Letztere stellen daher die potenziellen Kunden des Luxussegments dar.

Ein weiterer sozioökonomischer Faktor ist der andauernde **Trend zu 1-und 2-Personen Haushalten**. Die durchschnittliche Haushaltsgröße in Deutschland lag 2005 bei 2,12 Personen, während 1970 noch 2,7 Personen sich einen Haushalt teilten. Bereits 37,5 % der Haushalte waren den Single-Haushalten zuzuordnen.

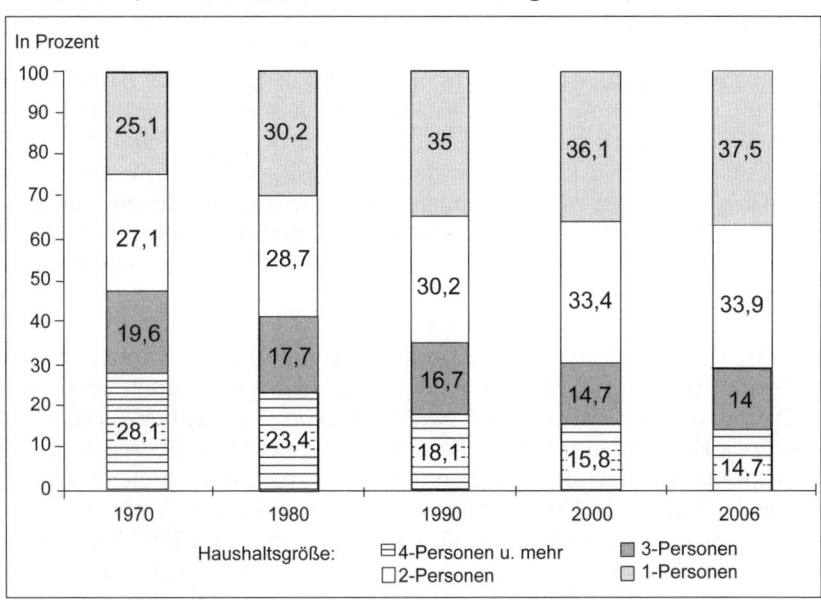

Abb.: Privathaushalte nach Haushaltsgrößen 1970-2006
Quelle: *Statistisches Bundesamt*

Ob die Haushaltsgrößte zukünftig weiter absinken wird, ist jedoch ungewiss. Die Kinderzahlen sind schon seit der zweiten Hälfte des letzten Jahrhunderts rückläufig, und mehrere Generationen unter einem Dach finden sich nur noch sehr selten (vgl. *KPMG* 2006, S. 22). Allerdings bringt das steigende Lebensalter meist mit sich, dass ein Partner oft noch Jahrzehnte allein lebt. Es darf nicht außer Acht gelassen werden, dass die Single-Haushalte jedoch keine homogene Gruppe darstellen. Hierunter fällt die 92-jährige Dame ebenso wie der 20-jährige Student in seiner ersten eigenen Wohnung. Hersteller und Händler haben auf diese Veränderung bereit reagiert und bieten vermehrt kleine Verbrauchs- und Gebrauchseinheiten an.

Auch die zunehmende **Erwerbstätigkeit der Frauen** übt einen nicht zu unterschätzenden Einfluss auf die Konsumgewohnheiten aus. Der Frauenanteil unter den Erwerbstätigen erhöhte sich in den letzten 15 Jahren von 40 % auf knapp 45 % Ende 2006. Die Erwerbstätigenquote der Frauen im erwerbsfähigen Alter strebt die 60 %-Marke an. Doch ist die Frau weiterhin für die meisten anfallenden Arbeiten im Haushalt zuständig. Lediglich bei jüngeren Paaren zeigen sich Hinweise auf ein sich aufweichendes Rollenverständnis.

Zur Haushaltsführung neben dem Beruf bleibt der weiblichen Bevölkerung nur wenig Zeit. Dieser Umstand begünstigt alle Bereiche, die zur Vereinfachung beitragen. Convenience, d. h. Bequemlichkeit und Schnelligkeit, ist gefragt. Dazu gehört der schnelle Einkauf ebenso wie eine einfache Essenszubereitung oder effektive Hilfsmittel bei der Reinigung. Zudem verlangen berufstätige Frauen auch vermehrt nach Erholung und Entspannung.

Unter den **Trendfaktoren** rangierte in den letzten Jahren der **Billig-Faktor** auf **Platz 1**, und wird nach Ansicht der Experten auch noch im Jahr 2011 diesen Platz inne haben, wenn auch mit abnehmender Bedeutung (vgl. *Schnedlitz / Schmidt / Widhahn* 2007, S. 27). Auffällig ist, dass der Billig-Faktor zunehmend auch gesellschaftlich akzeptiert wird. Es haben sich sogar Begriffe für die Gesellschaft in Anlehnung an die Namen („Aldisierung der Gesellschaft") oder die Kommunikationsstrategie von Handelsketten („Geiz-ist-geil-Gesellschaft") umgangssprachlich durchgesetzt.

Gleichzeitig spricht man von einer **„Demokratisierung des Luxus"**. Insbesondere mittlere Einkommensschichten entscheiden sich heute zunehmend für höhere Qualität und wählen bewusst und selektiv Luxusgüter (vgl. *Mei-Pochtler / Odenstein* 2008, S. 126). Dabei stellt das Nachfragersegment der „oberen Mitte" die treibende Kraft auf der Nachfragerseite dar. Ihr Haushaltseinkommen steigt kontinuierlich an, der Anteil von Haushalten mit einem verfügbaren Einkommen von über 55.000 Euro pro Jahr verdreifachte sich zwischen 1990 und 2005. Hier spielen insbesondere Frauen eine entscheidende Rolle bedingt durch ihre höheren Einkommen und ihre gestiegene Berufstätigkeit. Gleichzeitig agiert diese Kundengruppe der Wohlhabenden jedoch sehr preisbewusst. Die „Suche nach Schnäppchen" gilt als gesellschaftsfähig. Zwischen den Haupttrends Billig – Luxus wächst eine hybride Nachfragergruppe.

Unter einem **hybriden Konsument** wird eine in der Empirie beobachtbare Erscheinung bezeichnet, dass sich ein bestimmtes Einkaufsverhalten nicht einer
einzelnen, genau abgrenzbaren Zielgruppe zuordnen lässt (vgl. *Meyer / Mattmüller*
1991, S. 89). Es gibt demnach nicht allein die Extremtypen des „Niedrigpreiskäu-
fers" und des „Hochpreiskäufers" als solche, sondern beide Formen kommen innerhalb einer einzigen Person vor. Der **hybride Kunde** bevorzugt, auch bei hohem
Einkommen, teilweise bewusst preiswerte Produkte. Andererseits verhält er sich
in bestimmten Bereichen sehr wählerisch und bevorzugt nur bestimmte Premiummarken. Ersparnisse in den Trading Down-Kategorien werden gezielt in anderen
Trading Up-Kategorien ausgegeben, je nach den individuellen Bedürfnissen und
Wünschen der Kunden (vgl. *Mei-Pochtler / Odenstein* 2008, S. 126).

„Aldi trifft Gucci
...Längst ist aus der dickbauchigen Zwiebel, die einst den Konsummarkt repräsentierte,
eine stark taillierte Sanduhr geworden: Discount boomt, Luxus aber auch. Lange wurde
das Phänomen als skurrile Lifestyle-Anekdote kolportiert, dessen Tragweite erst mit der
Krise bei Karstadt und Opel ins Bewusstsein rückte. Morgens Aldi, abends Armani, - das
Kaufverhalten gerade der Deutschen weist Züge von Schizophrenie auf. Konsumexperten
sprechen vornehm vom „hybriden" oder „multioptionalen" Käufer, meinen aber das Glei-
che: die Massenflucht aus dem Mainstream.

...War der alte Konsument laut einer aktuellen Studie des schweizerischen Gottlieb Dutt-
weiler Instituts (GDI) schlecht informiert, passiv, standardisiert, vertrauensvoll und be-
quem, ist der neue Kunde bestens informiert, aktiv, individualisiert, misstrauisch, an-
geödet von Marketingversprechen und immer auf der Suche nach Authentizität. Dass er
seine Grundbedürfnisse bei Billigheimern wie Aldi, H&M, Saturn und Ikea stillt, hat
längst nicht nur mit dem Zwang zum Sparen zu tun. „Beim Discounter einzukaufen
ist ein Beweis für Cleverness", sagt Konsumentenforscher Eike Wenzel vom Kelkheimer
Zukunftsinstitut, „die Verbraucher wollen demonstrieren, dass sie sich nicht über den
Tisch ziehen lassen." Den Lebensmittelbereich trifft diese Einstellung am härtesten: Hier
konnten gerade die Discounter ihren Umsatz von 27,1 Milliarden Euro 1992 auf 52,5
Milliarden Euro 2003 fast verdoppeln.

...Sind die Grundbedürfnisse gestillt, ist der neue Konsument bereit, für Dinge, die ihm
am Herzen liegen, viel Geld zu bezahlen. Deshalb wachsen auch Premium- und Luxus-
marken. ... Selbst in Deutschland legen Nobelmarken wie BMW oder Cartier deutlich
zu. „Auf den Geiz folgt der Reiz", sagt GfK-Konsumexperte Wolfgang Twardawa. ... Das
schrumpfende Mittelsegment wird häufig mit dem Verschwinden der „gesellschaftlichen
Mitte" erklärt. ... Die Mitte mag bedroht sein, von ihrem „Verschwinden" aber kann keine
Rede sein. ... Die Mitte ist noch da, aber keiner möchte mehr dazugehören. Karstadt und
Opel müssen schmerzlich erfahren: Otto Normalverbraucher ist nicht mehr schick. Alle
möchten besonders sein – jeder sucht sich seinen eigenen Spielplatz.

...Wie aber sollen Unternehmen die Erwartungen der unterschiedlichen Konsumenten-
gruppen treffen? Die Antwort ist so schlicht wie erschütternd: Es geht nicht. „Der Kon-
sument verhält sich rationaler, als vielen lieb ist", sagt Thomas Tochtermann, Leiter des
Konsumgüterbereichs bei McKinsey Deutschland. Unternehmen würden gezwungen, „die
Ubiquität ihrer Marke in Frage zu stellen". Das heißt: Sie müssen sich entscheiden, wel-
che Käufer sie wollen. Wer alle haben will, hat am Ende keinen mehr."

Quelle: Wehrle, K., in ManagerMagazin 1 / 2005, S. 96-102

Als weiterer neuer Verbrauchertyp hat sich der **Smart Shopper** herauskristallisiert. Hierbei handelt es sich um kritische, intelligente und gut informierte Verbraucher mit hohen Ansprüchen an das Preis-Leistungs-Verhältnis (vgl. *Bauer/ Reichardt/Exler* 2007, S. 379 ff.). Im Gegensatz zum Billigkäufer achtet er jedoch sehr stark auf die Qualität eines Angebots. Der Smart Shopper kauft keine Billigprodukte, sondern vorwiegend teure Markenware zu einem möglichst günstigen Preis. Dafür ist er bereit, einen hohen Aufwand auf sich zu nehmen. Dies schlägt sich in einer umfassenden Informationsbeschaffung und -verarbeitung nieder, denn ob ein Preis günstig ist, kann nur beurteilt werden, wenn man sich in einem Markt auskennt. Daher wurde die Entwicklung dieses neuen Konsumententyps stark durch das Internet begünstigt. Daneben verwendet er jedoch weitere Informationsquellen wie Prospekte, Testergebnisse oder Schnäppchenführer. Anschließend bewertet er Preis und Qualität zunächst getrennt, führt dann jedoch beide Faktoren zu einem abschließenden Qualitätsurteil zusammen. Daher übt der Preis für ihn nicht die Funktion des Qualitätsindikators aus. Smart Shopper nutzen die zeitliche Variabilität von Preisen, indem sie geplante Käufe vorziehen oder aufschieben. So lassen sich Sonderangebote nutzen oder in verkaufschwachen Zeiten z. B. beim PKW-Kauf beträchtliche Preisnachlässe aushandeln. Sie suchen mehrere Einkaufsstätten auf, um besser vergleichen zu können. Sie nutzen Bonussysteme oder Einkaufsgemeinschaften, um bestimmte Produkte günstiger erwerben zu können.

Smart Shopper setzen ihr Haushaltsbudget sehr effizient ein. Dies tun sie jedoch nicht allein aus der Not heraus. Der Nutzen ihres Verhaltens liegt nicht allein im Ergebnis, sondern auch im Prozess des Einkaufs und der Verhandlung, der Gefühle wie Stolz und Macht vermittelt (vgl. *Diller* 2008, S. 98) Das erzielte Ergebnis eines guten Preis-Leistungsverhältnisses ruft bei ihnen positive Emotionen hervor, die nicht rein ökonomischer Natur sind wie Freude und Stolz über das erworbene „Schnäppchen". Daneben entseht ein Gefühl von Macht und Erfolg (vgl. *Bauer/ Reichardt/Exler* 2007, S. 382).

Das Smart Shopping sollte nicht als verübergehender Verhaltenstrend betrachtet werden, sondern bezeichnet das veränderte Kaufverhalten einer breiten Konsumentengruppe. Sparsamkeit wird nicht mehr aus finanzieller Not ausgeübt, sondern hat sich auch in den höheren Einkommensklassen zu einem positiven Wert entwickelt. Smart Shopper können, aber müssen keine hybriden Kunden sein. Letzterer kauft mal hochwertig, mal niedrigpreisig; je nachdem, auf welche Produkte er besonderen Wert legt. Der Smart Shopper kauft Billigprodukte, wenn er von ihrer hohen Qualität überzeugt ist, weil z. B. Testergebnisse dieses belegen. Es ist auch möglich, dass er zuhause weitegehend Handelsmarken vom Discounter verzehrt und sein aufwändiges Smart Shopping-Verhalten auf die demonstrativen Konsumprodukte anwendet.

Handelsunternehmen dürfen die Entwicklung des Smart Shoppings nicht vernachlässigen. Man geht davon aus, das bereits ungefähr ein Drittel der Konsumenten „smart" agiert. Da diese i. d. R. nicht bereit sind, Listenpreise zu zahlen, werden

Konzepte benötigt, die die Smart Shopper attrahieren und gleichzeitig den Unternehmen ermöglichen, angemessene Deckungsbeiträge zu erwirtschaften.

Alle bedeutenden sozioökonomischen Strömungen unterstützen damit die Entwicklungen, die sich auch in den demografischen Veränderungen abzeichnen. Es besteht weiterhin ein starker Trend zum **Discounteinkauf**. Daneben zeichnen sich Anforderungen nach **Convenience, Genuss** und **Wellness** ab. Der Erfolg vieler Handelsunternehmen wird zukünftig davon abhängig sein, inwieweit es ihnen gelingt, diese Anforderungen zu verknüpfen (vgl. *KPMG* 2006, S. 23). Dabei betrifft die Entwicklung zur Convenience nicht nur die eingekauften Produkte, sondern auch den Einkaufsprozess als solchen.

3.2.4 Auswirkungen technologischer Veränderungen auf den Einzelhandel

In der letzten Dekade sind die Ausgaben der Verbraucher für Informationstechnologie drastisch in die Höhe geschnellt. In Europa verfügen ca. 70 % der Haushalte über einen Internetzugang, in Japan sind es etwas mehr und in den USA weniger (vgl. *Deloitte & Touche LLP* 2006). Diese Konsumenten sind jünger und wohlhabender als der Durchschnitt der Offline-Verbraucher. Neue Technologien bringen weltweit **Veränderungen im Einkaufsverhalten** mit sich. Früher musste der Kunde von Händler zu Händler laufen, um dort Produkte und Preise zu vergleichen. Durch den Einsatz des Internets entstand ein bislang nicht existierendes Informationspotenzial, das von vielen Verbrauchern auch genutzt wird. Der Kunde kann sich vor dem Kauf umfassend informieren. Ebenso kann er mit geringem Aufwand unter vielen Anbietern denjenigen auswählen, der ihm das gewünschte Produkt zum niedrigsten Preis liefern kann. Damit entsteht eine ungeahnte **Preistransparenz**, die für den Handel dramatische Auswirkungen haben kann. Der Versandhandel per Internet wird damit immer attraktiver, klassische Handelsunternehmen sind gezwungen, neue zusätzliche Vertriebsformen aufzubauen. Damit einher geht der Trend zum **Multi-Channel-Marketing**.

Zudem bieten **Auktionsplattformen** wie Ebay auch für kleinere Händler die Möglichkeit, national oder international mitzuspielen. Dadurch werden dem klassischen Handel Marktanteile abgerungen.

Die Informationstransparenz geht weit über die Produkt-Features oder die Preise hinaus in den Bereich der **sozialen Verantwortung** der Hersteller und Händler. Berichte über Kinderarbeit oder menschenunwürdige Arbeitsbedingungen finden schnell ihren Weg auf entsprechende Webseiten und können Unternehmen diskreditieren.

Web 2.0 und die damit verbundenen interaktiven Möglichkeiten, wie sie bei YouTube genutzt werden, verwandeln das Verbraucherverhalten radikal. 100 Millionen Downloads pro Tag stellen ein immenses Kontaktpotenzial dar, das die Kommunikationsbudgets und Werbestrategien der Unternehmen zum Umdenken zwingt. Virales und Guerilla-Marketing gewinnen an Bedeutung. Umgekehrt kann jede negative Erfahrung mit Herstellern, Händlern und Dienstleistern in Weblogs niedergelegt werden und ein weltweites Publikum erreichen.

3.2.5 Auswirkungen ökologischer Veränderungen auf den Einzelhandel

Angesichts der allgemeinen gesellschaftlichen Trends zu Gesundheit und Wellness und der Lebensmittelskandale der vergangenen Jahre reagierten viele Verbraucher mit dem Kauf von **Bio-Produkten**. Während im Lebensmitteleinzelhandel der Umsatz stagnierte, legte dieser bei biologisch angebauten Lebensmitteln um jährlich 9 % zu (vgl. *Goetzpartners* 2006) und überschritt die 4 Mrd. Euro-Grenze. Der größte Teil der „Bio"-Umsätze wurde bis vor einigen Jahren von Reformhäusern und Naturkostläden getätigt, auch Direktvertrieb wie Kauf beim Erzeuger oder Wochenmärkte hatten daran einen Anteil. Diese Vertriebsformen sprechen überwiegend Kunden an, für die der Kauf von Öko-Produkten Teil der Lebensphilosophie ist. Dieses Segment umfasst ca. 3 % der Bevölkerung und ist bereits weitestgehend erschlossen. Eine wesentlich größere Zielgruppe mit überdurchschnittlicher Kaufkraft zeigt zunehmend die Bereitschaft, ökologisch unbedenkliche Produkte zu erwerben. Etwa 50 % der deutschen Verbraucher kaufen Bio-Produkte, besonders aus den Frischebereichen wie Obst, Gemüse, Fleisch, Wurst oder Molkereiprodukte (vgl. *ZMP / CMA* 2003, S. 23). Doch möchten sie hierfür keine besonderen Anstrengungen unternehmen. Diese Personen waren die angestrebte Zielgruppe der in den letzten Jahren eröffneten Bio-Supermärkte, bei denen es sich um eine neue Betriebsform in einem definierten Segment handelt. Für 2007 wurde ein Wachstum von 250 auf 300 Märkte prognostiziert, die einen Umsatz von ca. 600 Mio. Euro erwirtschaften sollen (vgl. *KPMG* 2006, S. 55).

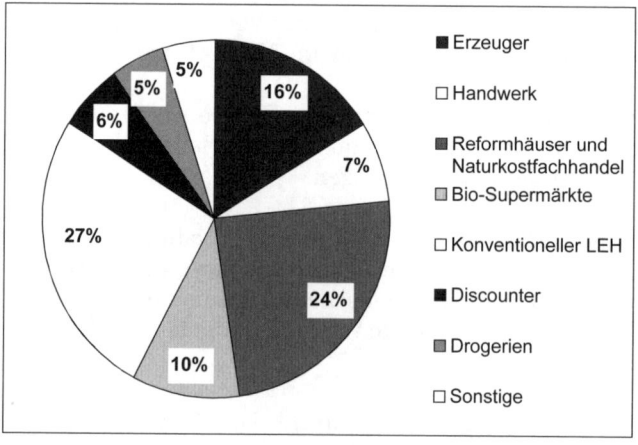

Abb.: Marktanteile beim Umsatz an Bio-Lebensmitteln 2005
Quelle: *Goetzpartners* 2006

Der klassische LEH-Handel, die Drogeriemärkte und vor allem die Discounter reagieren auf diesen Trend. Sie kreieren Sortimente aus Eigenmarken und verstärken zunehmend die Listung ökologisch unbedenklicher Produkte. Eine wesentliche Voraussetzung zur erfolgreichen Vermarktung sind dabei eine hohe Produktqualität und Produktsicherheit. Vor diesem Hintergrund sind die Rückverfolgbarkeit der Produkte und die Transparenz der Warenkette von großer Bedeutung.

Insgesamt bietet der Bio-Markt den Handelsunternehmen eine ganze Reihe von Chancen. Er wird allen Prognosen nach auch in der Zukunft wachsen. Das Potenzial im Lebensmittelbereich wird auf 8 – 10 % geschätzt. Zudem ist dieser Markt für Händler preislich sehr attraktiv, da die Preisbereitschaft generell höher liegt als bei konventionellen Produkten. Allerdings sind auch die Einkaufskosten höher.

Als weitere ökologische Trends könnte man an dieser Stelle die Citymaut bzw. Fahrverbote in der Innenstadt anführen, die hier jedoch unter „politisch-rechtliche Faktoren" behandelt wurden. Ebenso werden weitere Maßnahmen nötig werden, den **Klimawandel** abzuwenden bzw. zu verzögern. Dies betrifft Energiesparmaßnahmen in den Geschäften ebenso wie in der Logistikkette. Steigende Energiepreise dürften sich auf ökologisch unbedenkliche Produkte aus der Region weniger auswirken als auf interkontinental importierte. Klimaschutzabgaben und Kerosinsteuer für Flugzeuge wurden diskutiert, jedoch bislang noch nicht umgesetzt. Dies scheint allerdings mehr eine Frage der Zeit zu sein.

07 ⟫ Seite 446

3.3 Markt- und Konkurrenzanalyse am Beispiel des Einzelhandels

Im Rahmen der **Marktanalyse** geht es darum, die **Mikroumwelt** des Handelsunternehmens, also den Markt, auf dem das Handelsunternehmen tätig ist, genau zu betrachten. Die aktuellen Strukturen werden dargestellt und die jeweiligen Trends, die die Zukunft des Unternehmens beeinflussen können, aufgezeigt. In der Analysephase wird ausführlich die IST-Situation dargestellt. Sie dient als Ausgangspunkt für die Entwicklung der Ziele und Strategien, deren Erfolgsträchtigkeit in hohem Maße von der Zuverlässigkeit der Analyse abhängt. Demnach sind umfassende Markt- und auch Konkurrenzanalysen eine entscheidende Voraussetzung für die Formulierung erfolgreicher Marketingstrategien. Der erste zu analysierende Bereich bezieht sich auf die **allgemeinen Marktcharakteristika**. Er umfasst Fragen in Bezug auf

- das Marktvolumen, das Marktwachstum und das Marktpotenzial

- die Marktkonzentration, die Gewinnentwicklung/Rentabilität und die Attraktivität des Marktes

- entscheidende Veränderungen, die sich für die Zukunft abzeichnen.

Generell ist ein Eintritt in wachsende Märkte sinnvoller als in stagnierende oder schrumpfende. Die Gewinnentwicklung stellt z. B. einen sehr wichtigen Aspekt dar, da sich daraus Aussagen über das zukünftige Verhalten der Wettbewerber ableiten lassen. Die Wahrscheinlichkeit des Eintritts neuer Konkurrenten ist in Märkten mit hoher Rentabilität viel größer als in solchen mit niedriger. Ebenso ist ein Eintritt in Märkte mit hoher Konzentration i. d. R. weniger empfehlenswert als in solche mit niedriger.

Ein zweiter Aspekt, der analysiert werden muss, ist der Bereich der **Nachfrager bzw. Kunden** im Markt. Hier stehen alle Kunden (und Nicht-Kunden!) im Mittelpunkt. Fokussiert werden Fragen nach der Nachfragerstruktur und danach, welche Segmente von Kunden sich unterscheiden lassen. Von zentraler Bedeutung für die zu formulierende Marketingstrategie sind hier die grundlegenden Kundenbedürfnisse und ihr Kaufverhalten (vgl. *Homburg/Krohmer* 2006, S. 482). Stellt ein Händler beispielsweise fest, dass sich das Verhalten in eine bestimmte Richtung ändert, z. B. zum Kauf über das Internet, muss er darüber nachdenken, diesen Kundenbedürfnissen entgegen zu kommen und entsprechende Vertriebsformen anbieten.

Der dritte große Wettbewerbskomplex bezieht sich auf die Analyse der Wettbewerber in der Branche. Die Hauptkonkurrenten müssen zunächst identifiziert werden. Eine weitere zentrale Frage betrifft die Wahrscheinlichkeit des Eintritts neuer Wettbewerber. Besonders in jungen Märkten mit hohem Wachstumspotenzial steigt deren Wahrscheinlichkeit. Dagegen erscheint es im Lebensmitteleinzelhandel relativ unwahrscheinlich, dass in diesem stagnierenden Markt mit geringer Rentabilität und hoher Marktkonzentration neue Konkurrenten zu erwarten sind.

Im Rahmen der **Wettbewerbsanalyse** werden die einzelnen Wettbewerber genau analysiert. Welche Marktposition haben sie inne? Wie sieht ihre Gewinnsituation aus? Expandieren sie stark oder eher verhalten? Wie wahrscheinlich ist es, dass sie ihre bisherige Strategie ändern werden? Letztendlich geht es hier um die Frage, wie profitabel die derzeitige Marktstrategie der Hauptwettbewerber einzuschätzen ist. Dagegen zielt die Analyse der Stärken und Schwächen der Wettbewerber eher auf die internen Aspekte ab. Diese können beispielsweise in der Kostenstruktur, dem Filialnetz, der Sortimentstruktur, den finanziellen Ressourcen oder der Logistik liegen.

Im Folgenden sollen die wesentlichen zentralen Trends, die sich in Bezug auf Markt, Kunden und Wettbewerber zurzeit abzeichnen, aufgezeigt werden.

3.3.1 Flächenexpansion und Unternehmenskonzentration

Das weiter fortschreitende **Absinken der Flächenproduktivität** zählt zu den auffälligsten Entwicklungen im deutschen Einzelhandel. Bei einer Zunahme der Gesamtverkaufsfläche ist der Umsatz pro qm rückläufig (vgl. *KPMG* 2006, S. 17 f.). Damit wird der Standort zu einem zentralen Erfolgsfaktor. Häufig geht mit der Suche nach neuen attraktiven Standorten eine Vergrößerung der Verkaufsfläche einher. Waren vor einigen Jahren noch Flächen von unter 600 qm für Lebensmitteldiscounter interessant, benötigen sie heute für ihr ausgeweitetes Sortiment bis zu 1.000 qm. Diese Entwicklung gilt für nahezu alle Branchen, das Flächenwachstum ist auch in anderen Handelsbranchen wie Unterhaltungselektronik und Möbel zu beobachten und geht teilweise nicht mit einer entsprechenden Umsatzerhöhung einher. Eine Umkehr dieses Trends kann in den nächsten Jahren nicht erwartet werden, denn einige große Anbieter nutzen das Instrument der Ausdehnung in engen Märkten als Instrument im Verdrängungswettbewerb.

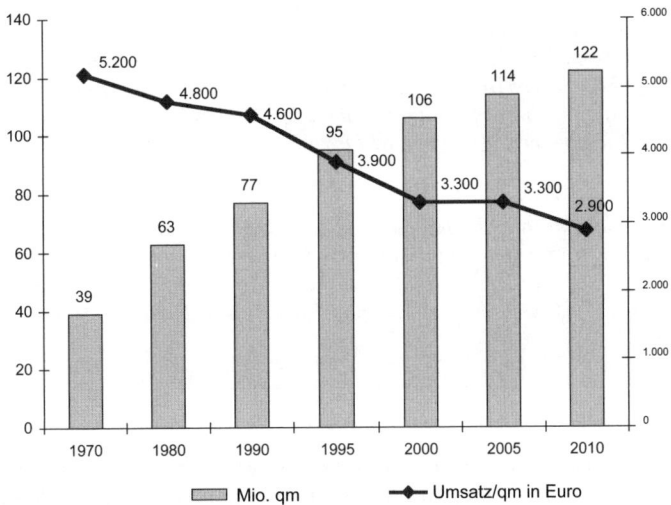

Abb.: Flächen und Flächenproduktivität im deutschen Einzelhandel
Quelle: *KPMG* zitiert nach *HDE*, Prognose: *KPMG*

Ein starkes Wachstum verzeichneten in den vergangenen Jahren die Shopping-Center (vgl. *KPMG* 2006, S. 18). Diese Entwicklung wird sich in abgeschwächter Form auch in den kommenden Jahren fortsetzen. Die Shopping Center wurden früher meist auf der „grünen Wiese" errichtet, heute dagegen zeigt sich eher der Trend, sie als Passagen in City-Lagen oder in Stadtteilzentren einzurichten.

Zentraler Erfolgsfaktor ist neben der Lage und ausreichender Zahl von Parkplätzen ein gelungener Branchen-Mix aus Einzelhandel, Gastronomie und kulturellen Einrichtungen.

Praxisbeispiel: ECE – Der Shopping-Spezialist

Das deutsche Unternehmen ECE ist europäischer Marktführer auf dem Gebiet inner-städtischer Shopping-Center. 1965 vom Versandhauspionier Werner Otto gegründet, befindet sich das Unternehmen noch heute im Besitz der Familie Otto. Neben den Shopping-Centern entwickelt und realisiert ECE auch Bürokomplexe oder Verkehrsimmobilien. Die Unternehmung hat 3000 Mitarbeiter im In- und Ausland.

Das Unternehmen betreibt zurzeit 94 Shopping Center, 27 weitere befinden sich im Bau oder in Planung. Auf fast 3.000.000 qm Verkaufsfläche realisieren 10.000 Mieterpartner 12 Mrd. Euro Umsatz. 2,5 Millionen Konsumenten besuchen täglich die Einkaufszentren. In 15 Ländern ist das Unternehmen aktiv, die meisten davon in Osteuropa.

ECE entwickelt bewusst vornehmlich Shopping Center in den Cities und Stadtteilzentren des Landes. Der Trend zur „Grünen Wiese" trifft nur auf sehr große Zentren zu. Kleinere Zentren sind für diese nicht autark genug. Sie benötigen die gewachsene Infrastruktur des Umfelds. Im Vordergrund des Managements steht die Immobilie als Ganzes. Um einen attraktiven Branchen-Mix zu erreichen, der viele Besucher anzieht, werden prozentuale Obergrenzen für die Branchenstruktur vorgegeben. Flächen werden zu unterschiedlichen Preisen vermietet, die sich an der Leistungsfähigkeit der einzelnen Branche ausrichtet. Natürlich kann eine Fastfood-Kette aufgrund ihrer höheren Gewinnspannen eine deutlich höhere Miete zahlen als der Supermarkt eines Lebensmitteleinzelhändlers. Wenn aber in einem Einkaufszentrum zu viele Fastfood-Mieter vertreten sind, ist die Branchenstruktur wiederum unattraktiv für die Besucher.

Die Mietverträge sehen strenge Richtlinien für die Mieter vor. Alle müssen sich an einheitliche Öffnungszeiten halten, dürfen nur das vereinbarte Sortiment verkaufen und müssen sich an den Marketingkosten beteiligen. Das Center-Management wiederum übernimmt das Facility-Management, erarbeitet ein umfassendes Werbekonzept und stellt insgesamt die Einhaltung eines interessanten Mix aus Handel und Dienstleistungen sicher.

Quelle: ECE

Ein weiterer Markttrend ist in dem verstärkten **Konzentrationsprozess** im Handel zu sehen. Der Gesamtumsatz im Lebensmitteleinzelhandel von ca. 127 Mrd. Euro im Jahr 2005 wurde zu etwa 40 %, dass sind 50 Mrd. Euro, von den Discountern realisiert. Der Preiskampf hält dabei seit Jahren unvermindert an, die Margen schrumpfen und die Erträge sinken. Im Durchschnitt wurde eine Rendite von gerade einem Prozent realisiert. Die großen Ketten können durch höhere Effizienz diesem Prozess besser begegnen als kleinere Unternehmen. Im Inland vereinen die fünf größten Lebensmittelhändler gut zwei Drittel des Gesamtumsatzes auf sich. Verlierer des Konzentrationsprozesses sind vor allem die kleineren Supermärkte, deren Zahl sich in den letzten zehn Jahren fast halbiert hat. Es ist auch nicht zu erwarten, dass dieser Trend in den kommenden Jahren nachlässt, denn im Lebensmittelbereich wird die Aufgabe des Nahversorgers zunehmend von den Discountern übernommen, die ihr Filialnetz zunehmend ausgeweitet haben. Neben der **Expansion** einzelner Ketten ist die Einzelhandelsbranche von **Übernahmen** geprägt. In den letzten Jahren wurden z. B. die deutschen Wal-Mart-Filialen an Metro verkauft und Spar von EDEKA übernommen. Beide Trends lassen sich auch für die Zukunft voraussehen.

Der **Textilhandel** hat seit über einem Jahrzehnt mit sinkenden Umsätzen zu kämpfen (vgl. *KPMG* 2006, S. 57). Wurden im Fashion-Bereich 1995 noch ca. 65 Mrd. Euro umgesetzt, so waren es 2005 nur noch 56 Mrd. Euro. Gewinner sind meist die Unternehmen, die das untere Ende des Marktes bedienen. Luxusmode auf der einen Seite und preisgünstige auf der anderen werden die zukünftige Marktstruktur vermehrt prägen, damit zeichnet sich auch in diesem Bereich ein „Verlust der Mitte" ab.

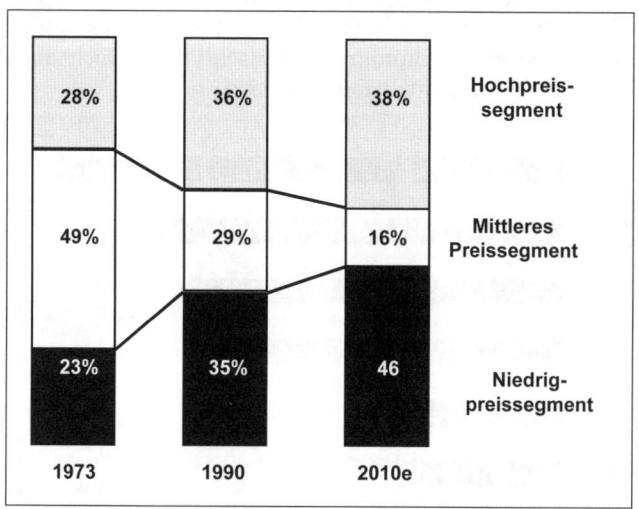

Abb.: Polarisierung der Konsumnachfrage nach Preisklassen für Bekleidung und Schuhe
Quelle: *Goetzpartners* 2006

Ebenso wie im Lebensmitteleinzelhandel ist im **Textilhandel** eine zunehmende **Marktkonzentration** festzustellen. Die 20 umsatzstärksten Unternehmen vereinten 2005 51 % Marktanteil auf sich (42 % in 1994). Gewinner dieser Entwicklung sind Textildiscounter und meist ausländische vertikale Ketten (siehe 3.3.3). Auch hier sind auf der Verliererseite die Fachgeschäfte zu finden. Doch auch die Warenhäuser und die klassischen Textilkaufhäuser verlieren an Bedeutung und sind gefordert, neue Strategien zu entwickeln. Größere Übernahmen in diesem Bereich fanden dagegen in letzter Zeit nicht statt.

Vergleichbare Konzentrationsprozesse wie im LEH und im Textilhandel zeichnen sich auch in den übrigen Handelsbranchen ab. Der **Drogeriemarkt** konzentriert sich zunehmend auf vier Unternehmen, weist demnach oligopolistische Strukturen auf. Auch hier lassen sich stagnierende Umsätze und eine starke Flächenexpansion mit einhergehender sinkender Flächenproduktivität verzeichnen. Der **DIY-Markt** (Do it yourself) ist mit 37 Mrd. Euro Umsatz der stärkste in Europa.

Doch ist er gekennzeichnet von einer (noch) niedrigen Konzentration, die größten drei realisieren nicht einmal ein Drittel des Umsatzes. Im Vergleich zum gesamten Einzelhandel entwickelt sich die Baumarktbranche relativ gut, die Umsätze stiegen leicht an und der Trend zum DIY ist ungebrochen. Es zeigt sich aber, dass der deutsche Markt zwischenzeitlich flächendeckend mit Baumärkten überzogen wurde, hier zeichnet sich eine sinkende Flächenproduktivität ab. Der **Markt für Consumer Electronics** oder **UE-Markt (Unterhaltungselektronik)** hat die 20 Mrd. Umsatz-Marke bereits überschritten, weist auch weiterhin positive Wachstumsraten auf und stellt den drittwichtigsten Einzelhandelsmarkt dar. Gut ein Drittel davon realisiert der Marktführer, die Metro-Tochter Media-Markt/Saturn. Danach folgen drei starke Verbundgruppen (Euronics, Electronic Partner und Expert). In dieser Branche zeigt es sich, dass kleine Fachhändler dadurch überleben können, dass sie sich einer Verbundgruppe anschließen. Doch auch hier deuten sich im Zeitablauf starke Konzentrationsprozesse an.

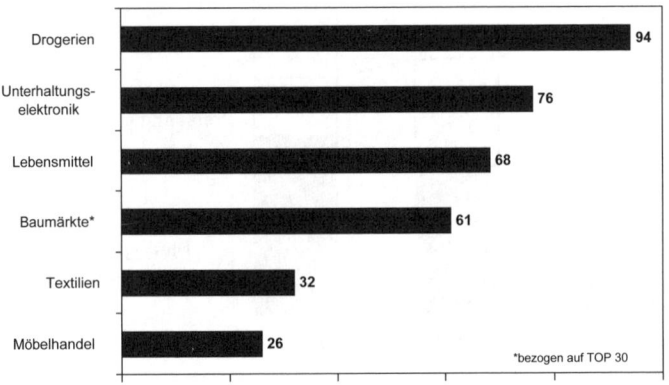

Abb.: Konsolidierung in Fachhandelsbranchen: Anteil der TOP 5 je Branche
Quelle: *Goetzpartners 2006*

3.3.2 Aktuelle Nachfragetrends im Handel: Convenience und Erlebnis

In den letzten Jahren standen die Preisfokussierung und das hybride Einkaufsverhalten der Kunden im Vordergrund. Es ist auch nicht damit zu rechnen, dass sie in der Zukunft von dieser Linie abweichen werden: Der Discountmarkt wird weiterhin wachsen und an Bedeutung gewinnen. Doch auch andere Trends lassen sich identifizieren: der Convenience- und der Erlebniskauf.

Der **Convenience-Bereich**, übersetzt mit Bequemlichkeit und Verfügbarkeit, wird durch Haushalts- und Altersstruktur der Bevölkerung an Bedeutung gewinnen (vgl. *KPMG* 2006, S. 30). Die „C-Stores" als Betriebstyp sind schon seit Jahrzehnten in USA und Japan überaus erfolgreich. Sie liegen in räumlicher Nähe zum Konsumenten (Nachbarschaft oder stark frequentierte Standorte) und verfügen über ein breites, aber flaches Sortiment, dessen Schwerpunkt auf Nahrungs- und Genussmittel sowie auf Dinge des täglichen Bedarfs ausgerichtet ist (vgl. *Swoboda/Schwarz* 2006, S. 399). Klassische C-Stores sind Läden unter 400 qm, die das Bedürfnis des Kunden nach Erleichterung und schnellem Einkauf befriedigen. Sie haben i. d. R. rund um die Uhr geöffnet. Das Preisniveau liegt höher als bei anderen Händlern. Oft sind Elemente der Gastronomie oder andere Dienstleistungen angeschlossen. Die Kernzielgruppe der klassischen Convenience-Stores kann folgendermaßen definiert werden: Überproportional viele Männer, bis 34 Jahre, höhere Einkommensgruppen, in Ein- oder Zwei-Personen-Haushalten lebend, höheres Bildungsniveau und relativ viele Selbstständige.

Der deutsche **Convenience-Markt** unterscheidet sich in seiner Betriebsform stark von anderen in der Welt. Dies dürfte vor allem auf das restriktive Ladenschlussgesetz der Vergangenheit zurückzuführen sein. Die Nachfrage nach den C-Gütern wurde hier von den Tankstellen und den Kiosken gedeckt, die den deutschen Convenience-Markt weitestgehend abbilden. Insbesondere die Tankstellen professionalisierten ihren Shopbereich, der heute ihre wichtigste Einnahmequelle mit über 50 % des Verdiensts darstellt.

Der **Convenience-Gedanke,** der sich bislang weitgehend auf Produkte beschränkt, gewinnt auch für den Einkaufsprozess selbst an Bedeutung. Die SB-Warenhäuser erleichtern mit ihren umfassenden Sortimenten und dem Non Food-Bereich zwar das One-Stop-Shopping für den Konsumenten, jedoch ist ihr Aufsuchen mit hohem zeitlichen Aufwand und oft auch mit langen Fahrten auf die „Grüne Wiese" verbunden (vgl. *KPMG* 2006, S. 31). Für den kleinen Einkauf zwischendurch ist hier ein Geschäft in der Nachbarschaft vorzuziehen, auch wenn das Preisniveau höher liegt. Hier dominieren lange Öffnungszeiten und ein schneller, bequemer Einkauf. Ob der Trend wieder zum Nachbarschaftsladen geht, bleibt jedoch fraglich. Einerseits ist die Zahl der Supermärkte, die traditionell die Rolle als Nachbarschaftsgeschäft erfüllen, seit Jahren rückläufig. Andererseits vernimmt man neuerdings wieder Anzeichen dafür, dass ein solcher Trend zurückkehren könnte. Der klassische Lebensmitteleinzelhandel erkennt langsam die Chancen, die das Convenience-Prinzip bietet. Spar testet mit seinem „SPAR express Shop" ein Konzept mit kleinen Flächen, und auch Tengelmann entwickelt ein derartiges Konzept (vgl. *McKinsey & Company* 2007). Allerdings haben die Rolle der „Tante-Emma-Läden" zwischenzeitlich die Discounter übernommen, die für über 90 % der deutschen Bevölkerung gut erreichbar liegen (vgl. *EHI* 2007, S. 212). Die Verbraucher schätzen vor allem die Möglichkeit, nah, schnell und einfach einzukaufen. Der Preis ist dabei eher zweitrangig.

Das **Convenience-Prinzip** hat Zukunft und stellt nach wie vor einen Wachstumsmarkt dar. Jedoch hat sich die deutsche Entwicklung weit von der internationalen abgekoppelt. Tankstellen und Kioske übernehmen die Betriebsform, klassische C-Stores findet man hier kaum. Für Nachbarschaftsgeschäfte scheint sich eine Renaissance anzubahnen. Jedoch stellt sich die Frage, ob es angesichts der Ubiquität der Discounter nicht zu spät ist, um noch nennenswerte Marktanteile zu erreichen und ob die neuen Konzepte eine Nische für Großstädte und Bahnhöfe bleiben wird. Der **Convenience-Prozess** wird insbesondere im Hinblick auf die demografischen Trends an Bedeutung zunehmen. Zukünftig dürften bequemlichkeitsorientierte Serviceleistungen wie Heimlieferung, Abholung oder Bereitstellung von Home Meal Replacements (fertig zubreitete Speisen im Supermarkt) neue Standorte erschließen.

Ein weiterer seit Jahren postulierter Trend stellt die **Erlebnisorientierung** im Handel dar. Der Erlebniskauf stellt quasi das Gegenstück zum reinen Versorgungskauf dar. Insbesondere im Rahmen des Einkaufs als Freizeitfunktion gewinnt diese an Bedeutung. Das Erlebnis-Shopping avanciert damit zum Gegenpol des Niedrigpreis- und Smart-Shoppings.

Sind die Grundbedürfnisse erfüllt, orientieren sich die Menschen oft am Zusatznutzen (vgl. *Pine/Gilmore* 2000, S. 13). Im Massengüterbereich dagegen sparen sie. Diese Güter sind eher homogen und damit austauschbar. In solchen Situationen geht die Differenzierung verloren, der Preis wird damit zum entscheidenden Wettbewerbsvorteil. Dies impliziert für Hersteller und Handel rückläufige Margen. Eine Möglichkeit, diesem Wettbewerbsdruck zu entgehen, stellt die Schaffung von Zusatznutzen in Form von **Erlebnissen** dar. Diesen ist die Eigenschaft gemein, dass sie Emotionen ansprechen (vgl. *Förster/Kreutz* 2003, S. 106). Erlebnisangebote entspringen der Dienstleistung und haben sich zwischenzeitlich als eigenständige Angebotsform etabliert.

Der **Erlebnishandel** konkretisiert sich durch die Ausgestaltung der Einkaufsstätte, der Standortumgebung und des Angebots. Dem Kunden werden interessante, angenehme und einprägsame Wahrnehmungen geboten. Dies fördert die Anziehungskraft, steigert die Verweildauer und soll ihn letztendlich zum Kauf animieren (vgl. *Zöller* 2006, S. 15). Dabei ist die erfolgreiche Inszenierung von Erlebnissen in hohem Maße von den eingesetzten gestalterischen Konzepten abhängig. Gestaltung der Verkaufsräume, Warenpräsentation, Erlebnisgastronomie und Unterhaltungsattraktionen müssen dabei zusammenspielen.

Erlebnishandel umgesetzt:

Globetrotter: Der Outdoorhändler setzt auf konsequente Fokussierung der Themen Abenteuer und Natur. Unter dem Claim: „Träume leben" findet der Kunde in den Filialen Erlebniswelten mit Regen- und Kältekammern (zum Schlafsack-Ausprobieren!), Bassins zum Kanu-Paddeln und Kletterwände zum Testen der Ausrüstung. Die festen Elemente werden monatlich um wechselnde Themen ergänzt, die von Vorträgen und Ausstellungen begleitet werden. Doch auch die Themenaktionen orientieren sich am Claim und der Naturorientierung.

Strauss Innovation: Der Lifestyle-Anbieter offeriert alle zwei Wochen neue Themen und Inszenierungen. Unter Themenwelten wie „Wohlfühlwohnen" oder „Lustwandel" wird vierzehntägig 80 % des Sortiments ausgetauscht. Jedes Mal wird neu dekoriert. Die Kollektion ist breit und flach, hinkunftsorientiert werden die unterschiedlichsten Artikel zusammengestellt: Wäsche, Handtücher, Accessoires, Möbel, Mode und Feinkost.

Quelle: Peymani 2007, S. 80

Der Erlebnishandel kann vom Händler initiiert werden. Dies geschieht i. d. R. im gehobenen Preis- oder gar Luxussegment. Als Beispiele wären hier Harrod's in London oder das KaDeWe in Berlin zu nennen. Ebenso kann es sich um Hersteller handeln, die ihre Produkte in **Flagship-Stores** in Szene setzen. Primärziel solcher Flaggschiff-Geschäfte ist nicht zwangsläufig die Wirtschaftlichkeit, sondern die Marke soll erlebbar gemacht werden, damit die Konsumenten positive Beziehungen zu ihr aufbauen. Hier finden sich als Beispiele Niketown oder Autothemencenter. Eine dritte Form des Erlebniskaufs wird in Einkaufszentren realisiert. Hier plant und inszeniert das Center-Management durch Auswahl der Mieter, Zusammenstellung der Attraktionen und wechselnde Themenaktionen die Entstehung und Durchführung von Erlebnissen. Insbesondere **Urban Entertainment Center** (UEC), die eine synergetische Kombination aus Unterhaltung, Erlebnis, Shopping und Kommunikation darstellen, sind weltweit im Kommen. Neben einem umfassenden Handelsangebot vereinen sie Kino, Wellness, umfassende Gastronomieangebote, Theater, Discotheken, Museen, Kongresshäuser und vieles mehr. Eine andere Form stellt das **Themencenter** dar (vgl. *Zöller* 2006, S. 19). Handelsbetriebe eines speziellen Warenbereichs werden unter einem Dach vereint. Sie alle bieten Waren und Dienstleistungen zu einem bestimmten Thema an, ergänzt um Gastronomie. Damit wird eine Magnetwirkung durch die Akkumulation solcher Anbieter erzeugt. Stilwerk ist z. B. in mehreren deutschen Großstädten damit erfolgreich.

„Was für Themenwelten im Handel spricht

Weg von der reinen Warenversorgung: Themenwelten tragen der Forderung nach einer stärkeren Erlebnis- und Kundenorientierung des Handels Rechnung und versuchen, dem Kunden beim Einkauf einen Mehrwert zu bieten.

Reduktion von Komplexität: Das zeitraubende Suchen und Einholen von Informationen wird überflüssig, weil für die Kunden alle relevanten Produkte und Leistungen in einem räumlich definierten Bereich zur Verfügung stehen.

Ausstieg aus dem Alltag: Tiefenpsychologisch vermitteln Themenwelten dem Verbraucher ein Gefühl der Stimmigkeit und In-sich-Geschlossenheit, suggerieren eine Ganzheitlichkeit, während die Wirklichkeit unvollkommen und fragmentiert erscheint.

Künstliche Verknappung: Die typischerweise zeitlich begrenzten Themenwelten aktivieren den Jagdtrieb und vermitteln eine gewisse Exklusivität. Zudem machen ständig wechselnde Inhalte neugierig und halten die Aufmerksamkeit der Kunden hoch.

Gesellschaftliche Wertepluralisierung: Sie führt zu einer Pluralisierung von Lebensstilen, Interessen und Hobbys. Erst durch diese Auffächerung ist es möglich, für eine Vielzahl an Themenwelten überhaupt ein entsprechendes Käuferpotenzial zu generieren."

Quelle: Peymani 2007, S. 80

 08 ⟩⟩ Seite 446

3.3.3 Vertikalisierung: Kontrolle der Wertschöpfungskette

Das über Jahrzehnte hinweg geltende Strukturgebilde der Aufgabenteilung zwischen Herstellern einerseits und dem Handel andererseits wurde in den letzten zehn Jahren gravierenden Veränderungen unterworfen. Früher schien alles sehr klar: Hersteller produzierten, die Händler kauften die Waren von verschiedenen Herstellern ein, bildeten daraus Sortimente und verkauften sie an den Kunden weiter. Diese klassische Aufgabenteilung scheint zwischenzeitlich obsolet zu sein, wie es der Erfolg der vertikalen Ketten, von Unternehmen wie IKEA, H&M oder Inditex (u. a. Zara), demonstriert.

Unter einer **vertikalen Kette**, auch **Vertikale** genannt, wird im Folgenden ein Unternehmen verstanden, das sich dadurch auszeichnet, die gesamte **Wertschöpfungskette** von Produktentwicklung/Design, Beschaffung, Produktion, Logistik und des Vertriebs in hohem Maße zu integrieren und zu kontrollieren („from sheep to shelf"). Die einzelnen Wertschöpfungsstufen können hierbei selbst erbracht werden, aber auch ausgelagert werden. Vor- oder nachgelagerte Stufen werden demnach durch Eigentum oder durch vertragliche Kooperationen gebunden. Entscheidend ist, dass das vertikale Unternehmen eine hohe Kontrolle über die Lieferanten und Subkontraktoren ausübt. Vertikale verfügen über eigene Verkaufsstätten, verkaufen i. d. R. nur Eigenmarken und beherrschen ihr gesamtes Marketing-Mix. Zentrales Charakteristikum der Vertikalisierung ist die hohe Bindung sämtlicher Geschäftspartner im Rahmen der Wertschöpfungskette. Dieser Bindungsgrad definiert Dauer, Umfang und Intensität der Vereinbarung (vgl. *KPMG* 2001).

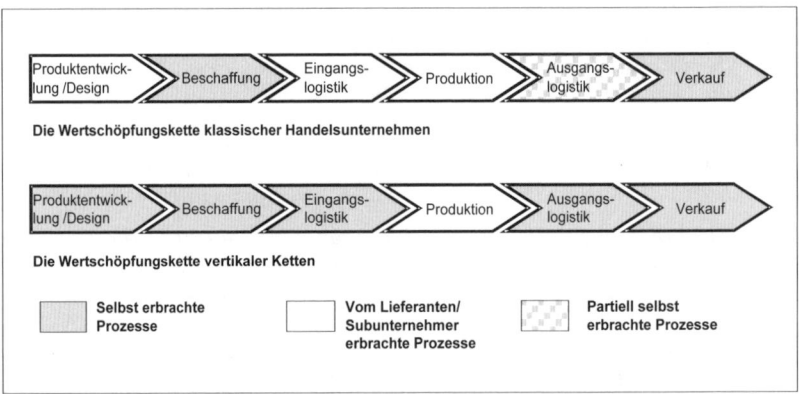

Abb.: Klassische und vertikalisierte Wertschöpfungskette

Vertikalisierung entsteht durch **Vorwärtsintegration** eines Herstellers oder **Rückwärtsintegration** eines Händlers. H&M war ursprünglich ein reines Handelsunternehmen, das sich durch sukzessive Übernahme des Modedesigns und durch Kontrolle der Produktions- und Logistikprozesse auszeichnete und damit rückwärts integrierte. Inditex dagegen war früher ein Bekleidungshersteller, der von diesem Ausgangspunkt aus den Vertrieb über eigene Geschäfte aufbaute. Es lässt sich schwer beurteilen, ob diese Unternehmen als Hersteller oder als Händler bezeichnet werden sollen. Ältere Definitionsansätze gehen noch davon aus, sie nach dem Ausgangspunkt ihrer Strategie einzuteilen, also in diesem Beispiel H&M als Händler und Inditex als Hersteller einzuordnen. Diese vergangenheitsorientierte Definition erscheint der Verfasserin nicht adäquat. Daher sollen hier diese Unternehmen den eigenständigen Status der **vertikalen Kette** erhalten und keine weitere Kategorisierung in Hersteller oder Händler unternommen werden.

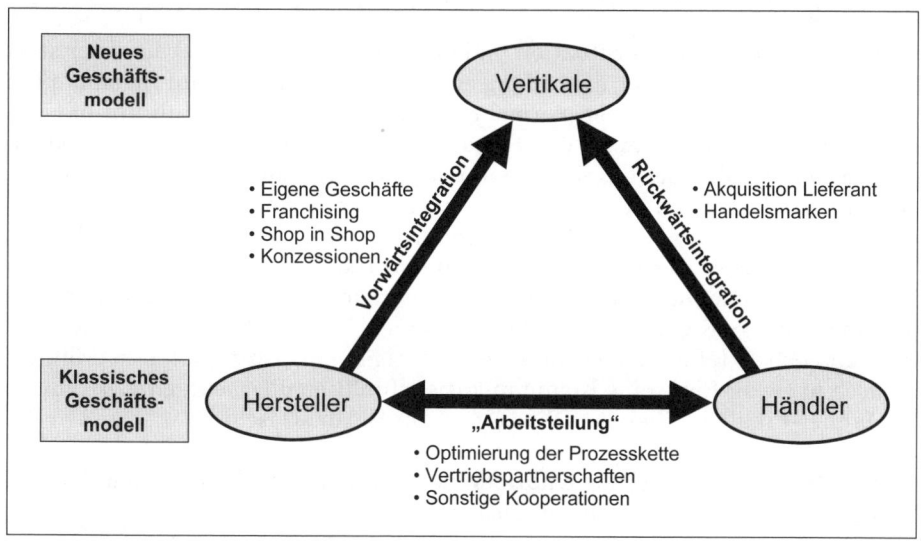

Abb.: Klassisches und neues Geschäftsmodell
Quelle: in Anlehnung an *Boston Consulting Group* 2005, S. 7

Beispiele für eine vollständige oder teilweise Vertikalisierung sind:
Hersteller: Esprit, MEXX, Bijou Brigitte, Gerry Weber, Diesel, Samsonite, Gucci,
           LVMH und Apple
Händler: IKEA, C&A, H&M und Aldi

Dass dieses Konzept der Vertikalisierung sich vor allem im modischen **Textilhandel** durchgesetzt hat, verwundert nicht. Diese Branche ließ sich bisher kennzeichnen durch zwei bis vier Kollektionen im Jahr, lange Vorlauf- und inflexible, ausgedehnte Bestellzyklen. Hersteller und Händler standen mit ihren Produktions- und Bestellzyklen in gegenseitiger Abhängigkeit voneinander. Durch die Beherrschung der gesamten Wertschöpfungskette erlangen sie Flexibilität und können unabhängig von den Fristen von Zulieferern und Abnehmern planen und die Zahl der Kollektionen nach Belieben verändern. Hersteller eröffnen zunehmend eigene Vertriebsstätten oder verkaufen über das Shop in the Shop-Prinzip. Im Rahmen dieser Direktvertriebsstrategie entstehen zwar höhere Kosten, doch sie bringt die Vorteile mit sich, Sortiment, Preisbildung und POS-Kommunikation selbst kontrollieren zu können. Kollektionen können nach Belieben verändert werden, ohne sich dem Zyklus der Handels-Einkäufer anpassen zu müssen. Händler dagegen planen über den Ausbau ihrer Handelsmarken (vgl. Kap. E, 4.1) den Aufbau eigener Retail Store-Marken. Da hier die Vertikalisierung weit fortgeschritten ist, bilden sich in der Praxis bereits neue Begrifflichkeiten. Es werden **Mono Label-** und **Multi Label-Stores** unterschieden, wobei mit letzteren klassische Handelsunternehmen bezeichnet werden, die in ihrem Sortiment eine Auswahl bekannter Herstellermarken führen. Mono Label Stores hingegen kennzeichnen die Geschäfte der Vertikalen, die ausschließlich ihre Eigenmarken verkaufen.

Etwas anders stellt sich die Situation im Lebensmitteleinzelhandel dar. Hier setzt die Mehrzahl der Discounter, die bislang eine fast ausschließlich auf Eigenmarken beruhende Strategie anwendet, vermehrt (mit Ausnahme von Aldi) auf die Listung bekannter Marken, um für den Kunden attraktiver zu sein. Im traditionellen Lebensmitteleinzelhandel dagegen dominiert die Strategie der Kooperation, die großen Hersteller setzen vermehrt auf Prozessoptimierung und Übernahme zusätzlicher Funktionen wie z. B. Regaloptimierung im Handel. Für Hersteller von Gütern des täglichen Bedarfs erscheint eine Vertikalisierung wenig sinnvoll, da sie i. d. R. nur bestimmte Bereiche des Sortiments mit ihren Produkten abdecken. Der Kunde dagegen wünscht sich den bequemen Einkauf beim Vollsortimenter. Vereinzelt beobachtet man allerdings Ansätze, eigene Flagship-Stores zu eröffnen, die jedoch in erster Linie eine Kommunikationsfunktion übernehmen. Z. B. gibt es eine Manner-Filiale in Wien, ein Nivea- und ein Haribo-Geschäft.

Die **Ursachen** und zugleich die **Chancen** der zunehmenden Vertikalisierung sind in mehreren Faktoren zu sehen (vgl. *Boston Consulting Group* 2005).

- **Stagnierende Marktentwicklung:** Diese zwingt die Hersteller dazu, sich stärker über ihre Marke zu profilieren. Händler dagegen sind bemüht, ihre Kostenposition zu verbessern und sich vom stärkeren Wettbewerb durch ein einzigartiges Sortiment abzugrenzen.

- **Klassische Vertriebsformate in der Krise:** Fachhandelsgeschäfte, Kauf- und Warenhäuser sind zwischen Discountern und Premiumanbietern zunehmend unter Druck geraten. Besonders im Modebereich mangelt es an Schnelligkeit und Trendkompetenz.

- **Unbefriedigende POS-Präsenz für Hersteller:** Um ihre Marke herauszustellen, ist eine zunehmende Kontrolle über das Marketing-Mix am Point of Sale nötig. Dies ist bei einem Vertrieb über den Einzelhandel nicht gewährleistet.

- **Direkter Zugang zum Kunden:** Hersteller müssen heute sehr nahe am Markt agieren können, um den Erfolg ihrer Produkte beeinflussen zu können und Anhaltspunkte über Trends zeitnah zu gewinnen. Dies war im klassischen Modell oft nicht oder nur mit mehrmonatigen Zeitverzögerungen möglich.

- **Stärkere Profilierung der Marke:** Sowohl Hersteller als auch Händler sind bemüht, sich von ihren Konkurrenten abzuheben. Hersteller können mit eigenen Geschäften ein einheitliches markenkonformes Erscheinungsbild schaffen. Händler dagegen versuchen sich mit dem Einsatz von Handelsmarken vom Wettbewerb positiv abzuheben und eine Retail Brand auszubauen (vgl. 5.3.).

- **Steigerung der Prozesseffizienz:** Liegt die gesamte Wertschöpfung in einer Hand, lassen sich sowohl der Logistikprozess als auch die Zeit für die Einführung neuer Produkte erheblich reduzieren. Bestände können besser gesteuert und Sortimente nachfragegerecht geplant werden. Dadurch verringert sich die Kapitalbindung.

- **Bessere Preiskontrolle, höhere Marge:** Der Händler kann mit dem Einsatz von Handelsmarken trotz niedrigerer Preise höhere Spannen erzielen. Für den Hersteller fallen die zuvor dem Handel gewährten Handelsspannen weg. Restbestände lassen sich kontrolliert verkaufen.

- **Markenkonforme Expansion:** Dieser Faktor ist besonders für Hersteller relevant, denn eigene Geschäfte bieten eine gute Plattform für eine Expansion im In- oder Ausland.

Doch eine Vertikalisierung ist zugleich mit einer Reihe von **Gefahren** behaftet, die nicht außer Acht gelassen werden dürfen.

Für **Händler**, die rückwärts integrieren und den Handel mit Eigenmarken forcieren, besteht eine der Gefahren darin, dass sie sich damit zwar nicht zwangsläufig auf den Discountbereich, aber doch auf das Massengeschäft begrenzen. Der Aufstieg in den Premiumbereich mit dem ausschließlichen Verkauf von Handelsmarken ist bislang noch nicht gelungen, soll jedoch für die Zukunft nicht ausgeschlossen werden. Zudem ist ihr Erfolg in höchstem Maße abhängig davon, ob es ihnen gelingt, mit ihrem eigenen Sortiment die aktuellen Trends und Nachfragerbedürfnisse zu treffen, ohne dass sie hierbei auf die Vorschläge und Vorgaben namhafter Hersteller setzen können.

Ebenso ist die Entscheidung von **Herstellern** zum Aufbau eigener Geschäfte mit wesentlichen Risiken behaftet. Sie steigen mit dem Direktvertrieb in einen neuen Bereich ein. Diese Entscheidung erfordert nicht nur einen hohen Investitionsbedarf, sondern stellt auch das Management vor veränderte Aufgaben. Aufbau und Führung der Geschäfte stellen eine neue Herausforderung dar, und Fehlentscheidungen bergen ein hohes finanzielles Risiko in sich.

Beide Gruppen betreten mit der Entscheidung zur Vertikalisierung ein gänzlich neues Terrain außerhalb ihrer klassischen Kernkompetenzen. Für die traditionellen Händler konkretisiert sich dies in der Aufgabe, eigene Marken zu kreieren und sie entsprechend zu positionieren, zu führen und zu kommunizieren. Hersteller dagegen treten dagegen in das dem Handel angestammte Gebiet des Filialmanagements ein und müssen sich in diesem Aufgabenfeld bewähren.

Praxisbeispiel: Mango und Zara – Erfolg der spanischen Vertikalen

Mango und Zara waren ursprünglich beide „nur" Textilproduzenten, die mit der bewussten Entscheidung, die eigenen Unternehmensabläufe wertschöpfungsübergreifend zu organisieren, die bestehenden Denkmuster durchbrachen und erstmals die klassische Aufgabenteilung zwischen der vorgelagerten Produktion und der eigentlichen Vermarktung auflösten. Sie beherrschen den gesamten Wertschöpfungsprozess und verfügen damit über die Möglichkeit, mit sehr schnellen und flexiblen Sortimentsanpassungen unmittelbar auf die aktuell beobachtbaren Bedürfnisse der Verbraucher reagieren zu können. Ein solches „systemisches" Unternehmenskonzept verfügt zudem über den Vorteil, viel schwerer kopierbar zu sein als ein einstufiges Modell.

In der Sortimentspolitik liegt der klare Vorteil der spanischen Systemfilialisten in einem klar positionierten und sehr modischen Sortiment, das sich durch einen rasanten Kollektionswechsel und die hohe Anzahl aufgenommener Artikel pro Kollektion auszeichnet. Die neuesten Modetrends werden von den eigenen Designern sofort aufgegriffen und über die eigene Wertschöpfungskette innerhalb von 12-14 Tagen in die Geschäfte gebracht. Es werden zunächst nur geringe Stückzahlen pro Artikel produziert. Dies schafft bei den Kundinnen Begehrlichkeit und eine schnelle Entscheidung zum Kauf. Die neueste Mode kann zu einem vergleichsweise günstigen Preisniveau erworben werden. Dafür werden keine weiteren Preisreduktionen vorgenommen.

Die Analyse und Auswertung der Verkaufszahlen wird täglich vorgenommen, Filialleiter und Länderspezialisten arbeiten eng mit den Marktspezialisten in Spanien zusammen. Auf hohe Abverkäufe bei bestimmten Artikeln kann rasch durch Nachproduktion reagiert werden. Lagerbestände werden auf diese Weise vermieden. Das Logistikkonzept zeichnet sich durch eine hohe Zentralisierung aus. Die Belieferung der Filialen erfolgt bei Zara vom spanischen Zentrallager aus in alle Welt zweimal die Woche, innerhalb Europas mit einer 24-Stunden-Belieferung. Alle 14 Tagen kommt eine neue Kollektion.

Doch die ausgefeilten technischen Systemkomponenten sind nur ein Bestandteil des Erfolgskonzepts. Ein weiterer liegt im Präsentationskonzept. Für die Geschäfte werden in allen Städten nur die besten Lagen ausgewählt. Die Gestaltung der Läden ist aufwändig und im Design an die hochwertigen Modemarken angelehnt. Auch die Präsentation der Artikel orientiert sich an der Haute Couture. „Rock-Rundständer" oder „Hosen-Fachabteilungen" sucht man vergeblich. Stattdessen werden komplette Outfits, Unterteil, Oberteil, Schuhe, Accessoires gemeinsam ansprechend präsentiert. Auf Werbung wird fast vollständig verzichtet.

Das systemische Konzept beruht nicht allein auf den technischen und strategischen Komponenten, sondern auch auf einer einzigartigen Kultur. Die Organisation ist geprägt durch das Fehlen einer formal stark ausgeprägten Hierarchie und funktioniert eher als Netzwerk. Gefördert werden der direkte Austausch untereinander und die ganzheitliche Denkweise.

Bemerkenswert ist die Verbindung dieser technischen und kulturellen Elemente. Einzelne Komponenten an sich sind für Wettbewerber kopierbar, das gesamte System jedoch nur schwer.

Quelle: Merkle 2008

Die **künftige Entwicklung der Vertikalisierung** wird allen aktuellen Trends zufolge steigend ausfallen. In einer Studie aus dem Textilbereich äußerten sich die meisten Bekleidungshersteller dahingehend, dass sie ihren Einfluss auf die Prozesse konstant halten oder steigern werden. Ebenso beabsichtigten die Bekleidungshändler, ihren Einfluss auf die Prozesse konstant zu halten bzw. zu steigern (vgl. *KPMG* 2001, S. 20). Dagegen gaben nur sehr wenige Unternehmen an, die Bindungsintensität ihrer Wertschöpfungsstufen senken zu wollen.

Der größte Vorteil der Vertikalisierung wird darin gesehen, dass diese Unternehmen in der Lage sind, selbst Trends zu kreieren und definieren zu können, ohne auf außenstehende Mittler angewiesen zu sein. Dies schlägt sich in der Möglichkeit nieder, die eigenen Marken im Wettbewerb mit Alleinstellungsmerkmalen zu positionieren. Besonders im Modebereich wandeln sich immer mehr Unternehmen von eng auf eine Produktgruppe ausgerichteten Herstellern zu Lifestyle-Anbietern, die ihre Marke und damit ihr Angebot z. B. von der Bekleidung ausgehend auf immer mehr Produkte wie Accessoires, Schuhe, Taschen, Düfte etc. ausweiten. Für eine solche Brand Extension bildet ein eigener Vertrieb den geeigneten Rahmen.

3.3.4 Internationalisierung

3.3.4.1 Entscheidung zur Internationalisierung

Der seit zwei Jahrzehnten anhaltende Trend zur Internationalisierung von Handelsunternehmen hat zwischenzeitlich bei den marktbedeutenden Händlern zu erheblichen Auslandsumsatzquoten geführt (vgl. *Lingenfelder* 2006). Dabei lassen sich drei unterschiedliche Gründe unterscheiden, die Handelsunternehmen veranlassen, über ein „**Going International**" nachzudenken. Einen Anlass stellen **interne Ursachen** dar. Dazu zählen die Marktstellung der Handelsunternehmungen, ihre Größe insbesondere im Verhältnis zu Wettbewerbern, ihre Kapitalkraft oder Managementkompetenz. Eine zweite Kategorie von Ursachen der Internationalisierung stellen **mikroökonomische Ursachen** dar. Weltweit gleicht sich das Verhalten von Zielgruppen an, viele Hersteller agieren international und ihre Produkte sind in zahlreichen Ländern verfügbar. Die dritte Ursache liegt in der **Makroökonomie** begründet. Während Deutschland für Händler i. d. R. einen stagnierenden Markt darstellt, weisen andere Länder hohe Wachstumsraten auf. Die dortige Handelsstruktur weist noch Lücken auf, z. B. in Osteuropa, sodass der Händler dort eine gute Chance für sich erkennt. I. d. R. wird keiner dieser Gründe für sich allein ausschlaggebend sein, die Antriebskräfte der Internationalisierung stellen einen Mix an Ursachen dar.

Letztendlich kann fast jede Intention zur Internationalisierung auf die Einsicht zurückzuführen sein, dass positive Ergebnisse und langfristiges Wachstum des Handelsunternehmens nur durch Expansion ins Auslandsgeschäft möglich sein werden.

Mit einer **Internationalisierungsstrategie** sind daher folgenden Potenziale verknüpft (vgl. *Lingenfelder* 2006, S. 324):

- Verbesserung der Ressourcenbasis (Gewinntransfer, günstigere Beschaffungskonditionen, effizientere Back-Office-Prozesse usw.), durch die es gelingt,
  Marktanteile im Inland zu halten bzw. auszubauen. Diese Strategie wird auch
  als **passive Internationalisierungsstrategie** bezeichnet.

- Erschließung von mittel- und langfristigen Gewinnpotenzialen in Auslandsmärkten. Dies entspricht einer **aktiven Internationalisierungsstrategie**.

Rang	Handelsunternehmen	Land	Umsatz 2005 in Mrd. $ US	Internationaler Umsatz in %
1.	Wal-Mart	USA	312,5	22,4
2.	**Carrefour**	**F**	**92,6**	**52,4**
3.	Tesco	GB	69,6	23,1
4.	**Metro Group**	**D**	**69,3**	**51,7**
5.	Kroger	USA	60,5	0,0
6.	**Ahold**	**NL**	**55,3**	**82,0**
7.	Costco	USA	53,0	20,5
8.	Target	USA	52,6	0,0
9.	Rewe	D	51,8	30,5
10.	Sears	USA	49,1	11,9
11.	**Schwarz Group**	**D**	**45,8**	**43,3**
12.	**Aldi**	**D**	**45,0**	**44,7**
13.	Walgreens	USA	42,2	1,3
14.	Edeka	D	41,3	6,7
15.	Albertson's	USA	40,6	0,0

Abb.: Internationale Umsätze der 15 größten Lebensmitteleinzelhandelsunternehmen
Quelle: in Anlehnung an *M+M Planet Retail*

Trifft ein Handelsunternehmen aufgrund günstiger Parameter eine Entscheidung
zum Aufbau von Auslandsmärkten, ist im ersten Schritt eine Selektion des bzw.
der Märkte notwendig, auf denen es tätig werden möchte. Eine Strategie muss
festgelegt werden. Das Timing, das bedeutet Festlegung von Zeitpunkt und zeitlicher Reihenfolge des Eintritts, wird determiniert. Eine Basisstrategie wird entwickelt und es müssen die konkreten Entscheidungen zum Marketing-Mix getroffen
werden. Empirisch lässt sich beobachten, dass die Handelsunternehmen i. d. R.
mit einem bestehenden Betriebstyp in die Auslandsmärkte vordringen. Dies kann
mit der Suche nach Marktlücken erklärt werden.

3.3.4.2 Selektion von Ländern und Eintrittsobjekten

Im Rahmen der Selektion von Ländertypen wird in einem ersten Schritt überprüft, welche Länder die **grundlegenden Voraussetzungen** eines Markteintritts mit sich bringen. Die Attraktivität der Märkte wird nach definierten Kriterien wie erwarteter Umsatzrentabilität oder EBITDA bestimmt. Ebenfalls müssen die Risiken der Länder evaluiert werden. Dazu verwendet man Kriterien wie z. B. politische Stabilität und Judikative, Korruption und Wettbewerbsintensität. Durch Erstellung einer Rangfolge ergibt sich eine bestimmte Prioritätensetzung. Attraktiv sind z. B. Märkte mit einer hohen Einwohnerdichte und gehobener Kaufkraft, die einen vergleichsweise geringen Versorgungsgrad aufweisen. Dazu gehören die osteuropäischen Staaten, Ost- und Südostasien und in zunehmendem Maße Indien.

Handelsunternehmen favorisieren in der ersten Phase der Internationalisierung meist **Nachbarstaaten**. Durch die räumliche Nähe können sie die ausländischen Niederlassungen mit ihrer inländischen Logistikkette beliefern und müssen dazu keine separaten Strukturen aufbauen. Zudem sind die Entscheidungsträger i. d. R. mit dem Konsumentenverhalten benachbarter Regionen vertrauter, sodass das Risiko des Scheiterns geringer erscheint. Auch beschränken sich die Händler bei ihrer Expansion zunächst meist auf einen Betriebstyp, mit dem sie im Inland sehr erfolgreich sind.

Eine zentrale Frage bildet die **Form des Markteintritts**. Sollen eigene Standorte aufgebaut werden? Stehen in der anvisierten Region ausreichend geeignete Standorte zur Verfügung? Ist der Markt dort bereits überversorgt? Für den Aufbau eigener Filialen spricht eine ganze Reihe von Gründen: Erfolgreiche Betriebsformen sind in vielen Branchen an eine bestimmte architektonische Form gebunden, die sich über die Jahre als besonders geeignet herausstellte. Z. B. hat Lidl stets die gleiche Niederlassungskonzeption: Identische standardisierte Gebäude, die sich in Größe und Beschaffenheit als geeignet und unter logistischen Aspekten als besonders effizient erwiesen, werden neu gebaut und sind umgeben mit einer Mindestanzahl von Parkplätzen. Benötigt ein Händler eine solche bestimmte Standortarchitektur, kommt i. d. R. nur der Aufbau eigener Filialen in Betracht. Ist er diesbezüglich flexibel, kommt auch der Kauf einer landesspezifischen Handelsgesellschaft in Frage. Weitere Alternativen stellen die Kooperationsformen wie Joint Venture, Franchising oder Beteiligungen dar. Die Form des Eintritts ist stark von den rechtlichen Regularien im jeweiligen Land abhängig. Sind hier keine Restriktionen vorhanden, präferieren westliche Handelskonzerne meist die Formen, bei denen sie ihr Engagement 100-prozentig kontrollieren können (vgl. *Lingenfelder* 2006, S. 330).

3.3.4.3 Standardisierung versus Differenzierung

Einer der wichtigsten Aspekte der Internationalisierung generell ist das **Spannungsfeld zwischen Standardisierung und Differenzierung**. Aus Kostengründen bemüht sich jede Unternehmung, die ins Ausland expandiert, das Marketing-Mix weitestgehend zu standardisieren. Doch hat es sich im Handel gezeigt, dass Vertriebslinienkonzepte, die in einem Land erfolgreich sind, nicht ohne Weiteres auf ein anderes übertragen werden können. Besonders im Einzelhandel gilt die Devise: „All business is local!" Eine globale, standardisierte Strategie entspricht hier eher dem Wunschdenken (vgl. *Lingenfelder* 2006, S. 334). Die Instrumente Standort, Sortiment, Verkaufsraumgröße, Preispolitik, Serviceleistungen, POS-Marketing oder Kommunikation sind den landestypischen Konsumentengewohnheiten, dem Wettbewerbsumfeld oder den rechtlichen Rahmenbedingungen anzupassen. Das Gleiche gilt für das operative Management insbesondere angesichts sehr unterschiedlicher Personalkosten. Die Entscheidungskompetenzen hinsichtlich dieser Variablen müssen daher dezentralisiert werden.

Praxisbeispiel: Wal-Mart – missglückter Markteintritt in Deutschland

Wal-Mart's anfänglicher Auftritt in Deutschland glich einem Lehrstück für jede Business School: How not to enter a foreign market (Hirn 2002). 1997 trat das größte Handelsunternehmen der Welt in den deutschen Markt ein, indem es die 21 Märkte der deutschen Wertkauf-Kette übernahm. Die SB-Warenhäuser waren vom Profil ähnlich wie Wal-Mart aufgestellt. Diese wurden umgetauft und dem Konzept des Handelsgiganten angepasst. Doch stellte sich heraus, dass diese Standardisierungsstrategie nicht unproblematisch war:

Mangelnde Einheitlichkeit der Standorte: Ende 1998 wurden 74 Interspar-Häuser dazugekauft. Die Filialen verfügten über sehr unterschiedliche Ladenflächen, Standorte und gaben auch ein uneinheitliches Erscheinungsbild ab. Plötzlich bestand Wal-Mart aus drei unterschiedlichen Kulturen: Wertkauf, Interspar und Wal-Mart. Auch der Auftritt am Markt war mit einer Palette von pfui (Hamburg - St. Pauli) bis hui (Leipzig) alles andere als einheitlich.

Nicht-Übertragbarkeit der Wachstumsstrategie: Mit 2,7 Milliarden Euro Umsatz war Wal-Mart Deutschland zu klein, um wirtschaftlich erfolgreich zu sein. Sie wollten wachsen und der von der Muttergesellschaft abgesandte amerikanische Geschäftsführer Allan Leighton kündigte 2000 an, in den kommenden drei Jahren 50 neue Märkte eröffnen zu wollen. Er hatte jedoch nicht mit der deutschen Baunutzungsverordnung, insbesondere §11(3), gerechnet, die neue Handelsflächen auf der grünen Wiese stark limitiert. Bis 2002 konnten daher lediglich zwei neue Märkte eröffnet werden.

Wettbewerbsignoranz: Wal-Mart ging davon aus, dass seine „Every-Day-Low-Prices"-Philosophie bei den preissensitiven Deutschen ein Erfolg sein würde (vgl. Subhadra/ Dutta 2004). Doch sie hatten die deutsche Konkurrenz unterschätzt. Aldi, Lidl, Rewe und Edeka hielten kräftig mit. Jedes Mal, wenn Wal-Mart die Preise senkte, zogen die Wettbewerber nach. Und prompt sah sich der amerikanische Handelsgigant im Konflikt mit deutschen Gesetzen, vor allem dem GWB, und dem Kartellamt. Dazu kam auch, dass Wal-Mart gegen die Publizitätspflicht verstoßen hatte, weil Geschäftsdaten nicht veröffentlicht wurden.

Keine Anpassung der Unternehmenskultur: Auch kulturelle Missgeschicke gab es. Alle Führungskräfte wurden zunächst von der Zentrale in Bentonville (Arkansas) nach Deutschland gesandt. Sie erklärten Englisch zur Unternehmenssprache, sprachen kein Deutsch und zeigten auch keinerlei Intention, es zu lernen. Damit verprellten sie das übernommene Wertkauf-Management (vgl. Hirn 2002). Auch andere kulturelle Eigenheiten kamen bei den deutschen Mitarbeitern nicht gut an. So fanden sich Manager auf Dienstreisen plötzlich mit einem Kollegen im Doppelzimmer wieder, um der Firma Hotelkosten zu sparen.

Keine Anpassung an geltende Arbeitsbedingungen: Im Umgang mit den Mitarbeitern versuchte Wal-Mart sein amerikanisches System zu multiplizieren. Das Unternehmen bot dementsprechend geringe Löhne und hatte daraufhin Probleme, genügend Lagerarbeiter zu finden (vgl. Subhadra / Dutta 2004). Die Mitarbeiter zeigten sich generell unzufrieden. Die Gehälter waren niedrig und die Arbeitsbedingungen schlecht. Das Management versuchte sie daran zu hindern, Betriebsräte zu bilden. Daraufhin klagte die Gewerkschaft. Auch weigerte Wal-Mart, sich Tarifverträge zu akzeptieren. 2002 wollte das Management einen Teil der Mitarbeiter kündigen und erneut gab es Probleme mit der Gewerkschaft. Die Wal-Mart-Mitarbeiter streikten zwei Tage lang.

Keine Anpassung an Einkaufsgewohnheiten: Die berühmte Servicekultur von Wal-Mart kam in Deutschland nicht zum Tragen. Das Unternehmen stellte „Greeter" ein, die an der Tür standen und die Kunden begrüßten. Doch die deutschen Kunden verstanden den Sinn dieser Geste nicht und beklagten sich, dass sie im Endeffekt die „Greeter" über höhere Preise zahlen müssten. Auch die „Ten-Foot-Rule", nach der jeder Mitarbeiter den Kunden anzusprechen hat, wenn er ihm auf 3,30 m nahe kommt, empfanden sie beim Einkauf nicht als Servicegeste, sondern als störend.

Quelle: Hirn 2002, Subhadra / Dutta 2004

Anmerkung der Verfasserin: Wal-Mart verkaufte 2006 seine Märkte an Metro und zog sich damit aus Deutschland zurück. Der Verlust aus dem Deutschland-Geschäft wird auf ca. 1 Mrd. US-Dollar geschätzt. (Quelle: http://www.focus.de/finanzen/news/rueckzug_aid_112707.html)

Auch die **Gestaltung des Marketing-Mix** erfolgt nach dem Prinzip „So viel Standardisierung wie möglich, so viel Differenzierung wie nötig!" Zentralisierung von Entscheidungsparametern und die damit verbundene Vereinheitlichung bringen eine höhere Effizienz. Dagegen stehen die spezifischen Anpassungserfordernisse an die jeweilige Umgebung, bei deren Fehlen die internationale Strategie zu scheitern droht.

Bei der **Sortimentspolitik** bietet sich eine modulare Lösung an. Es wird ein für alle Länder identisches Kernsortiment definiert (vgl. *Lingenfelder* 2006, S. 335). Daneben werden Ländersortimentsmodule entwickelt, solche mit obligatorischem und solche mit optionalem Einsatz. Schließlich gibt es Zusatzsortimente, die in die völlige Autonomie der Ländergesellschaften fallen. Die angebotenen Serviceleistungen sind in hohem Maße national geprägt und stark vom jeweiligen Wettbewerbsumfeld abhängig. Ein derart gestaltetes Baukastensystem stellt i. d. R. die beste Lösung im Spannungsfeld zwischen geringen Kosten und hohem Ländererfolg dar.

Eine vergleichbare Lösung bietet sich auch für die **Kommunikationspolitik** an. Auch hier werden einzelne Elemente für alle Ländermärkte standardisiert (z. B. Struktur der Online-Werbung). Andere Komponenten der Kommunikation hingegen werden an die Medienstrukturen und Mediennutzungsgewohnheiten der nationalen Konsumenten angepasst. Auch beim Instore-Marketing und bei der Gestaltung der Verkaufsstellen ist vergleichsweise stark auf die individuellen Gegebenheiten einzugehen.

Die **Preisgestaltung** muss sich zwangsläufig an den jeweiligen Wettbewerbs- und Nachfragebedingungen ausrichten. Die Zentrale sollte hier den Ländergesellschaften generelle finanzielle Ziele vorgeben (z. B. ROI 7 %; EVA 10 %), deren konkrete Umsetzung den Auslandsniederlassungen obliegt. Auf nationaler Ebene kümmern sie sich um die konkrete Ausgestaltung der Preispolitik. Z. B. liegt die Ausgestaltung der Bonusprogramme und Rabattsysteme in der alleinigen Autonomie der Landesgesellschaft.

Mit der Internationalisierung als Wachstumsstrategie geht fast automatisch die Bildung einer internationalen **Führungsorganisation** einher. In den Vorständen der großen Handelskonzerne werden zunehmend Vorstandsmitglieder mit der Aufgabe eines Vorstandsressorts „Ausland" betraut. Die Erfahrung aus den Internationalisierungsstrategien der Industrie hat gezeigt, dass diese häufiger daran scheiterten, dass nicht genügend für das Auslandsgeschäft erfahrene Topmanager zur Verfügung standen als am fehlenden Kapital zur Expansion (vgl. *Lingenfelder* 2006, S. 336).

3.3.5 Supply Chain Management – Der Einsatz neuer Konzepte und Technologien

3.3.5.1 Supply Chain Management: Einkaufs- und Logistikentscheidungen

Die **Einkaufsstrategie** von Handelsunternehmen wird im Wesentlichen durch das Marketing-Mix bestimmt, insbesondere die Sortiments- und die Preisstrategie. Mit der Zielgruppenentscheidung und der Positionierung des Sortiments in breit/schmal, flach/tief, mit der Festlegung des Sortimentumfangs und der -qualität werden quasi automatisch die zentralen Eckpunkte der Beschaffungsstrategie vorgegeben. Mit dem Marketing-Mix wird die Länge der Supply Chain festgelegt, die Anzahl der Lieferanten, von denen bezogen werden soll, die Häufigkeit der Lieferungen, die Kosten, die damit verbunden sind, und vieles mehr.

Ein entscheidender Trend ist der zum **Global Sourcing**, der bereits seit Jahrzehnten anhält. Hauptgrund ist das Lohngefälle zwischen den Ländern weltweit. Die Händler kaufen verstärkt dort ein, wo sie die Waren am günstigsten erhalten. Dies ist heute überwiegend Asien, insbesondere China. Mit diesem Trend sind neue Probleme verbunden. Die entstehenden Kosten sind oft nicht genau vorhersehbar, denn oft sind es versteckte Kosten, die erst im Nachhinein bemerkt werden. Zusätzliche Transportkosten, Gebühren, Zölle und Transaktionskosten (Kosten der Geschäftsanbahnung, -verhandlung, -durchführung und Kontrolle) verteuern die eingekauften Waren. Darüber hinaus ist mit langen Bestellzeiträumen und gegebenenfalls auch mit hohen Ausschussquoten zu rechnen, die die Bestellsituation erschweren. Einige Risiken sind schwer kalkulierbar: Chemische Analysen ergeben beispielsweise die zu hohe Schadstoffbelastung von Textilien, die zu Rückrufaktionen führt. Kinderarbeit und die Nutzung von „Sweat-Shops", d. h. Arbeitsstätten mit nicht menschenwürdigen Arbeitsbedingungen und zu niedriger Bezahlung, werden im Internet veröffentlicht. Die negative Öffentlichkeit und die damit verbundenen Imageschädigungen solcher Vorfälle führten zu einer wachsenden Bedeutung der **CSR (Corporate Social Responsibility)**. Lieferanten in weit entfernt gelegenen Gebieten lassen sich schwerer kontrollieren als solche nebenan, dazu kommt, dass sie ihrerseits Sublieferanten nutzen. Um z. B. die geringe Schadstoffbelastung von Textilien für den Kunden gewährleisten zu können, muss die gesamte Wertschöpfungskette rückwärts bis zum Baumwollanbau kontrolliert werden. Daher begann die *Foreign Trade Association* (FTA) in Brüssel 2002 mit dem Aufbau eines gemeinsamen europäischen Überwachungssystems für Sozialstandards, dem *European Business Social Compliance Programme*. Ziel ist es, die Sozialstandards in Lieferländern als Bestandteil der sozialen Verantwortung zu verbessern. Ein international anwendbares Überwachungssystem soll sicherstellen, dass Sozialstandards bei Lieferunternehmen eingehalten werden (vgl. *BSCI* 2007). Mitglieder verpflichten sich dazu, ihre Lieferanten als Partner in diesem Prozess zu betrachten und sie bei der Einhaltung der Sozialstandards zu unterstützen.

Ein zweiter bedeutender Trend, der sich bereits seit Jahren abzeichnet, betrifft die Veränderung der Beziehungen zwischen Händlern und Herstellern. Waren diese früher eher kontrahär ausgerichtet, versucht man heute langfristige Verbindungen auf Kooperationsbasis zu errichten. Die aktuellen Konzepte zur Optimierung der **Supply Chain** basieren alle auf solchen Beziehungen (vgl. *Bartsch* 2004). Sie zeichnen sich aus durch den beiderseitigen Wunsch zur Fortführung der Geschäftsbeziehung, durch das Vertrauen, das man dem anderen entgegenbringt, und die gemeinsamen Ziele, die durch kooperatives Handeln erreicht werden können. Da die Geschäftsbeziehung langfristig angelegt ist, investieren beide Parteien in Ressourcen wie z. B. vernetzte IT-Systeme.

Mit dem Begriff **Supply Chain Management** werden die Aktivitäten bezeichnet, die notwendig sind, den Waren- und Informationsfluss erfolgreich zu koordinieren (vgl. *Magnus* 2007, S. 16 f.). Ziel ist es, durch die Optimierung der Güter- und Informationsflüsse entlang der Lieferkette den Gesamtaufwand zu minimieren und somit das Kosten-/Nutzenverhältnis zu steigern. Kernprozesse stellen dabei erstens die eingehende Logistik dar, d. h. die Anlieferung der Waren beim Handel. Zentrallager-Prozesse bezeichnen die Einlagerung und Kommissionierung nach Anlieferung der Waren. Einen dritten Kernprozess stellt die Auslieferung an die Filialen dar und ist ebenso wie die Filiallogistik ein Ansatzpunkt für Rationalisierungsbestrebungen. Eng mit den Herstellern zu koordinieren ist auch der Informationsfluss, der die Bedarfsplanung, die Nachbestellung von Waren und die Bestandssteuerung umfasst.

Die wichtigsten Konzepte, die auf solch kooperierenden Vertragsbeziehungen zwischen Hersteller und Handel beruhen, sind: ECR, CPFR und Category Management. Letzteres wird in Kap. E 2.4 ausführlich dargestellt und soll hier nicht weiter ausgeführt werden.

3.3.5.2 Efficient Consumer Response (ECR)

Anfang der 90er Jahre realisierten die amerikanischen Handels- und Industrieunternehmen, dass angemessene Renditen bei stagnierenden Umsätzen und höherem Wettbewerbsdruck nur über eine verstärkte Kooperation in der Wertschöpfungskette zu realisieren waren. Daraufhin entwickelten sie ein neues Managementkonzept: **Efficient Consumer Response (ECR).** Dabei arbeiten die beteiligten Akteure eng zusammen, um die Wertschöpfungskette effizient und rational zu gestalten. Der Name legt nahe, dass sie sich dabei eng an den Kundenwünschen orientieren. Dies trifft nur insofern zu, als dass Bestandslücken vermieden werden und stark nachgefragte Artikel stets vorrätig sind, da alle Daten über Abverkäufe etc. stets vorliegen. *Seifert* definiert den Begriff wie folgt: „Efficient Consumer Response (ECR) ist ein umfassendes Managementkonzept auf der Basis einer vertikalen Kooperation von Industrie und Handel mit dem Ziel einer effizienteren Befriedigung von Konsumentenbedürfnissen. Die Instrumente von ECR sind das Supply Chain Management (Kooperationsfeld Logistik) und das Category Management (Kooperationsfeld Marketing)" (*Seifert* 2002, S. 29).

Mit Einführung von ECR erfolgt der Übergang von der intra- zur **interorganisationalen Prozessorganisation** der Unternehmung. Auf der Seite der Warenversorgung wird die Logistikkette zwischen Hersteller und Händler optimiert, auf der nachfrageorientierten Seite will man durch die Kooperation einen effizienteren Marketing-Mix für beide beteiligten Partner erreichen. Ziel aller Bemühungen ist die Reduzierung bzw. Eliminierung aller nicht-wertschöpfenden Aktivitäten.

Efficient Consumer Response-Konzept	
Supply Chain Management (SCM)	**Category Management (CM)**
Efficient Replenishment (ER)	Efficient Store Assortment (ESA)
Efficient Administration (EA)	Efficient Promotion (EP)
Efficient Operating Standards (EOS)	Efficient Product Introduction (EPI)

Abb.: Das ECR-Konzept und seine Basisstrategien
Quelle: *Seifert* 2002, S. 28

Das vorrangige Ziel von ECR ist es, durch neue kooperative Denkmuster tradiertes isoliertes Handeln der beteiligten Parteien aufzubrechen und die einzelnen

Glieder in ein Gesamtoptimum zu überführen. Im Bereich Logistik werden z. B. unnötige Liegezeiten oder Sicherheitsbestände vermieden. Fehlentwicklungen bei Verkaufsförderungsaktivitäten oder Produkteinführungen sollen vermieden und Sortimentsentscheidungen verbessert werden. Erklärtes Ziel von ECR war es, eine Win-Win-Win-Situation zu schaffen, indem Hersteller, Handel und Konsumenten am geschaffenen Mehrwert partizipieren sollten.

Die großen Konsumgüterhersteller und Einzelhändler implementierten ECR-Systeme in den 90er Jahren – mit unterschiedlichem Erfolg. Während einige Unternehmen in der Lage waren, in ihren Unternehmen rasch die notwendigen Veränderungen vorzunehmen, gelang es anderen nur sehr begrenzt, solche Vorteile zu realisieren. Generell gelang es eher, die Supply Chain-Seite effizienter zu gestalten als die Marketingseite, die in der Kooperation nach wie vor schwächer ausgeprägt ist. Sowohl Hersteller als auch Händler sahen als große Schwäche des Systems das mangelnde gegenseitige Vertrauen ineinander an (vgl. *Seifert* 2002). Ebenso bemängelten beide die fehlende Konsumentennähe. Problematisch erscheinen ferner die Involvierung des TOP-Managements sowie die kontinuierliche Messung des ECR-Erfolgs.

3.3.5.3 Collaborative Planning, Forecasting and Replenishment (CPFR)

Das Managementkonzept **Collaborative Planning, Forecasting und Replenishment** (CPFR) geht noch einen Schritt weiter als das ECR-Modell. Die bisher bei Herstellern und Händlern getrennt vorliegende Erfahrung zur Absatzplanung wird bei **CPFR** zusammengeführt, damit wird ein kontinuierlicher Verbesserungsprozess dieses Wissens angestrebt. Eines der langfristigen Ziele war es z. B., die Replenishment-Zeit, d. h. die Zeitspanne von der Entnahme des Produktes durch den Konsumenten in der Handelsfiliale über alle Bestellprozesse bis zur Produktion des nachfolgenden Produkts, von bislang 10-15 Tagen auf drei Tage inklusive Produktion zu senken. Die durchschnittlich 130 Replenishment-Schritte sollen um 40 reduziert werden (vgl. *Schröder* 1999, S. 13). Solche und ähnliche Ziele tragen dazu bei, insbesondere die Schnittstellenkosten zwischen Industrie und Handel beträchtlich zu senken, indem die gesamte Wertschöpfungskette optimiert wird.

Das **CPFR-Modell** beinhaltet drei aufeinander aufbauende Phasen: Planung, Prognose und Bestellung, die sich in insgesamt neun Schritte zerlegen lassen, wobei sich 1 und 2 auf den Planungsprozess, 3 bis 8 auf die Prognoseaktivitäten und Schritt 9 auf den Bestellprozess beziehen (vgl. *Seifert* 2006, S. 783 f.).

Schritt 1: Entwicklung einer Kooperationsvereinbarung: Zunächst müssen die Regeln und Grundsätze für die Zusammenarbeit zwischen Hersteller und Händler festgelegt werden. Die Kooperationsvereinbarung bestimmt die Ziele der Akteure und legt die relevanten Aktivitäten und Ressourcen fest. Die Leistungen der beiden Partner und die praktische Ausgestaltung sollen jeweils definiert werden.

Schritt 2: Erarbeitung eines gemeinsamen Geschäftsplans: Beide Kooperationspartner erarbeiten einen gemeinsamen Geschäftsplan, in dem Warengruppenrollen, -ziele und -taktiken festgelegt werden. Die relevanten Auftragsdaten über die zu optimierenden Produkte werden ausgetauscht, z. B. Auftragsminimum, -intervalle und -vorlaufzeiten.

Schritt 3: Ermittlung der Verkaufsprognose: Die POS-Daten des Händlers und seine Promotionsplanung bilden den Ausgangspunkt der Ermittlung der Verkaufsprognose.

Schritt 4: Identifikation von Ausnahmen der Verkaufsprognose: Alle Produkte werden identifiziert, die Ausnahmen zu den kooperativ gesetzten Annahmen der Verkaufsprognose darstellen. Dabei kann es sich z. B. um saisonale Produkte handeln. Die Definition der Ausnahmekriterien sollte bereits in der Kooperationsvereinbarung erfolgen.

Schritt 5: Bearbeitung der Verkaufsprognose-Ausnahmen: Alle Einzelheiten der Verkaufsprognose-Ausnahmen werden zwischen den Partnern geklärt. Sämtliche Änderungen fließen sofort in die neue Prognose ein. Diese beschleunigte Kommunikation erhöht die Zuverlässigkeit der später generierten Bestellung.

Schritt 6: Erstellung der Bestellprognose: Die Daten aus den POS-Abverkäufen werden mit den individuellen Bestandsdaten der Kooperationspartner verknüpft, um die Bestellprognose zu generieren. Diese Voraussage weist bereits einen wesentlich höheren Detaillierungsgrad auf. Zentrale Aspekte sind Bestellvolumina und die benötigte Vorlaufzeit, um die Waren termingerecht ans Ziel zu bringen. Die kurzfristige Bestellprognose wird daraufhin sofort ausgeführt, die langfristige fließt in die weitere Planung ein.

Schritt: 7: Identifikation von Ausnahmen der Prognose: Es werden alle Produkte identifiziert, die Ausnahmen zu den kooperativ gesetzten Annahmen darstellen. Diese werden in einer Liste zusammengestellt.

Schritt 8: Bearbeitung der Bestellprognosen-Ausnahmen: Dieser Schritt beinhaltet die gemeinsame Bearbeitung und Klärung der Bestellprognosen-Ausnahmen durch beide Partner.

Schritt 9: Auslösung der Bestellung: Die ermittelte Bestellprognose wird in eine feste Bestellung überführt. Eine Generierung der Bestellung sollte stets von einer festgelegten Seite erfolgen, entweder immer vom Hersteller oder immer vom Händler. Eine diesbezügliche Entscheidung hängt ab von den verfügbaren Ressourcen der Partner, der höheren Kompetenz sowie der jeweiligen Ausstattung mit entsprechenden Systemen.

Durch die Anwendung von CPFR können die durch ECR angestrebten Effizienzpotenziale noch konsequenter ausgeschöpft werden. Teilweise werden auch völlig neue Rationalisierungspotenziale in der Wertschöpfungskette erschlossen (vgl. *Seifert* 2006, S. 792). Seit der Jahrtausendwende verfolgen die meisten großen Hersteller und Händler derart kollaborative Strategien. Sie versprechen sich davon eine Reihe von **Vorteilen**:

- Verbesserte Reaktionsgeschwindigkeit auf das Nachfrageverhalten des Kunden.

- Umsatzsteigerung und Kostenreduzierung: Durch die erhöhte Genauigkeit der Prognosen sollen die Umsätze verbessert und die Kosten, insbesondere die Schnittstellenkosten zwischen Industrie und Handel, reduziert werden.

- Etablierung dauerhafter und direkter Kommunikationskanäle.

3.3.5.4 Warenwirtschafts- und Kassensysteme

Für Handelsunternehmen stellt der **effiziente Einsatz moderner IT-Systeme** heute eine zentrale Voraussetzung für den Markterfolg dar. Sie ist mit zwei Aufgaben verbunden. Erstens nimmt die Informationstechnik heute eine Schlüsselfunktion bei der Rationalisierung und Beschleunigung von Prozessen, insbesondere in der Wertschöpfungskette, ein. Zweitens ist eine leistungsstarke IT Voraussetzung, um aktuell relevante Informationen des Geschäftsgeschehens abzubilden. Im Handel sind vor allem **Warenwirtschaftssysteme** und **Kassensysteme** im Einsatz. Dabei kommt der Steuerung durch Kundenwünsche und -verhalten eine bedeutende Rolle zu. Out-of-Stock-Situationen, d. h. der Ausverkauf einzelner Artikel im Laden, liegt weltweit noch bei ca. 8 %. Diese Umsatzverluste können durch verbesserte Planungs- und Prognosesysteme vermieden werden (vgl. *Arend-Fuchs* 2004, S. 127). Ebenso werden die technischen Möglichkeiten am Point of Sale (POS) erschlossen. Hierzu gehören Modelle des Self-Checkout ebenso wie der konsequente Einsatz von **RFID** (Radio Frequency Identification; siehe 3.3.5.5), bei der intelligente Einkaufswagen mit Displays den Kunden bedarfsgerecht durch den Laden führen und ihm Kaufhilfen vorgeben. Der „Future Store" der Metro sowie der „Vision Store" der Dohle-Gruppe geben Anhaltspunkte für die Potenziale, die sich durch diesen Einsatz erschließen lassen, auch wenn sich nicht alle Konzepte unter Wirtschaftlichkeitsaspekten als sinnvoll erweisen werden.

Zu den bedeutendsten analytischen Applikationen, die im Handel eingesetzt werden, zählt die Verarbeitung und Verknüpfung der **Daten vom POS** mit dem Ziel, neues Wissen zu generieren. Dies kann das Kundenverhalten, die Logistikkette oder Finanz- und Personalfragen betreffen. Es können mithilfe umfassender Analysemodelle Bondaten aus den Kassen ausgewertet werden, um zukünftig das Sortiment gezielter der Nachfrage anzupassen.

Eine besondere Bedeutung erlangt die Informationstechnologie im Rahmen der **Integration der Wertschöpfungskette.** Die Prozesse zwischen Lieferanten, Herstellern und Händlern werden zunehmend stärker vernetzt, um einen effizienten Ablauf zu gewährleisten und unnötige Reibungsverluste an Schnittstellen zu minimieren. Durch diese Optimierung können zahlreiche Zwischenstufen weggelassen und die hierfür anfallenden Kosten eingespart werden. So kann z. B. auf Zwischenlager verzichtet werden, wenn die Hersteller die Produkte gleich in die Regionallager liefern. Im Modebereich werden die ersten Verkaufszahlen abgewartet, um dann schnell nachproduzieren zu können. Damit lassen sich nicht-rationale Trends aufnehmen, ohne auf großem Lager sitzen zu bleiben. Die Prognosen werden exakter, die Prozesse schlanker und vernetzter, die Orientierung an (regionalen) Kundenbedürfnissen exakter.

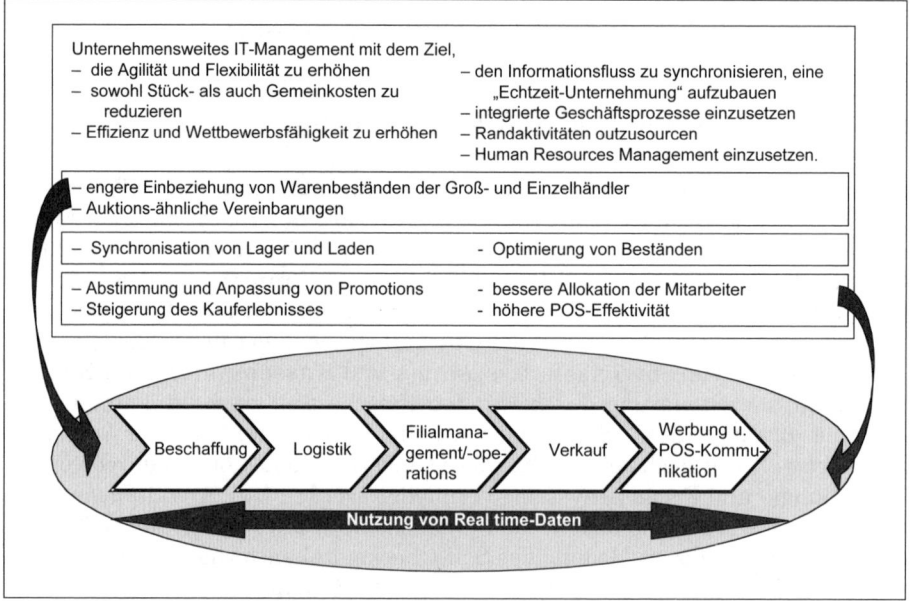

Abb.: Schlanke Prozesse durch Vernetzung
Quelle: in Anlehnung an *Arend-Fuchs* 2004, S. 131

3.3.5.5 Der Einsatz von RFID-Technologien

Unter **Radio Frequency Identification (RFID)** versteht man eine Identifikationstechnik, die es ermöglicht, größere Mengen von Daten über eletromagnetische Felder zu übertragen. Die Informationen können automatisch und ohne Sichtkontakt gelesen werden.

Wie jedes Codiersystem besteht auch das RFID-System aus den Komponenten Datenträger, Codierer (Schreibstation) und Decodierer (Lesestation). Information wird in einen Code umgesetzt und zu einem späteren Zeitpunkt wieder in die exakte Ausgangsinformation zurückgeführt. Im Fall der RFID-Systeme handelt es sich dabei um die Komponenten:

- Transponder (auch als „Tag" bezeichnet)

- Interrogator (Schreib- und Lesefunktion; häufig in einem Gerät zusammengefasst).

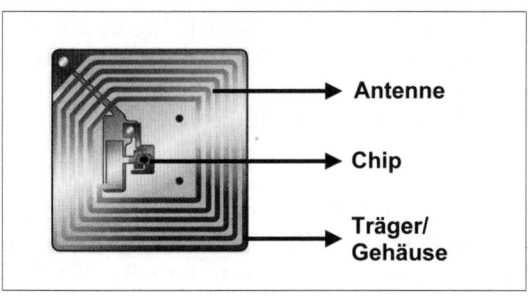

Abb.: Aufbau eines Transponders

Der Transponder kann mit dem Schreib-/Lesegerät per Radiowellen über eine Luftschnittstelle kommunizieren. Die Informationen werden über eine lokale Schnittstelle von einem Host Rechner weiterverarbeitet (vgl. *Füßler* 2004, S. 141 f.).

Transponder bestehen im Kern aus einem Mikrochip, auf dem Informationen gespeichert werden. Diese werden bei Bedarf über ein Koppelelement, das als Antenne wirkt, an eine Umgebung abgegeben. Dies geschieht bei passiven Transpondern nur, wenn sie sich im Ansprechbereich eines Schreib-/Lesegeräts befindet, welches über ein elektronisches Feld Signale aussendet.

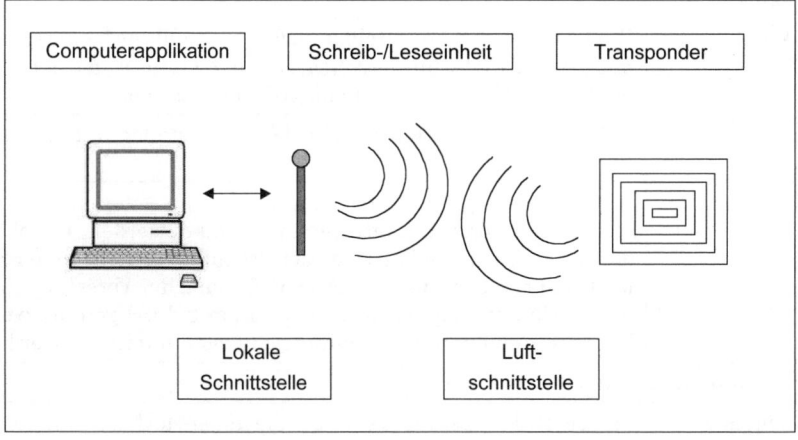

Abb.: Aufbau eines RFID-Systems
Quelle: *Füßler* 2004, S. 140

Um diese Technologie in der Warenwirtschaft nutzen zu können, bedarf es eines einheitlichen, standardisierten Datenkonzepts, vergleichbar den bislang verwendeten EAN-Nummern. Die zu steuernde Einheit (z. B. Palette, Gebinde, Ladungsträger oder Produkt) muss eindeutig angesprochen werden können. Nur dann kann der korrekte Zugriff gesteuert werden. Diese Nummer wird als Elektronischer Produktcode (EPC) bezeichnet. Er gliedert sich auf in Datenkopf, EPC-Manager, Objektklasse und Seriennummer. Der EPC baut auf den EAN-Nummern auf, hier können jedoch wesentlich mehr Daten gespeichert werden. Ergänzt wird die EAN-Nummer um eine integrierte Seriennummer, die jedes individuelle Objekt unterscheidbar macht. Somit ist auch die Kompabilität zu dem klassischen EAN-System gewährleistet.

RFID-Systeme gelten als sinnvolle Erweiterung und Ergänzung der Barcodetechnik. Ohne jegliches manuelles Eingreifen und ohne den Warenfluss zu unterbrechen können die Objekte erfasst werden. Dazu ist kein Sichtkontakt mehr nötig, die klassischen EAN-Scanner/Barcode-Lesegeräte sind überflüssig. Auch besteht die Möglichkeit, gleichzeitig mehrere Datenträger lesen zu können (Pulkerfassung). Es genügt, eine Palette an einer RFID-Antenne vorbeizuschieben, und die Daten aller Produkte darauf werden gleichzeitig erfasst. Voraussetzungen sind allerdings der korrekte Abstand des Lesegeräts und der Umstand, dass sich keine Störfaktoren im Umfeld befinden. Bringt man solche Lesegeräte an mehreren Stellen entlang der Wertschöpfungskette an, kann der Warenfluss lückenlos registriert werden.

Station der Wertschöpfungs- kette	Einsatzmöglichkeiten von RFID
Hersteller	
Produktion	Ein Produkt wird unmittelbar nach Fertigstellung beim Hersteller mit einem RFID-Chip versehen. Dadurch kann es an jeder Station der Supply-Chain eindeutig identifiziert werden.
Verpackung	Gebinde oder Paletten werden beim Hersteller mit RFID-Tags versehen.
Warenausgang	In einem einzigen Registrierungsprozess an entsprechenden Lesestationen können sämtliche Tags erfasst werden, unabhängig davon, ob es sich um Paletten oder Produkte handelt. Weder Sichtkontakt noch Umfüllen ist nötig. Erfassung der Versandeinheiten und Verladung können in einem Vorgang durchgeführt werden. Bei Retouren kann der Handlungsaufwand minimiert werden.
Distributionszentrum	
Wareneingang Distributions- zentrum	Mittels RFID-Lesegerät können alle angelieferten Produkte identifiziert und mengenmäßig erfasst werden. Automatisch werden Bestell- und Lieferdaten abgeglichen. Eine Warenempfangsbestätigung geht an den Hersteller. Eine artikelgenaue Wareneingangsbuchung erfolgt.
	RFID ermöglicht eine automatische Vollständigkeitskontrolle, bei der falsche Zusammenstellungen von Lieferungen frühzeitig erkannt und Schwund aufgedeckt werden kann.

Hochregallager	Der Empfang der Waren wird beim Einlagern registriert und der Bestand wird aktualisiert.
Kommissionierung	Die Lieferungen werden gemäß den Bestellungen zusammengestellt. Die Paletten, die an die einzelnen Filialen gehen, enthalten ebenfalls Transponder. Automatisch werden beim Verladen alle Artikel erfasst. Gleichzeitig werden die Bestellungen auf Vollständigkeit und richtige Zusammensetzung kontrolliert.
Filiale	
Wareneingang Filiale	Bei Lieferung werden die Waren per RFID erfasst und in das interne Warenwirtschaftssystem eingebucht.
	In den Böden der Verkaufregale sind Leseantennen eingelassen, über die der gesamte Bestand geprüft werden kann. Eine permanente Inventur ist gewährleistet. Schwund wird schnell und exakt erkannt.
	Die Nachbestellung ist automatisiert. Sicherheitsbestände werden minimiert. Fehlbestellungen und Out Of Stock-Situationen werden vermieden.
Information für den Kunden	Der Kunde kann sich an einem Display über die Produkteigenschaften informieren.
	Sucht ein Kunde ein bestimmtes Produkt, so kann er abrufen, ob dieses im Laden vorhanden ist und wird zum Standort navigiert.
Kaufabschluss/ Bezahlung	Sämtliche Artikel im Warenkorb werden mit RFID gleichzeitig erfasst. Im selben Registrierungsprozess erfolgt die Abrechnung über den EPC und gegebenenfalls die Autorisierung der Kreditkarte des Kunden.
Bevorratung/Verbrauchsanalyse	Der Abverkauf wird im Warenwirtschaftssystem verbucht und löst eine automatische Nachbestellung aus.
Reklamation/ Umtausch	Durch den EPC sind die Artikel eindeutig identifizierbar. Umtausch oder Rückgabe sind damit auch ohne Beleg möglich. Jeder einzelne Artikel lässt sich eindeutig zurückverfolgen.
Übergreifend	
Warensicherung	Durch das EPC ist jeder einzelne Artikel rückverfolgbar. Dies ist hilfreich, wenn es darum geht, bei Rückrufen Waren gezielt aus dem Markt zu nehmen. Zudem lässt sich aufzeigen, an welchen Stellen der Logistikkette Schwund auftritt und es können Präventivmaßnahmen eingesetzt werden. Zudem bietet die RFID-Technologie die Möglichkeit, den gesamten Warenbestand elektronisch zu sichern. Dies ist heute aus wirtschaftlichen Gründen nur bei einem hohen Warenwert sinnvoll.
Plagiatschutz	Die EPC-Nummer ist einmalig und dient somit als Fälschungsschutz, da Piraterie-Markencodes mehrfach vergeben werden. Über die Transparenz in der Kette kann nachgewiesen werden, ob ein Produkt auch tatsächlich von einem Hersteller stammt.

Quelle: in Anlehnung an *Füßler* 2004, S. 147 ff.

Für **Hersteller und Händler** birgt die RFID-Technologie viele **Vorteile**. Nachbestellungen werden automatisch ausgelöst, wenn die Artikel aus den Regalen entnommen werden. Somit lassen sich aufwändige und teure Bestellprozesse vermeiden. Die lückenlose Überwachung der Logistikkette vermindert unnötige Liegezeiten und optimiert Transportprozesse. Regallücken werden minimiert. Schwund kann in der Lieferkette genau lokalisiert werden, somit wird der Einsatz gegensteuernder Maßnahmen einfacher.

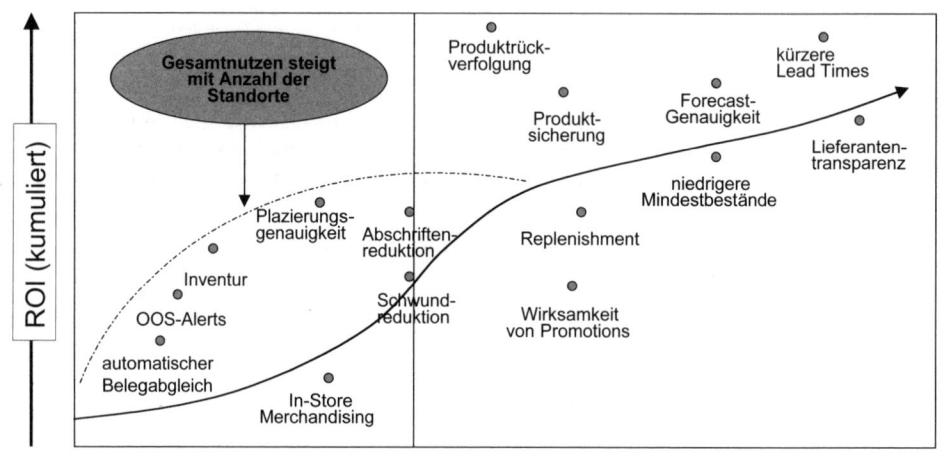

Abb.: Item-Level-Tagging: RFID-Effekte im Bekleidungshandel
Quelle: *Spalink* 2006

Aus **Verbrauchersicht** beinhaltet die RFID-Technologie sowohl **Vor-** als auch **Nachteile**. Als vorteilhaft wird vor allem im Frischebereich die erhöhte Lebensmittelsicherheit empfunden. Dies gewinnt insbesondere aufgrund der Fleischskandale der letzten Jahre an Bedeutung. Positiv sehen Konsumenten auch einen schnelleren Kassiervorgang und weniger Lieferengpässe. Ebenso fanden die Möglichkeit einer genaueren Auszeichnung der Produktpreise sowie der Zugriff auf zusätzliche Produktinformationen ihren Zuspruch (vgl. *Capgemini* 2005, S. 8). Als nachteilig wird generell die Generierung und Speicherung sämtlicher Daten gesehen. Bezahlt der Kunde im Geschäft mit einer Kunden- oder Kreditkarte, ist jeder Kaufvorgang ihm direkt zuzuordnen, d. h. auch die rücksichtslos in den Graben geworfene Bierflasche kann zum individuellen Käufer zurückverfolgt werden. Damit wird der **gläserne Kunde** Realität. RFID-Tags sind winzig klein, oft „Smart Dust". Sie können daher z. B. in den Hemdkragen eingenäht sein, ohne dass der Verbraucher davon Kenntnis hat. Unbemerkt aufgestellte RFID-Lesestationen könnten demnach überall Kundeninformationen speichern. Um dieses zu vermeiden, kann der Kunde De-Activator einsetzen, Geräte, mit denen sich die Tags deaktivieren lassen.

Als nachteilig werden auch **Recyclingaspekte** angesehen. Die Transponderchips enthalten Silizium und die Antennen Kupfer. Hier stellt sich die Frage nach der Entsorgung, da diese sortenrein durchgeführt werden muss. Zurzeit stellt das Recycling noch kein gravierendes Problem dar, da i. d. R. die Tags in der Herstellung noch zu teuer sind, um auf den Produkten angebracht zu werden. Man beschränkt sich auf Paletten oder Gebindegrößen. Dies wird sich jedoch in wenigen Jahren ändern.

Bislang sind auch keine Äußerungen möglich im Hinblick auf die Gesundheitsschädlichkeit des durch die Strahlen entstehenden **Elektrosmogs**.

3.4 Die SWOT-Analyse als Ausgangspunkt der zukünftigen Strategie

In der **SWOT-Analyse** (Analysis of **S**trengths, **W**eaknesses, **O**pportunities and **T**hreats) werden alle zentralen Analysen der Makroumwelt (z. B. PESTE-Analyse), der Mikroumwelt (Marktsituation, Nachfrager), der Wettbewerber und des eigenen Unternehmens zusammenfassend dargestellt. Es handelt sich demnach um eine integrative Methode. Die **Stärken und Schwächen** (Strengths, Weaknesses) stellen die **internen Faktoren** dar. Sie zeigen die Situation des Handelsunternehmens im Vergleich zu den Hauptwettbewerbern auf und stellen damit die **Wettbewerbsposition** dar. Diese Faktoren können vom Unternehmen beeinflusst werden. Stärken sollen gehalten bzw. ausgebaut, Schwächen vermieden bzw. neutralisiert werden.

Kriterien zur Bewertung der Wettbewerbsposition

1. Verkaufsfrontstärke

1.1 Standortstärke
- Gebietserschließung und Abdeckung
- Attraktivität und Magnetwirkung der Standorte

1.2 Verkaufsstellenstärke
- Anzahl von Verkaufsstellen (= Läden)
- Totale Verkaufsfläche
- Größe der Verkaufsstellen
- Alter der Verkaufsstellen

1.3 Investitionsaktivität (Verkaufsflächenzuwachs in % p. a.)

1.4 Investitionsintensität (investiertes Kapital in % vom Umsatz)

1.5. ....

2. Marketing- und Verkaufsstärke

2.1 Sortimentsstärke
- Sortimentsaufbau Sortimentsprofilierung und -positionierung
- Sortimentskompetenz
- Sortimentsqualität
- Sortimentsaktualität

2.2 Preisniveau (in % zum Hauptkonkurrenten)

2.3 Preispositionierung

2.4 Preis-/Leistungsstärke

2.5 Service- und Dienstleistungsstärke

2.6 Werbe- und Promotionsstärke

2.7 Präsentations- und Layoutstärke

2.8 Kundenstruktur

2.9 Kundenfrequenz

2.10 Kundeneinkauf

2.11 Kundenreklamationen

2.12 Lagerumschlag

2.13 Zielgruppenprofilierung/Image

2.14 ..

3. Beschaffungsstärke

3.1 Beschaffungsvolumen

3.2 Beschaffungsorganisation und -Know-how

3.3 Lieferantenbeziehungen und -konditionen

3.4 Leistungsfähigkeit der Eigenproduktion (falls vorhanden)

3.5 ...

4. Logistische Stärke

4.1 Organisation der Warendisposition

4.2 Organisation der Warenannahme, -verpackung und -auszeichnung

4.3 Lagerkapazitäten

4.4 Organisation der Warenbereitstellung, -auslieferung und des -transports

4.5 Automatisierungsgrad der Logistik

5. Personelle Stärke

5.1 Personalkosten (in % vom Umsatz)

5.2 Personalproduktivität (Aktivstundenleistung)

5.3 Lohnniveau (in % zum Hauptkonkurrenten)

5.4 Fachkompetenz des Kaders und der Mitarbeiter

5.5 Kundenorientierung und Freundlichkeit des Verkaufspersonals

5.6 Personalschulung

5.7 ...

6. Synergetische Stärke

6.1 Ausnutzung von Synergiemöglichkeiten durch verbesserte Zusammenarbeit mit anderen SGEs und/oder mit der Zentrale (z. B. bzgl. Warenbeschaffung, Logistik, Marketing, Corporate Identity)

6.2 Nutzbarmachung unternehmensweiter (SGE-übergreifender) Erfolgspotenziale

Abb.: Kriterienkatalog zur Bestimmung der Wettbewerbsposition einer SGE
Quelle: *Drexel* 1984, S. 91

Die **Chancen und Gefahren** (Opportunities, Threats) dagegen beziehen sich auf den **externen** Bereich. Sie deuten auf Entwicklungen im Markt oder Nachfragertrends hin, die vom einzelnen Unternehmen selbst nicht beeinflussbar sind. Diese Analyse soll Auskunft geben über die **Attraktivität** der Branche, bzw. die des Marktes, z. B. die der Warenbranche, des Supermarktes, des Sportfachhandels oder der Versandhandelsbranche. Es sind somit Aussagen bezüglich der **Betriebs-typen-Attraktivität** zu generieren (vgl. *Drexel* 1982).

Kriterien zur Bewertung der Betriebstypen-Attraktivität

1. Marktvolumen des Betriebstyps
- Absolutes Marktvolumen (in Mio. Euro)
- Marktvolumen des Betriebstyps in Prozent vom gesamten Einzelhandelsvolumen
- Ausgabeverhalten und Einstellung der Konsumenten zum Betriebstyp

2. Zukunftschancen des Betriebstyps
- Konsumentenpräferenzen bzw. -trends bzgl. Sortiment
- Konsumentenpräferenzen bzw. -trends bzgl. Qualität/Service/Dienstleistungen
- Konsumentenpräferenzen bzw. -trends bzgl. Angebots- und Verkaufsformen/ Standorte
- Standort-Erhältlichkeit
- Entwicklung der Verkaufsfläche (+/- Prozent p. a. gesamte Branche)
- Marktwachstum des Betriebstyps (= reale Zunahme des Marktvolumens in Prozent p. a.)
- Gesetzliche Einschränkungen/Akzeptanz durch öffentliche Meinung

3. Ertragspotenzial des Betriebstyps (Ø Branche)
- Ø Marge (DB 1 bzw. Handelsspanne in Prozent vom Umsatz)
- Ø Teuerung im Sortiment/Überwälzbarkeit der Teuerung
- Ø Betriebskosten (in Prozent vom Umsatz)
- Ø Kapital- und Erlösrentabilität
- Ø Investitionsintensität (investiertes Kapital in Prozent vom Umsatz)
- Personal (Verfügbarkeit, Produktivität, Schulungsbedarf, Ansprüche, Kosten)
- Standort-Erosion (Ø Lebensdauer der Verkaufsstellen dieses Betriebstyps)
- Neue Technologien

4. Konkurrenzintensität und -struktur (generell für den Betriebstyp)
- Bezeichnung der drei Hauptkonkurrenten
- Marktanteil der drei Hauptkonkurrenten (Konzentrationsgrad)
- Strategien und Investitionsvorhaben der Konkurrenten
- Aggressivität und Risikofreudigkeit bestehender und neuer Konkurrenten
- Vorhandene bzw. sich abzeichnende Kooperationen, Kartelle, Akquisitionen, Fusionen

---

Abb.: Beobachtungsbereiche für die Chancen/Gefahren-Analyse von Betriebstypen/ Kriterienkatalog zur Bestimmung der Betriebstyp-Attraktivität
Quelle: *Drexel* 1982, S. 5

Vorteile der SWOT-Analyse sind:

- Der umfangreiche Erarbeitungsprozess sensibilisiert die Betroffenen.

- Kenntnis der wichtigsten Schwachstellen und der strategischen Wettbewerbs-stärken im Vergleich zu den Wettbewerbern.

- Kenntnis der wichtigsten Probleme und Herausforderungen, die von außen auf die SGE einwirken.

- Kenntnis der Betriebstypen-Attraktivität.

- Ansatzpunkte für Strategien werden offensichtlich.

Als gravierender **Nachteil** muss die Subjektivität der Beurteilung angeführt werden. Allerdings muss dabei beachtet werden, dass keine objektiven Alternativen zur Stärken/Schwächen-Beurteilung existieren, die die Bewertung **qualitativer Kriterien** zum Gegenstand haben.

Die Ergebnisse der SWOT-Analyse können als Ausgangspunkte zur Erstellung eines **Portfolios** eingesetzt werden. Generell dient die Portfolioanalyse dazu, das langfristige Gleichgewicht der strategischen Geschäftseinheiten eines Unternehmens zu visualisieren und davon ausgehend erste Strategieansätze abzuleiten. Sie betreffen die langfristige Betriebsformenplanung und werden auf dieser Ebene notwendigerweise abstrakt gehalten.

Die beiden Dimensionen des Portfolios stellen die **Marktattraktivität/Betriebsformenattraktivität** und die **Wettbewerbsposition** dar. Erstere gibt die externen Einflüsse wieder, die von der Unternehmung kaum zu beeinflussen sind, letztere die internen, die Stärken und Schwächen, die als unternehmensabhängig bezeichnet werden. Beide Dimensionen werden je zweimal unterteilt, sodass die jeweilige Position der strategischen Geschäfteinheit in niedrig, mittel und hoch klassifiziert werden kann. Die Diagonale trennt den Investitions- vom Desinvestitions- und Mutationsbereich. Die Position der einzelnen Geschäftsfelder wird für die Dimension Betriebstyp-Attraktivität aus der Chancen/Gefahren-Analyse, für die Dimension Wettbewerbsstärke aus der Stärken/Schwächen-Analyse entwickelt. Der Umsatzanteil der jeweiligen Betriebsform am Gesamtumsatz der Unternehmung bestimmt die Größe des Kreises.

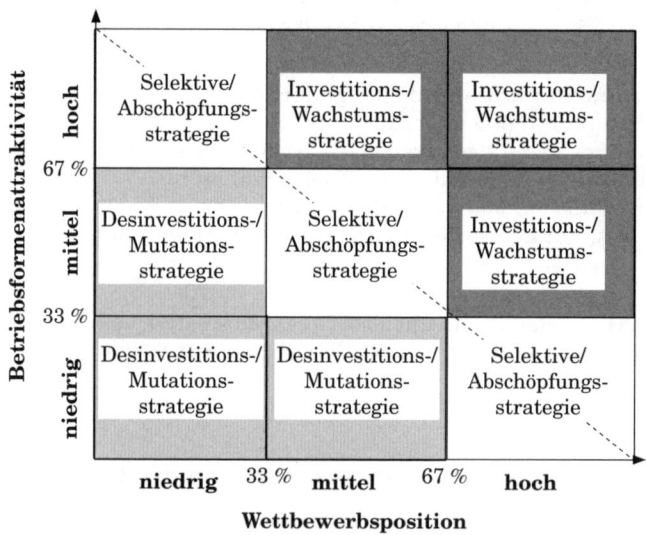

Abb: Investitions- und Desinvestitions-/Mutationsbereich des Portfolios
Quelle: in Anlehnung an *Drexel* 1983

Betriebstyp	Betriebsformen-attraktivität	Wettbewerbs-position	Umsatzanteil
	In Prozent der erreichbaren Punkte		
Supermärkte (SM)	30 %	80 %	20 %
Verbrauchermärkte (VM)	55 %	50 %	25 %
Fachmärkte (FM)	85 %	30 %	25 %
Drogeriemärkte (DM)	75 %	25 %	20 %
Nachbarschaftsläden (NL)	30 %	28%	10 %

Legende: Betriebsformenattraktivität 40 % = In der Chancen/Gefahren-Analyse erreichte der betreffende Betriebstyp 40 % aller erreichbaren Punkte.

Abb.: Ausgangsdaten eines fiktiven Handelsunternehmens

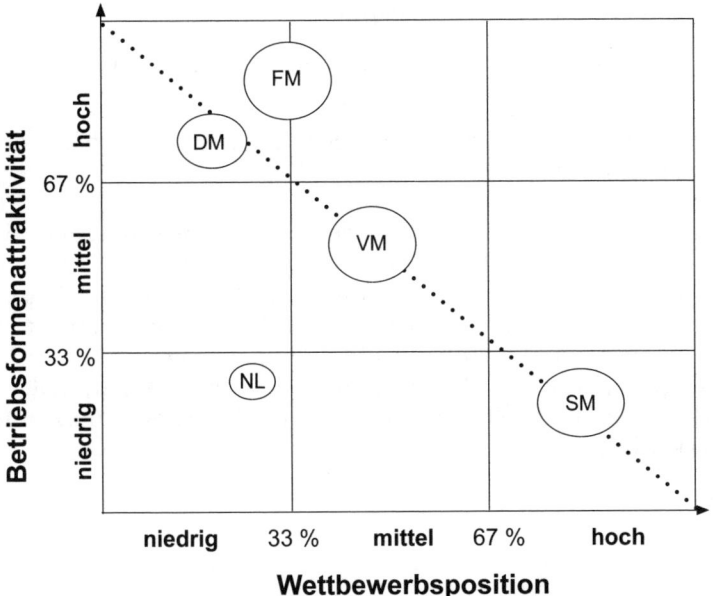

Abb.: Betriebstypen-Portfolio einer Einzelhandelsunternehmung
Quelle: in Anlehnung an *Drexel* 1983

Aus den Positionen der SGE im Portfolio lassen sich so genannte Normstrategien ableiten. Mit diesem Begriff werden grobe Stoßrichtungen bezeichnet, die angeben, wie sich die einzelnen Betriebstypen in den nächsten Jahren entwickeln sollten. Generell lassen sich für den Handel die folgenden Strategien unterscheiden:

- Investitions- und Wachstumsstrategien

- Abschöpfungsstrategien (Halten der Marktposition mit Cash Flow-Maximierung

- Selektive Wachstumsstrategien (Profilierung durch Neuorientierung von Warenbereichen)

- Desinvestitions- oder Mutationsstrategien

Im Gegensatz zur Industrie, in der für eine Geschäftseinheit bei schwacher Ausprägung beider Dimensionen kaum Alternativen zur Desinvestition verbleiben, besteht im Handel die zusätzliche Option der **Mutationsstrategie** (vgl. *Drexel* 1983, S. 2). Sie beinhaltet die Umwidmung strategischer Geschäftseinheiten. Z. B. können Bedienungsgeschäfte im Lebensmittelbereich umfunktioniert werden zu Delikatessläden. Dies bedeutet, die Standorte und wenn möglich auch das Personal bleiben erhalten. Die Sortimentsschwerpunkte und möglicherweise auch die Preisstrategie werden geändert.

Vorteile der Portfolioplanung sind:

- schnelle und anschauliche Visualisierung

- viele Informationen sind enthalten (Marktattraktivität, Wettbewerbsstärke, Umsatzanteile)

- Normstrategien können abgeleitet werden, damit ergeben sich erste Ansätze für die Strategieplanung.

Als **Nachteil** ist anzuführen, dass die Beurteilung subjektiv erfolgt (vgl. *Homburg/Krohmer* 2006, S. 545). Sowohl die Auswahl der Kriterien als auch deren Gewichtung und Bewertung lassen Handlungsspielräume offen. Es ist daher in hohem Maße auf Sorgfalt und Transparanz zu achten. Zudem handelt es sich bei der Portfolio-Analyse um ein statisches Verfahren, es gibt einen Überblick über den Status Quo. Mögliche Unsicherheiten werden vernachlässigt, weder die Höhe möglicher Bewertungsabweichungen noch deren Eintrittswahrscheinlichkeiten werden berücksichtigt.

| 10 ⟩⟩ Seite 447 |

4. Zielplanung

4.1 Inhalte und Prozess der Zielplanung

Nach der Analyse- und der Prognosephase erfolgt die **Zielplanung**. Sie ist i. d. R. dem Topmanagement vorbehalten. Die Unternehmensziele stellen Richtgrößen für unternehmerisches Handeln dar. Durch die darauf aufbauenden Maßnahmen sollen die angestrebten Endzustände erreicht werden. Somit sind die aufgestellten Ziele als Leitlinien und Prämissen für sämtliche in späteren Schritten zu treffenden Entscheidungen zu betrachten.

Ziele lassen sich wie folgt kategorisieren (vgl. *Becker* 2006; *Meffert / Burmann / Kirchgeorg* 2008):

Marktstellungsziele:
- Marktanteil
- Umsatz
- Marktgeltung
- Neue Märkte

Soziale Ziele (in Bezug auf die Mitarbeiter):
- Arbeitszufriedenheit
- Einkommen und soziale Sicherheit
- Soziale Integration
- Persönliche Entwicklung

Rentabilitätsziele:
- Gewinn
- Umsatzrentabilität
- Rentabilität des Eigenkapitals
- Rentabilität des Gesamtkapitals

Markt- und Prestigeziele:
- Unabhängigkeit
- Image und Prestige
- Politischer Einfluss
- Gesellschaftlicher Einfluss

Finanzielle Ziele:
- Kreditwürdigkeit
- Liquidität
- Selbstfinanzierungsgrad
- Kapitalstruktur

Umweltschutzziele:
- Verringerung des Ressourcenverbrauchs
- Vermeidung und Verminderung der Umweltbelastungen

Dabei bestehen Abhängigkeiten und Prioritäten der Zielkategorien untereinander. Für die Erreichung der Rentabilitätsziele sind Marktstellungsziele Voraussetzung. Die finanziellen Ziele bilden den Rahmen, innerhalb dessen sie erfüllt werden können. Soziale Ziele können weitgehend als Begleitziele bezeichnet werden. Macht- und Prestigeziele stehen in Wechselwirkung zu Marktstellungs- und Rentabilitätszielen (vgl. *Becker* 2006).

Im Handelsunternehmen werden die Ziele mehrerer Ebenen festgelegt. Zunächst werden Ziele für die Unternehmung als Ganzes getroffen. Auf finanzieller Ebene werden Rentabilitäts- und Liquiditätsziele festgelegt. Ohne deren Erfüllung ist das Unternehmen langfristig nicht überlebensfähig. Auch Marktziele (Internationalisierung, Expansion) spielen eine zentrale Rolle. Imageziele sollten keinesfalls vernachlässigt werden, insbesondere, da der Handel seit Jahrhunderten keinen sehr guten Ruf hat und lange als unwürdig oder „betrügerisch" angesehen wurde (*Mattmüller / Tunder* 2004, S. 18).

Die Zielbildung auf zweiter Ebene betrifft die strategischen Geschäftseinheiten (SGE). Hierunter soll vereinfachend die Kombination aus einem definierten Angebot für eine Zielgruppe verstanden werden (vgl. *Mattmüller / Tunder* 2004, S. 45). Meist werden als SGE die einzelnen Betriebstypen oder Vertriebsformen bestimmt, die eigenständig auf dem Markt auftreten, jeweils eigene Ziele verfolgen und gegen unterschiedliche, genau definierte Konkurrenten agieren. Z. B. werden jeweils eigene Ziele für die SGE Verbrauchermarkt, Fachmarkt Bau, Fachmarkt Schuhe und Nachbarschaftsgeschäfte formuliert. Im Zielbildungsprozess wird sicher gestellt, dass sämtliche Ziele der Geschäfteinheiten sich zur Erfüllung der Gesamtziele integrieren lassen.

Lange Zeit basierte der Schwerpunkt der Zielbildung allein auf den finanziellen Zielen. Diese Unzulänglichkeit der alleinigen Anwendung klassischer Kennzahlen soll durch die **Balanced Scorecard,** eine spezielle Technik zu Zielauswahl und -formulierung, beseitigt werden. Diese lag vor allem darin begründet, dass es nur begrenzt gelang, von allen Stakeholdern akzeptierte Zielhierarchien und Operationalisierungen aufzustellen, an denen die Unternehmensleistung konkret gemessen werden konnte. In die von *Kaplan/Norton* (1996) ausgearbeitete ausgewogene Bewertung werden sowohl monetäre als auch nichtmonetäre Kennzahlen einbezogen. Die Leistung wird aus externer wie auch aus interner Perspektive betrachtet, womit die unterschiedlichen Anspruchsgruppen berücksichtigt werden. Auch werden sowohl vorlaufende als auch nachlaufende Indikatoren berücksichtigt, z. B. stellt die Kundenzufriedenheit eines Handelshauses einen vorlaufenden Leistungstreiber dar, während die Auswirkungen auf das Ergebnis erst zu einem späteren Zeitpunkt sichtbar werden (nachlaufender Indikator) (vgl. *Horváth/ Kaufmann* 1998).

Die Balanced Scorecard beinhaltet Kennzahlen aus **vier Quadranten**: die finanzielle Perspektive, die Kundenperspektive, die Prozessperspektive sowie die Mitarbeiter/Leistungsperspektive. Für jeden dieser vier Bereiche werden die wesentlichen Ziele und deren Messgrößen aufgestellt. Dabei sollte es sich allerdings um Ziele handeln, zwischen denen Wirkungszusammenhänge bestehen. Der Übersichtlichkeit halber konzentriert man sich auf zwei bis drei Kennzahlen aus jedem Quadranten, deren Bildung damit zum Fokus des Modells wird. Die Güte hängt davon ab, wie aussagekräftig die zusammengestellten Kennzahlen sind und inwieweit es gelingt, die Geschäftsstrategie auf Einzelziele herunterzubrechen und in operationalen Messgrößen zu konkretisieren (vgl. *Kaplan/Norton* 1996).

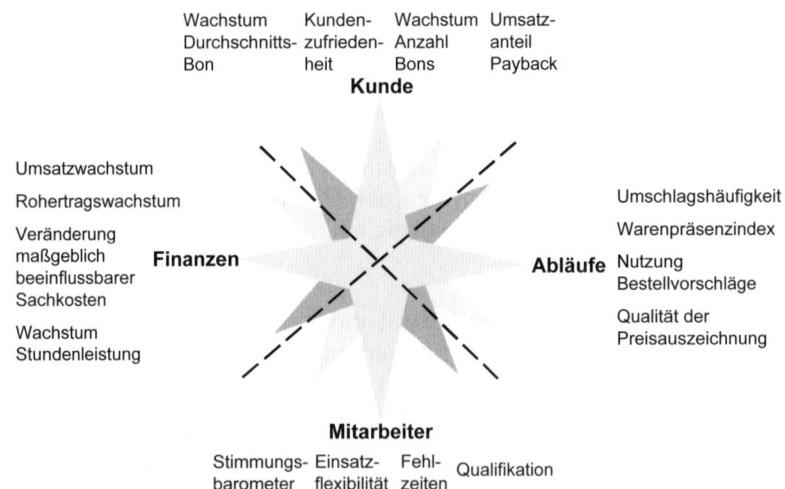

Abb.: Anwendung der Balanced Scorecard bei Real
Quelle: *Biehl* 2003, S. 45

4.2 Marktsegmentierung, Zielmarktfestlegung und Positionierung

Ziele können i. d. R. nicht in allgemeiner Form gesetzt werden, sondern beziehen sich auf Marktsegmente.

Unabhängig davon, auf welchem Markt eine Handelsunternehmung tätig sein möchte, wird es kaum möglich sein, alle Kunden auf diesem Markt zufrieden zu stellen. Die Zahl der Kunden ist zu groß, ihre Bedürfnisse und Kaufpraktiken zu heterogen, um von einer Organisation bedient zu werden. Daher wird sich die Handelsunternehmung auf jene Teile des Marktes konzentrieren, die am attraktivsten sind.

Dazu sind drei Schritte notwendig:

1. **Marktsegmentierung**, d. h. Aufteilung des Marktes in klar abgegrenzte, sinnvolle Untergruppen von Kunden, denen separate Marketingprogramme und -anstrengungen zukommen sollen.

2. **Zielmarktfestlegung**, d. h. Bewertung, Auswahl und Konzentration auf jene Marktsegmente, die das Unternehmen am wirksamsten bedient.

3. **Positionierung**: Aufbau einer tragfähigen Wettbewerbsposition für das Unternehmen.

4.2.1 Marktsegmentierung

Unter Marktsegmentierung versteht man die Aufteilung des Marktes in klar abgegrenzte Untergruppen von Kunden, von denen jede als Zielmarkt betrachtet werden kann, der mit einem bestimmten Marketing-Mix erreicht werden soll. Nach innen sollte ein Segment möglichst homogen sein, nach außen heterogen, das bedeutet, die Personen innerhalb eines Segments zeichnen sich durch gleichartige Bedürfnisse aus, nach außen unterscheiden sie sich von denen anderer Segmente. Die Segmentierung eines Marktes kann nach unterschiedlichen Kriterien erfolgen.

Segmentierungskriterien			
Verbraucherorientierte Kriterien			Verhaltensorientierte Kriterien
Geografische Merkmale, z. B. • Bundesland • Großstadt • Kaufkraftbezirk • Klima	Soziodemografische Merkmale, z. B. • Alter • Geschlecht • Haushaltsgröße • Einkommen	Psychografische Merkmale, z. B. • Persönlichkeitsmerkmale • Einstellungen • Lebensstil	Verhaltensorientierte Merkmale, z. B. • erwarteter Nutzen • Einstellungen • Kaufanlass

Insbesondere im Nahrungsmittelbereich gibt es in der Bundesrepublik Deutschland starke **regionale** Unterschiede. Es ist notwendig, sich den Kundenbedürfnissen der verschiedenen Regionen anzupassen. Beispiele dafür sind die „Weißwurstgrenze", das Kölsch, der Apfelwein, die Spreewälder Gurken oder Thüringer Würste. Auch wird der Aufbau einer Abteilung für Trachtenmode in Süddeutschland erfolgreicher sein als in Norddeutschland.

Die **demografische Segmentierung** stellt die meistverwendete Form der Segmentierung dar. Ein Grund dafür dürfte sein, dass die Kriterien leicht gemessen werden können. Zudem korrelieren Konsumentenwünsche oft stark mit demografischen Kriterien. Beispielsweise werden Abteilungen mit Mode für junge Leute oder mit Kindermode eingerichtet. Die großen Versandhäuser geben z. B. Spezialkataloge für die reiferen Kunden ab Mitte fünfzig heraus mit hochwertiger, bequemer Kleidung.

Im Rahmen der **psychografischen Segmentierung** wird nach Lebensstil unterschieden. Besonders im Bereich der Konsumgüter findet diese Form heute eine starke Beachtung. So existieren spezielle Geschäfte für die „Techno-Szene" oder Menschen, die sich bestimmten sozialen Gruppen zurechnen lassen. Esprit, Benetton und Hennes & Mauritz zählen zu den Handelsunternehmen, die sich bereits in den 80er Jahren auf junge, modebewusste Zielgruppen spezialisierten.

	Sortiments-orientierte (22,7 %)	Ausgewogene (27,1 %)	Beratungs-intensive (6,8 %)	Value-Shopper (33,4 %)	Preis-orientierte (10,0 %)
Sozio-ökonomisches Profil					
Geschlecht	Frauen (+)	Ø	Frauen (+)	Ø	Männer (+)
Alter	14-25 (+) 40-55 (+)	> 41 (+)	> 41 (++)	14-40 (+)	14-40 (+)
Einkommen (Euro)	1.500-2.000 (+) > 3.000 (+)	> 3.000 (+)	1.500-2.000 (+)	Bis 1.500 (+) 2.000-3.000 (+)	Bis 1.500 (+)
Beruf	Angestellte (+) Ltd. Angest. (+) Selbstständ. (+)	Arbeiter (+) Beamte (+) Angestellte (+) Rentner (+)	Ltd. Angest. (+) Hausfrauen (+) Rentner (+)	Schüler/ Studenten (++) Beamte (+)	Arbeiter (+) Beamte (+) Nichtberufs-tätige (+)
Psychografisches Profil					
Markenbe-wusstsein	(+)	Ø - (+)	(-)	Ø - (-)	(-)
Preisbe-wusstsein	(-)	(-)	(-)	(+)	(++)
Kauf- und Informationsverhalten					
Einkauf in kleineren Boutiquen	50 % (+)	48,9 % (-)	46,6 % (Ø)	44,3 % (Ø) - (-))	38,6 % (-)
Bevorzugter Einkaufstag	Di, Mi	Mo, Fr	Do, Fr	Do, Sa	Do, Sa

Nutzung In-formations-medien	Zeitschriften (+)	Ø	Ø	Zeitschriften (+) Freunde/ Bekannte (+)	Freunde/ Bekannte (+)

Legende: (++) stark überdurchschnittlich vertreten, (+) überdurchschnittlich vertreten, (Ø) durchschnittlich vertreten, (-) unterdurchschnittlich vertreten

Abb.: Segmentierung nach Nutzen im Textileinzelhandel
Quelle: *König* 2001, S. 130

Segmentierung nach **verhaltensbezogenen Merkmalen** kann z. B. die **Verwendungsrate** sein. Danach werden die Heavy Users, die „schwere Verwender", die oft nur 20 % der Kunden ausmachen, aber 80 % des Umsatzes tätigen, von den übrigen Kunden unterschieden. Der **gesuchte Vorteil (Nutzensegmentierung)** eines gekauften Produktes kann je nach Zielgruppe z. B. Wirtschaftlichkeit, Bequemlichkeit oder Prestige sein. Auch nach **Einstellungen** (z. B. zur Ökologie) lassen sich unter Umständen Zielgruppen bilden.

Kunden von Morgen: Die Zielgruppe 50plus

2030 wird jeder dritte Mitteleuropäer über 50 Jahre alt sein. Dies bedeutet für den Handel zunehmend mehr ältere Kunden. Und diese sind nicht länger unselbstständig und beeinflussbar. In den nächsten Jahren kommen die „Baby-Boomer", die geburtenstarken Jahrgänge der Nachkriegsgeneration, in die Jahre. Sie haben die Gesellschaft über Jahrzehnte geprägt und zeichnen sich durch das Streben nach Unabhängigkeit und Selbstständigkeit bis ins hohe Alter aus, durch Sicherheit, Gesundheit und Sozialkontakte. Sie verfügen über das höchste Nettoeinkommen im Vergleich zu anderen Altersgruppen. Sie schätzen hohe Qualität und möchten als kompetente Kunden wahrgenommen werden.

Aber Senior ist nicht gleich Senior. Während die Vor-Senioren (auch Master Consumer genannt) zwischen 45 und 59 voll berufstätig sind und sich mit ihrer Rolle als Senior noch nicht identifizieren, nehmen die „jungen Senioren" (60 bis 69) diese erstmals bewusst wahr. Ihr Freizeitanteil steigt und es wird eine aktive Großelternrolle übernommen. Schließlich werden bei den älteren Senioren ab 70 Jahren wegen Altersbeschwerden die Eigenaktivitäten oftmals eingeschränkt. Oft kommt es in dieser Zeit zum Verlust von Partnern und Freunden.

Wie sollte der Handel auf die veränderte Zusammensetzung der Alterspyramide reagieren? Welche Kriterien sind dieser älteren und kaufkräftigen Zielgruppe wichtig?

Die Zielgruppe 50plus wünscht sich Produkte, die speziell ihren Bedürfnissen entsprechen. Sie wollen aber keine Produkte, die den Eindruck erwecken, stigmatisierende „Seniorenprodukte" zu sein. Dies gilt auch für die Läden. Am besten eignet sich somit ein universales Design, welches von Menschen aller Altersklassen genutzt wird. Ein solches Konzept könnte z. B. wie folgt aussehen:

Preispolitik: *klare, eindeutige und gut lesbare Preisauszeichnungen, kontinuierliche Sonderangebotspolitik, möglichst an fixen Plätzen.*

Sortimentspolitik: Farben und Form sollen sinnvoll im Design eingesetzt werden. Eine gute Lesbarkeit von Produktinformationen ist wichtig. Gebrauchsgüter sollen bedienfreundlich sein, sich leicht öffnen lassen und einfach zu reinigen sein.

Standortpolitik: Keine zu weiten Entfernungen. Senioren wünschen sich eine gute Erreichbarkeit, breite Parkplätze und die Anbindung an den öffentlichen Personennahverkehr.

*Bevorzugte **Kaufmotive** sind Gesundheit, Entspannung und Selbstverwöhnung, Spaß und Lebensfreude, Fortbildung und Selbstverwirklichung. Sie wollen auf keinen Fall als Senioren angesprochen werden.*

Personalpolitik: Reiferes Personal wird bevorzugt, das geduldig und kompetent berät.

Verkaufsraumgestaltung: Diese Zielgruppe bevorzugt einfach strukturierte Warenpräsentationen und ein übersichtliches Kundenleitsystem.

Quelle: Berger 2007

Kern der Entscheidung ist es, diejenigen unter den zahlreichen Segmentierungskriterien auszuwählen, die sinnvoll sind und es erlauben, Zielgruppen eindeutig zu definieren.

Ein **wirksame Segmentierung** setzt voraus:

* **Messbarkeit:** Größe und Kaufkraft des Segments müssen gemessen werden.

* **Zugänglichkeit:** Ausmaß, in dem die Segmente wirksam erreicht und bedient werden können. Im obigen Beispiel wäre es interessant zu erfahren, ob sich die 50plus-Generation zum großen Anteil durch wenige Medien erreichen lässt.

* **Segmentgröße:** Das Segment muss eine Mindestgröße aufweisen. Sonst ist die Ausrichtung darauf nicht wirtschaftlich.

* **Stabilität:** Ein Segment sollte möglichst lange stabil bleiben. Diese Voraussetzung ist z. B. bei Modeerscheinungen häufig nicht gegeben.

4.2.2 Zielmarktfestlegung

Aufbauend auf die Marktsegmentierung stellt der nächste Schritt die **Zielmarktauswahl** dar. Nicht alle identifizierten Segmente eignen sich als Zielgruppen der Handelsunternehmung. Zuerst sollten die Größe und das Wachstum der einzelnen Segmente analysiert bzw. prognostiziert werden. Als Nächstes stellt sich die Frage nach der Attraktivität des Segments. Auch müssen die Ressourcen der Unternehmung beachtet werden. Diejenigen Segmente, die der Unternehmung am erfolgträchtigsten erscheinen, werden zur Bearbeitung ausgewählt. Dabei lassen sich unterschiedliche Strategien für die Marktbearbeitung von Handelsunternehmen bilden.

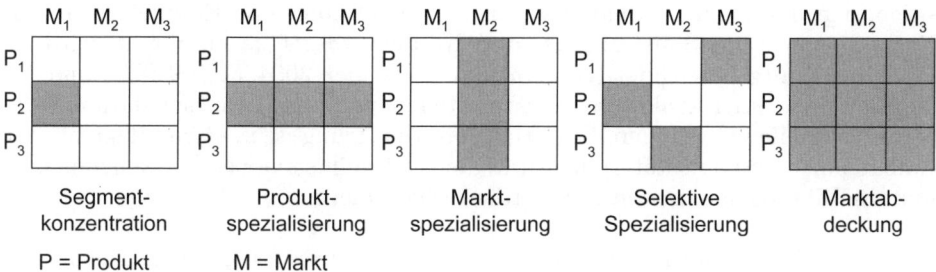

Abb.: Markt-/Produktstrategien
Quelle: *Abell* 1980, S. 13

- **Produkt/Markt-Konzentration:** Der Anbieter konzentriert sich auf ein bestimmtes Produkt, das er an eine Kundengruppe verkauft. Im Textilhandel findet man z. B. Geschäfte für Übergrößen.

- **Produktspezialisierung:** Der Anbieter konzentriert sich auf ein bestimmtes Produkt, das er an mehrere Kundengruppen vermarktet. Z. B. haben sich Händler auf den Verkauf von Computern an Unternehmen und Privatkunden spezialisiert.

- **Marktspezialisierung:** Die Unternehmung spezialisiert sich auf eine Kundengruppe. Ein Allergikerkaufhaus bietet ein breites Sortiment von Waren speziell für Allergiker an. Ein anderes Beispiel wäre ein Esoterikladen, der ein Sortiment aus vielen Kategorien wie Bücher, Steine, Flaschen, Karten, Lampen etc. für eine esoterisch eingestellte Zielgruppe offeriert.

- **Selektive Spezialisierung:** Das Unternehmen wählt einige Segmente aus, die ihm besonders attraktiv erscheinen. Das Risiko wird dadurch breiter verteilt. Die Douglas Gruppe betreibt verschiedene Fachgeschäftsketten, u. a. Schmuck (Christ), Süßigkeiten (Hussel) und Parfumerieartikel (Douglas).

- **Vollständige Marktabdeckung:** Die Handelsunternehmung versucht, alle Segmente zu bedienen. Dabei kann sie sich zwischen undifferenziertem Marketing und differenziertem Marketing entscheiden. Undifferenziertes Marketing beinhaltet die Strategie, ein Sortiment für alle Zielgruppen gleichzeitig anzubieten. Hier ist das klassische Beispiel das Warenhaus. Bei Anwendung des differenzierten Marketing wird versucht, alle Segmente des Marktes mit unterschiedlichen Sortimenten/Betriebstypen zu bedienen. Ein Beispiel hierfür sind die großen Lebensmittelhändler, die SB-Warenhäuser, Supermärkte, Discounter und Nachbarschaftsläden mit unterschiedlichen Strategien führen.

11 >> Seite 447

4.2.3 Positionierung

Die Verteilung der Präferenzen der Nachfrager lässt sich anschaulich in einem räumlichen Modell mit beliebig vielen Dimensionen abbilden. Der Platz, die Position, den dabei ein Produkt bzw. ein Sortiment oder eine Einkaufsstätte aus Nachfragersicht im Substitutions- und Wettbewerbsgefüge einnimmt, wird als **Positionierung** bezeichnet (vgl. *Mattmüller/Tunder* 2004, S. 109 ff.). Damit ist die Einnahme einer konkreten Marktposition geplant mit dem Ziel, daraus Wettbewerbsvorteile zu erlangen. Eine klare Positionierung ist die Grundlage für den Aufbau einer Einkaufsstättenidentität, die zur Profilierung bei den Konsumenten und zur Differenzierung von den Wettbewerbern dient.

Ein solches Positionierungsmodell setzt sich aus mehreren Elementen zusammen. Zunächst werden Daten erhoben, welche Eigenschaften einer Einkaufsstätte für die Präferenzbildung der Kunden relevant sind. Aus diesen Kriterien werden die relevantesten herausgearbeitet bzw. können mehrere Eigenschaften zu Dimensionen verdichtet werden. Die realen Einkaufsstätten werden in diesen meist zweidimensionalen Raum eingefügt. Zusätzlich können Idealgeschäfte ermittelt werden, die alle Erwartungen und Präferenzen der Kunden (-gruppen) erfüllen. Je geringer die Distanz zwischen Ideal- und Realgeschäft ist, desto höher sind ihre Präferenzen für die Einkaufsstätte einzuschätzen. Damit steigt die Wahrscheinlichkeit, dass sie aufgesucht wird.

Werden zwei konkurrierende Einkaufsstätten sehr dicht beieinander positioniert, werden sie von den Kunden als sehr ähnlich wahrgenommen. Hier steigt i. d. R. auch die Wettbewerbsintensität zwischen beiden.

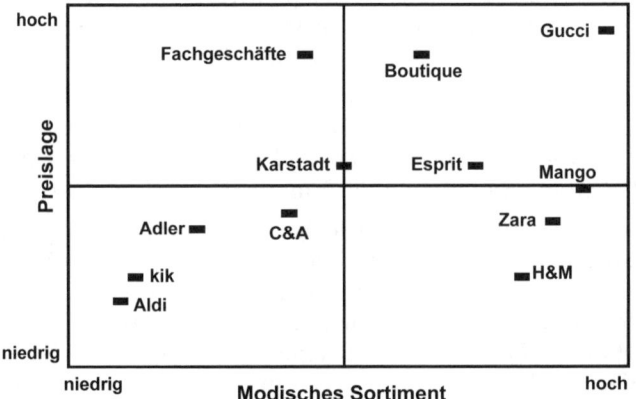

Abb.: Positionierung von Textilunternehmen
Quelle: fiktives Beispiel, erstellt von der Verfasserin

Eine solches Modell kann um Idealpositionen ergänzt werden. Die Zielsetzung eines Handelsunternehmens sollte es daher sein, möglichst nahe an die Positionierung eines Idealgeschäftes heranzukommen. Damit kann es sicher sein, dass es den Anforderungen eines Kundensegments in hohem Maße entspricht. Ferner sollte es sich von der Positionierung der Mitbewerber abheben, um eine positive Alleinstellung zu bewirken. Auch ist eine solche räumliche Abbildung nützlich, um eventuell Kundengruppen zu identifizieren, die ein Marktsegment bilden, welches zu allen Realeinkaufsstätten eine relativ hohe Distanz aufweist. Dies deutet darauf hin, dass dieses Segment bislang von keinem Mitbewerber in zufriedenstellender Weise bedient wird und möglicherweise eine Marktnische darstellt. Allerdings müssen Daten bezüglich der Segmentgröße und -kaufkraft ermittelt werden, um sicherzustellen, dass es auch wirtschaftlich bedient werden kann.

Beispiel: Positionierung der Softdiscounter

Die Discounter lassen sich in zwei Gruppen unterteilen: Harddiscounter und Softdiscounter. Die Harddiscounter zeichnen sich durch konsequente Anwendung des Discountprinzips aus: Begrenztes Sortiment an Schnelldrehern, wenig Frische, wenig Service, niedrige Preise. Die Softdiscounter haben mit den Jahren das Sortiment erweitert, mehr Markenartikel und Frischeprodukte geführt, zusätzliche Services und ein angenehmeres Ladenlayout angeboten. Doch können sie aus diesen Gründen nicht mehr das Preisniveau der Harddiscounter halten. In der Positionierung rutschen sie daher in eine gefährliche Mittellage zwischen Harddiscountern auf der einen Seite und Supermärkten / Verbrauchermärkten auf der anderen. Kunden orientieren ihre Einkaufsstättenentscheidung entweder am niedrigen Preis oder aber an der Dimension Frische / Auswahl. Die Softdiscounter werden in der Zukunft eine Entscheidung darüber treffen müssen, ob sie sich als diskontierende Supermärkte oder als Harddiscounter positionieren wollen.

---

5. Entwicklung von Marketingstrategien in generischer Form

5.1 Grundlegende Wettbewerbsstrategien

Porter entwickelte drei strategische Grundkonzeptionen, auf denen Wettbewerbsvorteile basieren können. Sie bilden den Rahmen für die Unternehmens- und Marketingstrategien.

Strategischer Vorteil

		Einzigartigkeit	Kostenvorsprung
	Branchenweit	**Differenzierung**	**Kostenführerschaft**
Strategisches Zielobjekt	Beschränkung auf ein Segment	**Konzentration auf Schwerpunkte**	

Abb.: Grundlegende Wettbewerbsstrategien nach Porter
Quelle: *Porter* 1999

Die **Kostenführerschaft** oder auch Preisführerschaft setzt voraus, dass das Unternehmen einen Kostenvorteil aufgebaut hat. Die Stückkosten müssen unter das Niveau des Mitbewerbers gesenkt werden, damit durch niedrige Preise Wettbewerbsvorteile realisiert werden können.

Entscheidende Voraussetzung zur Durchführung dieser Strategie ist die Existenz eines hohen Marktanteils oder anderer Vorteile (Zugang zu billigen Rohstoffen etc.). Im Mittelpunkt der Strategie steht eine strenge Kontrolle des Aufwands. Jegliche Kostensenkungsmöglichkeit muss ausgenutzt werden wie z. B. Vermeidung der Direktbelieferung von Kleinstkunden, nur Schnelldreher im Sortiment, wenig Ausgaben für Werbung, Warenpräsentation und/oder Personal.

Die Kostenführerschaftsstrategie ist im Handel häufig in Form der **Discountstrategie** zu finden. Ein Sortiment aus Schnelldrehern, niedrige Waren-, Personal- und Raumkosten stellen eine wichtige Voraussetzung dafür dar. In der Vergangenheit hat sich gezeigt, dass ein Großteil der Verbraucher die Preisgünstigkeit als ein besonders wichtiges Einkaufskriterium ansieht. Handelsunternehmen, denen es gelingt, einen Wettbewerbsvorteil in der Preispolitik zu erlangen, werden es daher i. d. R. leicht haben, Marktanteile zu erringen.

Ein Unternehmen, welches die **Differenzierungsstrategie** verfolgt, versucht sich durch Einzigartigkeit von der Konkurrenz abzuheben. Dadurch können auf dem Markt höhere Preise erzielt werden, die Kosten treten aufgrund der höheren Gewinnspanne in der Bedeutung zurück. Die Einzigartigkeit kann im Sortiment bestehen, in der Präsentation oder dem Standort. Auch Dienstleistungen tragen zu einer Qualitätsstrategie bei. Diese Strategie wird heute vielfach vom Fachhandel verfolgt, der preislich mit den großen Ketten nicht konkurrieren kann und sich daher über nichtpreisliche Instrumente profilieren muss.

Im Handel kann grundsätzlich jeder Faktor, den der Verbraucher bei der Wahl seiner Einkaufsstätte berücksichtigt, zum Wettbewerbsvorteil ausgebaut werden (vgl. *Müller-Hagedorn* 2005, S. 24). Dieser kann sich in der räumlichen Nähe, in dem Angebot von mehr Alternativen, in dem höheren Qualitätsniveau der Leistung oder in der besseren Beratung konkretisieren. In vielen Fällen wird auch die Erlebnisorientierung als besonderes Merkmal hervorgehoben.

Die dritte Wettbewerbsstrategie Porters (vgl. *Porter* 1999) besteht in der gezielten Beschränkung der Marktbearbeitung auf eine oder mehrere **Nischen**, um in diesen umfassende Kostenführerschaft oder Differenzierung zu erreichen. So spezialisieren sich Fachgeschäfte auf „Mode für Mollige" oder bieten ausschließlich Artikel für den Tanzsport an. Sie offerieren ein Sortiment, welches auf eine bestimmte Zielgruppe zugeschnitten ist, die von den großen Handelsketten vernachlässigt wird.

Die bewusste Entscheidung für eine der drei Grundkonzeptionen stellt eine Voraussetzung dar, um eine hohe Rentabilität zu gewährleisten. Im Einzelhandelsbereich ist eine fortschreitende Polarisierung zwischen Versorgungshandel und

Erlebnishandel zu beobachten. Auf der einen Seite gewinnen die preisgünstigen Massenanbieter Marktanteile, auf der anderen Seite existiert ein Trend zum höherwertigen, zusatznutzenorientierten Angebot, das vom Fachhandel offeriert werden sollte. Obgleich diese Aussage nicht explizit auf den Handel bezogen wurde, warnt *Porter* davor, „sich zwischen die Stühle zu setzen", d. h. **keine** der drei Strategie zu verfolgen.

Ergebnisse einer empirischen Studie:
Erfolgswirksamkeit der Preisführerschafts- und Differenzierungsstrategie
im Einzelhandel

Befragt wurden 45 Möbelhändler in ganz Deutschland zu ihren Einstellungen im Hinblick auf die verschiedenen Marketingstrategien. Sie wurden aufgefordert, den Grad ihrer Zustimmung zu unterschiedlichen Statements zu äußern.

Beispiele für Statements:

- Ein Möbelhaus sollte nicht Möbel, sondern Lebensstile verkaufen.
- Mein Möbelhaus verzichtet gern auf besondere Service- und Garantieleistungen und gibt die Möbel lieber preiswerter ab.
- Je einzigartiger Ladengestaltung und Warenpräsentation sind, desto besser.
- Meine Devise lautet: Verkaufe die Möbel zu einem möglichst niedrigen Preis.

Mittels Faktoren- und Clusteranalyse wurden die Händler gruppiert. Dabei ergaben sich drei Cluster, innerhalb derer die Einstellungen zu den Statements relativ ähnlich waren, die sich jedoch alle drei voneinander deutlich unterschieden. Sie wurden mit Preisführer, Differenzierer und „In the middle" bezeichnet.

Den „Preisführern" ist gemein, dass sie eine konsequente Preis- und Konditionenorientierung durchführen. Um ihre Möbel möglichst günstig verkaufen zu können, müssen sie den Geschmack der breiten Masse treffen. Daher kann keine Marktsegmentierung vorgenommen werden. Auch von teuren Dienstleistungen und Markenartikeln wird weitgehend Abstand genommen. Die „Differenzierer" dagegen streben an, eine erlebnisreiche Einkaufsatmosphäre zu kreieren und guten Service zu bieten. Sie möchten hochwertige Produkte verkaufen, die mit dem Lebensstil der Kunden korrespondieren, nicht nur kurzfristigen Trends folgen. „In the middle" schließlich bezeichnet das Segment der Händler, die keine Strategie konsequent verfolgen.

Die gewählte Wettbewerbsstrategie wurde in Relation zu den Erfolgskennziffern der Unternehmen gestellt:

Erfolgskennzahl	„In the middle"	„Preisführer"	„Differenzierer"
Umsatz (in Euro)	6.787.500	33.233.333	4.328.570
Gesamtfläche (qm)	5.618	9.268	2.241
Umsatz/Gesamtfläche (Euro/qm)	1.208	3.585	1.932
Verkaufsfläche (qm)	4.107	5.884	1.592
Umsatz/Verkaufsfläche (Euro/qm)	1.653	5.648	1.892
Verkaufspersonal (Anzahl)	24	61	13
Umsatz/Mitarbeiter (in Euro)	282.812	544.809	332.967
Verkaufsfläche/Mitarbeiter (qm)	171	97	122

Abb: Marketingstrategie und Erfolgskennziffern
Quelle: *Gröppel* 1993, S. 179

Im Einzelhandel bedeutet die Umsetzung der drei Strategiealternativen konkret die Fokussierung eines der entscheidenden Wettbewerbsvorteile **Preiskauf** oder **Qualitätskauf, Erlebnis-** oder **Versorgungskauf**. Das Discount-Prinzip wird, zumindest unter der Prämisse des funktionierenden Wettbewerbs, auch in der Zukunft sehr stark den Markt dominieren. Ein niedriger Preis ist verbunden mit anderen Elementen wie geringem Sortimentsumfang, hoher Umschlagshäufigkeit und Verzicht auf wertsteigernde Serviceleistungen. Die Unternehmen, die nicht über den Preis konkurrieren wollen oder können, müssen eine andere Richtung einschlagen. Hierfür bieten sich – je nach Unternehmen – die **Erlebnis-** oder die **Conveniencestrategie** an. Hier sind Unternehmen bestrebt, der bloßen Ware noch einen zusätzlichen Wert hinzuzufügen, der in emotionalem oder aber in einem aufwandsmindernden Nutzen bestehen kann. Die **Erlebnisstrategie** wird vorwiegend von den Warenhäusern und den Shopping-Centern eingesetzt werden. Shopping wird zunehmend als Freizeitfunktion, als Entertainment angesehen. Der Kunde wird durch Events, Düfte, Präsentationen, Musik mit allen Sinnen angesprochen und dazu angeregt, länger im Geschäft zu verweilen, zu bummeln und vor allem Impulskäufe zu tätigen.

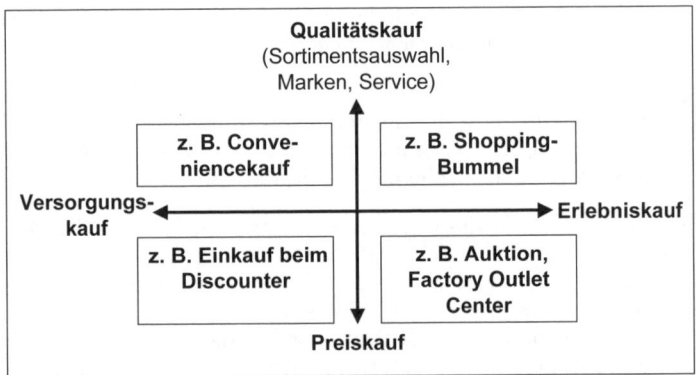

Abb: Strategierahmen für Einzelhandelsunternehmen

Unter **Convenienceorientierung** dagegen versteht man eine Strategie, die auf dem Wettbewerbsvorteil beruht, es dem Kunden leicht zu machen und seinen Aufwand zu reduzieren. Dazu bietet sich der Einsatz unterschiedlicher Marketinginstrumente an. Das können die Öffnungszeiten sein, die Services, die angeboten werden oder der einfache Zugang zum Laden (Standort oder Internet). I. d. R. ist der Kunde bereit, Bequemlichkeit mit einem gewissen Aufschlag zu honorieren.

In welchem Verhältnis sich die Grundstrategien zueinander entwickeln werden, ist nicht abzusehen. Anzunehmen ist, dass auch in der Zukunft der Hauptfokus auf der Niedrigpreisstrategie liegen wird. Erlebnisorientierung wird für den Handel der Cities, der Haupteinkaufsstraßen und für die Shopping-Center von zentraler Bedeutung sein. Convenience dagegen eignet sich auch für kleine Flächen und Unternehmen mit geringem Umsatz, verlangt aber ein hohes Maß an Berücksichtigung von Kundenwünschen. Preis und Qualität müssen nicht zwangsläufig

Gegensätze bedeuten, im Gegenteil, der Markt für Luxusdiscount dürfte sicherlich groß sein, wie der Erfolg der Factory Outlets (Fabrikverkäufe) zeigt.

In der Zukunft wird der Erfolg der Handelsunternehmen mehr denn je davon abhängen, dass es den Händlern gelingt, sich ein unverwechselbares Profil aufzubauen. Dies wurde von den Warenhausunternehmen wie Breuninger oder Kaufhof bereits erkannt, im Lebensmitteleinzelhandel jedoch herrscht gnadenloser Preiskampf. Um in Zukunft konkurrenzfähig zu bleiben, wird daher eine klare Strategieorientierung und eine unverwechselbare Positionierung von hoher Relevanz im Markt sein.

5.2 Investitions- und Expansionsstrategien

Die bedeutendsten und unter Marketingaspekten interessantesten Strategietypen sind die **Investitionsstrategien**. Sie können sich – in Anlehnung an die Produkt-Markt-Matrix von *Ansoff* für Industrieunternehmen – zum einen auf die Betriebstypen einer Handelsunternehmung beziehen, zum anderen auf die jeweiligen Verkaufsstellen. Unterteilt man beide Dimensionen in bestehend und neu, ergeben sich generell bereits vier Strategien. Werden die neu zu eröffnenden Verkaufsstellen ferner nach bereits bearbeiteten und neuen Gebieten differenziert, existieren damit sechs mögliche Optionen, auf die sich die Handelsunternehmung teils gleichzeitig, teils nacheinander konzentrieren kann (vgl. *Drexel* 1983, S. 3 f.).

Verkaufsstellen und Regionen Betriebstypen	Bestehende Verkaufsstellen	Neue Verkaufsstellen (Neueröffnungen) in	
		bearbeiteten Regionen	neuen Regionen
Bestehende Betriebstypen	Strategien der Marktgeltungserhöhung (Ladenerneuerung bzw. -erweiterung)	Marktausschöpfungsstrategien	Gebietsexpansionsstrategien
Neue Betriebstypen	Mutationsstrategien (Umwidmung von Betriebstypen)	Horizontale Diversifikationsstrategie I	Horizontale Diversifikationsstrategie II

Abb.: Investitionsstrategien im Einzelhandel
Quelle: *Drexel* 1983, S. 3 ff.

Handelsunternehmen, die eine Investitionsstrategie verfolgen, können diese zunächst auf die bestehenden Betriebstypen ausrichten. Beziehen sie sich zudem auf die bestehenden Verkaufsstellen, haben sie meist den Charakter von Ladenerneuerungs- oder -erweiterungsstrategien. Letztendlich dienen sie der Erhöhung der **Marktgeltung**, das bedeutet, der Stärkung der gegenwärtigen Position in den gegenwärtigen Standorten. Ferner kann sich die Strategie auf Expansion durch Neueröffnungen beziehen. Diese können in den bereits bearbeiteten Gebieten durchgeführt werden. Dann spricht man von **Marktausschöpfung**. Werden die neuen Geschäfte in noch nicht bearbeiteten Regionen eröffnet, im nationalen oder internationalen Bereich, ist von einer **Gebietsexpansionsstrategie** die Rede.

Mit höheren Kosten, höherem Risiko, aber auch höheren Gewinnchancen verbunden sind dagegen Strategien, die sich auf **neue Betriebstypen** beziehen. Sie lassen sich als horizontale Diversifikationsstrategien bezeichnen. Üblicherweise wird die **Diversifikationsstrategie I** zuerst in Angriff genommen, da man sich hier auf vertrautem Territorium befindet und Synergien aus bereits aufgebauten Logistiksystemen etc. nutzen kann. Bei Erfolg lässt sich das Konzept regional „exportieren", d. h. **Diversifikationsstrategie II** wird verfolgt.

Schließlich besteht die strategische Option, bereits vorhandene Geschäftsstellen umzuwidmen. Diese Möglichkeit wird als **Mutationsstrategie** bezeichnet. Sie wird vorzugsweise angewandt, wenn die Geschäftsstellen den Zenit ihres Lebenszyklus überschritten haben. Durch geeignete Umbau- und Ausbauinvestitionen werden sie in einen jungen, attraktiveren Betriebstyp umgewandelt. Als Beispiel dafür lassen sich die Umgestaltung kleiner, wenig lukrativer Supermärkte in Drogeriemärkte anführen.

Die Investitionsstrategie lässt sich auf unterschiedlichem Wege realisieren. Es bieten sich die verschiedenen **Formen** an:

- die **eigene Errichtung** neuer Verkaufsstellen
- der **Aufkauf** von Konkurrenzunternehmen mit anschließender Eingliederung
- die **Fusion** mit einer Handelsunternehmung mit attraktiven Filialen
- der Abschluss eines **Franchise-** oder **Kooperationsvertrages**
- der **Erwerb einer Mehrheitsbeteiligung** an einem Mitbewerber, der in derselben Branche tätig ist.

5.3 Retail Branding

Durch seine Schnittstellenfunktion zwischen Hersteller und Nachfrager war der Handel eigentlich von jeher dafür prädestiniert, eng an den Kundenwünschen zu agieren, denn er stand in direktem Kontakt zu ihnen. Viele Jahre hat er von diesem entscheidenden Vorteil wenig Gebrauch gemacht. Der Fokus lag eher auf einer Optimierung des Einkaufs, operativen logistischen Aspekten und der Ausrichtung an kurzfristigen Zielen und weniger auf einer strategischen Marketingausrichtung (vgl. *Zentes/Morschett/Schramm-Klein* 2007, S. 121). Kritiker bemängelten vor allem eine fehlende Differenzierung vieler Handelsunternehmen.

In den letzten Jahren reagierten einige Händler mit der Entwicklung einer strategischen Marketingorientierung, mit einem klaren und differenzierten Profil und vor allem mit dem Aufbau von **Retail Brands**. Darunter versteht man die Möglichkeit des Handels, seine Einkaufsstätten als Marke zu positionieren, vergleichbar mit den Produkten eines Herstellers. Synonym zu diesem Begriff finden sich in der Literatur eine Reihe weiterer wie Betriebstypenmarke, Einzelhandelsmarke, Store Brand oder Händlermarke (vgl. *Dembeck* 2004, S. 31).

Eine Händlermarke oder **Retail Brand** wird definiert als „eine Verkaufsstelle eines Einzelhandelsunternehmens, die mit einem Markenzeichen versehen ist, oder eine Gruppe von Verkaufsstellen eines Einzelhandelsunternehmens, die mit einem einheitlichen Markenzeichen versehen ist. Ein wesensmäßiger Bestandteil ist im Erfolg – im Sinne der Anerkennung durch den Konsumenten – zu sehen" (*Morschett* 2002, S. 108). Eine Retail Brand darf nicht mit Handelsmarken verwechselt werden: Mit der Retail Brand werden die Einkaufsstätten gekennzeichnet, mit der Handelsmarke die einzelnen Produkte des Sortiments (vgl. dazu Kap. E, 4.). Dabei besteht durchaus die Möglichkeit, dass beide identisch sind, z. B. bei The Body Shop.

Dabei umfasst die Retail Brand folgende **Charakteristika** (vgl. *Dembeck* 2004, *Morschett* 2002):

• Sie stellt eine Kombination aus Hersteller- und Dienstleistungsmarke dar und weist je nach strategischer Ausrichtung und Branchenfokus des Unternehmens bzw. der Einkaufsstätten unterschiedlich hohe Anteile an Sach- und Dienstleistungen auf.

• Im Regelfall wird nur ein Objekt, nämlich die Einkaufsstätten eines Betriebstyps des Einzelhandelsunternehmens, markiert. Damit handelt es sich i. d. R. um eine Einzelmarke.

• Das Handelsunternehmen besitzt das rechtliche Eigentum an der Marke.

Als **Retail Branding** bezeichnet man „die Markenpolitik eines Einzelhandelsunternehmens zur Profilierung der Einkaufsstätten. Inhalt des Retail Branding ist die Positionierung der Einkaufsstätten mit einem einheitlichen Erscheinungsbild entsprechend den Bedürfnissen der Zielgruppe durch eine detaillierte Situationsanalyse, die Festlegung markenpolitischer Ziele, die umfassende strategische und operative Planung sowie die Implementierung entlang des Retailing-Mix. Zur Sicherstellung des Erfolgs der Retail Brand bedarf es zudem einer Steuerung und Kontrolle ihrer Positionierung" (*Dembeck* 2004, S. 34).

Die **Chancen** der Retail Brand liegen sowohl auf der Absatz- als auch auf der Beschaffungsseite. Potenzielle Vorteile liegen zunächst einmal in einer **Umsatzerhöhung**. Dies wird durch eine höhere Kundenbindung realisiert. Durch den Aufbau einer Marke und des damit einhergehenden Vertrauens ist es möglich, die Präferenzen bestimmter, definierter Zielgruppen aufzubauen. Damit kann sich das Handelsunternehmen vom Wettbewerb abheben und sich eine positive Alleinstellung aufbauen. Ein Vorteil des Markenaufbaus ist es, dass das Unternehmen in die Lage versetzt wird, dem Preiskampf der Branche zu entrinnen. Die aufgebauten Präferenzen und das Vertrauen der Kunden schaffen die Bereitschaft, auch einen etwas höheren Preis in Kauf zu nehmen, weil das Risiko von Fehlkäufen reduziert wird. Z. B. zahlt der Kunde in einem Supermarkt etwas mehr für das Fleisch als in vergleichbaren Geschäften, ist jedoch aufgrund der konstant guten Qualität auch bereit, diese Prämie zu zahlen, da er damit das Risiko reduziert, zähes Steak oder solches dubioser Herkunft zu erwerben. Ebenso zahlt die Kundin einen höheren Preis für ein T-Shirt bei einem bestimmten Handelsunternehmen, da sie weiß, dass die Bekleidung dieses Unternehmens auch nach etlichen Wäschen noch die Form behält.

Auch auf der **Kostenseite** kann sich der Aufbau einer Retail Brand positiv auswirken. Wenn statt zahlreicher Hersteller- und Handelsmarken nur die Händlermarke beworben wird, sinken die Kommunikationskosten. Allerdings zeigt sich in der Praxis, dass i. d. R. die Retail Brand kombiniert mit einzelnen Artikeln beworben wird.

Auf der **Beschaffungsseite** wirkt sich eine Retail Brand positiv auf die Verhandlungsmacht gegenüber Lieferanten aus. Durch konsequente Konzentration auf weniger Artikel erfolgt eine Fokussierung der Sortimente und damit reduziert sich i. d. R. die Zahl der Hersteller. Diese müssen sich dann verstärkt um eine Listung bemühen.

Mit dem Aufbau einer Retail Brand sind jedoch einige **Risiken** verbunden (vgl. *Dembeck* 2004, S. 39):

- Sie bieten nur geringe Möglichkeiten, sich zu profilieren und Erlebniswelten aufzubauen, denn das Vertrauen der Verbraucher gilt den Herstellermarken und nicht der Retail Brand.

- Es besteht die Gefahr des negativen Imagetransfers. Bietet eine Retail Brand mit einigen ihrer Handelsmarken schlechte Qualität, kann es passieren, dass der Kunde seine negativen Erfahrungen auf die anderen Waren überträgt.

- Ein weiteres Problem stellt die Komplexität der Positionierung für Handelsunternehmen dar, die große Anforderungen an das Management stellt. Dazu kommt, dass diese sich schnell ändern und eine hohe Flexibilität bei der Anpassung erfordern.

Eine Retail Brand oder Händlermarke bezieht sich immer auf einen Betriebstyp. Viele Handelsunternehmen führen eine Reihe unterschiedlicher Betriebsformen (vgl. Kap. B). Die **Markenarchitektur** stellt die interne Struktur der unterschiedlichen Retail Brands dar und bezieht sich darauf, welche Geschäfte unter einem bzw. unterschiedlichen Namen geführt werden (vgl. *Zentes / Morschett / Schramm-Klein* 2007, S. 125). Dabei gibt es zum einen den Namen des Handelsunternehmens (**Corporate Brand**), zum anderen die Namen der einzelnen Vertriebstypen (**Retail Brand**) und schließlich die selbst geführten Artikel innerhalb des Sortiments (**Private Brands** oder **Handelsmarken**). So stellt z. B. der Name Metro Group die Corporate Brand dar, die Retail Brands lauten Metro Cash & Carry, Saturn, Media Markt, Kaufhof, Real und Extra. Aro wiederum ist eine Handelsmarke von Metro C&C, unter der ein breites Sortiment im Niedrigpreisbereich angeboten wird. IKEA dagegen ist sowohl Corporate als auch Retail Brand, die einzelnen Produkte tragen hingegen alle unterschiedliche Namen (z. B. Billy, Ektorp). Größere Handelsunternehmen müssen daher entscheiden, welcher Markenarchitektur sie den Vorzug geben. Dabei lassen sich drei grundsätzliche **Strategien** unterscheiden:

- Die **Dachmarkenstrategie**, bei der alle Geschäfte einen einheitlichen Namen führen, gegebenenfalls differenziert durch eine Submarke.

- Die **Segmentmarkenstrategie**, bei der unterschiedliche Betriebstypen unter verschiedenen Retail Brands gefahren werden.

- Die **gemischte Strategie**, die eine Dachmarke für einige Betriebsformen und eigene Marken für andere vorsieht.

Marken-strategie	Handels-unternehmen	(Ausgewählte) Retail Brands der Handelskette
Dachmarke	Tesco	Tesco Extra, Tesco (Superstores), Tesco Express,
	Edeka	Edeka aktiv markt, Edeka-neukauf, Edeka center
	Système U	Marché U, Super U, Hyper U
Gemischte Strategie	COOP (CH)	Coop, Coop Pronto, Coop bau+hobby, Coop city, Coop @ home Interdiscount, TopTip Impo, Christ
Segment-marke	Metro	Metro Cash&Carry, Real, Extra, Saturn, Media Markt, Kaufhof
	Kingfisher	B&O, Castorama, Brico Depot, Screwfix
	Carrefour	Carrefour, Dia, Champion, Ed, Minipreço, Ooshop.com

Abb.: Markenstrategien verschiedener Handelsunternehmen
Quelle: in Anlehnung an *Zentes / Morschett / Schramm-Klein* 2007, S. 125

Die Entscheidung über die Markenarchitektur hängt im Wesentlichen davon ab, ob ein Image-Transfer herbeigeführt oder vermieden werden soll (vgl. *Zentes / Morschett / Schramm-Klein* 2007, S. 126 f.). Eine Dachmarkenstrategie verfügt über ein starkes Markenimage, alle Betriebstypen und Geschäfte senden die gleiche Botschaft an den Konsumenten aus. Die Segmentmarkenstrategie führt zu einer Marktsegmentierung, Betriebsformen mit unterschiedlicher Positionierung werden voneinander separiert. Ein Imagetransfer wird hier vermieden, z. B. werden Kaufhof und Extra weder mit der Metro Group noch miteinander assoziiert. Hier muss jede einzelne Retail Brand bekannt gemacht und permanent kommuniziert werden.

Ein erfolgreiches Retail Branding verfolgt drei **Ziele**. Erstens ist es wesentlich, sich in der Wahrnehmung des Verbrauchers entscheidend von den **Wettbewerbern abzuheben**. Eine starke Differenzierung verhilft zum Aufbau größerer Kundenloyalität und stellt somit eine Möglichkeit dar, einen höheren Gewinn zu erzielen. Dabei ist ein klarer Markenaufbau ein **langfristiger Prozess**, Kontinuität wird somit zu einem essentiellen Merkmal. Markenassoziationen müssen permanent, also über Jahre, aufgebaut und verstärkt werden, um nicht zu verblassen. Das dritte Ziel stellt die Kohärenz dar. Alle Instrumente des Marketing-Mix dürfen nicht isoliert angewendet, sondern müssen aufeinander abgestimmt werden. Dazu gehören die Sortiments-, die Preis-, die Kommunikationspolitik ebenso wie Ladenatmosphäre und Service. Konsequent angewendet, eröffnet eine starke Retail Brand dem Handelsunternehmen aus strategischer Sicht neue Potenziale, insbesondere bietet sie gute Chancen einer Internationalisierung.

5.4 Zusammenfassung und weitere Vorgehensweise

Im Rahmen der strategischen Marketingplanung legt das Handelsunternehmen die langfristige weitere Ausrichtung fest. Hier wird darüber entschieden, welche Ziele verfolgt werden und wie diese konkretisiert werden sollen. Gleichzeitig mit der grundlegenden Wettbewerbsstrategie müssen die Zielgruppen festgelegt werden. Hier geht es u. a. darum, ob eine Nische anvisiert wird oder das Unternehmen auf dem Gesamtmarkt tätig werden möchte. I. d. R. verfolgen größere Handelsunternehmen mit mehreren Betriebstypen gesonderte Strategien, daher müssen diese für jeden Geschäftsbereich separat definiert werden. Ebenso muss über die angestrebte Positionierung jedes Vertriebstyps entschieden werden. Wie soll er im Wettbewerbsumfeld im Vergleich zu den direkten Konkurrenten wahrgenommen werden? Worin liegen die Wettbewerbsvorteile? Diese (und andere Fragen) sollten im Vorfeld geklärt werden.

Ein weiterer zentraler Aspekt ist die Ressourcenallokation. Wie sollen die zur Verfügung stehenden Mittel verteilt werden? Welche Betriebstypen sind besonders erfolgreich, sodass man expandieren und eventuell internationalisieren kann? Soll man in weniger erfolgreiche Betriebsformen investieren und diese gegebenenfalls neu ausrichten und positionieren? Hier werden diesbezüglich zentrale Entscheidungen getroffen.

Einen dritten Schwerpunkt stellt die Frage nach dem bewussten Aufbau einer oder mehrerer Retail Brands dar. Früher entstanden erfolgreiche Händlermarken oft mehr oder weniger zufällig, ihr Aufbau und die Steigerung ihres Bekanntheitsgrades zogen sich manchmal über Jahrzehnte hin. Heute wird die Entscheidung, eine Retail Brand aufzubauen, i. d. R. bewusst getroffen. Sie ist mit hohen Kommunikationsanstrengungen und den damit einhergehenden Investitionen verbunden. Der Erfolg kann damit als langfristig angesehen werden.

Mit der grundsätzlichen Entscheidung darüber, in welche Betriebstypen mit welcher angestrebten Positionierung investiert werden soll, werden zugleich automatisch Vorgaben für das Marketing-Mix gemacht. Eine Discountstrategie bedingt eine Niedrigpreispolitik und gibt auch einen reduzierten Umfang des angebotenen Sortiments vor. Eine erlebnisorientierte Strategie erfordert ein Sortiment, das Emotionen weckt und in einem stimulierenden Ambiente präsentiert wird. Das bedeutet, dass mit der Strategie auch immer gleichzeitig eine Einschränkung der Rahmenbedingungen für das Marketing-Mix erfolgt. Bevor die Alternativen der Strategieumsetzung vergleichend und übersichtsartig dargestellt werden können, müssen zunächst die Grundlagen des Marketing-Mix im Handel gelegt werden. Die Konkretisierung der Strategie mittels des Einsatzes aller Marketinginstrumente erscheint an dieser Stelle nicht sinnvoll, da diese zunächst detailliert eingeführt werden müssen.

An dieser Stelle wird daher jetzt die strategische Ebene verlassen und in den folgenden Kapiteln werden zunächst die einzelnen Instrumente des Marketing-Mix im Handel dargestellt. Im letzten Kapitel des Buches dann heißt es „putting it all together". Hier wird der strategische Faden wieder aufgenommen und versucht, die Strategie durch einen integrierten Einsatz des Marketing-Mix zu konkretisieren.

Kontrollfragen zu C

(43) Welche Markenstrategien können im Rahmen des Retail Branding verfolgt werden?	169

Literatur

Abell, D. F.: Defining the Business, Englewood Cliffs, New Jersey 1980

Ansoff, I.: Corporate Strategy, New York 1965

Arend-Fuchs, C.: Entwicklungstendenzen moderner IT-gestützter Warenwirtschaftsysteme, in: Zentes, J./Biesiada, H./Schramm-Klein, H. (Hrsg.): Performance Leadership im Handel, Frankfurt am Main 2004, S. 119-136

Barth, K./Hartmann, M./Schröder, H.: Betriebswirtschaftslehre des Handels; 6. Aufl., Wiesbaden 2007

Bartsch, A.: Transaktionales vs. Relationales Lieferantenmanagement – Eine vergleichende Analyse, in: Zentes, J./Biesiada, H./Schramm-Klein, H. (Hrsg.): Performance Leadership im Handel, Frankfurt am Main 2004, S. 159-190

Bauer, H./Reichardt, T./Exler, S.: Smart Shopper-Gefühle – Entstehung, Konsequenzen und Implikationen für das Marketing, in: Trommsdorf, V. (Hrsg.): Handelsforschung 2007, Stuttgart 2007, S. 379-400

BCG (Boston Consulting Group): Die vertikale Verlockung: Eigener Handel als Erfolgsstrategie für Gebrauchsgüterhersteller? o. O. 2005

Becker, J.: Marketing-Konzeption, 8. Aufl., München 2006

Berekoven, L.: Erfolgreiches Einzelhandelsmarketing; Grundlagen und Entscheidungshilfen, 2. Aufl., München 1995

Berger, D.: Handelsmarketingtechnische Besonderheiten für eine reife Zielgruppe – eine empirische Analyse der Generation „50plus", in: Trommsdorf, V. (Hrsg.): Handelsforschung 2007, Stuttgart 2007, S. 43-53

Biehl, B.: Real sucht mit Kompass nach Optimierungspotenzialen in den Märkten, in: Lebensmittelzeitung, Nr. 2, 10.1. 2003, S. 25-45

BSCI (Business Social Compliance Initiative): BSCI System: Regeln und Funktionsweise, Foreign Trade Association, Brüssel 2007

Capgemini: RFID and Consumers, o.O. 2005

Deloitte & Touche LLP: 2007 Global Powers of Retailing, o. O. 2006

Dembeck, S.: Retail Branding, Aachen 2004

Diller, H.: Preispolitik, 4. Aufl., Stuttgart 2008

Drexel, G.: Strategische Unternehmensführung im Handel, Berlin/New York 1981

Drexel, G.: Strategische Planung im Einzelhandel, 1. Teil, in: Forschungsstelle für den Handel Berlin, FfH Mitteilungen, 1982

Drexel, G.: Strategische Planung im Einzelhandel, 2. Teil, in: Forschungsstelle für den Handel Berlin, FfH Mitteilungen, 1983

Drexel, G.: Ein Frühwarnsystem für die Praxis, in: Zeitschrift für Betriebswirtschaft, 54. Jg., Heft 1, 1984, S. 89-105

EHI Retail Institute: Handel aktuell, Ausgabe 2007/2008, Köln 2007

Förster, A./Kreuz, P.: Marketing-Trends – Ideen und Konzepte für ihren Marketingerfolg, Wiesbaden 2003

Füßler, A.: Auswirkungen der RFID-Technologie auf die Gestaltung der Versorgungskette, in: Zentes, J./Biesiada, H./Schramm-Klein, H. (Hrsg.): Performance Leadership im Handel, Frankfurt am Main 2004, S. 137-155

Goetzpartners: Handel innovativ, Herausforderungen und strategische Optionen am Beispiel ausgewählter Sektoren im Einzel- und Fachhandel, März 2006, o. O. 2006

Gröppel, A.: Die Erfolgswirksamkeit der Preisführerschafts- und Differenzierungsstrategie im Einzelhandel, in: Trommsdorff, V. (Hrsg.): Handelsforschung 1993/94, Systeme im Handel, Wiesbaden 1993, S. 165-182

Hinterhuber, H.: Strategische Unternehmensführung, Bd. 1: Strategisches Denken, 7. Aufl., Berlin 2004

Hinterhuber, H.: Strategische Unternehmensführung, Bd. 2: Strategisches Handeln, 7. Aufl., Berlin 2004

Hirn, W.: Kein guter Einkauf, in: Manager Magazin, Heft 1, 2002, S. 58-66

Homburg, C./Krohmer, H.: Marketingmanagement, 2. Aufl., Wiesbaden 2006

Horváth, P./Kaufmann, L.: Balanced Scorecard – Ein Werkzeug zur Umsetzung von Strategien, in: Harvard Business Manager, Heft 5, 1998, S. 39-48

Kaplan, R.S./Norton, D.P.: Using the Balanced Scorecard as a Strategic Management System, in: Harvard Business Review, Jan./Feb. 1996, S. 75-85

König, T.: Nutzensegmentierung und alternative Segmentierungsansätze, Wiesbaden 2001

KPMG: Trends im Handel 2010, KPMG 2006

KPMG: Vertikalisierung im Handel, KPMG 2001

Lerchenmüller, M.: Handelsbetriebslehre, 4. Aufl., Ludwigshafen 2003

Lingenfelder, M.: Internationalisierung als Wachstumsstrategie – Potenziale und Strategien, in: Zentes, J. (Hrsg.): Handbuch Handel, Strategien – Perspektiven – Internationaler Wettbewerb, Wiesbaden 2006, S. 321-336

Magnus, K.-H.: Erfolgreiche Supply-Chain-Kooperation zwischen Einzelhandel und Konsumgüterherstellern, Wiesbaden 2007

Mattmüller, R./ Tunder, R.: Strategisches Handelsmarketing, München 2004

McKinsey & Company: Rückkehr der Tante Emma-Läden, Pressemitteilung vom 27. Juli 2007, http://www.mckinsey.de/html/presse/2007/20070727_tante_emma.asp, Zugriff am 31.10.2007

Meffert H./Burmann, C./Kirchgeorg, M.: Marketing, Grundlagen marktorientierter Unternehmensführung; Konzepte – Instrumente – Praxisbeispiele, 10. Aufl., Wiesbaden 2008

Mei-Pochtler, A./Odenstein, H.: Mehr sehen und besser handeln: Erst ein wirkliches Verständnis des Käufers führt zu mehr Erfolg im Handel, in: Riekhof, H.-C. (Hrsg.): Retail Business in Deutschland, Wiesbaden 2008, S. 121-143

Merkle, W.: Mango und Zara – Besonderheiten der neuen vertikalen Anbieter im deutschen Textileinzelhandel, in: Riekhof, H.-C. (Hrsg.): Retail Business in Deutschland, Wiesbaden 2008, S. 437-456

Meyer, P. W./Mattmüller, R.: Kundenbindung im Einzelhandel, in Tommsdorf, V. (Hrsg.): Handelsforschung 1991, Wiesbaden, S. 89-101

Morschett, D.: Retail Branding und Integriertes Handelsmarketing, Wiesbaden 2002

Müller-Hagedorn, L.: Handelsmarketing, 4. Aufl., Stuttgart/Berlin/Köln 2005

Peymani, B.: Zum Lustkauf verführen, in Horizont Report 45, 8. Nov. 2007, S. 80

Pine, B.J./Gilmore, J.: Erlebniskauf; Konsum als Erlebnis, Business als Bühne, Arbeit als Theater, München 2000

Porter, M.: Wettbewerbsstrategie, 10. Aufl., Frankfurt 1999

Schnedlitz, P./Schmidt, G./Widhahn, A.: Empirische Untersuchungsergebnisse zur Trendforschung im Handel, in: Trommsdorf, V. (Hrsg.): Handelsforschung 2007, S. 17-29

Schröder, V.: Vertrauen und gemeinsamer Wille – Interview mit Volker Schröder, Procter & Gamble Europe zu den CPFR-Pilotprojekten, in: Lebensmittel Zeitung, Nr. 4, 22. Januar 1999, S. 12-17

Seifert, D.: Die Besten der Besten – ECR-Studie in Deutschland, in Logistik Heute, Ausgabe Nr. 5, 2001, S. 58-59

Seifert, D.: Efficient Consumer Response als Ausgangspunkt von CPFR, in: Seifert, D. (Hrsg.): Collaborative Planning Forecasting and Replenishment, Supply Chain Management der nächsten Generation, Bonn 2002, S. 27-54

Seifert, D.: Konzepte des Supply-Chain-Managements – CPFR als unternehmensübergreifende Lösung, in: Zentes, J. (Hrsg.): Handbuch Handel, Strategien – Perspektiven – Internationaler Wettbewerb, Wiesbaden 2006, S. 781-793

Spalink, H.: Die Suche nach dem ROI im RFID, in: Logistik inside, Sonderausgabe 2006, S. 32-35

Subhadra, K./Dutta, S.: Wal-Mart's German Misadventure, Case Study, ICFAI Center for Management Research (ICMR), 2004

Swoboda, B./Schwarz, S.: Convenience-Stores – Internationale Entwicklung und Käuferverhalten in Deutschland, in: Zentes, J. (Hrsg.): Handbuch Handel, Strategien – Perspektiven – Internationaler Wettbewerb, Wiesbaden 2006, S. 395-422

Theis, H.-J.: Handbuch Handelsmarketing; Erfolgreiche Strategien und Instrumente im Handelsmarketing, Band 1, 2. Aufl., Frankfurt am Main 2007

Zentes, J./Morschett, D./Schramm-Klein, H.: Strategic Retail Management, Wiesbaden 2007

ZMP (Zentrale Markt- und Preisberichtstelle für Erzeugnisse der Land-, Forst- und Ernährungswirtschaft)/CMA (Centrale Marketing-Gesellschaft der deutschen Agrarwirtschaft): Bio-Frische im LEH – Fakten zum Verbraucherverhalten, Bonn 2003

Zöller, S.: Erlebnishandel im Automobilvertrieb, Wiesbaden 2006

E. Sortimentspolitik

1.Grundlagen der Sortimentspolitik

1.1 Begriffe und Aufgaben

Die Gesamtheit der Waren, die vom Handelsbetrieb angeboten wird, wird als Handelssortiment bezeichnet (vgl. *Gümbel* 1963; *Berekoven* 1995). Es stellt den zentralen Leistungsbereich des Handelsunternehmens dar. Ursprünglich umfasste der Begriff lediglich die Produkte, die verkauft wurden. Erst seit den 90er Jahren begann man auch die angebotenen Dienstleistungen eines Handelsunternehmens unter diesem Terminus zu subsumieren (vgl. *Möhlenbruch* 1994, S. 9). So definiert *Müller-Hagedorn* (2005, S. 223): „Bei einem **Sortiment** handelt es sich um die Summe aller Absatzobjekte (Sachgüter, Dienstleistungen, Rechte), die ein anbietendes Handelsunternehmen in einer bestimmten Zeitspanne (z. B. Tag, Woche, Saison) physisch oder auf andere Weise im Absatzmarkt anbieten will, wobei es sich idealtypisch um beschaffte Güter handelt, es aber auch denkbar ist, dass die Güter selbst erstellt worden sind."

An der Sortimentspolitik orientieren sich Preisgestaltung, Einsatz von Kommunikationsmitteln, Ladengestaltung, Einkauf und Raumbedarf. Die Sortimentspolitik wird dazu eingesetzt, die Ziele des gesamten Unternehmens zu erreichen. Letztendlich werden aber auch folgende eigenständige Unterziele verfolgt:

- klares Erscheinungsbild des Sortiments
- individueller Stil des Sortiments
- eine gute Preislagenstufung des Sortiments (vgl. *Flach* 1966)

Langfristig sollen durch die Sortimentsgestaltung Umsatz und Ertrag eines Unternehmens optimiert werden. Durch einen entsprechenden Umfang und eine klare Struktur sollen auch Kunden mit schwach ausgeprägter Nachfragestruktur dazu angeregt werden, Impulskäufe zu tätigen, da hierbei der Preis weniger stark im Vordergrund steht (vgl. *Gümbel* 1963, S. 115 ff.). Auch fällt der Sortimentspolitik die Aufgabe zu, Wettbewerber zu verdrängen. Sie soll dabei zur Profilierung und zum Aufbau eines positiven Images der Handelsunternehmung beitragen.

1.2 Sortimentsstruktur und -ausrichtung

Ein Sortiment lässt sich nach verschiedenen Kriterien gliedern. Die Erstellung von Sortimentsstrukturen dient nicht nur der Übersichtlichkeit, sondern sie ist für eine umfassende Sortimentsplanung, -kontrolle und -steuerung zwingend erforderlich.

Das Konzept der **Sortimentspyramide** (vgl. *Seyffert* 1972, S. 65) hat sich weitgehend zur Kennzeichnung der Sortimentsgliederung durchgesetzt. Die einzelnen Wareneinheiten werden nach stofflichen, organisatorischen und absatzpolitischen Kriterien in eine mehrstufige, hierarchische Ordnung gebracht. Mit aufsteigender Sortimentsebene werden die Waren zunehmend konkretisiert. Jeder einzelne Artikel (jede einzelne Sorte) muss eindeutig identifiziert werden können, um Bestellvorgänge abwickeln zu können. Durch die zunehmende Abstraktion auf den unteren Ebenen lassen sich umfassende Warenkomplexe klassifizieren und analysieren (vgl. *Mattmüller/Tunder* 2004, S. 191). Wenngleich weitgehende Einigkeit über die grundsätzliche hierarchische Struktur besteht, weichen die in der Praxis verwendeten Begriffe und Ebenen häufig von der hier dargestellten Grundstruktur ab. Die Anzahl der Klassifizierungsstufen wird bedingt durch Warencharakteristika und Gesamtsortiment des Handelsunternehmens. Je nach Unternehmen lassen sie bestimmte Ebenen weg oder verändern die Begriffe. Die kleinste Einheit in der Sortimentspyramide ist die **Sorte/Position**. Hierunter werden die verschiedenen Ausführungen eines Artikels, differenziert nach Merkmalen wie Größe, Gewicht, Menge, Farbe, Herkunft usw. verstanden. Während sich diese Einteilung in der Theorie weitgehend durchgesetzt hat, ist das Begriffsverständnis von Artikel und Sorte in der praktischen Anwendung oft genau umgekehrt vorzufinden. Die Sorte wird als Gattungsbegriff verstanden, während der Artikel das individuelle Produkt kennzeichnet.

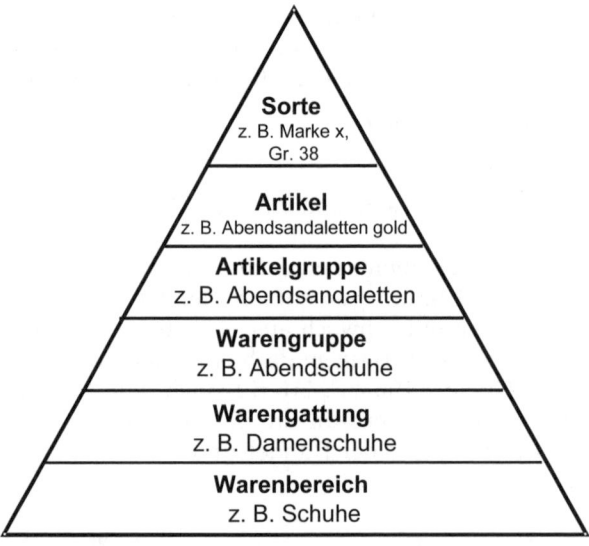

Abb.: Sortimentspyramide
Quelle: in Anlehnung an *Seyffert* 1972, S. 65

Zur Kennzeichnung der in einem Sortiment enthaltenen Artikel sind einheitliche Nummernsysteme entwickelt worden, die unternehmensbezogen oder überbetrieblich angewendet werden können. Zurzeit befindet sich überwiegend das **EAN-System** (Europäische Artikelnummerierung) im Einsatz, das 1977 entwickelt wurde. Die einzelnen Artikel werden auf der Basis von vier Bestandteilen identifiziert:

- einem Länderkennzeichen (z. B. 40-43 für die Bundesrepublik Deutschland)
- der bundeseinheitlichen Betriebsnummer
- der individuellen Artikelnummer des Herstellers
- einer Prüfziffer

Zukünftig wird der EAN-Strichcode vermehrt durch **RFID-Chips** (Radio Frequency Idenfication) abgelöst werden, auf denen ein höheres Informationsvolumen gespeichert werden kann.

Zentrale Entscheidungen im Rahmen der Sortimentspolitik betreffen die Sortimentsbreite und -tiefe. Sie kennzeichnen die Auswahlmöglichkeiten der Kunden. Die **Sortimentsbreite** stellt das Spektrum additiver Kaufmöglichkeiten aus Kundensicht dar. Ein Sortiment ist umso breiter, je mehr verschiedenartige Warenbereiche es umfasst. Ein breites Sortiment, wie es im Warenhaus erhältlich ist, besteht aus einer großen Zahl unterschiedlicher Warenbereiche, während ein enges Sortiment nur wenige umfasst (Spezialgeschäft). Ein breites Sortiment hat den Vorteil, dass ein Kunde seinen Bedarf aus unterschiedlichen Warenbereichen während eines einzigen Einkaufs decken kann.

Unter **Sortimentstiefe** wird hingegen die Zahl gleichartiger Artikel innerhalb eines Warenbereiches/einer Warengruppe verstanden. Ein tiefes Sortiment ist gleichbedeutend mit einer großen Zahl von Alternativen innerhalb einer Warengruppe, während ein flaches Sortiment nur wenige Artikel innerhalb dieser anbietet. Die Tiefe charakterisiert demnach die Auswahlmöglichkeiten, die dem Kunden zur Verfügung stehen.

Sortimentsbreite und -tiefe sind entscheidende Kriterien bei der Auswahl des Betriebstyps. Das breiteste Sortiment bieten die Warenhäuser und Universalversandhäuser. Sie sind darauf ausgerichtet, viele Kunden mit unterschiedlichem Bedarf zufrieden stellen zu können. Eine hohe Sortimentstiefe ist vor allem im Bereich der Fach- und Spezialgeschäfte zu finden, die jedoch wiederum ein enges Sortiment aufweisen. Die Tankstellenshops hingegen zeichnen sich durch breite und gleichzeitig flache Sortimente aus. Auf diese Weise können sie den Bedarf vieler Kunden decken, gleichzeitig verzichten sie darauf, auf den differenzierten Individualbedarf einzugehen. Handelsbetriebe mit flachen Sortimenten wählen solche mit einer hohen Umschlagshäufigkeit. Je tiefer das Sortiment gestaltet wird, umso niedriger wird der durchschnittliche Lagerumschlag sein.

Sortimentsbreite

schmal   breit

	schmal	breit
flach	Boutique	Tankstellenshop
tief	Spezialgeschäft	Warenhaus

Sortimentstiefe

Abb.: Sortimentsstruktur verschiedener Geschäftstypen

Mit der **Sortimentsausrichtung** trifft ein Handelsunternehmen Entscheidungen zur inhaltlichen Zusammensetzung eines Sortiments. Hierbei legt es sein Erscheinungsbild oft langfristig fest. Allgemein lassen sich drei Ausrichtungen unterscheiden:

- **Herkunftsorientiertes Sortiment:** Das traditionelle Branchensortiment kann als herkunftsbezogen bezeichnet werden. Die Auswahl erfolgt nach gleichen Materialien (Textil, Porzellan), nach gleicher Technik (Hifi-, Computerelektronik) oder nach Lieferanten (z. B. ein Automobilhändler, der nur Autos eines Herstellers verkauft). Diese Ausrichtung findet sich vor allem dann, wenn vom Handel ein hohes Know-how hinsichtlich Beschaffung, Beratung und Service verlangt wird.

- **Hinkunftsbezogenes Sortiment:** In hinkunftsbezogenen Sortimenten werden Waren unterschiedlicher Herkunft und aus verschiedenen Materialien zusammengefasst. Sie werden dagegen auf eine Zielgruppe („Alles für den Angler") oder auf einen Bedarfskreis („Der schön gedeckte Tisch") ausgerichtet. Hierzu zählen auch Handelsbetriebe, die sich z. B. auf den Verkauf von Luxuswaren oder Sportartikeln spezialisiert haben.

- **Preislagenbezogenes Sortiment:** Diese Sortimentsausrichtung betreiben vor allem Geschäfte, die sich auf Waren einer bestimmten Preisklasse, überwiegend Niedrigpreise, konzentrieren. Erfolgreich sind heute insbesondere so genannte Kleinpreisgeschäfte.

Während die herkunftsorientierte Sortimentszusammenstellung und -präsentation heute an Bedeutung verliert und meist nur bei Spezialkäufen vorzufinden ist, erfreut sich die hinkunftsgerichtete Ausrichtung zunehmender Popularität. Der Grund dafür ist darin zu sehen, dass die auf Bedarfskreise ausgerichtete Präsentation Erlebnisorientierung und Verbundkäufe fördert. Der Kunde findet gleichzeitig Artikel vor, die seinen Bedarf sinnvoll ergänzen. So stimuliert eine Handelskette stets den Kauf zahlreicher Accessoires in einem Stil. Passend zu einem Geschirrservice können z. B. Tischdecke, Servietten, Vasen, Leuchter, Tischschmuck, Kissen u. Ä. mit dem gleichen Dekor erworben werden.

Das Sortiment lässt sich ferner betriebsintern durch einer Reihe von Bezeichnungen näher charakterisieren (vgl. *Berekoven* 1995).

- **Kern-** (Grund-, Standard-, Basis-), **Zusatz- und Randsortiment** nach der Bedeutung innerhalb des Sortiments. Im Kernsortiment sind die Hauptumsatzträger zusammengefasst. Dabei handelt es sich um die Waren, auf die sich das Unternehmen schwerpunktmäßig spezialisiert hat. Zusatzsortiment bezeichnet Handelswaren, die das Kernsortiment sinnvoll ergänzen, z. B. Zeitschriften und Nonfood-Artikel eines Lebensmittelgeschäftes. Bei Randsortimenten handelt es sich um problematische Artikel und Sorten des Kern- oder Zusatzsortiments, die unter Rentabilitätsaspekten beobachtet werden müssen (z. B. Übergrößen bei einem Herrenausstatter).

- **Dauer-, Saison-, Aktionssortiment** nach der Verweildauer im Sortiment. Aktionssortimente sind nur kurze Zeit verfügbar und Saisonsortimente werden periodisch angeboten.

- **Lager- und Bestellsortiment** nach der Präsenz der Waren. Während das Lagersortiment stets verfügbar ist, werden Artikel aus dem Bestellsortiment erst auf Verlangen des Käufers geordert.

- **Muss-, Soll-, Kannsortiment** nach der Dispositionsfreiheit der Verkaufsstättenleiters, da diese zumindest teilweise an die Vorgaben der Zentrale gebunden sind. Große Handelsketten verfügen über Musssortimente, die in allen Häusern erhältlich sein müssen. Je nach Größe der Verkaufsstätte kommen Sollsortimente hinzu, während die Filialleitung durch Entscheidungsfreiräume bei Kannsortimenten auf regionale Unterschiede der Nachfrager eingehen kann.

1.3 Generelle Entscheidungen zur Sortimentsbreite und -tiefe

1.3.1 Formen der Sortimentsveränderung

Kein Handelsunternehmen kann alle existierenden Artikel anbieten. Es muss sein Sortiment beschränken, zugleich jedoch für den Kunden attraktiv bleiben. Umfang und Struktur des Sortiments sollen zu einem Gewinnoptimum führen (vgl. *Berekoven* 1995). Ein Sortiment zu erweitern lohnt sich, solange der dadurch erreichte Mehrertrag die Mehrkosten übersteigt. Ebenso können einzelne Artikel eliminiert werden, wenn die Handelsspanne zu gering ist. Dabei ist zu beachten, dass solche Entscheidungen sowohl positive als auch negative Auswirkungen auf andere Teilsortimente mit sich bringen können, wie die nachfolgenden Beispiele zeigen.

- Ein Händler stockt in seinem Verbrauchermarkt sein bisheriges Mini-Schreibwarenangebot auf einen Schlag um das Fünffache auf und kann beobachten, dass – bei sonst gleichbleibenden Umsätzen in anderen Warenbereichen – die Schreibwarenumsätze überproportional zur Sortimentserweiterung ansteigen. Offenbar fühlte sich also erst durch die Sortimentsausweitung eine erhebliche Zahl von Kunden von dieser Warengruppe angesprochen.

- Ein Händler ergänzt sein Oberhemdensortiment durch Krawatten und sonstige Accessoires. Er stellt fest, dass nicht nur die neuen Artikel Absatz finden, sondern sogar mehr Oberhemden verkauft werden. Ein Artikel zieht offenbar den anderen mit.

- Ein Händler vergrößert seinen schlecht gehenden Supermarkt ganz beträchtlich und erhöht seine Sortimentstiefe dabei um durchschnittlich 20 %. Erfreulicherweise stellt er eine überproportionale Umsatzsteigerung fest. Offenbar finden erst jetzt viele Kunden überhaupt das, was sie gern kaufen.

- Ein Händler nimmt aus seinem Lebensmittelsortiment eine Reihe von Grundnahrungsmitteln heraus, weil er aufgrund des starken Preiswettbewerbs daran nichts mehr verdient. Er muss erleben, dass damit auch sein Gesamtumsatz überproportional zurückgeht. Die Kunden bleiben offenbar aus, weil sie nicht bereit sind, für diese Artikel gesondert eine weitere Einkaufsstätte aufzusuchen.

Quelle: *Berekoven* 1990, S. 85

Die wesentlichen Fehler, die im Zusammenhang mit der Sortimentsplanung gemacht werden, stellt *Berekoven* (vgl. 1995, S. 87) als die folgenden heraus:

Das Sortiment

- bietet einen (zu) geringen Ausschnitt aus dem gesamten Bedarf der Zielgruppe
- deckt in (zu) geringem Maße die zeitgleichen Bedarfe der Kundschaft
- berücksichtigt (zu) wenig die Verwendungsverbunde
- ist (zu) wenig auf Kunden mit höherer Kaufkraft zugeschnitten
- ist (zu) wenig auf Kunden, die bequem und schnell einkaufen wollen, ausgerichtet
- forciert (zu) stark die Sonderangebots-Jäger
- bietet hinsichtlich Warenpräsentation und -platzierung (zu) wenig Kaufanreiz.

Es können verschiedene Formen der Sortimentsveränderung unterschieden werden:

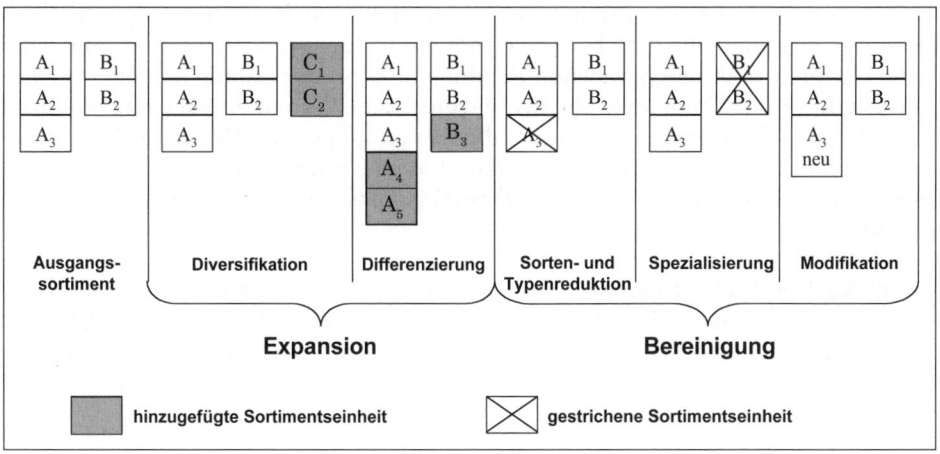

Abb.: Strategien der Sortimentsveränderung
Quelle: in Anlehnung an *Hansen* 1990, S. 227

Unter **Diversifikation** versteht man die Aufnahme neuer Betriebstypen/Geschäftsaktivitäten/Warenbereiche in das Sortiment, wobei diese

- entweder im Hinblick auf das bisherige Sortiment
- oder im Hinblick auf die Zielgruppe
- oder sonst in einem förderlichen Zusammenhang für das Unternehmen stehen müssen.

Dabei lassen sich die Formen der **horizontalen**, **vertikalen** oder **lateralen** Diversifikation unterscheiden.

Horizontale Diversifikation liegt dann vor, wenn Produkte/Artikel aufgenommen werden, die produktionstechnisch, beschaffungs- oder absatzwirtschaftlich den bisherigen Produkten derart benachbart sind, dass gleiche Betriebsmittel, gleiches Personal oder die gleichen Marktbeziehungen genutzt werden können. *Beispiel: Eine Handelskette hat sich bislang auf Sportschuhe beschränkt. Jetzt werden auch Sportkleidung und Sportartikel aufgenommen.*

Vertikale Diversifikation liegt vor, wenn Produkte der vor- und nachgelagerten Wirtschaftsstufen aufgenommen werden. *Beispiel: Ein Hersteller von Büro- und Papierwaren eröffnet eine eigene Kette, um seine Produkte zu verkaufen.*

Unter **lateraler Diversifikation** versteht man die Aufnahme neuer Produkte, die für das Unternehmen völlig neu sind und keinen Bezug zu den bisherigen Produkten haben. *Beispiel: Ein Handelsunternehmen kauft eine Bank und ein Softwareunternehmen.*

Im Rahmen der **Differenzierung** werden zusätzlich zu den vorhandenen Artikeln neue aufgenommen, die jedoch den gleichen Artikelgruppen zuzuordnen sind. Dies bedeutet, innerhalb des gegebenen Sortiments kann der Kunde aus einer größeren Anzahl von Artikeln auswählen, ohne dass neue Warenbereiche aufgenommen werden. Zum einen trägt der Handel damit der steigenden Bedürfnisdifferenzierung Rechnung, zum anderen können damit auch Bedürfnisse kreiert werden. *Beispiel: In das Sortiment werden neue Frischkäsesorten mit Knoblauch- und Lachsgeschmack aufgenommen.*

Modifikation des Sortiments bedeutet, dass einige Artikel/Sorten aus dem Sortiment ausgelistet und andere dafür aufgenommen werden. Dabei bleibt die Gesamtzahl der Artikel konstant, das Sortiment setzt sich anders zusammen. *Beispiel: Der Frischkäse mit Knoblauchgeschmack verkauft sich schlecht, er wird ausgelistet und dafür wird solcher mit Kräutern aufgenommen.*

1.3.2 Auswirkungen von Veränderungen der Sortimentstiefe und -breite

Entscheidungen zur Veränderung der Sortimentstiefe umfassen die **Sortimentsdifferenzierung**, die **Sorten- und Typenreduktion** sowie die **Modifikation** des Sortiments. Sie sind sowohl unter Umsatz- als auch unter Kostengesichtspunkten zu betrachten. Eine **Idealsortierung** liegt vor, wenn bestmögliche Umsätze mit diesem Artikel bzw. dieser Artikelgruppe erzielt werden. Der Bedarf der Zielgruppe kann gut befriedigt werden, alle der Zielgruppe entsprechenden Kunden werden erreicht. Wird das Sortiment darüber hinaus vertieft, kann dadurch die Attraktionswirkung nur unwesentlich erhöht werden. Der Umsatz steigt dadurch nur geringfügig, bedingt durch Impulskäufe oder solche, die von Kunden getätigt werden, die nicht der anvisierten Zielgruppe angehören (vgl. *Hansen* 1990, S. 228 f.). Dagegen führt die Übersortierung zu unerwünschten Ladenhütern und damit zu einer höheren Kapitalbindung durch Warenbestände.

Im Rahmen einer Sortimentsvertiefung unterscheidet man in Bezug auf ihre Umsatzauswirkungen Substitutions-, Partizipations- sowie Bedarfserweiterungseffekte.

- **Substitutionseffekt:** Durch die Aufnahme einer neuen Sorte wird ein Teil der Nachfrager von den bereits geführten Produkten abgezogen.

- **Partizipationseffekt:** Es werden neue Kunden gewonnen, die bislang beim Mitbewerber einkauften.

- **Bedarfserweiterungseffekt:** Die bisherigen Kunden steigern den Konsum des betreffenden Artikels, indem sie mehrere Sorten gleichzeitig konsumieren.

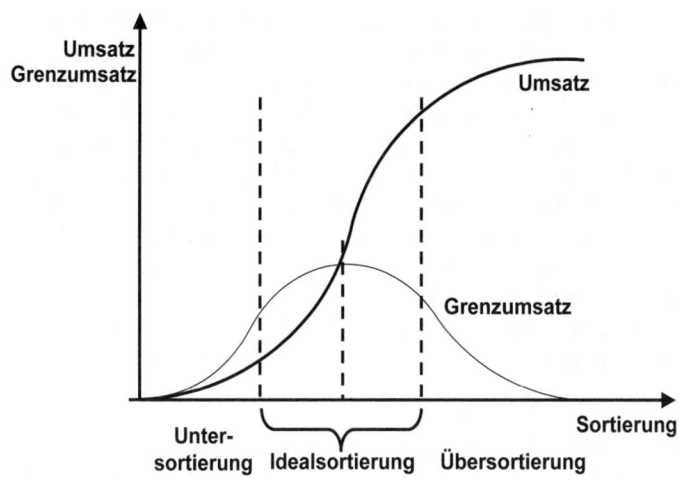

Abb.: Umsatzentwicklung eines Artikels in Abhängigkeit seiner Sortierung
Quelle: in Anlehnung an *Hansen* 1990, S. 231

Unter Kostengesichtspunkten kann festgestellt werden, dass mit einer Vertiefung des Sortiments die Kosten progressiv ansteigen (vgl. *Hansen* 1990, S. 233 f.). Tendenziell steigen Lagerzinsen, Bestellkosten, Abschreibungen wegen Mode- oder Technikwechsels, Wertminderungen durch Verderb und Schwund mit zunehmender Sortenzahl. Entscheidungen zur Sorten- und Typenreduktion bewirken dagegen eine Sortimentsverflachung. Diese kann die Attraktivität des Anbieters negativ beeinflussen. Die Folge sind Nichtkäufe, d. h., der Kunde realisiert seine Kaufabsicht nicht. Mit unterschiedlichen Sortimentstiefen können Differenzen im Absatz zusammenhängen. Nachträglich kann ermittelt werden, wie der Absatz auf die Änderung der Sortimentstiefe reagiert hat.

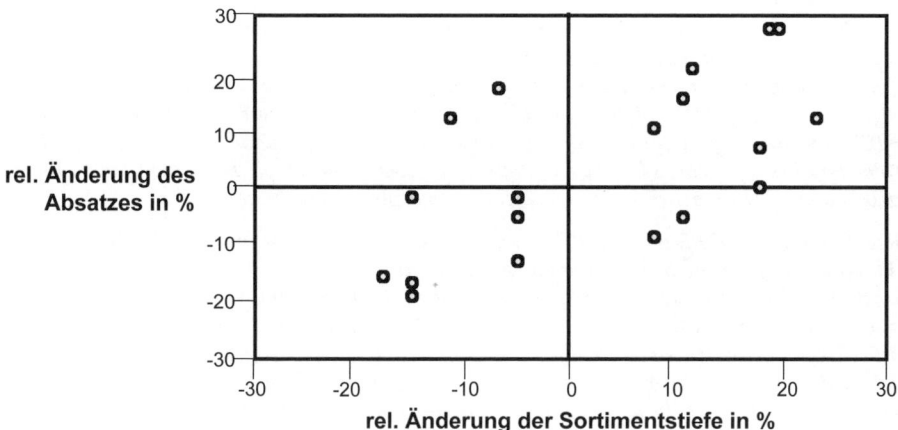

Abb.: Der Zusammenhang zwischen relativen Sortimentstiefen und Absatzänderungen in der Artikelgruppe Zahnpasten
Quelle: *Müller-Hagedorn* 2005, S. 248

Unter Veränderungen der Sortimentsbreite werden Entscheidungen zur Sortimentsdiversifikation sowie zur Spezialisierung zusammengefasst. Entscheidungen zur Sortimentsverbreiterung werden i. d. R. unter dem Aspekt gefällt, additive Kaufmöglichkeiten zu schaffen. Verschiedener Bedarf soll „unter einem Dach" gedeckt werden (vgl. *Hansen* 1990, S. 234). Die Warenarten sollten möglichst so zusammengestellt werden, dass sie den Bedarfszusammenhängen und Einkaufsgewohnheiten der Konsumenten am besten entsprechen. Hinweise auf eine ungünstige Sortimentsbreite ergeben sich aus einer hohen Zahl an Nichtverkäufen in bestimmten Artikelgruppen und Warenarten sowie solchen mit überdurchschnittlich langsamen Lagerumschlag (Ladenhüter). Auch muss berücksichtigt werden, dass unter Umständen zu Beginn der Aufnahme neuer Warengruppen Anlaufschwierigkeiten entstehen, bis die Kunden ihr Kaufverhalten darauf eingestellt haben.

Im Gegensatz zu einer Vertiefung des Sortiments lösen Verbreiterungen i. d. R. keine oder nur geringe Substitutionseffekte aus. Partizipations- und Bedarfserweiterungseffekte können zum Tragen kommen. Je komplementärer die neuen Artikel zum bisherigen Sortiment angesiedelt sind, umso einfacher können diese erzielt werden. Dieses Prinzip gilt umgekehrt auch für eine Sortimentsspezialisierung, da hier sehr genau darauf geachtet werden muss, wie sich diese auf das Gesamtsortiment auswirkt.

Unter dem Aspekt begrenzter Kapazitäten (Verkaufsfläche) steht der Handel häufig vor dem Problem, das Sortiment entweder zu verbreitern oder zu vertiefen. Sofern eine Verbreiterung mit einer Verflachung einhergeht, sind die zu erwartenden Umsatzeinbußen aufgrund der geringeren Sortierung mit den zusätzlichen Umsätzen aus den neu aufgenommenen Artikelgruppen zu vergleichen.

Praxisbeispiel: Weniger ist manchmal mehr: Sortimente kundenorientiert gestalten

Wie sieht ein Kunde ein optimales Sortiment? Die Antwort erscheint leicht: Auswahl, Abwechslung, bekannte Marken, guter Preis. Und alles soll leicht zu finden sein. Doch Händler scheinen es in erster Linie darauf abzustellen, die Sortimente ständig zu vergrößern. Im durchschnittlichen deutschen Supermarkt buhlen auf 10 m Regalfläche 120 bis 160 verschiedene Joghurts um die Gunst des Kunden, bis zu 60 verschiedene Geschmacksrichtungen von 8 bis 12 Herstellern. Erdbeerjoghurt wird von acht Herstellern angeboten und ist an acht unterschiedlichen Regalplätzen zu finden.

Solche Sortimentsbildung scheint Kunden eher zu verwirren als anzuziehen. Die vereinfachte Auswahl trägt nicht umsonst zur Attraktivität der Discounter bei. In einem durchschnittlichen Supermarkt werden heute zwischen 7.000 und 30.000 unterschiedliche Artikel angeboten. Doch aus der Verhaltensforschung ist bekannt, dass ein Individuum im Schnitt lediglich bis zu sieben Informationseinheiten (Chunks) gleichzeitig verarbeitet. Ansonsten sucht es nach Vereinfachungsschemata. Daher sollten Händler heutzutage die Kernattribute von Artikeln identifizieren, das Angebot klarer strukturieren und die Auswahl vereinfachen

Quelle: Rudolph / Kotouc 2005

16 ⟩⟩ Seite 449

1.4 Verbundwirkungen im Sortiment

Ein Schwerpunkt der Sortimentspolitik liegt heute darin, die Vielzahl möglicher Ausstrahlungseffekte innerhalb eines **Sortimentsverbundes** konsequent zu nutzen (vgl. *Möhlenbruch* 1994, S. 61) Hier geht es um die Frage, von welchen Artikeln/ Artikelgruppen Kaufimpulse auf andere Teile des Sortiments ausgehen. Ein günstiger Fleischpreis kann z. B. den Kauf von (teurem) Gemüse nach sich ziehen. Der Kauf eines Damenkleides bedingt unter Umständen den Erwerb von modischen Accessoires. Als Verbundwirkung werden die Ausstrahlungseffekte bezeichnet, die von einzelnen Produkten auf andere Artikel ausgehen und zu einem verstärkten Kaufanreiz beitragen (*Mattmüller/Tunder* 2004, S. 194). Ein solcher **Sortimentsverbund** lässt sich in verschiedenen Erscheinungsformen beschreiben:

Verwendungs- oder Bedarfsverbund: Hiermit werden Produkte der Nachfragermenge bezeichnet, die in einem komplementären Ge- bzw. Verbrauchsverhältnis zueinander stehen. Die Nachfrage entsteht gleichzeitig und der Käufer wird meist versuchen, den Kauf verbunden durchzuführen. Beispielsweise benötigt man zu einem Spargelessen Spargel, Schinken, neue Kartoffeln, Sauce Hollandaise, Spargelschäler etc. Die Ausweitung des Bedarfsverbundes erfolgt über die Erhöhung der Sortimentsbreite.

Nachfrageverbund: Sucht ein Nachfrager eine Einkaufsstätte mit der Absicht auf, gleichzeitig mehrere Artikel zu erwerben, liegt ein Nachfrageverbund vor. Der Kunde versucht aus Gründen der Beschaffungsrationalisierung alle benötigten Artikel in einem einzigen Einkaufsvorgang zu erhalten (**Cross Shopping**). Vor allem Waren- und SB-Warenhäuser tragen diesem Gedanken Rechnung, indem sie durch breite Sortimente unterschiedlichste Bedarfe decken können. Z. B. sucht eine Kundin ein Warenhaus auf, um Nähgarn, Glühbirnen und einen neuen Badeanzug zu kaufen. Außerdem möchte sie die Batterie ihrer Uhr wechseln lassen.

Kaufverbund: Der Kaufverbund beruht auf realen Kaufvorgängen der Konsumenten (vgl. *Theis* 1999, S. 555). Diese Information erfolgt aus Auswertungen der Kassenbons, indem gezählt wird, welche Produkte überproportional häufig zusammen gekauft werden. Im Dunkeln bleiben dabei jedoch die Beweggründe der Kunden, denn nur sie wissen, welche Verbundeffekte ihre Kaufhandlung ausgelöst haben. Daher wurde dieser weitere Verbundtyp eingeführt. Ein prägnantes Beispiel für einen solchen real festgestellten Kaufverbund sind die Artikel Windeln und Bier. Hier liegt sicher kein Verwendungsverbund zu Grunde, unklar ist ebenfalls die Existenz eines Nachfrageverbundes.

Anregungsverbund: Aus Handelssicht spielt der Anregungsverbund eine bedeutsame Rolle (vgl. *Mattmüller/Tunder* 2004, S. 200). Hier werden Artikel mit dem Ziel zu einem Sortiment zusammengefasst, sowohl geplante als auch impulsive Kaufhandlungen zu fördern („Alles zum Radfahren", „Alles für den Schulanfang"). Dabei kann es sich auch um Aktionssortimente handeln (**Akquisitionsverbund**).

Entscheidend ist hier, dass ein Impulskauf durch die gezielte Platzierungspolitik des Handelsunternehmens erfolgt. Der Begriff **Cross Selling** trifft am ehesten auf diese Form von Verbundwirkungen zu.

Ein wesentliches Element der Sortimentspolitik besteht darin, solche Verbundeffekte zu stützen und zu verstärken. Darüber hinaus sollten die Bestrebungen auch dorthin gehen, neue Verbundeffekte zu schaffen. Es ist daher zum einen von zentraler Bedeutung, Verbundeffekte zu ermitteln (vgl. Kap. 3.3), und zum anderen, alle Instrumente des Marketing unterstützend einzusetzen. Dazu gehören die hinkunftsgerichtete Warenpräsentation (z. B. Herrenhemd mit Krawatte und Manschettenknöpfen) ebenso wie der Einsatz einer den Verbundkauf fördernden Preis- und Kommunikationspolitik. Ebenso sollten die Mitarbeiter im Verkauf darin geschult werden, direkt auf Verbundartikel hinzuweisen.

Praxisbeispiel: Zara

Die Modekette Zara präsentiert ihre Artikel stets verbundfördernd. Auf Augenhöhe hängen die Jacken, Hosen, Röcke und Mäntel, immer nach Grundfarben zusammengestellt. Dazwischen findet man dazu passende Blusen. Darüber liegen T-Shirts und Pullis, ebenfalls farblich abgestimmt. Unterhalb der Bekleidung findet die Kundin die dazu passenden Schuhe. Abgerundet wird das Verbundsortiment durch Handtaschen und andere Accessoires, alles Ton in Ton. Auf diese Weise wird die Kundin dazu angeregt, sich ein Ensemble zusammenzustellen und damit ihre Umsätze bei der Kette zu steigern. Auch die Preisgestaltung orientiert sich am Verbund. Hosen und Röcke, die zu den Jacken passen, sind häufig preisgünstig. Auf diese Weise regt Zara dazu an, nicht nur den Blazer, sondern gleich einen Hosenanzug / ein Kostüm zu erwerben. Bei den Accessoires dagegen entsteht der Eindruck, dass man mit höheren Preisspannen kalkuliert. Hier tritt insbesondere das Modische in den Vordergrund, damit setzt man auf den Impulskauf. Denn erst Schal, Gürtel, Tasche oder Schuhe geben einem neuen Anzug das gewisse Etwas.

17 ⟩⟩ Seite 449

2. Sortimentsplanung

2.1 Der Entwurf eines Sortimentsrahmens

Die schnelle Veränderung von Konsumentenbedürfnissen und Wettbewerbsumfeld bewirkt, dass das Sortiment ständig den sich ändernden Marktkonstellationen angepasst werden muss. Eine statische Artikelauswahl würde schnell veralten, unattraktiv wirken und die Umsätze des Handelsunternehmens sinken lassen. Andererseits verwirrt ein ständiger Umbau des Sortiments die Stammkunden. Daher läuft der Prozess der Sortimentsbildung in zwei Stufen ab. Die erste Stufe beinhaltet die Gestaltung des Rahmensortiments. Hier werden grundsätzliche Entscheidungen in Bezug auf die Sortimentsbreite getroffen. Welche Warenbereiche sollen in das Angebot aufgenommen werden? In weiteren Stufen wird die Rahmenplanung verfeinert durch eine Detailplanung, in der über aufzunehmende Artikel und Sorten entschieden wird *(vgl. Barth / Hartmann / Schröder 2007, S. 174)*. Je nach betrachteter Branche werden diese Entscheidungen unterschiedlich häufig getroffen, denn die Nachfrage unterliegt saisonalen, modischen oder auch technisch bedingten Verschiebungen.

Bei der Zusammenstellung des Gesamtsortiments gilt zudem das Prinzip der zeitlichen Kompensation. Dies bedeutet, dass im Jahresverlauf stark fluktuierende Umsätze bei einigen Warengruppen von gegenläufig verlaufenden kompensiert werden. Denn trotz Saisonalität bestimmter Artikel sollte der Gesamtumsatz nicht unter ein bestimmtes Niveau fallen. Dies lässt sich am besten durch eine hohe Sortimentsbreite realisieren. Unter Berücksichtigung des Lebenszyklus von Produkten muss einem Sortimentsverschleiß entgegengewirkt werden, indem es permanent aktualisiert wird und innovative Sortimentgestaltungen einbezogen werden. Dabei steht einer zu hohen Experimentierfreude jedoch das habitualisierte Verhalten der Stammkundschaft entgegen, das bei solchen Planungen berücksichtigt werden muss. Die Formen der laufenden Sortimentsaktualisierungen lassen sich unter dem Begriff der **passiven Sortimentspolitik** zusammenfassen. Diese stellt sicher eine Voraussetzung für den Erfolg dar, reicht dazu allein jedoch nicht aus.

Die **aktive Sortimentspolitik** hingegen beschränkt sich nicht auf die Listung/ Auslistung von Artikeln, sondern hier werden Entscheidungen für die zukünftige Sortimentspolitik getroffen, die sich auf die Expansion bzw. Kontraktion von Sortimenten beziehen.

2.2 Planung neuer Sortimente

Entscheidungen zur Planung neuer Sortimente betreffen i. d. R. eine Sortimentsexpansion bzw. -modifikation. Häufig gehen solche Sortimentsausweitungen mit der Entwicklung und Durchsetzung völlig neuer Produkte (**Innovationen**) einher. Die Entwicklung der Computer- und Internettechnologie, ebenso wie die Entwicklung in der Telekommunikation, führte in den letzten Jahren zur Aufnahme neuer Warengruppen. Der Handel muss dementsprechend neue Sortimente zusammenstellen. Ebenso können neue Vertriebssysteme Impulse liefern wie das Online-Versandgeschäft oder das Teleshopping. Anhaltspunkte zur Planung neuer Sortimente finden sich ferner in einer Ausrichtung an bestimmten psychographischen Kundensegmenten wie Sport-, Freizeit- oder Karrieretypen.

Anregungen zur Planung neuer Sortimente können aus verschiedenen Quellen gewonnen werden:

- Mitbewerber
- Lieferanten
- Messen/Ausstellungen
- Medien/Fachzeitschriften
- Handelsinstitute

Dabei sollten folgende **Fragen** beantwortet werden:

- Wie viele potenzielle Nachfrager gibt es am Standort?
- Welche Nachfragersegmente existieren am Standort?
- Wie ist die Kaufkraft der Nachfrager einzuschätzen?
- Welche Entwicklungen sind in Bezug auf die Nachfrager in naher Zukunft abzusehen?
- Wie sieht die Sortimentsstruktur der Konkurrenten aus?
- Wie ist das Image der Mitbewerber aus Sicht der Nachfrager einzuschätzen?

Der Schwerpunkt der modernen Sortimentspolitik liegt vor allem in der konsequenten Orientierung an einer **bedarfsorientierten Sortimentsgestaltung**, um Verbundkäufe zu fördern (vgl. *Theis* 1999, S. 571). Im Mittelpunkt steht hier das Gestaltungsprinzip der Bedarfsorientierung, indem das Handelsunternehmen aus dem Gesamtbedarf des Kunden bestimmte Ausschnitte vorselektiert. Alternativ bieten sich folgende Prinzipien an: Die Orientierung an Bedarfsarten und Bedarfsbereichen stellt das traditionelle herkunftsorientierte Gestaltungsprinzip dar. Das Sortiment orientiert sich am Bedarf nach einzelnen Produkten (z. B. Krawatten, Bekleidung). Hier finden Verbundkäufe kaum Berücksichtigung. Dieses Manko versucht man mit einer Orientierung an Erlebnisbereichen und Verwendungsanlässen zu beheben. Hier werden komplementäre Güter angeboten, die den Kunden dazu animieren, seinen gesamten Bedarf aus diesem Bereich befriedigen können. Oftmals werden die Artikel auch hinkunftsorientiert präsentiert. Eine dritte Form der Sortimentsgestaltung stellt die Orientierung an Zielgruppen dar. Hier wird das Sortiment im Hinblick darauf zusammengestellt, was den Bedürfnissen einer Zielgruppe entspricht. Dabei können die Produkte ganz unterschiedliche Bereiche umfassen. Solche Sortimente sind i. d. R. breit und flach.

2.3 Entscheidungen auf der Ebene von Warengruppen und Artikeln

2.3.1 Entscheidungen zur Listung/Auslistung von Artikeln

Viele Handelsunternehmen neigen dazu, die Anzahl der gelisteten Produkte ausufern zu lassen. Erhöht sich die Artikelzahl, muss die zusätzliche Ware transportiert, kommissioniert, gelagert und präsentiert werden (vgl. *Rudolph* 2005, S. 81). Zusätzliche Produkte erfordern eine größere Verkaufsfläche. Dadurch entstehen höhere Kosten, die schnell die zusätzlichen Umsätze übertreffen können. Daher muss stets der Grundsatz gelten, dass zusätzliche Produkte die Rentabilität nicht verschlechtern dürfen. Diese ist nicht immer vom Handelsunternehmen autonom beeinflussbar, sondern wird auch durch Konkurrenzreaktionen bedingt. Letztendlich muss die Erhaltung/Steigerung der Gesamtrentabilität jedoch das Leitziel aller Sortimentsentscheidungen sein. Unter dieser Prämisse bietet sich ein strukturierter Prozess an, in welchem zunächst die Rentabilitätskennzahlen für die einzelnen Warengruppen definiert werden. Alle Funktionsbereiche des Unternehmens müssen sich an diese Vorgaben halten. Controllingkennzahlen wie Umschlagshäufigkeit oder Flächenproduktivität geben Anhaltspunkte für schwache Artikel, die unter Umständen zur Auslistung vorgesehen werden können.

Die Aufnahme neuer Artikel kann entweder die Entscheidung zur Sortimentsdifferenzierung oder aber zur Sortimentsmodifikation beinhalten. Sie ist davon abhängig, ob ein neuer Artikel zusätzlich aufgenommen werden kann (Differenzierung) oder ob dafür ein anderer ausgelistet werden muss (Modifikation). Eine strategische Bewertung des Sortimentsbereichs, die der Beurteilung des Produktes vorausgeht, kann mittels des Sortimentsportfolios erfolgen (vgl. *Rudolph/Brandstetter* 1995, S. 101 ff.). Die einzelnen Sortimentsgruppen werden anhand der zwei Dimensionen *Marktentwicklung* und *Sortimentspotenzial* im Portfolio positioniert.

Kriterien zur Beurteilung der Marktentwicklung:

- Bevölkerungsentwicklung
- Wertewandel
- allgemeine Wirtschaftsentwicklung
- Marktvolumen
- Marktwachstum

Kriterien zur Beurteilung des Sortimentspotenzials:

- Umsatzwachstum
- Stellung im Lebenszyklus
- Sortimentsbreite und -tiefe

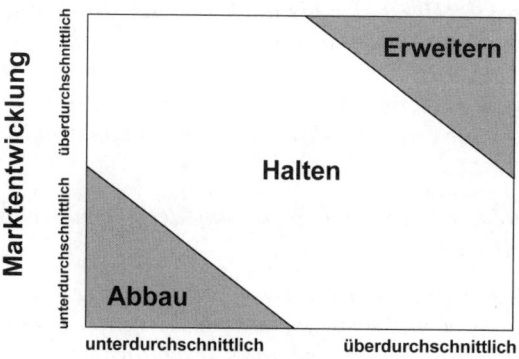

Abb.: Sortimentsportfolio
Quelle: *Rudolph/Brandstetter* 1995, S. 102

Das Portfolio kann in **drei Zonen** unterteilt werden:

- **Abbau:** Ein Neuprodukt darf nicht gelistet werden, sondern vorhandene Produkte sollen ausgelistet werden.

- **Halten:** Wird ein neues Produkt gelistet, ist dafür eines aus dem bisherigen Sortiment auszulisten.

- **Erweiterung:** Ein neues Produkt darf zusätzlich gelistet werden.

Sofern das Neuprodukt die strategischen Anforderungen der positiven Marktentwicklung erfüllt, erfolgt die operative Bewertung des Produktes selbst. Die unten aufgeführten Kriterien stellten sich als besonders wichtig heraus, wobei sie von dem Category Manager/Einkäufer nochmals gewichtet werden sollten.

Kriterien zur Bewertung des neuen Artikels:

- Marktpotenzial
- Innovationsgehalt
- Image des Herstellers
- Werbebudget
- Konditionen
- positive Markttests
- Logistikleistung
- exakte Positionierung des Neuprodukts

Praxisbeispiel: „Dinkelkorn"

Ein Backwarenhersteller bietet ein neues Produkt mit dem Namen „Dinkelkorn" an. Dabei handelt es sich um ein 750 g schweres Vollkornbrot aus biologischem Anbau. Mit einem Endverbraucherpreis von 1,99 Euro soll es 40 % günstiger als vergleichbare Produkte in Bäckereifachgeschäften angeboten werden. Handelspartner ist eine Supermarktkette, die Überlegungen zur Listung des Produkts anstellt.

Zunächst wird die strategische Beurteilung des Sortimentsbereichs „Backwaren" durchgeführt. Sowohl Hersteller als auch Handel stufen die Marktentwicklung als durchschnittlich ein. Die Umwelt ist stabil und der Markt ist aufgrund seiner Größe attraktiv. Das Sortimentspotenzial wird ebenfalls als durchschnittlich eingestuft. Somit ergibt sich für den Bereich „Backwaren" die Normstrategie Halten. Dies bedeutet, dass für das neue Produkt ein altes aus dem Sortiment ausgelistet werden muss.

Anschließend erfolgt die operative Bewertung des neuen Produktes an Hand oben beschriebener Kriterien:

- *Das **Marktpotenzial** wird als durchschnittlich eingestuft. Die Nachfrage nach Brot ist immer gegeben. Der biologische Anbau entspricht dem Trend nach gesunder Ernährung und lässt eine hohe Akzeptanz erwarten.*

- *Der **Innovationsgehalt** kann nicht als besonders hoch angesehen werden. Es handelt sich um ein Me-Too-Produkt. Allerdings verfügt der Discounter bislang nicht über Brotlaibe auf Bio-Basis.*

- *Das **Image des Herstellers** kann insbesondere im Hinblick auf die Neuprodukteinführung als überdurchschnittlich gut angesehen werden.*

- *Der Hersteller ist jedoch nicht in der Lage, die Produkteinführung durch eine **Werbekampagne** zu unterstützen. Doch sollen in den ersten Wochen Verkostungen durchgeführt werden. Dies entspricht der Mindestanforderung des Handelsunternehmens.*

- *Die Anforderungen der Handelskette in Bezug auf die **Konditionen** werden erfüllt. Sie kalkuliert mit einer Mindestmarge, die von dem neuen Artikel überschritten wird.*

- ***Positive Markttests:** Aus Kostengründen hat der Hersteller keine Tests durchgeführt. Doch verfügen die Einkäufer über eine große Erfahrung, aus der sie den Produkterfolg beurteilen.*

- *Der Hersteller bietet einen eigenen Frischdienst, der das noch warme Brot täglich ausliefert. Somit übersteigt die gebotene **Logistikleistung** die Erwartungen.*

- *Auf das Kriterium der **exakten Positionierung** legt die Handelskette großen Wert. Die neuen Artikel müssen im Niedrigpreissegment positioniert sein. Diese Anforderung wird von dem Neuprodukt nur knapp erfüllt.*

Aufgrund der Tatsache, dass das neue Produkt die Erwartungen des Discounters in jeder Hinsicht erfüllt, soll es zur Listung vorgesehen werden. Allerdings gilt für den Bereich „Backwaren" die Strategie Halten, sodass ein anderer Artikel, das bislang schwächste Herstellerprodukt, ausgelistet wurde.

Quelle: in Anlehnung an Rudolph / Brandstetter 1995

18 >> Seite 449

2.3.2 Sonderposten und Partievermarktung

Bei der **Partieware** (**Sonderposten**) handelt es sich um Artikel, die weder zum Stamm- noch zum Saisonsortiment (z. B. Süßigkeiten zu Weihnachten) gehören und die **mengen- und zeitmäßig begrenzt** angeboten werden (vgl. *Schröder / Mehling* 2001, S. 399). Dies können z. B. Fahrräder, Computer oder Kinderbekleidung im Lebensmitteleinzelhandel sein. Derartige Aktionsware darf nicht mit klassischen Sonderangeboten verwechselt werden. Hierbei handelt es sich um Waren aus dem Standardsortiment, die vorübergehend im Preis reduziert und/ oder in speziellen Packungsgrößen offeriert werden. Partiewaren sind **exklusiv** und **nur für kurze Zeit** verfügbar, hieraus ergibt sich für den Konsumenten eine hohe Attraktivität, er muss seinen Bedarf decken, bevor die Ware ausverkauft ist. Charakteristisch für die Partievermarktung ist, dass diese Artikel in dieser Form und diesem Design unter Umständen nie wieder angeboten werden. Daher wurde im Englischen auch der saloppe Ausdruck *WIGIG's* dafür geprägt: *When it's gone* *it's gone.* Das Angebot von Partien ist eine Form der künstlichen Verknappung von Waren. Die Sonderposten-Strategie hat sich in den letzten Jahren zu einer der populärsten des Lebensmitteleinzelhandels entwickelt, einige Handelsunternehmen machten sie gar zur Grundlagen ihrer Handelsstrategie wie Tchibo oder Strauß Innovation. Durch meist wöchentlich wechselnde Partien wird der Kunde angeregt, die Einkaufsstätte häufiger aufzusuchen. Er hat kaum Zeit, die Kaufentscheidung lange zu überdenken, denn dann ist der begehrte Artikel vielleicht bereits ausverkauft. Im Lebensmitteleinzelhandel wirken Sonderposten zudem als Magneten. Sie ziehen die Kunden in die Geschäfte, die dort dann auch ihre regulären Einkäufe tätigen.

Im Wesentlichen hat sich das Prinzip der Partievermarktung aus den **Self Liquidating Offers** entwickelt. Darunter versteht man besonders preisgünstige Angebote, die nicht zum Stammsortiment gehören. Diese Self Liquidators galten als eine besonders attraktive Form der Verkaufsförderung. I. d. R. wurde lediglich ein kostendeckender Preis angestrebt, es wurde daher auch von Zugaben gesprochen, die selbsttragend konzipiert worden waren. Dabei handelte es sich um ungewöhnliche und attraktive Angebote mit hohem Aufmerksamkeitswert (vgl. *Gregorczyk* 2004, S. 26).

Maßgeblich für den Erfolg der Partieware ist, dass die Kunden diese als **preiswürdig** empfinden. Sie haben den Eindruck, ein „Schnäppchen" zu ergattern, auch wenn ein direkter Preisvergleich mit anderen Produkten der Gattung meist nicht möglich ist. Damit besteht der Nutzen für den Verbraucher darin, entweder Produkte zu einem günstigeren Preis als am Markt erwerben zu können oder aber Artikel zu erhalten, die in dieser Form von anderen Marktteilnehmern nicht angeboten werden. Objektiv kann jedoch nicht davon ausgegangen werden, dass Partieware stets besonders preisgünstig ist, denn unter Umständen bieten andere Händler ähnliche Produkte in ihrem Standardsortiment zu vergleichbaren Preisen an. So muss die angebotene Kinderbekleidung im Tchibo-Regal nicht günstiger sein als in einem Textilhandel, hier reichen eine gute Präsentation am POS, die zeitliche Exklusivität des Angebots und die räumliche Nähe häufig aus, um einen Impulskauf zu initiieren.

Der Effekt der Einzigartigkeit wird bei der Partievermarktung unterstützt durch die **mangelnde Planbarkeit**. Die Verbraucher erfahren erst ein bis zwei Wochen vorher, welche Sonderposten angeboten werden. Sie können nicht damit rechnen, dass diese in absehbarer Zeit wieder zu erwerben sind.

Es lassen sich unterschiedliche Formen der Partievermarktung unterscheiden (vgl. *Schröder/Mehling* 2001, S. 400):

- **Reine** Partievermarkter verfügen über kein Standardsortiment und bieten ausschließlich Partieware an. Hierzu gehören auch alle Arten von Restposten, Überschussware, Auslaufmodelle, Ware zweiter Wahl, Ware aus Insolvenzen oder Havarien.

- Handelsunternehmen, die **Sonderposten** ergänzend zu ihrem Stammsortiment offerieren. Sie nutzen diese Strategien, um den Kunden stärker an sich zu binden, die Besuchsfrequenz zu erhöhen, Impulskäufe und Verbundkäufe zu verstärken.

Mit der Partievermarktung werden i. d. R. folgende **Ziele** verfolgt:

Generelle Ziele	Ökonomische Ziele
• Profilierung durch Einzigartigkeit • Demonstration vom Preiswürdigkeit • Erhöhung der Sortimentskompetenz • Höhere Kundenbindung • Erhöhung der Kundenfrequenz • Erhöhung der Einkaufsfrequenz	• Erhöhung des durchschnittlichen Kassenbons • Förderung von Verbundkäufen (One Stop Shopping) • Förderung von Impulskäufen • Verbesserung des Rohertrags • Verbesserung der Liquidität • Steigerung der Flächenproduktivität

Die Aufnahme von Partiewaren ist mit einer Reihe von **Entscheidungen** zu deren Management verbunden. Es müssen Entscheidungen über den inhaltlichen Bezug zum Stammsortiment, den Angebotsrhythmus, das Qualitätsniveau, das Konzept der Einzel- oder Themenvermarktung, der Preisbildung und der Ausschleusung getroffen werden. Ebenso muss überlegt werden, ob das Handelsunternehmen ein spezialisiertes Unternehmen mit der Auswahl und Zusammenstellung der Partien beauftragen möchte.

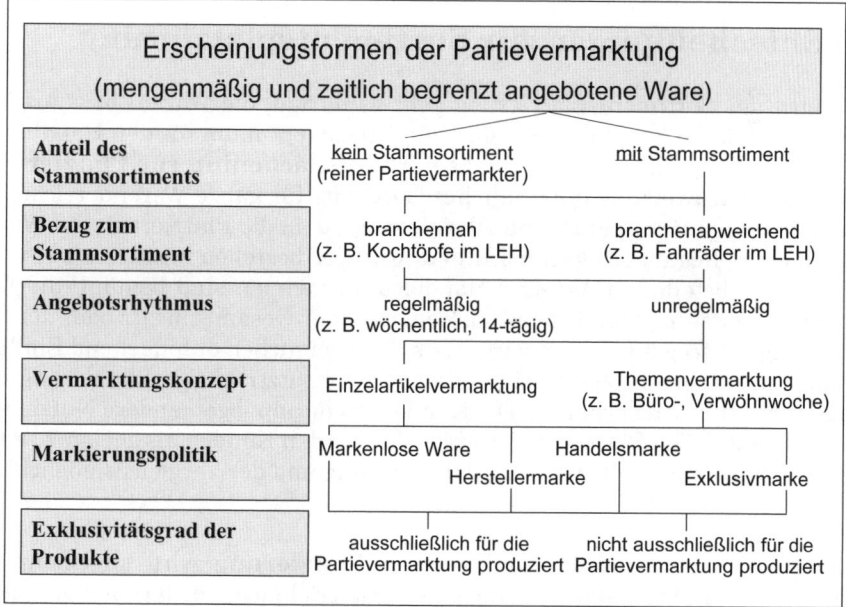

Abb.: Ausgewählte Gestaltungselemente der Partievermarktung
Quelle: *Schröder / Mehling* 2001, S. 400

Um die Strategie der Partievermarktung mit Erfolg einzusetzen und die Risiken in Grenzen zu halten, müssen für das Handelsunternehmen eine Reihe von Voraussetzungen gegeben sein.

- **Hohe Kundenfrequenz** der Einkaufsstätte: Je höher die Frequenz ist, desto höher ist auch die Wahrscheinlichkeit, dass die Kunden die Aktionsware wahrnehmen und Käufe tätigen.

- Realisierung **kurzfristig hoher Abverkaufsmengen**: Nur bei hohen Mengen lassen sich gute Beschaffungskonditionen oder eine exklusive Produktion realisieren. Leider sind gerade diese mit hohen Risiken verbunden, da die Ware nur einmalig angeboten wird und die Nachfrage kaum zu prognostizieren ist. Damit stehen die Unternehmen vor einem Optimierungsproblem zwischen Fehlmengen- und Restwaren-Risiko.

- **Aufbau von Ausschleusungskanälen:** Die Partievermarktung lebt von der Kurzfristigkeit. Erweisen sich bestimmte Posten als schwer verkäuflich, darf das Unternehmen nicht den Fehler begehen, sie lange in den Geschäften zu belassen. Die Begehrlichkeit beim Kunden sinkt in diesem Fall und es entsteht schnell der Eindruck von Ladenhütern. Erfolgreiche Partievermarkter (und übrigens ebenso die großen Versender, die ebenso vor dem Problem der Nachfragevorhersage stehen) haben daher eigene Vertriebswege zur Ausschleusung wenig begehrter Produkte entwickelt. Hier werden die Restanten mit großen Preisabschlägen verkauft. Ein hoher Anteil an Restwaren schmälert daher den Gesamterlös der Partievermarktung immens.

2.3.3 Entscheidungen zur Sortimentsplatzierung

Im Rahmen der Sortimentsplatzierung geht es darum, die Waren- bzw. Artikelgruppen im Laden so zu platzieren, dass ein Umsatzoptimum für den Händler erreicht wird. Dabei geht es sowohl um die **verkaufsflächeninterne Platzierung**, d. h. die Flächenzuweisung innerhalb des Geschäfts für ganze Warenbereiche, als auch um die **warenträgerinterne Platzierung**, d. h. die Platzierung der Waren innerhalb eines Regals (**Regaloptimierung**). Hier bestehen Konflikte zwischen den Zielen der beteiligten Akteure. Handelsunternehmen sind bemüht, die Flächenzuweisung dahingehend zu optimieren, dass der Gesamtumsatz oder der Gesamtdeckungsbeitrag maximiert wird. Hersteller versuchen dahingehend Einfluss zu nehmen, dass ihre Produkte eine besonders umsatzträchtige Platzierung mit möglichst großer Fläche erhalten. Die Kunden wiederum legen andere Nutzenkriterien zu Grunde. Eine Platzierung erweist sich für den Kunden als geeignet, wenn sie die Funktionen der Zeitersparnis, der Anregung und der Vergleichsmöglichkeit erfüllt.

Im Rahmen der **verkaufsflächeninternen Platzierung** wird allgemein der Grundsatz verfolgt, Verkaufsabteilungen mit großem Flächenbedarf und geringem Umsatzbeitrag pro Quadratmeter solche **Flächen** zuzuweisen, die vom Hauptkun-

denstrom entfernt liegen, während die Warengruppen mit hoher Verkaufsflächenproduktivität in **frequenzstarken** Bereichen zu finden sind. Innerhalb der Verkaufsabteilungen werden impulsträchtige Artikel die verkaufsstärksten Platzierungen erhalten. Zudem ist die Flächenzuteilung abhängig vom Packungsvolumen
und den Qualitätsstufen der Ware.

In diesem Zusammenhang müssen zwei Probleme gelöst werden: Wie groß soll die
quantitativ zugewiesene Fläche sein? Je größer diese ist, desto höhere Umsätze
werden erwartet. Ferner ist die gesamte Warenpräsentationszone nicht homogen,
sondern wird stärker oder minder stark frequentiert. Somit stellt sich die Frage
nach der **qualitativen** Flächenzuweisung. Die Raumproduktivität insgesamt soll
optimiert werden. Als Kennzahl werden die pro Quadratmeter zu erwirtschaften-
den Bruttospannen in einer Zeiteinheit (Gesamtdeckungsbeitrag pro qm und Jahr)
herangezogen. Bei einer ausgelasteten Fläche ist eine Ausdehnung bestimmter
Sortimente nur zu Lasten anderer möglich (vgl. *Hansen* 1990, S. 300 f.).

Quantitative Flächenzuweisung

Bei einer Vergrößerung der Flächenzuweisung ist anzunehmen, dass Aufmerk-
samkeitswirkung und Kaufstimulierung der Kunden steigen. Der Abverkauf wird
tendenziell mit steigender Fläche zunehmen. Dabei ist zu beachten, dass die Beziehung zwischen Abverkauf und Flächenvergrößerung degressiv ist. Das bedeutet,
ab einem bestimmten Punkt bringt eine weitere Erhöhung der Verkaufsfläche nur
noch eine marginale beziehungsweise keine Erhöhung des Abverkaufs. Die Höhe
der Zunahme ist von den Charakteristika der Artikel- bzw. Warengruppe abhängig. So vermutet *Hansen*, dass bei lebensnotwendigen Gütern die Umsatzstagna-
tion bei Erweiterung der Präsentationsfläche relativ schnell erreicht ist, während
sie bei Impulsangeboten unter Umständen erst relativ spät eintritt.

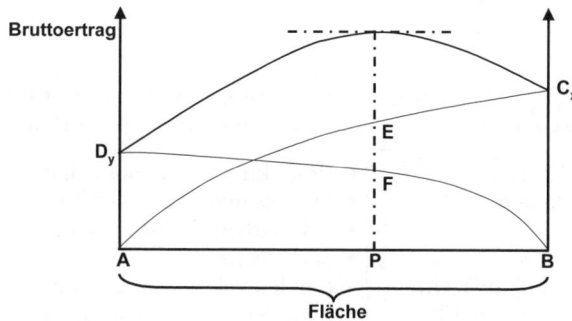

Abb.: Absatz zweier Artikel in Relation zur Fläche
Quelle: *Hansen* 1990, S. 300

In der Abbildung wird das Problem der Präsentationsflächenoptimierung veranschaulicht. Zwei Produkte x und y konkurrieren um einen jeweils großen Anteil an der Fläche AB. Wird nur x platziert, kann ein Bruttoertrag von C_x erreicht werden. Kann y die Fläche für sich beanspruchen, resultiert ein Bruttoertrag von D_y. Eine Addition der beiden Bruttoertragskurven zeigt, dass im Punkt P die Grenzerträge gleich sind. Hier wird die ertragsgünstigste Aufteilung der Fläche erreicht.

Qualitative Flächenzuweisung

Die Fläche innerhalb eines Verkaufsraums ist nicht gleich wertvoll, d. h. es gibt Lagen mit hoher und solche mit niedriger Qualität. Nicht alle Ecken werden gleichmäßig stark frequentiert, doch die abgesetzten Verkaufsmengen korrelieren stark mit der Frequenz. Diese nimmt mit der Entfernung zu den Eingängen deutlich ab. Somit bildet die Nähe zum Kundenverkehr eine entscheidende Variable. Daher findet man in Waren- und Kaufhäusern in Eingangsnähe stets die Warengruppen mit hoher Flächenproduktivität. Die Nähe zum Kundenverkehr ist nicht nur abhängig von den Ein- und Ausgängen, sondern auch von der Lage von Verkaufseinrichtungen (Kassen) und Attraktionswirkungen. Auch kann die Verkaufsfläche in Zonen unterschiedlicher Geschwindigkeit untergliedert werden. Im Eingangsbereich, in Verbindungswegen zwischen Eingang und Rolltreppen herrscht schnell fließender Kundenverkehr, während in Zonen der Fremdbedienung der Verkehr als ruhend bezeichnet werden kann.

Der **Standort der Warengruppen** ist abhängig von:

* den Verbrauchsverwandtschaften
* der Kundenfrequenz
* der Kaufhäufigkeit
* der Impulsträchtigkeit
* den technischen Restriktionen
* dem Grundriss des Verkaufsraumes

Produkteignung für eine Platzierung innerhalb des Kundenverkehrs	Produkteignung für eine Platzierung außerhalb des Kundenverkehrs
• Produkte mit Reizkaufcharakter (Impulsartikel, Innovationen, Sonderangebote) • geringwertig • problemlos mit kurzen Einkaufszeiten • kleine Ausstellungsfläche pro Artikel • Produkte mit Massenbedarfscharakter	• Produkte mit Suchkaufcharakter • hohe Dringlichkeit des Bedarfs • hohe Attraktivität des Angebots • hochwertig • problemvoll mit langen Einkaufszeiten • große Ausstellungsfläche pro Artikel • Produkte für spezielle Bedarfe

Quelle: *Hansen* 1990, S. 303

Produkteigenschaften	Platzierung innerhalb des Verkehrsstroms	Platzierung außerhalb des Verkehrsstroms
Suchkaufcharakter	niedrig	hoch
Dringlichkeit	niedrig	hoch
Einkaufszeiten	kurz	lang
Ausstellungsfläche	niedrig	hoch
Zielgruppe	allgemein	speziell

Praxisbeispiel: Kundenlaufstudien bei Edeka

Zur Optimierung der Verkaufsflächengestaltung setzt Edeka Kundenlaufstudien ein. Ziel ist es, Informationen darüber zu erhalten, wie sich die Kunden auf der Verkaufsfläche bewegen, welche Hauptwege sie benutzen und wann wo wie viel gekauft wird. Bis zu 75 % der Entscheidungen fallen am POS, daher sind solche Erkenntnisse von zentraler Bedeutung.

Edeka fand heraus, dass es insbesondere zwei Kriterien sind, die einen gut strukturierten Markt kennzeichnen: Der Kunde findet schnell, was er sucht, und es gibt eine gleichmäßige „Durchblutung" und Kundendichte, weil alle Winkel genutzt werden.

Das Orientierungs-, Informations- und Kaufverhalten der Kunden während ihres Einkaufs wurde detailliert gemessen und ausgewertet. Geschulte Beobachter vermerkten alle Handlungen zeitgenau in einer digitalen Grundriss-Skizze des Marktes. Jedes Regal und jede Fläche wird nach Frequenz und Kaufwahrscheinlichkeit dargestellt. An Hand dieser Darstellungen ergeben sich konkrete Empfehlungen für die Flächenzuweisung. Ziel ist es dabei stets, mehr Warenkontakte und damit i. d. R. auch größere Warenkörbe zu generieren. Dies Studie offenbart zugleich Verbesserungspotenziale in der Gestaltung, z. B. wenn trotz hoher Frequenz die Parameter Information und Kauf niedrig sind. Sind dagegen Frequenz und Information hoch, die Umwandlung in Kaufakte jedoch gering, muss das Sortiment analysiert werden.

Eine wichtige Größe bei der Platzierung sind die „Frequenz-Elastizitäten" der Warengruppen. Sie geben Auskunft dahingehend, wie sich die Kaufhäufigkeit mit der Kundenfrequenz verändert. Haushaltswaren z. B. gelten als „frequenz-uneleastisch" und können in frequenzarmen Bereichen platziert werden. Süßigkeiten dagegen sind in hohem Maße elastisch und müssen in belebte Bereiche.

Die Untersuchungen belegen allgemeine Erkenntnisse. Die Rechts-Orientierung der Verbraucher im Geschäft bestätigt sich. Die Verbraucher bewegen sich im Uhrzeigersinn entlang der äußeren Regale durch das Geschäft. Gänge mit „Tunnel-Gefühl" werden gemieden, dies sollte bei der Regallänge und Gangbreite berücksichtigt werden. Aufmerksamkeitsstarke Produkte sollten in der Regalmitte platziert werden. Die Geschwindigkeit der Kunden ist zu Anfang und zu Ende ihres Einkaufsweges am höchsten, im mittleren Abschnitt sind sie deutlich langsamer und nehmen sich Zeit. In diesem Zeitraum sind sie am ehesten offen für Informationen und zusätzliche Reize.

Quelle: Thal 2007

Neben der Platzierung innerhalb des Verkaufsraumes spielt die **warenträgerinterne Platzierung** eine essentielle Rolle für die Höhe der Umsätze. Sie kann durch vier unterschiedliche Parameter beeinflusst werden (vgl. *Berghaus* 2005, S. 14 ff.).

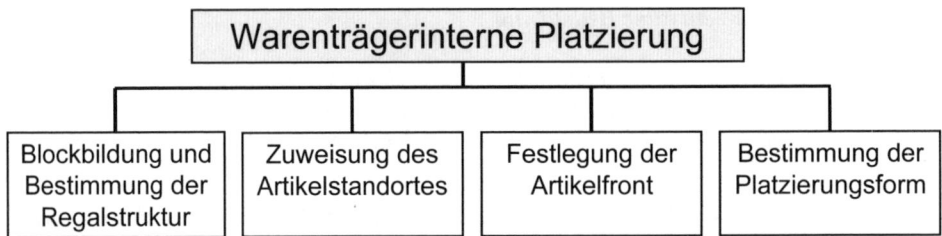

Mit der **Blockbildung** wird die Bildung von Platzierungsgruppen im Warenträger bezeichnet. Welche Artikel sollen in räumlicher Nähe zueinander im Regal ihren Platz erhalten? Im Allgemeinen unterscheidet man

- **Hersteller- oder Markenblöcke:** Hier bilden alle Produkte eines Herstellers (oder einer Marke) einen Block. Diese Blockbildung wird i. d. R. von den Herstellern favorisiert. Der Kunde erhält eine Übersicht über dessen Produkte und greift bei Substitutions- oder Verbundkäufen eher zu anderen Produkten/Marken desselben Herstellers. Ein Beispiel wäre ein Haarpflegeregal, in dem alle Produkte/Marken von L'Oréal zusammen platziert werden, daneben folgen alle von Procter & Gamble, dann alle von Schwarzkopf/Henkel etc.

- **Produktblöcke:** Im Produktblock werden gleiche Artikel nebeneinander platziert, unabhängig von der Marke/Hersteller. In unserem Beispiel würde dies bedeuten, dass alle Shampoos nebeneinander platziert werden, dann alle Conditioner, alle Haarkuren etc. Kunden präferieren i. d. R. diese Platzierungsform, denn so lassen sich die Artikel unterschiedlicher Hersteller und deren Preise besser vergleichen.

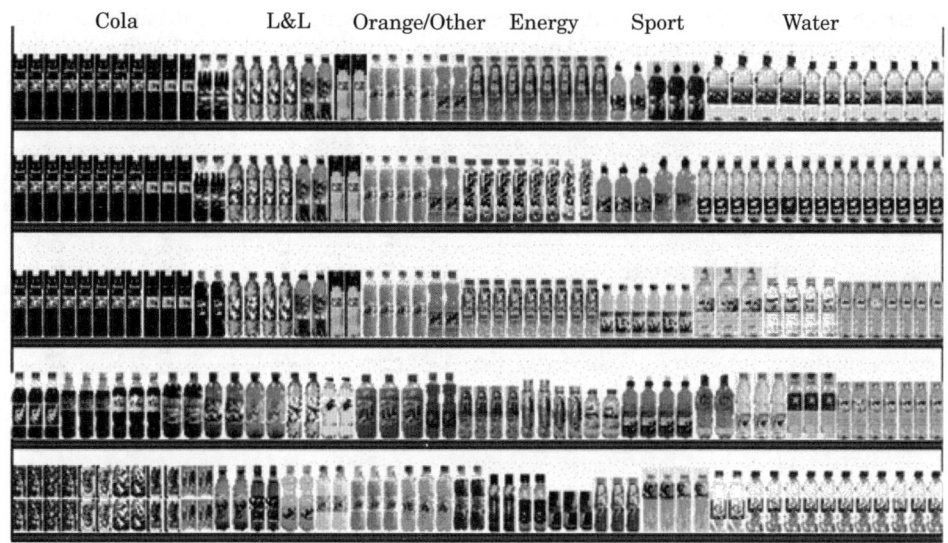

Cola   L&L   Orange/Other   Energy   Sport   Water

Carbonates - 51 % space   Energy/Sport - 11 % space Water - 28 % space

Abb.: Beispiel für eine Produktblockplatzierung von Softdrinks
Quelle: *http. / / :www. contrell.ic / pico / space.gif*

- **Hinkunftsorientierte Blockbildung:** Die Blockbildung erfolgt nach Verwendungszusammenhang, Bedarfsträgern oder Erlebniskomplexen. Dies ist z. B. in den Diät-Regalen eines Lebensmittelgeschäfts zu beobachten, wo unterschiedlichste Artikel verschiedener Hersteller nebeneinander platziert werden. Diese Blockbildung ist vorteilhaft, wenn es sich um genau abgrenzte Zielgruppen handelt und das betreffende Sortiment überschaubar ist. Es werden hier besonders Verbundkäufe gefördert.

- **Wertorientierte Blockbildung:** Hier erfolgt die Blockbildung nach den Preisen der Artikel. Der Wert nimmt von oben nach unten ab. Der Verbraucher hat in den vergangenen Jahrzehnten gelernt, dass oben im Regal die hochpreisigen Artikel zu finden sind, unten jedoch die preisgünstigsten. Diese Form der Blockbildung findet sich sehr häufig, jedoch stets in Verbindung mit einer der oben genannten.

Die wichtigste Regel zur **Bestimmung der Regalstruktur** ist die der **vertikalen** oder **horizontalen Blockbildung**. Prinzipiell ist der **vertikalen** Anordnung der Vorzug zu geben, denn so wird gewährleistet, dass die meisten Artikel auch in die Griff- und Sichtzonen hereinragen. Die Waren mit den jeweils höchsten Roherträgen können in Sicht- oder Griffhöhe platziert werden, während solche mit geringeren Spannen bzw. Deckungsbeiträgen darunter oder darüber ins Regal gestellt werden. Zudem werden die Käufer eher zu Verbundkäufen angeregt, da sie unterschiedliche Artikelgruppen wahrnehmen können. Diese werden im Falle der **horizontalen** Anordnung leicht übersehen, wenn sie im unteren Bereich des Warenträgers liegen. Unterschiedliche Wertigkeiten können hier nicht berücksichtigt werden. Zudem verleitet diese Anordnung zu einem schnelleren Lauftempo und führt dazu, dass der Blick nicht gestoppt wird, sondern horizontal am Regal entlang läuft.

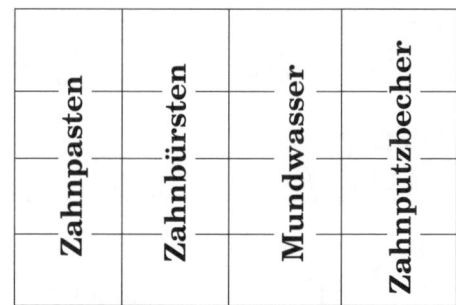

Abb.: Horizontale und vertikale Anordnung innerhalb des Warenträgers
Quelle: *Pflaum / Eisenmann* 1988, S. 150

In der Praxis finden sich selten ausschließlich vertikale oder horizontale Blöcke, sondern eine Kombination aus beiden Formen: der **Kreuzblock**. Hier werden z. B. horizontal unterschiedliche Artikelgruppen platziert, vertikal werden die Artikel nach Herstellern/Marken gruppiert. Der Vorteil dieser Kreuzblockplatzierung ist darin zu sehen, dass sie unterschiedlichen Interessen entgegen kommt. Für den Kunden ist sie übersichtlich und erleichtert die Suche, für die Hersteller besteht die Möglichkeit, ihre Platzierung vertikal zu optimieren.

Ergebnisse empirischer Studien zur Blockbildung:

Klosterfrau-Studie: Die Wirkung von horizontaler versus vertikaler Anordnung von Produktgruppen sollte getestet werden. Eine horizontale Anordnung reduzierte den Abverkauf um 7 %, während die vertikale ihn um 7 % und mehr steigerte.

Lever-Studie: Es wurden Konsumenten zur Warenplatzierung von Wasch-, Putz- und Reinigungsmitteln befragt. Ein Ergebnis zeigte, dass die Kunden die Produktblockbildung übersichtlicher fanden als Hersteller-/Markenblöcke.

Dr. Oetker/Johnson & Johnson/Nestlé-Studie: Suchzeiten und Suchlogiken der Kunden bei Produktblöcken und Kreuzblöcken wurden gegenübergestellt. Der Kreuzblock erwies sich dabei als deutlich überlegen im Hinblick auf Übersichtlichkeit. Die Suchzeiten lagen hier 25 % unter denen der Produktblockplatzierung.

Procter & Gamble-Studie: Die Anordnung nach Marken hat die höchste Bedeutung und vor allem markenbewusste Verbraucher finden sich in Hersteller-/Markenblöcken sehr schnell zurecht. Für andere Verbraucher, die nach Produktarten suchen, wird die Orientierung im Herstellerblock jedoch erschwert.

Tiefkühlkost-Studie: Es wurden drei verschiedene Gruppierungsvarianten untersucht – Platzierung nach Zielgruppensegmenten (Singlehaushalt, Familienpackung), Gruppierung nach Markenblöcken, innerhalb dieser nach Zielgruppensegmenten, und einer dritten Variante, die der zweiten entsprach mit der Änderung, dass die wettbewerbstärksten Produkte entfernt in der gegenüberliegenden Ecke platziert wurden. Die Anordnung nach Zielgruppensegmenten ergab den niedrigsten Ausgabebetrag pro Kunde, während die Anordnung nach Markenblöcken höhere nach sich zog. Die höchsten Werte erzielte die dritte Variante.

Quelle: *Berghaus* 2005, S. 23 ff.

Den zweiten wesentlichen Parameter der Regalplatzierung stellt die **Zuweisung des Artikelstandorts** dar. Hier geht es um die qualitative Zuweisung von Flächen. Der Artikelstandort wird bestimmt von der horizontalen und vertikalen Lage im Regal. Klassischerweise erfolgt eine Unterteilung in **Reckzone, Sichtzone, Griffzone** und **Bückzone.** Die im Abverkauf stärksten Bereiche liegen in der Mitte des Warenträgers in Sichthöhe. Als zweitstärkste Bereiche konnten die Mitte des Warenträgers in Griffhöhe sowie rechts von der Mitte in Sichthöhe identifiziert werden.

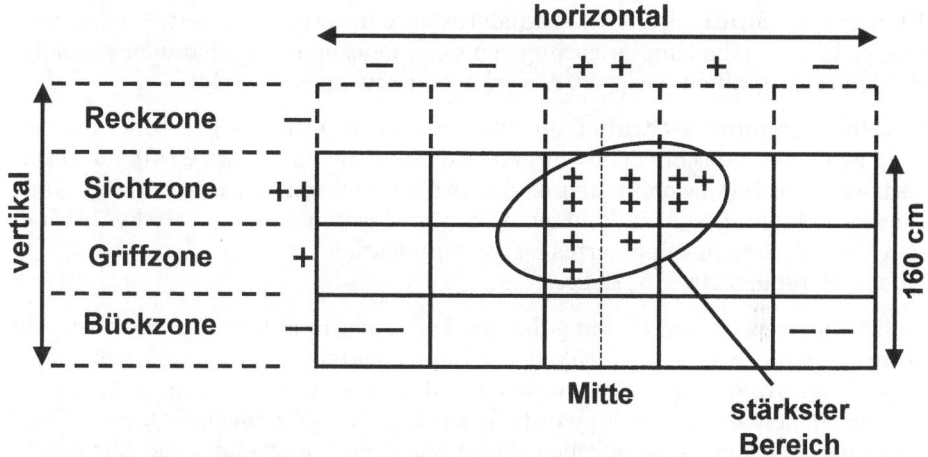

Abb.: Bereiche mit der stärksten Beachtung im Warenträger
Quelle: *Pflaum / Eisenmann* 1988, S. 150

Allerdings sind die Wertigkeiten der unterschiedlichen Regalzonen auch von der im jeweiligen Geschäft vorherrschenden Kundenlaufrichtung abhängig. So werden i. d. R. die ersten Regalmeter aus Laufrichtung des Kunden stärker beachtet als weiter hinten gelegene. Auch die Produkte selbst können Einfluss haben. Regale mit starken Marken werden eher beachtet als solche mit unbekannten. Die Allgemeingültigkeit der Flächenwertigkeiten ist somit kritisch zu betrachten, da eine Reihe anderer Faktoren Einfluss nehmen kann (vgl. *Berghaus* 2005, S. 19).

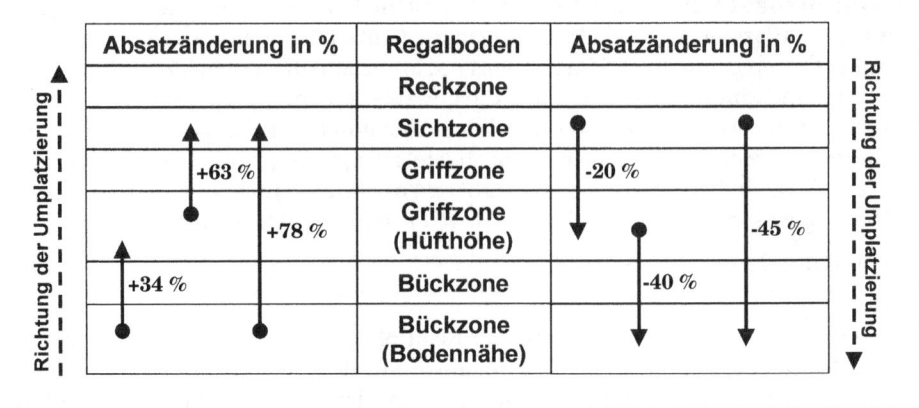

Absatzänderung in %	Regalboden	Absatzänderung in %
	Reckzone	
	Sichtzone	● ●
+63 %	Griffzone	-20 %
+78 %	Griffzone (Hüfthöhe)	-45 %
+34 %	Bückzone	-40 %
	Bückzone (Bodennähe)	

(linke Achse: Richtung der Umplatzierung; rechte Achse: Richtung der Umplatzierung)

Abb.: Absatzwirkungen von Umplatzierungen
Quelle: *Berghaus* 2005, S. 33

Ergebnisse empirischer Studien zum Artikelstandort:

Klosterfrau-Studie: Die Artikelstandorte wurden vertikal variiert. Als Ergebnis zeigte sich, dass die Umplatzierung von tiefer gelegenen Regalstandorten in die Sichtzone die größten positiven Abverkaufsänderungen bewirkte.

Ketchup/Mayonaise-Studie: Alle Absätze wurden vorher bei gegebener Platzierung gemessen. Anschließend wurden alle Impulsartikel in die Griffhöhe verlagert, während die Gewohnheitsprodukte in die Randlagen platziert wurden. Nach erneuter Messung konnte kein signifikanter Zusammenhang zwischen Absatz und Veränderung des Regalortes festgestellt werden.
Quelle: Berghaus 2005, S. 29 ff.

Zielke untersuchte die Wirkung des Artikelstandorts auf die Suchzeit und die Wahrnehmungswahrscheinlichkeit der Konsumenten. An einem Schreibwarenregal eines SB-Warenhauses wurden Kunden gebeten, bestimmte Artikel oder Warengruppen zu suchen. Es wurde festgestellt, dass die Suchzeit umso kürzer ist, je hochwertiger die Regalzonen sind. Auch ist die Wahrnehmungswahrscheinlichkeit bei hochwertiger Regalfläche höher.

Quelle: *Zielke* 2002

Den dritten Entscheidungsbereich stellt die **Festlegung der Artikelfront** dar. Sie bezieht sich auf einen quantitativen Aspekt der Warenplatzierung. Wie viele Frontstücke soll ein Artikel im Regal enthalten? Diese Anzahl der Frontstücke bezeichnet man als **Kontaktstrecke** oder auch **Facing**. Mit einer höheren Kontaktstrecke erhöht sich die Wahrscheinlichkeit, dass dieser bestimmte Artikel wahrgenommen und damit auch gekauft wird. *Zielke* (vgl. 2002, S. 159) fand heraus, dass sich die Suchzeit verringert, je größer seine Sichtfläche ist. Dabei kann der Zusammenhang zwischen Artikelfront und Suchzeit als degressiv fallend bezeichnet werden. Dies erklärt auch die Bemühungen der Hersteller um eine möglichst hohes Facing. Besonders Markenartikelhersteller bemühen sich, darauf Einfluss zu nehmen. Als Faustregel hat sich in der Praxis bewährt, dass die Höhe des Marktanteils den Prozentsatz der Fläche, bezogen auf die insgesamt von diesem Artikel belegte Fläche, bestimmen sollte.

Beispiel: Kaffee nimmt 5 m Front ein. Artikel X hat davon einen Marktanteil von 20 %, d. h. es wird ein Facing von einem Meter angestrebt.

Den vierten und letzten Entscheidungsbereich im Rahmen der Regalplatzierung stellt die **Bestimmung der Platzierungsform** dar. Im klassischen Regal geht es dabei um die Frage, welche Artikel hängend, liegend oder stehend platziert werden (vgl. *Berghaus* 2005, S. 21). Wird die **stehende** oder **liegende** Form gewählt, besteht zusätzlich die Möglichkeit der **Stapelung**. Die **hängende** Platzierung dagegen wird meist für Kleinprodukte verwendet. Hierfür muss die Warenträgerrückwand mit entsprechenden Halterungen versehen werden. Eine weitere Form ist die **Schüttplatzierung**, bei der die Artikel in speziellen Schüttkörben dargeboten werden. Dies ist i. d. R. bei kleineren Artikeln mit niedrigem Wert der Fall. Die Wahl der Platzierungsform wird einerseits durch die Art des Warenträgers (z. B. klassisches Regal, „Schütte") und andererseits durch physikalische (z. B. Gewicht) und mechanische (z. B. Zerbrechlichkeit) Eigenschaften der jeweiligen Artikel bestimmt.

Generell kann zur Sortimentsplatzierung festgestellt werden, dass sich Geschäftsflächen und Regalkapazitäten optimieren lassen. Insbesondere auf Regalebene kommt das so genannte **Space Management** zum Einsatz. Hierbei handelt es sich um EDV-gestützte Verfahren, die mittels mathematischer Algorithmen eine Anpassung der Regalflächen vornehmen. I. d. R. wird den Artikeln proportional zu ihrer realisierten Performance, gemessen an Absatz, Umsatz oder Rohertrag, Regalkapazität zugeteilt. Zudem können manuelle Eingaben berücksichtigt werden wie z. B. die Wirkungen zukünftiger Marktentwicklungen oder geplante Verkaufsförderungsaktionen. *Zielke* kritisiert jedoch die bislang eher simple Natur der zu Grunde liegenden Algorithmen der Space Management-Systeme (vgl. *Zielke* 2002, S. 199 ff.).

2.4 Effiziente Sortimentsgestaltung auf der Basis von Category Management

Der Begriff **Category Management (CM)** bezeichnet das Warengruppen-Management im Handel. Dabei handelt es sich um eine Kooperationsform zwischen Industrie und Handel, die im Rahmen von **ECR** (Efficient Consumer Response) entstand. Der Leitgedanke besteht darin, Ineffizienzen entlang der gesamten Wertschöpfungskette, besonders im Bereich der Schnittstellen, zu minimieren.

Die eingesparten Kosten wurden (überwiegend) zwischen Hersteller und Handel aufgeteilt. Der Name **Efficient Consumer Response** bezieht sich nur insofern auf eine kundenorientierte Strategie, als dass auf verändertes Kaufverhalten sehr schnell reagiert und z. B. Verkaufslücken im Regal durch den optimierten Warenfluss vermieden werden.

ECR besteht hauptsächlich aus zwei Komponenten, dem **Category Management** und dem **Supply Chain Management (SCM)**. Das Category oder Warengruppenmanagement umfasst dabei alle Marketingmaßnahmen, die dazu dienen, die Umsätze und die Wertschöpfung zu verbessern. Das SCM wird mit die Ziel eingesetzt, die Logistikeffizienz zu erhöhen und die Kosten für Waren- und Informationsflüsse zu senken.

Das **Category Management** ist ein gemeinsamer Prozess von Händlern und Herstellern, bei dem die Warengruppe als strategische Geschäftseinheit geführt wird, um durch Erhöhung des Verbrauchernutzens zufriedenere Kunden und damit auch ein verbessertes Geschäftsergebnis für die Industrie und den Handel zu erzielen (vgl. *ECR Europe* 1997). Analog zum Produktmanager in der Industrie plant und koordiniert der Category Manager die Warengruppe, die als Geschäftseinheit gesteuert wird. Er stimmt das Sortiment einerseits auf die Bedürfnisse der Kunden ab und sorgt gleichzeitig dafür, dass es den Erfordernissen des Handelsunternehmens im Hinblick auf Logistik, Preisstruktur, Sortimentsstruktur und Werbung entspricht.

Die **Ziele** des Category Managements lassen sich in qualitative und quantitative einteilen:

Qualitative Zielgrößen	Quantitative Zielgrößen
• Zielgruppen- und betriebstypengerechte Strukturierung des Sortiments • Imageverbesserung in Bezug auf Kundenorientierung, Leistungskompetenz, Preiswürdigkeit etc. • Erschließung neuer Kundensegmente • Nutzung von Verbundpotenzialen • Erhöhung der Kundenloyalität • Profilierung im Handelswettbewerb • Preiskonzept mit hoher Wertschöpfung • Früherkennung von Trends	• Steigerung von Rentabilitätskennzahlen (Deckungsbeitrag, Umsatz, Flächenproduktivität, Umschlagshäufigkeit) • Verringerung der Kapitalbindung, Gewinnoptimierung der Warengruppen über Umsatz- und Ertragssteigerungen • Umsatzsteigerungen aufgrund Vermeidung von Bestandslücken (Out-of-Stocks) • Erhöhung der Bedarfsdeckungsquoten und Ausgabeintensität der Kunden • Reduzierung kostenintensiver Promotions durch Efficient Promotion • Kostenoptimierung von Neueinführungen

Quelle: in Anlehnung an *Seifert* 2004, S. 152, *Lingenfelder / Kahler* 2004, S. 124

Im Einzelnen umfasst das Category Management die folgenden **Aufgabenfelder**, die jedoch zurzeit noch nicht alle adäquat umgesetzt werden. Die Category Manager setzen überwiegend die Aufgaben der Regal- und Sortimentsoptimierung, die Verkaufsförderung und die Produkteinführung um.

Aufgaben des Category Management	Instrumente des Category Management
Effiziente Sortimentsgestaltung und Warenpräsentation	• Regaloptimierung • Sortimentsoptimierung • Flächenoptimierung
Effiziente Verkaufsförderung und Preisgestaltung	• Verkaufsförderung • Preisgestaltung
Effiziente Produktentwicklung und -einführung	• Produkteinführung • Produktentwicklung

Die **Kooperationsbereitschaft** zwischen Hersteller und Handel stellt eine zentrale Bedingung des Category Management dar. Mit der Festlegung eines „**Category Leader**", auch Category Captain genannt, wird i. d. R. ein Hersteller bestimmt, der für die gesamte Warengruppe verantwortlich zeichnet. Meist bedient man sich dabei des Marktführers. Dieser Hersteller hat damit einen großen Einfluss auf die Sortimentszusammensetzung und die Regalplatzierung. Es ist daher nicht verwunderlich, dass diese Aufgabe sehr begehrt ist und namhafte Hersteller zur Zahlung hoher Summen bereit sind, um Category Leader zu werden. Der Handelsbetrieb muss hier kritisch prüfen, in welcher Form und mit welchem Aufgabenspektrum die Auswahl erfolgt und welche Eingriffsrechte er sich einräumt, wenn z. B. die besten Regalplätze mit Produkten des Category Leader besetzt werden sollten.

Die Ablauforganisation des Category Managements wird durch den CM-Planungsprozess beschrieben, der eine strukturierte Implementierung sicherstellen soll. Da es sich bei CM um einen kooperativen Prozess handelt, ist es von wesentlicher Bedeutung, dass Händler und Hersteller die Schritte gemeinsam ausarbeiten und dabei die Verantwortlichkeiten festlegen (vgl. *Steiner* 2007, S. 98).

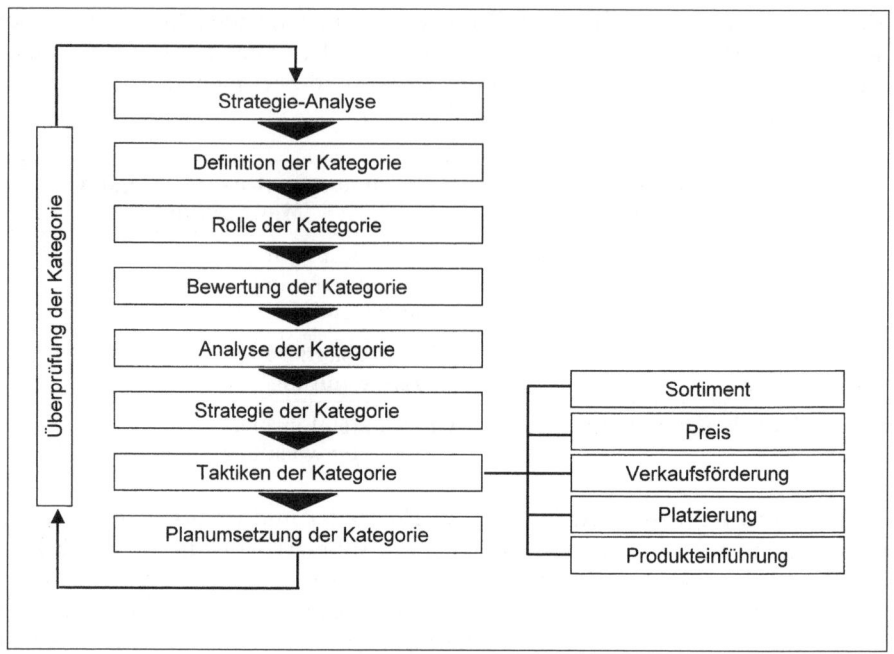

Abb.: Der Category Management-Planungsprozess
Quelle: *Steiner* 2007/*Seifert* 2004

Den Ausgangspunkt bildet die **Analyse der Strategien** des Handelsunternehmens, welche sowohl Ziele als auch Wettbewerbsposition und Verbraucherimage einschließt. Aufbauend darauf ist die zukünftige Strategie der Marktbearbeitung festzulegen. Hier sind die Erarbeitung einer Sortiments-, Preis- und Kommunikationsstrategie essentiell. Genauso wichtig ist jedoch die Ansprache einer klar definierten Zielgruppe.

In einem zweiten Schritt erfolgt die **Definition von Kategorien**. Welche Artikel sollen zu einer Kategorie gehören und welche Untergruppen sollen gebildet werden? Heute findet sich häufig eine Kategoriebildung nach den klassischen Warengruppen. Letztlich sollten jedoch solche Artikel einer gemeinsamen Kategorie angehören, die aus Kundensicht zusammenhängend wahrgenommen werden oder substituierbar sind. Zu beachten ist dabei auch, dass Verbundeffekte gefördert werden. Dies würde eine eher hinkunftsorientierte Kategoriebildung favorisieren. Der Unterschied zwischen klassischer Warengruppen-Definition und Kategoriebildung soll am folgenden Beispiel herausgestellt werden:

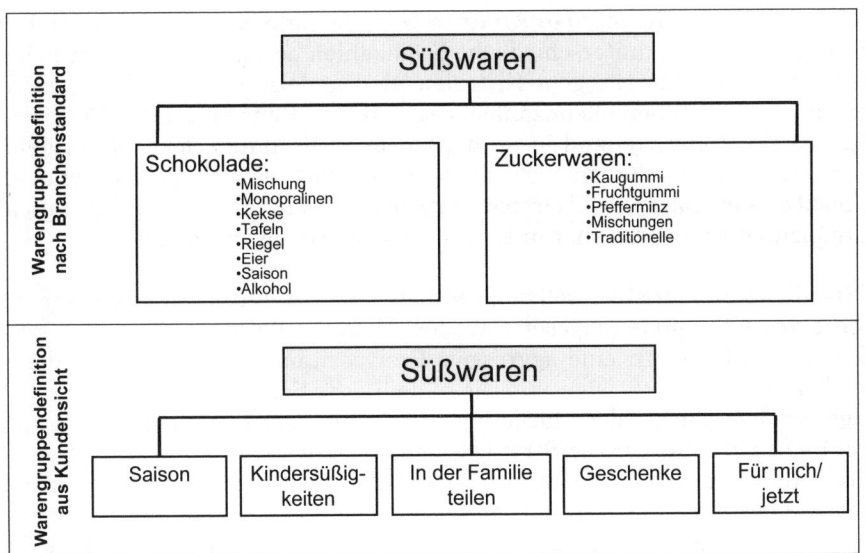

Abb.: Möglichkeiten der Warengruppen-Definition
Quelle: *Steiner* 2007, S. 100

Im Anschluss an die Kategoriedefinition sind die **Rollen der einzelnen Artikel/Warengruppen** festzulegen. Prinzipiell lassen sich vier Rollen unterscheiden. **Pflicht-Artikel** sollten 55 - 60 % der Kategorie ausmachen (vgl. *ECR Europe* 1997, S. 43). Sie stellen die Basis des Sortiments dar, bauen das Handelsimage auf und generieren den wesentlichen Teil von Ertrag und Cash Flow. **Profilierungs-Artikel** sollten 5 - 7 % der Kategorie umfassen. Sie bieten dem Kunden einen überdurchschnittlichen Nutzen und prägen damit umfassend das zukünftige Handelsprofil. **Impuls- und Saisonsortimente** sollten weitere 15 - 20 % der Kategorie umfassen. Die letzten 15 - 20 % sollten dem **Ergänzungssortiment** zukommen, das überdurchschnittliche Erträge generiert und den Händler als umfassenden Anbieter darstellt. Die Rollenzuweisung stellt einen Kernaspekt des CM dar. Ausschlaggebend dafür sind die Bedeutung der Kategorie für die Zielgruppe, die Zukunftschancen der Kategorie am Markt und die Strategie des Handelsunternehmens. An die Rolle von Artikel/Warengruppe ist die Ressourcenzuweisung gekoppelt. Profilierungs- und Impulsartikel werden begünstigt, während den Pflicht- und Ergänzungskategorien lediglich ein geringer Ressourcenanteil zugewiesen wird, obgleich sie durch ihre hohen Handelsspannen wesentlich zum Erfolg beitragen. Im vierten Schritt werden die aufgestellten **Kategorien bewertet**. Ziel ist es hierbei, aufzudecken, ob sich zwischen angestrebten Kategorie-Rollen (SOLL) und den derzeitig bestehenden (IST) noch Lücken befinden (vgl. *Steiner* 2007, S. 102). Diese Bewertung der einzelnen Kategorien erfolgt aus unterschiedlichen Perspektiven auf der Grundlage verfügbarer Hersteller-, Handels-, Markt- und Konsumentendaten.

Im Rahmen der **Kategorie-Analyse** werden aufbauend Kategorieziele entwickelt. Dazu werden unterschiedliche Kennzahlen herangezogen. Externe beziehen sich auf verbraucherbezogene Kriterien wie Handelsimage oder Käuferreichweite, interne auf Sortimentskennzahlen wie Umsatz, Rohertrag oder Umschlagshäufigkeit. Die Zielwerte sind je nach Kategorierolle unterschiedlich zu definieren. Beispielsweise werden sie sich im Rahmen des Profilierungssortiments eher an Umsatz- oder Marktanteilsgrößen orientieren, während die zentrale Aufgabe des Ergänzungssortiments eher in Deckungsbeitragssteigerungen liegt.

Diese Leistungsvorgaben sollen im sechsten Schritt mittels einer geeigneten **Strategie der Kategorie** umgesetzt werden. Mögliche Beispiele wären die Steigerung der Kundenfrequenz, eine aggressive Preispositionierung gegenüber den Mitbewerbern oder Ertragssicherung. Die so definierte Strategie bildet dann die Grundlage für den Einsatz der Marketinginstrumente. Dies bezeichnet man als **Kategorie-Taktik**, mit der die Strategie umgesetzt werden soll. Mittels Sortiments-, Preis- und Kommunikationspolitik erfolgt die Ausgestaltung der drei grundlegenden Aufgaben des CM, der effizienten Sortimentsgestaltung und Warenpräsentation, der effizienten Verkaufsförderung und Preisgestaltung sowie der effizienten Produktentwicklung und -einführung.

Kategorie-Rollen	Kategorie-Taktiken			
	Sortiments-politik	**Regal-präsentation**	**Preispolitik**	**Verkaufs-förderung**
Profi-lierung	**Breites und tiefes Sortiment** - Beste Auswahl auf dem Markt - Premium-Produkte	**Sehr gute Lage im Geschäft** - Lange Kontaktzeit - Hohe Kundenfrequenz - Große Flächen	**Hochpreis-Strategie mit Preisaggressivität bei Aktionen**	**Hohes Aktivitätsniveau** - Hohe Frequenz - Sonderangebote - Werbung/POS-Kommunikation
Pflicht	**Breites Sortiment** - Wichtige Markenartikel - Eigenmarken	**Durchschnitt-liche Lage**	**Am Wettbewerb ausgerichtete Preise**	**Durchschnittliches Aktivitätsniveau** - Wöchentlicher Zeitraum - Sonderangebote
Impuls/Saison	**Saisongerechtes Sortiment** - Wechselnde Themen	**Gute Lage** - Aufmerksamkeits-starke Flächen - Hohe Kunden-frequenz	**Wettbewerbsfähig/Saisonal** - Premiumpreise bei hochwertigen Produkten	**Unregelmäßiges Aktivitätsnniveau** - Saisonal abgestimmt - POS-Aktionen - Sonderangebote - Werbung
Ergänzung	**Begrenztes Sortiment** - Relevante Marken	**Durchschnittliche Lage** - Räumliche Nähe zum dazugehörigen Hauptsortiment	**Akzeptables Preis-niveau** - Max. Abstand zum Wettbewerb 15 %	**Wenig bis keine Aktionen**

Abb.: Kategorie-Taktiken in Abhängigkeit von der Kategorie-Rolle
Quelle: *Seifert* 2004

Im folgenden achten Schritt erfolgt die **Umsetzung des Kategorieplans**. Hier geht es um die Durchführung konkreter Aktivitäten. Verantwortliche sind zu benennen und Fristen festzusetzen. Als Letztes erfolgt die **kontinuierliche Überprüfung** der Umsetzung und ein Soll-Ist-Vergleich der Zielsetzung, um gegebenenfalls rechtzeitig Anpassungen vornehmen zu können.

Insgesamt betrachtet bringt das Category Management eine Reihe von **Vorteilen**, aber auch zahlreiche Probleme mit sich. Die Trennung von Einkauf und Verkauf wird aufgehoben, ein Umstand, der allgemein als positiv gewertet werden kann, stärkt er doch eine integrierte Sichtweise. Die Bildung von Kategorien schafft Verantwortungsbereiche und damit Optimierungschancen. Durch den Einsatz von CM lässt sich der Umsatz um 5 - 10 % steigern, der Lagerbestand nach Wert um 10 - 20 % senken (vgl. *ECR Europe* 1997, S. 26). Aufgrund seiner größeren Marketing-, Marktforschungs- und Analysekompetenz kann der Hersteller dem Handel in vielen Punkten Lösungsmöglichkeiten anbieten, z. B. bei der Ansprache strategischer Zielkunden und der Unterstützung von Cross Selling-Effekten. Durch die Verlagerung einer Reihe von Aktivitäten auf die Hersteller werden im Handelsunternehmen weniger Managementkapazitäten gebunden.

Mit dem Category Management gehen aber auch viele **Risiken** einher. Problematisch scheint die Bildung von Kategorien zu sein, die zurzeit eher nach dem klassischen Konzept der Warengruppen durchgeführt wird, z. B. *Molkereiprodukte* oder *Haarpflege*. Dieses Prinzip bedeutet gleichzeitig eine Abkehr vom Bedarfsverbund und kann die Prinzipien kundenorientierter handelsbetrieblicher Sortimentspolitik untergraben (vgl. *Barth / Hartmann / Schröder* 2007, S. 188). Ein enge Kooperation mit einem Category Leader führt zwar zu effizienten Logistiklösungen, doch ist der Handel der Gefahr ausgesetzt, durch die Bindung an bestimmte Marken an einer kundenorientierten Sortimentsbildung gehindert zu werden. Wenn der Category Captain behauptet, im ausschließlichen Interesse des Handelsunternehmens die stärkere B-Marke des eigenen Konkurrenten fördern zu wollen, muss jeder für sich selbst entscheiden, ob einer solchen Aussage Glauben zu schenken ist. Zudem wird die Optimierung der Categories heute überwiegend nach Umsatz- und nicht nach Deckungsbeiträgen durchgeführt, obgleich diese Kennzahl für den Handel viel aussagekräftiger ist.

3. Sortimentscontrolling

Eine wesentliche Aufgabe der Sortimentsplanung ist darin zu sehen, bestehende oder zukünftige Erfolgsbeiträge einzelner Warenbereiche, -gruppen oder Artikel festzustellen, um auf dieser Basis Entscheidungen über die zukünftige Sortimentszusammensetzung treffen zu können. Im Folgenden wird auf die dazu verwendeten Methoden eingegangen.

3.1 Klassische Kennzahlen zur Beurteilung von Sortimentsteilen

Die Analyse, wie vorteilhaft einzelne Sortimentsteile anzusehen sind, wird im Rahmen der Sortimentsanalyse mittels klassischer Kennzahlen durchgeführt. Dabei werden drei Arten von Kennzahlen unterschieden: Absatz- und umsatzbezogene Kennzahlen, deckungsbeitragsbezogene Kennzahlen sowie Rentabilitätskennzahlen (vgl. *Müller-Hagedorn* 2005).

1. Zu den **absatz-** und **umsatzbezogenen** Kennzahlen zählen neben der Entwicklung des Absatzes (mengenmäßig) und des Umsatzes (wertmäßig) auch eine Reihe von Ratios, die die Verhältnisse zweier Größen zueinander näher bezeichnen. Dazu gehören der Marktanteil, der Absatz (Umsatz) pro 1.000 Kunden, der Absatz (Umsatz) pro Frontstück oder der Umsatz pro 1.000 € Gesamtumsatz.

2. Von zentraler Bedeutung sind **deckungsbeitragsbezogene** Kennzahlen, insbesondere der absolute Deckungsbeitrag einer Waren- oder Artikelgruppe, der DB pro 1.000 € Gesamtumsatz oder pro 1.000 Kunden.

3. Auch die **Rentabilitätskennzahlen** geben Auskunft über die Vorteilhaftigkeit von Sortimentsteilen, wie z. B. der Lagerumschlag, der Bruttonutzen oder die Nettorentabilität.

Umsatzanalyse

Die Umsatzanalyse stellt meist den Ausgangspunkt der Sortimentsanalyse dar. Daraus wird ersichtlich, welche Sortimentsteile starke bzw. schwache Umsatzträger sind. Allerdings lässt sich daraus nicht erkennen, ob sich Umsatzveränderungen auf Änderungen der gekauften Menge oder auf Preisänderungen beziehen. Daher muss zusätzlich eine Absatzmengenstatistik durchgeführt werden. Ebenso wird nicht berücksichtigt, dass die Handelsspannen bzw. die Deckungsbeiträge unterschiedlich hoch sein können. Auch beanspruchen einzelne Sortimentsteile die Kapazitäten (z. B. Verkaufsraum) in hohem Maße, andere dagegen geringfügig. Um diese Faktoren einzubeziehen, werden zusätzliche Analysemethoden benötigt. Die Umsatzanalyse bildet daher nur einen Bestandteil der Sortimentsanalyse.

Die Umsatzkontrolle beginnt mit der Kontrolle des Gesamtumsatzes. Die absoluten Umsätze werden vertikal mit den Ergebnissen vergangener Perioden verglichen. Veränderungsraten können horizontal verglichen und den Kennzahlen anderer Handelsbetriebe gegenübergestellt werden. Diese Kontrolle wird ebenfalls in bezug auf Teilsortimente oder auch Warengruppen durchgeführt.

Handelsspannenkontrolle

Die Handelsspanne oder auch Abschlagspanne bezeichnet die Differenz zwischen Einstandspreis der Ware und ihrem Verkaufspreis. Sie wird in Prozent vom Verkaufspreis ausgedrückt und daher auch als Abschlagspanne bezeichnet. Hingegen wird der Kalkulationsaufschlag, auch Aufschlagspanne genannt, in Prozent vom Einstandspreis ausgehend berechnet.

Handelsspanne $= ((VK - EK) / VK) \cdot 100$ (in %)
Kalkulationsaufschlag $= ((VK - EK) / EK) \cdot 100$ (in %)

Aufschlagspannen lassen sich in Abschlagspannen umrechnen und umgekehrt:

Abschlag $= (\text{Aufschlag} \cdot 100) : (100 + \text{Aufschlag})$
Aufschlag $= (\text{Handelsspanne} \cdot 100) : (100 - \text{Handelsspanne})$

Im Gegensatz zur Umsatzanalyse kann im Rahmen der Handelsspannenanalyse berücksichtigt werden, dass die Ertragskraft der Artikel und Sortimentsteile sehr unterschiedlich ausfallen kann. Dabei ist zu beachten, dass eine eindeutige Aussage ohne Einsatz von Warenwirtschaftssystemen kaum möglich ist, da im Handel eine Mischkalkulation vorherrscht und damit die einzelnen Spannen verschiedener Warengruppen sehr unterschiedlich ausfallen. Auch bleiben die Kosten für Warenbeschaffung und -lagerung, ebenso wie die unterschiedliche Inanspruchnahme der Kapazitäten (Verkaufsfläche, Personalintensität), unberücksichtigt (vgl. *Berekoven* 1995, S. 112). Zur Erhöhung des Informationsgehaltes von Handelsspannenanalysen sollten Vergangenheitszahlen und Betriebsvergleichsdaten herangezogen werden.

Umsatzanalysen und Handelsspannenanalysen können in Umsatz- und Deckungsbeitragsstrukturanalysen verdeutlicht werden. Es lässt sich daraus ersehen, ob das Unternehmen von einzelnen Artikeln/Warengruppe überproportional abhängig ist. Ebenso lässt sich erkennen, welche Artikel/Warengruppen in welchem Maße zum Umsatz/Deckungsbeitrag beitragen.

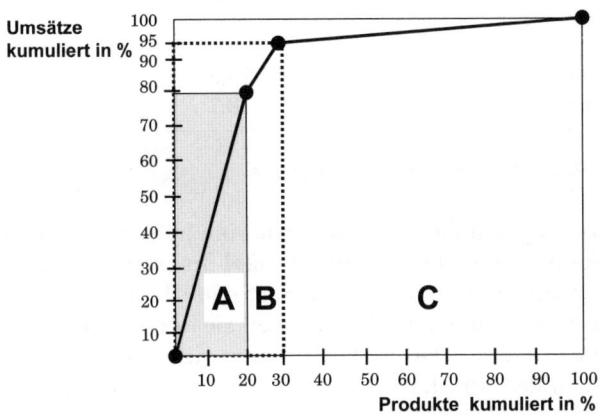

Abb.: Umsatzstrukturanalyse
Quelle: *Weis* 2007, S. 296

Umschlagshäufigkeit

Die Kennziffer Umschlagshäufigkeit oder auch **Warenumschlag/Lagerum-schlag** gibt an, wie oft eine bestimmte Ware in einem bestimmten Zeitraum umgeschlagen (gedreht) wurde. Sie wird errechnet, indem der Wareneinsatz durch den durchschnittlichen Warenbestand dividiert wird.

Berechnung des **Wareneinsatzes** (wertmäßig, in Euro):

>   Warenanfangsbestand
>   + Warenzugang
>   - Skonti
>   - Boni
>   + Warenbezugskosten
>   ─────────────────────
>   - Warenendbestand
>   ─────────────────────
>   = Wareneinsatz

Berechnung des **durchschnittlichen Warenbestands**:
durchschnittlicher Warenbestand   =   Anfangsbestand + Endbestand : 2

Berechnung der **Umschlagshäufigkeit**:
Umschlagshäufigkeit   =   Wareneinsatz : Ø Warenbestand

Die folgende Tabelle zeigt durchschnittliche Umschlagshäufigkeiten verschiedener Betriebstypen im Einzelhandel (pro Jahr):

Textileinzelhandel	ca. 2,3
Uhren- und Schmuckeinzelhandel	ca. 1,0
Facheinzelhandel	ca. 3,6
Warenhäuser	ca. 3,6
SB-Warenhäuser	ca. 7,3
Discounter	25,8
Supermärkte	12,7

Quelle: *EHI Retail Institute* 2007, *Berekoven* 1995, S. 114

Eine niedrige Umschlagshäufigkeit verursacht eine hohe Kapitalbindung. Im Uhren- und Schmuckeinzelhandel liegt jeder Artikel im Durchschnitt ein Jahr, während sich bei Lebensmitteldiscountern das Sortiment häufig „dreht". Im Regelfall ist eine hohe Umschlagshäufigkeit günstig, weil sie den Kapitalbedarf verringert, die Kostenstruktur (Lagerkosten) verbessert und sich positive Auswirkungen im Hinblick auf Rentabilität und Liquidität des Betriebes ergeben. Die Berechnung des Lagerumschlags sollte sowohl für das ganze Sortiment als auch für einzelne Warengruppen bis hin zu den Artikeln durchgeführt werden.

Bruttorentabilität

Die **Bruttorentabilität** (**Bruttonutzenziffer**) zeigt an, wie das durchschnittlich im Warenlager eingesetzte Kapital verzinst wurde. Damit wird offensichtlich, dass die Rentabilität eines Handelsbetriebs von den Faktoren Spanne und Umschlagsgeschwindigkeit abhängt.

Umsatz und Warenbestand werden dabei zu **Einstandspreisen** eingesetzt.

$$BR = \frac{Rohertrag}{Umsatz} \cdot 100 \cdot \frac{Umsatz}{\varnothing\ Warenbestand} = \frac{Rohertrag}{\varnothing\ Warenbestand}\ (\%)$$

oder   BR = Aufschlagspanne (%) · Umschlagshäufigkeit

Die Kennzahl gibt Aufschluss darüber, wie viel Prozent Rohertrag (Deckungsbeitrag) jeder im Jahresdurchschnitt im Warenlager investierter Euro einbringt. Das folgende Beispiel soll diesen Zusammenhang verdeutlichen.

Aufschlagspanne	=	50 %
Umschlagshäufigkeit	=	12
50 · 12	=	600

Der Bruttonutzen beträgt in diesem Fall 600. Diese Zahl besagt, dass eine Bruttorentabilität von 600 % erwirtschaftet werden kann. Aus 100 Euro Einsatz werden 700 Euro Rohertrag im Jahr. Dies entspricht nicht dem Gewinn, da sowohl Handlungskosten als auch Fixkosten noch berücksichtigt werden müssen.

Deckungsbeitragsanalysen

Der Deckungsbeitrag (Rohertrag) ergibt sich aus dem Umsatz abzüglich der Mehrwertsteuer und des Wareneinsatzes. Aus dieser Kennziffer kann ersehen werden, wie viel der Artikel/Warenbereich zur Deckung der Fixkosten beiträgt. Ebenso wie der Umsatz kann der Deckungsbeitrag als Profil darstellt werden. Er gibt Aussage darüber, welche Artikel/Warenbereiche in welchem Umfang zur Deckung der Kosten beitragen.

Bei Ermittlung des eigentlichen Gewinns von Artikeln/Artikelgruppen muss der Faktoreinsatz berücksichtigt werden, d. h. der Einsatz von Raum, Personal und Kapital, der dem Teilsortiment zugerechnet werden kann. Besonders der Raum stellt einen knappen Faktor dar. Daher ist es von Interesse, den Deckungsbeitrag zu beurteilen, den die einzelnen Artikelgruppen pro Regalmeter bzw. pro Quadratmeter Verkaufsfläche erwirtschaften.

Verkaufsflächenproduktivität = Deckungsbeitrag : beanspruchte Verkaufsfläche

Artikel(-gruppen) mit geringer Verkaufsflächenproduktivität können verkleinert bzw. aus dem Sortiment herausgenommen werden. Eine vergleichbare Kennzahl wird auf die Intensität des Personaleinsatzes bezogen:

Mitarbeiterproduktivität = Deckungsbeitrag : geleistete Personalstunden pro Periode

Betriebstyp	Verkaufsflächenproduktivität Umsatz in €/qm
SB-Geschäfte bis 399 qm	4.341
Kleine Supermärkte	4.280
Große Supermärkte (> 800 qm)	3.724
Softdiscounter	5.049
Verbrauchermärkte, groß	3.953
SB-Warenhäuser	4.902
Textileinzelhandel	2.827

Abb.: Verkaufsflächenproduktivität (Umsatz in Euro pro qm) verschiedener Betriebstypen 2006
Quelle: *EHI Retail Institute* 2007

Direkte Produktrentabilität

Mit der Methode der direkten Produktrentabilität (**DPR**), auch direct product profit (**DPP**) genannt, soll der individuelle Gewinnbeitrag des einzelnen Artikels ermittelt werden. Ziel ist es, einen möglichst großen Teil der Gemeinkosten auf den jeweiligen Artikel umzulegen. Im Lebensmitteleinzelhandel entfallen nur ca. 20 % der Gesamtkosten auf funktionsbezogene Betriebskosten und 80 % auf Beschaffungskosten. Dennoch hat der Handel Interesse daran, diese Kosten in Höhe von 20 % weiter aufzuspalten und den Ursachen zuzuordnen. Durch den konsequenten Einsatz der Kostenträgerrechnung wird der Gemeinkostenblock weitestgehend aufgelöst. Die Initiative zur Einführung von DPR ging Mitte der 80er Jahre von bekannten Markenartikelherstellern aus, die sich davon Wettbewerbsvorteile versprachen, dass dem Handel die exakten Gewinnbeiträge der einzelnen Artikel bekannt waren.

Netto-Verkaufspreis (VKP exkl. MwSt)
- Netto-Einkaufspreis (Rechnungs-EK)
+ sonstige Vergütungen (z. B. Werbekostenzuschüsse, Rabatte)
- direkte Produktkosten (DPK)
    Zentrallager (Disposition, Warenannahme, Kommissionieren, Warenausgang, Transport u. Ä.)
    Einzelhandelsgeschäft (Disposition, Warenannahme, Ein-/Auslagern, Auspacken, Auszeichnen, Einräumen, Kassieren, Raum/Einrichtung

Direkte Produktrentabilität

In den letzten Jahren hat sich gezeigt, dass die Schlüsselung der Parameter aufwändige Erhebungen erforderten, um eine verursachungsgemäße Zuordnung der Kosten zu erreichen. Daher hat das Verfahrung wieder an praktischer Relevanz verloren (vgl. *Müller-Hagedorn* 2005).

Altersanalyse

Durch Altersanalyse können Ladenhüter und Warengruppen mit niedrigem Lagerumschlag identifiziert werden. Sie kann mittels Warenwirtschaftssystemen durchgeführt werden. Es kann festgestellt werden, welche Artikel schon lange liegen und es können Maßnahmen eingesetzt werden, die den Verkauf beschleunigen, z. B. Sonderplatzierungen, Sonderpreise oder Umordnung im Regal.

Fehl- und Nichtverkaufskontrolle

Fehlverkäufe bezeichnen den Umstand, dass Artikel, die im Sortiment geführt werden, zum Zeitpunkt der Nachfrage nicht vorhanden sind, nicht in den Regalen stehen. Sie verursachen Umsatzausfälle und können zum Verlust des Kunden führen. Der Begriff Nichtverkäufe kennzeichnet Situationen, in denen ein Artikel nachgefragt wird, der nicht im Sortiment geführt wird. Kontrollen lassen sich hier durchführen, indem das Verkaufspersonal Aufzeichnungen über Kundenanfragen vornimmt und diese periodisch ausgewertet werden.

Analyse der Einkaufspositionen

Der „Einkaufsbetrag pro Kunde" wird mit einschlägigen Branchenwerten verglichen. Zu geringe Einkaufsbeträge lassen auf Mängel in der Sortiments- oder Preisbildung schließen.

21 ⟫ Seite 451

3.2 Mehrdimensionalität durch Portfolioanalyse

Generell haben Portfolioanalysen das Ziel, das langfristige Gleichgewicht der Unternehmung aufzuzeigen. Auf dieser Basis ist es möglich, spezielle Strategien einzusetzen. Im Handel wird die Beurteilung auf der Basis der Kriterien Marktwirkung und Ergebniswirkung (vgl. *Jauschowetz* 1995) durchgeführt. Die Kennzahl **Lagerumschlag** stellt die **Marktwirkung** dar, aus ihr kann ersehen werden, welche Artikelgruppen häufig gekauft werden und von den Kunden präferiert werden. Der **Deckungsbeitrag** einzelner Sortimentsteile gibt Auskunft dahingehend, welche Gruppen für die Handelsunternehmung besonders vorteilhaft sind und daher forciert werden sollten. Er stellt die **Ergebniswirkung** dar.

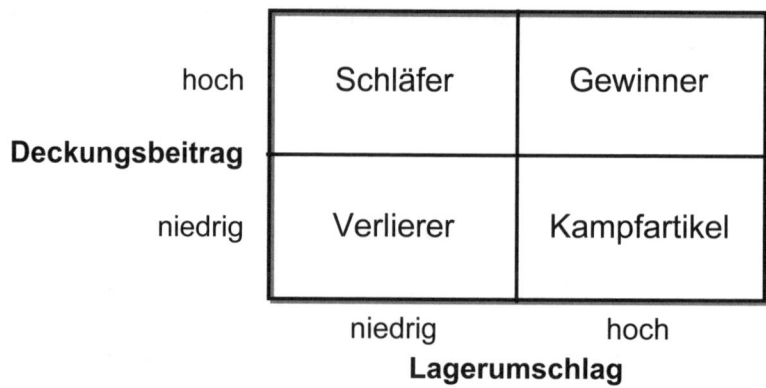

	Schläfer	Gewinner
hoch **Deckungsbeitrag** niedrig	Verlierer	Kampfartikel

niedrig   hoch
Lagerumschlag

Abb.: Marktwirkungs-/Ergebniswirkungsportfolio
Quelle: in Anlehnung an *Jauschowetz* 1995, S. 110 ff.

Aus der Einordnung der Artikel/Warengruppen werden vier **Strategien** abgeleitet:

1. Quadrant: „Verlierer" - Deckungsbeitrag niedrig, Lagerumschlag niedrig:

In der Gruppe der Verlierer befinden sich **potenzielle Auslistungskandidaten**.

Die Unternehmung sollten die folgenden **Handlungsoptionen** prüfen:

1. Sortiment/Regalfläche:
   • Regalfläche reduzieren
   • Artikel eliminieren bzw. substituieren

2. Preis:
   • Preissensibilität überprüfen: Sind die Verbraucher in Bezug auf diesen Artikel sehr preissensibel, kann er nicht mehr angehoben werden. In diesem Fall bietet sich die Eliminierung an. Sind die Kunden wenig preissensibel, kann durch eine Preiserhöhung der Deckungsbeitrag angehoben werden.

3. Distribution/Logistik:
   • Möglichkeiten zur Kostensenkung prüfen z. B. durch Fremdbewirtschaftung
   • Kleinere Verkaufseinheiten ordern. Diese Maßnahme erhöht zwar nicht den Lagerumschlag, senkt jedoch die Lagerkosten, da die Kapitalbindung geringer ausfällt.

4. Werbung/Promotion:
   • Überprüfung möglicher Verbundwirkungen: Gegebenenfalls lässt sich der Artikel im Verbund mit anderen promoten. Damit kann der Lagerumschlag erhöht werden.

2. Quadrant: „Schläfer" - Deckungsbeitrag hoch, Lagerumschlag niedrig

In diesen Artikeln/Artikelgruppen schlummern ungeahnte **Potenziale**, die mobilisiert werden sollten:

1. Sortiment/Regalfläche:
   - Bei zu geringer Kontaktfläche sollte die Regalfläche ausgeweitet werden.
   - Ferner sollte die Regalposition verbessert werden. Die besten Abverkaufschancen haben Artikel in Sichthöhe.

2. Preis:
   - Sind die Kunden preissensibel, sollte eine Preissenkung in Erwägung gezogen werden. Das reduziert zum einen den Deckungsbeitrag pro Artikel, jedoch kann sich der absolute Deckungsbeitrag durch zunehmende Abverkäufe erhöhen.

3. Distribution/Logistik:
   - Fehlverkäufe minimieren
   - Distributionsgrad überprüfen, eventuell erhöhen

4. Werbung/Promotion
   - Artikel bewerben
   - durch Verkaufsförderung herausstellen

3. Quadrant: „Kampfartikel" - Niedriger Deckungsbeitrag, hoher Lagerumschlag

Diese Artikel dienen der Handelsunternehmung zur Profilierung im Wettbewerb. Sie benötigt sie, um sich von den Wettbewerbern abzuheben. Sie verfügen über **Akquisitionspotenzial**, sie sind die **Frequenzbringer**, die die Kunden in das Geschäft bringen. Aufgrund des geringen Deckungsbeitrags sollte die Gruppe nur wenige Artikel umfassen. Zudem sollten folgende Möglichkeiten überprüft werden:

1. Sortiment/Regalfläche:
   - Regalfläche reduzieren
   - Gegebenenfalls besteht die Möglichkeit, sie gegen einen gewinnbringenderen Artikel innerhalb der Warengruppe zu substituieren.

2. Preis:
   - Der Markt sollte beobachtet werden, um zu überprüfen, ob der Preis zwangsläufig niedrig gehalten werden muss. Ist dies nicht der Fall, kann eine Preiserhöhung erwogen werden.
   - Konditionen verbessern/Beschaffungskosten senken

3. Distribution/Logistik:
   - Logistikabwicklung prüfen
   - Handlungskosten überprüfen und Kostensenkungspotenziale suchen, z. B. Fremdbewirtschaftung

4. Werbung/Promotion:
   - Aktionsfrequenz überprüfen und gegebenenfalls verringern

4. Quadrant: „Gewinner" - hoher Deckungsbeitrag/hoher Lagerumschlag

Artikel, die in diesen Quadranten fallen, zeichnen sich dadurch aus, dass es sich um **Schnelldreher** handelt. Für ein Handelsunternehmen sind sie die idealen Artikel. Sie bringen hohe Deckungsbeiträge, sind am Markt verankert und sollten besonders gepflegt werden. Dazu sollten mehrere Optionen überprüft werden.

1. Sortiment/Regalfläche:
   - Regalfläche halten, eventuell ausweiten
   - Fehlverkäufe vermeiden

2. Preis:
   - Verkaufspreis muss ständig am Markt überprüft werden. Es ist darauf zu achten, ob die Mitbewerber den Preis unterbieten.

3. Distribution/Logistik:
   - Gegebenenfalls sollte der Distributionsgrad komplettiert werden, d. h. der Artikel ist in allen Filialen zu führen.

4. Werbung/Promotion:
   - gute Kandidaten für Promotions

Die Portfolioanalyse bietet dem Handel **differenzierte Möglichkeiten der Analyse**. Sie lässt sich prinzipiell auf jeder Ebene durchführen. Im ersten Schritt wird damit begonnen, Betriebstypensortimente zu untersuchen, im zweiten Schritt werden Sortimentsteile wie Warenbereiche, Warengattungen oder Warengruppen analysiert. Schließlich werden die Chancen einzelner Artikel überprüft. Es ist jedoch zu beachten, dass die zu untersuchenden Objekte vergleichbar sein müssen, um eine aussagefähige Analyseebene zu schaffen.

Trotz der Eignung als Instrument zur Positionsbestimmung sind der Aussagekraft **Grenzen** gesetzt. Bei einem Portfolio handelt es sich um kein mathematisch exaktes Modell. Ferner werden keine Auskünfte über die Ursachen der Positionen gegeben. Auch sollte berücksichtigt werden, dass die Strategien nur auf der Basis zweier Kennzahlen abgeleitet werden. Zusätzliche könnten beispielsweise in den Verbundeffekten und/oder im Image der Unternehmung zu suchen sein. Aus der Position eines Artikels als „Verlierer" kann vorschnell die Konsequenz gezogen werden, ihn zu eliminieren. Dabei wird nicht berücksichtigt, dass es sich um einen Artikel handelt, der über viele Komplementärbeziehungen verfügt. Manche Produkte sind auch für das Image eines Handelsunternehmens unabdingbar, obgleich sie für sich gesehen keinen hohen Ertrag bringen. Die Portfolioanalyse sollte daher nicht mechanisch angewendet werden, sondern lediglich als Diskussionsgrundlage dienen.

 22 Seite 452

3.3 Sortimentsverbundanalyse

Mit dem Aufbau großer Datenbanken und der Einführung von Data Mining liegt eine fundierte Informationsbasis zur Messung von **Verbundwirkungen** vor. Ein zuverlässiger Nachweis steht jedoch noch aus. Im Mittelpunkt des Interesses steht vor allem der **Kaufverbund**, d.h. welche Käufe de facto zusammen getätigt wurden. Zur Analyse kann hier auf Verfahren der Beobachtung, z. B. auf Basis von Scanner- und Kundenkartendaten, über die Befragung der Kunden und schließlich über Experimente zurückgegriffen werden (vgl. *Mattmüller / Tunder* 2004, S. 203 ff.).

Scannerdaten umfassen u. a. die Verkaufsdaten aus der Menge der gekauften Artikel, den Kaufbetrag, die Einkaufsstätte, die Kassiernummer, den aktuellen Preis sowie Datum und Zeitpunkt des Kaufs. Es ist von einer sehr hohen Zuverlässigkeit der Daten auszugehen. Es wird ausgezählt, welche Artikel wie oft zusammen gekauft wurden. Finden sich bestimmte Artikelkombinationen überdurchschnittlich häufig, kann von einer Verbundbeziehung ausgegangen werden. Mittels des Einsatzes von **Kundenkarten** lassen sich solche Daten personifizieren. Damit wird es möglich, die anonyme Warenkorbanalyse um eine Kundenanalyse zu erweitern. Die Zuordnung von Warenkörben auf bestimmte Personen bietet die Grundlage zur Identifizierung von Schlüsselkunden. Bislang bezogen sie sich stets auf reine Kaufvorgänge, jetzt entsteht die Verbindung zum Käufer. Die von ihnen präferierten Produkte, auch wenn sie vom Umsatz her in ihrer Bedeutung gering sind, erfahren damit eine neue Bedeutung. Zudem können die Reaktionen der Kunden in Bezug auf eine Änderung der absatzpolitischen Maßnahmen erfasst werden. Somit lassen sich alle Marketingaktionen an zentralen Kundengruppen ausrichten.

Eine zweite Methode, Informationen zu Verbundbeziehungen zu erhalten, sind **Kundenbefragungen**. Die Auswertung von Datenbanken ist vergangenheitsorientiert, deskriptiv und kann zukünftiges Verhalten unter Umständen nur ungenügend prognostizieren. Daher sollten zusätzlich Kundenbefragungen durchgeführt werden. Diese können auch vor und nach dem Kauf durchgeführt werden, um bestimmte Veränderungen feststellen zu können. Somit wäre es möglich, den Einfluss der Verbundbeziehungen auf die Kaufprozesse zu ermitteln und unterschiedliche Einkaufsstrategien zu untersuchen. Als problematisch hat sich dabei erwiesen, dass Kunden häufig ex-ante keine konkreten Angaben zum Kaufbedarf machen können und gleichzeitig nach dem Kauf dazu neigen, ihr Einkaufsverhalten zu rationalisieren und alle Käufe als geplant darzustellen. Damit ist die Validität der Ergebnisse kritisch zu betrachten.

Als dritte Möglichkeit der Erfassung von Verbundwirkungen bietet sich das **Experiment** an. Hier können diese Effekte als Variable betrachtet werden, die von Sortiment, Preis und Platzierung abhängig ist. Verbundwirkungen sollen hier nicht nur erkannt, sondern auch aktiv geschaffen bzw. gefördert werden. Konstitutive Elemente des Experiments sind eine Hypothese zur Überprüfung von Kausalzusammenhängen (z. B. Produkt A regt zum Kauf von Produkt B an), eine abhängige

Variable als Wirkfaktor (Kaufverhalten) und eine unabhängige Variable als Steuerungsgröße (alle gegebenen absatzpolitischen Maßnahmen, z. B. Preisvariationen, unterschiedliche Platzierungen oder Packungsgrößen). Im Rahmen des Experiments wird dann eine Steuerungsgröße systematisch verändert und die daraus resultierenden Auswirkungen auf die abhängige Variable erfasst.

4. Markenpolitik im Handel

4.1 Handelsmarken

Die definitorische Einordnung und Abgrenzung der Begriffe Markenartikel, Herstellermarke, Handelsmarke und Gattungsmarke erfolgt in der Literatur auf unterschiedliche Art und Weise (vgl. *Bruhn* 2001, S. 9). Eine klassische Definition stammt von *Mellerowicz* (1963, S. 39):

„Markenartikel sind für den privaten Bedarf geschaffene Fertigwaren, die in einem größeren Absatzraum und einem besonderen, die Herkunft kennzeichnenden Merkmal (Marke) in einheitlicher Aufmachung, gleicher Menge sowie in gleichbleibender oder verbesserter Güte erhältlich sind und sich dadurch sowie durch die für sie betriebene Werbung die Anerkennung der beteiligten Wirtschaftskreise (Verbraucher, Händler und Hersteller) erworben haben (Verkehrsgeltung)."

Aus der Kundenperspektive betrachtet, beinhaltet der **Markenartikel** das Versprechen, auf den Kundennutzen ausgerichtete unverwechselbare Leistungen standardisiert in gleich bleibender oder verbesserter Qualität zur Erfüllung gegebener Erfordernisse anzubieten (vgl. *Bruhn* 2001, S. 9). Der Begriff **Handelsmarke** wird in der Wissenschaft unterschiedlich definiert. Einige Autoren sehen in Handelsmarke und Markenartikel Gegensätze, andere betrachten den Begriff Markenartikel als Oberbegriff und Hersteller- sowie Handelsmarken als untergeordnete Termini. Dieser Argumentation wird hier gefolgt. Der Begriff **Eigenmarke** wird als Synonym für den der Handelsmarke verwendet.

Gemäß einer Standarddefinition können Handelsmarken definiert werden als: „Waren- oder Firmenkennzeichen, mit denen ein Handelsunternehmen oder eine Handelsorganisation Waren versieht bzw. versehen lässt, wodurch sie als Eigner oder Dispositionsträger der Marke auftreten" (vgl. *Ausschuss für Definitionen* 2006, S. 130, *Bruhn* 2001, S. 10).

Deckte die Handelsmarke früher lediglich die untersten Preisbereiche ab, finden sich heute schon Händler, die mit ihren Eigenmarken in den Premiumpreisbereich vordringen. In der Markensystematik stehen die **Premium-Herstellermarken** für hohe Qualität und Premiumpreise. Dazu gehören z. B. führende hochwertige Modelabels, Champagner- oder Parfummarken. Sie genießen beim Konsumenten ein hohes Ansehen. Charakteristisch ist häufig, dass der Prestigeaspekt eine wichtige Rolle spielt (vgl. *Bruhn* 2001, S. 11). Dicht dahinter folgt die **Premium-Handelsmarke**, wobei hier über Erhöhung von Grund- und Zusatznutzen für den Konsumenten eine Wertsteigerung erfolgt. Wenngleich dieser Bereich von den Händlern bislang nicht ausgeschöpft wird, finden sich Beispiele dafür bei den Bio-Marken des Lebensmitteleinzelhandels und im Modebereich. Hier nimmt in England das Warenhaus Harrod's mit gleichlautender Marke eine herausragende Stellung ein und in Deutschland ist die Textilkette Peek & Cloppenburg mit ihren Handelsmarken Vogue und J. D. Fielding bereits auf gutem Weg, ihre Eigenmarken im gehobenen Preisbereich zu etablieren.

Die darunter angesiedelten **klassischen Herstellermarken** wie Dr. Oetker oder Milka sind durch einen hohen Distributionsgrad und stete Innovation gekennzeichnet und werden in hohem Maße werblich unterstützt. Zweit- und Drittmarken wie z. B. Spee stammen auch von namhaften Herstellern, weisen jedoch einen geringeren Bekanntheitsgrad auf. Die **klassischen Handelsmarken** zeichnen sich durch eine vergleichbare Produktqualität aus, werden aber deutlich günstiger angeboten. Häufig lehnt man sich in der Aufmachung und Packungsgestaltung dabei an umsatzstarke Herstellermarken an. Das Preiseinstiegssegment einer Warengruppe schließlich wird von den **Discount-Handelsmarken**, die ausschließlich beim Discounter angeboten werden, und von den **Gattungsmarken** besetzt. Letztere werden auch als **No Names** oder **Generics** bezeichnet. Sie zeichnen sich durch eine bewusst einfache Produktgestaltung und einen sehr niedrigen Preis aus.

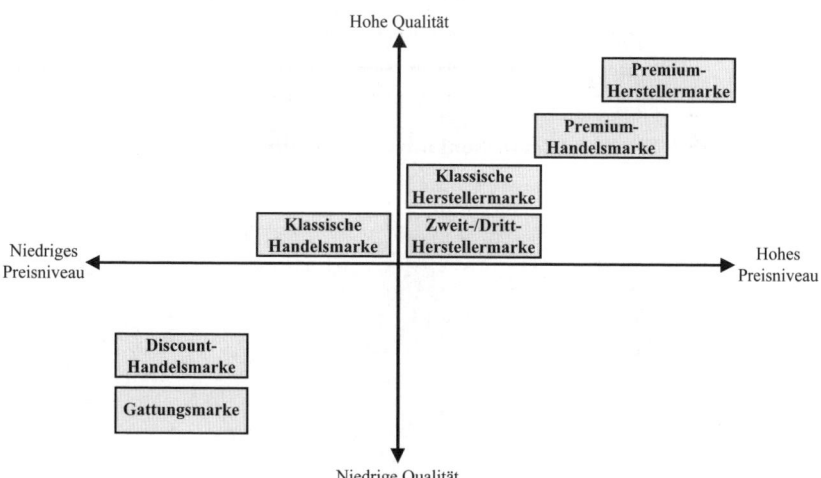

Abb.: Positionierung der Erscheinungsformen von Handelsmarken gegenüber Herstellermarken
Quelle: *Bruhn* 2001, S. 12

Generell lässt sich sagen, dass sich die Grenzen zwischen Hersteller- und Handelsmarken immer stärker verwischen. Denn welcher Kunde weiß schon, dass LOGG
von H&M eine Handelsmarke ist? Wie soll Zara eingeordnet werden? Als Her-
steller- oder Eigenmarke? Die spanische Warenhauskette El Corte Inglés ist mit
ihren Modemarken so erfolgreich, dass für die Eigenmarke SFERA eigene Läden
in Portugal, Belgien und Griechenland eröffnet wurden. Lizenzvereinbarungen
für SFERA werden zurzeit mit Mexiko und Kuwait verhandelt (vgl. o. V. 2007).
Damit trifft das Merkmal des Exklusivitätsvertriebs der Marke in einem Handelsunternehmen bereits nicht mehr zu. Dies wird in den nächsten Jahren auch
anderen Händlern gelingen, die ihre Eigenmarken erfolgreich über andere Ketten
verkaufen werden. Ebenso wie die Grenzen zwischen Herstellern und Händlern
durch eine zunehmende Vertikalisierung nicht mehr trennscharf sind, werden erfolgreiche Handelsmarken zukünftig immer stärker die Eigenschaften klassischer
Markenartikel annehmen und für den Kunden nicht mehr eindeutig abzugrenzen
sein.

Handelsmarken-strategien	1. Generation	2. Generation	3. Generation	4. Generation
Marke	No Name	Klassische Handelsmarke	Markengruppen	Premiummarke
Produkte	Basisprodukte	Einstiegsprodukte	Artikel für spezielle Segmente	Imagebildende Artikel
Qualität	Basisqualität, Me Too-Produkte	Basisqualität, Me Too-Produkte	B- und C-Marken, erste Innovationen	Herstellermarken oder darüber
Kaufmotiv	Preis	Preis	Preis-/Leistungs-verhältnis	Produktqualität
Perspektive	Vergangenheit ←		→	Zukunft

Abb.: Entwicklung der Handelsmarkenkonzepte im Zeitablauf

4.2 Bedeutung von Handelsmarken

Die Marktanteile der Handelsmarken sind weltweit in den letzten Jahren kontinuierlich gestiegen. Während in Deutschland das Marktwachstum 2005 von Herstellermarken mit -2 % negativ war, wies es im Bereich der Eigenmarken eine Wachstumsrate von 3 % auf (vgl. *A. C. Nielsen* 2005, S. 10). Neben der Schweiz mit einem Handelsmarkenanteil von 45 % folgt die Bundesrepublik Deutschland mit 30 % und gehört somit zu den Ländern mit dem am stärksten ausgeprägten Anteil an Handelsmarken im Lebensmittelbereich.

	Land	Handelsmarkenanteil	Handelskonzentration (Marktanteil der 5 größten Handelsunternehmen)
1	Schweiz	45 %	86 %
2	Deutschland	30 %	65 %
3	Großbritannien	28 %	65 %
4	Spanien	26 %	60 %
5	Belgien	25 %	80 %
6	Frankreich	24 %	81 %
7	Niederlande	22 %	64 %
8	Kanada	19 %	62 %
9	Dänemark	17 %	89%
10	USA	16 %	36%

Abb.: Handelsmarkenanteile und Handelskonzentration in den am stärksten entwickelten Märkten von Handelsmarken
Quelle: *A.C. Nielsen* 2005, S. 10

Innerhalb des Sortiments variiert der Handelsmarkenanteil beträchtlich. Während weltweit der Absatz von Aluminiumfolie einen Eigenmarkenanteil von fast 50 % verzeichnet, ist es bei Kaugummi lediglich 1 %. In der unten stehenden Abbildung sind einige Artikelgruppen mit hohem und zum Vergleich dazu einige andere mit geringem Handelsmarkenanteil aufgeführt.

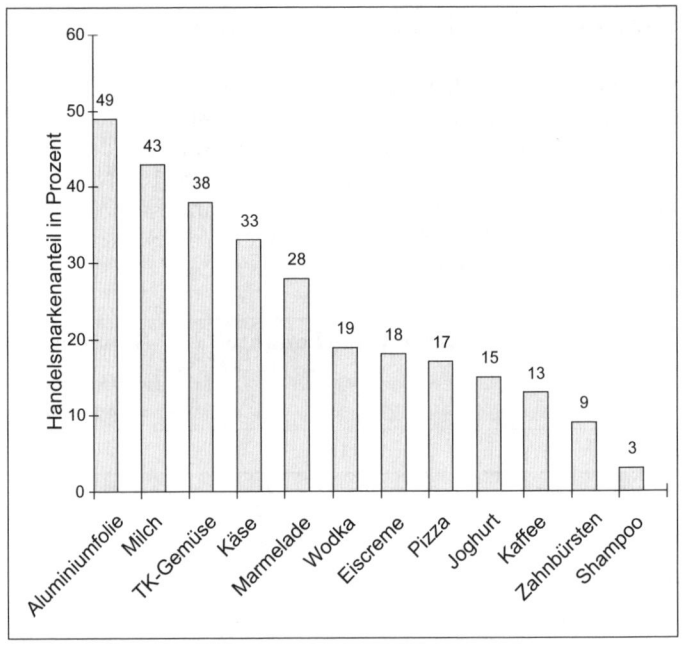

Abb.: Marktanteile der Handelsmarken nach ausgewählten Artikelgruppen
Quelle: *A.C. Nielsen* 2005, S. 14

Es stellt sich zweifellos die Frage, warum die Handelsmarken so erfolgreich sind und ob sich dieser Trend auch in der Zukunft fortsetzen wird. Die Entwicklung in den letzten 30 Jahren ist auf verschiedene Ursachen zurückzuführen, die sich auch gegenseitig bedingen. Hier sind zunächst die **Veränderungen im Herstellerbereich** zu nennen, in dem ein starker Konzentrationsprozess eingesetzt hat. Zahlreiche Hersteller müssen, um wettbewerbsfähig zu bleiben, ihre Kapazitätsauslastung maximieren und fertigen daher Handelsmarken an (vgl. *Lenz* 2001, S. 238). Ferner lässt sich das Wachstum der Eigenmarken auch über **Veränderungen im Nachfragerbereich** begründen. Durch ein gestiegenes Bildungsniveau und erhöhte Informationstransparenz sind die Verbraucher kritischer geworden. Die Qualität vieler Handelsmarken ist der bekannter Herstellermarken gleichwertig, dies wird auch in vergleichenden Warentests publiziert und vom Kunden aufgenommen. Der hybride Konsument vergleicht Preis und Leistung sehr sorgfältig und kauft viele Artikel unter Wirtschaftlichkeitskriterien ein. Dazu kommt die These, dass Handelsmarken der Konjunkturlage entsprechend mehr oder weniger nachgefragt werden. In Zeiten der Rezession „boomen" sie, in solchen guter Konjunktur sinken sie wieder (vgl. *Ahlert / Kenning / Schneider* 2001, S. 245). Letztlich wurde diese Aussage jedoch weder bestätigt noch widerlegt.

Die wahrscheinlich wichtigsten **Ursachen** sind im **Handelsbereich** selbst zu suchen. Auch hier hat ein wesentlicher **Konzentrationsprozess** stattgefunden. Generell zeigt sich in der Studie von *A. C. Nielsen* (vgl. 2005) weltweit eine positive Korrelation zwischen Handelsmarkenanteil und der Handelskonzentration. In Ländern, in denen die Handelslandschaft hoch konzentriert ist, findet sich ein höherer Anteil an Eigenmarkenumsatz als in solchen mit niedriger Konzentration. Ein zweiter Faktor, der laut Studie den Umsatz der Handelsmarken begünstigt, ist eine **starke Position der Discounter**. Beide Faktoren treffen auf die Bundesrepublik Deutschland zu, die sowohl über eine hohe Unternehmenskonzentration als auch über die höchste Discounterdichte und über einen der weltweit höchsten Marktanteile für Handelsmarken verfügt. Mit der Größe des Handelsunternehmens wird das Handelsmarkenmanagement professionalisiert. Die Mehrzahl der großen Händler hat zwischenzeitlich ihre Eigenmarkenpolitik als klare Zielsetzung formuliert und in den Markenaufbau investiert. Während die Strategie früher weitgehend darin bestand, einfache Artikel mit einem Gattungsnamen oder einer Phantasiemarke ins Sortiment aufzunehmen, gelingt ihnen heute die Führung anspruchsvoller, hochpreisiger und hochqualitativer Eigenmarken (vgl. *Ahlert/Kenning/Schneider* 2001, S. 251). Vor dieser Entwicklung verliert das Argument der konjunkturellen Abhängigkeit von Handelsmarken an Bedeutung, da diese kontinuierlich weiterentwickelt werden. Im Gegenteil, da die großen Handelsunternehmen beabsichtigen, ihren Handelsmarkenanteil auch zukünftig zu steigern, kann davon ausgegangen werden, dass sie in den kommenden Jahren weiter an Bedeutung zunehmen werden.

4.3 Ziele der Handelsmarkenpolitik

Die kontinuierliche Zunahme der Marktanteile für Handelsmarken über die letzten Jahrzehnte lässt darauf schließen, dass ihre Vermarktung für das Handelsunternehmen mit großen Vorteilen verbunden ist. Welche konkreten Ziele verbinden die Unternehmen jedoch damit? In der Vergangenheit dominierten ökonomische Zielgrößen das Handelsmarkenmanagement, vor allem das **Ertragsziel** (vgl. *Ahlert/Kenning/Schneider* 2001, S. 252). In den 90er Jahren waren diesem Hauptziel zwei Ziele mit gleicher Bedeutung hinzugefügt worden: **Profilierung des Unternehmens** und **Kundenbindung**. Mittlerweile sind diese zum Oberziel avanciert. Diese Ergebnisse deuten darauf hin, dass eine Umorientierung weg vom kurzfristigen Gewinndenken hin zu einer langfristigen strategischen Sichtweise stattgefunden hat.

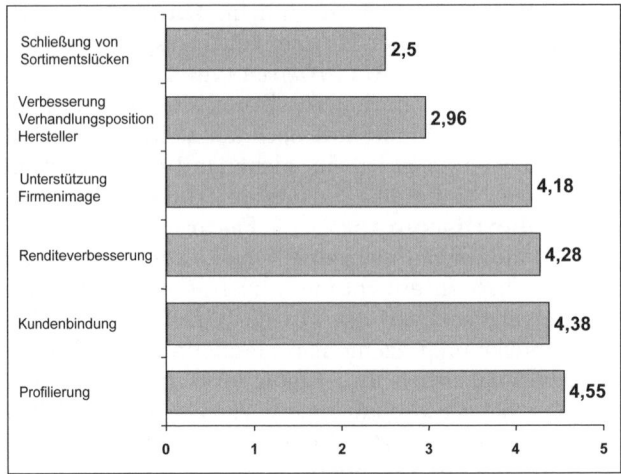

Abb.: Bedeutung verschiedener handelsmarkenpolitischer Ziele (5 = sehr hohe Bedeutung, 1 = sehr geringe Bedeutung)
Quelle: *Ahlert / Kenning / Schneider* 2001, S. 253

Eine **Profilierung** der Handelsorganisation lässt sich nur erreichen, wenn die Handelsmarken sich vom Wettbewerb abheben. Dies setzt Einzigartigkeit voraus, die nur erreicht werden kann, wenn Marken strategisch geführt und von der Konkurrenz nicht einfach kopiert werden können. Eng damit verbunden ist ein gewisser Grad der vertikalen Integration, d. h. dass die Artikel selbst entwickelt und teilweise auch selbst erstellt werden (vgl. *Ahlert / Kenning / Schneider* 2001, S. 253). Vorbildcharakter haben hier die britischen Händler, die zum Teil über eigene Forschungs- und Entwicklungsabteilungen verfügen und damit in der Lage sind, „echte" Innovationen auf den Markt zu bringen. Doch auch die deutschen Handelsketten ziehen nach, denn fast 60 % praktizieren zwischenzeitlich eine Eigenentwicklung, während lediglich 21 % einen spontanen Einkauf fremdentwickelter Produkte vorziehen. Hier werden fremde Produkte lediglich markiert, diese Vorgehensweise entspricht am ehesten der klassischen Gattungsmarke.

Der **Ertrag** spielt nach wie vor eine zentrale Rolle in der Handelsmarkenpolitik. Die mit Eigenmarken erzielte Kalkulation ist definiert als derjenige Prozentsatz, den ein Artikel als Deckungsbeitrag in Relation zum Einkaufspreis erbringt. Lassen sich die eigenen Marken nur mit starkem Preisabschlag verkaufen, fällt die Kalkulation dementsprechend niedrig aus. Die deutschen Händler realisieren jedoch mit ihren Handelsmarken höhere Kalkulationen als mit Herstellermarken, wobei der Vorsprung durchschnittlich ca. 15 % beträgt.

Mit einer **Professionalisierung des Handelsmarkenmanagements** wird sowohl das Ziel der Kundenbindung/Profilierung des Handelsunternehmens als auch das der Ertragsverbesserung unterstützt. Außerdem kann davon ausgegangen werden, dass zukünftig die Innovation im Bereich Handelsmarken eine größere Rolle spielen wird und sich die Unternehmen nicht mehr auf die Aufnahme von Me Too-Produkten beschränken.

4.4 Entscheidungsaspekte beim Einsatz von Handelsmarken

Hat sich ein Handelsunternehmen für eine Handelsmarkenstrategie entschieden, muss es sämtliche Aufgaben der Markenpolitik übernehmen: die Planung des Markenkonzeptes, die Umsetzung am Markt und die Kontrolle der Ergebnisse. Dabei ist zu berücksichtigen, dass ein Sortiment oftmals aus mehreren Tausend Artikeln besteht. Der Händler kann sich daher nicht, wie oftmals der Hersteller, auf einige wenige Produkte konzentrieren. Handelsmarken verlangen zudem eigene Investitionen, Kreativität und die Konzentration auf spezielle Strategien (vgl. *Schröder* 2003, S. 15).

Daher muss der Händler eine Reihe **strategischer Entscheidungen** treffen:

- Markenstrategie: Wie viele Marken sollen eingeführt werden, wie werden sie positioniert und wie viele Artikel sollen unter jeder Marke angeboten werden?

- In welchem Umfang sollen die Handelsmarken die namhafter Hersteller ersetzen?

- Wo soll er die Schwerpunkte der Handelsmarkenstrategie setzen?

- Preispolitik: Wie soll er die Artikel preislich positionieren?

- Kommunikationspolitik: Welche Kommunikationsinstrumente soll er einsetzen, um die Handelsmarke bekannt zu machen und Vertrauen aufzubauen?

- Wie soll die Handelsmarkenpolitik organisatorisch umgesetzt werden? Wer trägt dafür die Verantwortung?

Strategiedimensionen	Ausprägungen/Strategieoptionen
Markenstrategie	Einzelmarke ←——→ Markengruppe ←——→ Dachmarke
Segmentierung	enge Zielgruppe ←————————→ breite Zielgruppe
Anzahl Artikel	1 Artikel ←——→ wenige Artikel ←——→ zahlreiche Artikel
Sortimentsbreite	geringe Breite, eher Tiefe ←————→ umfassende Breite
Substitution Herstellermarken	Handelsmarken nur zur Schließung von Sortimentslücken ←——→ Handelsmarken und namhafte Herstellermarken ←——→ ausschließlich Handelsmarken
Preisstrategie	Premiumpreisbereich ←——→ klassische Handelsmarke ←——→ Niedrigpreis-bereich
Kommunikation	keine werbliche Unterstützung ←————→ umfassender Einsatz von Werbung und POS-Kommunikation

Abb.: Strategische Optionen der Handelsmarkenpolitik

Mit der **Markenstrategie** legt das Handelsunternehmen die Art der Marken fest, die es führen will. Im Zuge einer Positionierungsentscheidung wird festgelegt, welches Anspruchsniveau die jeweilige Handelsmarke erfüllen soll (vgl. *Bruhn* 2006, S. 635). Das Preiseinstiegssortiment wird mit Gattungsmarken besetzt. Hier kann das Sortiment eine hohe Breite und eine geringe Tiefe aufweisen, die Kompetenz ist eine Standardqualität zu einem niedrigen Preisniveau. Als Markenstrategie wird oft die der **Dachmarke** gewählt, da Artikel aus dem gesamten Sortiment unter einem Namen angeboten werden. So soll preisgünstige Kompetenz in allen Bereichen suggeriert werden. Als Beispiel lassen sich hier aro, die Handelsmarke von Metro, oder die Einstiegsmarke Ja! von REWE aufführen. Klassische Handelsmarken dagegen zeichnen sich durch eine Qualität aus, die der von Zweit- und Drittmarken namhafter Hersteller vergleichbar ist. Sie imitieren häufig die Charakteristika populärer Herstellermarken, um am Erfolg zu partizipieren. Hier wird meist die **Warengruppenstrategie** verwendet, z. B. führt P&C die Marke Marco Pecci im Einstiegsbereich, Vogue und Savannah dagegen im höherpreisigen Damenoberbekleidungsbereich. Während sich im Niedrigpreisbereich die Dachmarkenstrategie besonders eignet, um die Preiskompetenz in allen Bereichen zum Ausdruck zu bringen, ist bei einer gehobenen Positionierung die Markengruppenstrategie angebrachter. Hier kann spezielle Produktkompetenz mit Marken für einzelne Waren- oder Zielgruppen aufgebaut werden. Je höherpreisiger die Strategie ist, desto stärker entfernt man sich von der Dachmarkenstrategie und muss sich zielgerichtet und für jedes Segment separat positionieren. Die **Einzelmarkenstrategie** (Tandil von Aldi) kommt hingegen nur noch selten zum Tragen. Diese Strategie ist nur von begrenztem Nutzen und überdies mit vergleichsweise sehr hohen Kosten verbunden. Händler verfolgen vermehrt das Ziel, bestimmte Waren- oder Artikelgruppen herauszustellen.

Eine zweite Entscheidung bei der Führung von Handelsmarken betrifft die **enge** oder **breite Marktsegmentierung**. Generell lässt sich sagen: Wird mit der Handelsmarke das Preiseinstiegsniveau besetzt, ist die Ausrichtung auf eine breite Zielgruppe angebracht. Mit speziellen Sortimenten und höherpreisigen Artikeln hingegen werden die angesprochenen Zielgruppen enger gefasst (z. B. Barisal von Karstadt für den Einstiegspreisbereich, My Line oder Yorn als höherwertigere Marken für spezielle Kundinnensegmente).

Das Gleiche gilt für die **Anzahl der unter einer Marke geführten Artikel**. Bei einer Dachmarkenstrategie ist der Gesamtzahl kaum eine Obergrenze gesetzt. Je enger die Zielgruppenansprache, desto stärker sind der Artikelzahl Grenzen gesetzt.

Bei dem nächsten Entscheidungskriterium geht es darum, wie die unter einer Marke angebotenen Produkte ein **Sortiment abdecken** sollen. Generell bieten die unter einer Handelsmarke angebotenen Marken weniger Tiefe als es Hersteller mit ihren Marken oft tun. Dies erscheint schon deshalb plausibel, weil nur erfolgsträchtige Produkte in das Handelsmarkensortiment aufgenommen werden. Artikel aus allen Sortimentsbereichen unter einem Markennamen anzubieten birgt die Gefahr, dass es dem Anbieter nicht gelingt, Produktkompetenz aufzubauen und er deshalb auf den Niedrigpreisbereich beschränkt bleibt. Das es jedoch auch anders geht, beweisen z. B. die Erfolge von TCM (Tchibo) und Tesco's Finest (TESCO, Großbritannien). Ansonsten sind die Händler, die nur geringe Teile des Sortiments mit jeweils eigenen Handelsmarken abdecken, auf der sicheren Seite, da hier keine negative Assoziationen zu anderen Warengruppen auftreten können.

Während früher die Eigenmarken hauptsächlich zur Schließung von Sortimentslücken geführt wurden, wird der Handel heute zunehmend selbstbewusster. Handelsmarken dienen zur Ergänzung starker Premiummarken (wie z. B. P&C) oder substituieren sie vollständig (wie z. B. H&M). Dieser Trend wird sich wahrscheinlich auch in der Zukunft fortsetzen, sodass neben den Handelsmarken nur die stärksten Herstellermarken bestehen werden.

Wie oben bereits erwähnt, begann der Handel seine Marken für den **Niedrigpreisbereich** auszubauen und dringt mehr und mehr in die höherpreisigen Bereiche vor. Echte Handelsmarken im **Premiumbereich** finden sich heute noch selten, sie werden jedoch in der Zukunft häufiger werden.

Mit der Professionalisierung der Markenführung im Handel verändert sich auch langsam die **Kommunikation**. Wurden Handelsmarken früher überhaupt nicht oder nur über Preiswerbung beworben, finden sich heute erste Anzeichen für den Aufbau von **Präferenzen**. Bespielsweise setzte Tengelmann für die Eigenmarke Viva Vital des Discounters Plus eine umfassende Testimonialwerbung mit einem Prominenten ein.

5. Dienstleistungspolitik im Handel

Generell kann die gesamte Tätigkeit eines Handelsbetriebes als „Dienst am Kunden" aufgefasst werden. Im engeren Sinne versteht man unter dem Begriff Servicepolitik alle Dienstleistungen, die zusätzlich zum Warenverkauf angeboten werden. Sie werden für den Kunden auf dessen Anforderung hin erbracht, stellen für ihn einen Nutzen dar. Beim Handelsunternehmen besteht eine freie Entscheidungsmöglichkeit dahingehend, ob und welche Leistungen angeboten werden sollen. Dienstleistungen stehen i. d. R. in unmittelbaren Zusammenhang mit dem beabsichtigten oder bereits getätigten Kauf, der im Allgemeinen den Mittelpunkt der Leistung darstellt (vgl. *Berekoven* 1995, S. 164 ff.). Die Abgrenzung zwischen Haupt- und Nebenleistungen erscheint jedoch nicht trennscharf, da in einer Reihe von Handelsbetrieben die Dienstleistungen die Hauptleistung bilden und der Warenverkauf lediglich die Nebenleistung. Z. B. ist der Fernsehfachhandel hauptsächlich auf Reparatur- und Wartungsdienste ausgerichtet, der Verkauf von Apparaten stellt hier eher eine Nebenleistung dar.

In der Realität existiert eine große Vielfalt an Serviceleistungen, und es werden permanent neue kreiert. Angebot und Intensität der zur Verfügung gestellten Dienstleistungen sind abhängig von der Betriebsform des Unternehmens. Während Discounter und Billiganbieter die (kostenintensiven) Services auf ein Minimum herunterfahren, versuchen besonders im Hochpreisbereich angesiedelte Handelshäuser, wie Warenhäuser und Fachhandelsgeschäfte, sich durch das Erbringen zusätzlicher Dienstleistungen zu profilieren. Dies führt zu ständigen Serviceinnovationen, sodass eine bloße Übersicht aller angebotenen Leistungen schnell obsolet wird. Auch entstehen neue Leistungen als Reaktion auf veränderte Umweltbedingungen. Daher soll auf eine Aufzählung verzichtet werden und lediglich eine Systematisierung erstellt werden.

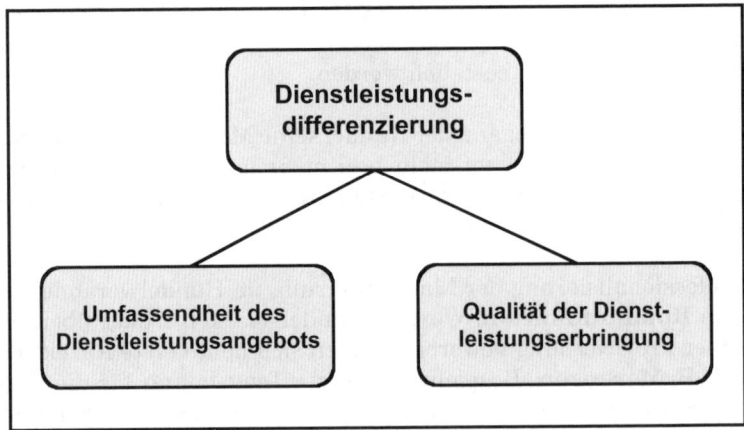

Abb.: Konzeptualisierung der Dienstleistungserbringung
Quelle: *Müller* 2007, S. 53

Um sich durch Dienstleistungen vom Wettbewerb zu differenzieren, muss sich ein Handelsunternehmen dahingehend entscheiden, in welchem Umfang es seinen Kunden Services anbieten möchte. Zunächst sind die Kategorien festzulegen, in denen Dienste angeboten werden sollen (vgl. *Müller* 2007, S. 53).

Dienstleistungskategorie	Beispiele für Dienstleistungen
Informationsdienstleistungen	Warenberatung, Schulung
Risikominimierende Dienstleistungen	Umtauschrechte, Garantien
Hausdienstleistungen	Zustellung der Ware, Abholung und Entsorgung von Altgeräten, Montage, Installation, Wartung
Bestellungsdienstleistungen	Telefonische Bestellung, Bestellung über Internet
Bezahlungsdienstleistungen	Bezahlung mit ec-Karte, Finanzierungsangebote
Einkaufserleichternde Dienstleistungen	Parkplätze, Geschenkverpackung, Schnellkassen, Ruhezonen, Kinderhort, Restaurant/Café
Bonusprogramme	Kundenkarten, Kundenclubs

Abb.: Kategorien von Dienstleistungsangeboten im Handel
Quelle: in Anlehnung an *Müller* 2007

Für eine Differenzierung über Dienstleistungen ist nicht nur entscheidend, welche Services dem Kunden angeboten werden, sondern auch der Umfang des Angebots. Während Unternehmen A seinen Kunden beispielsweise nur ein Zahlungsziel von zwei Wochen einräumt, bietet Unternehmen B einen umfassenden Ratenzahlungsplan über 24 Monate an.

Diese Systematisierung ist weitgehend auf den Einzelhandel bezogen. Im Großhandel fallen neben den technischen Kundendienstleistungen zusätzlich solche im Betreuungsbereich an. Dazu gehören

• Schulung des Verkaufspersonals des Kunden

• Beratung der Unternehmensleitung der Abnehmer in kaufmännischen Fragen

• Übernahme betrieblicher Funktionen der Abnehmer (z. B. Rechnungswesen, Werbung)

• Finanzierungshilfen.

Nicht nur die Umfassendheit des Dienstleistungsangebots ist entscheidend, sondern auch die Art und Weise, in welcher der Service erbracht wird. Bei Dienstleistungen ist sowohl der Prozess der Erbringung als auch das Ergebnis bei und nach Abschluss desselben für den Kunden relevant (vgl. *Haller* 2005, S. 10 ff.). Beispielsweise ist es für die **Qualitätswahrnehmung** des Kunden nicht nur wichtig, wie der Beratungsprozess beim Kauf eines technischen Produktes abläuft (Wartezeit, Höflichkeit des Personals, Kompetenz), sondern auch, dass die erhaltenen Informationen korrekt sind (Kompatibilität, Bedienung). Im Allgemeinen wird die Interaktionsqualität als dreidimensionales Konzept definiert, welches durch die Faktoren Einstellung, Verhalten und Kompetenz bestimmt wird. Die **Einstellung** charakterisiert die generelle Haltung der Mitarbeiter den Kunden gegenüber und drückt sich beispielsweise in der Freundlichkeit aus. Das **Verhalten** gegenüber dem Kunden konkretisiert sich z. B. durch Hilfsbereitschaft und Aufmerksamkeit. Mit der **Kompetenz** schließlich wird das fachliche Wissen beschrieben. Die **Qualität der Dienstleistungserbringung** beinhaltet insgesamt sechs unterschiedliche Aktivitäten, von denen die oberen drei dem Bereich der persönlichen Interaktion zugeordnet werden, die unteren drei sind Bestandteile der Verlässlichkeit des Leistungsangebots (*Müller* 2007, S. 55 f.).

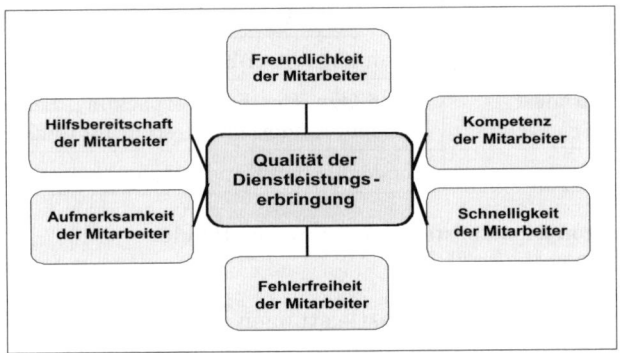

Abb.: Aktivitäten der Qualität der Dienstleistungserbringung
Quelle: in Anlehnung an *Müller* 2007, S. 56

Mittels dem Angebot von Serviceleistungen kann sich das Handelsunternehmen vom Wettbewerb abheben und seine Austauschbarkeit erschweren. Kunden können dadurch langfristig gebunden werden. Der Fokus wird vom reinen Preiswettbewerb auf eine Profilierung durch Leistung gerückt. Damit avanciert die Dienstleistungspolitik des Handels in einigen Branchen zu einem entscheidenden Kaufmotiv, wie z. B. im Automobil- oder EDV-Handel.

Neben den gesetzlich vorgeschriebenen Dienstleistungen Garantie, Umtausch und der Rücknahme von Verpackungsmaterial, die zwangsläufig angeboten werden müssen, steht der Handel vor der Aufgabe, sein Serviceangebot festlegen zu müssen. Zu diesem Entscheidungsbereich gehören (vgl. *Berekoven* 1995, S. 169-176):

- Die Festlegung von **Art und Umfang** der erbrachten Serviceleistungen
  Entscheidungen sind abhängig von

  - dem Betriebstyp
  - der Wettbewerbsstrategie
  - dem Serviceniveau der Wettbewerber
  - dem Standort
  - dem Anspruchsniveau der Zielgruppe.

Dabei sind solche Dienstleistungen auszuwählen, die dem Kunden den höchsten Nutzen erbringen und damit die Attraktivität des Anbieters erhöhen.

- Die Festlegung der **Qualität** der Leistungserbringung
  Es ist zu beachten, dass die Qualität des gesamten Leistungsangebots homogen sein muss, d. h. einzelne Services dürfen nicht negativ abfallen, sondern die Qualität sollte über alle Leistungen hinweg auf einem genau definierten Niveau liegen.

- Die Festlegung der **direkten oder indirekten Berechnung**
  Indirekte Berechnung (unentgeltliche Leistungen für den Kunden, da sie im Warenpreis berücksichtigt wurden) erscheint notwendig, wenn

  - separate Berechnung aus organisatorischen Gründen nicht möglich ist (Beratung)
  - die Kunden eine separate Berechnung schlichtweg ablehnen würden
  - die Leistung von einem Großteil der Kunden in Anspruch genommen wird
  - die Leistung von den Wettbewerbern unentgeltlich angeboten wird.

Direkte Berechnung kann erfolgen:

- gewinnbringend (Partyservice)
- kostendeckend (Zulieferung, Aufbau)
- verlustbringend (Parkplätze im Parkhaus)

Eine rein kostenorientierte Preisstellung erscheint wenig sinnvoll, Entscheidungen müssen hier von Fall zu Fall getroffen werden. Generell gilt das Prinzip des kalkulatorischen Ausgleichs, d. h. Gewinne und Verluste aus verschiedenen Dienstleistungen sollen sich ausgleichen.

- Entscheidungen, ob **Dienste selbst erbracht oder an Dritte ausgelagert** werden

Entscheidungskriterien sind:

- Wirtschaftlichkeitsaspekte
- die zu erbringende Qualität der Leistungen
- Einflussnahme auf die Gestaltung der Leistungserbringung

- **Intensitätsstufen der Fremdvergabe:**
  - gemeinsame Serviceeinrichtungen (Händlerkooperation) (z. B. gemeinsamer Kinderhort im Einkaufszentrum)
  - Verlagerung auf den Hersteller (z. B. Reparatur von Computern)
  - Delegation an selbständige Dritte (TPM: Third Party Maintenance) (z. B. Spedition)

23 ≫ Seite 452

Kontrollfragen zu E

(65) Welche Aktivitäten beinhaltet die Qualität der Dienstleistungs-erbringung?	236
(66) Was versteht man unter direkter und indirekter Berechnung von Serviceleistungen?	237

Literatur

A. C. Nielsen: The Power of Private Label 2005, o. O. 2005

Ahlert, D./Kenning, P./Schneider, D.: Das Wachstum der Handelsmarken – Ursachen und Zukunftsperspektiven, in: Bruhn, M. (Hrsg.): Handelsmarken; Entwicklungstendenzen und Perspektiven der Handelsmarkenpolitik, 3. Aufl., Stuttgart 2001, S. 243-260

Ausschuss für Definitionen zu Handel und Distribution: Katalog E, 5. Ausgabe, Köln 2006

Barth, K./Hartmann, M./Schröder, H.: Betriebswirtschaftslehre des Handels; 6. Aufl., Wiesbaden 2007

Baum, F.: Handelsmarketing, Herne/Berlin 2002

Berekoven, L.: Erfolgreiches Einzelhandelsmarketing; Grundlagen und Entscheidungshilfen, München 1990

Berekoven, L.: Erfolgreiches Einzelhandelsmarketing; Grundlagen und Entscheidungshilfen, 2. Aufl., München 1995

Berghaus, N.: Eye-Tracking im stationären Einzelhandel; Eine empirische Analyse der Wahrnehmung von Kunden am Point of Purchase, Köln 2005

Bruhn, M. (Hrsg.): Handelsmarken, Entwicklungstendenzen und Perspektiven der Handelsmarkenpolitik, 3. Aufl., Stuttgart 2001

Bruhn, M.: Handelsmarken – Erscheinungsformen, Potenziale und strategische Stoßrichtungen, in: Zentes, J. (Hrsg.): Handbuch Handel, Wiesbaden 2006, S. 631-656

ECR Europe: Category Management, Best Practices Report, Brüssel 1997

EHI Retail Institute: Handel aktuell, Ausgabe 2007/2008, Köln 2007

Falk, B./Wolf, J.: Handelsbetriebslehre, 11. Aufl., Landsberg/Lech 1992

Flach, H. D.: Sortimentspolitik im Einzelhandel, Köln 1966

Gregorczyk, K.: Partievermarktung – Erfolgskonzept der Discounter, Düsseldorf 2004

Gümbel, R.: Die Sortimentspolitik in den Betrieben des Wareneinzelhandels, Opladen 1963

Gümbel, R.: Handel, Markt und Ökonomik, Wiesbaden 1985

Haller, S.: Dienstleistungsmanagement, 3. Aufl., Wiesbaden 2005

Hansen, U.: Absatz- und Beschaffungsmarketing des Einzelhandels, 2. Aufl., Göttingen 1990

Jauschowetz, D.: Marketing im Lebensmitteleinzelhandel, Wien 1995

Lenz, R.: Die Entwicklung von Handelsmarken - Untersuchungen und Zukunftsperspektiven im Gebrauchsgüterbereich, in: Bruhn, M. (Hrsg.): Handelsmarken; Entwicklungstendenzen und Perspektiven der Handelsmarkenpolitik, 3. Aufl., Stuttgart 2001, S. 221-241

Lerchenmüller, M.: Handelsbetriebslehre, 4. Aufl., Ludwigshafen 2003

Lingenfelder, M./Kahler, B.: Bestimmungsfaktoren der Einkaufsstättenbindung – eine vergleichende Analyse von Category Management und traditioneller Vermarktungskonzeption, in: Bauer, H./Huber, F. (Hrsg.): Strategien und Trends im Handelsmanagement – Disziplinenübergreifende Herausforderungen und Lösungsansätze, München 2004, S. 121-140

Mattmüller, R./Tunder, R.: Strategisches Handelsmarketing, München 2004

Mellerowicz, K.: Markenartikel – Die ökonomischen Gesetze ihrer Preisbildung und Preisbindung, München/Berlin 1963

Möhlenbruch, D.: Sortimentspolitik im Einzelhandel. Planung und Steuerung, Wiesbaden 1994

Müller, Ch.: Differenzierung von Handelsunternehmen, Frankfurt am Main 2007

Müller-Hagedorn, L./Heidel, B.: Die Sortimentstiefe als absatzpolitisches Instrument, in: zfbF, Schmalensbachs Zeitschrift für betriebswirtschaftliche Forschung, Jg. 38 (1986), Heft 1, S. 39-63

Müller-Hagedorn, L.: Handelsmarketing, 4. Aufl., Stuttgart/Berlin/Köln 2005

o. V.: Spanische Kaufhäuser verdienen mehr, in: Handelsblatt vom 28. August 2007, S. 17

Pflaum, D./Eisenmann, H.: Einführung in die Handelswerbung, Stuttgart 1988

Rudolph, T./Brandstetter, J.: Mehr Erfolg mit neuen Produkten, in: Dynamik im Handel, 9/95, S. 101-106

Rudolph, T.: Modernes Handelsmanagement; Eine Einführung in die Handelslehre, München 2005

Rudolph, T./Kotouc, A.: Das optimale Sortiment aus Kundensicht, in: Harvard Business Manager, August 2005, S. 64 -73

Schenk, H. O.: Marktwirtschaftslehre des Handels, Wiesbaden 1991

Schröder, H.: Handelsmarken – wann lohnen sie sich? In: Stil&Markt, 1/2003, S. 14-16

Schröder, H./Mehling, K.: Handels- und Exklusivmarken als Gegenstand der Partievermarktung, in : Bruhn, M. (Hrsg.): Handelsmarken, Entwicklungstendenzen und Perspektiven der Handelsmarkenpolitik, 3. Aufl., Stuttgart 2002, S. 395-413

Seifert, D.: Efficient Consumer Response: Supply Chain (SCM), Category Management und Collaborative Planning, Forecasting and Replenishment (CPFR) als neue Strategieansätze, 3. Aufl., München 2004

Seyffert, R.: Wirtschaftslehre des Handels, 5. Aufl., Opladen 1972

Steiner, S.: Category Management zur Konfliktregelung von Hersteller-Handels-Beziehungen, Wiesbaden 2007

Thal, D.: Jeden Winkel optimal nutzen, in: Stores' Shops, Heft 1, 2007, S. 52-54

Theis, H.-J.: Handelsmarketing, Analyse und Planungskonzepte für den Einzelhandel, Frankfurt 1999

Weis, H.C.: Marketing, 14. Aufl., Ludwigshafen 2007

Zentes, J. (Hrsg.): Handbuch Handel, Strategien – Perspektiven – Internationaler Wettbewerb, Wiesbaden 2006

Zielke, S.: Kundenorientierte Warenplatzierung, Modelle und Methoden für das Category Management, Stuttgart 2002

F. Preispolitik

1. Konzeptionelle Grundlagen der Preispolitik

Unter dem Begriff der **Preispolitik** werden alle Aktivitäten zur Suche, Auswahl und Durchsetzung vom Preis-Leistungs-Relationen und damit verbundenen Problemlösungen für Kunden subsumiert (vgl. *Diller* 2008, S. 34). Dabei geht es nicht nur um die Kalkulation einzelner Artikelpreise, sondern auch um strategische Entscheidungen bzgl. des Preisauftritts des Handelsunternehmens. Im Folgenden werden unter den Begriffen Preis-, Kontrahierungs- oder Entgeltpolitik alle marketingpolitischen Instrumente verstanden, die

- die Preispolitik
- die Rabattpolitik
- die Lieferbedingungen sowie
- die Absatzfinanzierung

umfassen. Sie betreffen die monetären Vereinbarungen, zu denen Transaktionen in der Praxis erfolgen sollen (vgl. *Weis* 2007).

Die Preispolitik als zentrales Instrument der Kontrahierungspolitik beinhaltet alle Maßnahmen und Entscheidungen, die durch Preisfestsetzung das Erreichen bestimmter Ziele fördern sollen. Dies bedeutet, die Unternehmung strebt eine rein zweckorientierte Preisfestsetzung an. Sie versucht, Einfluss auf die Preise zu nehmen und diese am Markt durchzusetzen.

Wesentliche Fragestellungen, über die dieses Kapitel Aufschluss geben soll, sind:

- Wie sollte eine Unternehmung bei der Festsetzung von Preisen vorgehen?
- Auf welche Preislage(n) sollte sich eine Handelsunternehmung konzentrieren?
- Was muss im Rahmen von Sonderangeboten beachtet werden?
- Besteht die Möglichkeit, für den gleichen Artikel in verschiedenen Marktsegmenten unterschiedliche Preise durchzusetzen?
- Was sollte das Unternehmen bei eigenen Preisänderungen und solchen der Mitbewerber beachten?

Im Vergleich zum Einsatz anderer Marketinginstrumente ist die Preispolitik durch spezifische **Charakteristika** gekennzeichnet (vgl. *Homburg / Krohmer* 2006, S. 670):

- **Schnelle Umsetzbarkeit:** Preispolitische Entscheidungen lassen sich im Gegensatz zu anderen Maßnahmen relativ schnell umsetzen und zeigen i. d. R. auch eine sofortige Wirkung.

- **Schwere Revidierbarkeit:** Sind die Preise erst einmal festgelegt, lassen sie sich nur schwer revidieren. Für den Kunden nehmen sie die Funktion von Referenzpreisen ein, an denen er sich bei der Bewertung der Einkaufsstätte orientiert.

- **Große Wirkungsstärke:** Preisentscheidungen haben eine starke Auswirkung auf das Verhalten der Kunden. Studien ergaben, dass die Preiselastizitäten um ein Vielfaches (ca. zehn bis zwanzig mal) höher sind als die Werbeelastizitäten.

- **Hohe Wirkungsgeschwindigkeit:** In vielen Märkten reagieren Kunden und Wettbewerber mit enormer Schnelligkeit auf Preisänderungen. Dies gilt bei den Nachfragern vor allem für die Güter des täglichen Bedarfs.

Die Preispolitik weist im Wesentlichen sechs Entscheidungsfelder auf:

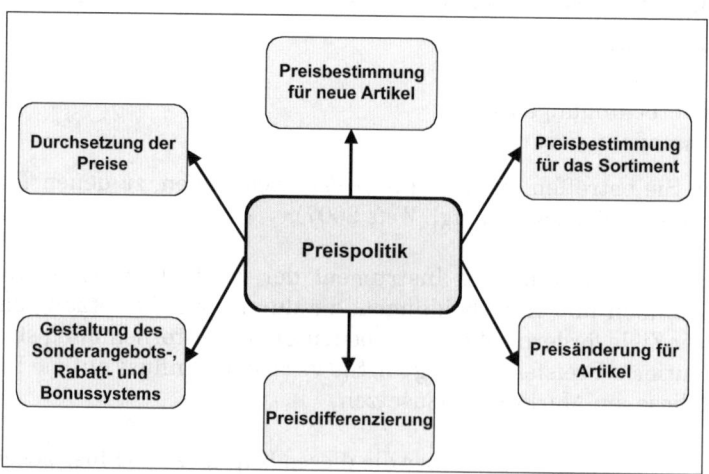

Abb.: Entscheidungsfelder der Preispolitik
Quelle: in Anlehnung an *Homburg / Krohmer* 2006, S. 670

2. Theoretische Grundlagen der Preispolitik

2.1 Mikroökonomische Grundlagen

Erkenntnisobjekt der Volkswirtschaftslehre ist unter anderem der Preisbildungsmechanismus. Ein Preis wird auf dem Markt gebildet, wobei das Verhältnis von Angebot und Nachfrage die Preishöhe bestimmt.

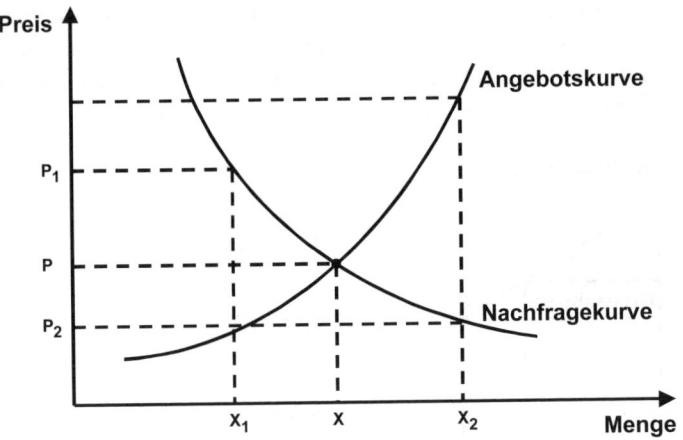

Abb.: Preisbildung aus Angebot und Nachfrage

Wird auf dem Markt eine große Menge von Produkten angeboten (z. B. Rekordernte), wird diese nur zu einem niedrigeren Preis nachgefragt werden. Erhöht sich plötzlich aus einer Gleichgewichtssituation heraus die Nachfrage nach einem Produkt, wird der Preis steigen. Die individuellen Angebots- und Nachfragefunktionen können zu der Gesamtangebotskurve und der Gesamtnachfragekurve aggregiert werden. In ihrem Schnittpunkt liegt der so genannte Gleichgewichtspreis, der Preis, bei dem angebotene und nachgefragte Mengen gleich sind. Allerdings gilt dies nur unter der Voraussetzung der vollkommenen Konkurrenz, d. h. dass eine große Zahl von Anbietern (und Nachfragern) existiert und es keinem gelingt, eine Machtposition aufzubauen. Die Unternehmung, die als Anbieter auf diesem Markt tätig ist, hat aufgrund der starken Konkurrenzsituation keine Möglichkeit, auf den Nachfrager Einfluss zu nehmen. Diese Marktform wird als **Polypol** bezeichnet. In der Praxis existieren heute in vielen Branchen **Oligopole**, das bedeutet, wenige Anbieter bestimmen den Markt und damit möglicherweise auch die Preise. Bei dieser Marktform ist es von zentraler Bedeutung, Rücksicht auf das Verhalten der Mitbewerber zu nehmen. Im Oligopol kann ein Anbieter grundsätzlich zwischen **drei Verhaltensformen** wählen:

1. **Wirtschaftliches Wettbewerbsverhalten:** Die Anbieter halten ihre Preise möglichst konstant, eventuell nehmen sie geringfügige Preisänderungen vor. Auf alle Fälle vermeiden sie es, mit den Mitbewerbern in Preiskampf zu treten.

2. **Preisabsprachen:** Die Anbieter vereinbaren (offiziell oder in Form eines „Frühstückskartells") Preise bzw. Preisänderungen, die für alle Beteiligten gelten.

3. **Kampfstrategie:** Die Anbieter versuchen, durch eine aggressive Preispolitik den Mitbewerbern Marktanteile abzuringen. Bei dieser Strategie werden die schwächsten Konkurrenten häufig aus dem Markt gedrängt.

Eine **Preis-Absatzfunktion** stellt ein formales Modell dar, welches Auskunft gibt über den Zusammenhang zwischen der Höhe des Angebotspreises und der erwarteten Absatzmenge. Im Beispiel werden der Preis auf der Abszisse und die Absatzmenge auf der Ordinate abgetragen.

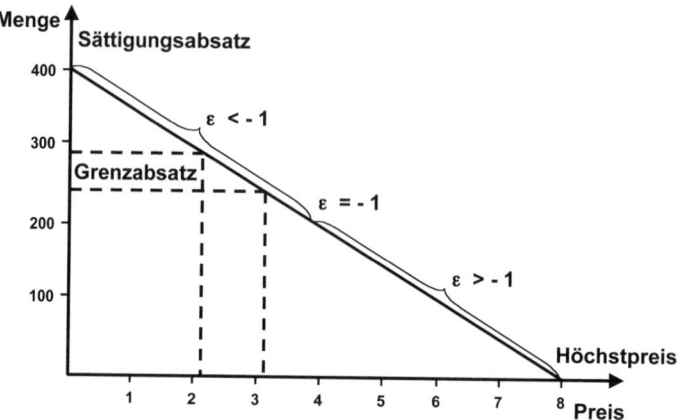

Abb.: Grafische Darstellung einer linearen Absatzfunktion und ihrer Kennwerte
Quelle: *Diller* 2008, S. 74

Charakteristische **Kennwerte** einer solchen Funktion sind:

- **Sättigungsabsatz**: Abgesetzte Menge bei p = 0
- **Höchstpreis** (Prohibitivpreis): Nachgefragte Menge sinkt auf Null.
- **Elastizität**: Verhältnis von relativer Mengenänderung zu relativer Preisänderung wird durch die Steigung der Funktion bestimmt.

Nachfragefunktionen nach unterschiedlichen Produkten sind nicht identisch. Sollen Annahmen getroffen werden über den Preis, der sich auf dem Markt bildet, ist es erforderlich, ihre Lage, ihren Verlauf und ihre Steigung zu kennen. Daher muss Kenntnis erlangt werden über die **Preiselastizität**.

„Als **Preiselastizität der Nachfrage** bezeichnet man das Verhältnis zwischen der relativen Änderung der mengenmäßigen Nachfrage nach einem Produkt und der sie bewirkenden relativen Änderung des Preises dieses Produktes" (*Weis* 2007, S. 319).

$$\text{Preiselastizitätskoeffizient} \quad e = \frac{\text{prozentuale Mengenänderung (x)}}{\text{prozentuale Preisänderung (p)}}$$

Beispiel: Der Angebotspreis eines Produktes beträgt 10 Euro / Stück. Bei diesem Preis wird eine Menge von 100 Stück abgesetzt. Der Preis wird nun auf 12 Euro erhöht. Die Nachfrage geht daraufhin um 40 Stück zurück.

> *Preiserhöhung: 20 %*
> *Mengenrückgang: -40 %*
> *e = -40 : 20 = -2*

Die Elastizität ist in diesem Fall gleich -2. Das Minuszeichen deutet an, dass es sich um eine inverse Beziehung handelt. Dies bedeutet bei steigenden Preisen rückläufige Mengen und umgekehrt.

e = 0   Vollkommen starre Nachfrage, eine Preisänderung hat keine Auswirkungen.

| e | < 1   Unelastische oder starre Nachfrage, relative Mengenänderung reagiert weniger stark als relative Preisänderung.

| e | = 1   Der Umsatz als Produkt von neuem Preis und neuer Menge bleibt unverändert.

| e | > 1   Elastische Nachfrage, relative Mengenänderung ist stärker als relative Preisänderung.

Bei den meisten Konsumgütern ist die Elastizität kleiner als -1. Dies bedeutet, dass der Absatz relativ stark auf Preisänderungen reagiert. Damit dürfte sie – vorsichtig geschätzt – die Wirkung einer Werbeänderung um den Faktor 10 - 20 übertreffen (vgl. *Simon* 1992, S. 141). Allerdings ist die Messung von Elastizitäten als sehr problematisch anzusehen. Nur im Rahmen von sorgfältig angelegten Experimenten mit Auswertung durch Scannerkassen sind relativ zuverlässige Werte zu erwarten.

Produktkategorie	Mittlere Preiselastizität
Kaffee	-2,93 bis -4,45
Papiertücher	-3,84 bis -4,00
Waschmittel	-2,13 bis -2,36
Margarine	-4,11
Pharma	-0,44
Autos	-1,92
Telefonservice	-0,68 bis -1,72
Soft Drinks	-1,59 bis -4,43

Abb.: Ausgewählte empirisch gemessene Preiselastizitäten
Quelle: in Anlehnung an *Simon 1992, S. 139*

Die Preiselastizität der Nachfrage ist umso größer (vgl. *Hartmann* 2006, S. 33)

- je höher die Preistransparenz und das Preisbewusstsein des Nachfragers sind
- je eher ein Leistungsangebot substituiert werden kann
- je problemloser ein Artikel erworben werden kann
- je weniger dringlich der Bedarf ist
- je höher die absoluten Preise sind.

Die Kenntnis der Preiselastizität bietet wertvolle Hilfestellung bei Fragen der **Preisfindung** und **Spannenkalkulation**. Je elastischer die Nachfrage ist, desto knapper muss der Artikel kalkuliert werden. Bei Produkten mit unelastischer Nachfrage besteht ein großer Spielraum nach oben. Hier können hohe Stückdeckungsbeiträge realisiert werden. Im Gegensatz dazu führen Preissenkungen zu Umsatzverlusten. Lassen sich mehrere Gruppen von Kunden unterscheiden, die unterschiedlich preiselastisch reagieren, kann das Instrument der Preisdifferenzierung eingesetzt werden, um Deckungsbeiträge abzuschöpfen. Letztendlich dient die Kenntnis der Elastizitäten zu einer Gewinnoptimierung.

Die digitale Preisrevolution

E-commerce stellt nicht nur eine zusätzlichen Distributionskanal dar, sondern eröffnet auch neue Wege in der Preispolitik. Die neuen Technologien im Internet bieten insbesondere vielfältige Anreize für das Konzept der Individualpreise. Sowohl für den Kunden als auch für den Anbieter hat dies weit reichende Konsequenzen.

Kunden können unmittelbare Preisvergleiche von Tausenden von Anbietern erhalten. Sie müssen nicht mehr aufwändig zahlreiche Angebote vergleichen. Mit einem Mausklick erhalten sie auf bestimmten Websites einen umfassenden und schnellen Preisvergleich. Dies führt zu einer ungeahnten Preistransparenz und schwer wiegenden Folgen für die Preispolitik von Herstellern und Händlern.

Kunden können ihren gewünschten (oder maximalen) Preis nennen und auf ein passendes Angebot warten. Die Nachfrager überlegen sich, was ihnen ein bestimmtes Produkt wert ist und geben über das Internet ihre Kaufangebote ab. Verschiedene Anbieter haben Zugang zu diesen Angeboten und akzeptieren sie, wann immer es ihnen sinnvoll erscheint. Diese Strategie wird vor allem bei der Vermarktung von Restposten angewandt. Sie hat den Vorteil, dass die so erzielten Preise nicht öffentlich gemacht werden müssen und somit die regulär geforderten besser gerechtfertigt werden können.

Anbieter und Kunden können in Online-Auktionen Preise aushandeln. Diese Auktionen haben in den letzten Jahren eine starke Verbreitung erfahren. Im stationären Handel ist es kostenintensiv und in Beziehungen mit Endverbrauchern aufgrund der Preisangabenverordnung nicht gestattet, mit jedem Kunden einen individuellen Preis auszuhandeln. Durch die Internet-Auktionen lohnt es sich, auch Artikel im Wert von wenigen Euro zu versteigern. Können Anbieter auf die unterschiedlichen Gebote zugreifen, lassen sich Preis-Absatz-Funktionen damit rekonstruieren und damit wertvolle Hinweise auf die reguläre Preisgestaltung gewinnen.

Anbieter können das Informationsverhalten der Kunden aufzeichnen und in individuelle Angebote umsetzen. Websites, die Produkte und Preise vergleichen, müssen sich normalerweise auf regulär veröffentlichte Preise beschränken. Durch Entwicklung geeigneter Software ist es inzwischen möglich, das Informationsverhalten des Kunden aufzuzeichnen. Dadurch können Anbieter verfolgen, wie sich ein Kunde durch die Seiten navigiert. Dementsprechend lassen Nachfrager sich unterschiedlichen Segmenten zuordnen und gezielt bearbeiten. Wird ein Kunde z. B. als sehr preissensibel eingeordnet, kann er vom Anbieter auf aktuelle Sonderangebote hingewiesen werden, oder einem treuen Kunden können individuelle Angebote unterbreitet werden.

> *Anbieter können bestimmten Kunden Zugriff zu Sonderpreisen geben. Generell ist die hohe Preistransparenz im Internet für Hersteller und Händler eher nachteilig. Viele Anbieter haben jedoch Wege gefunden, individuelle Angebote vor der Allgemeinheit zu verbergen. So schickt der Musikversand CDnow einigen Kunden Emails, in denen er sie auf eine spezielle Website hinweist, auf der die Preise niedriger sind. Wer diese nicht kennt, zahlt den höheren regulären Preis.*
>
> *Anbieter können die Preise unmittelbar der Nachfrage entsprechend ändern. Besonders im BtoB-Bereich sind einige mit Lieferanten und Kunden durch Netzwerke verbunden. Dadurch haben sie jederzeit einen Überblick über Lagerbestände, Kosten und Nachfrage und können diesen nutzen, um die Preise augenblicklich anzupassen. Damit wäre es theoretisch möglich, z. B. die Preise von Erfrischungsgetränken je nach Wetterlage zu variieren.*
>
> *Quelle: Kotler / Keller / Bliemel 2007, S. 630 / 631*

Die Nachfrage ist nicht allein vom Preis, sondern ebenso von der Verfügbarkeit und dem Preis anderer Produkte, insbesondere von Substitutions- und Komplementärprodukten, abhängig. Hierfür verwendet man den Begriff der **Kreuzpreiselastizität der Nachfrage**. Sie gibt an, wie sich die relative Menge eines Produktes A bei unverändertem Preis im Verhältnis zur relativen Preisänderung eines Produktes B verändert.

$$e_{A,B} = \frac{\text{relative Mengenänderung des Produktes A}}{\text{relative Preisänderung des Produktes B}}$$

Sind die Produkte A und B als komplementär zu bezeichnen, ist die Kreuzpreiselastizität i. d. R. negativ. Bei Substitutionsprodukten dagegen ist sie im Allgemeinen positiv. Am höchsten ist sie bei homogenen Produkten, solchen, die sich kaum oder gar nicht voneinander unterscheiden wie z. B. Benzin.

24 ⟩⟩ Seite 453

2.2 Preis und Psychologie

Die Wirkung eines Preises wird in starkem Maße von der Psychologie beeinflusst. Daher muss jede Form der Preisbildung diese berücksichtigen.

Preiserlebnisse sind angenehme oder unangenehme, mehr oder weniger bewusste Empfindungen über Preise (vgl. *Diller* 2008, S. 137). Es handelt sich demnach um Emotionen, die bewusst gesucht werden können, z. B. Aufsuchen eines Fabrikverkaufs. Solche Erlebnisse können gefühlsmäßige Faszinationen auslösen, gerade der moderne, preisuninteressierte Konsument wie der Smart Shopper ist dem emotionalen Preismarketing gegenüber sehr aufgeschlossen. Preisfreude oder Preiseuphorie treten nach dem Kauf von „Schnäppchen" auf, Preisärger oder Preisstress können die Einkaufsstimmung erheblich trüben.

Unter dem **Preisinteresse** versteht man das Bedürfnis des Nachfragers, nach Preisinformationen zu suchen und diese im Rahmen des Kaufentscheidungsprozesses zu berücksichtigen (vgl. *Diller* 2008, S. 101). Die Ursachen des Preisinteresses sind darin zu sehen, dass preisgünstige Einkäufe den Versorgungsgrad des Haushalts verbessern können. Allerdings muss berücksichtigt werden, dass der Verbraucher auch anstrebt, seine Qualitätsansprüche zu befriedigen. Bei einem begrenzten Haushaltsbudget kann dies zu einem Preis-Qualitäts-Konflikt führen. Zudem kann das Sozialprestige durch eine opulente Güterversorgung verbessert werden. Im Widerspruch zu diesen Motiven steht das Entlastungsstreben des Konsumenten, denn ein umfangreiches Wissen über Preise erfordert einen hohen physischen und psychischen Aufwand. Somit wird das Preisinteresse abgeschwächt.

Generell kann die Frage nicht beantwortet werden, welche Verbrauchergruppen ein besonders stark ausgeprägtes **Preisinteresse** entwickeln. Hier muss auf soziodemografische und produktspezifische Merkmale zurückgegriffen werden.

• Verbraucher der sozialen Mittelschicht zeigen sich häufig besonders preisorientiert.

• Ältere oder sozial schwache Verbraucher zeigen sich dagegen häufig weit weniger preisorientiert.

• In Kaufentscheidungen mit hohem Involvement (Ich-Beteiligung) ist das Preisinteresse gering. Damit lässt sich erklären, warum viele Konsumenten bei luxuriösen Produkten wenig Wert auf einen preiswerten Einkauf legen, während Güter wie Grundnahrungsmittel sehr preisbewusst eingekauft werden.

• Auf Märkten mit relativ hoher Preistransparenz (z. B. Kaffee, Benzin) ist das Preisinteresse höher als auf intransparenten Märkten (Handwerker). Damit bestimmt auch der einfache Zugang zu Informationen die Höhe des Preisinteresses.

Interessant ist ebenfalls, auf welchen Gegenstand sich das Preisinteresse richtet. Erfahrungsgemäß sind nicht alle gleich relevant. Dieser Umstand wird als **selektives Preisinteresse** bezeichnet. Es kann sich an einer oder mehreren Teilentscheidungen ausrichten:

• Markenwahl (Ausnutzen von Preisunterschieden verschiedener Marken)

• Mengenentscheidung/Packungsgrößenwahl (Preisunterschiede zwischen Packungsgrößen)

• Einkaufsstättenwahl (Preisunterschiede zwischen Anbietern)

• Wahl des Einkaufszeitpunktes (zeitliche Preisunterschiede)

Die **Preiswahrnehmung** der Konsumenten wird sowohl von psychologischen als auch von wirtschaftlichen Faktoren beeinflusst. Nach *Nagle* resultiert die Preiswahrnehmung aus unterschiedlichen Effekten (vgl. *Nagle* 1987, *Kotler/Keller/Bliemel* 2007):

- **Produktalleinstellungseffekt:** Bei einzigartiger Wettbewerbsposition reagieren Nachfrager weniger stark auf Preisänderungen.

- **Kenntnis von Substitutionsprodukten:** Wenn wenig oder keine Substitutionsprodukte bekannt sind, sind Kunden weniger preisempfindlich (z. B. Wasserversorger).

- **Vergleichskomplexitätseffekt:** Wenn Qualität und Nutzenbündel schwer zu vergleichen sind, sind Verbraucher weniger preissensibel (z. B. Versicherungen).

- **Ausgabengrößeneffekt:** Je geringer der Preis im Verhältnis zum Einkommen ist, desto preisunempfindlicher sind Kunden.

- **Teilkosteneffekt:** Je geringer der Preis einer Teilleistung im Verhältnis zur Gesamtleistung ist, desto weniger ausgeprägt wird darauf reagiert (z. B. Druckerkabel beim Kauf einer EDV-Anlage).

- **Kostenteilungseffekt:** Nachfrager reagieren weniger sensibel, wenn die Kosten von anderen mitgetragen werden.

- **Folgekosteneffekt:** Verbraucher sind weniger preisempfindlich, wenn es sich um Folgekosten eines bereits getätigten Kaufes handelt (z. B. Tonerkassetten nach Druckerkauf).

- **Preis/Qualitätseffekt:** Die Preisbeurteilung fällt günstiger aus, wenn dem Produkt mehr Statussymbolcharakter oder mehr Qualität zugeschrieben werden kann.

- **Lagerbarkeitseffekt:** Bei nicht-lagerbaren Produkten sind Abnehmer weniger preisempfindlich.

Die Preiswahrnehmung kann sich auf die absolute oder auf die relative Preishöhe beziehen. Dementsprechend werden im Rahmen der Preisbeurteilung **Preiswürdigkeitsurteil** und **Preisgünstigkeitsurteil** unterschieden.

Von einem **Preisgünstigkeitsurteil** wird gesprochen, wenn allein der Zähler des Preisquotienten (Preis/gebotene Leistung) beurteilt wird. Die Beurteilung orientiert sich zudem an den Konkurrenzpreisen. Dieses Verhalten scheint angebracht, wenn es um die Beurteilung eines ganz speziellen, genau definierten Produktes geht, das in unterschiedlichen Einkaufsstätten zu unterschiedlichen Preisen angeboten wird. Das Preisgünstigkeitsurteil gibt Antwort auf Fragen wie: Sind 6,49 € für Waschmittel XY günstig oder nicht? Analog dazu werden auch Einkaufsstätten mit ihrem Gesamtsortiment nach der Preisgünstigkeit eingestuft: Ist Plus günstiger als Lidl?

Preiswürdigkeitsurteile sind in ihrer Struktur komplexer als Preisgünstigkeitsurteile. Hier wird der Preis in Relation zu dem erwarteten Nutzen des Produktes gesetzt. Es beschränkt sich auf die Beurteilung des jeweiligen Produktes und orientiert sich nicht am Preis der Konkurrenzprodukte. Beide Formen der Preisbeurteilung können auch kombiniert auftreten.

Preiswahrnehmung und Preisbeurteilung sind nicht allein abhängig von der gebotenen Information, sondern ebenfalls von der Form der Präsentation. Durch geschickte Darstellung des Preises lässt sich der Eindruck vermitteln, es handele sich um ein günstiges Angebot. Hierbei sind allerdings rechtliche Restriktionen zu beachten.

Berekoven (1995, S. 191 f.) stellt als wichtigste **Formen der Präsentation** die folgenden Methoden heraus:

- **Semantische Färbung:** Der Preis wird verknüpft mit zusätzlichen Reizworten, die dem Käufer ein besonders billiges Angebot signalisieren. Dazu gehören die Begriffe Fabrikpreis, Preisknüller, Abholpreis, Superangebot oder Vorzugspreis. Liest der Kunde diese Worte, meint er, dass es sich um eine günstige Offerte handelt und verzichtet unter Umständen auf weitergehende Preisvergleiche.

- **Grafische Aufmachung:** Je größer das Plakat/die Anzeige und besonders die Schriftgröße der Preisangabe gestaltet ist, umso eher wird der Eindruck der Preisgünstigkeit erweckt.

- **„Preisschaukelei":** Der Preis eines Artikels wird relativ häufig variiert. Da der Käufer sein Urteil häufig am zuletzt gezahlten Preis orientiert, stellt er fest, dass das Produkt preiswerter als beim letzten Einkaufstermin ist.

- **Mondpreise:** Aktuelle Preise werden ursprünglichen/vom Hersteller empfohlenen Richtpreisen gegenübergestellt, häufig bedient man sich dabei graphischer Herausstellung wie Durchstreichen des alten Preises.

- **Zweitplatzierungen:** Der Konsument nimmt Zweitplatzierungen in exponierter Lage (im Hauptgang, vor der Kasse) häufig als besonders günstig wahr.

- **Regalstandort:** Es hat sich erwiesen, dass Verbraucher besonders häufig den Preisvergleich im Geschäft vornehmen, d. h. sie vergleichen die nebeneinander platzierten Waren. Artikel, die neben besonders hochpreisigen Produkten stehen, werden dabei als preisgünstig wahrgenommen.

Preisschwellen stellen ein weiteres wichtiges Konzept im Rahmen der Preisinformationsverarbeitung dar. Unter einer Preisschwelle wird ein Preis verstanden, bei dessen Überschreiten starke Absatzverluste auftreten. Beispielsweise finden sich im Handel kaum „glatte" Preise wie 5,00 € oder 20,00 €, sondern man bleibt knapp darunter, z. B. 4,99 € oder 19,90 €. Der Konsument vereinfacht seine Preiswahrnehmung, indem er Kategorien mit Einstufungsklassen bildet, z. B. billig, teuer, sehr teuer (vgl. *Diller* 2008, S. 128 ff.). An den Schnittstellen dieser Kategorien befinden sich Preisempfindungssprünge, die Preisschwellen. Der Handel berücksichtigt dieses, indem er versucht, immer knapp unter den Hauptschwellen zu bleiben und nimmt **„gebrochene"** Preise von z. B. 9,95 € an Stelle von 10,00 €. Als Argument für eine derartige Preisbildung wird angeführt, beim Verbraucher entstehe so der Eindruck einer Ersparnis, wenn der Preis knapp unter einem runden Preis liegt. Preisschwellen sind insbesondere für Preiserhöhungen relevant. Der Handel geht davon aus, dass der Absatz eines Artikel bei Überschreiten der Preisschwelle deutlich einbricht. Dabei macht es jedoch keinen Unterschied, ob die Preisschwelle nur knapp oder in höherem Maße übersprungen wird. Daher empfiehlt es sich bei Preiserhöhungen in der Nähe von Preisschwellen, diese deutlich zu überschreiten. Es ist davon auszugehen, dass der Absatz bei Überschreiten der Preisschwelle zurückgeht, unabhängig davon, ob sie nur geringfügig oder in höherem Maße überschritten wird. Mit einer stärkeren Preiserhöhung lässt sich dann ein höherer Umsatz erreichen.

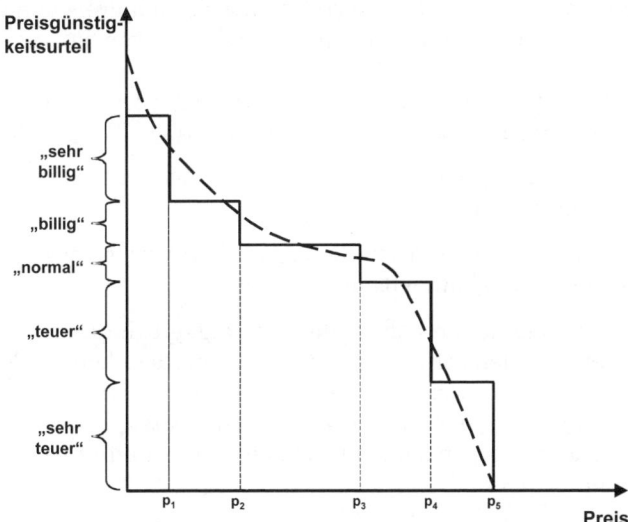

Abb.: Relative Preisschwellen und Kategorisierung der Preisurteile
Quelle: *Diller* 2008, S. 129

Bis heute ist die Existenz solcher Preisschwellen wissenschaftlich nicht eindeutig erwiesen. *Simon* (vgl. 1992, S. 604) ist der Ansicht, dass ihre Bedeutung möglicherweise überschätzt wird. In der Praxis sind sie jedoch weit verbreitet. Für ihre Existenz lassen sich einige Argumente aufführen:

- Der Kunde legt seinen Maximalpreis oftmals in ganzen Zahlen fest (z. B. unter 50,00 €).

- Preise, die unter einem runden Preis liegen, werden von Kunden unverhältnismäßig günstiger beurteilt als der glatte Preis.

- Bei der Preiswahrnehmung und -beurteilung spielt die erste Ziffer die wichtigste Rolle: 3,90 € wird als „3,00 € und etwas" und daher deutlich günstiger als 4,00 € wahrgenommen.

Sehr niedrige Preise müssen nicht zwangsläufig zu Absatzsteigerungen führen. Kunden können auch Preisschwellen nach unten determinieren. Was muss ein Produkt mindestens kosten, damit der Kunde es kauft? Sind die angebotenen Artikelpreise zu niedrig, kommen ihm Zweifel an der Qualität. Dem Preis kommt daher unter Umständen eine wichtige Rolle als **Qualitätsindikator** zu. Da auf dem Markt eine große Vielfalt von Produkten angeboten wird und diese häufig auch durch eine hohe Komplexität gekennzeichnet sind, ist der Käufer aus Kompetenz-, Zeit- oder Kostengründen vielfach nicht in der Lage, sich ein komplexes Urteil über die Qualität jedes einzelnen Produktes zu verschaffen. Daher versucht er, Schlüsselinformationen zu finden, die ihm den Beurteilungs- und Entscheidungsprozess vereinfachen. Zu den wesentlichen Indikatoren zählen der Markenname, die Herstellerfirma, das Image der Einkaufsstätte und **der Preis**. Dadurch ist es dem Konsumenten möglich, den Such- und Informationsaufwand zu verringern, indem er davon ausgeht, dass eine positive Korrelation zwischen Preis und Qualität existiert. Dies bedeutet, dass die teureren Güter gleichzeitig die besseren sind.

Eine Reihe von Gründen macht plausibel, warum besonders dem Preis eine wichtige Rolle als **Qualitätsindikator** zukommt (vgl. *Simon* 1992, S. 605):

- Es wurde die Erfahrung gemacht, dass hohe Preise mit größerer Wahrscheinlichkeit gute Qualität garantieren.

- Durch den Preis lassen sich Produkte unmittelbar vergleichen. Es handelt sich um eine bekannte und eindimensionale Größe.

- Der Preis ist als Signal von hoher Glaubwürdigkeit (im Gegensatz zu Werbeaussagen). Viele Kunden gehen implizit davon aus, dass höhere Preise auch mit höheren Herstellungskosten einhergehen (besserers Input). Es hat sich jedoch gezeigt, dass Verbraucher sich weniger an dem Satz „je teurer, desto besser" orientieren, sondern eher nach dem Prinzip „was zu billig ist, kann nicht gut sein" einkaufen.

- Unter Umständen gilt der Preis selbst als Qualitätsmerkmal, indem er den Wert eines Prestigesymbols bestimmt. In diesen Fall spricht man vom Snob- oder Veblen-Effekt.

Eine **hohe Eignung des Preises als Qualitätsindikator** ist besonders bei Produkten zu erwarten, die sich durch folgende Merkmale auszeichnen (vgl. *Simon* 1992, S. 609 f.):

- Marken- oder Herstellernamen spielen keine große Rolle.

- Erfahrungen fehlen oder sind nicht zugänglich.

- Die objektive Qualität ist vor dem Kauf nicht exakt abzuschätzen.

- Es werden erhebliche Qualitätsunterschiede wahrgenommen.

- Der Preis selbst ist ein wichtiges Produktattribut (Statussymbole, Wein, Geschenke).

- Der absolute Preis ist nicht zu hoch. Sonst wird es lohnender, nach weiteren Qualitätsinformationen zu suchen.

Dazu kommen situative Faktoren. Je größer beispielsweise der Zeitdruck beim Einkauf ist, desto eher wird der Preis als Qualitätsindikator herangezogen.

Schließlich spielen auch personenbezogene Merkmale eine Rolle. Tendenziell ist die Orientierung am Preis stärker,

- je geringer das Selbstvertrauen ist
- je geringer das produktbezogene Wissen ist
- je besser die wirtschaftliche Stellung ist
- je weniger ausgeprägt die Sparsamkeit ist.

3. Preisbildung

3.1 Preisbildung bei einzelnen Artikeln

Im Rahmen der Preispolitik können zur Festsetzung des Preises eines Artikels prinzipiell drei Verfahren unterschieden werden:

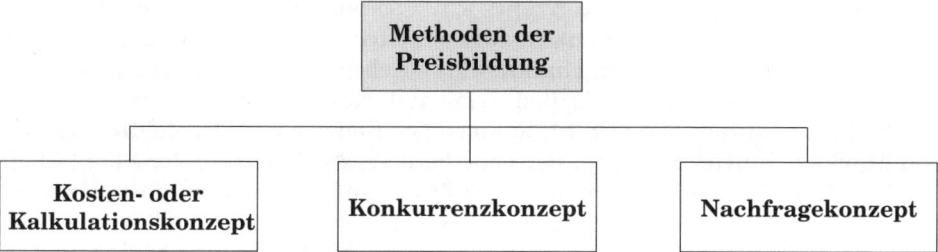

Im Rahmen des **Kosten- oder Kalkulationskonzeptes**, auch als progressive Kalkulation bezeichnet, wird auf der Basis des Einstandspreises durch **Zuschlagskalkulation** und **Gewinnaufschlag** der Verkaufspreis berechnet. Aufgrund der fixen Kosten kann der Preis nur dann zuverlässig ermittelt werden, wenn die Absatzmenge der Periode bekannt ist (vgl. *Tietz* 1993, S. 371).

1.		Einkaufsrechnungspreis
	+/-	Warenkorrekturen
2.	=	tatsächlicher Einkaufspreis (Nettoeinkaufspreis)
	+	direkte Beschaffungskosten (Einzelkosten)
3.	=	Einstandskosten (Einstandspreis = Bezugspreis frei Lager)
	+	direkte Lagerkosten (Einzelkosten)
	+	indirekte Handlungskosten (Gemeinkosten)
4.	=	engere Selbstkosten (ab Lager)
	+	echter Betriebsgewinn (Reingewinn)
5.	=	tatsächlicher Verkaufspreis (ab Lager)
	+	direkte Absatzkosten (Einzelkosten)
6.	=	tatsächlicher Verkaufspreis (Nettoverkaufspreis)
	+	sonstige Kosten (Zölle und Steuern)
7.	=	Verkaufsrechnungspreis (Bruttoverkaufspreis)

Quelle: *Tietz* 1993, S. 376

Probleme dieser Form der Preisbildung sind leicht ersichtlich. Im Handel müssen Preise für Tausende bzw. Hunderttausende von Artikeln gebildet werden. Daher erscheint die genaue Zurechnung der einzelnen Kosten sehr aufwändig und auch problematisch. Zudem erlaubt der aggressive Wettbewerb heute i. d. R. keine starren Kalkulationsschemata mehr. Viele Preise werden durch Mitbewerber vorgegeben und sind dadurch im Bewusstsein der Konsumenten verankert, sodass eine Handelsunternehmung die erwünschte Gewinnspanne nicht halten kann, ohne Gefahr zu laufen, die Kunden zu verlieren.

Es lassen sich jedoch auch Argumente für die Zuschlagskalkulation finden:

- Sie erlaubt eine bessere Bewältigung der Unsicherheit der Preisbildung, da sie auf „harten" Kosten aufbaut.

- Die Kosten-plus-Preisbildung ist für öffentliche Aufträge, für die kein Marktpreis existiert, vorgeschrieben.

Im Rahmen des **Konkurrenzkonzepts** wird überwiegend die **retrograde** Kalkulation angewandt. Ausgangspunkt ist der erzielbare Verkaufspreis, der durch die Mitbewerber oder die Nachfragefunktion vorgegeben ist. Durch Abschläge wird bestimmt, zu welchem Preis der Artikel eingekauft werden sollte, bzw. wie viel dieses Produkt zum Gewinn beiträgt. Im Rahmen des Konzepts der **Preisbildung, die am Markt orientiert** ist, wird der erzielbare Verkaufspreis an der Bereitschaft der Nachfrager ausgerichtet, dieses Produkt zu kaufen. Dies kann unter Umständen mit saisonalen Anpassungen verbunden sein wie z. B. im Modebereich (vgl. *Tietz* 1993). Dagegen setzen die Mitbewerber bei der **konkurrenzorientierten Preisbildung** die entscheidenden Preissignale. Konkurrenzorientierte Preisstellung heißt nicht zwangsläufig, identische Preise wie der Mitbewerber zu bieten. Es bedeutet vielmehr, dass ein Bezug zum Mitbewerber besteht, z. B. strebt das Unternehmen an, ihn zu unterbieten.

Retrograde Kalkulation bei **vorgegebenem Verkaufspreis** (vgl. *Lerchenmüller* 2003, S. 118):

1.	Verkaufspreis (Brutto)
-	Mehrwertsteuer
2. =	Verkaufspreis (Netto)
-	Plangewinn
-	Handlungskosten
3. =	Einstandspreis (Bezugspreis frei Lager)
	(soll am Beschaffungsmarkt erzielt werden)

Die zwei Größen, welche die Kalkulation im Wesentlichen beeinflussen können, sind die Handlungskosten und der Einstandspreis. Letzterer wird nicht zuletzt durch die Größe der Handelsunternehmung bestimmt. Einen Eindruck über die ungefähre Höhe der Handlungskosten (in Prozent vom Bruttoumsatz) unterschiedlicher Betriebstypen vermittelt *Berekoven* (1990, S. 221):

Lebensmitteleinzelhandel	durchschnittlich 23,7 %
Facheinzelhandel (ohne LEH):	durchschnittlich 30 - 46 %
Warenhäuser/Versandhäuser:	durchschnittlich 37 %
SB-Warenhäuser	durchschnittlich 14,5 - 16 %
Diskontierende Supermärkte:	durchschnittlich 14,5 %
Albrecht (Aldi):	durchschnittlich 10 - 12 %

Retrograde Kalkulation bei **vorgegebenem Verkaufspreis und vorgegebenem Einstandspreis:**

1.	Verkaufspreis (Brutto)
-	Mehrwertsteuer
2. =	Verkaufspreis (Netto)
-	Handlungskosten
-	Einstandspreis (Bezugspreis frei Lager)
3. =	Gewinn oder Verlust
	(nur über Kostensenkung beeinflussbar)

Bei der Orientierung des Preises an der **Preisbereitschaft der potenziellen Nachfrager** darf keinesfalls auf Berücksichtigung der Kosten oder Konkurrenz verzichtet werden. In erster Linie richtet sich die Bildung jedoch nach der Nachfrageorientierung. Dies bedeutet konkret: Welchen Preis wären die potenziellen Nachfrager zu zahlen bereit?

Dabei geht es konkret um die Ausprägung der folgenden Faktoren (vgl. *Weis* 2007):

- **Struktur der Nachfrageseite:** Zusammensetzung der Gesamtnachfrage, Substituierbarkeit, Nachfragergruppen, Kaufkraft der Nachfrager

- **Preisvorstellungen der Nachfrager:** Preiskenntnis, Nutzen, den das Produkt stiftet

- **Preisbereitschaft der Nachfrager:** Sie ist im Wesentlichen abhängig von den Preisvorstellungen, der Kaufkraft sowie der Dringlichkeit des Kaufes.

- **Preisklassen der Nachfrager:** Sowohl Preisvorstellungen als auch Preisbereitschaft sind auf Preisklassen verteilt (hoch, mittel, niedrig).

- **Einfluss von Qualität und Image:** Der Preis kann als Indikator für die Qualität des Produktes herangezogen werden. Überdies können Wechselwirkungen zwischen Einkaufsstättenimage und Preis bestehen.

25 〉〉 Seite 453

3.2 Preisbildung innerhalb des Sortiments: Mischkalkulation

Im Handel müssen täglich Preise für eine Vielzahl von Artikeln gebildet werden. Aus Wettbewerbsgründen ist eine rein kostenorientierte Preisbildung oftmals nicht möglich, da viele Artikel nicht mehr kostendeckend angeboten werden können. Andererseits muss das Handelsunternehmen zur langfristigen Existenzsicherung mit Gewinn arbeiten. Aus diesem Grund wird im Handel auf Sortiments- und/oder auf Warengruppenebene die Methode der **Mischkalkulation** angewandt. Dies bedeutet, dass bestimmte Artikel, die im Preisbewusstsein der Kunden verankert sind, zum Marktpreis übernommen werden, auch wenn dieser nicht kostendeckend ist. (Im Lebensmittelbereich zählen zu diesen Artikeln z. B. Butter, Kaffee oder H-Milch.) Hier wird mit sehr geringen Aufschlagsätzen gearbeitet, unter Umständen können sie sogar unter Verzicht auf Vollkostendeckung verkauft werden. Solche Artikel werden als **Ausgleichsnehmer** bezeichnet. Um den entgangenen Gewinn zu kompensieren, werden für weniger transparente Artikel/Warengruppen sehr viel höhere Aufschlagsätze verwendet. Ihnen kommt damit die Funktion des **Ausgleichsgebers** zu.

Beispiel einer Mischkalkulation:

	Ausgleichsnehmer Artikel A	Ausgleichsgeber Artikel B
Einstandspreis	10,00 €	20,00 €
+ Handlungskosten	5,00 €	5,00 €
= Selbstkosten	15,00 €	25,00 €
Verkaufspreis (Netto)	12,00 €	50,00 €
Überschuss/Fehlbetrag:	- 3,00 €	+ 25,00 €

Obgleich die Anwendung der Mischkalkulation plausibel und gerechtfertigt erscheint, birgt sie doch eine Gefahr. Die Discounter haben besonders solche Artikel in ihre Sortimente aufgenommen, die sich durch hohe Zuschläge und eine hohe Umschlagsgeschwindigkeit bei klassischen Supermärkten auszeichneten. Diese wurden dann mit niedrigerem, dennoch gewinnträchtigen Aufschlagsatz angeboten. Die traditionellen Unternehmungen wurden dadurch unterboten. Dieser Trend ist in den letzten Jahren auch im Nonfood-Bereich zu beobachten, weil hier immer noch überdurchschnittliche Aufschlagsätze zu verzeichnen waren.

Praxisbeispiel: Kalkulation im Lebensmitteleinzelhandel

Den Ausgangpunkt jeder Kalkulation bildet die Soll-Spanne, die unter Berücksichtigung der kalkulatorischen Kosten und des angestrebten Betriebsgewinns ermittelt wird. Diese bezieht sich zunächst auf das gesamte Sortiment. Im zweiten Schritt wird sie auf die einzelnen Warengruppen heruntergebrochen, wobei davon je nach Sortimentsumfang bis zu 350 existieren können. Diese spezifischen Soll-Spannen orientieren sich dabei an Erfahrungswerten und den erzielten Vorjahresspannen. Prinzipiell sind diese im Food-Bereich gering, dagegen weist Nonfood höhere Margen auf.

Bandbreite der Handelsspannen in einzelnen Warengruppen:

Food
- Süßgebäck   0,9 bis 46,8 %
- Bier (20er Kasten)   3,1 bis 28,0 %
- Spirituosen   -1,2 bis 23,8 %
- Sekt / Schaumwein   -4,1 bis 24,2 %
Nonfood
- Klebstoffe   15,6 bis 44,0 %
- Haushaltswaren   19,8 bis 59,6 %
- Körperpflege / Kosmetik   20,1 bis 55,4 %

Das Prinzip der Mischkalkulation greift sowohl innerhalb der einzelnen als auch zwischen den Warengruppen. Dabei werden die Preise am Markt orientiert, da man konkurrenzfähig bleiben muss. Grundsätzlich wird jeder Preis einzeln festgelegt, nur selten findet man einen einheitlichen Kalkulationssatz pro Warengruppe, der quasi automatisch zum Verkaufspreis führt.

Als Maßstab dient zunächst die gewichtete Warengruppenspanne, sie dient als Soll-Spanne. In allen Handelsunternehmen wird progressiv kalkuliert, d. h. es wird vom Einstiegspreis ausgegangen. Nachdem die Soll-Spanne der Warengruppe zum Einkaufspreis addiert wurde, muss der Preis auf Konkurrenzfähigkeit überprüft werden. Ist er es nicht, werden deutliche Abweichungen von der Soll-Spanne vorgenommen. Auch liegen die endgültigen Preise typischerweise knapp unter einer Preisschwelle, d. h. sie enden auf 8 oder 9. Dabei kommt es vor, dass auch unrentable Artikel geführt werden, weil die Kunden sie erwarten oder dadurch die Sortimentskompetenz des Händlers gestärkt wird. Dann versuchen die Händler allerdings, den Schaden anderswo zu kompensieren, indem z. B. Gespräche mit Lieferanten geführt werden. Erreicht jedoch eine ganze Warengruppe die Soll-Spanne nicht, kann es vorkommen, dass ganze Sortimentsbereiche aus dem Angebot herausgenommen werden.

Alle Unternehmen überprüfen ihre Kalkulation sehr regelmäßig, denn kein Artikel bleibt länger als drei Monate unbeobachtet, Saisonware wird sogar fast täglich kontrolliert.

Quelle: Horst 1999

Im Rahmen der konsequenten Anwendung der Mischkalkulation innerhalb eines Sortiments kann zwischen unterschiedlichen **Preistypen** unterschieden werden. Sie unterscheiden sich nicht nur dadurch, ob sie den Ausgleichsgebern oder -nehmern zuzurechnen sind, sondern auch durch die Dauer der Preisstellung sowie durch die Funktion, die der Handel mit dieser Preisstellung verbindet. *Hansen* (vgl. *Hansen* 1990, S. 332) stellt die Ziele der kompensatorischen Preisbildung ganzheitlich dar und bildet darauf aufbauend die unterschiedlichen Preistypen.

Preistyp \ Merkmal	Schlüsselartikel bzw. Konkurrenzartikel	Zugartikel	Sonderangebote	Kompensationsartikel
1. Ziele	Demonstration von preispolitischem Wettbewerbswillen, Irradiation auf das Preisimage des Gesamtsortiments	Absatzförderung spezieller Komplemente	Zusatzgeschäft des Niedrigpreisartikels für: - Beschäftigungsausgleich - Vermeidung späterer zusätzlicher Kosten - Liquiditätsförderung - Irradiation auf das Preisimage des Sortiments	Erwirtschaftung von Deckungsbeiträgen zur Kompensation der Niedrigpreisstellung bei Schlüssel- oder Zugartikeln
2. Preisstellung	Ausgleichsnehmer bzw. Ausgleichsträger niedrigen Grades	Ausgleichsnehmer, gelegentlich Ausgleichsträger niedrigen Grades	meist Ausgleichsträger niedrigen Grades	Ausgleichsträger höheren Grades
3. Dauer der Preisstellung	eher längerfristig	kurzfristig, gelegentlich längerfristig	kurzfristig	eher längerfristig
4. Anwendungsmerkmale	- hohe betriebsindividuelle Preiselastizität der Nachfrage - hohe Preis- und Qualitätstransparenz bei den Konsumenten - hohes Preisbewusstsein der Konsumenten - Produkte des lebensnotwendigen Bedarfs - preisempfohlene Produkte	- Initialkaufartikel mit vielen, intensiven Komplementärbeziehungen innerhalb des Sortiments - Produkte mit wenigen Substitutionsbeziehungen innerhalb des Sortiments	- hohe Preiselastizität der Gesamtnachfrager - impulskaufgeeignete Produkte - Produkte mit wenigen Substitutionsbeziehungen innerhalb des Sortiments - Produkte des Randsortiments - Ladenhüter	- komplementäre Anschlussartikel von Zugartikeln - starre negative betriebsindividuelle Preiselastizität bzw. positive Preiselastizität - geringe Preis- und Qualitätstransparenz bei den Konsumenten - geringes Preisbewusstsein bzw. Preis als Prestigefaktor - hohe Risikokomponente bei qualitativen Fehlkäufen für Konsumenten - Produkte des lebensverfeinernden persönlichen Bedarfs

Abb.: Typologische Anordnung von Handlungsprinzipien zur Festlegung der Preishöhe
Quelle: *Hansen 1990, S. 338*

- **Schlüssel- oder Leitartikel:** Als Schlüssel- oder Leitartikel werden Produkte bezeichnet, welche das Image der Preisgünstigkeit eines Handelsunternehmens bei den Verbrauchern prägen. Häufig entlastet sich der Kunde von zahlreichen Preisinformationen, indem die Preise einzelner Produkte zum Gesamtmaßstab des Sortiments herangezogen werden. Voraussetzung dafür ist, dass bei den Konsumenten eine ausreichende Preis- und Qualitätstransparenz besteht und sie sich preisbewusst verhalten. Diese Voraussetzungen finden sich häufig im Bereich des lebensnotwendigen Bedarfs. Zur Wirksamkeit von Schlüsselartikeln sollten die preispolitischen Maßnahmen längerfristig eingesetzt werden.

- **Zugartikel (Loss Leaders):** Zugartikel werden als Ausgleichsnehmer kalkuliert. Ihre Aufgabe besteht darin, die Kundenfrequenz kurzfristig zu erhöhen und den Absatz der Komplementärprodukte zu steigern, welche die entgangenen Deckungsbeiträge kompensieren. Bei der Auswahl der Zugartikel ist darauf zu achten, dass für diese Artikel innerhalb des Sortiments viele und intensive Komplementärbeziehungen bestehen. Besonders eignen sich Produkte, die Initialkäufe anregen (z. B. initiiert der Fotoapparat weitere Ausrüstungskäufe).

- **Sonderangebote:** Auch bei Sonderangeboten liegt eine Niedrigpreisstellung vor. Hier liegt die Hauptintention darin, einen Verkaufsanreiz für das Produkt selbst zu bieten, die Auswirkungen auf das Gesamtsortiment stehen weniger im Vordergrund. Ein wichtiges Merkmal des Sonderangebots ist seine Kurzfristigkeit. Sonderangebotsartikel werden i. d. R. durch Werbekostenzuschüsse und spezielle Rabatte seitens der Hersteller gefördert.

- **Kompensationsartikel:** Sie werden als Ausgleichsgeber kalkuliert und stellen das Gegenstück zu Schlüssel-, Zugartikeln und Sonderangeboten dar. Besonders eignen sich Artikel/Warengruppen, die sich dadurch auszeichnen, dass die Konsumenten wenig preisbewusst oder gar preisindifferent reagieren. Zudem sind solche auszuwählen, bei denen der Preis als Qualitätsindikator herangezogen wird bzw. Prestige- oder Snobeffekte vorliegen.

Diese **vier Preistypen** lassen sich in Bezug setzen zu den **vier Kategorie-Rollen** setzen (vgl. Kap. E, 2.4). Die Pflichtartikel demonstrieren die Wettbewerbsfähigkeit des Unternehmens. Sie stimmen zum großen Teil mit den Schlüsselartikeln überein. Hier ist die Preiskenntnis der Kunden hoch und die Preisgünstigkeit des Handelsunternehmens wird anhand weniger Produkte mit den Mitbewerbern verglichen. Bei den Profilierungs, Ergänzungs- und den Impuls-/Saisonartikeln handelt es sich überwiegend um Kompensationsartikeln. Wenn sie Gegenstand von Sonderangeboten sind, sind sie ebenfalls den Sonderangebotsartikeln zuzuordnen. Zugartikel sollten in allen vier Rollen zu finden sein, sie sind gesondert zu identifizieren.

4. Strategische Preisentscheidungen

Im Rahmen der strategischen Preisentscheidung geht es in erster Linie um die Frage, wo sich ein Handelsunternehmen im Preisgefüge des Wettbewerbs selbst sieht und gesehen werden möchte. Soll es vom Kunden als Premiumgeschäft wahr-genommen werden? Oder strebt es eine Positionierung über die Preisgünstigkeit an? In der Realität waren die Händler besonders in Verbindung mit der wirtschaft-lichen Rezession den vergangenen Jahre mit einem erheblichen Preisdruck kon-frontiert worden, dem sich nur wenige entziehen konnten.

4.1 Preispositionierung und Preislagenstruktur

Unter dem Begriff der **Preispositionierung** sollen jene preispolitischen Entschei-dungen verstanden werden, die auf den Aufbau einer bestimmten preispolitischen Haltung und eines entsprechenden Images ausgerichtet sind. Damit besteht ein enger Zusammenhang zur Zielgruppenauswahl, denn diese bestimmt letztendlich die Marktposition (vgl. *Hartmann* 2006, S. 103). Bei der Positionierung handelt es sich um eine preisstrategisch klare Grundausrichtung des Unternehmens im Wettbewerbsumfeld, sie stellt damit einen entscheidenden Beitrag zum Unterneh-menserfolg dar. Hier lassen sich unterschiedliche Positionen unterscheiden:

- Bei einer **preisdominanten Position** steht die Preisgünstigkeit der Angebote im Vordergrund, ohne dass die Unternehmung dabei zwangsweise sehr aggres-siv vorgehen muss. Im Extremfall wird hier die Preisführerschaft angestrebt. Hier versucht sich ein Handelsunternehmen einen Wettbewerbsvorteil gegen-über den Mitbewerbern zu verschaffen, indem dauerhaft akzeptable Qualität zu günstigen Preisen angeboten wird. Dies ist die Preisstrategie der Discounter, die diese über die letzten Jahrzehnte sehr erfolgreich entwickelt und verfolgt haben.

- Eine **leistungsdominante Position** konzentriert sich auf den Aufbau von Wettbewerbsvorteilen über das Leistungsangebot, im Extremfall die Leistungs-führerschaft. Ziel ist es, sich durch Einzigartigkeit von der Konkurrenz abzuhe-ben und dabei die Preisempfindlichkeit der Kunden zu reduzieren. Diese Strate-gie verfolgen alle Handelsunternehmen, die mit hochpreisigen Waren handeln. Ein Beispiel dafür ist das KaDeWe in Berlin, das Flaggschiff der Karstadt-Ket-te. Hier ist besonders die Lebensmittelabteilung zu nennen, die eine sehr große Auswahl bietet und Artikel offeriert, die sonst im Lebensmittelhandel schwer oder nicht zu erhalten sind. Dies ist allerdings mit Premiumpreisen verbunden. Diese Strategie findet sich ebenfalls bei Handelsunternehmen in zahlreichen deutschen Kleinstädten. Preislich können diese Unternehmen nicht mit Ikea, H&M und den Baumärkten konkurrieren. Sie setzen daher auf umfassenden Service (z. B. extensive Beratung oder zusätzliche Dienstleistungen wie das An-gebot von Hochzeitslisten und -tischen) und ein hochwertiges, auf die regionale Zielgruppe abgestimmtes Sortiment.

- Bei diesen beiden Strategien handelt es sich nicht um Entweder/Oder-Strate-gien. Im Gegenteil, hier könnten sogar Marktchancen außer Acht gelassen wer-den. Daher sind **hybride Positionierungsstrategien** in Erwägung zu ziehen, bei der gleichzeitig leistungs- und preisorientierte Strategien verfolgt werden. Voraussetzungen dafür sind permanente Leistungsverbesserungsmaßnahmen auf der einen Seite und Anstrengungen zur Kostenreduktion auf der anderen.

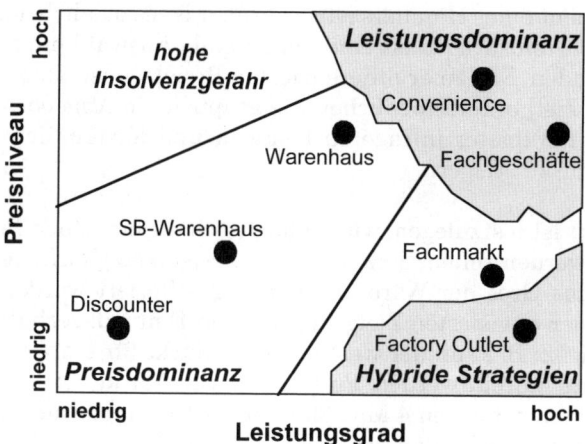

Abb.: Betriebstypenspezifische Preis-Leistungsstrategien
Quelle: *Hartmann* 2006, S. 106

Der Handel hat jedoch auch die Möglichkeit, unterschiedliche Zielgruppen anzusprechen. Dies konkretisiert er durch eine Positionierung nicht nur auf Betriebsebene, sondern auch auf der Ebene der Warenbereiche oder -gruppen. Hiermit ist die **Preislagenstruktur** angesprochen. Durch sein umfassendes Sortiment ist er in der Lage, simultan unterschiedliche Preisklassen anzubieten. Die Preishöhe wird dabei von der Betriebsform bestimmt. Grob können obere, mittlere und untere Preislage unterschieden werden, die auch im Zeitablauf relativ konstant bleiben.

Discounter/Fachmarkt	Warenhaus	Fachgeschäft/ Spezialgeschäft
		obere Preislage mittlere Preislage untere Preislage
obere Preislage mittlere Preislage untere Preislage	obere Preislage mittlere Preislage untere Preislage	

Abb.: Preislagenstrukturen verschiedener Betriebsformen des Einzelhandels
Quelle: in Anlehnung an *Hansen* 1990, S. 241

Entscheidungen im Rahmen der Preislagenstrukturierung betreffen die Fragen, wie viele und welche Preislagen angeboten werden sollen und wo die Grenzen der einzelnen Lagen definiert werden. Entscheidungshilfen hierzu liefern die verhaltensorientierte Preisforschung oder die Wettbewerber (vgl. *Hartmann* 2006, S. 107 f.). So werden vier Preisklassen für Zahnpasta unterschieden: bis 1,00 €, 1,00 € bis 1,80 €, 1,80 € bis 2,60 € und mehr als 2,60 €.

Je tiefer das Sortiment eines Händlers ist, desto eher ist es möglich, mehrere Preislagen anzubieten. Grundsätzlich ist eine umfassende Auswahl ein wichtiges Kriterium für den Kunden. Mit einer differenzierten Preislagenstrategie verfolgt das Unternehmen das Ziel, unterschiedlichen Zielgruppen ein Angebot zu offerieren, somit als möglicher Anbieter infrage zu kommen und letztendlich Marktanteil, Umsatz oder Spanne zu steigern.

Im nächsten Schritt ist festzulegen, wie umfangreich die einzelnen Preislagen mit Artikeln bestückt werden sollen. Sollen in allen Preislagen gleich viele angeboten werden oder soll das Gros der Ware in einer Lage offeriert werden? Diese Entscheidung ist von der anvisierten Zielgruppe, ihrem Einkaufsverhalten und ihrer Kaufkraft abhängig. Z. B. kann der westdeutsche Markt für Herrenbekleidung in drei große Segmente aufteilt werden: Premiummarkt, Markt der Mitte und Preismarkt. Im Premiummarkt geben 4 Mio. Männer deutlich mehr aus als die 12 Mio. Männer, die im Preismarkt kaufen (vgl. *Polte* 2000, S. 12).

Das Preisbewusstsein der Bevölkerung ist seit Jahren gewachsen. Während noch vor einigen Jahren der größte Teil der Bevölkerung in der mittleren Preislage einkaufte, scheint sich heute das Verhalten stärker zu polarisieren. Die Hauptursache dafür dürfte in der Individualisierung des Konsums liegen. Dies bedeutet, dass derselbe Verbraucher sich bei bestimmten Produkten sehr preisbewusst verhält, während er in anderen Warenbereichen eher preiselastisch reagiert. Daher hat die Preislagenstruktur einen dynamischen Charakter, die Preisposition von Artikeln muss im Laufe des Lebenszyklus angepasst werden, da sie sich verändert.

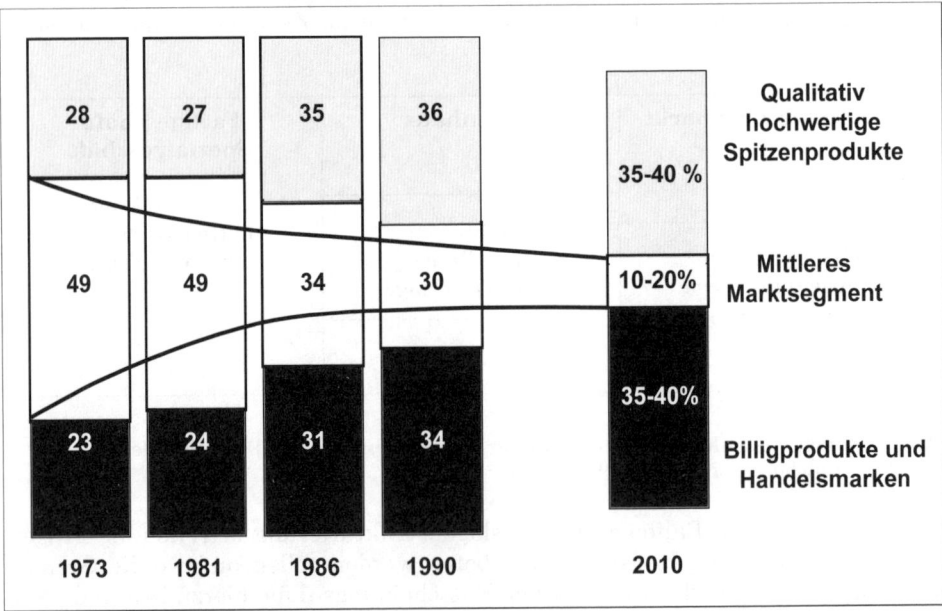

Abb.: Polarisierung der Märkte
Quelle: *BBE Unternehmensberatung GmbH*, Köln

Ein klare Preislagenstrukturierung erfordert umfassende Überlegungen und Kalkulationen. Sie bringt die **Gefahr** mit sich, dass sich die einzelnen Preislagen kannibalisieren, d. h. der Kunde kauft in der niedrigeren Preislage anstatt in der höheren. Auch können negative Imageeffekte von unteren Preislagen auf höhere ausgehen. Dies ist mit Umsatz-/Deckungsbeitragseinbußen verbunden. Dem steht jedoch eine Reihe von **Chancen** gegenüber. Zuerst wird der Anbieter mit dem Angebot mehrerer Preislagen für viele Kunden attraktiver. Durch geschickte Struktur wird unter Umständen ein Cross Shopping forciert, d. h. der Kunde tätigt Verbundkäufe in unterschiedlichen Preiskategorien. Immer weniger Konsumenten kaufen heute ausschließlich im Hochpreis- oder Niedrigpreisbereich, der Trend geht zum selbstbewussten Kombinieren der unterschiedlichsten Preislagen und Marken.

4.2 Kompensationskalkulation zur Realisierung einer angestrebten Betriebsspanne

Ein Beispiel zur Erarbeitung einer Kompensationskalkulation stellen *Barth/Hartmann/Schröder* (vgl. 2007, S. 215 ff.) dar: Zunächst muss die **generell angestrebte Betriebsspanne** ermittelt werden, die der Kalkulation zugrunde liegt, um die Soll-Betriebskosten und den Plangewinn abzudecken. Dabei handelt es sich um eine Durchschnittsgröße, die über alle Warengruppen hinweg erzielt werden muss.

Ausgangspunkt ist eine vereinfachte retrograde Gewinnplanung:

$$\text{RoI} = \frac{\text{Gewinn}}{\text{Umsatz}} \cdot \frac{\text{Umsatz}}{\text{eingesetztes Kapital}} \cdot 100 \ [\text{in } \%]$$

Das **Return on Investment** gibt an, in welcher Höhe sich das eingesetzte Kapital verzinst hat. Dabei besteht die Gleichung aus zwei wesentlichen Kennziffern. Gewinn/Umsatz ergibt die **Umsatzrendite** (Wie hat sich der Umsatz verzinst?). Umsatz/eingesetztes Kapital stellt den **Kapitalumschlag** dar.

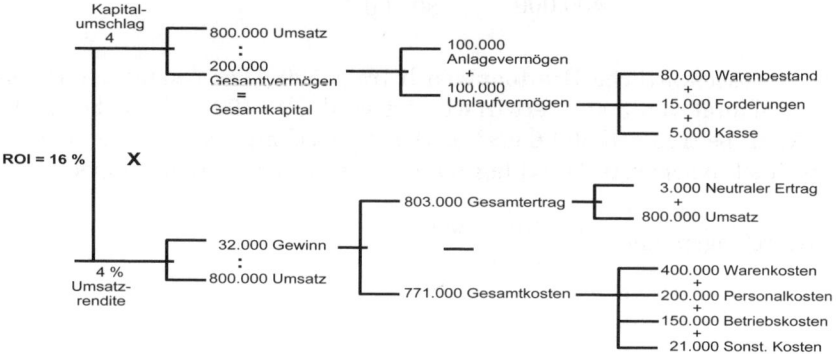

Abb.: Retrograde Gewinnplanung auf der Basis des RoI
Quelle: *Barth/Hartmann/Schröder* 2007, S. 216

Auf der Grundlage dieser Daten gelangt man zu der **angestrebten Betriebs-spanne**. Hierbei werden die Betriebskosten ohne Wareneinsatz eingesetzt.

$$\text{Betriebsspanne} = \frac{\text{Betriebskosten} + \text{Plangewinn}}{\text{Umsatz}} = \frac{371\ 000\ \text{€} + 32\ 000\ \text{€}}{800\ 000\ \text{€}}$$

Betriebsspanne = 50,4 % vom Umsatz (Abschlagspanne)

Neben der Abschlagspanne (r) benötigt man die Aufschlagspanne (k):

$$\text{Aufschlagspanne} = \frac{100 \cdot r}{100 - r} = \frac{100 \cdot 50}{100 - 50} = 100\ \%$$

Angenommen wird, dass der Handelsbetrieb ein Sortiment anbietet, welches sich aus drei verschiedenen Warengruppen zusammensetzt. Für den Anteil der jeweiligen Warengruppe am Gesamtsortiment und die Umschlagshäufigkeit liegen Erfahrungswerte vor:

Warengruppe	Anteil am Sortiment	Umschlag
I	20 %	4 mal
II	55 %	5 mal
III	25 %	6 mal

Der gewogene Durchschnitt der Umschlagshäufigkeit der drei Warengruppen beträgt 5,05.

In einem zweiten Schritt wird der Bruttonutzen für das Gesamtsortiment errechnet:

$$\text{Bruttonutzen} = \frac{\text{Warenrohertrag} \cdot 100}{\text{Umsatz (Einstandspreis)}} \cdot \frac{\text{Umsatz (Einstandspreis)}}{\text{Ø Warenbestand (Einstandpreis)}}$$

$$\text{Bruttonutzen} = \frac{400.000 \cdot 100}{400.000} \cdot \frac{400.000}{80.000} = 100 \cdot 5 = 500$$

Der durchschnittliche Bruttonutzen beträgt 500. Dies bedeutet, dass eine Bruttorentabilität von 500 % erwirtschaftet wird. Pro 100 € Warenbestand wird ein Deckungsbeitrag von 500 € erzielt. Der durchschnittliche Bruttonutzen wird umgerechnet in separate Aufschlagspannen für die drei Warengruppen:

$$\text{Aufschlagspanne} = \frac{\text{Bruttonutzen}}{\text{Umschlag}}$$

Waren-gruppe		Aufschlag-spanne	Abschlag-spanne	Waren-einsatz	Umsatz
WG I	500 : 4	125,0 %	55,5 %	71.000,00	160.000,00
WG II	500 : 5	100,0 %	50,0 %	220.000,00	440.000,00
WG III	500 : 6	83,3 %	45,4 %	109.000,00	200.000,00
				400.000,00	800.000,00

Es zeigt sich, dass bei einem Bruttonutzen von 500 % in den einzelnen Warengruppen mit unterschiedlichen Aufschlagspannen kalkuliert werden sollte. Je höher die Umschlagshäufigkeit, desto geringer kann der Aufschlagsatz sein.

Doch nicht nur bei den unterschiedlichen Warengruppen, sondern auch innerhalb dieser kann die Technik des kalkulatorischen Ausgleichs angewendet werden. Innerhalb der unterschiedlichen Warengruppen sind einzelne Artikel dadurch gekennzeichnet, dass diese von den Konsumenten mit einem hohen Maß an Preisbewusstsein beurteilt werden. Sie sollten demnach zur Verbesserung des akquisitorischen Potenzials mit sehr niedriger Aufschlagspanne kalkuliert werden. Andere Artikel übernehmen dann die Funktion des Ausgleichsgebers und sollen die entgangenen Deckungsbeiträge der Ausgleichsnehmer kompensieren.

Anhand des folgenden Beispiels (vgl. *Barth / Hartmann / Schröder* 2007, S. 218) wird der Bruttonutzen für die Ausgleichsgeber der Warengruppe II errechnet.

Anteil der Zugartikel an der Warengruppe (WG) = 20 %
Geplante Preisreduktion der Zugartikel = 16,6 %
Durchschnittlicher Bruttonutzen (100 · 5) = 500

1. Schritt: Ermittlung der Aufschlagspanne für die Zugartikel:
Eine Preisreduktion um 16,6 % hat zur Folge, dass die Abschlagspanne nunmehr 40 % statt bisher 50 % beträgt. Umgerechnet ergibt sich daraus eine Aufschlagspanne von 66,7 %.

2. Schritt: Schätzung des Einflusses der Preissenkung auf die Umschlagshäufigkeit:
Aufgrund von Erfahrungswerten ist anzunehmen, dass sich die Umschlagshäufigkeit (von bislang durchschnittlich 5) auf 6 x erhöhen wird, was allerdings lediglich für die Zugartikel gilt. Dadurch verändert sich der zu erwartende Bruttonutzen.

Bruttonutzen für die Zugartikel $(BN_{AN}) = 66,7 \cdot 6 = 400$

3. Schritt: Ermittlung des kompensatorisch wirkenden Bruttonutzens für die Ausgleichsgeber:

$$BN_{AG} = \frac{(500 \cdot 100) - (400 \cdot 20)}{80} = (50.000 - 8.000) : 80 = 525$$

Dies bedeutet, dass die 80 % der Warengruppe, die den Ausgleichsgebern zuzurechnen sind, mit einer Aufschlagspanne von 525 : 5 = 105 % kalkuliert werden müssen. Dies gilt nur unter der Voraussetzung, dass die Umschlaghäufigkeit (bislang 5) konstant bleibt. Aufgrund des neuen, höheren Preises wäre zu erwarten, dass die Umschlaghäufigkeit zurückgeht. Anzunehmen sei hier ein Rückgang von 5 %. Die neue Aufschlagspanne sollte daher

$$525 : 4{,}75 = 110{,}5 \% \text{ betragen.}$$

Zugleich ist darauf hinzuweisen, dass Preissenkungen zusätzlich von kommunikationspolitischen Maßnahmen wie **Zweitplatzierung** und/oder **Werbung** begleitet werden sollten, da sonst mit Gewinneinbußen gerechnet werden muss. Diese kommen zu Stande, da niedrigere Preise nicht zwangsläufig mit dementsprechend höheren Absatzmengen verbunden sind, welche die entgangenen Deckungsbeiträge kompensieren.

26 ⟫ Seite 453

5. Taktisch-operative Preisentscheidungen

5.1 Preisdifferenzierung

Unter dem Begriff **Preisdifferenzierung** wird verstanden, dass ein Anbieter für ein bestimmtes Produkt von verschiedenen Kunden verschiedene Preise fordert. Durch konsequente Anwendung dieser Technik gelingt es ihm, sein Marktpotenzial optimal auszuschöpfen. Das Primärziel der Preisdifferenzierung stellt die Gewinnmaximierung dar. Aber auch qualitative Ziele werden verfolgt. Kundenloyalität kann auf diese Weise belohnt werden, indem treue Kunden z. B. über Kundenkarten weniger zahlen als andere. Einkaufsfrequenz und/oder Einkaufssumme können mittels dieses Instruments erhöht werden.

Bei der Anwendung der Differenzierung sollten jedoch folgende Voraussetzungen beachtet werden (vgl. *Weis* 2007, S. 336):

- Der Markt muss unvollkommen sein.

- Der Gesamtmarkt muss unter vertretbaren Kosten in Teilmärkte mit unterschiedlichem Nachfrageverhalten aufteilbar sein.

- In den Teilmärkten muss eine unterschiedliche Preisbereitschaft der Nachfrager bestehen. Dies bedeutet unterschiedlich hohe Elastizitäten.

- Die Nachfrager müssen in klar abgrenzbare Gruppen einzuordnen sein.

- Die Struktur der Märkte darf nicht zulassen, dass Nachfrager von einer Gruppe in die andere wechseln.

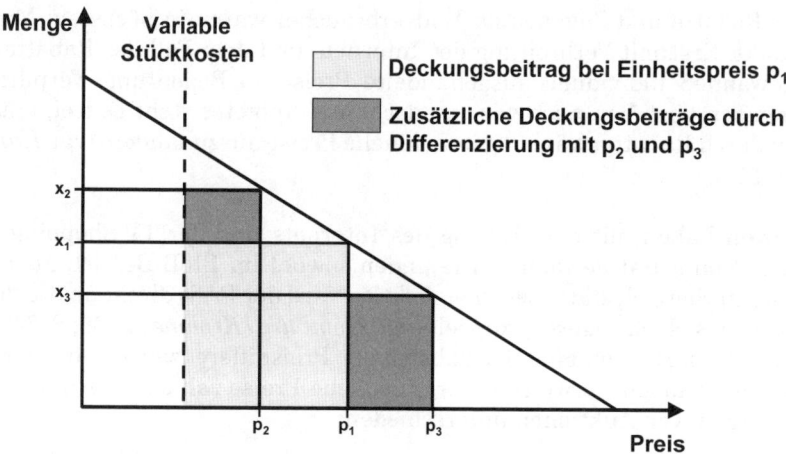

Abb.: Formen der Marktaufspaltung bei Preisdifferenzierung

Je besser es dem Anbieter gelingt, Teilmärkte zu identifizieren und zu isolieren, desto wirksamer kann eine Preisdifferenzierung durchgeführt werden. Dafür muss für jedes Segment der optimale Preis festgelegt werden, in diesem Fall der Preis, bei dem eine maximale Abschöpfung der Konsumentenrente möglich ist.

Es lassen sich mehrere **Formen der Preisdifferenzierung** unterscheiden:

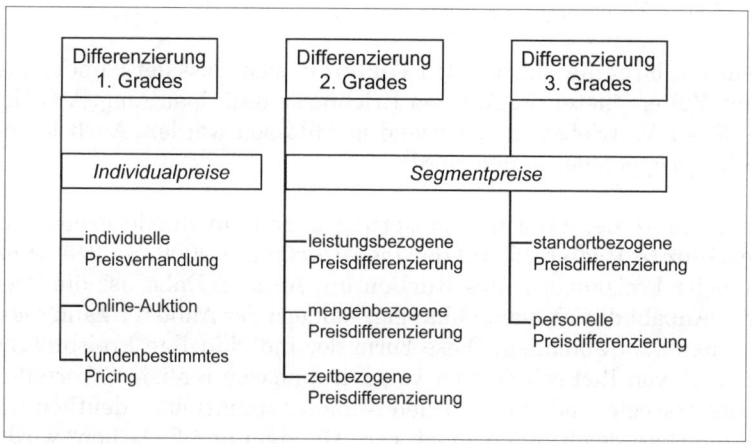

Abb.: Formen der Preisdifferenzierung
Quelle: *Hartmann* 2006

Bei der **Preisdifferenzierung ersten Grades** wird von jedem Kunden genau der Preis für eine Leistungseinheit verlagt, den er zu zahlen bereit ist. Damit wird die Konsumentenrente vollends abgeschöpft. Noch bis vor wenigen Jahren spielten **Individualpreise** eine unwesentliche Rolle. Preise mussten ausgeschildert werden, Rabatte und Zugaben an Endverbraucher waren in höchstem Maße eingeschränkt. Erst mit Verbreitung des Internets und dem Fall des Rabattgesetzes 2001 gewannen individuell ausgehandelte Preise an Bedeutung. Verpflichtende Preisangaben bestehen nach wie vor, doch dem Anbieter steht es frei, mit einem Kunden durch Rabattgewährung individuelle Preise auszuhandeln (vgl. *Hartmann* 2006, S. 117).

Auktionen haben mit dem Einzug des Internets und der TV-Shopping-Kanäle stark an Popularität gewonnen. Sie finden sowohl im BtoB-Bereich als auch im Konsumgüterbereich statt. Bei einer Auktion wird der Preis direkt an die Preisvorstellungen des Nachfragers gekoppelt (vgl. *Homburg / Krohmer* 2006, S. 742 ff.). Es handelt sich hierbei um eine Spezialform der Preisdifferenzierung, bei der einzelne Nachfrager möglicherweise unterschiedliche Preise zahlen. Prinzipiell werden mehrere Arten von Auktionen unterschieden:

- Bei der **Englischen Auktion** steigern die Käufer so lange, bis ein Bieter übrig bleibt, der den Zuschlag erhält. Dies ist das Auktionsprinzip, das z. B. bei Ebay angewendet wird.

- Die **Holländische Auktion** dagegen funktioniert genau umgekehrt. Der Verkäufer setzt einen Preis fest, der daraufhin so lange gesenkt wird, bis der erste Bieter den aktuellen Preis akzeptiert und somit den Zuschlag erhält.

- Bei der **Nachfragerauktion** oder **Reverse Auction** setzt der Käufer einen maximalen Preis fest, zu dem er ein Produkt erwerben möchte. Die Anbieter unterbieten sich so lange, bis der Käufer seinen Zuschlag gibt (vgl. *Hartmann* 2006, S. 118).

Aus Kundensicht birgt die Auktion den **Vorteil** in sich, dass der Kunde aktiv mitwirken kann. Zudem bietet die Auktion Erlebnisse und Spannung. Aus Handelssicht kann dieser Vertriebsweg ergänzend erschlossen werden. Auch können darüber neue Zielgruppen gewonnen werden.

Eine dritte Variante der Preisdifferenzierung über individuelle Preise stellt die **kundenbestimmte Preisbildung** dar (vgl. *Hartmann* 2006, S. 118). Hier steht das verbindliche Preisangebot des Kunden am Anfang. Dabei ist die Preishöhe nicht von der Anzahl der Kunden abhängig, sondern der Anbieter kann dieses Angebot annehmen oder ablehnen. Diese Form der individuellen Preisbildung wird im Internet z. B. von IhrPreis.de oder von priceline.com realisiert. Vorteile dieser Preisfindungsstrategie sind, dass für den Anbieter unmittelbar deutlich wird, wo die Preisbereitschaft des Kunden endet. Ein „Handeln und Feilschen" wird jedoch vermieden. Positiv ist für den Anbieter zudem, dass die realisierten Preise für andere Kunden nicht transparent werden, sodass der „normale" Preis nicht unter Preisdruck gerät.

Die **Preisdifferenzierung zweiten Grades** umfasst die leistungs-, mengen- und zeitbezogene Formen. Hier bleibt es dem Kunden frei überlassen, in welches der Segmente er sich bewegt und welchen Preis er dementsprechend zahlt.

- Die **leistungsbezogene** Form bezieht sich auf Unterschiede in der Dienstleistung oder des Produktes. Eine zusätzliche Version eines Produktes, die von der Kostenseite her nur unwesentlich teurer ist, wird zu einem wesentlich höheren Preis angeboten. Dazu gehören Ausführungen in Geschenkversion oder bei Büchern Taschenbücher und Leinenausgabe.

- Bei der **mengenmäßigen Preisdifferenzierung** werden die Produktpreise nach Verkaufsmengen gestaffelt. Mit zunehmender Menge zahlt der Kunde weniger pro Einheit. Mengenmäßige Preisdifferenzierung kann auch in Form von Mengenrabatten auftreten.

- Die **zeitliche Preisdifferenzierung** beruht darauf, dass zu bestimmten Zeiten höhere Preise genommen werden als zu anderen. Ziel ist es, Schwankungen der Nachfrage im Zeitablauf auszugleichen z. B. durch Hochsaison-/Nebensaisonpreise. Ein Beispiel sind die Spätverkaufsstellen, die tagsüber niedrigere Preise verlangen als abends, wenn die Mitbewerber bereits geschlossen haben. Von großer Bedeutung ist die zeitliche Preisdifferenzierung im Rahmen der Sonderangebotspolitik und der „Schlussverkäufe".

Bei der **Preisdifferenzierung dritten Grades** lassen sich die Kunden anhand bestimmter charakteristischer Merkmale identifizieren und gegeneinander abgrenzen. Dabei hat der Nachfrager i. d. R. keinen Einfluss darauf, welchem Segment er zugeordnet wird. Eine solche Segmentierung kann in Form personeller oder regionaler Kriterien erfolgen.

- Im Rahmen der **personellen Preisdifferenzierung** erhalten verschiedene Personengruppen unterschiedliche Preise. Dies kann z. B. nach Alter (Kinder, Senioren), nach Ausbildungsstatus (Schüler, Studenten), nach Kundentyp (Neukunde, Stammkunde) oder nach Informationsbereitschaft (Kunde informiert über Konkurrenzprodukte) erfolgen.

- Eine zweite Form ist die räumliche oder regionale Preisdifferenzierung. Diese Form wird häufig von filialisierten Unternehmen angewandt. Für unterschiedliche räumliche Gebiete (Nord/Süd, Inland/Ausland, Stadt/Land) werden verschiedene Preise für die gleichen Produkte festgelegt. Ausschlaggebend für die Preishöhe ist die jeweilige Kunden- und Konkurrenzstruktur. Beispielsweise kann ein Handelsunternehmen in Stadtteilen mit wohlhabender Kundenstruktur höhere Preise ansetzen.

Preisdifferenzierung ist jedoch auch in Verbindung mit dem Einsatz **nichtpreislicher Marketinginstrumente** möglich:

- **Preisdifferenzierung über den Vertriebskanal:** Der gleiche Artikel kostet in einem Betriebstyp mehr als in einem anderen (z. B. Fachgeschäft – Discounter).

- **Preisdifferenzierung durch Differenzierung des Markennamens:** Der gleiche Artikel wird unter verschiedenen Namen zu unterschiedlichen Preisen angeboten. Dies ist häufig bei Handelsmarken der Fall.

5.2 Preisbündelung/-entbündelung

Unter dem Begriff der **Preisbündelung** wird verstanden, dass mehrere Produkte zu einem Paket oder Bündel zusammengefasst werden und für dieses ein Gesamtpreis verlangt wird (vgl. *Homburg/Krohmer* 2006). Diese Strategie ist im Handel weit verbreitet. In der EDV-Branche sind häufig Komplettpreise für PC, Monitor und Drucker zu finden und Möbelhäuser verkaufen ganze Zimmereinrichtungen zu einem Komplettpreis. Bündelpreise sind i. d. R. geringer als die Summe der Einzelpreise. Dennoch kann sich die Preisbündelung vorteilhaft auf den Umsatz/Gewinn auswirken, da die Nachfrager dazu angeregt werden, mehrere Komponenten gemeinsam zu erwerben, die sie sonst unter Umständen bei unterschiedlichen Händlern gekauft hätten. Gegebenenfalls hätten sie auch auf den Kauf der einen oder anderen Komponente verzichtet.

Dabei können zwei Formen der Preisbündelung unterschieden werden:

- Die **„reine Bündelung"** lässt nur den Kauf des gesamtes Warenpaketes zu. Ein Kauf der Einzelkomponenten ist nicht möglich.

- Die Strategie der **gemischten Bündelung** sieht sowohl den Kauf des Pakets als auch den Kauf der einzelnen Komponenten vor.

Für die Bündelung eignen sich insbesondere Komplementärgüter. Die Bestimmung des optimalen Bündelpreises ist so komplex, dass sie mit Optimierungsprogrammen durchgeführt werden sollte.

Paradoxerweise existiert in vielen Branchen neben dem Trend zur Bündelung auch einer zur **Entbündelung**. Hierbei existiert kein Gesamtpreis für das Produkt, statt dessen werden die Einzelkomponenten verkauft, für die separate Preise gebildet werden. Dies ist häufig der Fall, wenn Produkte modifiziert und/oder Folgeprodukte eingeführt wurden. Im Prinzip handelt es sich in diesem Fall um eine verdeckte Preiserhöhung. Entbündelung ist dann ratsam, wenn der absolute Preis sehr hoch ist und dieser Umstand auf diese Weise kaschiert werden kann. Oftmals können so auch höhere Gewinnspannen erzielt werden.

5.3 Sonderangebots- und Dauerniedrigpreispolitik

Unter Sonderangeboten werden **kurzfristig-vorübergehende Preisreduktionen** bei ausgewählten Artikeln verstanden. Sie können oberhalb, auf oder unterhalb der Einstandspreishöhe angesetzt werden. Käufer orientieren sich meist am Nachlass vom Gesamtpreis. Die temporäre Preissenkung wird oft von ergänzenden Maßnahmen wie Werbung, Handzettel, Display oder Zweitplatzierung begleitet (vgl. Kap. G, 3.3). Sonderangebote sind im Handel sehr populär. Dem steht häufig kein gesichertes Wissen über ihre direkte und indirekte Wirkung gegenüber.

Viele in der Praxis gängige Regeln sind empirisch nicht abgesichert. Einige Ketten bieten niemals Sonderangebote an. Die Zahl der Unternehmen, die Dauerniedrigpreise einsetzen, scheint zuzunehmen.

Im Zusammenhang mit dem Einsatz von Sonderangeboten entstehen folgende **Fragen** (vgl. *Simon* 1992, S. 526 ff.):

- Soll das Handelsunternehmen überhaupt Sonderangebote einsetzen?
- Welche Artikel eignen sich?
- Eignen sich eher bekannte oder weniger bekannte Marken?
- Soll man sich auf neue oder ausgereifte Marken konzentrieren?
- In welchem Umfang sollen Sonderangebote eingesetzt werden?
- Wie stark sollen die Preise reduziert werden?
- Wie häufig und wie lange sollen solche Aktionen stattfinden?

Beim Einsatz von Sonderangeboten sollte berücksichtigt werden, dass eine Preisreduzierung eine beträchtliche Steigerung der verkauften Menge verursachen muss, um die entgangenen Deckungsbeiträge zu kompensieren. Diesen Zusammenhang veranschaulicht die folgende Abbildung.

Um wie viel Prozent muss sich der Absatz von Marke A erhöhen, um bei einer Preissenkung von ...% zumindest gleichbleibenden Ertrag zu erzielen?

Preis- reduktion in %	Deckungsbeitrag in %								
	5	10	15	20	25	30	35	40	45
	Notwendige Absatzsteigerung in % für gleichbleibenden Ertrag								
2	67	25	15	11	9	7	6	5	4
3	150	43	25	18	14	11	9	8	6
4	400	67	36	25	19	15	13	11	9
5		100	50	33	25	20	17	14	11
7		300	100	60	43	33	27	23	18
10			200	100	67	50	40	33	25
15				300	150	100	75	60	43

Lesebeispiel: Bei einer Preisreduktion von 10 % und einem Deckungsbeitrag von 30 % muss sich der Absatz um 50 % erhöhen, damit der Ertrag konstant bleibt.

Quelle: *Jauschowetz* 1995, S. 164

Die umfassende Beurteilung ist deshalb so schwierig, weil die **Gesamtwirkung** eines Sonderangebots aus einer **Vielzahl von Teilwirkungen** resultiert. Diese treten bei drei Artikelkategorien auf:

- beim Sonderangebot selbst
- bei den übrigen Artikeln der Warengruppe des Sonderangebotsartikels (Substitute)
- beim restlichen Sortiment (Sortimentsverbund).

Für eine Gesamtbeurteilung sind die dynamischen Wirkungen in der **Sonderangebotsperiode** und in den **Folgeperioden** einzubeziehen. Bei vielen Artikeln erfolgen während der Aktionen Hortungskäufe, die bewirken, dass in den darauffolgenden Wochen die Abverkäufe zurückgehen. Die dadurch entgangenen Deckungsbeiträge sollten berücksichtigt werden, wenn es darum geht, den Erfolg eines Sonderangebotes zu ermitteln.

Zudem ist es notwendig, zwischen **Normalkunden** zu unterscheiden, die auch ohne Sonderangebote ins Geschäft kommen, und **Sonderangebotskunden** (Sonderangebotsjägern), die nur durch Sonderangebote angezogen werden.

Die einzelnen Wirkungen, die durch Sonderangebote ausgelöst werden können, lassen sich wie folgt systematisieren:

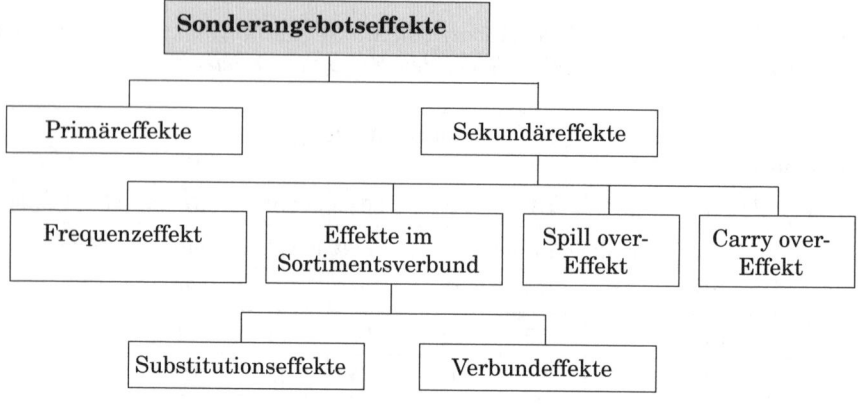

Abb.: Wirkungsstruktur von Sonderangeboten
Quelle: in Anlehnung an *Schmalen / Pechtl / Schweitzer* 1996, S. 31

In dieser Abbildung werden die unmittelbaren ökonomischen Auswirkungen von Sonderangeboten erfasst. Kommunikationspolitische Sachverhalte wie z. B. der Einfluss auf das Preisimage eines Handelsunternehmens müssen dagegen vernachlässigt werden.

Der **Primäreffekt** kennzeichnet die Absatzveränderung des aktionierten Produktes. Hier dürften i. d. R. Absatzsteigerungen beobachtet werden können. Unter **Sekundäreffekten** subsumiert man die Wirkungen, die sich auf den Abverkauf der anderen Produkte des Sortiments beziehen. Sie beschreiben Ausstrahlungswirkungen der Marketingaktion auf andere Artikel, die nicht Gegenstand der Aktion sind. Diese Sekundärwirkungen können die Sonderangebotswirkung verstärken oder auch konterkarieren.

Der **Frequenzeffekt** lockt zusätzliche Käufer in das Geschäft. Diese wiederum tätigen vermehrt Käufe im Zuge eines One-Stop-Shopping. Somit steigt nicht nur der Absatz des Sonderangebots, sondern der gesamte Umsatz.

Wirkungen im Sortimentsverbund können sich **substitutiv** oder **komplementär** auswirken. Von **Substitution** spricht man, wenn mit dem Sonderangebot und demzufolge dem höheren Abverkauf von Artikel X ein geringerer Verkauf von Substitutionsartikel Y einhergeht. Anders ausgedrückt: Kaffeemarke J wird günstiger angeboten. Daher steigt der Verkauf von J, der Verkauf der Kaffeemarke D geht zurück, obgleich D für das Handelsunternehmen höhere Deckungsbeiträge bringt. Dagegen wirkt sich der **Verbundeffekt** komplementär aus und bewirkt eine zusätzliche Nachfrage. Ein Sonderangebot bei Spargel zieht Saucen- und Schinkenkauf nach sich.

Der **Spill Over-Effekt** schließlich basiert auf der kommunikationspolitischen Ausstrahlung des Sonderangebots. Durch das Sonderangebot wird die gesamte Warengruppe stärker ins Bewusstsein der Nachfrager gerückt. Ein Sonderangebot von Eiscreme kann z. B. den Käufer daran erinnern, dass er wieder einmal Eiscreme kaufen könnte, auch wenn er sich für eine andere Marke als das Angebot entscheidet.

Schließlich ist noch der **Carry Over-Effekt** zu beachten. Diese Wirkung ist als temporär zu bezeichnen. Sie kann sich positiv oder auch negativ auswirken. Möglich ist, dass der aktionierte Artikel in den Folgeperioden verstärkt gekauft wird. Andererseits kann es in der Sonderangebotsperiode zu Hortungskäufen kommen, die Abverkäufe in den darauffolgenden Perioden gehen zurück.

Wirkung zweier unterschiedlicher Sonderangebote (vgl. *Simon*, 1992, S. 527 f.):

	Normalkunden				Sonderangebotskunden			
	SA-Periode t		Folgeperioden t +n		SA-Periode t		Folgeperioden t + n	
Artikel	**A**	**B**	**A**	**B**	**A**	**B**	**A**	**B**
Sonderangebots-artikel	+/0	+	+/0	-	+	+	+	0
Restliche Warengruppe des SA-Artikels (Substitute)	0	-	0	-	0	0	+	0
Restliches Sortiment	0	-/0	0	-	+	0	+	0

Abb.: System kurz- und mittelfristiger Wirkungen von Sonderangeboten

Beim Einsatz von **Sonderangebotsartikel A** treten folgende Effekte auf:

Normalkunden: kaufen A in Sonderangebotsperiode t und den Folge-
                           perioden t+n gleich viel oder mehr,

                           Mehrkäufe von A gehen nicht zu Lasten der Substitu-
                           te,

                           restliches Sortiment bleibt unberührt.

Sonderangebotskunden: kaufen A in t und t+n, kaufen auch Substitute in t+n,
                           da sie Stammkunden werden,
                           kaufen restliches Sortiment in t (Sortimentsverbund)
                           und t+n (Stammkunden).

Effekte beim Einsatz von **Sonderangebotsartikel B:**

Normalkunden: kaufen von B mehr in t und weniger in t+n (Käufe
                           werden von der Zukunft geborgt, B wird gelagert, ne-
                           gativer Carry Over),

                           Mehrkäufe von B gehen zu Lasten der Substitute in t
                           und t+n,

                           restliches Sortiment bleibt unberührt bzw. in t wird
                           sogar Kaufkraft zu Gunsten der Mehrkäufe von B ab-
                           gezogen.

Sonderangebotskunden: kaufen nur B in t (Sonderangebotsjäger), es tritt weder
                           ein Sortimentsverbund in der Sonderangebotsperiode
                           t auf, noch werden diese Käufer zu Stammkunden.

Offensichtlich bilden A und B hinsichtlich ihrer Sonderangebotseignung extreme Gegensätze. Um solche Effekte messen zu können, wäre eine Datenbasis notwendig, die sowohl Einkaufsverbunde als auch Entwicklungen des individuellen Kaufverhaltens im Zeitablauf einschließt. Ermöglicht werden könnte dies durch ein Scanner-Haushaltspanel. Es existiert bereits eine Software, die alle Einkaufsvorgänge, in denen ein Sonderangebotsartikel enthalten ist, automatisch erfasst und getrennt abspeichert. Auf diese Weise lässt sich feststellen, welche Artikel zusammen mit Sonderangeboten eingekauft wurde.

In Studien konnte bislang nicht bewiesen werden, dass der Einsatz von Sonderangeboten in der Gesamtheit seiner Wirkungen das Unternehmensergebnis tatsächlich positiv beeinflusst hat. In vielen Fällen erhöhte sich die Kundenzahl, ein deutlich positiver Effekt auf den Gesamtgewinn konnte nicht nachgewiesen werden. Im Hinblick auf die zahlreichen Wirkungen von Sonderangeboten muss auch berücksichtigt werden, dass sie in Verbindung mit Anzeigen den Bekanntheitsgrad des werbenden Unternehmens erhöhen. Zudem wird ein Image der Preisgünstigkeit aufgebaut. Auch muss beachtet werden, dass die Sonderangebotsaktionen meist von den herausgestellten Herstellern finanziert, zumindest jedoch subventioniert werden. Um ihre Produkte als Sonderangebote herausstellen zu können, müssen sie dem Handel zusätzliche Rabatte gewähren und flankierende Werbung in Form von Werbekostenzuschüssen unterstützen. Zusammenfassend kann konstatiert werden, dass Sonderangebote eine Vielzahl unterschiedlicher Wirkungen haben, die sich in letzter Konsequenz nicht beurteilen lassen.

Ergebnisse einer empirische Studie:
„Sonderangebote als Marketing-Instrument im Lebensmittel-Einzelhandel

Die Ergebnisse dieser Untersuchung lassen Sonderangebote im Food-Bereich als wenig „spektakuläres" Instrument erscheinen: Relativ gesehen schieben zwar Aktionen den Absatz eines Produktes kräftig an, insbesondere wenn sie mit einer Preisreduzierung verbunden sind: Die damit verbundenen absoluten Mengenbewegungen sind jedoch meist gering. Sonderangebote lassen die Kassen deshalb „wenig klingeln", insbesondere weil einzelne Aktionsartikel kaum zusätzliche Nachfrager ins Geschäft locken.

Die vor allem aus theoretischer Sicht reizvolle Berücksichtigung von Sekundäreffekten einer Sonderangebotsaktion erübrigt sich „mangels Masse": Weder ein Frequenzeffekt, ein nachfrageimmanenter Sortimentsverbund noch ein Einkommenseffekt lösen einen nennenswerten Verbundeffekt aus: auch Spill Over-Effekte innerhalb einer Warengruppe sind eine Ausnahmeerscheinung.

Ferner lassen sich nur selten Anzeichen für massive Substitutionseffekte finden. Vielmehr stammt ein wesentlicher Teil des Primäreffekts aus einer Vorverlagerung der Wiederkaufzeitpunkte, da die Nachfrager Hortungslager anlegen. Ein weiterer Teil des Primäreffekts ist auf Nachfrager zurückzuführen, die die Strategie des „cherry picking" verfolgen. Aufgrund der großen Sonderangebotsdichte in manchen Warengruppen können sie ihren Bedarf weitgehend mit Sonderangebotsprodukten decken. Insgesamt dominiert eine sparorientierte Haltung den Lebensmittelkauf, was insbesondere in den Ergebnissen zum Verbundeffekt überraschend deutlich zum Ausdruck kommt.

Kurzfristig sind Sonderangebote damit kein Instrument, um den Gewinn eines Handelsbetriebes zu steigern. Vielmehr sind sie sogar „Verlustbringer", wobei sich dessen Höhe aus dem Primäreffekt multipliziert mit der Preisreduzierung ergibt. Ohne Sonderangebot wären Hortungskäufe ausgeblieben bzw. die Produkte zu normalen Preisen später abgesetzt worden. Ebenso hätten „Sonderangebotsjäger" ihren Bedarf nicht mit preisreduzierten Produkten decken können. ...

Die Voruntersuchung lässt darauf schließen, dass die Geschäftsstättentreue der Nachfrager niedrig ist. Die Motorisierung (fast) jeden Haushalts macht viele Einkaufsstätten ohne Schwierigkeiten erreichbar. Insbesondere die „Sonderangebotsjäger" dürften daher sehr schnell die Einkaufsstätte wechseln, wenn sie ihre Beschaffungsstrategie nicht mehr (ausreichend) verwirklichen können. Dadurch verliert das Geschäft attraktive Kunden, sofern die Produkte, die die „Sonderangebotsjäger" erwerben, positive Deckungsbeiträge erwirtschaften.

Aber auch die Stammkäufer sehen Sonderangebote als selbstverständliche Marketing-Leistung eines Verbrauchermarktes an. So antworten in der Voruntersuchung 79 % der Befragten, dass sie von ihrem Geschäft, in dem sie häufig einkaufen, regelmäßige Sonderangebote erwarten. Die Stammkäufer hegen damit eine Erwartungshaltung, obwohl sie Sonderangebote tatsächlich nur dann nutzen, wenn ein Beschaffungsbedarf besteht und das Produkt zu ihrem „evoked set" gehört. Grundsätzlich ist darüber hinaus eine beachtliche Preissensibilität der Nachfrager zu berücksichtigen, die sich an vielen Stellen der Arbeit zeigte. Ein Verzicht auf Sonderangebote, selbst wenn die Preisreduzierung marginal ist, würde diesen Kundenkreis daher langfristig „verprellen". Ferner verhindert die Gewöhnung an Sonderangebote ein massives Umstellen der bestehenden Sonderangebotspolitik. Daher stellt sich die Frage, auf Sonderangebote zu verzichten, für einen „eingefahrenen" Handelsbetrieb nicht.

> Vielmehr enthalten Sonderangebote eine andere Bewertung im Rahmen des Marketings. Sie sind ein Instrument, um bei den Stammkunden und den „Sonderangebotsjägern" die – latent bedrohte – Geschäftsstättentreue zu erhalten. Die kurzfristigen Verluste, die eine Sonderangebotsaktion verursacht, sind folglich als Investitionen für ein längerfristiges „Überleben" am Markt anzusehen.
>
> Aus dieser Sicht stellen Sonderangebote deshalb ein defensives Marketing-Instrument dar. Es werden mit ihnen nur Marktanteile verteidigt, nicht jedoch gewonnen."
>
> Quelle: *Schmalen / Pechtl / Schweitzer* 1996, S. 245-247

Eine Alternative zu den Sonderangeboten stellen die **Dauerniedrigpreise** dar (**Every Day Low Prices**). Über einen längeren Zeitraum bleibt hier das Preisniveau für ausgewählte Artikel konstant (vgl. *Pechtl* 2005. S. 292 f.). Diese Strategie hebt die Preiskonstanz und Preiszuverlässigkeit eines Geschäfts hervor. Der Kunde kann jederzeit einen bestimmten Warenkorb zu einem günstigen Preis erwerben. Hierbei werden überwiegend zeitknappe Konsumenten angesprochen, die keine Zeit für einen umfassenden Preisvergleich aufbringen wollen. Aufgrund der Kontinuität lassen sich auch aus Handelssicht Kosten im Beschaffungs- und Logistikbereich sparen. Allerdings ist die Euphorie aus Kundensicht zwischenzeitlich bereits verflogen, denn es fehlt der Aktionscharakter. Neukunden lassen sich damit kaum akquirieren. Dagegen wird mit der Sonderangebotsstrategie eher der „Schnäppchenjäger" angesprochen. Generell setzt sich der Kunde hiermit intensiver auseinander; der Charakter des einmaligen Angebots herrscht vor.

Wahrscheinlich stellt eine hybride Preispromotionsstrategie den „goldenen Mittelweg" dar. Sonderangebote könnten für bekannte Marken (auch wegen der Herstellerunterstützung) geschaltet werden, um Schnäppchenkäufer anzulocken und preissensible Stammkunden anzusprechen. Dauerniedrigpreise dagegen binden, insbesondere im Einstiegssegment, das oft mit Handelsmarken besetzt ist, die geschäftstreuen Kunden. Beide Strategien haben eine Berechtigung am Markt. Und letztlich soll hier noch auf eine dritte Möglichkeit zur Kundenbindung und Neukundengewinnung hingewiesen werden, die Sonderpostenstrategie (vgl. Kap. E, 2.3.2), die zwischenzeitlich besonders von den Discountern sehr erfolgreich ausgereizt wurde.

5.4 Die Politik des Price-Lining

Innerhalb einer Preislage streuen i. d. R. die Preise zwischen der oberen und der unteren Preisschwelle. Reduziert man diese Schwellen auf einen Einheitspreis, erhält man eine **„Price-Line"** oder **Preislinie**. Eine mögliche Form der Preisbildung bei Handelsunternehmen ist die Bildung verschiedener Preislinien, denen alle Artikel des Sortiments zugeordnet werden. Nach eingehender Analyse werden die gängigsten Preise gewählt und die Artikel diesen Einheitspreisen zugeordnet. Dadurch ergibt sich für die Kunden der Vorteil, dass das Sortiment sehr transparent ist (vgl. *Oehme* 1992, S. 308).

Soll die Politik des Price-Lining Erfolg haben, müssen eine Reihe von **Vorausset-zungen** erfüllt sein:

* **Homogene Kundschaft:** Sie zeichnet sich dadurch aus, dass die Masse der Kunden mit einem relativ standardisierten Angebot zufriedengestellt werden kann. Von ihren Präferenzen her unterscheiden sie sich nicht wesentlich, der Anteil an Individualisten mit besonderen Wünschen ist gering.

* **Hohes Preisbewusstsein:** Die Kunden müssen auf den Preis stark reagieren. Dies trifft besonders auf Handelsunternehmen zu, die ihre Strategie auf den unteren Preisbereich ausrichten.

* **Gebrauchsgüter des periodischen Bedarfs:** Güter wie Haushaltswaren, Textilien oder Schuhe eignen sich in hohem Maße für das Price-Lining. Das Sortiment darf allerdings nicht zu groß sein.

* **Wenig Mitbewerber:** Das Handelsunternehmen sollte mit dem Price-Lining möglichst eine Alleinstellung haben. Sonst besteht die Gefahr, dass der Wettbewerb das Konzept zerstört. Auch im Rahmen dieses Konzepts werden knapp kalkulierte Artikel von anderen subventioniert. Bei aggressivem Wettbewerb besteht die Gefahr, dass die Spanne der Ausgleichsträger nicht gehalten werden kann.

* **Handelsmarken und anonyme Produkte:** Sie sollte im Sortiment vorherrschen. Ein direkter Preisvergleich mit Konkurrenten ist dem Verbraucher in diesem Bereich nicht möglich.

* **Koordination mit den Herstellern:** Die Hersteller müssen ihre Konditionen auf die vom Handel verwendeten Preislinien abstimmen.

Mit einer Strategie des Price-Lining sind folgende **Vorteile** verbunden:

* übersichtliches und transparentes Sortiment
* Druck zur Sortimentsstraffung
* höhere Umschlaghäufigkeit
* geringere Fehlbestände
* bessere Konditionen seitens der Hersteller
* geringere Personalkosten durch weniger qualifizierte Mitarbeiter
* effektivere Werbung.

Dem stehen jedoch eine Reihe von **Nachteilen** gegenüber:

* eingeschränkte Kalkulationsfreiheit
* vermindertes Akquisitionspotenzial des Sortiments durch Standardisierung
* geringere Flexibilität gegenüber Mitbewerbern.
* bekannte Herstellermarken sind nur schwer einzufügen.

Entscheidet sich eine Unternehmung für die Anwendung der Strategie des Price-Lining, die das gesamte Sortiment oder aber lediglich Teile einer Abteilung umfassen kann, sind im Wesentlichen zwei Entscheidungen zu treffen. Zunächst muss die **Anzahl der Preislagen bzw. Preislinien** festgelegt werden. In einem zweiten Schritt muss die Höhe der Preislinien bestimmt werden.

Alternativen zur Festlegung der **Anzahl der Preislinien:**

- **Eine einzige Preislinie:** Diese Strategie findet sich nur selten. Ein Beispiel dafür wären die 1 $ Geschäfte in den USA, in denen wirklich jeder Artikel für einen Dollar zu haben ist. Hierfür ist die Erfüllung sämtlicher vorstehend genannter Voraussetzungen Bedingung. Ebenso muss ein Höchstmaß an Standardisierbarkeit des Sortiments vorhanden sein.

- **Mehrere Preislinien innerhalb einer Preislage:** Hier wird eine Kombination aus Preislagen und Preislinien angestrebt.

- **Mehrere Preislinien innerhalb mehrerer Preislagen:** Diese Strategie ist die in der Praxis meistpraktizierte. Das Sortiment wird in eine obere, eine mittlere und eine untere Preislage unterteilt. Innerhalb jeder Preislage können dann Preislinien identifiziert werden.

Die Höhe der Preislagen bzw. Preislinien kann in Abhängigkeit von den Kosten oder ausgerichtet an den Preisvorstellungen der Verbraucher erfolgen.

5.5 Instrumente zur Gewährung eines Preisnachlasses

Zur Gewährung von Preisnachlässen können **Rabattpolitik**, **Bonussysteme** und **Couponing** eingesetzt werden. Die Instrumente verfolgen unterschiedliche Ziele und können auch kombiniert verwendet werden. Bei allen Formen handelt es sich um Preisdifferenzierung, bei der bestimmten Kunden ein Preisnachlass oder eine zusätzliche Leistung für denselben Preis gewährt wird.

5.5.1 Rabattpolitik

Die direkte Preisstellung zielt darauf ab, Endpreise ausweisen, die der Kunde tatsächlich zu zahlen hat. Preisermäßigungen können auch auf indirektem Wege gegeben werden. Dabei stellen Rabatte und Zugaben die wichtigsten Formen dieser indirekten Preisstellung dar. Gewährte Rabatte senken den Preis, während Zugaben das Preis-Leistungs-Verhältnis verbessern. Rabatte und Zugaben an Endverbraucher waren bis zur Abschaffung des Rabattgesetzes 2001 nur sehr eingeschränkt möglich. Daher wurden die Instrumente Rabatte, Boni und Couponing in den letzten Jahren in Deutschland erst langsam ausgetestet, ihnen kommt hier bislang noch nicht die Bedeutung zu, die sie in anderen Ländern, z. B. den USA, seit Jahrzehnten inne haben.

Rabatte stellen dabei **Preisnachlässe** dar, die für bestimmte Leistungen des Abnehmers in Zusammenhang mit dem Kauf gewährt werden (vgl. *Weis* 2007). Damit stellt die Politik der Rabattgewährung ein Instrument der Preisfeinsteuerung dar, die besonders vom Großhandel ausgeübt wird. Mit der Gewährung eines Rabattes können unterschiedliche Ziele verfolgt werden. Daher lassen sich auch verschiedene Formen von Rabatten unterscheiden:

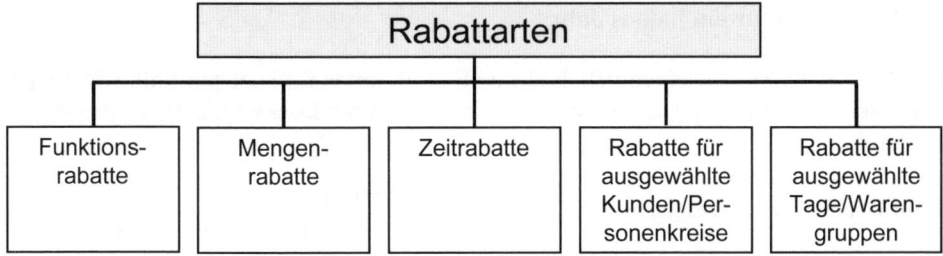

- **Funktionsrabatte:** Sie werden dem Handel überwiegend von den Herstellern gewährt. Dafür übernimmt er eine bestimmte Funktion, die ihm der Hersteller vergütet. Neben den **Barzahlungsrabatten** und den **Skonti** (Verzicht auf Lieferantenkredit) ist die häufigste Form der **Aktionsrabatt.**

- **Mengenrabatte:** Der Lieferant gewährt dem Käufer bei Abnahme größerer Mengen einen Preisnachlass. Dieser kann in Form eines **Barrabattes** (Preisnachlass) oder eines **Naturalrabattes** (zusätzliche unentgeltliche Ware) erfolgen. Erfolgt die Rabattzahlung nachträglich auf die getätigten Umsätze in einer bestimmten Periode, handelt es sich um einen Bonus.

- **Zeitrabatte:** Zeitrabatte sollen Nachfrageschwankungen im Zeitablauf ausgleichen. Dazu gehören:

  - **Einführungsrabatte:** Für neue Produkte sollen schnell Kunden gewonnen werden, um die Einführungsphase zu verkürzen.

  - **Saisonrabatte:** Der Absatz soll in nachfrageschwachen Zeiten angekurbelt werden.

  - **Ausflaufrabatte:** Aufgabe ist es, die Lager schnell von veralteten Produkten zu räumen.

- **Rabatte für ausgewählte Kunden/Personenkreise:** Dieser Rabatt muss sich nicht auf Mitarbeiter beschränken. In den USA finden sich häufig Seniorenrabatte, aber z. B. auch in Deutschland wirbt ein Optiker damit, dass er pro Altersjahr des Kunden ein Prozent Rabatt gewährt.

- **Rabatte an ausgewählten Tagen/für ausgewählte Warengruppen:** Hier können z. B. Rabatte für den Einkauf an speziellen Tagen gewährt werden. Plus wirbt mit einem Rabatt von 10 %, wenn die Kunden an speziellen verkaufsoffenen Sonntagen kaufen. Ebenso geben Baumärkte zu bestimmten Zeiten Sonderrabatte für Gartenmöbel. Ziel dieser Rabatte ist es, schwache Tage zu beleben oder den Abverkauf bestimmter Warengruppen gezielt zu fördern.

• Unter einer **Zugabe** wird verstanden, dass der Kunde beim Kauf einer Ware einen anderen Gegenstand zusätzlich erhält, ohne dass ihm dieser in Rechnung gestellt wird. Damit erhält sie für den Käufer eine Art Geschenkcharakter. Ein Brennstoffhändler schenkt z. B. in einer Aktion jedem Kunden, der Öl bestellt, ein Lottolos für ein halbes Jahr.

Ob Rabatte betriebswirtschaftlich sinnvoll sind, muss fallbezogen kalkuliert werden. Der Umsatzsteigerung steht hier ein geringerer Deckungsbeitrag pro Stück gegenüber.

$$\text{Erforderliche Umsatzsteigerung} = \frac{\text{Rabattsatz} \cdot 100}{\text{Handelsspanne - Rabattsatz - variable Kosten}}$$

Beispiel: 10 % Rabatt, Handelsspanne = 50 %, variable Kosten = 20 %

$$\textit{Erforderliche Umsatzsteigerung} = \frac{10 \cdot 100}{50 - 10 - 20} = 50\ \%$$

In diesem Fall würde erst eine Umsatzsteigerung von mehr als 50 % einen Mehrertrag bringen.

Die Höhe der gewährten Mengenrabatte sollte in gewissen Abständen überprüft bzw. korrigiert werden. Bei Umsatzstaffeln wächst der von den Kunden getätigte Umsatz durch die Inflationsrate, ohne dass größere Mengen eingekauft werden. Zudem schließen sich kleinere Kunden immer häufiger zu Kooperationen zusammen. Hier werden Rabatte eingesetzt, ohne dass es zu Mehrumsätzen kommt. Zudem sind Rabatte schnell kopierbar, es besteht die Gefahr, dass die Konkurrenten das gleiche Instrument einsetzen und man in „Rabattschlachten" gerät. Die Rabattgewährung führt zu einer Erlösschmälerung, die nur durch sehr hohe zusätzliche Absätze auszugleichen ist. Es sei denn, das Unternehmen hat die Preise zuvor um genau den Rabattsatz angehoben, sodass die Käufer jetzt mit Rabatt den gleichen Preis zahlen wie zuvor. Allerdings werden durch die unterstützende Werbung (20 % auf alles!...) zusätzliche Kunden das Geschäft frequentieren.

Daher stellt sich die grundsätzliche Frage, wie der Einzelhandel mit dem neuen Instrument der Rabattgewährung umgehen soll. Bislang haben nur wenige davon intensiv Gebrauch gemacht. Dieser Umstand scheint sich jedoch langsam zu ändern. Es empfiehlt sich daher, frühzeitig einen Aktionsplan für den Fall konkurrenzseitiger Rabattaktionen zu entwickeln. Rabatte binden Kunden i. d. R. nicht langfristig. Daher ist es zu empfehlen, gleichzeitig langfristige Bindungsprogramme zum Aufbau von Wechselbarrieren zu initiieren, um die bestehenden Kundenbeziehungen zu stabilisieren und sie emotional an das Unternehmen zu binden (vgl. *Hartmann* 2006, S. 136).

5.5.2 Bonussysteme

In Gegensatz zu Rabattsystemen, die oft auf kurzfristige Kundenzahlsteigerungen ausgerichtet sind, haben **Bonussysteme** den Aufbau und die Intensivierung **langfristiger Kundenbeziehungen** zum Ziel. Dem Käufer wird in Abhängigkeit seines Nachfrageverhaltens eine Ersparnis bzw. ein Bonus gewährt (vgl. *Hartmann* 2006, S. 136). Er erhält ihn nachträglich, nachdem er über einen bestimmten Zeitraum hinweg kontinuierlich Käufe bei einem bestimmten Händler getätigt hat, in Abhängigkeit von der gesamten Kaufsumme. Der Bonus muss nicht zwangsläufig in einem Geldbetrag bestehen, er kann sich auch in Form von Prämien (Produkte oder Services) konkretisieren (z. B. Freiflüge bei einer Fluggesellschaft, Upgrades zu einer VIP-Klasse etc.).

Ein Bonussystem setzt voraus, dass die Ergebnisse sämtlicher Kaufakte **erfasst und bewertet** werden. Dies erfolgt mithilfe von **Punktesystemen**. Jedem teilnehmenden Käufer werden pro Euro Umsatz eine bestimmte Menge an Punkten gutgeschrieben. Wenn diese Punktzahl eine bestimmte Höhe erreicht, wird sie gegen die ausgeschriebenen Preise oder einen Gutschein eingelöst. Dabei ist es möglich, Partnerunternehmen miteinzubeziehen. In diesem Fall können die Kunden bei verschiedenen Anbietern Punkte sammeln und einlösen. Diese Bonussysteme werden zwischenzeitlich in Form von Kundenkarten (vgl. Kap. G, 6.) auch von unabhängigen, branchenfremden Unternehmen ausgegeben, z. B. Payback oder Webmiles.

Hauptziele von Bonussystemen sind (vgl. *Hartmann* 2006, S. 138):

* Erhöhung der Kaufhäufigkeit
* Erhöhung der Kaufsummen
* Kundenerhalt durch Aufbau von Wechselbarrieren
* Kostengünstige Beschaffung von Kundendaten
* Zeitliche Steuerung der Kauffrequenz durch Bonusgewährung.

Die erfolgreiche Umsetzung von Bonussystemen ist an einige **Voraussetzungen** gebunden. Sie muss für den Kunden verständlich und transparent sein. Außerdem sollte verhindert werden, dass sich Gruppen von Käufern zusammentun, um Preisvorteile weiter zu geben. Denkbar wäre andererseits auch die aktive Förderung solcher Gruppen, z. B. durch „Familie + Freunde"-Programme. In einem aktiven Gruppenpreissystem könnten die zu zahlenden Preise nach Gruppengröße gestaffelt werden (vgl. *Hartmann* 2006, S. 139).

5.5.3 Couponing

Unter einem Coupon versteht man einen Waren- oder Wertgutschein, der mit dem Recht verbunden ist, ein Leistungsangebot mit einem garantierten Preisnachlass oder kostenlos zu erwerben (vgl. *Hartmann* 2006, S. 140). Genauer definiert *Kreutzer*: Es handelt sich um eine Marketingmaßnahme, bei der ein Herausgeber einem ausgewählten Personenkreis einen Berechtigungsnachweis (den Coupon) zur Verfügung stellt, bei dessen Einlösung bei einer definierten Akzeptanzstelle in einem definierten Zeitraum ein spezifischer Vorteil ausgelobt wird (vgl. *Kreutzer* 2007, S. 183). Couponing avancierte, wie die Gewährung von Rabatten, Boni und Zugaben allgemein, erst nach den Wegfall des Rabattgesetzes 2001 zu einem wichtigen Instrument im Konsumgütermarketing.

Die wichtigsten **Coupon-Arten** sind (vgl. *Kreutzer* 2007, S. 183 f.):

- **Informations-Coupons:** Der Coupon stellt einen Gutschein für den Bezug von Informationsmaterial dar. Diese Form findet häufig Anwendung in Form von Coupon-Katalogen.

- **Bundling-Coupon/Waren-Coupon:** Er berechtigt seinen Inhaber zum kostenlosen Bezug eines Produktes oder einer Dienstleistung. Häufig tritt es in Gestalt des „BOGOF" (Buy one, get one free) oder des „241" (Two for one) auf. Ziel ist es hierbei, den Verbrauch zu intensivieren.

- **Rabatt-Coupon/Cash-Coupon/Shopping-Coupon:** Bei Vorlegen eines solchen Coupons wird dem Einlöser ein Preisnachlass gewährt. Dabei spielt es keine Rolle, ob dieser bar oder in Form von Prämien eingelöst wird (z. B. Payback- oder Happy Digits-Programm).

- **Treue-Coupon:** Dieser Coupontyp kann in Form eines Rabatt-/Cash-Coupons ausgestaltet sein. Eine zweite Möglichkeit wäre die Ausgestaltung als Bonussystem, indem der Kunde z. B. Punkte sammeln und diese gegen Prämien einlösen kann. Der Unterschied zu dem Rabatt-Coupon besteht darin, dass nur treue Kunden angesprochen werden.

- **Pre-Sales-** und **After-Sales-Coupons:** Pre-Sales-Coupons werden, wie der Name bereits sagt, vor dem Kauf gezielt verteilt, um die Nachfrage zu stimulieren. Bei After-Sales-Coupons dagegen erfolgt die Verteilung im Anschluss an den Kauf, z. B. durch Aufdruck auf die Rückseite des Kassenzettels oder durch Übergabe des Kassenpersonals. Erst bei einem Wiederkauf kann dieser Coupon eingelöst werden.

- **Personalisierte** und **unpersonalisierte Coupons** sind eine weitere Unterscheidungsform. Der personalisierte Coupon ist mit eindeutigen Kundendaten versehen. Wird er eingelöst, kann er einem Kunden ummittelbar zugerechnet werden. Damit werden ideale Voraussetzungen zur effizienten Erfolgskontrolle der Aktionen geschaffen. Der unpersonalisierte Coupon hingegen offeriert keinerlei Daten über den Einlöser.

Mit dem Einsatz der unterschiedlichen Couponarten verfolgen die Unternehmen verschiedene **Ziele** (vgl. *Kreutzer* 2007, S. 183 f.):

- **Neukundengewinnung:** Fast 45 % der Verbraucher waren laut einer Studie bereit, aufgrund der Bereitstellung von Coupons das bislang frequentierte Geschäft zu wechseln. Hierzu eignen sich vorzugsweise Rabatt-Coupons/Cash-Coupons, die dem Kunden einen sofortigen Vorteil versprechen, sollte er einen bestimmten Kauf tätigen.

- **Kundenbindungsmanagement:** Haupteinsatzbereich des Couponing stellt derzeit das Kundenbindungsmanagement dar. Die Beziehung zu den bestehenden Kunden soll dabei intensiviert werden. Hierzu eignen sich Treue-Coupons und After-Sales-Coupons. Der Kunde muss das Geschäft erneut aufsuchen, um diese einzulösen. Aber auch BOGOF- und 241-Angebote dienen dazu, Wechselbarrieren aufzubauen und somit dem Kunden einen Grund zu geben, keinen anderen Anbieter zu frequentieren.

- **Kundenrückgewinnungsmanagement:** Auch wenn der Kunde eigentlich die Beziehung zum Händler abgebrochen hat, kann durch Couponing versucht werden, ihn zurück zu gewinnen. Hier bieten sich die gleichen Couponarten wie in der Phase der Neukundengewinnung an.

- **Kundenkenntnis:** Insbesondere personalisierte Coupons eignen sich dafür, die Reaktion und das Verhalten der Kunden zu beobachten und zu messen. Für einen Gutschein sind viele Kunden bereit, Informationen über sich preiszugeben. Hier ließe sich hervorragend evaluieren, wer auf welchen Coupon wie reagiert hat. Erstaunlicherweise nimmt in der Praxis das Ziel der Kundenkenntnis nur einen unbedeutenden Rang ein (vgl. *Ploss* 2003, S. 35).

Aus Sicht der Unternehmen dominieren die kurzfristigen **Ziele** Verkaufsförderung, Frequenz- und Umsatzerhöhung. Noch nicht immer sind Couponing-Aktionen in eine langfristige Strategie eingebunden. Doch erscheint dies durchaus sinnvoll, denn nur im Zusammenspiel mit anderen Marketinginstrumenten und unter der Voraussetzung einer umfassenden Erfolgsanalyse lassen sich die Potenziale dieses Instruments ausschöpfen.

In den **Prozessablauf einer Coupon-Aktion** sind eine Reihe von Akteuren eingebunden. Die Herausgeber der Coupons (Hersteller, Händler oder Dienstleister) sind diejenigen, die die Aktion initiieren und i. d. R. auch die Kosten tragen (vgl. *Kreutzer* 2008, S. 184). Sie verfolgen mit einer konkreten Aktion bestimmte Ziele. Zur Streuung der Coupons können sie sich verschiedener Distributionssysteme bedienen. Deren Auswahl ist abhängig von den angestrebten Zielen des Unternehmens. Sollen Interessenten zur Neukundengewinnung angesprochen werden, erscheint eine breite Streuung sinnvoll, möchte der Händler Stammkunden ansprechen, so kann er zielgruppenorientiert agieren, z. B. mit einem Mailing. Diese zählen zu den wichtigsten Distributionskanälen neben Zeitungen, Zeitschriften, Telefonbüchern, Gelben Seiten, Online-Mails, Coupon-Katalogen und Coupon-Portalen. Die Zielperson hat den Coupon nun erhalten und wird ihn einlösen. Dies tut sie bei einer definierten Akzeptanzstelle, bei der es sich um einen Point of Sale oder um eine Internet-Adresse handeln kann, und erhält dort den versprochenen Vorteil. Sofern es sich bei dem Herausgeber um einen Händler handelt, ist der Prozess jetzt bereits beendet. Handelt es sich bei dem Herausgeber um einen Hersteller und das Handelsunternehmen dient lediglich als Akzeptanzstelle, erfolgt die Weitergabe der Coupons an ein Clearing-Haus. Dieses prüft die Voraussetzungen und veranlasst eine Gutschrift für die Akzeptanzstelle. Schließlich erfolgt die Abrechnung mit dem Coupon-Herausgeber.

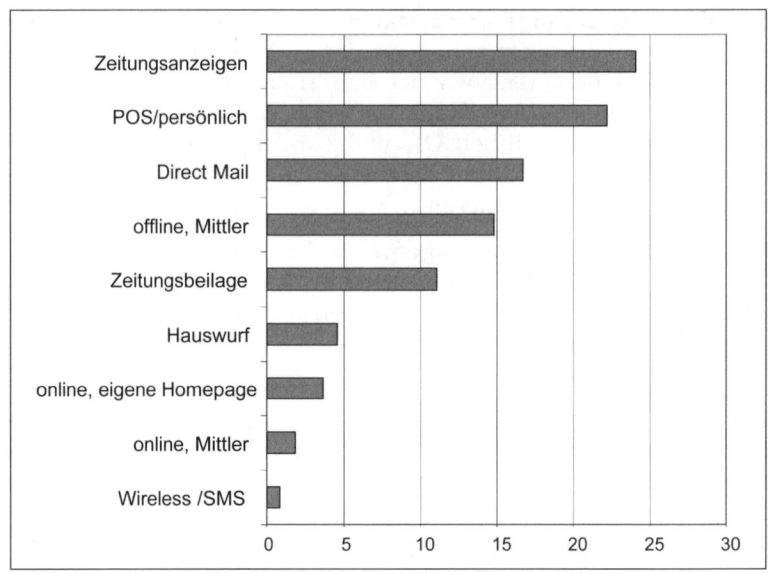

Abb.: Bevorzugte Distributionssysteme für Coupons
Quelle: *Ploss* 2003, S. 48

Zu den **Vorteilen des Couponing** gehören die hohe Einsatzflexibilität und die
geringe Vorlaufzeit. Der Herausgeber entscheidet über sämtliche Entscheidungsparameter wie Zeit, Raum, angesprochene Zielgruppe und andere. Eine Preiserosi-
on (wie bei Rabattaktionen) sowie deren Folgen können durch Coupons vermieden
werden, denn der Ursprungspreis der Produkte bleibt unverändert. Die Kosten
für den Leistungsvorteil fallen erst dann an, wenn der Kunde diesen tatsächlich
einlöst.

Doch auch bei diesem Instrument zeigen sich einige **Risiken**. Es besteht die Gefahr, dass es beim Kunden zu Abnutzungserscheinungen der Coupon-Aktionen
kommt. Dies ist besonders der Fall, wenn sich die Coupon-Herausgeber regelrech-
te „Coupon-Schlachten" liefern. Zudem kann es sich beim Couponing um ein sehr
kostenintensives Instrument handeln, je nachdem, wie die Coupons gestreut werden, welcher Vorteil versprochen wird und wie hoch die Einlösequote ist.

5.6 Lieferbedingungen und Absatzfinanzierung

Liefer- und Zahlungsbedingungen werden auch als Konditionen bezeichnet. Darunter versteht man die Modalitäten der Erfüllung des Kaufvertrages. Auf der einen Seite stellen diese die Gefahren- und Eigentumsübergabe der Produkte dar,
auf der anderen Seite Zeitpunkt und Form der Zahlung des Kaufpreises.

5.6.1 Lieferbedingungen

Der Verkäufer kann durch das Variieren des Instruments Lieferbedingungen den Absatz einer Ware unmittelbar beeinflussen. Lieferkosten, die zusätzlich anfallen, sind eine Form der indirekten Preispolitik. Die Modalitäten wie Berechnung von Fracht, Verpackung und Versicherung spielen im nationalen wie im internationalen Handel eine große Rolle. Um Missverständnisse und Rechtsstreitigkeiten im zwischenstaatlichen Handelsverkehr zu reduzieren, wurden erstmals im Jahre 1936 von der International Chamber of Commerce die **Incoterms** (International Commercial Terms) aufgestellt und zwischenzeitlich mehrmals überarbeitet. Weltweit ist der internationale Handelsverkehr nach den gültigen Klauseln (letzte Fassung: 2000) eindeutig geregelt. In gegenseitigem Einverständnis können Käufer und Verkäufer davon abweichen.

Gruppeneinteilung der Incoterms		Transportart
Gruppe E (Abholklausel)		
EXW	ex works (ab Werk)	jede Transportart einschließlich multimodaler Transport (..benannter Ort)
Gruppe F (Haupttransport wird vom Verkäufer nicht bezahlt)		
FCA	free carrier (frei Frachtführer)	jede Transportart (..benannter Ort)
FAS	free alongside ship (frei Längsseite Schiff)	See- und Binnenschiffstransport (..benannter Verschiffungshafen)
FOB	free on board (frei an Bord)	See- und Binnenschiffstransport (..benannter Verschiffungshafen)
Gruppe C (Haupttransport wird vom Verkäufer bezahlt)		
CFR	cost and freight (Kosten und Fracht)	See- und Binnenschiffstransport (..benannter Bestimmungshafen)
CIF	cost, insurance and freight (Kosten, Versicherung, Fracht)	See- und Binnenschiffstransport (..benannter Verschiffungshafen)
CPT	carriage paid to (frachtfrei)	jede Transportart (..benannter Bestimmungsort)
CIP	carriage and insurance paid to (frachtfrei versichert)	jede Transportart (..benannter Bestimmungsort)
Gruppe D (Ankunftsklauseln)		
DAF	delivered at frontier (geliefert Grenze)	jede Transportart (..benannter Ort)
DES	delivered ex ship (geliefert ab Schiff)	See- und Binnenschiffstransport (..benannter Verschiffungshafen)
DEQ	delivered ex quay (geliefert verzollt ab Kai)	See- und Binnenschiffstransport (..benannter Verschiffungshafen)
DDU	delivered duty unpaid (geliefert unverzollt)	jede Transportart (..benannter Ort)
DDP	delivered duty paid (geliefert verzollt)	jede Transportart (..benannter Ort)

Abb.: Incoterms 2000
Quelle: *International Chamber of Commerce*

Die 13 Klauseln der Incoterms werden nach einem 3-Buchstabensystem abgekürzt und in die Kategorien E, F, C und D eingeteilt.

- **E-Klausel:** Der Käufer trägt alle Transportkosten und -risiken und hat auch alle Aus- und Einfuhrgenehmigungen zu beschaffen.

- **F-Klausel:** Der Käufer zahlt den Haupttransport. Der Verkäufer übergibt die Ware einem Frachtführer (z. B. Spediteur) und trägt bis zum vereinbarten Übergabeort die Gefahr für Verlust und Beschädigung.

- **C-Klausel:** Der Beförderungsvertrag wird vom Verkäufer abgeschlossen und bezahlt. Der Käufer trägt das Risiko für den Abtransport. Das Risiko für Verlust oder Beschädigung liegt je nach Klausel bei Käufer oder Verkäufer.

- **D-Klausel:** Der Verkäufer trägt alle Kosten für Fracht und alle Risiken, bis die Ware im Bestimmungsland am vereinbarten Ort eintrifft.

5.6.2 Absatzfinanzierung

Unter **Absatzfinanzierung** als marketingpolitischen Instrument versteht man die Einflussnahme von Herstellern und Handel auf Nachfrager, mit dem Ziel, diese entweder überhaupt oder früher als ohne Kreditpolitik zum Kauf zu bewegen (vgl. *Weis* 2007, S. 352). Besonders durch die in den letzten Jahren verstärkt benutzten Formen der Ratenzahlung wird die Absatzfinanzierung für den Handel zu einem bedeutenden Instrument, denn es wird für den Kunden möglich, erst zu kaufen und später zu zahlen. Das Handelsunternehmen erweitert sich damit den Kreis der Abnehmer, denn es kann Kunden gewinnen, die ohne Finanzierungsangebot nicht in der Lage wären zu kaufen. In einigen Branchen wie z. B. dem Autohandel ist die Finanzierung damit eines der zentralen preispolitischen Instrumente.

Nach ihrer Fristigkeit können verschiedene **Arten der Absatzfinanzierung** unterschieden werden (vgl. *Hansen* 1990, S. 371 ff.):

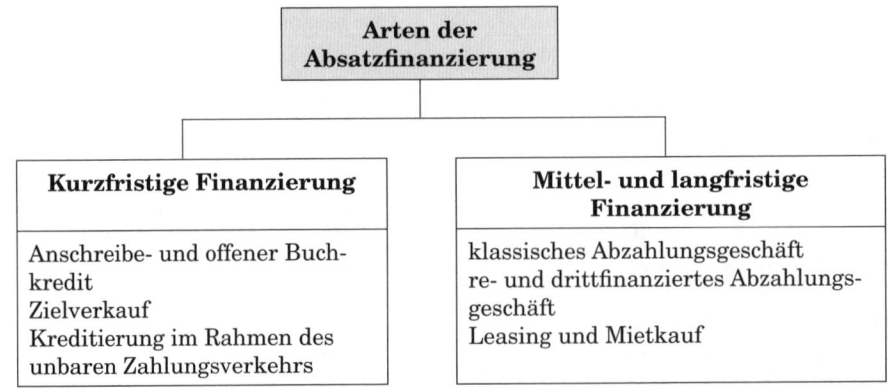

Anschreibe- und offener Buchkredit: Sie werden dem Kunden beim Kauf geringwertiger Güter und meist ohne Besicherung zur Verfügung gestellt. Die Rückzahlungsfrist ist i. d. R. nicht exakt determiniert und häufig werden keine Zinsen berechnet. Der Unterschied zwischen beiden besteht darin, dass der Anschreibekredit formlos erfolgt, während der offene Buchkredit in Form eines Kontokorrentkredites erfolgt.

Zielverkauf: Besonders im Großhandel ist der Zielverkauf üblich. Dem Kunden wird eine Frist zur Bezahlung der Rechnung eingeräumt, gesonderte Kreditgebühren fallen dabei nicht an. Indirekten Gebühren liegen allerdings vor, wenn im Rahmen vorzeitiger Zahlung ein Skonto gewährt wird.

Kreditierung im Rahmen des unbaren Zahlungsverkehrs: Der Einsatz von Schecks, Geld- und Kreditkarten hat in den letzten Jahren stark zugenommen. **Geldkarten** werden von den Kreditinstituten herausgegeben. Hier dominiert die Funktion des Zahlungsverkehrs. **Kreditkarten** verfügen zudem über eine Kreditfunktion. Sie werden von unabhängigen Instituten herausgegeben und ermöglichen es dem Kunden bargeldlos einzukaufen. In bestimmten Abständen werden die Beträge belastet. Die großen Kreditkartenorganisationen erheben für diese Leistung beim Handelsunternehmen Gebühren, die zwischen 3 % und 7 % der Kaufsumme betragen.

In vielen Fällen ist der Handel selbst Initiator einer **Kundenkarte,** der auf diese Weise auch die Kundenbindung erhöhen möchte (z. B. Goldene Kundenkarte). Neben der Kreditfunktion und den höheren Kaufbeträgen, welche die Ziele solcher Dienstleistungen darstellen, eignen sie sich dazu, Informationen über wichtige Zielgruppen zu speichern und abzurufen (Kauffrequenz, durchschnittlicher Kaufbetrag). Auch wird es möglich, die Kernzielgruppe gezielt mit Prospekten über Aktionen zu versorgen und die Reaktion darauf messen zu können.

Klassisches Abzahlungsgeschäft: Das klassische Abzahlungsgeschäft stellt einen Bestandteil des Kaufvertrags dar. Zwischen dem Handelsunternehmen und dem Kunden wird vereinbart, dass der Kaufpreis nicht in einer Gesamtsumme, sondern in mindestens zwei Raten zu zahlen ist. Die Termine und die Ratenhöhe werden im Voraus festgelegt. Es wird nicht der Barzahlungspreis, sondern ein entsprechend höherer Teilzahlungspreis in Rechnung gestellt. Nach Vereinbarung kann zudem eine bei Kauf zu leistende Anzahlung ausgemacht werden. Diese kann teilweise oder ganz durch Inzahlungnahme von gebrauchten Gegenständen ersetzt werden, wie es z. B. im Kraftfahrzeugbereich üblich ist.

Zum Schutze der Konsumenten unterliegen Abzahlungsgeschäfte dem **Abzahlungsgesetz** (AbzG). Es legt fest, dass Personen, die nicht die Kaufmannseigenschaft erfüllen, über alle wesentlichen Vertragsbedingungen zu unterrichten sind. Dazu zählen der Barzahlungspreis, der Teilzahlungspreis und der Rückzahlungsplan. Auch der effektive Jahreszins ist auszuweisen. Darüber hinaus steht dem Käufer eine einwöchige Widerspruchsfrist zu, während der er seine Willenserklärung widerrufen kann.

Re- und drittfinanzierte Abzahlungsgeschäfte unterscheiden sich vom klassischen Abzahlungsgeschäft dahingehend, dass ein Dritter, i. d. R. ein Institut der Kreditwirtschaft, in den Vertrag involviert ist. Beim Abschluss eines klassischen Abzahlungsgeschäftes wird der Vertrag zwischen Handelsunternehmen und Käufer geschlossen. Im Falle eines refinanzierten Abzahlungsgeschäftes wird das klassische Abzahlungsgeschäft durch einen Dritten refinanziert. Das bedeutet, das Handelsunternehmen lässt sich i. d. R. von einem Finanzdienstleister die Forderung abkaufen. Kennzeichen des drittfinanzierten Abzahlungsgeschäftes ist hingegen, dass der Kunde einen Ratenkreditvertrag mit einem Finanzdienstleister abschließt, der mit dem Handelsunternehmen kooperiert. Dieser zahlt dann den Finanzierungsbetrag an den Händler aus.

Leasing und Mietkauf: Unter dem Begriff **Leasing** versteht man eine dem Mietvertrag ähnliche Vereinbarung, in der sich der Leasinggeber verpflichtet, dem Leasingnehmer für einen bestimmten Zeitraum ein bewegliches oder unbewegliches Gebrauchsgut zu überlassen. Für diese Leistung zahlt der Leasingnehmer eine **Leasingrate**, die mit einer Mietzahlung zu vergleichen ist. Ein **Mietkauf** ist eine spezielle Form des Leasingvertrages, bei der dem Leasingnehmer eine unwiderrufliche Kaufoption nach einer bestimmten Frist eingeräumt wird, wobei die bis dahin geleisteten Miet- bzw. Leasingraten angerechnet werden.

Im Folgenden werden ausgewählte Formen der Absatzfinanzierung im Hinblick auf Kosten für die beteiligten Parteien, der akquisitorischen Effekte für den Verkäufer und der Liquiditätsvorteile für den Käufer verglichen.

Instrumente	Kosten für Verkäufer	Kosten für Käufer	Akquisitorische Wirkung	Liquiditätsvorteil für den Käufer
Lieferantenkredit (Zahlungsziel)	abhängig von der Refinanzierung u. U. sehr hoch	keine	groß	unterschiedlich, abhängig von Dauer
Electronic Cash-Systeme	Kosten für Terminal, Gebühren	gering	positiv gering	keine
Scheck	gering	gering	keine große	gering, bis zu 5 Tage
Kreditkarten	Terminal z. T. bis 4 %	gering/Jahresgebühr	sehr große	groß, bis 30 Tage
Inzahlungnahme	unterschiedlich, z. T. hoch	unterschiedlich, z. T. keine	groß – sehr groß	keiner
Teilzahlungskredit	keine	u. U. hoch	groß – sehr groß	abhängig von der Laufzeit, u. U. bis 36 Monate
Leasing	keine	unterschiedlich, meist hoch, 5-7 %-Punkte über langfristigem Darlehen	keine	unterschiedlich, abhängig von Kreditsumme und Dauer

Quelle: in Anlehnung an *Weis* 2007, S. 360

6. Relevante Rechtsnormen im Zusammenhang mit der Preis- und Konditionenpolitik

Wenngleich die Preisfestsetzung zu den unternehmerischen Freiheiten gehört, gibt es spezielle Rechtsvorschriften, die den Spielraum des Händlers einengen. Dies betrifft insbesondere die Festsetzung zu hoher oder zu niedriger Preise und Preisabsprachen.

Preisbildung marktbeherrschender Unternehmen: Aus wettbewerbsrechtlicher Sicht liegt ein so genannter Ausbeutungsmissbrauch vor, wenn ein marktbeherrschendes Unternehmen ohne sachliche Rechtfertigung Preise fordert, die von denen abweichen, die sich bei wirksamem Wettbewerb ergeben würden. In solchen Fällen kann durch die Kartellbehörde missbräuchliche Preisbildung untersagt werden und die Preisanpassung auf ein Höchstmaß festgelegt werden (§ 22 IV, V GWB (Gesetz gegen Wettbewerbsbeschränkungen)). Darüber hinaus kann sie Bußgelder festlegen, betroffene Dritte können Schadensersatz geltend machen. Der Nachweis des Ausbeutungsmissbrauchs ist jedoch schwierig. Entscheidend ist der Tatbestand der Marktbeherrschung. Er liegt vor, wenn das Unternehmen mindestens 33 % Marktanteil oder wenn drei oder weniger (fünf oder weniger) Unternehmen zusammen einen Marktanteil von 50 % (zwei Drittel) erreichen. Der Nachweis der Marktbeherrschung ist jedoch mit großen Schwierigkeiten verbunden, u. a. hängt er von der Definition des relevanten Marktes ab.

Angebote unter Einstandspreis: Gemäß § 20 Abs. 4 S. 2 GWB ist es Unternehmen, die gegenüber kleinen oder mittleren Unternehmen eine überlegene Marktmacht besitzen, verboten, Waren oder gewerbliche Leistungen nicht nur gelegentlich unter Einstandspreis anzubieten, es sei denn, dies ist sachlich gerechtfertigt (vgl. *Pechtl* 2005). Doch wann genau ist ein preisgünstiges Angebot verboten? Zunächst ist der um Rabatte und Skonti bereinigte Bezugspreis des Händlers relevant. Liegt dieser zum Zeitpunkt des Angebots (nicht des Einkaufs) über dem angebotenen Handelspreis, liegt ein Angebot unter Einstandpreis vor. Ferner gilt auch hier der Tatbestand der überlegenen Marktmacht, es betrifft demnach nicht die kleinen Händler. Nur Anbieter mit mehr als 50 Mio. € Umsatz werden als „groß" charakterisiert, allerdings soll sich dass Kriterium der Marktmacht an den Marktgegebenheiten orientieren. Angebote unter Einstandspreis sind gestattet, wenn sie nur gelegentlich anfallen oder sachlich gerechtfertigt sind. Hier handelt es sich allerdings um weiche Kriterien, die im Einzelfall entschieden werden. Als Faustregel des BGH gilt, dass eine Dauer von drei Wochen nicht mehr als gelegentlich eingestuft wird. Ebenso erfüllt ein Sonderangebot, dass regelmäßig wiederkehrt, nicht mehr den Tatbestand „gelegentlich".

Preisabsprachen fallen ebenfalls unter das Kartellrecht (GWB). Sie können sich auf Höchstpreise, Mindestpreise, exakt fixierte Preise, die Gewährung von Konditionen oder Anderes beziehen. Gemäß § 1 GWB sind Preisabsprachen generell verboten, wobei jedoch gleichzeitig eine Reihe von Ausnahmen eingeräumt werden. Problematisch ist stets der Nachweis eines Preiskartells, denn i. d. R. liegen keine schriftlichen Verträge darüber vor.

Vertikale Preisbindung: Die vertikale Preisbindung ermöglicht es dem Hersteller, die freie Preisgestaltung nachfolgender Handelsstufen einzuschränken. Er gibt den endgültigen Verkaufspreis vor. Diese Form der vertikalen Preisbindung ist unzulässig (§ 15 GWB). Ausgenommen davon sind Verlagserzeugnisse.

Vertikale Preisempfehlung: Im Gegensatz zur vertikalen Preisbindung ist die vertikale Preisempfehlung generell zulässig. Dabei müssen alle der folgenden Voraussetzungen erfüllt sein (§ 38 a I GWB). Sie darf nur vom Inhaber einer Marke ausgesprochen werden und gilt nur für **Markenartikel**, die im Preiswettbewerb mit gleichartigen Waren stehen. Zudem muss der empfohlene Preis ausdrücklich als **unverbindlich** bezeichnet werden. Die Formulierung „unverbindliche Preisempfehlung" darf nicht verändert oder abgekürzt werden. Schließlich herrscht **Mondpreis-Verbot**, d. h. der empfohlene Preis muss von den meisten Händlern akzeptiert werden.

Preisauszeichnung: Nach der Preisangabenverordnung (PAngV) ist eine Grundpreiskennzeichnung vorgeschrieben. Unternehmen, die an Endverbraucher verkaufen, müssen Endpreise auszeichnen, d. h., der Preis muss die Mehrwertsteuer und sonstige Preisbestandteile enthalten. Die Pflicht zur Preisauszeichnung betrifft auch die Waren in Schaufenstern und auf Verkaufsständen. Die Preise müssen im Interesse der Preiswahrheit und Preisklarheit eindeutig zugeordnet, leicht erkennbar und deutlich lesbar sein.

Kontrollfragen zu F

		Lösungs- hinweise Seite
(1)	Was wird unter Preispolitik entstanden?	245
(2)	Welche Entscheidungen beinhaltet die Preispolitik?	245
(3)	Welche Hauptentscheidungsfelder weist die Preispolitik auf?	246
(4)	Wie kommen Preise aus volkswirtschaftlicher Sicht zu Stande?	247
(5)	Was versteht man unter einer Preis-Absatz-Funktion?	248
(6)	Was bedeutet der Begriff Sättigungsabsatz?	248
(7)	Was versteht man unter der Elastizität?	248
(8)	Wie errechnet sich die Preiselastizität der Nachfrage?	248
(9)	Wann wird von einer starren Nachfrage gesprochen?	249
(10)	Erscheinen bei einer elastischen Nachfrage Preiserhöhungen angebracht?	250
(11)	Welchen Einfluss hat E-Commerce auf die Elastizitäten?	250
(12)	Wie errechnet sich die Kreuzpreiselastizität der Nachfrage?	251
(13)	Was versteht man unter einem Preiserlebnis?	251
(14)	Welche Ursachen des Preisinteresses lassen sich unterscheiden?	252
(15)	Von welchen Faktoren hängt die Intensität des Preisinteresses ab?	252
(16)	Auf welche Entscheidungen richtet sich das Preisinteresse?	253
(17)	Welche Effekte beeinflussen die Preiswahrnehmung?	253
(18)	Was wird unter einem Preiswürdigkeitsurteil verstanden?	253
(19)	Was wird unter einem Preisgünstigkeitsurteil verstanden?	253
(20)	Was versteht man unter der Beeinflussung der Preiswahrnehmung durch semantische Färbung?	254
(21)	Was wird unter einer Preisschwelle verstanden?	254
(22)	Unter welchen Umständen kommt dem Preis eine zentrale Rolle als Qualitätsindikator zu?	256

(23) Welche Methoden der Preisbildung lassen sich unterscheiden?	257
(24) Erläutern Sie die Methode der Preisbildung durch Zuschlagskalkulation!	257
(25) Welcher Methode ist die retrograde Kalkulation zuzurechnen?	258
(26) Von welchen Faktoren hängt die Preisbereitschaft der Nachfrager ab?	259
(27) Was versteht man unter einer Mischkalkulation?	260
(28) Erläutern Sie die Begriffe Ausgleichsnehmer und Ausgleichsgeber!	260
(29) Welche Gefahr birgt die Anwendung der Mischkalkulation?	260
(30) Was wird unter einem Schlüsselartikel verstanden?	262
(31) Unterscheiden Sie die Begriffe Sonderangebot und Zugartikel!	262
(32) Was wird unter strategischen Preisentscheidungen verstanden?	263
(33) Welche grundsätzlichen Strategien lassen sich verfolgen?	264
(34) Welche Effekte impliziert eine preisdominante Handelsstrategie?	264
(35) Was versteht man unter einer Preislagenstruktur?	265
(36) Lassen sich für die mittlere Preislage eindeutige Ober- und Untergrenzen festlegen?	265
(37) Welche Preisstrategie wird von Fachgeschäften überwiegend verfolgt?	265
(38) Wozu dient eine Kompensationskalkulation?	267
(39) Was wird unter Preisdifferenzierung verstanden?	270
(40) Welche Formen der Preisdifferenzierung gibt es?	271
(41) Was wird unter personeller Preisdifferenzierung verstanden?	273
(42) Welche Formen der Preisdifferenzierung kommen in Verbindung mit dem Einsatz nichtpreislicher Marketinginstrumente zum Tragen?	273
(43) Was wird unter reiner Preisbündelung verstanden?	274
(44) Mit welchen Vorteilen ist die Bündelung verbunden?	274

Literatur

Barth, K./Hartmann, M./Schröder, H.: Betriebswirtschaftslehre des Handels; 6. Aufl., Wiesbaden 2007

Berekoven, L.: Erfolgreiches Einzelhandelsmarketing; Grundlagen und Entscheidungshilfen, München 1990

Berekoven, L.: Erfolgreiches Einzelhandelsmarketing; Grundlagen und Entscheidungshilfen, 2. Aufl., München 1995

Diller, H.: Preiswahrnehmung und Preisoptik, in: Diller, H. (Hrsg.).: Handbuch Preispolitik, Wiesbaden 2003, S. 259-283

Diller, H.: Preispolitik, 4. Aufl., Stuttgart 2007

Hansen, U.: Absatz- und Beschaffungsmarketing des Einzelhandels, 2. Aufl., Göttingen 1990

Hartmann, M.: Preismanagement im Einzelhandel, Wiesbaden 2006

Homburg, C./Krohmer, H.: Marketingmanagement, Strategie – Instrumente – Umsetzung – Unternehmensführung, 2. Aufl., Wiesbaden 2006

Horst, F.: Kalkulationspraxis im LEH, in: Dynamik im Handel, 5/99, S. 12-15

Jauschowetz, D.: Marketing im Lebensmitteleinzelhandel, Wien 1995

Kotler, P./Keller, K. L./Bliemel, F.: Marketing-Management, 12.Aufl., München 2007

Kreutzer, R.: Praxisorientiertes Marketing, Grundlagen – Instrumente – Fallbeispiele, 2. Aufl., Wiesbaden 2008

Kreutzer, R.: Konzeption und Positionierung des Couponing im Marketing, in: Wirtschaftswissenschaftliches Studium, 36. Jg., Heft 4/2007, S. 183-191

Lerchenmüller, M.: Handelsbetriebslehre, 4. Aufl., Ludwigshafen 2003

Nagle, T.: The Strategy and Tactics of Pricing, Englewood Cliffs, New Jersey 1987

Oehme, W.: Handelsmarketing, 3. Aufl., München 2001

Pechtl, H.: Preispolitik, Stuttgart 2005

Ploss, D.: Couponing in der Praxis, Bestandsaufnahme und Entwicklungstendenzen, in: Hartmann, W./Kreutzer, R./Kuhfuß, H. (Hrsg.): Handbuch Couponing, Wiesbaden 2003, S. 27-50

Polte, P.: Design Your Life, in: Textilwirtschaft, Nr. 14, April 2000, S. 12

Schmalen, H./Pechtl, H./Schweitzer, W.: Sonderangebotspolitik im Lebensmittel-Einzelhandel, Stuttgart 1996

Simon, H.: Preismanagement; Analyse – Strategie – Umsetzung, 2. Aufl., Wiesbaden 1992

Tietz, B.: Der Handelsbetrieb, 2. Aufl., München 1993

Weis, H. C.: Marketing, 14. Aufl., Ludwigshafen 2007

G. Kommunikationspolitik

Merkmale der Kommunikation sind die Übermittlung von Informationen und Bedeutungsinhalten zum Zweck der Steuerung von Meinungen, Einstellungen, Erwartungen und Verhaltensweisen gemäß spezifischen Erwartungen. Sie lässt sich von den anderen Marketinginstrumenten dadurch abgrenzen, dass Produkte und Leistungen weder substantiell noch funktionell verändert werden. Lediglich Einstellungen und Erwartungen der (potenziellen) Abnehmer lassen sich beeinflussen (vgl. *Weis* 2007, S. 424).

In der Kommunikation lassen sich verschiedene Formen unterscheiden. Zu den klassischen Instrumenten zählen Werbung und Public Relations (Öffentlichkeitsarbeit). Im Handel ist darüber hinaus die Kommunikation am Point of Sale (POS), auch Point of Purchase (POP) genannt, von großer Bedeutung. Allen weiteren Instrumenten wie Sponsoring, persönlichem Verkauf oder Kundenkarten und -clubs kommt ebenfalls Relevanz zu. Sie werden jedoch zu dem Bereich „sonstige Instrumente" zusammengefasst.

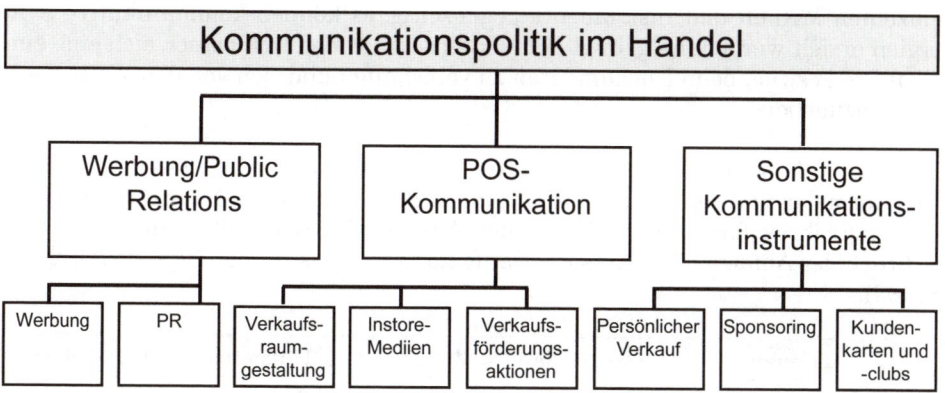

1. Integrierte Kommunikation als strategisches Kommunikationskonzept

Unter **integrierter Kommunikation** versteht man einen Prozess der Analyse, Planung, Durchführung und Kontrolle, der darauf ausgerichtet ist, aus den differenzierten Quellen der internen und externen Kommunikation von Unternehmen eine Einheit herzustellen, um ein für die Zielgruppen der Kommunikation konsistentes Erscheinungsbild über ein Unternehmen bzw. ein Bezugsobjekt des Unternehmens zu entwickeln (vgl. *Bruhn* 2005, S. 100). Dabei ist die Kommunikation derart auszurichten, dass sie als Wettbewerbsfaktor und integraler Bestandteil der Marketingstrategie genutzt werden kann. Als Ergebnis soll durch den Einsatz der integrierten Kommunikation bewirkt werden, dass inhaltlich, formal und zeitlich ein einheitliches Erscheinungsbild bei den Zielgruppen erzeugt wird. Damit kann das Entscheidungsverhalten der Konsumenten durch prägnante, in sich widerspruchsfreie und glaubwürdige Kommunikation positiv beeinflusst werden.

Als übergeordnetes **Ziel der integrierten Kommunikation** lässt sich das Erreichen eines einheitlichen Erscheinungsbildes des Unternehmens bezeichnen. Dabei soll vermieden werden, dass auf unterschiedlichen Ebenen verschiedene Kommunikationsbotschaften an den Konsumenten gesandt werden, die ihn irritieren und gleichzeitig das Erreichen der Kommunikationsziele infrage stellen (vgl. *Bruhn* 2005, S. 102 f.). Die Grundhypothese lautet dabei, dass „das Ganze mehr ist als die Summe der Teile". Werden sämtliche taktischen Maßnahmen an einem ganzheitlichen Strategierahmen ausgerichtet, wird die Informationsüberlastung des Kunden reduziert. Durch die wiederholte Nutzung konsistenter Aussagen und Bilder können bessere Lerneffekte erzielt werden. Die Positionierung des Unternehmens wird klarer und deutlicher wahrgenommen. Die Botschaft und die Kommunikationselemente werden durch alle Medien hindurch bis an den POS gebracht. Beispielsweise finden sich in der Werbung, im Internetauftritt und am POS stets die gleichen Farben und Botschaften, sodass der Kunde ein überaus konsistentes Bild des Unternehmens wahrnimmt. Auf diese Weise verstärkt sich die Wirkung der einzelnen Medien und Instrumente gegenseitig, es können kommunikative Synergien erzielt werden. Es gelingt dem Unternehmen dadurch besser, sich eine einzigartige Position beim Konsumenten zu verschaffen und sich von den Wettbewerbern abzuheben.

In Bezug auf die Formen der integrierten Kommunikation wird zwischen inhaltlicher, formaler und zeitlicher Abstimmung der Instrumente differenziert. Sie sind bezüglich ihres formalen Auftritts, der Aussagenkompatibilität und auch hinsichtlich der Abfolge ihres Einsatzes aufeinander abzustimmen (vgl. *Bruhn* 2005, S. 103).

Formen		Gegenstand	Ziele	Hilfsmittel	Zeithorizont
Inhaltliche Integration	Funktional	Thematische Abstimmung durch Verbindungslinien	Konsistenz, Eigenständigkeit, Kongruenz	Einheitliche Botschaften, Argumente, Bilder	Langfristig
	Instrumental				
	Horizontal				
	Vertikal				
Formale Integration		Einhaltung formaler Gestaltungsprinzipien	Präsenz, Prägnanz, Klarheit	Einheitliche Zeichen/Logos, Slogans nach Schrifttyp, Größe und Farbe	Mittel- bis langfristig
Zeitliche Integration		Abstimmung innerhalb und zwischen Planungsperioden	Konsistenz, Kontinuität	Ereignisplanung („Timing")	Kurz- bis mittelfristig

Abb.: Formen der integrierten Kommunikation
Quelle: *Bruhn* 2003, S. 69

Im Rahmen der **inhaltlichen** Integration geht es prinzipiell darum, die Kommunikationsmaßnahmen thematisch miteinander zu verbinden. Dies geschieht durch Verwendung einheitlicher Slogans, Kernbotschaften, Kernargumente und Schlüsselbilder. Durch die durchgängig **formal** einheitliche Gestaltung soll die leichte Wiedererkennbarkeit und der hohe Lernerfolg gewährleistet werden. Elemente sind Logo, Farbe, Schrifttyp und sonstige feststehende Signalgeber. Und schließlich sind die Kommunikationsmaßnahmen auch **zeitlich** aufeinander abzustimmen.

2. Werbung

Unter der Werbung ist ein Marketinginstrument zu verstehen, das durch absichtlichen und zwangfreien Einsatz spezieller Kommunikationsmittel die Zielperson zu einem Verhalten veranlassen will, das zur Erfüllung der Werbeziele der Unternehmung beiträgt.

2007 wurden ca. 30,77 Mrd. Euro für Werbung ausgegeben. Die daran am stärksten beteiligte Branche war der Handel, der allein fast zwei Milliarden investierte. Die Tageszeitung war und ist der Favorit unter den Werbemitteln, die dort geschalteten Anzeigen umfassten 75,2 % dieser Ausgaben. Insgesamt gab der Handel 4,7 % mehr aus als im Vorjahr, damit erhöhte er die Werbung überproportional im Verhältnis zum Umsatz. Auch die größten einzelnen Werbetreibenden kommen aus dem Handel. Das Unternehmen, welches 2007 am meisten in Werbung investierte (über 500 Mio. Euro), ist Media-Markt/Saturn. Auf Platz drei befindet sich der Discounter Aldi (284 Mio. Euro), auf den Plätzen 8 und 9 folgen Edeka und Lidl (245 und 225 Mio. Euro) (*Nielsen Media Research*). Von den 15 am stärksten beworbenen Produkten sind 12 dem Handel zuzuordnen. Diese Zahlen belegen, dass der Handel ein überaus starker Werbepartner ist. Auch ist die Zeit der rein austauschbaren „Schweinebauchanzeigen", in denen nur Sonderangebotswerbung mit Abbildungen der jeweiligen Artikel präsentiert wurden, weitestgehend vorbei. Der Handel von heute wirbt zunehmend kreativ und emotional. Einige der bekanntesten Anzeigenmotive und Slogans der letzten Jahre stammen aus der Werbung von Handelsunternehmen, allen voran „Geiz ist geil", „Ich bin doch nicht blöd", „Die kleinen Preise" und „Wir lieben Lebensmittel". Werbung im Handel ist somit ein Bereich, in den hohe Investitionen fließen und der dementsprechende Aufmerksamkeit erfahren sollte.

Die 10 werbeintensivsten Branchen

Branche	2007 Mio. €	2006 Mio. €	Verän- derung zu 2006 in %	TZ	PZ	FZ	TV	Ra- dio	Pla- kat
1. Handelsunter- nehmen	1.903,4	1.817,2	4,7	75,2	2,8	0,0	12,2	7,4	2,4
2. Automarkt	1.548,4	1.433,8	8,0	29,9	19,0	0,3	40,7	5,5	4,6
3. Zeitungen-Werbung	1.263,7	1.173,6	7,7	93,9	2,1	0,3	1,0	1,4	1,4
4. Publikumszeit- schriften-Werbung	996,2	1.022,1	-2,5	18,7	60,2	1,4	16,4	2,4	0,9
5. Telekommunikation	856,6	932,5	-8,1	13,2	9,6	0,2	64,4	6,0	6,6
6. Sonstige Medien/ Verlage	625,2	535,7	16,7	41,6	15,6	6,2	29,7	4,4	2,5
7. Pharmazie (B to C)	622,3	617,6	0,8	2,9	37,4	2,8	55,3	1,5	0,1
8. Finanzdienstleis- tungen	610,5	628,5	-2,9	38,1	19,0	0,6	32,0	5,4	4,9
9. Schokolade und Süßwaren	592,0	560,5	5,6	0,4	3,1	0,4	93,2	2,0	0,9
10. TV-Werbung	505,2	499,6	1,1	8,1	28,7	0,5	48,5	5,8	8,4

TZ = Tageszeitungen, PZ = Publikumszeitschriften, FZ = Fachzeitschriften

Quelle: *Nielsen Media Research*

Die 15 am stärksten beworbenen Produkte

Bruttoinvestitionen in den Massenmedien

Produkt	2007 in Mio. Euro	2006 in Mio. Euro	Veränderung zu 2006 in Prozent
1. Media Markt	305,0	268,5	13,6
2. Aldi	280,1	275,7	1,6
3. Lidl	221,8	356,8	- 37,8
4. Saturn	193,4	184,0	5,1
5. C&A	131,5	151,0	- 13,0
6. Schlecker	111,0	113,7	- 2,4
7. McDonald's Snackbars	107,4	90,6	18,5
8. Edeka Aktiv-Markt/E-Center/ Neukauf	95,0	21,5	341,1
9. Premiere	91,0	60 ,7	50,0
10. Rewe	83,4	51,3	62,6
11. Penny	72,5	69,8	3,8
12. Edeka Einkaufsgenossenschaft	59,2	29,8	98,6
13. Ikea	54,7	45,6	20,1
14. Danone Actimel	50,9	68,5	- 25,7
15. Obi	49,8	53,2	- 6,4

Quelle: *Nielsen Media Research.*

2.1 Unterschiede zwischen Hersteller- und Handelswerbung

Prinzipiell bestehen einige **Unterschiede zwischen Handelswerbung und Herstellerwerbung**, die dem Handel teils zum Vorteil, teils zum Nachteil gereichen.

- **Dem Handel als Werbetreibender sind seine Kunden bekannt. Ein Hersteller hat i. d. R. keinen persönlichen Kontakt** zu seinem Abnehmer. Der Händler jedoch **kennt seine Kunden** entweder persönlich, wenn sie ein Geschäft aufsuchen, oder er **verfügt zumindest über ihre Kontaktdaten (Adresse, Mail-Adresse, Telefonnummer)**, sodass es ihm ein Leichtes ist, seine **Kunden direkt anzusprechen**. Damit ist für ein Handelsunternehmen oft auch eine **gezielte und persönliche Ansprache möglich.**

- **Dem Handel ist es i. d. R. möglich, den Werbeerfolg direkt zu messen.**

- Meist kommt der **Kunde zum Handelsunternehmen** (Ausnahme: Versand). Damit ist der Händler in der Lage, eine ganze Bandbreite von Instrumenten wie **Ladenlayout, Präsentation, Verkäufer etc.** einzusetzen. Er verfügt damit über mehr und **stärkere Beeinflussungsmöglichkeiten** als ein Hersteller. Allerdings kann als nachteilig bezeichnet werden, dass der Kunde zum Geschäft kommen **muss**.

- Der **Handel wirbt meist für Waren,** die bekannte Hersteller produziert haben. Daher spricht man in diesem Zusammenhang auch von abgeleiteter Qualitätskompetenz. In seiner Profilierung ist er damit eingeschränkt, da sich **das Image des Herstellers auf ihn überträgt.** Andererseits steht ihm gerade mit dem Instrument der persönlichen Beratung eine Möglichkeit zur Verfügung, durch Empfehlungen vorgefasste Meinungen des Kunden zu ändern (vgl. *Berekoven* 1995, S. 225 ff.).

- Der **Handel wird häufig von den Herstellern unterstützt.** Diese tragen in Form von Werbekostenzuschüssen einen großen Teil des Werbeaufwands eines Handelsunternehmens.

- Mit der Ausnahme von national verbreiteten Unternehmen verfügt der Handel lediglich über einen **begrenzten Streuradius.** Er kann nur das vorhandene Kundenpotenzial am Standort ausschöpfen. Aus diesem Grund können kleinere Händler zahlreiche attraktive Massenmedien wie Zeitschriften und Fernsehen nur eingeschränkt wirtschaftlich sinnvoll nutzen.

- Im Gegensatz zur Industrie ist der Handel kleinbetrieblicher strukturiert. Zwar zeichnet sich auch hier die Tendenz zur Konzentration ab, doch insgesamt gesehen existieren noch sehr viel mehr kleine Betriebe, die nur aus einer Filiale bestehen. Um Werbung ökonomisch sinnvoll nutzen zu können, wird ein gewisser Mindestetat benötigt. Erst damit wird der Einsatz vieler Medien möglich.

- Der Handel führt eine Vielzahl von Artikeln, oft bis zu 100.000. Daher kann er sich nicht, wie es in der Industrie üblich ist, auf wenige Produkte konzentrieren und den gesamten Werbeetat auf sie verteilen. Dies entspricht jedoch auch nicht seiner Absicht. Er strebt die Profilierung als Anbieter eines Sortiments an.

- Ebenso wie die Hersteller benötigen Handelsunternehmen ein langfristiges Werbekonzept. Doch spielt im Handel auch das Tagesgeschäft eine bedeutende Rolle. Er muss sich flexibel an die jeweiligen Markterfordernisse anpassen können. Wetter, Feier- und Wochentage können dabei eine Rolle spielen. Diese Umstände machen es erforderlich, kurzfristig schalten zu können.

- Auch die Reaktion auf Werbemaßnahmen erfolgt sehr kurzfristig. Das Feedback kann häufig innerhalb von wenigen Tagen gemessen werden. Damit sind auch Voraussetzungen für Experimente gegeben.

2.2 Der Prozess der Werbeplanung und -durchführung

Der Prozess der Werbeplanung soll im Folgenden kurz im Ganzen skizziert werden, um dann in den einzelnen Schritten auf handelsspezifische Besonderheiten überprüft zu werden.

Ausgangspunkt sind die Marketingziele, auf deren Grundlage die Werbeziele formuliert werden. Um das Erreichen dieser Ziele sicherzustellen, wird ein Werbeetat benötigt, d. h. es müssen finanzielle Mittel bereitgestellt werden. Dieses Budget wird auf die einzelnen Werbeobjekte verteilt. Damit sind die Programme, Produkte, Unternehmen gemeint, die beworben werden sollen. Anschließend muss überlegt werden, welche Zielgruppe damit erreicht werden soll. Dies beinhaltet die Entscheidung bezüglich der Werbesubjekte. Mit der Festlegung der Werbebotschaft wird meist eine Vorauswahl in Bezug auf die Werbemittel getroffen. Ferner muss eine Medienauswahl getroffen werden. Dieser Schritt wird in der Werbemittel- und Werbeträgerauswahl vollzogen. Auch der Zeitraum der Durchführung ist von Bedeutung. Wenn alle Entscheidungen diesbezüglich getroffen wurden, kann mit der Werbedurchführung begonnen werden. Damit ist der Prozess noch nicht abgeschlossen. Der Werbeerfolg muss kontrolliert werden, um festzustellen, in wie weit die Ziele erreicht wurden.

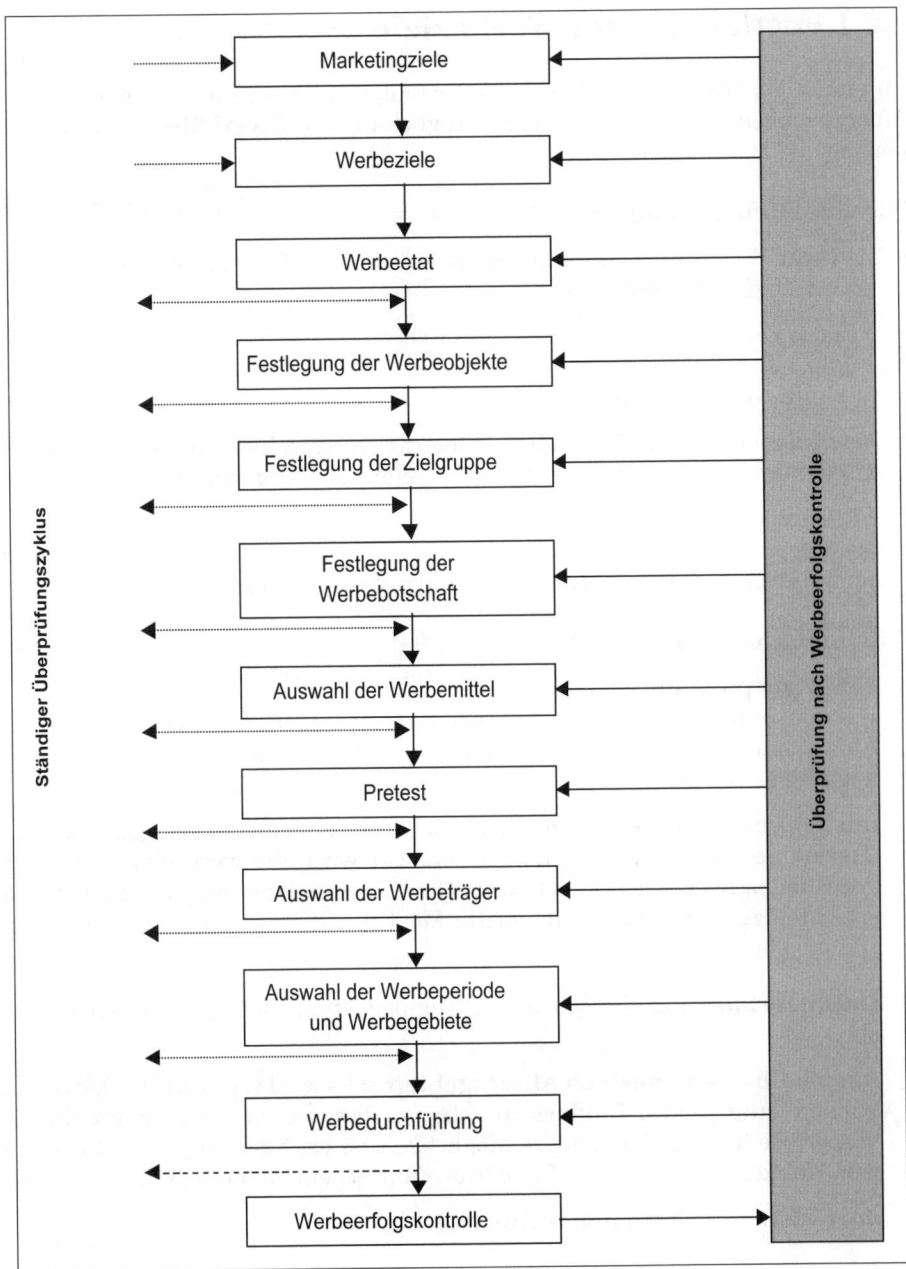

Abb.: Prozess der Werbeplanung und Durchführung
Quelle: in Anlehnung an *Weis* 2007, S. 435

28 〉〉 Seite 455

2.2.1 Festlegung der Werbeziele

Im ersten Schritt sind die Werbeziele festzulegen. Diese sollten einer Reihe von Anforderungen genügen, um später bezüglich ihrer Effizienz überprüft werden zu können.

Formale Anforderungen:

- Zeitliche Fixierung: Zeitpunkt oder Zeitspanne, in der die Ziele erreicht werden sollen, sind festzulegen.

- Präzise Formulierung

Materielle Anforderungen:

- Operationalität: Die Ziele sollen eindeutig, verständlich, in Zahlen und Messgrößen umsetzbar sein (Bsp.: Erreichen eines Neukundenanteils von 10 %).

- Sie sollten quantifizierbar sein.

Dabei unterscheidet man ökonomische und außerökonomische Ziele:

Ökonomische Ziele:

- **Umsatzexpansion:**
  mittels neuer Werbeobjekte: Dies bedeutet im Handel, es wird eine neue Filiale, ein neuer Teil des Sortiments oder eine erstmalig angebotene Dienstleistung beworben.

  mittels vorhandener Werbeobjekte: Im bestehenden Absatzgebiet kann der Umsatz gesteigert werden, indem versucht wird, die wertmäßige Nachfrage der Kunden im Einzugsgebiet zu erhöhen. Ebenso ist es möglich, neue Käuferschichten zu erschließen. Eine dritte Möglichkeit ist mit der Erweiterung des Absatzgebietes gegeben.

- **Umsatzerhaltung:** Sie soll durch Kompensationsmaßnahmen erreicht werden.

  innerhalb des bisherigen Absatzgebietes: Es wird versucht, bei den Stammkunden dahingehend Einfluss zu nehmen, dass sie ihr Konsumverhalten der Vorperiode halten. Eine andere Möglichkeit ist es, Nachfragerückgänge im einem Kundensegment durch Steigerungen in einem anderen zu kompensieren.

  durch Erschließung neuer Absatzgebiete.

- **Kostendegression:** Ziele der Kostendegression sind meist darauf ausgerichtet, rhythmische Absatzschwankungen zu verringern.

Außerökonomische Werbeziele: Sie verfolgen keine unmittelbar wirtschaftlichen Ziele, sondern setzen i. d. R. vor dem Kauf an. Sie versuchen, Einstellungen und Präferenzen des potenziellen Kunden im Sinne der werbenden Unternehmung zu verändern.

Die **möglichen Werbeziele** lassen sich wie folgt gliedern (vgl. *Weis* 2007, S. 438):

1. Bekanntmachung von Produkten/Leistungen
2. Information über Produkte/Leistungen
3. Stärkung des Vertrauens in das Produkt/die Leistung
4. Unterstützung der Absatzchancen des Angebots.

2.2.2 Festlegung des Werbeetats

Unter einem Werbeetat werden die bereitgestellten finanziellen Mittel verstanden, die für die Durchführung der Werbemaßnahmen verwendet werden sollen. Synonym dazu werden die Begriffe Werbebudget, Werbefinanzplan oder Jahreswerbeplan verwendet. In jeder Periode stehen Unternehmen vor dem Problem, nach welchen Kriterien das Gesamtbudget gebildet werden soll. Dieses wird dann auf Werbeobjekte, Werbesubjekte, auf die Werbemittel und Werbeträger sowie unter zeitlichen Aspekten verteilt.

Zur Festlegung des Gesamtbudgets existieren eine Reihe von Ansätzen. Die am häufigsten vorkommenden werden in der nachfolgenden Tabelle gegenübergestellt:

Methode	Ausgabenenorientiert	Prozent vom Umsatz	Prozent von verkaufter Einheit	Prozent vom Gewinn	Konkurrenzorientiert	Ziele und Aufgaben
Vorgehen	Bei der Festlegung des Werbeetats sind die vorhandenen finanziellen Mittel ausschlaggebend.	Der Werbeetat wird in Prozentanteilen des vergangenen, des künftigen oder eines arithmetischen Durchschnitts der Umsätze festgelegt.	Je Produkteinheit wird ein bestimmter Betrag für Werbezwecke geplant. Multipliziert mit der Anzahl der Verkaufseinheiten ergibt sich die Höhe des Werbeetats.	Der Werbeetat wird aufgrund eines bestimmten Prozentsatzes vom Gewinn festgelegt.	Die Festlegung des Werbeetats orientiert sich an den Gepflogenheiten der Konkurrenz.	Die Höhe des Werbeetats wird nach den angestrebten Werbezielen festgelegt.
Vorteil	Einfache Methode, mit der die Höhe des Werbeetats schnell ermittelt werden kann. Etat kann als Instrument der Steuereinsparung fungieren.	Einfaches Verfahren, wenn der Werbeetat sich am vergangenen Umsatz orientiert. In verschiedenen Branchen existieren Kennzahlen zum Vergleich. So können krasse Fehlentscheidungen vermieden werden.	Eine Methode, die bei Unternehmen mit begrenztem Produktionsprogramm und bei gemeinsamer Werbung kooperierender Firmen der Branche angebracht ist.	Einfaches Verfahren, das jedoch dazu führt, dass bei sinkenden Gewinnen auch die Werbeausgaben zurückgeschraubt werden.	Unproblematische Art, den Etat festzulegen. Man kann damit der Gefahr krasser Fehlentscheidungen bei der Festlegung des Werbeetats entgehen.	Die einzig logisch einwandfreie Methode zur Bestimmung des Etats.

| Nach-teil | Es besteht kein sachlich begründeter Zusammenhang zwischen Werbe-zweck und Finanzmitteln. Deshalb ist diese Methode sinnlos. Die Werbung erscheint nicht als Teil des Marketing-Mix. | Das Kausal-prinzip wird auf den Kopf gestellt: Werbung soll den Umsatz beeinflussen und nicht umgekehrt. Führt zum prozyklischen Einsatz der Werbung. Zudem ist der Umsatz das Resultat verschiedener Marketing-Para-meter, nicht nur der Werbung. | Auch bei dieser Methode orientiert sich die Höhe der Werbeetats an den Umsätzen. Eine ökono-misch sinnvolle Feststellung des pro Er-zeugniseinheit anzusetzenden finanziellen Betrages be-reitet große Schwierig-keiten. | Auch hier wird das Kausalprin-zip auf den Kopf gestellt. Ferner kommt es auch hier zu Ein-schränkungen des Werbeetats in schwachen Zeiten. Zudem wird der Gewinn von außeror-dentlichen und betriebsfremden Aufwendungen beeinflusst. | Die Methode führt dazu, dass Werbe-anstrengungen der Konkurrenz neutralisiert werden. Daher nur sinnvoll, wenn der Status Quo erhalten werden soll. Bei Expansions-zielen sinnlos. | Diese Methode erfordert die präzise Festlegung von Werbezielen. Sie erfordert zudem eine genaue Bestimmung der Maßnahmen und deren Kosten. Dies dürfte zumin-dest kurzfristig Schwierigkeiten bereiten. |

Abb.: Vergleich der Methoden zur Aufteilung des Werbeetats
Quelle: in Anlehnung an *Weis* 2007, S. 441

2.2.3 Festlegung der Werbeobjekte

Unter Werbeobjekten sind die immateriellen und materiellen Gehalte der mit der Werbung verfolgten Zwecke zu verstehen. Unternehmen, Betriebe, Programme oder Sortimentsteile werden beworben. Durch die differenzierte Struktur im Handel wird die Werbeplanung entsprechend erschwert.

Zur Auswahl der Werbeobjekte stehen die folgenden Handlungsalternativen zur Verfügung (vgl. *Hansen* 1990, S. 404 ff.):

* Allgemeine Institutionenwerbung
* Leistungsbezogene Institutionenwerbung
* Produktwerbung
* Verkaufsförderungswerbung, Sonderangebotswerbung, Preiswerbung.

Der **allgemeinen Institutionenwerbung** kommt im Handel gegenüber der Industrie eine vergleichsweise höhere Bedeutung zu. Der Name des Unternehmens wird als Marke für ein bestimmtes Leistungsprogramm verbreitet, die **Retail Brand** soll demnach gestärkt werden. Dies ist aus zwei Gründen von Bedeutung. Zum einen besteht ein direkter Kontakt zwischen Händler und Kunden, zum anderen kann sich ein Handelsunternehmen bei Sortimenten, die aus Markenartikeln bestehen und die ebenfalls bei der Konkurrenz zu erhalten sind, nur über seine Institution profilieren. Mit der allgemeinen Institutionenwerbung will das Handelsunternehmen erreichen, in das *evoked set* des Nachfragers aufgenommen zu werden. Mit diesem Begriff werden die Alternativen bezeichnet, die der potenzielle Kunde bei Bedarf in die engere Auswahl der Einkaufsstätten zieht.

Es sollte berücksichtigt werden, dass auch bei allen anderen Handlungsalternativen zur Auswahl der Werbeobjekte die allgemeine Institutionenwerbung zum Tragen kommt. Der Name des Handelsunternehmens/-betriebes wird immer erwähnt.

Insofern beinhaltet jede Handelswerbung auch die Hervorhebung der Institution. Unter dem Begriff **leistungsbezogene Institutionenwerbung** wird die Hervorhebung einzelner Leistungsmerkmale des Handelsunternehmens verstanden.

Beispiele sind:

- exzellente Beratung
- Kinderbetreuung
- Kreditgewährung
- schnelle Lieferung.

Zur Durchführung der leistungsbezogenen Institutionenwerbung werden bevorzugt solche Merkmale ausgewählt, die das Unternehmen von den Mitbewerbern unterscheiden. Ziel dieser Art der Werbung ist es stets, das eigene Unternehmen zu profilieren und eine positive Alleinstellung zu erreichen. I. d. R. gelingt das ausschließlich über Serviceleistungen. Häufig werden diese Werbeobjekte von Betriebsformen gewählt, die nicht ausschließlich über den Preis konkurrieren. Unter Wirtschaftlichkeitsaspekten sind dafür solche Leistungen auszuwählen, die für die entsprechende Zielgruppe die höchste Priorität bei der Wahl der Einkaufsstätte besitzen.

Im Zuge des Einsatzes der **Produktwerbung** werden einzelne Produkte oder Produktgruppen als Werbeobjekte hervorgehoben. Dabei sollte beachtet werden, dass diese Form nur bedingt für die Bewerbung bekannter Herstellermarken geeignet erscheint, da diese auch von der Konkurrenz geführt werden. Besonders eignet sich Produktwerbung für Handelsmarken bzw. solche Sortimentsteile, für die Exklusivvertriebsrechte bestehen. Da der Anteil der Handelsmarken stetig wächst, kommt auch der Produktwerbung eine höhere Bedeutung zu. Anzumerken ist, dass diese nicht mit der Sonderangebotswerbung verwechselt werden darf, da sie **nicht** mit Preissenkungen verbunden ist.

Im Regelfall stehen im Handel mehrere Artikel zur Verfügung, die als Werbeobjekte geeignet erscheinen. Daher muss eine Auswahl getroffen werden, bei der zu berücksichtigen ist, dass mit der Produktwerbung **direkte und indirekte Werbewirkungen** verbunden sind.

Unter einer **direkten** Wirkung ist die **Umsatzsteigerung** bei den umworbenen Artikeln zu verstehen. Daher sind bevorzugt solche Artikel zu bewerben, die eine hohe **Werbeelastizität** aufweisen. Diese ist definiert als

Werbeelastizität = relative Umsatzänderung : relative Änderung des Werbeaufwandes

Die Messung bereitet allerdings erhebliche Probleme. Mit dem Einsatz von Scannern lassen sich die Informationsmöglichkeiten allerdings verbessern. Da Werbung letztendlich den Gewinn steigern soll, ist darauf zu achten, dass Produkte mit hohen Deckungsbeiträgen ausgewählt werden.

Die **indirekte** Werbewirkung bezeichnet die **Wirkung auf Verbundkäufe**, d. h. die Auswirkung auf das restliche Sortiment. Hier eignen sich insbesondere Artikel, die eine hohe Anzahl von Komplementärkäufen und wenig Substitutionskäufe auslösen. Zudem kann damit gerechnet werden, dass Irradiationseffekte auftreten. Das Image des beworbenen Produktes strahlt auf das der Geschäftsstätte aus. Daher sollten Produkte ausgewählt werden, die in Beziehung zu dem angestrebten Ladenimage stehen.

Sofern die Produktwerbung eine Reihe von Artikeln umfasst, bestehen im Wesentlichen zwei Prinzipien der Gestaltungsmöglichkeit. Einerseits ist es möglich, die Artikel nach Bedarfsart auszuwählen, dies entspricht einem herkunftsorientierten Prinzip. Zum anderen, und diese Möglichkeit wird mit dem ausgeprägten Trend zum Erlebniskauf immer bedeutender, lassen sich unterschiedliche Artikel hinkunftsorientiert zusammenstellen. Dies kann unter einem übergeordneten Motto geschehen wie z. B. „Alles für das Bad" oder „Wohlfühlwohnen".

Eine hohe Bedeutung kommt im Handel der **Verkaufsförderungswerbung** (Sonderangebotswerbung, Preiswerbung) zu. Bestimmte Artikel werden für eine kurze Zeitspanne herabgesetzt. Die Wirkung von Sonderangeboten kann durch den gleichzeitigen Einsatz von Werbung beträchtlich erhöht werden. Da nur einige wenige Artikel herausgestellt werden, liegt gleichzeitig auch Produktwerbung vor. Bei den beworbenen Produkten handelt es sich i. d. R. um Marken namhafter Hersteller, die an den Handel Werbekostenzuschüsse zahlen. Sonderangebote verfolgen meist kurzfristige Ziele. Die sie unterstützenden Werbemaßnahmen sollen diese schnell und effektvoll umsetzen.

Die folgenden Merkmale der Sortimente bestimmter Branchen bzw. Betriebstypen lassen auf den verstärkten Einsatz der unterschiedlichen Handlungsalternativen bei der Auswahl des Werbeobjektes schließen (vgl. *Hansen* 1990, S. 407):

Bevorzugte Realisierung der **allgemeinen bzw. leistungsbezogenen Institutionenwerbung**:

- Umfangreiches Sortiment, in dem die einzelnen Produkte so geringe Umsatzanteile erreichen, dass bei einer produktspezifischen Aufteilung des Werbebudgets im Einzelnen nur geringe Werbeerfolge erzielt würden

- Sortiment aus Produkten mit geringer Qualitäts- und Preistransparenz, bei denen während der Kaufentscheidung das Ladenimage stark irradiierend auf die Qualitäts- und Preisbeurteilung der Konsumenten einwirkt (Bsp.: Juwelen)

- Sortiment aus Produkten, deren Eigenschaften werblich schwer zu vermitteln sind (Bsp.: komplizierte technische Geräte)

- Unternehmen mit geringer sortimentspolitischer Differenzierung zu den Mitanbietern

- Unternehmen, die eine starke Gatekeeper-Position der fachlichen Kompetenz aufbauen wollen

- Unternehmen mit Erlebnischarakter
- Unternehmen in Stadien der Markteinführung.

Bevorzugte Realisierung der **Produktwerbung**:

- Sortiment aus einem hohen Anteil an Eigenmarkenerzeugnissen oder Produkten mit Alleinstellungsvertriebsrechten, durch die eine werbliche Individualisierung des Ladenimages erreicht werden soll
- Sortiment aus vielen stark innovationshaltigen Produkten
- Unternehmen, die durch die Anwendung des Distanzprinzips ihr Produktangebot nur werblich präsentieren können.

Bevorzugte Realisierung der **Verkaufsförderungswerbung**:

- Diskontinuierliches Sortiment, das Anlass zu Gelegenheitskäufen bietet (Bsp.: Partievermarkter)
- Unternehmen mit kurzfristig eingesetzten Preis- und sonstigen Verkaufsförderungsmaßnahmen (Bsp.: Verbrauchermarkt, Fachmarkt).

Abschließend soll konstatiert werden, dass der Trend einerseits zur Sonderangebotswerbung geht, andererseits tritt durch mangelnde Sortimentsdifferenzierung und erlebnisorientierte Kunden die Institutionenwerbung in den Vordergrund.

2.2.4 Festlegung der Zielpersonen

Die Festlegung der Werbesubjekte beinhaltet die Auswahl der Zielgruppe, an die sich die Werbung richtet. Diese Adressaten dürfen jedoch nicht mit der Marketingzielgruppe verwechselt werden. Marktsegmente umfassen aktuelle und potenzielle Kunden, die werbliche Ansprache kann sich auch an Teilbereiche dieser Segmente wenden (vgl. *Bruhn* 2007, S. 191 f.). Um einen gezielten und effizienten Einsatz der Kommunikation zu gewährleisten, sind homogene Zielgruppenschichten abzugrenzen. Die Werbebotschaft sollte zielgruppenspezifisch gestaltet werden. Je stärker es gelingt, sie an den Bedürfnissen, Erwartungen und Wünschen der anvisierten Zielgruppe auszurichten, desto eher können Streuverluste vermieden werden. Zudem muss eine adäquate Auswahl der Werbemittel und Werbeträger erfolgen. Dazu muss die Werbezielgruppe durch relevante Merkmale beschrieben werden. Ebenso wie im Bereich der Marktsegmentierung können dazu geografische, soziodemografische, psychografische sowie verhaltensorientierte Segmentierungskriterien gewählt werden. Nach den Funktionen, welche die Werbesubjekte übernehmen, lassen sich die des Kaufs, des Konsums und der kommunikativen Weiterleitung der Botschaft unterscheiden. Bei der Kriterienauswahl ist darauf zu achten, dass die Zielgruppe auch tatsächlich erreicht wird und die Streuverluste nicht zu hoch sind.

2.2.5 Festlegung der Werbebotschaft

Bislang wurden Entscheidungen darüber getroffen, welche Objekte beworben und welche Zielgruppen angesprochen werden sollen. Im nächsten Schritt ist festzulegen, mit welchem Inhalt und in welcher Form die Werbebotschaft zu übermitteln ist. Ziel jeder Werbung ist es, sich gegenüber den Mitbewerbern zu profilieren und eine positive Alleinstellung am Markt anzustreben. Die Aufmerksamkeit für das beworbene Objekt soll erhöht und das Interesse gesteigert werden. Somit ist die Werbebotschaft die Operationalisierung der von den Werbezielen, den definierten Zielgruppen und den sonstigen Daten abgeleiteten Inhalte (vgl. *Weis* 2007, S. 443).

Eine gedankliche Vorstufe der Verbalisierung und Visualisierung der Werbebotschaft ist die Copyerstellung, bei der unterschieden werden kann (vgl. *Weis* 2007, S. 443):

- **Basisbotschaft:** Mit der Basisbotschaft soll das Werbeobjekt eindeutig charakterisiert und von anderen Produkten unterschieden werden.

- **Nutzenbotschaft:** Sie soll den Zielpersonen einen besonderen Nutzen offerieren, über den nur das angebotene Produkt verfügt (USP = Unique Selling Proposition).

- **Nutzenbegründung** (Reason why-Technik): Der Nutzen, den die Zielperson mit dem umworbenen Produkt erwirbt, muss begründet werden. Dabei wird er um so glaubhafter, je genauer die „Beweise" sind.

Im Zuge der abnehmenden Differenzierung zwischen Handelsunternehmen wird es immer schwieriger, einen **USP** – ein einzigartiges Verkaufsversprechen – zu finden, der eine Alleinstellung ermöglicht. Die Märkte sind dicht besetzt und die meisten USP bereits vergeben. Eine Alleinstellung ist damit heute problematisch. I. d. R. handelt es sich um Me too-Angebote, die sich nur in geringem Maße von der Konkurrenz abheben. Im Lebensmittelhandel ist es heutzutage kaum noch möglich, sich über „Frische" zu positionieren, da diese von den Kunden vorausgesetzt und auch von den Wettbewerbern angeboten wird.

Statt eines USP bedient man sich heute eher des **UAP** (Unique Advertising Proposition) oder besser des **UCP** (Unique Communications Proposition). Wenn über die Leistungen keine Hervorhebung möglich ist, versucht man zumindest über die Werbung eine Alleinstellung zu erreichen. Anstelle einer realen wird eine emotionale Profilierung aufgebaut (vgl. *Pepels* 2001, S. 356). Dies hat den Vorteil, dass Konkurrenten diese nur begrenzt angreifen bzw. imitieren können. Im Falle eines USP ist dies wesentlich einfacher.

Bei der Konkretisierung der Botschaft ist darauf zu achten, dass eine **Aktivierung** ausgelöst wird. Sie bewirkt einen Zustand innerer Erregung, der dazu führt, dass sich der Empfänger dem Reiz zuwendet. Dadurch wird die Chance der

Wahrnehmung beträchtlich gesteigert. In einer Phase gesättigter Märkte, wenigen Differenzierungsmöglichkeiten im Wettbewerb und der allgemeinen Informationsüberflutung wird die Chance, dass die Werbung überhaupt wahrgenommen wird, immer geringer. Daher verwendet man **Sozialtechniken** (vgl. *Kroeber-Riel / Weinberg* 2003, S. 71 ff.). Darunter wird die systematische Anwendung von sozialwissenschaftlichen oder verhaltenswissenschaftlichen Gesetzmäßigkeiten zur Gestaltung der sozialen Umwelt, insbesondere zur Beeinflussung von Menschen verstanden. Je größer die Aktivierungskraft eines Werbemittels ist, umso größer ist die Chance, dass z. B. eine Anzeige unter zahlreichen konkurrierenden wahrgenommen wird.

Zur gezielten Aktivierung können drei Techniken eingesetzt werden:

- **Physische** Reizwirkungen (große, laute und bunte Reize)

- **Emotionale** Reizwirkungen (z. B. Schlüsselreize wie das Kindchenschema oder erotische Abbildungen, aber auch Stimmungen zählen dazu)

- **Kognitive** Reizwirkungen (verstoßen gegen vorhandene Erwartungen durch Widersprüche und Überraschung).

Die Sozialtechnik der physischen Reizwirkungen wurde im Handel von jeher eingesetzt. Durch bunte Farben, große Schrift, durchgestrichene alte Preise etc. wird die Aktivierung beim Betrachter erhöht. Durch Emotionen versuchen in letzter Zeit z. B. Edeka und Rewe den potenziellen Kunden zu aktivieren. In den TV-Spots wird nicht der Preis herausgestellt, sondern es wird versucht, durch Liebe zum Detail, durch Frische und Bio oder durch besonders engagierte Mitarbeiter die Kompetenz des Unternehmens herauszustellen und ein positives Image der Unternehmen zu stärken. Der Einsatz von kognitiven Aktivierungstechniken durch Widersprüche oder Überraschung ist dagegen seltener und auch nicht unumstritten, weil sie auch nachteilige Assoziationen hervorrufen, die den Werbeerfolg beeinträchtigen können. Als Beispiele lässt sich die Werbung des Baufachmarkts Hornbach aufführen, in der Kunden sich verletzen oder eine Ohrfeige (aus dem Nichts) erhalten.

Neben der Aktivierung spielt die **Frequenztechnik** eine immer entscheidendere Rolle. Je größer die Informationsflut, desto häufiger muss geworben werden, damit der Empfänger die Botschaft wahrnimmt und verarbeitet. Je geringer die Aktivierung ist, desto höher muss die Wiederholungsfrequenz sein. Dabei geht der Trend aus Wirtschaftlichkeitsgründen im Fernsehen zu kürzeren Spots, die dafür häufiger gesendet werden.

Generell kann die Werbebotschaft auf zweierlei Weise konzipiert werden, **emotional** oder **informativ**. Im Bereich der Preiswerbung ist überwiegend die informative anzutreffen, im Bereich der Institutionenwerbung herrscht die emotionale vor. Kombinationen aus beiden sind nicht nur möglich, sondern die Regel.

Welche Darstellungsart der Botschaft gewählt wird, ist abhängig vom **Involvement** des Empfängers. Involvement bezeichnet die **innere Beteiligung**. Unter High Involvement versteht man eine hohe innere Beteiligung des Adressaten. Hier kann auf die informative Form der Gestaltung zurückgegriffen werden. Liegt hingegen Low Involvement (niedrige Beteiligung) vor, bietet sich die emotionale Gestaltung der Werbung an, da wenig involvierte Käufer mit geringer Aufmerksamkeit eher flüchtig und nachlässig handeln. Sie suchen nicht aktiv und gezielt nach Informationen, lassen sich aber durch situative Reize beeinflussen.

Das Involvement kann nach Verursachungsgrößen in drei Komponenten gegliedert werden:

- **persönliches Involvement** (z. B. hoch bei einem Hobby)

- **reizabhängiges Involvement** (kann z. B. durch Kommunikationsreize stimuliert werden)

- **situatives Involvement** (ist situationsabhängig, der Nachfrager interessiert sich z. B. generell nicht für Kaffee, doch heute kommt die kritische Schwiegermutter).

Bei der **Gestaltung des Kommunikationsauftritts** geht es darum, wie im Rahmen bestimmter Kommunikationsmaßnahmen (z. B. Anzeigen) bestimmte Reaktionen (z. B. gegenüber Handelsunternehmen) bei der Zielgruppe herbeigeführt werden können. Die konkrete Ausformung ist im Hinblick auf vier Kategorien von Elementen vorzunehmen (vgl. *Homburg/Krohmer* 2006, S. 792):

- **Inhaltliche** Elemente: Hier geht es um die Gestaltung der sprachlichen Bestandteile der Kommunikationsbotschaft, also des Werbetextes und des Slogans.

- **Visuelle** Elemente: Entscheidungen im Hinblick auf Hauptbildkomponenten, ergänzenden Bildelementen, Typografien, Farben, Schriftarten, -anordnungen und -größen stehen im Mittelpunkt. Auch Animationselemente im Rahmen multimedialer Kommunikation zählen dazu.

- **Auditive** Elemente: Die Gestaltung von Musik, Jingles, Geräuschen, Lautstärke oder Klang ist bei allen audiosprachlichen Kommunikationsinstrumenten zentral.

- **Sonstige** Elemente: Hier geht es um die Gestaltung von Elementen wie Geruch, Geschmack oder haptischen Eindrücken. Im Handel sind hier auch Vergünstigungen, z. B. in Form von Coupons, von Bedeutung.

Die Gestaltungsmittel müssen so kombiniert werden, dass eine in sich konsistente Botschaft entsteht. Hier müssen die Regeln der integrierten Kommunikation beachtet werden. Alle Elemente müssen über alle Werbemittel hinweg konsistent eingesetzt werden.

2.2.6 Auswahl der Werbemittel

Die Werbebotschaft, die zu diesem Zeitpunkt erst in Gedanken besteht, muss nun umgesetzt und damit dauerhaft gemacht werden. Die Übertragung der gedanklichen Werbebotschaft in eine reale Erscheinungsform stellt das **Werbemittel** dar. Jedes Werbemittel, ob Anzeige, Fernsehspot, Prospekt etc., ist mit Vor- und Nachteilen und unterschiedlich hohen Kosten verbunden, auf die im Folgenden eingegangen werden soll.

Welche Werbemittel einzusetzen sind, ist im Wesentlichen von mehreren Kriterien abhängig:

* Kosten
* Durchdringung der Zielgruppe
* Aktualität
* Flexibilität des Einsatzes
* Image und Glaubwürdigkeit
* Darstellungsmöglichkeiten.

2.2.6.1 Printmedien

2.2.6.1.1 Anzeigen in Tageszeitungen und Anzeigenblättern

Der größte Teil der Werbeaufwendungen des deutschen Handels entfällt auf den Bereich der **Tageszeitungen**. Damit sind Anzeigen darin – vor den Spots im Fernsehen – das bedeutsamste Werbemittel.

Die **Vorteile der Anzeigenwerbung in Tageszeitungen** sind vor allem:

* Abonnementzeitungen sind in Deutschland sehr verbreitet

* Häufig erfolgt eine Untergliederung in Bezirksausgaben (Teilbelegung möglich)

* Gute Möglichkeit der gezielten regionalen Ansprache

* Hohe Leser-Blatt-Bindung, Zeitungen werden intensiv genutzt (bei Abonnementlesern beträgt die durchschnittliche Lesedauer 35-40 Minuten)

* Hohe Reichweite im Streubereich

* Flexibel einsetzbar, kann kurzfristig belegt werden

* Aktuell.

Diesen zahlreichen Vorteilen stehen allerdings auch einige **Nachteile** gegenüber:

- Lediglich gute regionale Abdeckung, eine zielgruppenspezifische Ansprache ist mit hohen Streuverlusten verbunden

- Hohe Kosten, eine Seite kostet oftmals 20.000 Euro

- Kurze Lebensdauer

- Mindere Druckqualität

- Hohe Zahl an Anzeigen vermindert Aufmerksamkeit.

Im Hinblick auf Gestaltungsaspekte sollte berücksichtigt werden, dass Tageszeitungen heute mit Anzeigen relativ überlastet sind. Daher sollten auch Handelsunternehmen verstärkt auf die Gestaltungsregeln zurückgreifen, derer sich die Werbung mit Herstellermarken bedient. Im Handel liegt der Werbeschwerpunkt immer noch auf der Preiswerbung, daher dürfen Preisinformationen nicht fehlen. Allerdings sollten zunehmend Gestaltungselemente eingesetzt werden, welche die Aufmerksamkeit der Betrachter erhöhen. Auch sollte ein sympathisches Image der Einkaufsstätte vermittelt werden.

Bei **Anzeigenblättern** handelt es sich um Druckerzeugnisse, die meist wöchentlich an alle Haushalte einer Stadt, Gemeinde oder eines bestimmten Gebietes kostenlos verteilt werden. Sie erscheinen regelmäßig und sind vom Gesamtinhalt primär ortsbezogen. Meist enthalten sie auch redaktionelle Beiträge, doch überwiegt der Anzeigenteil. Dieser wird hauptsächlich von regionalen Handwerkern und vom Fachhandel für Anzeigen genutzt. Durch Unterausgaben sind kostengünstige Teilbelegungen möglich, ebenso eine regional sehr spezifizierte Streuung. Dabei sollte berücksichtigt werden, dass im Vergleich zu den Tageszeitungen, die von 2,5 bis 3 Personen gelesen werden *(LpE-Wert)*, die Anzeigenblätter lediglich 1 bis 1,5 Personen pro Exemplar erreichen. Auch ist die Bindung im Vergleich zu den Tageszeitungen wesentlich geringer. Da sie kostenlos verteilt werden, ist die Gefahr hoch, dass sie ungelesen weggeworfen werden.

Andererseits verfügen sie im Verteilungsgebiet über eine hohe Reichweite. In Deutschland erscheinen in 469 Verlagen ca. 1.400 Anzeigenblätter mit einer Gesamtauflage von ca. 89 Mio. Exemplaren (vgl. *BDVA* 2007; *Knaack* 2006, S. 417). Fast zwei Drittel der bundesdeutschen Bevölkerung können mittels Anzeigenblättern erreicht werden. Der Anzeigen- und Beilagenumsatz ist mit rund 2,0 Mrd. Euro in etwa so hoch wie der der Publikumszeitschriften. Anzeigenblätter werden insbesondere beim lokalen Einkauf als Informationsquelle geschätzt. Aufgrund des regionalen Charakters eignen sich Anzeigenblätter insbesondere für den ortsansässigen Handel. In der lokalen Berichterstattung stellen sie eine Ergänzung zu den Tageszeitungen dar.

Allerdings besteht hier die Gefahr, dass die angegebenen Auflagen der Anzeigenblätter nicht mit den tatsächlichen übereinstimmen. Es wurden einheitliche Prüfrichtlinien verabschiedet, um die Kontrolle zu vereinfachen. Die Mehrzahl der Anzeigenblätter unterliegt der ADA-Kontrolle (*Auflagenkontrolle der Anzeigenblätter*).

Anhand einer Checkliste kann festgestellt werden, ob die Insertions- oder Beilagenwerbung für Handelsunternehmen in Anzeigenblättern lohnend erscheint (vgl. *Pflaum/Eisenmann* 1988, S. 74). Bei sechs und mehr mit „Ja" beantworteten Fragen kann das Anzeigenblatt neben den Tageszeitungen als Werbeträger verwendet werden.

Check-List	Ja	Nein
1. Fällt das Verbreitungsgebiet des Anzeigenblattes ungefähr mit dem Einzugsgebiet des Geschäftes zusammen?		
2. Ist die Druckqualität des Anzeigenblattes akzeptabel? (Möglichkeiten für Farbanzeigen, Papier und Reproqualität)		
3. Schließt das Anzeigenblatt Lücken im lokalen Teil, die sich die Tageszeitung eventuell selbst durch Konzentration geschaffen hat?		
4. Bringt das Anzeigenblatt wichtige Termine wie Vereinsveranstaltungen, Sportveranstaltungen, Sonntagsdienste der Ärzte und Apotheken, Öffnungszeiten der Behörde?		
5. Ist die Verteilung des Anzeigenblattes zufriedenstellend organisiert?		
6. Habe ich die Verteilung selbst mithilfe telefonischer Stichproben überprüft?		
7. Liegen Mediadaten über die Nutzung des Anzeigenblattes vor?		
8. Ist der Tausenderkontaktpreis des Anzeigenblattes günstiger als der der Tageszeitung? Tausenderkontaktpreis = Anzeigenpreis · 1.000 : erreichte Leser		
9. Nutzen meine Mitbewerber das Anzeigenblatt als Werbeträger (Anzeigen und/oder Beilagen)?		
10. Ist das Anzeigenblatt der Auflagen-Kontrolle der Anzeigenblätter angeschlossen (erkennbar am Prüfsiegel)?		

2.2.6.1.2 Prospekte und Beilagen

Der Prospekt bzw. die Beilage ist ein mehrseitiges Print-Werbemittel, das kostenlos an die Haushalte verteilt wird. Sein Ziel ist es, das Angebot bei der Zielgruppe bekannt zu machen und dauerhafte Gedächtniswirkungen hervorzurufen. Im Durchschnitt werden 70 % der Prospekte beachtet. Der große Vorteil liegt darin, dass eine umfassende Darstellung von Sortimentsteilen oder Sonderangeboten möglich ist. Jeder Haushalt entscheidet dabei individuell, welche Prospekte für ihn von besonderem Interesse sind. Als nachteilig sind die hohen Kosten zu werten, die zum einen durch die Produktions- und zum anderen durch die Streukosten entstehen.

Im Rahmen der Prospektkonzeption lassen sich mehrere **Prospekttypen** unterscheiden. Diese Formen können auch kombiniert eingesetzt werden. Dadurch ist es möglich, die Attraktivität des Angebots zu steigern und den potenziellen Kunden zu animieren, sich intensiv mit dem Inhalt des Prospekts auseinander zu setzen.

- **Sortimentsprospekt:** Gebündelte Produktangebote unter zusammengefassten Überbegriffen stehen im Mittelpunkt. Ziel ist es, das Haus in Richtung Warenqualität zu günstigen Preisen zu profilieren.

- **Fachprospekt:** Hier sollen spezielle Fachabteilungen, die besonders zur Profilierung des Handelsunternehmens geeignet sind, herausgestellt werden. Sie werden unter speziellen Themen wie z. B. Sport, Auto, Lampen etc. herausgestellt.

- **Ergänzungsprospekt:** Er wird vorzugsweise lokal im Rahmen einer Prospektkonzeption eingesetzt und läuft unter einem speziellen Thema wie z. B. Preisaggressivität oder Aktuelle Trends.

Es existiert eine Reihe von **Möglichkeiten zur Streuung der Prospekte**. Jede von ihnen ist mit unterschiedlichen Kosten sowie spezifischen Vor- und Nachteilen verbunden.

- **Streuung über die Tageszeitung:** Prospekte werden als Beilagen in der Tageszeitung verteilt. Vorteilig ist, dass die Zeitung über eine hohe Glaubwürdigkeit verfügt und das positive Image auf die Beilage abfärbt. Zudem ist ziemlich sicher, dass sie auch in das Wohnzimmer gelangt. Als nachteilig muss angesehen werden, dass das Verteilungsgebiet der Zeitung häufig nicht mit dem Einzugsbereich des Geschäfts übereinstimmt. Allerdings sind Teilbelegungen möglich. Es muss auch beachtet werden, dass die Tageszeitungen in Spitzenzeiten mit Beilagen überfüllt sind und somit die Chance, Aufmerksamkeit zu erlangen, sinkt. Die Kosten entsprechen in etwa denen einer ganzseitigen Anzeige.

- **Streuung über Zeitschriften:** Handelsunternehmen können auch Zeitschriften zur Streuung nutzen. Der Vorteil liegt hier in der Zielgruppenorientierung, die Streuverluste sind für Unternehmen mit homogenen Zielgruppen geringer. Allerdings scheint diese Möglichkeit im Wesentlichen für überregional tätige Unternehmen interessant zu sein, da das Verbreitungsgebiet der Zeitschrift mit dem Einzugsgebiet der Handelsunternehmung übereinstimmen sollte. Durch Teilbelegungen oder die Nutzung von Stadtzeitschriften wird diese Möglichkeit auch für regionale Unternehmung wirtschaftlich nutzbar.

- Verteilung der Beilagen durch **Verteilerkolonnen**: Handelsunternehmen können ihre Prospekte durch regionale Verteilerkolonnen auf die Haushalte verteilen lassen. Hierbei ist die flexible Anpassung an das Einzugsgebiet von Vorteil. Als nachteilig ist anzusehen, dass die Zuverlässigkeit der Verteilerorganisation nicht als gewährleistet angesehen werden kann und vom Unternehmen deshalb überprüft werden sollte.

- Die **Postwurfsendung** bietet demgegenüber eine hohe Zuverlässigkeit bei exakter Abgrenzmöglichkeit des Gebietes. Als nachteilig sind die hohen Kosten zu werten. Auch müssen formale Auflagen beachtet werden.

- Mit **Direct Mail (Direktwerbung)** ist eine exakte Ansprache möglich. Der potenzielle Kunde wird persönlich angesprochen. Das Gebiet kann genau eingegrenzt werden. Ideal eignet sich diese Form der Streuung für Unternehmen mit Kundendatei, da hierbei auch die Bindung von Stammkunden verstärkt wird. Sind Adressen nicht vorhanden, ist es möglich, diese zu kaufen. Als nachteilig ist zu werten, dass es sich um eine relativ teure Form der Verteilung handelt. Zu empfehlen ist sie daher für Unternehmen mit festem, klar abgegrenztem Kundenstamm.

Bei der Auswahl des **Streuzeitpunkts** existieren im Wesentlichen zwei Möglichkeiten (vgl. *Pflaum/Eisenmann* 1988, S. 96):

- Nutzung der branchentypischen Insertionstage

- Nutzung der Wochentage, an denen nur wenige Aufträge vorliegen.

Die Wahl der Alternativen ist abhängig von dem gesamten Aufkommen an Beilagen. Im Falle einer Überflutung sind wettbewerbsschwache Tage zu wählen.

2.2.6.1.3 Kundenzeitschriften

Bei Kundenzeitschriften handelt es sich um branchenspezifische Ratgeber, die vom Einzelhandel kostenlos an Kunden abgegeben werden, wobei der Bezug der Kundenzeitschriften für den Händler entgeltlich sein kann. Die ersten Kundenzeitschriften entstanden bereits in den zwanziger Jahren. Dieses Instrument ersann der Fachhandel, um sich zu profilieren. Heute existieren über 2.400 Kundenzeitschriften, die zusammen über 55 Mio. Exemplare verteilen. Zu den bekanntesten zählen die *Apotheken-Rundschau*, die *Schlecker-Revue* und die *Bäckerblume*. Kundenzeitschriften des Handels werden überwiegend durch Anzeigen von Herstellern finanziert.

Die ökonomische **Werbeerfolgskontrolle** von Kundenzeitschriften ist möglich, indem Umsatzzuwächse der ausgelobten Artikel beobachtet werden. Damit wird nur die direkte Wirkung erfasst. Umsatzerhöhungen anderer Sortimentsteile und die Steigerung der Kundenbindung sind dagegen kaum zu messen.

2.2.6.1.4 Verzeichnismedien

Unter dem Begriff **Verzeichnismedien** werden Adressbücher, Telefonbücher, Wirtschaftsnachschlagewerke und elektronische Medien zusammengefasst. Sie haben sich im *Verband Deutscher Adressbuchverleger e.V.* zusammengeschlossen. Im Einzelnen lassen sich folgende Werbeträger unterscheiden:

- **Einwohneradressbücher:** Sie erscheinen meist jährlich, für kleinere Orte im Zweijahresrhythmus. Aufgelistet sind die Einwohner, Firmen, Behörden, Verbände und Vereine. Neben einem alphabetischen Verzeichnis existiert häufig ein Straßen- und Häuserverzeichnis. Insertionen sind vom hervorgehobenen Grundeintrag bis hin zur vierfarbigen Doppelseite möglich.

- **Das Telefonbuch der Deutschen Telekom AG und das Örtliche:** Sie werden auf örtlicher Basis herausgegeben.

- **Gelbe Seiten, das Branchentelefonbuch zum Telefonbuch der Deutschen Telekom AG:** Die Gelben Seiten, als Buch oder CD-ROM erhältlich, enthalten die Daten von Gewerbetreibenden und freiberuflich Tätigen. Die Gelben Seiten bieten vielseitige Insertionsmöglichkeiten und werden insbesondere zur lokalen Suche häufig verwendet.

- **Sonstige Verzeichnisse:** Dazu zählen Branchen-, Fach- oder Exportadressbücher.

Die Nutzung von Verzeichnismedien als Werbeträger ist vor allem für den Großhandel und den spezialisierten Einzelhandel von Interesse. Trotz Suchmaschinen und Online-Suche werden die Verzeichnismedien auch zukünftig ein vorteilhaftes Werbemittel sein (vgl. *Weis* 2007, S. 452). Die schnelle Orientierung, die lange Werbewirkung, die Zielgruppenausrichtung sowie die relative Preiswürdigkeit können als Hauptvorteile besonders für den regionalen Handel gelten.

2.2.6.1.5. Handzettel

Darunter werden ein- bis zweiseitige Direktwerbemittel verstanden, die per Post, per Verteilerorganisation, als Beilagen in Tageszeitungen oder Anzeigenblättern kostenlos an Haushalte verteilt werden. Ihre Wirkung ist als sehr kurzfristig anzusehen. Vorteilig ist, dass sie sehr schnell und flexibel eingesetzt werden können und dass die regionale Abgrenzung des Verteilergebietes sehr genau erfolgen kann. Als nachteilig muss gewertet werden, dass die Gestaltung häufig „billig" anmutet und nicht für jeden Werbetreibenden geeignet erscheint, insbesondere nicht für die Anbieter von hochwertigen Ge- und Verbrauchsgütern. Dafür können sie auch von kleinen Unternehmen zu relativ geringen Kosten genutzt werden. Sie eignen sich vorzugsweise für die Eröffnungswerbung, zur Aktivierung alter Kunden und zur Bekanntgabe aktueller Anlässe. Der Erfolg von Handzettelaktionen ist leicht messbar.

Dies soll in einem exemplarischen Verfahren dargestellt werden, wobei als Ziel angestrebt wird, dass der Rohertrag aus den Käufen des letzten noch erreichten Haushalts (Grenzertrag) zumindest die variablen Kosten der Flugblattwerbung (Grenzkosten) abdeckt (vgl. *Lerchenmüller* 2003, S. 153).

1. Schritt
Durchführung einer Befragung der Kunden zur Ermittlung der Wohnorte, die mindestens über den Zeitraum von einer Woche laufen sollte. Bei kürzeren Befragungszeiträumen können sich Verzerrungen ergeben. Die Kunden werden nach Wohnort und Straße gefragt. Aus diesen Daten lässt sich die Kundendichte je Teilzone des Einzugsgebiets ermitteln.

2. Schritt
Ermittlung zonenbezogener Roherträge: Näherungsweise lässt sich der Rohertrag jeder Teilzone des Einzugsgebiets ermitteln. Voraussetzung dafür ist, dass die durchschnittliche Handelsspanne des Gesamtsortiments sowie der durchschnittliche Einkaufsbetrag pro Kunde bekannt sind. **Rohertrag aus Teilzone** = Anzahl einkaufender Personen je Zone · durchschnittlicher Einkaufsbetrag pro Kunde · durchschnittliche Handelsspanne

3. Schritt
Errechnung der variablen Kosten der Flugblattwerbung, die sich aus den Herstellkosten und den Streukosten zusammensetzen. Dementsprechend lassen sich die variablen Flugblattkosten pro Teilzone errechnen: **Variable Flugblattkosten je Zone** = Anzahl gestreuter Flugblätter je Zone · (Herstellkosten je Flugblatt + Streukosten je Flugblatt)

4. Schritt
Zonenbezogene Roherträge und Flugblattkosten je Zone werden gegenübergestellt. Daraus lässt sich ersehen, in welchen Teilzonen des Einzugsgebiets sich die Streuung von Flugblättern nicht lohnt.

Gestaltung und **Verteilung** von Handzetteln:

- Einsatz von **Wegwerfstoppern**, um Aufmerksamkeit zu erringen, z. B. in Form eines Preisausschreibens oder Kreuzworträtsels
- **Farbige** Gestaltung
- Einsatz von **Bild- und Wort**elementen
- Beachtung des **Einkaufsrhythmus** der Zielpersonen
- Bei Überflutung der Briefkästen mit Werbung sollten **werbeschwache Tage** ausgesucht werden.

2.2.6.1.6 Zeitschriften

Im Bereich der Zeitschriften ist die Titelvielfalt heute kaum noch überschaubar. Die Anzahl dürfte ca. 2.500 betragen. Dazu kommen nochmals ca. 1.850 Fachzeitschriften für praktisch jede Branche.

Die Titel sind nach verschiedenen **Typen** klassifizierbar:

- **Special segment-Titel** (SS) (Frauen-, Eltern-, Kinder- Jugend-, Männerzeitschriften)

- **Special interest-Titel** (SI) (Handarbeits-, Mode-, Sport-, Auto-, Garten, Gesellschafts-, Ernährungszeitschriften)

- **General interest-Titel** (GI) (Aktuelle Illustrierte, Programmzeitschriften)

- **Professional interest-Titel** (PI) (Fachzeitschriften).

Special segment-Titel und Special interest-Titel gewinnen aufgrund steigenden Freizeitanteils an Bedeutung. Dies geht zu Lasten der General Interest-Titel (vgl. *Pepels* 2001, S. 435).

Anzeigenpreise Zeitschriften 2008	
	1/1 Seite 4c in Euro
Bunte	31.100
Der Spiegel	53.385
Focus	45.925
Stern	52.817
TV Spielfilm	47.800
Die Aktuelle	9.600
Brigitte	47.703
Amica	19.700
Bravo	36.771
Bellevue	6.500
auto, motor, sport	34.755

Quelle: *pz-online.de*, Abruf am 13.2.2008

Als **Vorteile** der Anzeigenwerbung in Zeitschriften sind zu sehen:

- hohe Wiedergabequalität
- hohe Trennschärfe bei SI/SS und PI-Titeln
- hoher LpE-Wert
- werden häufig mehrmals zur Hand genommen (mehrere Kontakte) oder länger aufgehoben
- eignen sich gut für imageaufbauende Botschaftsinhalte.

Als **Nachteile** müssen dagegen in Betracht gezogen werden:

- lange Buchungsfristen (mehrere Wochen im Voraus)
- keine räumliche Trennschärfe (Ausnahme: Teilbelegung)
- sind häufig mit Anzeigen überflutet. Die Folge ist eine niedrigere Wahrnehmungschance und kürzere Betrachtungszeit.

Für regional tätige Handelsunternehmen eignen sich Zeitschriften aufgrund der mangelnden geografischen Trennschärfe nur bedingt, da die Streuverluste sehr hoch sind. Eine Alternative stellt der Markt der Stadtzeitschriften dar. Er hat sich in den letzten Jahren stark entwickelt. Zu berücksichtigen ist, dass die Zielgruppen meist in der jüngeren Bevölkerung zu suchen sind. Hohe Zielgruppenaffinität und geringe räumliche Streuverluste machen dieses Werbemittel für viele Handelsunternehmen interessant (junge Möbel, junge Schuhmode). Daneben ermöglichen viele, auch nationale, Zeitschriften eine Teilbelegung. Dies bedeutet, die Anzeige erscheint nur in einem bestimmten Nielsen-Gebiet.

2.2.6.2 Außenwerbung: Plakate und Verkehrsmittelwerbung

Das Plakat ist eines der ältesten Werbemittel. Mit der Entwicklung der Markenartikel stieg seine Popularität drastisch an. Auch heute ist es ein weitverbreitetes Werbemittel. Ca. 80 % der Gesamtbevölkerung (alte Bundesländer) werden mit einer Vollbelegung aller Großflächen mindestens einmal pro Dekade erreicht. Die Reichweite liegt in größeren Städten höher als in ländlichen Gebieten. Ferner ist zu beachten, dass nur Personen, die häufiger außer Haus sind, Gelegenheit haben, Plakate wahrzunehmen. Es zeigt sich, dass Plakate besonders für die Zielgruppen *Berufstätige* und *Personen in der Ausbildung* geeignet sind. Rentner dagegen nehmen Plakate unterdurchschnittlich häufig wahr.

Der Einsatz von Plakaten ist mit einer Reihe von **Vorteilen** verbunden:

* **Überdurchschnittliche Reichweite:** 90 % der Bevölkerung verlassen täglich ihren Wohnsitz und werden zwangsläufig mit Plakaten konfrontiert. Durch Größe, Beleuchtung und exponierte Lage erregt es häufig Aufmerksamkeit.

* **Hohe geografische Trennschärfe:** Jede einzelne Fläche kann separat ausgewählt und belegt werden. Eine sehr gezielte Streuung wird damit möglich.

Weitere Vorteile sind mit dem Einsatz **Neuer Technologien** verbunden. Bislang konnte es als Nachteil bezeichnet werden, dass Plakate lediglich zweidimensional und bewegungslos eingesetzt werden konnten. Durch Roll- oder Drehbewegungen lässt sich ein Effekt der Bewegung erzeugen. Überdimensionale Bildschirme kombinieren Informationen wie z. B. den Wetterbericht und Nachrichten mit Werbung. Die Aufmerksamkeit der Betrachter steigt hierbei im Gegensatz zu herkömmlichen zweidimensionalen Plakaten an.

Als **nachteilig** dagegen kann gesehen werden, dass

* die Trennschärfe in Bezug auf soziodemografische und psychografische Zielgruppen sehr zu wünschen übrig lässt.

* die Botschaft auf einem Plakat sehr einfach und klar gehalten werden muss. Die durchschnittliche Betrachtungsdauer ist sehr gering und beträgt meist weniger als zwei Sekunden. Eventuell steuert der Betrachter dabei noch seinen

PKW. Daher kommt dieses Werbemittel für komplizierte und erklärungsbedürftige Produkte nicht infrage.

- attraktive Plakatstellen oft auf lange Zeit ausgebucht sind. Ein kurzfristiger und flexibler Einsatz wird damit erschwert.

- Plakate äußerst anfällig für äußere Zerstörungswirkungen (Witterung, Vandalismus) sind. Durch Gutschrift oder Freiaushangtage kann dies ausgeglichen werden.

Das Plakat als Form der Außenwerbung umfasst den Plakatanschlag auf allgemeinen Anschlagstellen, Ganzsäulen, Großflächen und sonstigen Anschlagflächen. Die Mindestlaufzeit beträgt 10 bis 14 Tage. In der Bundesrepublik existieren ca. 31.000 Anschlagstellen. Sie sind wenig flexibel einsetzbar, die Buchungsfrist beträgt ca. 90 Tage im voraus. Große Werbetreibende buchen häufig für das ganze Jahr sogenannte Netze, die eine hohe Zahl attraktiver Plakatstellen umfassen. Die **Kosten** der Plakatwerbung orientieren sich an der Größe und der Lage der Plakatstelle. Es muss beachtet werden, dass die Druckkosten für Plakate relativ hoch sind.

Plakatkosten 2008		
Art der Anschlagstelle	**Preis pro Tag (in Euro)**	
Allgemeine Anschlagstellen	0,97	für 1/1-Bogen
Ganzsäule	14,74	für 6/1-Bogen
Großflächen	10,00 -17,00	für 18/1-Bogen
City Light Poster	11,00-13,00	für ca. 4/1-Bogen
Mega Light Poster	40,00	für 18/1-Bogen
Superposter	auf Anfrage	für 40,5/1-Bogen

Quelle: *Fachverband Außenwerbung e. V.*

Unter **Verkehrsmittelwerbung** wird Werbung an und in öffentlichen und privaten Verkehrsmitteln wie z. B. Bussen, S- und U-Bahn, Straßenbahnen etc. verstanden. Analog zum Plakat besteht hier der Vorteil, dass die Zielperson dem Kontakt nicht ausweichen kann (Eine Zeitung muss gekauft, das Fernsehgerät eingeschaltet werden usw.). Er findet somit zwangsläufig statt. Auch sind die regionalen Streuverluste gering, eine Segmentierung nach anderen Kriterien ist nicht möglich.

2.2.6.3 Hörfunkwerbung

Aufgrund der steigenden Differenzierung und Spezialisierung durch die privaten Hörfunksender gewinnt dieses Werbemittel sowohl für regionale als auch für überregionale Handelsunternehmen stark an Bedeutung. Besonders jüngere Personen hören gern und häufig Radio, wobei die Nutzung im Tagesablauf starken Schwankungen unterlegen ist. Das Medium Rundfunk erreicht besonders morgens einen großen Teil der Bevölkerung, wenn beim Aufstehen und auf dem Weg zur Arbeit das Radio läuft. Daraufhin fällt die Kurve ab, um nachmittags – auf dem Weg von der Arbeit nach Hause – wieder anzusteigen. Auch Jugendliche nutzen nachmittags das Radio. Abends hingegen ist die Zahl der Hörer gering.

Als **vorteilig** kann erachtet werden:

• Absolute Schaltkosten günstig, geringe 1.000-Hörer-Preise

• Zu bestimmten Tageszeiten hohe Reichweite (morgens)

• Regionale Trennschärfe

• Zielgruppenorientierung durch spezifische Ausrichtung der Programme

• Kurzfristige und freie Verfügbarkeit von Sendezeiten.

Dem stehen folgende **Nachteile** gegenüber:

• Ohne visuelle Unterstützung geringere Darbietungsmöglichkeiten, geringere Aufmerksamkeit

• Bei Nutzung als Hintergrunduntermalung geringe Werbewirkung.

Die privaten Lokalradiostationen bieten dem Handelsunternehmen zusätzliche Möglichkeiten der werblichen Präsentation in Form von Sonderwerbeformen. Z. B. bieten sich „pseudo-redaktionelle" Beiträge zur Eigendarstellung von Werbekunden an, die als aktuelle Berichterstattung in Form von Telefongesprächen, Interviews oder Reportagen stattfinden. Sendungen können in die Geschäftsräume des Kunden verlegt werden. Zeitansagen und Verkehrsansagen können gesponsert werden usw.

Radio-Werbekosten 2007		
Sender	**Bruttoreichweite**	**Tausend-Kontakte-Preis in Euro (Brutto)**
NDR 2	582.000	2,59
Einslive	720.000	2,80
HR 3	304.000	2,14
SWR 3	868.000	2,33
104,6 RTL	124.000	2,98
Bayern 3	541.000	1.86
MDR 1	797.000	1,79

Quelle: *Radio-Marketing Service*

2.2.6.4 Der Fernsehspot

Fernsehwerbung ist nach den Tageszeitungen das Medium mit den zweithöchsten Werbeeinnahmen. Hier sind die höchsten Wachstumsraten zu verzeichnen, die auf die größere Zahl an Sendern und die höhere Zielgruppenaffinität zurückzuführen sind. Sowohl nach soziodemografischen als auch nach regionalen Daten lassen sich Zuschauer heute zielgruppenspezifisch ansprechen.

Insgesamt lassen sich folgende **Vorteile** zusammenfassen:

*   Hohe Anmutungs- und Erinnerungswerte durch Kopplung von Bildern und Ton

*   Flexibler Einsatz

*   Durch regionale Sender hohe regionale Trennschärfe

*   Im Vergleich zu Anzeigen relativ niedrige 1.000-Seher-Preise

*   Zielgruppenspezifische Ansprache durch gezielte Auswahl der Sendungen (z. B. Sport).

Dem stehen die folgenden **Nachteile** gegenüber:

*   Hohe Produktionskosten

*   Nur für größere Unternehmen einsetzbar

*   Überflutung mit Werbespots; Zapping (Wegschalten eines Kanals).

Ausgewählte TV-Tarife Oktober 2007			
(30 Sekunden-Spot)			
Sender	**Sendung**	**Reichweite in Mio.**	**TKP in Euro**
ARD	Sportschau Fussball-Bundesliga, 27.10.07	1,41	49,37
ZDF	Die Rosenheim-Cops, 23.10.07	0,73	31,74
RTL	Dr. House, 23.10.07	3,08	29,82
SAT1	Champions TV: FC Chelsea – Schalke 04, 24.10.07	1,41	46,95
Pro Sieben	Grey's Anatomy – Die jungen Ärzte, 24.10.07	1,39	29,40
RTL2	Heroes, 24.10.07	0,93	18,10
VOX	CSI: NY, 22.10.07	1,78	28,73

Quelle: *Horizont* 45/2007, 8. Nov. 2007, S. 62

2.2.6.5 Direktwerbung

Unter Direktwerbung wird diejenige Werbung verstanden, die geschrieben oder gedruckt, direkt, unaufgefordert und kostenlos an ausgewählte Empfänger versendet wird. Sie umfasst alle adressierten oder nicht adressierten Werbebotschaften von der Postkarte über den Katalog bis zur Wurfsendung. Unter den Werbemitteln nimmt die Direktwerbung in der Bundesrepublik heute den dritten Platz nach Tageszeitungen und Fernsehspots ein. Die hohe Bedeutung lässt auf eine Reihe von **Vorteilen** der Direktwerbung schließen:

- **Zielgenaue Einsetzbarkeit:** Mittels Direktwerbung lässt sich eine exakt definierte Zielgruppe selektieren und ansprechen. Sofern geeignete Adressen vorliegen, werden Streuverluste dadurch minimiert. Zudem kann die Ansprache auch auf kleine Zielgruppen abgestimmt werden. Dadurch ist die Direktwerbung sehr wirksam.

- **Schnelle Realisierbarkeit:** Direktwerbung benötigt keine lange Anmelde- und Vorlaufzeit. Innerhalb weniger Tage ist eine Aktion durchführbar. Damit ist sie sehr flexibel einsetzbar.

- **Direkte Antworten:** Obwohl sowohl Unternehmen als auch private Haushalte mit Direktwerbung überflutet werden, ist immer noch ein relativ hoher Prozentsatz an Antworten gegeben.

- **Leichte Messbarkeit:** Bereits Pretests können einfach eingesetzt werden, indem verschiedene Konzeptionen des Werbebriefs an unterschiedliche Gruppen versandt werden. Aus der Rücklaufquote lässt sich erkennen, welche Version als die wirksamste betrachtet werden kann, welche dann an die gesamte Zielgruppe verschickt wird. Anhand der Rücklaufquote, die in Form von Anrufen, Bestellungen, Prospektanforderungen etc. gemessen wird, kann der Erfolg beurteilt werden.

Als nachteilig sind die **hohen Kosten** anzusehen. Sofern keine Kundendatei als Basis vorliegt, ist mir sehr hohen Streuverlusten zu rechnen.

2.2.6.6 Geschäftsfassade und Schaufenster

Fassade und Schaufenster stellen die wichtigsten Werbeflächen des Einzelhandels dar. Bei entsprechender Größe sind Fassaden im Straßenbild nicht zu übersehen und dazu geeignet, spontane Einkäufe auszulösen (vgl. *Knaack* 2006, S. 376). Als Schwerpunkte werden hier eingesetzt: Ladenschilder, Aufschriften, Lichtwerbung sowie die farbliche Gestaltung des Geschäftsgebäudes. Werbende Architektur ist in Deutschland nur selten anzutreffen. Doch die unverwechselbare Gestaltung der Außenfront übernimmt mehrere Funktionen. Sie informiert den potenziellen Kunden und erleichtert es ihm, das Geschäft wiederzuerkennen. Der Name der Einkaufsstätte wird besser erinnert. Bei entsprechender Gestaltung ist es möglich, die Einzigartigkeit herauszustellen und für die Passanten den Anreiz zu schaffen, dass Geschäft zu betreten.

Das **Schaufenster** stellt neben der Anzeige das wichtigste Werbemittel des Handels dar. 99 % der Einzelhandelsunternehmen setzen Schaufensterwerbung ein. Eine Ausnahme bilden der Discountbereich sowie der Versandhandel. Primäres Ziel der Schaufensterwerbung ist die Profilierung des Geschäftes. Es wird versucht, durch die ausgewählten Exponate dem Passanten einen Eindruck über das Sortiment zu vermitteln und ihn dazu anzuregen, den Laden zu betreten. Als Blickfang werden entweder die Ware oder aber Dekorationsrequisiten gewählt wie z. B. Puppen, Attrappen, Plakate oder Spiegel.

Man unterscheidet mehrere **Arten der Schaufenstergestaltung** (vgl. *Pflaum / Eisenmann* 1988, S. 57):

- **Stapelfenster:** Hier wird eine große Warenfülle präsentiert, die beim Passanten die Assoziation der Preiswürdigkeit hervorrufen soll. Diese Form setzen Unternehmen ein, die Dinge des täglichen Bedarfs verkaufen. Ebenso wird es zu speziellen Anlässen wie Ausverkäufen, bei denen der niedrige Preis im Vordergrund steht, verwendet. Es muss beachtet werden, dass die Menge des Warenangebots auf Passanten erdrückend wirken kann. Das hervorgerufene Niedrigpreis-Image kann auf Dauer schädigend wirken.

- **Das bedarfsorientierte Fenster:** Artikel verschiedener Herkunft, aber mit sachlicher Zusammengehörigkeit, werden so dekoriert, dass ein Globaleffekt entsteht. Dem Konsumenten werden Waren zu einem bestimmten Bereich präsentiert, z. B. „Alles für den Urlaub", „Der schön gedeckte Tisch" usw.

- **Phantasiefenster** (Ideen- oder Stimmungsfenster): Wenige, aber exklusive Waren stehen im Vordergrund. Damit soll eine gehobene Atmosphäre vermittelt werden. Zu finden ist es häufig im gehobenen Textilbereich.

- **Anlassfenster:** Das Anlassfenster wird zu bestimmten Anlässen dekoriert: Weihnachten, Schulanfang, Muttertag, Olympiade oder Ausverkauf. Es kann mit allen anderen Gestaltungsformen verbunden werden.

Da sich die Attraktivität von Schaufenstern schnell abnutzt, erscheint eine häufige Umgestaltung (alle zwei Wochen) angebracht, damit der Anreiz für die Passanten nicht verloren geht.

2.2.6.7 Internetwerbung

Im Internet eingesetzte Werbemittel verfolgen das Ziel, den Nutzer anzuregen, sich auf die Website des Werbetreibenden per Click weiterleiten zu lassen. Diese können reinen Präsentationszwecken dienen, meist werden sie im Handel jedoch für den direkten Verkauf im Online-Shop genutzt. Zu diesem Zweck kann eine Reihe von Werbeformen genutzt werden.

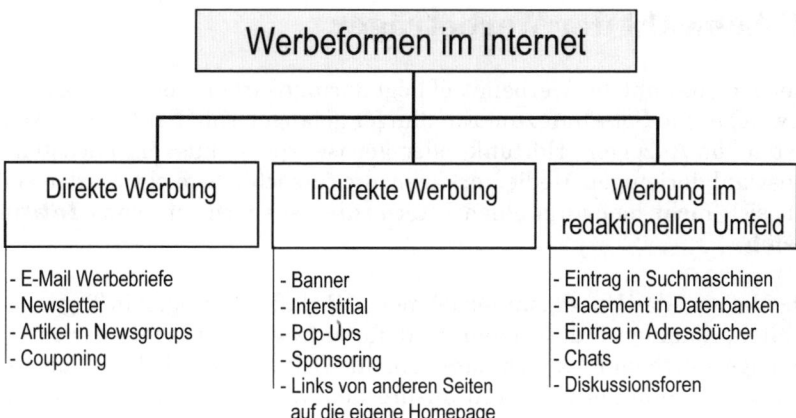

Abb.: Werbeformen im Internet
Quelle: *Weis* 2007, S. 461

- **Einträge in Suchmaschinen** sind ein zentrales Instrument des Online-Handels. Bei der Eingabe von Suchwörtern in eine Suchmaschine erscheinen Ergebnisse mit Überleitungsfunktion zu den Websites der aufgeführten Anbieter.

- **Bannerwerbung** ist die am häufigsten genutzte Internet-Werbeform. In stark frequentierten Online-Angeboten Dritter werden **Buttons** (kleine interaktive Werbeflächen am Seitenrand) oder **Banner** (große interaktive Werbeflächen, meist horizontal montiert in Kopf- oder Fusszeilen) als Werbemittel geschaltet.

- **Interstitials** funktionieren ähnlich wie Werbeunterbrechungen. Sie erscheinen beim Aufrufen einer Seite direkt im bereits geöffneten Browserfenster.

- **Pop-Ups** sind eine Variante der Interstitials, wobei die Werbebotschaft in einem neu geöffneten Fenster (Pop-Up) erscheint. Sie wird im Bildschirmhintergrund geladen, erscheint nur kurz und muss vom Nutzer beim Verlassen der Website aktiv geschlossen werden.

Allen Werbeformen im Internet ist gemein, dass es der aktiven Mitarbeit des Nutzers bedarf, um auf die beworbenen Seiten zu gelangen. Daher sind diese Werbeformen i. d. R. nur im Zusammenhang mit anderen Kommunikationsinstrumenten einsetzbar. Vorteilhaft dagegen sind die geringen Streuverluste.

2.2.7 Auswahl der Werbeträger

Das Ziel der Auswahl der Werbemittel liegt darin, Klarheit über die Form zu erhalten, in welcher die Botschaft zum Empfänger gelangen soll. Fällt die Entscheidung zugunsten von Anzeigen, Hörfunk- oder Fernsehspots, muss im nächsten Schritt eine Auswahl derjenigen Medien erfolgen, die tatsächlich belegt werden sollen. Es handelt sich nicht mehr um einen Intermedia-, sondern um einen **Intramedia-Vergleich.**

Entscheidet sich das Handelsunternehmen z. B. dafür, Anzeigen in Tageszeitungen zu schalten, kommen i. d. R. mehrere dafür infrage. Angesichts des restriktiven Werbebudgets erscheint es nicht sinnvoll, alle Zeitungen zu belegen, da einige die Zielgruppe nur zum geringen Teil ansprechen. Aus ökonomischen Gründen, um die Streuverluste zu minimieren, muss untersucht werden, wie ein gegebener Prozentsatz der Zielgruppe mit den geringsten Kosten erreicht bzw. wie ein höchstmöglicher Prozentsatz der Zielgruppe mit gegebenem Etat erreicht werden kann.

Um eine solche Analyse durchführen zu können, werden zuverlässige Daten benötigt. Der Werbetreibende muss wissen, welche Zeitungen von seiner Zielgruppe in welchem Umfang gelesen werden. Dazu bieten die meisten großen Zeitschriftenverlage eigene Marktanalysen an, aus denen zu ersehen ist, wie sich die Leserschaft der Zeitschrift zusammensetzt und wofür sie sich interessiert. Werbetreibende müssen sichergehen, dass sie sich auf diese Zahlen auch verlassen können. Hier bieten Institute, die auf die professionelle Beurteilung solcher Zahlen spezialisiert sind, Hilfestellung.

Die Druckauflage stimmt i. d. R. nicht mit der verbreiteten/verkauften Auflage überein, da z. B. Remittenden berücksichtigt werden müssen. Daher ist die von den Verlagen mitgeteilte Druckauflage für den Wirtschaftlichkeitsvergleich nicht ausschlaggebend. Die **IVW (Informationsgemeinschaft zur Feststellung der Verbreitung von Werbeträgern e. V.)** überprüft die Auflagen und Einschaltquoten. Die Kontrollarbeit erfolgt bei Verlagen, indem die der IVW gemeldeten Auflagenzahlen von hauptamtlichen Prüfern kontrolliert werden. Dabei müssen die gemeldeten Auflagen durch Vertriebsunterlagen nachgewiesen werden und die verkaufte Auflage muss durch die verbuchten Erlöse bestätigt werden. Im Bereich Außenwerbung erfolgt eine Plausibilitätskontrolle von gemeldeten Anschlagstellen und verkauften Anschlagstellen. In einer Außenkontrolle werden stichprobenweise Vorhandensein, Sichtbarkeit und Sauberkeit der Anschlagstelle überprüft. Im Rahmen der Kontrolle von Hörfunk und Fernsehen werden die Sender in Form von Stichproben dahingehend überprüft, ob Ausfälle oder Störungen des Kanals zu bemerken waren und ob Werbespots zeitversetzt oder gekürzt gesendet wurden.

Unabhängig von der korrekten Angabe der Auflagen ist es für den Werbetreibenden von zentraler Bedeutung, objektive Angaben zu erhalten über die Zusammensetzung der Leserschaft/Hörer/Zuschauer. Daher werden Gemeinschaftsuntersu-
chungen zur Aufstellung solcher Daten durchgeführt, von denen die bekanntesten
die *Media-Analyse* und die *Allensbacher Werbeträger-Analyse* sind.

Titel der Untersuchung	MA: Media-Analyse	AWA: Allensbacher Werbeträger-Analyse	VA: Verbraucher-analyse
Grundgesamtheit	Wohnbevölkerung über 14 Jahre in Privathaushalten	Wohnbevölkerung über 14 Jahre in Privathaushalten	Wohnbevölkerung über 14 Jahre in Privathaushalten
Stichprobenaus-wahlverfahren	Random	Quota	Random
Stichprobengröße	ca. 25.000	ca. 20.000	ca. 31.000
Erhebungsperiode	jährlich	jährlich	mehrmals jährlich
Erhebungsthemen	Nutzung von Zeitschriften, Zeitungen, Kino, Hörfunk, Fern-sehen	Mediennutzung: Print, TV, Hörfunk, Kino, Plakat, Konsumgewohn-heiten: Ernährung, Urlaub, Gesund-heit, Wohnen, Elektronik, Kfz, Mode, Kosmetik	Reichweiten von Publikumszeit-schriften, Tageszeitungen, TV, Hörfunk, Soziodemo-grafie der Media-nutzer, Interessen, Freizeit, Einstel-lungen
Informationen	Mediaplanung	Zielgruppen- und Mediaplanung	Zielgruppen- und Mediaplanung

Abb.: Ausgewählte Medien-Analysen
Quelle: in Anlehnung an *Weis* 2007, S. 455

Ziel eines Intramedien-Vergleichs ist es, diejenigen Werbeträger zu selektieren, die
sich am besten dazu eignen, die definierte Zielgruppe zu erreichen. Dazu müssen
die einzelnen Werbeträger bewertet werden. Für die Evaluierung sind zunächst
Reichweitenwerte von Bedeutung.

Kennzahlen zur Reichweite:

- **LpN-Wert:** Leser pro Nummer: Er erfasst die Gesamtzahl derer, die in einem Erscheinungsintervall einer Zeitung oder Zeitschrift irgendeine Ausgabe gelesen oder durchgeblättert haben. Der LpN-Wert wird durch Befragung erhoben, im Gegensatz dazu wird der LpA-Wert berechnet. Dieses Kriterium gibt keine Auskunft darüber, ob es zu einem oder zu mehreren Kontakten gekommen ist.

- **WLK-Wert:** Der Weiteste Leserkreis gibt an, wie viele Personen in einem definierten Zeitraum überhaupt mit einem Medium in Berührung gekommen sind. Dieser Wert ist erhebungstechnisch schwer zu bestimmen.

- **K-Wert:** Der K-Wert gibt die durchschnittliche Leserschaft einer Zeitschrift auf der Basis der Lesehäufigkeit des sog. weitesten Leserkreises an. Der Wert sagt etwas aus über die Nutzung bei mehrfacher Schaltung (Kumulation). So umfasst der K_{12}-Wert all jene Personen, die mindestens eine der letzten zwölf Ausgaben gelesen haben.

- **LpA-Wert:** LpN- und K_1-Wert können unterschiedlich ermittelt werden und daher voneinander abweichen. Deshalb wurde der **LpA-Wert** eingeführt, der ebenfalls die Leserschaft einer durchschnittlichen Ausgabe zu messen versucht. Er wird aus den anderen beiden Werten ermittelt.

- **LpE-Wert:** Leser pro Exemplar: Dieser Wert stellt eine rein rechnerische Größe dar und gibt die durchschnittliche Anzahl jener Personen wieder, die das gleiche Exemplar einer Zeitschrift lesen (LpA-Wert/verbreitete Auflage).

- **LpS-Wert:** Leser pro Seite: Dieser Wert resultiert aus der Reichweite des entsprechenden Mediums, die mit dem Anteil jener Seiten, die der Rezipient aufschlägt, multipliziert wird. Ein Leser, der beim Durchblättern des Heftes nur jede zweite Seite aufschlägt, zählt folglich nur als halber Seitenleser.

- **Räumliche Reichweite:** Darunter versteht man das geografische Gebiet, in dem das Medium vertrieben wird. Um Streuverluste zu vermeiden, strebt man eine Deckungsgleichheit von Streu- und Absatzgebiet an.

- **Die quantitative Reichweite** (verkaufte Auflage · **LpE**): Sie gibt an, wie viele Personen in einer Zeiteinheit mit dem jeweiligen Medium in Kontakt kommen. Ob sie mit der Anzeige konfrontiert werden, hängt großenteils von ihrem Leseverhalten ab. Dass sie mit einer Zeitschrift in Kontakt gekommen sind, heißt nicht zwingend, dass sie auch mit der Anzeige in Kontakt gekommen sind.

- **Die qualitative Reichweite** (quantitative Reichweite · Anteil der **Zielgruppe** an den Nutzern des Mediums) drückt aus, inwieweit ein Medium jenen Personenkreis erreicht, der durch die kommunikative Maßnahme angesprochen werden soll.

Ferner spielen die Begriffe Bruttoreichweite und Nettoreichweite eine Rolle, wenn mehrere Zeitschriften belegt werden sollen.

- **Einzelreichweite:** einfache Schaltung in einem einzelnen Werbeträger.

- **Bruttoreichweite:** Summe der Einzelreichweiten bei Schaltung in mehreren Werbeträgern.

- **Nettoreichweite:** Bruttoreichweite minus **externe Überschneidungen**, d. h. Elimination der Personen, die mehrmals in Kontakt mit der Anzeige kommen, weil sie mehrere Zeitschriften lesen.

- **Interne Überschneidungen:** Prozentualer Anteil der Zielgruppe, die bei wiederholter Schaltung einer Werbebotschaft wenigstens einmal angesprochen wird. Mehrfachkontakte müssen herausgerechnet werden.

- **Kombinierte Reichweite:** Zahl der Personen, die bei Mehrfachbelegung mehrerer Werbeträger mindestens einmal angesprochen werden. Durch Abzug interner und externer Überschneidungen erhält man die Nettoreichweite.

- **Kumulierte Reichweite:** Mehrmalige Schaltung in einem Medium bzw. einmalige Schaltung in mehreren Medien. Um die Nettoreichweite zu enthalten, müssen entweder die internen oder die externen Überschneidungen herausgerechnet werden.

Die Leistungswerte in Bezug auf die Reichweite müssen in Bezug zu den Einschaltkosten gesetzt werden, um die Wirtschaftlichkeit zu ermitteln. Dies geschieht auf der Basis der **Tausenderpreise**. Hierbei werden die Kosten für eine Schaltung in Relation zu der Gesamtmenge der erzielten Leistungen gesetzt und mit dem Faktor 1.000 multipliziert. Das Ergebnis stellt die Kosten für die **Erreichung von 1.000 Leistungseinheiten** dar. Dabei kann es sich um verkaufte Exemplare, erreichte Personen, Kontakte etc. handeln. Über die absoluten Einschaltkosten sagt der Tausenderpreis dagegen nichts aus. Er wird lediglich eingesetzt, um unterschiedliche Auflagen, Einschaltquoten usw. vergleichen zu können.

Der Tausenderpreis kann sich auf unterschiedliche Leistungsmaße beziehen. In der einfachsten Form stellt er sich als **unqualifizierter** Tausenderpreis dar:

$$T_A = \text{Preis pro Schaltung} \cdot 1.000 : \text{Auflage}$$

Der Begriff **Auflage** gilt nur für Printmedien, analog dazu werden dann Anschlüsse, Anschlagstellen usw. eingesetzt. Aufgrund der unterschiedlich starken Wirkung der unterschiedlichen Werbemittel ist es problematisch, auf dieser Basis einen Intermedien-Vergleich durchzuführen. Wie soll man die Kosten für 1.000 Plakat-Kontakte mit denen von 1.000 Werbespot-Kontakten gleichsetzen? Daher erscheint es sinnvoll, den Vergleich auf Basis der Tausenderpreise nur innerhalb einer Mediengattung durchzuführen, demnach Zeitschrift A mit Zeitschrift B zu vergleichen.

Über das tatsächliche Preis-/Leistungsverhältnis sagt der unqualifizierte Tausenderpreis noch relativ wenig aus. Die Kennzahl *Auflage* sagt z. B. nichts darüber aus, von wie vielen Personen jedes Exemplar gelesen wird. Anstelle dessen können andere Reichweitenkennzahlen verwendet werden wie z. B. der LpA-Wert.

Reichweitenbezogener Tausenderpreis:

$T_R = (T_A \cdot \text{Auflage} \cdot 100) : (1.000 \cdot \text{Allgemeine Reichweite (\% Gesamtbevölkerung)})$

Zielgruppenbezogener Tausenderpreis:

$T_{ZG} = \text{Preis pro Einschaltung} \cdot 1.000 : \text{Reichweite in Zielgruppe}$

Dabei kann unterschieden werden nach:

- Kosten je 1.000 mindestens einmal erreichter Zielpersonen
- Kosten je 1.000 realisierter Kontakte in der Zielgruppe.

Der zielgruppenbezogene Tausenderpreis stellt für den Werbetreibenden das interessanteste Maß dar. Da **Streuverluste** nicht zu verhindern sind, d. h. jedes Medium auch Personen erreicht, die nicht zur Zielgruppe gehören, aber mitbezahlt werden müssen, erscheint es logisch, dass die zielgruppenspezifischen Tausenderpreise höher sind als die anderen. Andererseits interessiert es das Unternehmen, wie teuer der Kontakt zu 1.000 Zielpersonen bezahlt werden muss.

Weitere Kennzahlen der Wirtschaftlichkeitsanalyse können sein:

- Preis pro 1 % Reichweite in der Zielgruppe (möglichst niedriger Wert)
- Kontaktzahl pro 1.000 Euro Werbebudget (möglichst hoher Wert)
- Kosten pro 1.000 Nutzer bei wirksamer Reichweite (möglichst niedriger Wert).

Die Ermittlung von Tausenderpreisen erscheint erst im Vergleich sinnvoll. Bei einem begrenzten Werbeetat versucht das Unternehmen, diejenigen Medien herauszufinden, die ein günstiges Kosten/Wirkungs-Verhältnis aufweisen. Aus diesem Grund wird häufig eine einfache **Rangreihung** vorgenommen. Für alle in Frage kommenden Werbeträger wird der zielgruppenspezifische Tausenderpreis berechnet. Diese werden einander gegenübergestellt. Das Unternehmen sucht sich nun das Medium aus, welches über den günstigsten Tausenderpreis verfügt, und nimmt dieses in den Streuplan auf. Stehen noch Mittel zur Verfügung, wird das nächstgünstigste aufgenommen. Dieser Prozess kann wiederholt werden, bis der Etat erschöpft ist oder keine Medien mehr zur Verfügung stehen.

Solche **Rangreihenverfahren** sind relativ einfach durchzuführen, allerdings weisen sie einige **Schwächen** auf (*Rogge* 2004):

- Wirtschaftlichkeitsvergleiche gehen von möglichen und nicht von tatsächlichen Kontakten aus. Sie besagen ausschließlich, ob ein Nutzer die Möglichkeit hatte, mit dem Werbemittel in Kontakt zu kommen.

- Es wird nicht berücksichtigt, dass unterschiedliche Werbeträger über verschiedene Kontaktqualitäten verfügen. Eine hohe Leser-Blatt-Bindung z. B. geht in die Berechnung nicht ein.

- Es wird ein lineares Verhältnis zwischen Kontaktanzahl und Werbewirkung angenommen. Reichweitenkumulationen sowie interne und externe Überschneidungen werden kaum berücksichtigt.

- Rangreihungsmethoden lassen bestimmte Werbeträger mit sehr hohen absoluten Einschaltkosten oft nicht zu, da der Werbeetat zu gering ist. Daher können diese Methoden häufig nicht zu optimalen Ergebnissen führen.

Neben dem Aspekt der Wirtschaftlichkeit sollte die Kontaktqualität berücksichtigt werden. Dazu dient zunächst der LpS (Leser pro Seite)-Wert. Er gibt an, wie viele Personen tatsächlich mit dem Werbemittel in Berührung gekommen sind. Im Zeitschriftenbereich gibt es Werbeträger, die von den Lesern nur durchgeblättert werden, andere werden intensiv gelesen und wieder zur Hand genommen. Diese Unterschiede sollten berücksichtigt werden. Sie sind empirisch schwer zu erfassen.

2.2.8 Auswahl des Werbezeitraums

Nachdem die wesentlichen Entscheidungen der Werbemittelauswahl und des Medieneinsatzes getroffen wurden, muss überlegt werden, wie die **zeitliche Verteilung des Werbeeinsatzes** gestaltet werden soll. Hier kann ein langfristiger und ein kurzfristiger Aspekt unterschieden werden.

Unter **langfristigen** Gesichtspunkten muss der Werbeeinsatz im Lebenszyklus eines Produktes, einer Produktgruppe oder – im Handel – eines neuen Betriebstyps bzw. einer neuen Filiale betrachtet werden. Der Werbehaupteinsatz für ein neues Geschäft hat überwiegend in der Eröffnungsphase zu erfolgen. In der Reife- bzw. Sättigungsphase sollten die werblichen Anstrengungen ebenfalls verstärkt werden. Unter diesen Punkt fallen auch konjunkturelle Anpassungen der Werbung. Im Zuge der Rezessionen 1995/96 und 2001/03 wirkten Handelsunternehmen erstmals durch Verstärkung ihrer Werbemaßnahmen der Konjunktur entgegen.

Unter dem kurzfristigen Aspekt wird dagegen die Verteilung des Werbeeinsatzes im Verlauf des Jahres betrachtet. Besonders der Handel muss auf saisonale Einflüsse reagieren. Dementsprechend zeigen sich Höhepunkte im Frühjahr/Vorsommer und zum Jahresende. Daneben gibt es Spitzen zu Schlussverkaufszeiten. Generell gilt: Die Werbung muss dem Kaufzeitpunkt zeitlich vorgelagert sein, sonst kann sie nicht wirksam werden. Dies bedeutet für den Werbetreibenden, dass er eine gewisse zeitliche Verschiebung einplanen muss. Ihre Dauer ist abhängig von

- der Art des Produktes
- der Länge und Art des Kaufentscheidungsprozesses
- der relativen Höhe der saisonalen Ausschläge
- den Übertragungseffekten der Werbung (Carry over-Effekte) (vgl. *Rogge* 2004).

Der Carry Over-Effekt besagt, dass eine Werbung noch einige Zeit nach dem Einsatz nachwirkt. Anders ausgedrückt: Häufig stellt sich der Werbewirkungseffekt nicht sofort ein, sondern erst nach einer bestimmten Frist. Es muss berücksichtigt werden, dass der Kaufentscheidungsprozess längere Zeit in Anspruch nehmen kann wie z. B. beim Kauf eines Autos. Hier sollte daher eine gewisse Vorlaufzeit eingeräumt werden, bevor die Werbung wirksam werden kann.

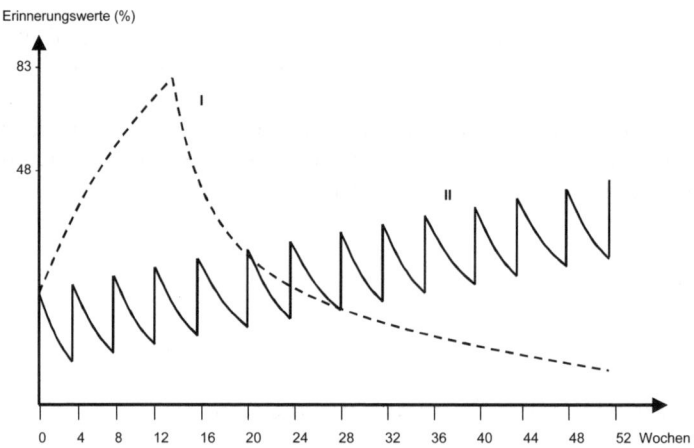

Abb.: Erinnerungswerte im Zeitablauf

Die Abbildung zeigt die Erinnerungswerte im Zeitablauf beim Einsatz zwei verschiedener Anstoßmuster. Bei einem begrenzten Werbeetat muss sich das werbetreibende Unternehmen entscheiden, ob es lediglich über wenige Wochen häufig wirbt (I) oder das Budget über einen längeren Zeitraum streckt. Dies bedeutet einen weniger häufigen Einsatz von Werbung über das ganze Jahr hinweg (II). Daneben können auch Kombinationen aus beiden Anstoßmustern eingesetzt werden. Eine Form davon ist die pulsierende Werbung, d. h. der Medieneinsatz erfolgt in regelmäßigen oder unregelmäßigen Intervallen. Die Erinnerungswerte werden verstärkt. Bevor sie zu sehr absinken, erfolgt der nächste Schub.

2.2.9 Werbedurchführung

Größere Unternehmen führen ihre Werbemaßnahmen nicht selbst durch. Der Prozess ist häufig derart komplex und umfassend, dass die unternehmenseigene **Werbeabteilung** nicht ausreicht. Die Planung und Durchführung erfolgt i. d. R. in Zusammenarbeit mit einer **Werbeagentur**, die dann eng mit dem Handelsunternehmen zusammenarbeitet. Der Anteil der ausgelagerten Tätigkeiten ist unterschiedlich hoch und abhängig von der Größe des Unternehmens, den finanziellen Möglichkeiten und der Anzahl und Qualifikation der Mitarbeiter.

Die **Werbeagentur** berät das Unternehmen in allen Fragen der Werbung. Dabei übernimmt sie die folgenden Aufgaben ganz oder teilweise:

- Sie berät die Unternehmung im Bereich der Marketingpolitik und gestaltet sie ganz oder teilweise mit.

- Sie übernimmt Marktforschungsarbeiten und Datensammlung.

- Sie entwickelt die Werbekonzeption, die tragenden Motive und deren Stilgebung.

- Sie gestaltet die textlichen und grafischen Druckerzeugnisse wie Anzeigen, Prospekte, sowie Manuskripte bei Film- und Funkwerbung.

- Sie plant und steuert die Werbeeinsätze.

- Sie steuert und kontrolliert alle dem Werbeeinsatz dienenden technischen Mittel und Vorgänge (Druck, Reproduktion, Foto, Ton etc.).

- Sie stellt die Terminplanung auf und überwacht den Ablauf.

- Sie plant und koordiniert Kontrollmechanismen wie psychotechnische und demoskopische Tests.

- Sie plant und koordiniert die PR-Aktivitäten.

Insgesamt liegen die schwerpunktmäßigen Aufgabenfelder somit in drei Bereichen. Marktforschungstätigkeiten bereiten den Werbeeinsatz vor. Auf der Basis der gewonnenen Daten wird die Werbebotschaft konzeptioniert und getestet. Danach wird ein Streuplan aufgestellt, durchgeführt und kontrolliert.

2.2.10 Werbewirkungs- und Werbeerfolgsmessung

Jede Form der Werbeaktivität von Handelsunternehmungen kann als eine Investition betrachtet werden. Daher muss sie in ihrer Wirtschaftlichkeit betriebswirtschaftlichen Beurteilungskriterien unterworfen werden. Unter Werbewirkung wird dabei die Messung von Teilwirkungen (aktivierende, emotionalisierende, informative Teilwirkungen) verstanden. Unter Werbeerfolg fasst man die Messung des Grades der Zielerreichung werblicher Teilziele. Damit umschließt der Werbeerfolg die ex-post durchgeführte Werbewirkungskontrolle (*Bruhn* 2007, *Barth / Theis* 1991).

Ex-post lassen sich somit zwei **Formen des Werbeerfolges** unterscheiden:

- Kontrolle des **ökonomischen** Werbeerfolges: Sie umfasst Kennzahlen wie Gewinnzuwachs, Absatzzuwachs, Steigerung des Marktanteils etc.

- Kontrolle des **außerökonomischen** Werbeerfolges: Sie umfasst die Messung der Erreichung kommunikativer Teilziele wie Aufmerksamkeitsweckung, Änderung des Bekanntheitsgrades, Bildung von Präferenzen, Veränderung von Einstellungen, Wecken von Kaufinteresse.

Letztendlich ist es zweifellos das Ziel jeder Werbeaktivität, den ökonomischen Erfolg zu verbessern. Die Aussagekraft ökonomischer Kriterien ist häufig nicht zuverlässig, da Werbung meist in Verbindung mit anderen Marketinginstrumenten eingesetzt wird. Im Falle eines Sonderangebots wird das Handelsunternehmen Werbung, Preis und Zweitplatzierung kombinieren. Den Erfolg der Werbung jetzt allein am erhöhten Abverkauf der Produkte messen zu wollen, erscheint fragwürdig, da nicht bekannt ist, wie die beiden anderen Marketinginstrumente zu den besseren Verkaufszahlen beitragen. Ebenso schlägt sich Institutionenwerbung nicht gleich in höherem Umsatz nieder. Auch hier muss nach geeigneteren Größen gesucht werden. Mögliche Kennzahlen sind Bekanntheitsgrad oder das Wecken von Kaufinteresse.

Werbung muss, bevor sie auf ökonomische Größen wirkt, drei Stufen durchlaufen:

Wirkungsstufen der Werbung			
außerökonomische Werbewirkung			Ökonomischer Werbeerfolg
Stufe 1 Kontakte und Wahrnehmung	Stufe 2 Verarbeitung	Stufe 3 Verhalten	Stufe 4 Kauf
Erkennbar			
• Kontakte • Recall • Recognition	• Recall • Recognition • Psychologische Verfahren	• Image • Produktinteresse • Einstellung • Kaufneigung	• Kauf

Quelle: *Weis* 2007, S. 468

1. Stufe: Messung der Wahrnehmung

Eine zentrale Voraussetzung für die Wirksamkeit von Werbung ist die Wahrnehmung. Ohne Wahrnehmung ist keine Wirkung auf das Verhalten möglich. Ein wichtiger Einsatzschwerpunkt der Wahrnehmungsmessung ist der **Pretest**. Hier lässt sich bereits vor der Investition feststellen, ob die Umsetzung der Werbebotschaft erfolgreich verläuft.

Mögliche **Verfahren** dazu sind:

• Recall
• Recognition
• Elektrophysiologische Verfahren (Hautwiderstandsmessung)
• Blickaufzeichnung
• Aktualgenetische Meßverfahren (Tachistoskop).

In Form von **Ex-post-Tests** sind lediglich Recall- und Recognition-Verfahren anzuwenden.

2. Stufe: Verarbeitung

Um wirksam werden zu können, muss Werbung nicht nur wahrgenommen, sondern auch **gelernt** werden. Zeitpunkt der Werbung und Zeitpunkt des Kaufes liegen meist auseinander, daher ist die Speicherung der wahrgenommenen Botschaft eine unabdingbare Voraussetzung. Als Verfahren zur Messung der Werbewirkung dieser Phase bieten sich an:

Recall-Methoden (Erinnerung):

- ungestützter Recall (z. B. Frage: Welche Werbung von Handelsunternehmen haben Sie in den letzten zwei Wochen gesehen/gehört?)

- gestützter Recall (Es werden Hilfestellungen zur Erinnerung gegeben, z. B. Anzeigenelemente oder eine Auswahl von Handelsfirmen).

Recognition-Methode (Methode des **Wiedererkennens**): Recognition zielt auf die Wiedererkennung gesehener Werbemittel ab. Logischerweise liegen Recognition-Werte höher als Recall-Werte.

Um zu vermeiden, dass Versuchspersonen alles wiedererkennen, werden unter die Untersuchungsobjekte fingierte Anzeigen gemischt. Werden auch diese wiedererkannt, ist davon auszugehen, dass die Testperson sich nicht erinnert.

Ermittlung der Veränderung des Bekanntheitsgrades: Das Recall-Verfahren wird auch zur Messung des Bekanntheitsgrades eingesetzt. Erforderlich ist es, vor der Werbedurchführung bereits den Bekanntheitsgrad zu erheben, damit ein Vorher-Nachher-Vergleich möglich wird. Der **aktive** Bekanntheitsgrad kennzeichnet den prozentualen Anteil der Personen, die spontan den Namen der Handelsstätten nennen, die mit einer bestimmten Branche in Verbindung gebracht werden. Der **passive** Bekanntheitsgrad wird mit Hilfe von Erinnerungsstützen wie Namenslisten ermittelt.

Ermittlung der Veränderung des Image: Unter einem Image wird die Gesamtheit aller Meinungen und Einstellungen gegenüber einem Objekt oder Subjekt verstanden. Ein Image ist mehrdimensional. Als verbreitetste Methode zur Messung eines Images dient das Semantische Differenzial, das Gegensatzpaare verwendet (vgl. Kap. C, 3.4). Die Werte der Mitbewerber und ein Idealimage können ebenfalls erhoben werden, sodass eine Gegenüberstellung möglich wird. Imageprofile können auch mittels einfacher Ratingskalen gewonnen werden.

3. Stufe: Verhalten

Auch in dieser dritten Stufe der Wirkung sind Messungen möglich. Es ist jedoch zu beachten, dass verändertes Verhalten auch auf andere Faktoren als die Werbung zurückzuführen sein kann.

Zu den Verfahren, mit denen sich Verhaltensänderungen feststellen lassen, gehören:

Messung der Einkaufsbereitschaft: Testpersonen werden nach ihrer Einkaufsbereitschaft bzw. nach der Kaufwahrscheinlichkeit in Bezug auf bestimmte Handelsunternehmen befragt. Auch hier ist ein Vorher-Nachher-Design anzuwenden,
um die Einstellungsveränderungen festzuhalten.

Beispiel zur Messung der Einkaufsbereitschaft:
Frage: Sie möchten einen Artikel aus der Warengruppe X kaufen.
Würden Sie im Geschäft ABC einkaufen?

Antwort:
☐ Sicher würde ich dort einkaufen.
☐ Wahrscheinlich würde ich dort einkaufen.
☐ Es kann sein, dass ich dort einkaufe.
☐ Wahrscheinlich würde ich dort nicht einkaufen.
☐ Sicherlich würde ich dort nicht einkaufen.

Quelle: in Anlehnung an *Barth / Theis* 1991, S. 768

Messung des Frequentierungserfolges: Relativ unkompliziert zu messen ist,
ob sich die Zahl derer, die das Geschäft frequentieren, erhöht. Die Ermittlung kann
im Handelsbetrieb in Form von Beobachtungen oder Befragungen erfolgen. Dazu
können neben Marktforschungsinstituten auch Medien (Video) oder Mitarbeiter
eingesetzt werden. Beim Einsatz der Befragung lässt sich der auf die Werbewirkung zurückzuführende Anteil zusätzlicher Kontakte exakt ermitteln. Im Falle der
Beobachtung muss die Zeitverzögerung der Werbewirkung einkalkuliert werden.

4. Stufe: Ökonomischer Erfolg

Auf dieser Stufe wird versucht, den Erfolg einer Werbeaktivität auf der Basis von
realisierten Kaufakten, die sie auslöste, zu ermitteln. Als Kennzahlen dazu dienen
u. a. der Gewinnzuwachs, der Absatz- und Umsatzzuwachs sowie die Steigerung
des Marktanteils.

Der Betriebsvergleich: Umsatz und Werbeausgaben der Handelsunternehmung
werden Branchenvergleichszahlen gegenübergestellt. Ob und wie weit ein positiver
Zusammenhang zwischen Umsatzänderung und Veränderung der Werbeausgaben
besteht, lässt sich mittels Korrelationsanalyse überprüfen. Dabei ist zu beachten,
dass mit diesem Verfahren nur grundlegende Aussagen über Zusammenhänge
gewonnen werden können. Die Einschätzung der Erfolge einzelner Werbemittel
oder -aktionen ist nicht möglich. Ferner müssen die verglichenen Betriebe gleiche
Strukturmerkmale aufweisen.

Das Bu-BaW-Verfahren: Die *Bestellung unter Bezugnahme auf Werbemittel*
stellt ein relativ einfaches und genaues Verfahren dar, das mit geringen Kosten
angewendet werden kann. Einem Werbemittel wird ein Bestellschein beigefügt,
aus dem durch codierte Zeichen ersichtlich ist, welche Werbekampagne den Kauf
ausgelöst hat. Auch der einzelne Werbeträger lässt sich codieren. Der Werbeerfolg

resultiert aus der Differenz zwischen Werbekosten und induziertem zusätzlichen Deckungsbeitrag. Der Nachteil dieses Verfahrens liegt darin, dass es nur dann angewandt werden kann, wenn solche Coupons eingesetzt werden können.

Die einstufige Befragung: Kunden werden unmittelbar nach dem Kauf am Verkaufsort danach gefragt, ob sie durch eine Werbekampagne zum Kauf bewogen wurden und welcher Werbekontakt stattfand. Somit kann jedem Werbemittel/Werbeträger ein exakter Umsatz gegenübergestellt werden. Dies stellt eine schnelle und kostengünstige Methode dar, Werbeerfolg zu messen, da eine eindeutige Zuordnung der Faktoren Umsatz – Werbeaktivität erfolgt.

Der Gebietsverkaufstest: Das Absatzgebiet wird temporär in abgegrenzte Teilmärkte aufgeteilt, die gleichartig strukturiert sein sollten. Die Werbekampagne findet im Gebiet des Testmarktes statt, nicht dagegen in dem des Kontrollmarktes. Ausstrahlungseffekte von einem auf den anderen Teil sollten vermieden werden. Dazu eignen sich insbesondere Teilbelegungen. Bei der Festlegung der Dauer sollte berücksichtigt werden, dass Werbung sich oft erst mit Verzögerungen in Kaufakte umsetzt. Mittels dieses Tests lässt sich exakt feststellen, wie sich der Umsatz im Testgebiet im Vergleich zum Kontrollgebiet entwickelt. Insbesondere für Filialunternehmen scheint dieses Verfahren geeignet.

2.3 Public Relations (Öffentlichkeitsarbeit)

Der Begriff **Public Relations** bezeichnet die Analyse, Planung, Durchführung und Kontrolle aller Aktivitäten eines Unternehmens, um bei ausgewählten Zielgruppen (extern und intern) primär um Verständnis sowie Vertrauen zu werben und damit gleichzeitig kommunikative Ziele des Unternehmens zu erreichen (vgl. *Bruhn* 2007, S. 398).

Das grundlegende Ziel besteht dabei darin, Verständnis und Vertrauen bei ausgewählten Zielgruppen zu schaffen. Die Gewinnung öffentlichen Vertrauens, die Gestaltung und Pflege der Beziehungen zur Öffentlichkeit, der Aufbau und Erhalt eines positiven Firmen- und Produktimages, die Information und Motivation der Mitarbeiter und die positive Berichterstattung lassen sich detailliert als zu erreichende Zustände aufführen (vgl. *Homburg/Krohmer* 2006, S. 829). Kurzum, ein positives Image, Glaubwürdigkeit und Akzeptanz sollen das Unternehmen gegenüber seinen Mitbewerbern hervorheben.

Grundsätzlich können drei **Erscheinungsformen** der PR unterschieden werden (vgl. *Bruhn* 2007, S. 401 f.):

- Im Rahmen der **leistungsbezogenen Public Relations** steht die Herausstellung bestimmter Leistungsmerkmale von Produkten oder Dienstleistungen des

Unternehmens im Vordergrund. Dies kann nach innen, z. B. durch Verteilung von Mitarbeiterzeitschriften geschehen oder aber auch nach außen durch die Versendung von Unternehmensinformationen an Journalisten.

- Die **unternehmensbezogenen Public Relations** beinhalten alle Formen, die die Unternehmung als Ganzes herausstellen. Nicht einzelne Leistungen, sondern die ganzheitliche Unternehmensleistung wird in den Vordergrund gestellt. Ziel ist die Selbstdarstellung des Unternehmens bei den Teilöffentlichkeiten, deren Vertrauen positiv beeinflusst werden soll. Hierzu zählt auch die Reaktion in Krisensituationen, wenn die Unternehmung sich bemüht, auf Anschuldigungen oder Angriffe zu reagieren.

- Bei der **gesellschaftsbezogenen PR** begreift sich das Unternehmen als Teil der Gesellschaft. Das Unternehmen möchte sich als verantwortlich handelndes Mitglied der Gesellschaft Anerkennung und Geltung verschaffen. Ein Image von sozialer und gesellschaftlicher Kompetenz soll dadurch aufgebaut werden. Z. B. bemüht sich der Otto-Konzern schon lange um umwelt- und gesellschaftsverträgliche Produkte und Logistikketten. Er versucht ebenso auf den Anbau der Rohstoffe als auch auf die Arbeitssituationen bei der Produktherstellung Einfluss zu nehmen.

PR-Aktivitäten sollten auf spezielle **Zielgruppen** ausgerichtet sein. Da es i. d. R. zu aufwändig ist, die gesamte Bevölkerung anzusprechen, konzentriert man sich auf **Meinungsführer.** Zu diesen zählen Politiker, Journalisten und Lehrer. Journalisten stellen die interessanteste Gruppe dar, da diese in der Presse über die Handelsunternehmung berichten und redaktionelle Beiträge im Vergleich zu Anzeigen einen wesentlich höheren Glaubwürdigkeitsgrad besitzen.

Zu den wichtigsten Zielgruppen der PR gehören:

- Institutionen, z. B. Staat, Land, Gemeindeverbände, Gewerkschaften
- Massenmedien, z. B. Presse, Film, Funk, Fernsehen
- Soziale Gruppen, z. B. Mitarbeiter und deren Angehörige, Aktionäre, Abgeordnete
- Informelle Gruppen, z. B. Besucher, Lieferanten und Verbraucherverbände
- Effektive und potenzielle Kunden.

Dem Handelsunternehmen steht eine Vielzahl von Instrumenten zur Erfüllung der PR-Aufgaben zu Verfügung:

Pressearbeit	z. B. Pressekonferenzen, Pressemitteilungen, Berichte über Produkte im redaktionellen Teil von Medien („Product Publicity"), Erstellung von Unternehmensprospekten und Aufklärungsmaterial für die Medien, Bereitstellung von Informationen im Internet.
PR-Maßnahmen des persönlichen Dialogs	z. B. Pflege persönlicher Beziehungen zu Meinungsführern und Pressevertretern, persönliche Engagements in Verbänden, Parteien, Kirchen, Vorträge an Hochschulen, Teilnahme an Podiumsdiskussionen, Einladungen an unternehmensrelevante Personen zu Gesprächen, Diskussionen und Bürgerinitiativen.

PR-Aktivitäten für ausgewählte Zielgruppen	z. B. Aufklärungsmaterialien für Schulen, Betriebsbesichtigungen für Besucher, Förderung sportlicher, kultureller und sozialer Institutionen der Region, Ausstellungen, Geschenke und Unterstützungen, Informationsbroschüren für bestimmte Zielgruppen (Sozio- und Ökobilanzen), Betriebsfilme, Ausschreibung von Preisen, Stiftungen.
PR-Maßnahmen im Rahmen der Mediawerbung	z. B. Anzeigen zur Imageprofilierung des Unternehmens oder der Branche, Anzeigen für potenzielle Mitarbeitende in Zeitungen, Zeitschriften und Vorlesungsverzeichnissen von Hochschulen, Anzeigen zu Darlegung von Standpunkten des Unternehmens zu öffentlich diskutierten Streitpunkten.
Unternehmens-interne PR-Maßnahmen	z. B. Werkszeitschriften, Informationsveranstaltungen mit Mitarbeitenden, Betriebsausflüge, Anschlagtafeln im Unternehmen, interne Sport-, Kultur- und Sozialeinrichtungen, Business-TV.

Abb.: Aktivitätsbereiche der Public Relations
Quelle: *Bruhn* 2005, S. 780

Die Aufgaben der Öffentlichkeitsarbeit werden von der unternehmenseigenen PR-Abteilung und/oder von einer PR-Agentur wahrgenommen. **PR-Abteilungen** werden meist als Stabsstellen direkt der Geschäftsleitung unterstellt und müssen eng mit dieser zusammenarbeiten. Die Vorteile liegen darin, dass sich Mitarbeiter des Unternehmens mit der Unternehmensphilosophie stärker identifizieren und enger am Betriebsgeschehen teilnehmen. Allerdings neigen sie leicht zur Betriebsblindheit. Der Einsatz von **PR-Agenturen** hingegen bringt den Vorteil, dass lediglich dann Kosten anfallen, wenn auch Aufgaben durchzuführen sind. Zudem verfügen sie über gute Kontakte zu wichtigen Medien und Meinungsbildnern. Der Einsatz routinierter Fachkräfte ist häufig mit beträchtlichen Kosten verbunden.

Der **Erfolg von PR-Aktivitäten** ist schwer zu messen, da er sich nicht in Verkaufszahlen ausdrückt. Andererseits sollten diese Tätigkeiten auch nicht ohne jegliche Kontrolle durchgeführt werden. Als Messgrößen eignen sich:

*   **Anzahl der Medienkontakte:** PR-Agenturen legen ihren Klienten eine Aufstellung vor, in der alle Medien aufgeführt sind, die über das Produkt berichtet haben. Dieses Verfahren sagt nichts darüber aus, wie viele Zielpersonen die Botschaft tatsächlich gelesen haben. Auch kann nicht festgestellt werden, ob die Zielgruppen erreicht wurden.

*   **Veränderungen beim Produktbekanntheitsgrad, den Produktkenntnissen und den Produkteinstellungen der Zielgruppe:** Jeweils vor und nach einer PR-Aktion wird eine Image-Analyse durchgeführt. Messbar ist z. B. die Erinnerungsleistung. Wie viele Leute erinnern sich daran, eine bestimmte Nachricht gelesen zu haben? Haben sie anderen darüber berichtet? Mittels Semantischem Differenzial kann sichtbar gemacht werden, ob sie ihre Einstellungen der betreffenden Unternehmung gegenüber geändert haben. Als Nachteil ist anzuführen, dass die Messung sehr aufwändig ist.

3. POS-Kommunikation

Unter POS-Kommunikation werden sämtliche Kommunikationsmaßnahmen verstanden, die eingesetzt werden, um das Kaufverhalten der Kunden am Point of Sale (oder Point of Purchase) zu beeinflussen. Dabei kann es sich sowohl um Instrumente handeln, die permanent eingesetzt werden wie die Warenpräsentation, als auch um solche, die zeitlich befristet verwendet werden wie die Verkaufsförderungsaktionen.

Die Instrumente der POS-Kommunikation übernehmen im Handel die zentrale Aufgabe, die Botschaft, die im Rahmen der integrierten Kommunikation entwickelt wurde und über die Medien den Konsumenten erreichte, an den Ort des Verkaufs heranzutragen. Über 60 % aller Kaufentscheidungen fallen am POS. Daher kommt der POP-Kommunikation eine herausragende Rolle zu. Ihr obliegt es, die Handelbotschaft im Verkaufsraum zu inszenieren. Die Ladengestaltung, die damit verbundene Atmosphäre und kreierten Erlebnisse sollen dem Konsumenten den letzten Impuls geben um ihn zum Kauf zu veranlassen.

3.1 Verkaufsraumgestaltung und Warenpräsentation

Durch Warenpräsentation und Verkaufsraumgestaltung wird die **Einkaufsatmosphäre** beeinflusst. Sie umfasst die Summe aller Sinneseindrücke, die der Kunde teils bewusst, teils unbewusst, erlebt. Daraus wird häufig ein eher gefühlsmäßiger Gesamteindruck gebildet, der zum Kauf motivieren oder demotivieren kann. Je größer die Zahl der Einkaufsalternativen, umso mehr gewinnt der Begriff der Einkaufsatmosphäre an Bedeutung. Im Rahmen der Verkaufsraumgestaltung lassen sich folgende Gestaltungsbereiche unterscheiden (vgl. *Müller-Hagedorn* 2005, S. 398):

1. Entscheidungen über die Gestaltung der Einkaufsatmosphäre: Durch die Ausformung der Ladenumwelt sollen beim Kunden bestimmte emotionale Reaktionen ausgelöst werden, die zu höheren Kaufwahrscheinlichkeiten führen. Ob ein Laden über **Erlebnisse** und über eine anregende Atmosphäre verfügt, ist vom Einsatz von vier **Instrumenten** abhängig (*Kroeber-Riel/Weinberg* 2003, S. 435).

Mit anderen Worten gesagt, es existieren vier Hauptinstrumente, um eine „Wohlfühl"-Atmosphäre zu erzeugen und dem Kunden Erlebnisse zu vermitteln:

- Ladenlayout
- Dekoration
- Farbwahl
- Umfeldgestaltung.

2. Entscheidungen über die Bildung und Anordnung von Platzierungseinheiten: Hier wird festgelegt, welche Artikelgruppen zu Einheiten zusammengefasst werden sollen. Dies kann herkunfts- oder hinkunftsorientiert, nach Wertigkeit oder nach Preislagen erfolgen (vgl. dazu Kap. E, 2.3.3).

3. Entscheidungen über die Zuteilung von Flächen und Regalkapazitäten: Hier sind qualitative und quantitative Aspekte zu berücksichtigen (vgl. dazu Kap. E, 2.3.3).

Im Rahmen der **Ladengestaltung** lassen sich zwei entgegengesetzte, völlig unterschiedliche Trends feststellen: Das **Streben nach Komplexitätsreduktion** auf der einen und das nach **Abwechslung, Neuem und Erlebnisreichem** auf der anderen Seite. Anzunehmen ist, dass ersteres Motiv eher beim Versorgungskauf und letzteres eher beim Freizeitkauf zum Ausdruck kommt.

Insbesondere beim **Versorgungskauf**, also dem Kauf von Lebensmitteln, sind Einfachheit und Orientierungsfreundlichkeit von großer Bedeutung. Der Händler muss die Orientierungsschemata des Kunden kennen und in Form von Überschaubarkeit, Geborgenheit und Berechenbarkeit bei der Gestaltung des Ladenlayouts umsetzen. Hier sollte das Unternehmen möglichst allen Motiven entsprechen:

- Überschaubarkeit des Sortiments durch übersichtlichen Ladenaufbau, ein straffes Sortiment und eine nachvollziehbare, eindeutige Gliederung
- Orientierung an Marken, welche Konstanz und Vertrautheit schaffen
- Sortiments- und Servicekonstanz
- Preisstabilität mit als fair empfundenen und verbindlichen Preisen.

Zwischenzeitlich betrachtet man nicht nur die günstigen Preise, sondern auch den zentralen psychologischen Vorteil der Einfachheit als entscheidenden Wettbewerbsvorteil der Discounter. Das „Easy Shopping" ist verbunden mit einer guten Parkplatzsituation, einem schnellen Einkauf durch Vorauswahl, garantierten Niedrigpreisen, übersichtlichen Läden und einer schnellen Kassenabfertigung (Diese ist jedoch beim Discounter nicht immer anzutreffen!). Der Kunde kann hier schlichtweg nichts falsch machen. Dazu kommt, dass die Discounter über die Jahre hinweg ein großes Vertrauensguthaben beim Verbraucher aufgebaut haben, das in Kompetenz und Wohlwollen gegenüber dem Unternehmen resultiert.

Insbesondere beim **Freizeitkauf** hingegen kommt die **Erlebnisorientierung** zum Tragen. Der aktuelle Trend zum **Erlebniskauf** in Geschäftsstätten im höheren Preisniveau belegt dies. Besonders hier möchte der Kunde mit allen Sinnen genießen. Daher reicht eine harmonische, übersichtliche Anordnung des Sortiments allein nicht mehr aus, Spezialeffekte werden mittels Dekorationen, Licht, besonderer Anordnung oder Musik erreicht. Der abgestimmte Einsatz all dieser Instrumente zielt darauf ab, dass die Atmosphäre kaufaktivierend wirkt, dass sie zum längeren und intensiven Verweilen einlädt und Impulskäufe stimuliert.

Ziel jeder Einkaufsstättengestaltung ist die Schaffung von Präferenzen für den Handelsbetrieb durch ein auf Einkaufserlebnisse bezogenes Geschäftsimage (vgl. *Weinberg* 1992, S. 123). Das bedeutet, dass die Bequemlichkeit des Kunden während des Einkaufs gewährleistet werden, die Verweildauer im Geschäft verlängert und das emotionale Entscheidungsverhalten des Kunden beeinflusst werden soll.

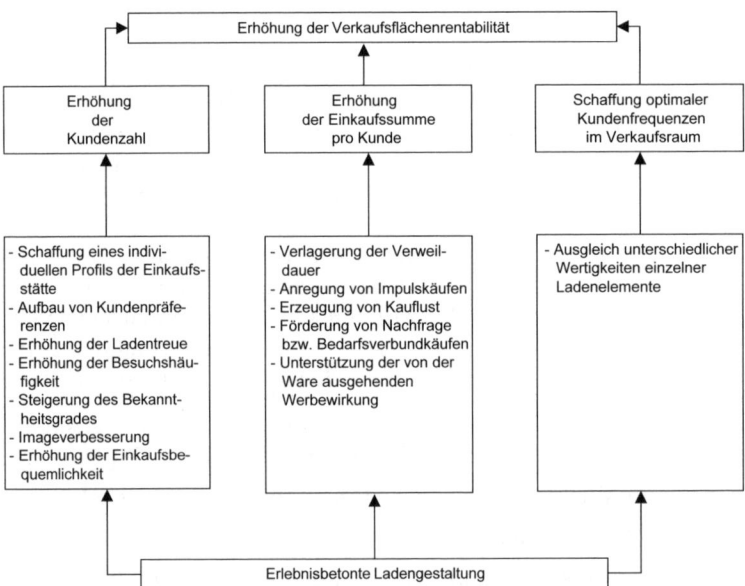

Abb.: Zielhierarchie der erlebnisbetonten Ladengestaltung
Quelle: *Diller / Kusterer* 1987, S. 107

Maßnahmen zur Ladengestaltung umfassen die Ladenausstattung, die Flächeneinteilung, die Wegführung, die Beleuchtung, den Einsatz von Farben und visuellen Verkaufsförderungsmitteln. Die wesentlichen Punkte für harmonisch empfundene Verkaufsräume sind Landmarkierungen, Weg bzw. Wegführung, die Abteilungen und die Gestaltung des empfundenen Zentrums (vgl. *Schnödt* 2006, S. 32).

Die **Landmarkierung** (Elemente mit hohem Wiedererkennungswert) dienen als Erkennungsmerkmal für Sortimente im Raum und als Orientierungspunkt (vgl. *Schnödt* 2006, S. 32). Ihr kommt die Aufgabe des Navigationssystems zu, daher sind einfache, klare Formen und Verständlichkeit erste Priorität. Dabei sollte ein deutlicher Kontrast zur Umgebung bestehen und die Wiedererkennbarkeit gewährleistet sein. Z. B. wählt ein Verbrauchermarkt die Elemente Farbe und Licht, um die Orientierung im Geschäft zu erleichtern: Molkerei in Blau, Obst und Gemüse in Grün, Fleisch und Wurst in Rot, Fotos von Warengruppen als Wegweiser etc. Um als Orientierungspunkte dienen zu können, müssen sie Aufmerksamkeit erregen. Dazu werden die klassischen Sozialtechniken der physischen Reize (Größe, Bunt) und der Frequenztechnik in Form von Wiederholungen angewendet (vgl. *Schnödt* 2006a, S. 38).

Der **Weg und die Wegführung**, seine Breite, die Logik der Warenanordnung sowie Gestaltung von Wegkreuzungen stellen ein zweites Element der Ladengestaltung dar. Hier sind verkaufsaktive und verkaufsschwache Ladenzonen zu unterscheiden. Zu den aktiven zählen solche mit hoher Kundenfrequenz, die auch starke Beachtung finden. Das Gegenteil gilt bei den verkaufsschwachen Zonen. In Bezug auf die **Wegführung** sollten diese auf eine Kompensation abzielen. Dies bedeutet, dass die Kunden bewusst durch verkaufsschwache Zonen hindurchgelenkt werden sollen.

Aus Kundenlaufstudien existieren Erkenntnisse über das Laufverhalten des Kundenstroms (vgl. *Pflaum / Eisenmann* 1988; *Berekoven* 1995):

- Kunden haben eine „Rechtsdrall". Dies bedeutet, sie bevorzugen die rechte äußere Wandseite. Dabei laufen sie überwiegend gegen den Uhrzeigersinn.

- Mittelgänge werden weniger frequentiert als Außengänge.

- Kunden versuchen, soweit möglich, Kehrtwendungen zu vermeiden.

- Sie blicken und greifen beim Gang durch das Geschäft meist nach rechts.

- Der Gang der Kunden durch die Einkaufsstätte unterliegt einem bestimmten Geschwindigkeitsrhythmus. Den ersten Teil des Geschäftes bringen sie relativ schnell hinter sich, d. h. die schnellere Straßengeschwindigkeit wird erst langsam reduziert. Im letzten Teil des Ladens steigt die Geschwindigkeit wieder an.

- Je weiter ein Stockwerk von der Eintrittsebene entfernt liegt, gleichgültig ob nach oben oder nach unten, desto seltener wird es aufgesucht.

Nach diesen Erkenntnissen lassen sich die **verkaufsstarken/-schwachen Flächen** identifizieren. Dabei handelt es sich um:

Verkaufsstarke Flächen	Verkaufsschwache Flächen
• die Hauptwege des Ladens • Verkaufsflächen, die rechts vom Kunden liegen • Auflaufflächen, auf die der Kundenstrom gelenkt wird • Kreuzungen, von denen mehrere Gänge abgehen und der Kunde sich entscheiden muss, welchen er einschlagen will • Kassenzonen, in denen der Kunde wartet • Bedienungszonen • Zonen um die Beförderungseinrichtungen (Aufzug, Rolltreppe)	• Mittelgänge im Verkaufsraum • Verkaufsflächen, die links vom Kunden liegen • Sackgassen in den Verkaufsräumen • Räume hinter den Kassen • die Eintrittszone des Geschäftes, die relativ schnell passiert wird • Etagen, die weit von der Eintrittsebene entfernt sind

Durch geschickte Anordnung von Magnet- und Impulsartikeln sollen die Kunden dazu gebracht werden, die Verkaufsfläche gleichmäßiger zu frequentieren. Auch die entsprechende Platzierung von Sonderangeboten und Aktionsartikeln eignet sich hierzu.

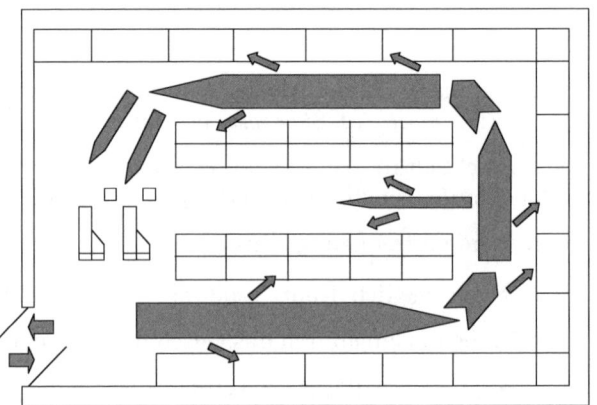

Abb.: Üblicher Kundenstrom
Quelle: *Pflaum / Eisenmann* 1988, S. 149

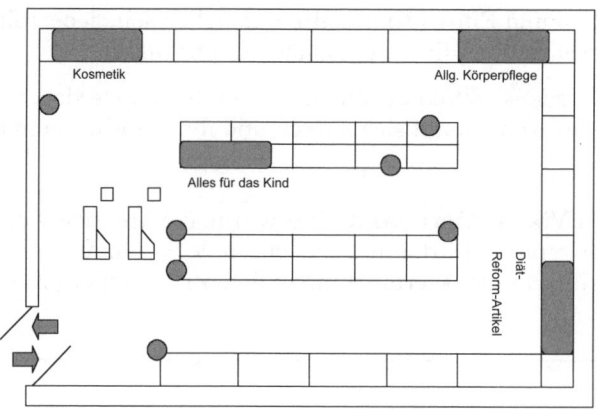

Abb.: Verteilung von Magnet- und Impulsartikeln (Punkte) in einer Drogerie
Quelle: *Pflaum / Eisenmann* 1988, S. 149

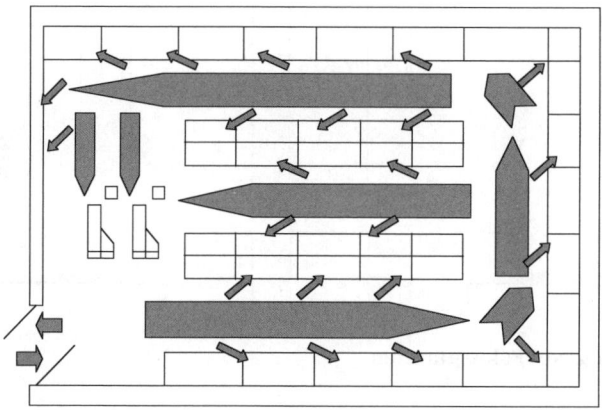

Abb.: Gewünschter Kundenstrom
Quelle: *Pflaum / Eisenmann* 1988, S. 149

Die **Abteilungen** und deren Präsentationsformen, Fokuspunkte, Ränder und Rückwände stellen den dritten relevanten Bezugspunkt der Ladengestaltung dar. Bei großflächigeren Betriebsformen sollte auch die Abteilungsbildung und -ausgestaltung nach verhaltenswissenschaftlichen Kenntnissen ausgerichtet werden (vgl. *Biegel* 1997, S. 16 ff.).

- Der Kunde sollte z. B. nicht schon beim Betreten einer Abteilung durch weite Wege abgeschreckt werden. Als Richtlinie gilt daher, dass die Tiefe einer Abteilung vom Gang bis zur Wand nicht mehr als acht Meter betragen sollte.

- Der Abstand zwischen zwei Gängen sollte nicht mehr als acht Meter betragen.

- Alle zehn Meter sollten visuelle Anreize, auch Fokuspunkte genannt, geschaffen werden, die dazu anregen, weiter in den Laden hineinzugehen.

- Trotz Dekoration und Einrichtung sollte es möglich sein, jederzeit einen Rundblick bzw. Überblick über die Verkaufsfläche zu behalten.

- Innerhalb des Ladens sollten Schaufenster geschaffen werden, welche die Aufmerksamkeit des Kunden auf sich lenken und ihn zum Betreten der Abteilung motivieren.

Unter dem Begriff **Visual Merchandising** wurde die kreative Warenpräsentation, die abwechslungsreiche Darbietung, die optimale Warenaufbereitung sowie die optisch bildhafte Informationsvermittlung in den Mittelpunkt gerückt (vgl. *Biegel* 1997).

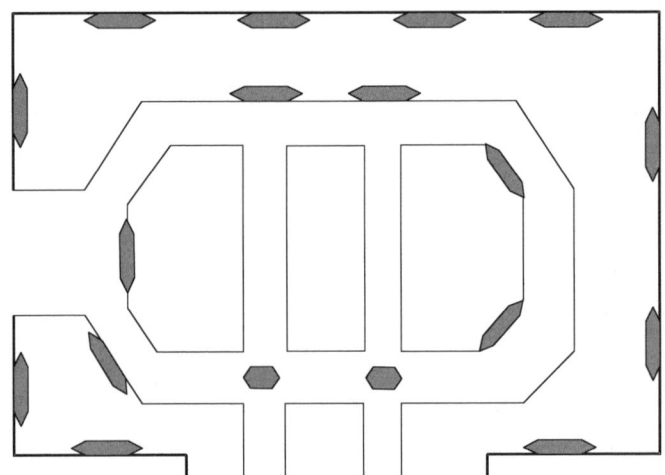

Abb.: Die Verteilung von Fokuspunkten
Quelle: *Biegel* 1997

Auch für die Präsentation der Waren innerhalb der Wegführung liegen Gestaltungsempfehlungen vor. Da die Sortimente zunehmend homogener werden, stellt die wirkungsvolle Präsentation für das Handelsunternehmen ein geeignetes Instrument dar, um sich von den Mitbewerbern abzuheben und auch innerhalb verschiedener Filialen dem Kunden ein einheitliches Erscheinungsbild des Unternehmens zu bieten. Nachdem ein Kunde von der Wegführung zu einer Abteilung gelenkt wurde, bietet die Präsentation eine Möglichkeit, die Ware zu sehen, mit ihr in Kontakt zu kommen und sie zu erleben.

- Um für den Kunden gut sichtbar zu sein, sollte die Ware frontal zum Kunden und in einem Winkel von 45 Grad zum Gang platziert werden. Dadurch wird dem Kunden nicht nur die Betrachtung erleichtert, er kann sich auch für einen Moment aus dem Verkehrsfluss des Ganges zurückziehen, um sich zu entspannen.

- Entlang des Ganges bietet sich die Möglichkeit, die Ware am Kopf des Warenträgers mittels Vollfiguren oder Torsen herauszuheben.

- Stopper in Form von Frontalpräsentationen stellen eine weitere Möglichkeit dar.

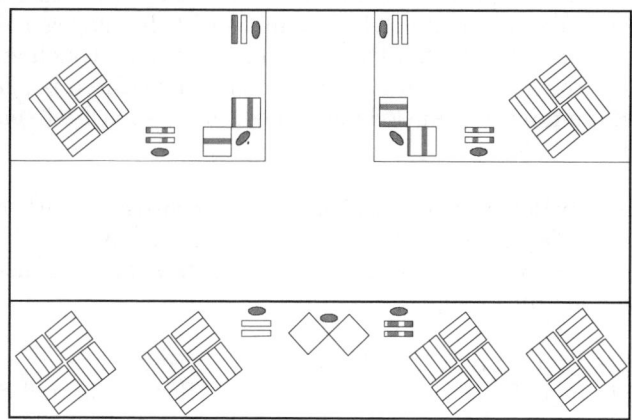

Abb.: Präsentation entlang des Ganges
Quelle: *Biegel* 1997

Vom Eingang der Abteilung sollte dem Kunden ein Einblick auf die Ware im **hinteren Teil** gewährt werden. Dafür eignet sich eine stufenweise Präsentation. Diese wird erreicht, indem eine schrittweise Anhebung der Waren mittels höherer Warenträger oder Podeste und eine erhöhte Präsentation an der Rückwand erfolgt. Insbesondere der obere Teil der **Rückwand** in einer Höhe von zwei bis drei Metern sollte dazu dienen, dort visuelle Anreize zu schaffen, von denen eine Signalwirkung ausgeht und die zudem eine Orientierungshilfe für den Kunden darstellen. Dies kann mithilfe von Bilddekorationen oder speziell inszenierten Waren geschehen.

Um die Atmosphäre eines Verkaufsraums zu gestalten, ist die Ansprache aller menschlichen Sinne möglich. Hier lassen sich optische, akustische, olfaktorische, haptische und gustatorische Reize unterscheiden (vgl. *Theis* 2007, S. 692).

Optische Reize lassen sich in erster Linie durch eine geeignete Farbgestaltung und Geschäftsbeleuchtung schaffen.

Farben unterstützen das Store-Design und die Warenpräsentation, da mit ihnen zahlreiche Assoziationen verbunden sind. Durch den Einsatz von Grün lässt sich der Eindruck von Frische und Natürlichkeit unterstreichen. Wird eine entspannende Atmosphäre benötigt, z. B. für teure oder beratungsintensive Produkte, kann man mit Blau arbeiten. Rot- und Gelbtöne hingegen eignen sich für Impulsartikel und preiswerte Angebote.

Als Hilfsmittel zur Aktivierung des Kunden und zur Schaffung einer erlebnisorientierten Präsentation eignet sich ferner der Einsatz von **Licht**. Die Grundbeleuchtung (Deckenbeleuchtung) eines Geschäftes dient dazu, genügend Helligkeit für Personal und Kunden zu schaffen (Licht zum Sehen). Daneben wird Licht dazu eingesetzt, um Fokuspunkte mit Hilfe von Strahlern hervorzuheben (Licht zum Ansehen). Von einem Einfluss der Art des Lichts auf das Aktivierungsniveau des Kunden ist auszugehen. Warmes und farbiges Licht beeinflusst besonders die emotionale Ebene der Kaufentscheidung, kühles und sachliches dagegen die rationale. Durch unterschiedliche Lichtarten lassen sich Abteilungen voneinander abgrenzen, einzelne Bereiche können akzentuiert werden. Zu beachten ist, dass weit entfernt liegende Raumteile und Rückwände stets heller beleuchtet sein sollten als der übrige Raum.

Neben ausreichender Beleuchtung und Fokussierung wird eine dritte Art von Licht zum eigenständigen Objekt (Licht zum Hinsehen). Dabei kann es sich um den Einsatz von Lichtbildern handeln oder auch um farbige bewegliche Leuchtschrift, die zu ihrer Funktion als Blickfang noch Informationen vermitteln kann.

Das Verhalten des Kunden im Verkaufsraum ist auch sehr stark von **akustischen Reizen** abhängig (vgl. *Theis* 2007, S. 693). Musik, Geräusche und Sprache können seine Stimmung und Verweildauer beeinflussen. Der Einzelhandel hat dies bereits erkannt und setzt gezielt Hintergrundmusik und Lautsprecherdurchsagen ein. Vom Musikstil hängt es ab, welche Emotionen oder Erlebnisassoziationen hervorgerufen werden. Hier ist besonders der Unterschied zwischen schneller und langsamer Musik von Bedeutung (vgl. *Gröppel* 1991, S. 78 f.). Insbesondere beim Einsatz langsamer Musik verlängert sich die Aufenthaltsdauer am POS und die Wahrnehmung von ansonsten unbeachteten Warengruppen wird gesteigert. Schnelle Hintergrundmusik dagegen wirkt aktivierend und steigert die Laufgeschwindigkeit. Damit wird die Verweildauer im Geschäft verkürzt.

Die **olfaktorischen Reize** (das Riechen) dringen direkt in das limbische System ein und umgehen dabei das kritische Bewusstsein. Der Geruchssinn ist auch der schnellste unter den Sinnen und reagiert sehr sensibel auf Reizimpulse (vgl. *Theis* 2007, S. 695). Duftintensität und -richtung bestimmen, ob und wie die olfaktorischen Signale ankommen. Gerüche, auf die fast jeder positiv reagiert, sind die frisch gebackenen Brots und frischen Kaffees. Sie werden im Lebensmittelhandel daher fast durchgängig nicht nur als Angebotsergänzung, sondern auch zur Erhöhung des „Wohlfühlfaktors" eingesetzt. Die künstliche Raumbeduftung findet sich noch nicht überall. Hier werden Düfte eingesetzt, die vom Kunden meist nicht bewusst wahrgenommen werden, da sie direkt oberhalb der Wahrnehmungsschwelle eingesetzt werden. Anzunehmen ist, dass sie das Wohlbefinden der Person steigern und damit auch verkaufsfördernd wirken. Letztendlich stehen die Nachweise jedoch noch aus.

Auch **haptische Reize** (das Fühlen) können sich auf das emotionale Empfinden und damit auf das Laufverhalten auswirken. Dies lässt sich an den Bereichen Obst und Gemüse sowie Stoffe nachempfinden. Zudem nimmt der Mensch über die Hautoberfläche Temperatur und Luftfeuchtigkeit wahr. Daher sollten Händler stets um ein angenehmes Raumklima bemüht sein. Hitze, Kälte, Zug oder schwüle Luft mindern die Kauflust der Kunden und auch die Einsatzbereitschaft der Mitarbeiter.

Schließlich kann der Geschmackssinn der Kunden durch **gustatorische Reize** aktiviert werden. Dies erfolgt i. d. R. im Rahmen von so genannten Degustationen (Geschmacksproben). Solche Aktionsstände sind meist an Gondelköpfen oder Hauptwegen platziert.

Neben der Hervorhebung einzelner Artikel durch entsprechende Platzierung innerhalb des Regals ist es möglich, **Zweitplatzierungen und Drittplatzierungen** einzusetzen. Die Ware wird nicht ausschließlich an ihrem Stammplatz, sondern zusätzlich an speziellen anderen Stellen angeboten, um den Abverkauf zu forcieren. Dazu wird generell die Präsentationsart des **Displays** gewählt (vgl. 3.2).

Als **Standorte von Displays** werden bevorzugt (vgl. *Pflaum / Eisenmann* 1988, S. 152):

- Gondelenden
- Kassenzonen
- Auflaufstellen
- Bedienungszonen
- Gangmitte von Hauptgängen
- die Nähe von Magnetartikeln.

Das empfundene **Zentrum** des Raumes, wie Kassenbereiche, Piazzen oder Cafés, stellt den letzten entscheidenden Punkt der Ladengestaltung dar. Hier ist auf eine auflockernde Anordnung, eventuell ergänzt um die Präsentation ausgewählter Artikel mit Impulseignung, zu achten.

Schnödt (vgl. *Schnödt* 2007, S. 46) empfiehlt die folgende Vorgehensweise bei der Flächenaufteilung und Ladengestaltung:

1. Zuerst erfolgt die Planung der **qualitativen Raumaufteilung**. Hier wird ohne festen Raumanspruch festgelegt, welche Warengruppen welchen Platz im Geschäft zugeteilt bekommen. Dies geschieht i. d. R. nach wirtschaftlichen Aspekten wie Flächenproduktivität, aber auch Impulsträchtigkeit der Sortimente sowie logistische Kriterien müssen berücksichtigt werden.

2. Im zweiten Schritt wird die mögliche **Raumerschließung** und die **Markierung** geplant.

3. Anschließend erfolgt die Planung der **quantitativen Raumaufteilung**, der Flächenanspruch der einzelnen Bereiche wird festgelegt. Ebenso werden die Grenzen der Bereiche determiniert.

4. Im letzten Schritt wird die eigentliche **Wegführung** bestimmt und die entsprechenden Markierungen angepasst.

Nach diesen grundsätzlichen Entscheidungen beginnt die detaillierte Raumaufteilung bis hin zur Tischdefinition. Auch Elemente der Begrenzung von Abteilungen werden definiert, hier eignen sich Wege oder Regale. Z. B. erhält jede Warengruppe eine zeitlich flexible Aktionsfläche (Preis- oder Themenaktionen) mit Fahne zur Bildkommunikation. Ebenso wird die Rückwandgestaltung einbezogen. Auch hier erhält jede Abteilung eine Warenbilddekoration.

1. Schritt: Qualitative Raumzuteilung

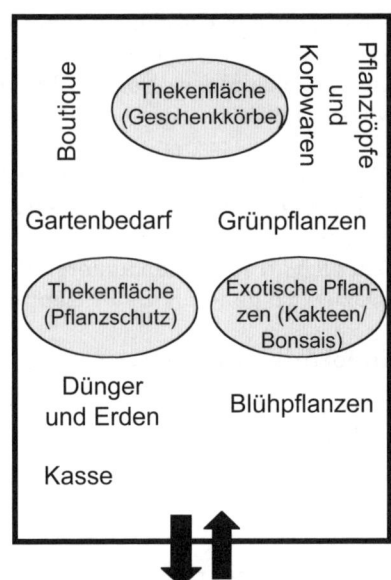

2. Schritt: Setzen von Ankerpunkten

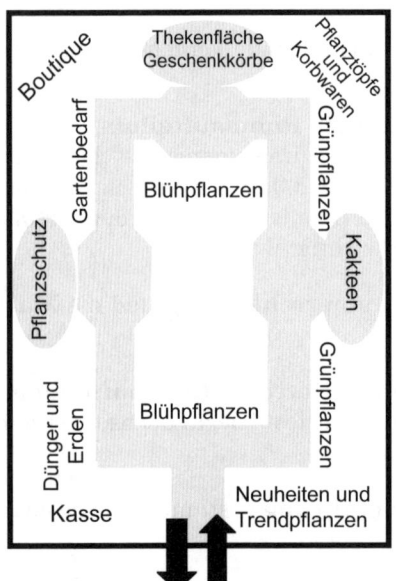

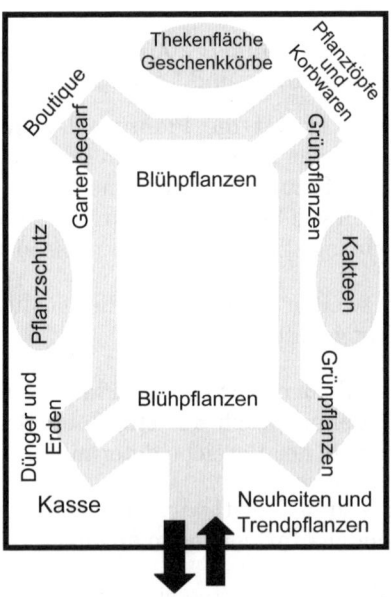

**Abb.: Exemplarische Vorgehensweise bei der Flächenplanung am Beispiel eines Garten-
marktes**
Quelle: *Schnödt* 2007, S. 46

Ladengestaltung beschränkt sich nicht mehr auf die Planung stationärer Geschäfte. Die **virtuelle Ladengestaltung** nimmt an Bedeutung zu, denn die Medienumwelt ist heute die zweite Wirklichkeit des Konsumenten (vgl. *Kroeber-Riel / Weinberg* 2003, S. 571). Die heutige Virtual Reality, die Echtzeit, das Eintauchen des Benutzers und die Dreidimensionalität, können als konstitutive Elemente der Virtuellen Ladengestaltung im Internet angesehen werden. Je vielfältiger die Gestaltungsoptionen für virtuelle Welten werden, desto intensiver und realitätsnäher können die Produkte im Internet erfahren werden. Damit werden neue Dimensionen der Erlebnisvermittlung geschaffen (vgl. *Diehl* 2002).

Unter virtuellen Läden werden nicht-stationäre, im raum-zeitlichen Sinne nicht real vorhandene bzw. begehbare Einkaufsmöglichkeiten, dargestellt durch elektronische Medien, verstanden (vgl. *Diehl* 2002, S. 11 ff.). Am häufigsten sind zurzeit noch die klassischen **zweidimensionalen virtuellen Läden** vertreten wie Amazon oder Otto. Sie können auch als „elektronische Produktkataloge" bezeichnet werden und lassen sich mit Geräten vergleichen, die am POS aufgestellt wurden. Daneben existieren Läden mit einer simulierten **dreidimensionalen** Darstellung, in der sich der Besucher bewegen oder sogar Veränderungen vornehmen kann. Hierzu zählt z. B. Second Life, in dem sich die Spieler neue Identitäten geben und diese (mittels echtem Geld) ausstatten, sodass hier einige Hersteller bereits virtuelle Handelsplattformen einrichteten.

Beim Eintauchen in Form einer **erweiterten Wirklichkeit** benutzt der Konsument Hilfsmittel (z. B. Stereobrille), die ihm ermöglichen, gleichzeitig mit der natürlichen und der virtuellen Welt zu agieren. Hier wird ein als echt wahrgenommenes Bild erzeugt. Beim Besuch virtueller Läden kann der Besucher die Produkte anfassen oder bekommt mittels Datenhandschuhen haptische Impulse vermittelt. Derzeit sind einer solchen virtuellen Ladengestaltung durch die zu langsame Datenübertragung noch enge Grenzen gesetzt. Die zukünftige Entwicklung könnte so aussehen, dass der Konsument nicht mehr an den Bildschirm seines Computers gebunden ist, sondern eine Stätte aufsucht, an der er die virtuellen Geschäfte durch Projektion wirklich dreidimensional erfahren kann.

Für die virtuelle Welt gilt, was auch für die reale zutrifft: Kunden wünschen sich Erlebnisse. Somit haben die Erkenntnisse der realen Ladengestaltung auch Gültigkeit für die virtuellen Geschäfte. Die Vermittlung von Erlebnissen im Internet kann durch atmosphärische Reize wie Farben, Musik, Bewegung etc. gestaltet werden (vgl. *Kroeber-Riel / Weinberg* 2003, S. 587). Auch konnte Diehl (vgl. *Diehl* 2002, S. 303 ff.) vier zentrale übergreifende Handlungsempfehlungen für eine verhaltenswirksame Gestaltung virtueller Läden im Internet ableiten, die sich als zentrale Erfolgsfaktoren herauskristallisierten:

• Die Dreidimensionalität des virtuellen Ladens

• Die Realitätsnähe des virtuellen Ladens

• Die Interaktionsmöglichkeiten des virtuellen Ladens

• Die multisensuale Ansprache des Konsumenten.

Das **Ziel** eines erlebnisorientierten Online Shop-Anbieters sollte es daher sein, seinen virtuellen Laden möglichst dreidimensional und realitätsnah zu gestalten. Dabei sollte er Interaktionsmöglichkeiten integrieren und eine multisensuale Ansprache bieten. Damit gelingt es ihm, bei seinen Kunden positive emotionale und kognitive Reaktionen auszulösen. Auch können die Produkte aus unterschiedlichen Perspektiven betrachtet werden. Zudem fördert eine dreidimensionale Betrachtung einen schnellen Überblick über das Sortiment. Obgleich eine solche erlebnisorientierte Ladengestaltung uneingeschränkt positiv zu sehen ist, steht dem ein zentrales Argument entgegen: die **Zeit**, die der Nutzer zum Laden und Aufbau der virtuellen Einkaufswelt auf dem Bildschirm benötigt. Die erfolgreichsten Online-Händler heute verzichten auf erlebnisorientierte Elemente und schmückende Details zu Gunsten eines **schnellen Aufbaus der Angebote**. Dies scheint bislang den entscheidenden Vorteil darzustellen. Sollte das Problem der langsamen Datenübertragung gelöst sein, werden erlebnisbetonte Elemente höchstwahrscheinlich an Bedeutung gewinnen.

32 ⟫ Seite 456

3.2 Der Einsatz von Instore-Medien

Mit dem Begriff **Instore-Medien** oder **POS-Medien** werden alle Werbemittel bezeichnet, die am Ort des Verkaufs eingesetzt werden, um die Botschaft dort bis zum Regal, an dem die Kaufentscheidung stattfindet, heranzutragen. Sie umfassen sowohl traditionelle als auch moderne elektronische Verkaufsförderungsmittel. Zu den bekanntesten traditionellen Instore-Medien zählen Displays, Regalfahnen, Floor Graphics, Einkaufswagenplakate und sonstige visuelle Medien, die auf ein Produkt oder ein Angebot aufmerksam machen sollen. Zu den wichtigsten elektronischen Verkaufsförderungsmedien rechnet man Ladenfunk und Shop TV, elektronische Kioske, elektronische Displays und Infoboards.

Bei einem **Display** handelt es sich um eine Verkaufshilfe aus Pappe, Plastik, Holz oder Metall, die i. d. R. aktivierend gestaltet ist (meist mit Bezug auf das zu verkaufende Produkt). Verschiedene **Arten von Displays** können unterschieden werden (vgl. *Meißner* 1981, S. 445 f., *Rivinius* 1996):

- **Verkaufsdisplay:** Die Vielfalt der Formen reicht vom Bodenaufsteller über den Thekenaufsteller bis hin zum Messedisplay. Sie werden auch „Stumme Verkäufer" genannt.

- **Paletten-Display:** Es wird in den Großformen des Einzelhandels eingesetzt. Der Hersteller liefert die Palette inklusive Dekoration. Vorteilig ist, dass nicht umgepackt werden muss und diese Paletten leicht versetzt werden können.

- **Präsentationsdisplay:** Sie dienen überwiegend der Aufnahme von Prospekten, Teilnahmescheinen und Produktproben. Die Platzierung von Waren ist zweitrangig.

- **Dauerdisplays:** Bei Dauerdisplays handelt es sich um Regale oder Regalein-bauten, die Hersteller kostenlos zur Verfügung stellen, um sich eine vorteilhafte Position im Warenträger dauerhaft zu sichern. Diese Form wird unter anderem von Maggi, Knorr, Ubena angewandt.

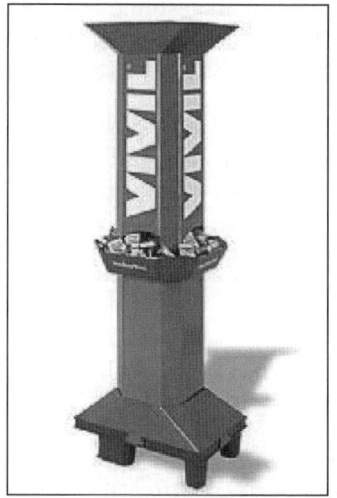  

Abb.: Beispiele für Verkaufsdisplays im Handel

Quelle: *www.Modelgroup.com*

Floor Graphics hingegen sind große Aufkleber auf dem Fußboden, die oft dreidimensional wirken und dadurch eine hohe Aufmerksamkeit erregen. Nachteilig ist, dass sie „mit den Füßen getreten" und auch stets beschmutzt werden.

Abb.: Beispiele für Floor Graphics: „Hund in der Tüte", Freixenet
Quelle: *3M Deutschland GmbH*

Als Instrument der Verkaufsförderung hat sich der **Ladenfunk** seit 1991 etabliert. Die Programminhalte können mit Infotainment bezeichnet werden. Neben informativem Unterhaltungsprogramm, überwiegend Musik, bestehen sie aus Werbung und auf die Vertriebsschiene zugeschnittenem Programm. Über Satellit wird das Programm von der Sendezentrale an die Geschäfte ausgestrahlt, wo es mittels spezieller Receiver empfangen werden kann. Datenbanksysteme erlauben eine individuelle Marktsegmentierung. Die Musik verändert sich je nach Tageszeit und Zielgruppe. Die Werbung der Hersteller wird nur in den Shops ausgestrahlt, in denen sie auch gelistet sind.

Als Alternative zum Ladenfunk bietet sich das **Instore-TV.** Das Konzept sieht vor, dass die Anbringungsflächen für die Monitore vom Handel an die Betreiber vermietet werden. Der TV-Sender übernimmt als Eigner und Betreiber der Werbeanlagen alle Kosten für Anschaffung, Betrieb, Wartung und Vertrieb der Werbezeiten. Der Handel erhält die Miete und eine geringen Prozentsatz der Sendezeit zur kostenlosen Eigennutzung.

Pilotversuch mit Shop-TV bei Edeka

Ein Shop TV-Anbieter testete in einem Pilotversuch mit der Edeka-Regionalgesellschaft Minden / Hannover in acht Märkten ein auf die Bedürfnisse der Handelskette abgestimmtes Ladenfernsehen. Zwischen Kurznachrichten, Wetter und VIP-News liefen auf den Bildschirmen in den Filialen Werbespots, meist geschaltet von großen Konsumgüterherstellern. Die Inhalte der Spots unterschieden sich je nach Abteilung, in der der Kunde gerade verweilte. Durch einen Chip im Einkaufswagen werden die Bildschirme genau in dem Moment aktiviert, in dem der Kunde an ihnen vorbeiläuft.

Die Messung der Wirkung funktioniert einfach. Die Ergebnisse der Kassenbondaten lassen sich mit den Einspielungen der Werbung, die vom Chip aktiviert werden, vergleichen. Hier soll die Frage beantwortet werden: Wurden die beworbenen Produkte öfters verkauft? Die Ergebnisse im Testbetrieb weisen positive Zahlen auf. Ültje-Knabbergebäck wurde beworben und wies über den Testzeitraum erhöhte Abverkäufe von 30 % auf, während der Verkauf von Knabbergebäck generell in diesem Zeitraum leicht zurückging. Auch bei Produkten von Frosta (plus 40 %) und Arla Kaergarden (plus 13 %) ließen sich Absatzsteigerungen feststellen. Dies kann jedoch nicht generalisiert werden.

Quelle: *Schader* 2007, S. 84

Elektronische Displays sind in verschiedenen Formen einsetzbar. Sie werden meist in LCD-Technik geliefert, wobei der Text per Funk oder Infrarot geändert werden kann. Realisierbar erscheinen **Infoboards** am Einkaufswagen. Der Text ändert sich beim Gang durch den Laden, durch Piepstöne wird der Kunde auf Sonderangebote aufmerksam gemacht.

Das **elektronische Regaletikett** funktioniert mittels gleicher Technik. Preisänderungen können gleichzeitig an Kassen und Regale gesendet werden. Sonderpreisaktionen lassen sich als solche kennzeichnen.

Als **elektronische Kioske** bezeichnet man interaktiv nutzbare Multimedia-Terminals (vgl. *Dreiklausen* 2001, S. 179). Meist liefern sie per Touch-Screen Informationen. Kiosksysteme lassen sich im Handel vielfältig einsetzen, zur Orientierung, Beratung oder Information. Die Akzeptanz der Händler hält sich – nach anfänglicher Euphorie – bislang in Grenzen. Eine zentrale Ursache dafür sind wahrscheinlich die hohen Kosten, die zur Systempflege aufgewandt werden müssen. Diese betreffen nicht nur die permanente technische Einsatzbereitschaft, sondern auch das Einpflegen neuer Daten und die ständige Aktualisierung des Contents.

Der Einsatz von Instore-Medien zählt zu den Below the Line-Kommunikationsmaßnahmen. Sie werden i. d. R. mit dem Ziel eingesetzt, eine ganzheitliche Kommunikation bis an den Ort des Verkaufs zu ergänzen. Je nach Aufgabenstellung unterscheiden sich die Anforderungen an die Kommunikationsleistung:

Einsatzmöglichkeit	Anforderungen an Below the Line-Kommunikation
Integrierter ganzheitlicher Einsatz verknüpft mit klassischer Kampagne	• Transfer klassischer Imagekomponenten an den POS • Zeitlicher Einsatz tagesgenau • Erhöhung des Recalls am POS • Günstige Kontaktpreise • Flächendeckende Buchung • Vertriebslinienspezifische Buchung • Absatzsteigerung ohne klassische Kampagne
Reine Below the Line-Kommunikation	• Effizienz der medialen Unterstützung höher als andere Supportmaßnahmen • Günstige Kontaktpreise • Kommunikation von komplexen Informationen • Vertrieblinienspezifische Buchung • Direkte Ansprache der Mitarbeiter des Handels vor Ort möglich

Abb.: Anforderungen an Below the Line-Kommunikation
Quelle: *Riecke* 2001, S. 171

Zeitlich parallel zu klassischen Kampagnen dienen Instore-Medien dazu, die Botschaft, die im Rahmen der Werbung aufgebaut wird, bis an den Ort des Verkaufs heranzutragen und dort für Nachfragestimulierung zu sorgen. Zeitlich vorgeschaltet zur klassischen Kampagne dienen die Instore-Medien dem Distributionsaufbau. Bereits bei Einsatz der Werbung werden Umsätze mit den Artikeln generiert.

Ebenso wie für andere Kommunikationsmedien muss für den Einsatz der Instore-Medien ein Instrumentarium zur **Erfolgskontrolle** entwickelt werden. Als geeignete Instrumente werden hier neben Recall-Verfahren zur Erinnerung vor allem die Abverkaufs- und die Marktanteilsentwicklung in den betreffenden Handelsfilialen eingesetzt.

Das Instrument der Instore-Medien wird bislang von der Praxis nicht voll ausgeschöpft. Marketingentscheider bemängeln die mangelnde Hochwertigkeit, keine anspruchsvollen Werbebilder und die fehlenden Markenbilder (vgl. *Sattler et al.* 2004, S. 12). Andererseits stellen die Instore-Medien ein wirksames Instrument dar, um den letzten Impuls vor der Kaufentscheidung zu vermitteln und die Abverkäufe zu fördern. Instore-Radio führt zu durchschnittlich 27 % höheren Abverkäufen und Floor Graphics können die Verkäufe um 20 bis 30 % steigern.

3.3 Verkaufsförderungsaktionen

Bislang existiert noch keine Übereinstimmung hinsichtlich des Begriffs der Verkaufsförderung, insbesondere, wenn dieser Terminus auf den Handel bezogen wird. Der *Katalog E* (vgl. *Ausschuss für Definitionen* 2006) versteht unter diesem Begriff die Zusammenfassung aller Maßnahmen, die eine Unternehmung zeitlich befristet einsetzt, um ergänzend zu anderen Marketingmaßnahmen den Absatz angebotener Leistungen anzuregen. Adressaten von Verkaufsförderungsmaßnahmen können die Absatzorgane (Handelsvertreter, Großhändler, Einzelhändler, Verkaufsniederlassungen, Filialen) selbst sein oder aber die privaten Haushalte. Dabei werden die Teilbereiche **Sales Promotion** und **Merchandising** unterschieden. Unter **Sales Promotion** versteht man alle unterstützenden und anregenden Maßnahmen, durch die ein Unternehmer (hier: meist Hersteller) auf die am Absatz beteiligten eigenen Absatzorgane und Abnehmerbetriebe (meist Handelsbetriebe) einwirkt, um eine Steigerung der Aufnahmebereitschaft für seine Waren oder Dienstleistungen zu erreichen. Maßnahmen umfassen z. B. die Schulung des Außendienstes sowie dessen Motivierung (Incentives). Beabsichtigt wird damit die Durchsetzung des Push-Konzeptes. **Merchandising** setzt dagegen am Pull-Konzept an und dient der Förderung des Abverkaufs aus den Abnehmerbetrieben. Dazu gehören die Bereitstellung von Displays, die Regalpflege, Auslage von Prospekten und ähnlichen Hilfsmitteln am **Point of Sale.** Eine exakte Abgrenzung ist nicht immer möglich, da manche Verkaufsförderungsmaßnahmen wie z. B. Verkostungen für beide Bereiche Bedeutung haben.

Von ihrem Ursprung her sind **Verkaufsförderungsaktionen** sehr stark mit den Marketinginstrumenten der Hersteller verbunden. Diese wollen ihre Werbeaktivitäten am Point of Purchase unterstützen. Der Handel erhält Werbekostenzuschüsse (WKZ) für Werbeaktivitäten, in denen das jeweilige Herstellerprodukt herausgestellt wird. Meist wird in Kombination auch das Sonderangebot eingesetzt, d. h. damit ist eine vorübergehende Preissenkung verbunden. Dafür gewährt der Hersteller dem Handel zusätzliche Rabatte. Oft sind Displays und/oder Zweitplatzierungen mit der Aktion verbunden.

Im Rahmen dieser traditionellen Verkaufsförderung wird der Handel als **„Vehikel"** der Hersteller eingesetzt, die hiermit ihre Botschaft bis an den Ort des Verkaufs herantragen wollen. Im Zuge der zunehmenden Konzentration im Handel und der damit verbundenen Machtverschiebung beginnt das Handelsziel **Profilierung der Einkaufsstätte** an Bedeutung zu gewinnen. Da die bekannten Markenhersteller bei allen größeren Handelsunternehmen Verkaufsförderungsaktionen durchführen, eignen sich diese weniger dazu, das Image der Einkaufsstätte von den Mitbewerbern abzuheben. Wie soll eine herstellerorientierte Verkaufsförderungsaktion zur Einkaufsstättenprofilierung beitragen, „wenn sie vom „Konkurrenten um die Ecke" eine Woche später in gleicher Art und Weise wiederholt wird" (*Berekoven* 1995, S. 269)? Aus diesem Grund wird vom Handel in den letzten Jahren zunehmend eine **handelsinitiierte Verkaufsförderung** postuliert.

Die Hersteller müssen sich zunehmend an den Abnehmerbetrieben (Handelsunternehmen) orientieren und diesen Anreize geben, sich für ihre Produkte einzusetzen. Dabei sind Konflikte zwischen beiden Gruppen unumgänglich, wie sich aus den unterschiedlichen Zielen ersehen lässt:

Verkaufsförderungsziele von Handel und Industrie	
VKF-Ziele des Handels	**VKF-Ziele der Industrie**
• handelsindividuelle VKF-Aktionen	• national durchgängige Markenkommunikation, die sich im Sinne einer integrierten Kommunikation bis zum POS durchzieht
• Ausbau der Retail Brand	• Ausbau der Produkt-Marken
• Erhöhung der Geschäftstreue • Stärkung der Handelsmarken	• Erhöhung der Produkttreue • Stärkung der eigenen Marken
• Steigerung der Verweildauer des Konsumenten im Laden	
• VKF-Aktionen als Argument für zusätzliche Werbekostenzuschüsse	• VKF-Aktionen zur Forcierung des Hineinverkaufs in den Handel
• großes Sortiment, daher geringe Präsentationsfläche für die einzelnen Artikel	• große Präsentationsfläche für eigene Produkte bzw. die komplette Markenfamilie
• handling- und logistikfreundliche Konzepte und Displays	• Konzepte und Displays, die die eigenen Produkte besonders hervorheben
Umschlaggeschwindigkeit erhöhen	
Category-Management-Werbung – keine Einzelartikel, sondern ganze Produktfamilien werden in die Aktion einbezogen.	

Aus der Tabelle wird ersichtlich, dass die Ziele von Herstellern und Handel häufig konkurrieren. Zentrale Intention der Hersteller stellt die Stärkung der Marke dar. Für den Handel ist die Profilierung der Geschäftsstellen ausschlaggebend.

Diesen oben genannten Zielsetzungen entsprechend, lassen sich zwei Arten von Aktionen unterscheiden, die nicht immer ganz überschneidungsfrei eingesetzt werden können:

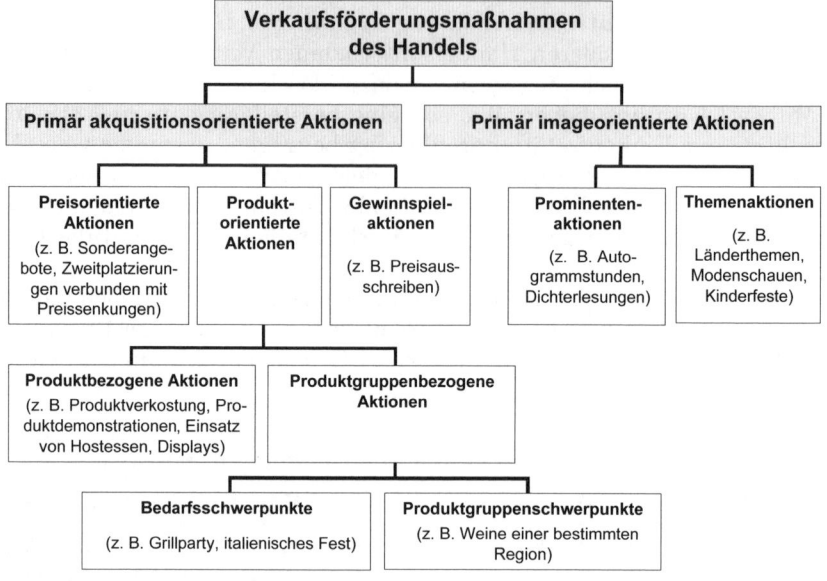

Abb.: Überblick über die Verkaufsförderungsmaßnahmen im Handel
Quelle: *Berekoven* 1995, S. 271

Ziel der **primär akquisitionsbezogenen Aktionen** ist es, den Absatz zu steigern, obwohl auch Intentionen wie der Aufbau von Sortimentskompetenz eine entscheidende Rolle spielen.

- **Preisorientierte Aktionen:** Zentraler Aktionsinhalt dieser Maßnahmen ist der Preis. In Form von Sonderangeboten spielt diese Form der Verkaufsförderung im Lebensmitteleinzelhandel eine dominierende Rolle. Damit werden konkrete **quantitative Ziele** verfolgt: Steigerung der Kundenfrequenz, Umsatzsteigerung, Erhöhung der Anzahl von Probierkäufen und das Schaffen zusätzlicher Kaufanreize. Qualitative Zielgrößen sind in der Erhöhung des Bekanntheitsgrades, der Demonstration der Preisgünstigkeit sowie in der Suggestion eines niedrigen Preisniveaus zu sehen. Bei exklusiveren Einkaufsstätten ist zumindest bei häufigerem Einsatz dieses Instrumentes die Gefahr des Profilverlustes zu berücksichtigen. Preisorientierte Aktionen bedürfen einer intensiven werblichen Unterstützung, um den potenziellen Kundenkreis zu erreichen.

Produktorientierte Aktionen: Im Zentrum der Aktion steht die Herausstellung einzelner Produkte oder Produktgruppen aus dem Angebot. I. d. R. erfolgen sie in Verbindung mit preisorientierten Aktionen.

- **Produktbezogene Aktionen:** Dominierende ökonomische Ziele sind in der Auslösung von Impulskäufen, der Beeinflussung des Kundenstromes sowie der

Verbesserung der Flächenproduktivität zu sehen. Auch spielen qualitative Ziele eine herausragende Rolle, da mit der Hervorhebung bestimmter Produkte die Sortimentskompetenz bewiesen werden soll. Neben der werblichen Unterstützung sollten im Rahmen produktbezogener Aktionen Verkostungen, Produktvorführungen, Zweitplatzierungen, Displays und anderes POS-Werbematerial eingesetzt werden.

- **Produktgruppenbezogene Aktionen:** Produktgruppen können unter zwei Gesichtspunkten gebildet werden. Zum einen können die Artikel im Hinblick auf einen gemeinsamen Bedarfsschwerpunkt ausgewählt werden (z. B. Grillfest), zum anderen lassen sich Artikel einer bestimmten Warengruppe kombinieren (z. B. italienische Designermode). Neben den gängigen quantitativen Zielen stellt die Forcierung von Verbundkäufen ein spezielles Ziel dar. Doch auch Sortimentskompetenz und imagebildende Ziele spielen eine Rolle. Neben der werblichen Unterstützung werden spezielle Verkaufsstände (mit Verkaufspersonal) oder Präsentationsstände (verkaufswirksame Kombination und Dekoration ohne Einsatz von Verkaufspersonal) eingesetzt. Dabei ist zu beachten, dass produktbezogene Aktionen langfristig geplant werden sollten, um die herauszustellenden Produkte adäquat auswählen zu können.

- **Gewinnspielaktionen:** Prinzipiell können zwei Arten von Preisausschreiben unterschieden werden. Im Rahmen von **Glückspreisausschreiben** sollen von den Teilnehmern sehr einfache Aufgaben gelöst werden, so dass quasi jeder an der Auslosung teilnimmt. Bei der Teilnahme an einem **Leistungspreisausschreiben** muss jeder eine Leistung erbringen, die dann von einer Jury begutachtet wird (z. B. Kindermalwettbewerb). Die Ziele einer solchen Aktion sind in der Frequenzerhöhung, in der Unterstützung einer umfassenden Verkaufsförderungskampagne sowie z. B. ganz konkret in der Sammlung von Adressen zu sehen.

Im Gegensatz zu den akquisitionsorientierten Aktionen sind die **primär imageorientierten** weniger auf bestimmte Produkte oder Preise, sondern auf die Einkaufsstätte insgesamt ausgerichtet. Indirekt ist das Hauptziel zwar ebenfalls in der Frequenzerhöhung und der Erhöhung der Abverkäufe zu sehen, doch direkt zielen die Aktionen darauf ab, den individuellen Charakter der Einkaufsstätte herauszustellen und sich somit zu profilieren. Neben der Imagebildung spielt auch die Gewinnung von Neukunden eine Rolle. Imageorientierte Aktionen bedürfen einer starken werblichen Unterstützung, damit der potenzielle Kundenkreis davon erfährt. Die Aktionen können i. d. R. in zwei Formen durchgeführt werden:

- **Prominentenaktionen:** Im Rahmen von künstlerischen Darbietungen, Autogrammstunden, Talkshows und Modenschauen werden Prominente eingesetzt. Diese sollen zum Image des Handelsunternehmens passen, da mit dieser Aktion ein Imagetransfer Prominenter - Handelsunternehmen angestrebt wird. In erster Linie werden damit imagepolitische Ziele verfolgt. Daneben ist auch die Erhöhung der Bekanntheit sowie die Akquisition von Neukunden von Bedeutung.

- **Themenaktionen:** Gemäß einem gewählten Thema werden der gesamte Verkaufsraum oder einzelne Abteilungen gestaltet. Daneben können auch Kinderfeste oder Jubiläumsfeiern Anlass der Themenaktion sein. Neben der Präsentation sind meist auch kulturelle Darbietungen erforderlich. Ziel ist es, ein bestimmtes Erlebnis zu schaffen. Hier wird versucht, das Interesse der Presse zu gewinnen und somit die Aktion und PR-Wirkung zu verbinden. Neben der aufwändigen Planung erscheint auch die Finanzierung problematisch.

Die **Messung des Erfolgs** von Verkaufsförderungsaktionen ist mittels eines Experiments mit Test- und Kontrollmarkt durchzuführen. Die dabei zu erhebenden Kennzahlen sind zum einen Aktions- und Normalumsatz, die Kundenfrequenzen in den betrachteten Geschäftsstätten sowie die durchschnittlichen Einkaufsbeträge pro Kunde. Insbesondere bei den häufig eingesetzten Preisaktionen sollte berücksichtigt werden, dass sie mit einem Renditeverzicht einhergehen, der durch eine höhere Zahl an Verkäufen kompensiert werden muss. Auch muss die erhöhte Kapitalbindung kompensiert werden.

Praxisbeispiel: Aktionsuntersuchung der EDEKA Baden-Württemberg

Im Jahre 1995 untersuchte die EDEKA Baden-Württemberg den Erfolg ihrer Preisaktionen in Großflächen über 1.500 qm. Es zeigte sich, dass die Kundenfrequenz deutlich verbessert werden konnte. Zum Vergleich wurden die durchschnittlichen Werte des Vorjahres herangezogen. Die erhobenen Kennzahlen waren: Aktionsumsatz, Normalumsatz, Aktionsabsatz, Normalabsatz, Kundenfrequenzabweichungen, Abweichung Durchschnittseinkauf pro Kunde, Gewinn und Verlust in Euro / in Prozent.

Für einen der untersuchten Märkte wurden über einen Untersuchungszeitraum von vier Wochen folgende Zahlen ermittelt:

Aktionsumsatz:	*88.014 €*
Normalumsatz:	*27.872 €*
Aktionsabsatz:	*73.923 Einheiten*
Normalabsatz:	*24.226 Einheiten*
Kundenfrequenz:	*+ 4,16 %*
Abweichung Durchschnittseinkauf pro Kunde:	*- 0,12 €*
Abweichung Durchschnittsumsatz:	*+ 2,55 %*
Abweichung Rohertrag:	*+ 0,19 %*

Als Ergebnis ist festzuhalten, dass die Kundenfrequenz stärker gestiegen ist als der Umsatz. Der geringere Durchschnittsbetrag pro Kunde von 0,12 € zeigt dies. Der Rohgewinn steigt um 0,19 %, wobei nicht berücksichtigt wird, dass die Handlingkosten während dieser Zeitspanne stiegen. Mehr Handling bei gleichem Rohgewinn?

Bei der Untersuchung wurde festgestellt, dass die höhere Frequenz ein nicht ausgeschöpftes Umsatzpotenzial in Höhe von ca. 60.000 € barg. Die Umsetzung in reguläre Umsätze stellt eine Herausforderung für den Handel dar.

Quelle: *Hagemann 1996, S. 44-47*

Im Rahmen der Aktionen werden Preisreduktionen und Werbung in der Regel kombiniert eingesetzt. Dazu bietet die *A.C. Nielsen GmbH* das Scanning-Modell „Scan*Pro Monitor" an, mit dem der zusätzliche Absatz berechnet werden kann, der einer bestimmten Aktion zuzurechnen ist.

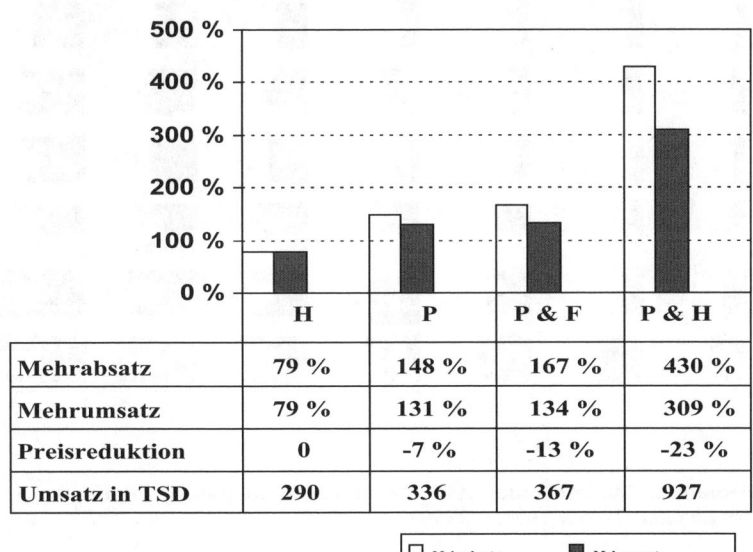

	H	P	P & F	P & H
Mehrabsatz	79 %	148 %	167 %	430 %
Mehrumsatz	79 %	131 %	134 %	309 %
Preisreduktion	0	-7 %	-13 %	-23 %
Umsatz in TSD	290	336	367	927

☐ Mehrabsatz   ■ Mehrumsatz

Abb.: Promotionseffizienz - Marke A
Quelle: *A.C. Nielsen Scan*Pro Monitor* (*Jauschowetz* 1995)

Das Modell dient nicht allein dazu, den nachträglichen Erfolg der Verkaufsförderung zu beurteilen, sondern lässt sich auch als Prognoseinstrument einsetzen. Durch Kenntnis der Preis- und Promotion-Elastizität lassen sich voraussichtliche Absatzergebnisse schätzen (vgl. *Jauschowetz* 1995, S. 160 f.). Allerdings ist dazu kritisch anzumerken, dass die ermittelten Vergangenheitswerte nicht immer als Prognosen geeignet sind. Zum einen beeinflussen Konkurrenzaktionen die Elastizitäten, zum anderen hängt der Erfolg einer Aktion auch in starkem Maße von der Entwicklung der gesamten Warengruppe ab.

Insgesamt kann davon ausgegangen werden, dass der kombinierte Einsatz der verschiedenen Instrumente einen sehr viel höheren Absatz mit sich bringt als der isolierte. Dabei muss jedoch beachtet werden, dass im Falle von Preisreduktionen der entgangene Deckungsbeitrag pro Stück durch ein Vielfaches an Verkäufen kompensiert werden muss (vgl. Kap. F, 5.3).

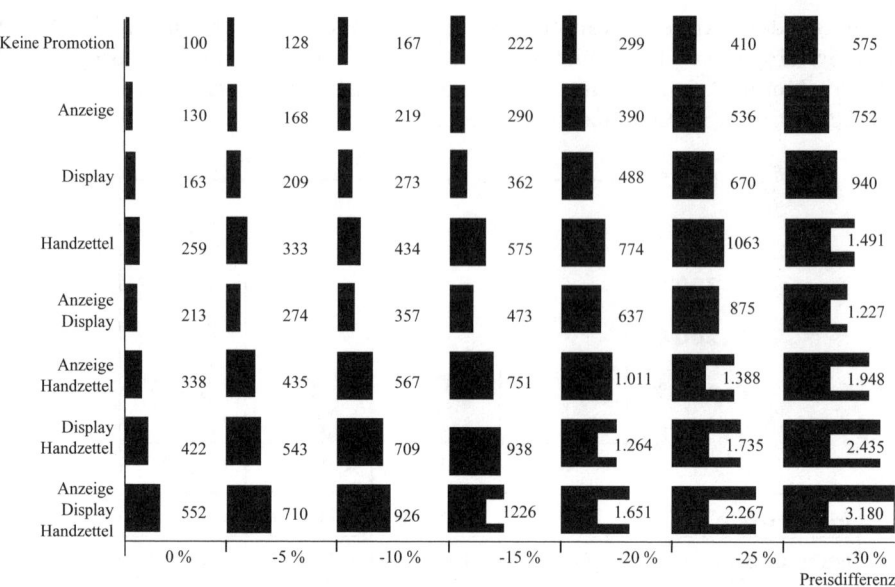

Abb.: Preis-Promotion-Modell (Index 100 = Regulärer Wochenabsatz Marke A)
Quelle: *A.C. Nielsen* (*Jauschowetz* 1995, S. 275)

Aus dem Preis-Promotion-Modell lässt sich ersehen, welche Wirkung einzelnen Verkaufsförderungsinstrumenten (oder einer Kombination mehrerer Verkaufsförderungsinstrumente) in Verbindung mit einer Preissenkung zukommt. Dabei wird der regulären Verkaufssituation ohne Preissenkuung und ohne Einsatz zusätzlicher Maßnahmen der Index 100 zugeordnet. Eine Anzeige allein bewirkt eine Steigerung von 30 % auf 130. Wird der Preis um 30 % gesenkt und erfolgt gleichzeitig ein Einsatz von Handzetteln, Anzeigen und Displays, so steigt der Absatz auf den Index 3.180.

4. Persönlicher Verkauf

Die **direkte Kommunikation des Verkäufers mit dem Kunden** wird mit dem Begriff des **persönlichen Verkaufs** bezeichnet. Für beide Teilnehmer dient dieser Prozess zur Informationsgewinnung und -abgabe. Für das Handelsunternehmen zielt der persönliche Verkauf vor allen Dingen darauf ab, Kaufinteressierte von der Leistungsfähigkeit des Angebots derart zu überzeugen, dass sie Willens sind, die angebotenen Waren zu kaufen. Zu diesem Zweck wird das Verkaufsgespräch eingesetzt.

Um das Gespräch analysieren zu können, muss es in den Kontext des **Verkaufsprozesses** eingeordnet werden. Dieser besteht aus folgenden Phasen (vgl. *Weis* 2005):

- Vorbereitungsphase
- Kontaktphase
- Gesprächseröffnungsphase
- Argumentationsphase und Abschlussphase
- Nachkontakt- oder Nachkaufphase.

Dabei umfasst das eigentliche Verkaufsgespräch drei dieser Phasen: die Gesprächseröffnung, die Argumentation sowie die Abschlussphase.

Die **Vorbereitungsphase** existiert nicht bei jedem Verkaufsgespräch. Beispielsweise ist sie nicht vorhanden, wenn ein Verkäufer im Geschäft vom Kunden direkt angesprochen wird. Besonders im BtoB-Bereich dient sie der Konzentration auf das anstehende Verkaufsgespräch (vgl. *Homburg / Krohmer* 2006, S. 901). Der Verkäufer muss sich über seinen potenziellen Kunden informieren und Informationen über ihn, seine Motive und seine Entscheidungsstrukturen sammeln. Anhand einer Checkliste sind die Nutzen, die das Produkt für den Kunden aufweist, zu sammeln. Je nachdem, ob es sich um ein Erst-, Angebots- oder Folgegespräch handelt, kann der Umfang der Vorbereitung schwanken (vgl. *Weis* 2003, 2005).

Der Verkäufer muss dann den Kontakt zum Kunden aufnehmen (**Kontaktphase**). Im Einzelhandelsgeschäft stellt dies kein Problem dar, denn der Kunde kommt zu ihm. Anders ist die Sachlage z. B. beim Direktvertrieb oder beim Handel mit Investitionsgütern. Im Fall einer telefonischen Terminvereinbarung bei potenziellen Neukunden sollte darauf geachtet werden, dass nur ein Besuchstermin und noch kein Verkaufsgespräch vereinbart wird und dem Kunden eine Motivation für die Begegnung dargestellt wird. Schriftliche Terminvereinbarungen empfehlen sich bei Übernahme eines neuen Bezirks, beim Besuch von Kleinkunden, bei Verkaufsaktionen oder der Wiedergewinnung ehemaliger Kunden.

Der Kontaktphase schließt sich die **Gesprächseröffnungsphase** an. Hier entscheidet sich innerhalb der ersten zwei bis sechs Minuten, ob der Gesprächspartner dem Verkäufer traut oder misstraut. Bei der Kommunikation mit Unbekannten ist er geneigt, ihn in sein bestehendes Erfahrungs- und Bewertungssystem einzufügen. Indikatoren dafür sind Kleidung, Gesten, Gesichtsausdruck, Sprechverhalten etc. Daher sollte sich der Verkäufer um ein sicheres Auftreten und eine positive Ausstrahlung bemühen.

In der darauffolgenden **Argumentationsphase** muss der Verkäufer zunächst die Motivlage und die Probleme des Gesprächspartners kennen lernen. Bevor ein Angebot vorgestellt werden kann, das eine Lösung für die Probleme des potenziellen Käufers darstellt, findet ein Informationsprozess statt. Dabei gilt es, möglichst viel über den Käufer zu erfahren. Es müssen Argumente gesammelt werden, welche die Motivlage des Käufers betreffen. Dabei kann es sich um rationale, emotionale, Pro- und Contra-Argumente handeln, deren Einsatz überlegt und abgewogen werden muss. Die Art und Weise des Sprechens sollte dem Gesprächspartner angepasst werden. Von Bedeutung ist ferner eine dialogorientierte Sprechleistung, bei der auch Fragen zum Einsatz kommen können. Die Behandlung von Einwänden sollte gedanklich vorweggenommen werden.

Generell ist darauf zu achten, dass die verbale Verhaltenweise drei Ebenen berücksichtigen sollte:

- Auf der **Sachebene** sollten alle entscheidungsrelevanten Inhalte bestmöglich vermittelt werden.

- Auf der **Beziehungsebene** sollten durch den Aufbau einer positiven Beziehung die Sachargumente noch verstärkt werden.

- Auf der **Verkaufsebene** sollte der Verkäufer Strategie, Taktik und Methoden in der Form einsetzen, dass sich der Gesprächsverlauf positiv gestaltet und zielorientiert einem Abschluss nähert.

In der Argumentationsphase werden Nutzen und Vorteile des Produktes vermittelt. Gegenargumente des Käufers werden entkräftet. Zu einem bestimmten Zeitpunkt muss der Verkäufer darauf achten, dass sich der Käufer zu einem Verkaufsabschluss entscheiden sollte. Das Gespräch nähert sich der **Abschlussphase**. Dies bedeutet, dass der Verkäufer erkennen muss, ob der Kunde zu einem Verkaufsabschluss bereit ist. Verbale und nonverbale Kaufsignale können darüber Aufschluss geben. Um ein Gespräch erfolgreich zu schließen, steht dem Verkäufer eine Reihe von Abschlusstechniken zur Verfügung:

- Alternativtechnik: Der Verkäufer stellt zwei Alternativen zur Wahl, die für ihn (Verkäufer) beide positiv sind.

- Zusammenfassungstechnik: Der Verkäufer fasst nochmals alle wichtigen Vorteile zusammen.

- Feststellungstechnik: Der Verkäufer stellt Fragen, die der Kunde stets mit „Ja" beantwortet, sodass er schließlich auch zum Auftrag „Ja" sagt.

- Teilentscheidungstechnik: Über einen Rand- oder Teilgebietsvorteil soll der Kunde zur Zustimmung bewegt werden.

- Technik der Reserveargumente: Ein sogenanntes letztes oder Reserveargument wird benutzt, um den Käufer zum Kauf zu bewegen.

Nachdem ein Kauf abgeschlossen wurde, sollte ein Verkäufer darauf achten, dass beim Kunden nicht die „Phase des Bedauerns" eintritt. Diese **kognitiven Dissonanzen** treten besonders dann auf, wenn es mehrere attraktive Alternativen gab, zwischen denen sich der Käufer entscheiden musste, und er später die nicht gewählte als die attraktivere empfindet (vgl. *Festinger* 1957). Auch verfügt er später vielleicht über Informationen, die seinen Erwartungen in Bezug auf das Produkt nicht entsprechen. In der **Nachabschlussphase** muss der Verkäufer dazu beitragen, diese Dissonanzen beim Kunden zu vermeiden bzw. sie so gering wie möglich zu halten. Dazu tragen Informationen bei, die den Käufer in seiner Entscheidung bestätigen. Unmittelbar nach Vertragsabschluss können Redewendungen wie „Ich beglückwünsche Sie zu Ihrem Kauf. Sie haben eine gute Wahl getroffen." dazu beitragen, Dissonanzen zu verringern bzw. nicht erst aufkommen zu lassen. Ebenso sollte der Kunde nach einer gewissen Zeit nochmals kontaktiert werden.

Nicht immer erscheint es sinnvoll, den **persönlichen** Verkauf einzusetzen. Im Handel werden zunehmend Selbstbedienung und Versandhandel (online oder telefonisch) eingesetzt. Daneben existieren Mischformen aus Fremd- und Selbstbedienung. Schließlich kommt auch der Automatenverkauf zum Einsatz (vgl. *Schenk* 2007, S. 133 ff.).

Die **Selbstbedienung** ist eine Verkaufsmethode, bei der der Kunde die griffbereit liegende Ware ohne Mitwirkung von Bedienungspersonal auswählt und zur Kasse bringt (vgl. *Ausschuss für Definitionen* 2006, S. 55). Damit ist verbunden, dass Informations- und Beratungsleistungen weitgehend auf den Hersteller zurückverlagert werden. Das heißt, dieser muss dem verminderten Personaleinsatz in Form von Packungsgestaltung, Benutzungshiweisen etc. Rechnung tragen. Der andere Teil der Absatzfunktionen wird an die Konsumenten ausgelagert, die sich beim Einkauf selbst informieren müssen (vgl. *Hansen* 1990, S. 291 ff.). Aus informationstheoretischer Sichtweise ist Selbstbedienung eine „one-way-Kommunikation". Der Nachteil besteht darin, dass die Informationen nicht auf die individuellen Bedürfnisse des Empfängers abgestimmt werden können.

Durch Einsatz der Selbstbedienung kann die Personalproduktivität erhöht werden, der Umsatz pro beschäftigter Person steigt. Andererseits muss beachtet werden, dass der Bedarf an Raum und Betriebsmitteln steigt. Selbstbedienung erfordert mehr Fläche, sodass Mieten, Abschreibungs- und Kapitalkosten höher ausfallen als bei Einsatz der Fremdbedienung. Niedrigeren Personalkosten stehen somit höhere Fixkostenblöcke gegenüber.

Neben den kostenwirtschaftlichen Aspekten sind **ertragswirtschaftliche** zu beachten. Selbstbedienung hat für den Kunden den Vorteil, dass er die Waren unmittelbar erleben kann. Er kann angenehm auswählen, muss nicht warten, spart damit Zeit und es besteht kein Kaufzwang. Das unmittelbare Erleben der Waren löst auch zusätzliche Impulskäufe aus. Andererseits ist die Möglichkeit der Verkaufsform **Selbstbedienung** an verschiedene Rahmenfaktoren gebunden. Die Produkte müssen über bestimmte Voraussetzungen verfügen: Verkaufsfertigkeit, verkaufstechnische Problemlosigkeit, Unempfindlichkeit gegen die Berührung durch den Kunden und geringe bis mittlere Wertigkeit. Letztere ist erforderlich, um Diebstahlrisiken zu begrenzen.

In Bereichen, in denen eine konsequente Selbstbedienung nicht sinnvoll bzw. nicht möglich erscheint, lassen sich Mischformen aus Fremd- und Selbstbedienung einsetzen. Die so genannte **Vorwahl** oder **Preselection** besteht darin, dass der Kunde den Auswahlvorgang allein vornimmt. Verkaufspersonal steht dann zur Verfügung, wenn es um Beratung, Anprobe oder Entnahme der Waren geht. Mittels dieser Form werden die Personalkosten verringert, während eine raumsparende Präsentation die Fixkosten nur geringfügig steigen lässt.

Eine Sonder- und Extremform der Selbstbedienung stellt der **automatische Verkauf** dar, der ohne jedes Verkaufspersonal durchgeführt werden kann. Durch die Ausschaltung des Verkaufspersonals ist eine Umgehung der Ladenschlusszeiten und eine höhere Produktivität möglich.

5. Sponsoring

Vom Begriff des Sponsors sind der des Mäzens und der des Spendenwesens abzugrenzen. Im Gegensatz zum Sponsoring werden dabei keinerlei Gegenleistungen erwartet.

Sponsoring bedeutet die

• Planung, Organisation, Durchführung und Kontrolle sämtlicher Aktivitäten,

• die mit der Bereitstellung von Geld, Sachmitteln oder Dienstleistungen durch Unternehmen

• zur Förderung von Personen und/oder Organisationen im sportlichen, kulturellen und/oder sozialen Bereich verbunden sind,

• um damit gleichzeitig Ziele der Unternehmenskommunikation zu erreichen (*Bruhn* 2003a, S. 5).

Mit dieser Definition soll insbesondere hervorgehoben werden, dass Sponsoring auf dem Prinzip von Leistung und Gegenleistung basiert. Zugleich entspricht es nicht dem reinen Kauf von Werbefläche, sondern zusätzlich spielt der Fördergedanke eine Rolle. Ferner wird impliziert, dass dabei ein systematischer Entscheidungsprozess durchlaufen wird.

Das Ziel jedes Unternehmens dabei ist, die einzelnen Instrumente der Kommunikationspolitik derart zu kombinieren und einzusetzen, dass eine optimale Ansprache der einzelnen Zielgruppen gewährleistet wird. Demnach stellt Sponsoring ein Instrument des Kommunikations-Mix dar und muss sich in die gesamte Kommunikation einordnen. Sponsoring findet immer im Verbund mit den klassischen Kommunikationsinstrumenten statt. Es scheint nicht zweckmäßig, es als ein isoliertes Instrument zu betrachten. Die Trikotwerbung ist gleichzeitig ein Instrument der Werbung, die Unterstützung eines Kongresses stellt eine Maßnahme des Sponsoring und gleichzeitig der Öffentlichkeitsarbeit dar.

Es lassen sich vier Arten des Sponsoring unterscheiden:

• **Sportsponsoring**: z. B. Sportvereine, Sportveranstaltungen, Sportler, Talente etc.

• **Kultursponsoring**: z. B. Kunstausstellungen, Konzerte, Stiftungen etc.

• **Sozialsponsoring**: z. B. Wissenschaft, Bildung, karitative Einrichtungen etc.

• **Umweltsponsoring**: z. B.: ökologische Vereine, ökologische Aktionen etc.

Mit dem **Sportsponsoring** verbindet ein Unternehmen bestimmte Ziele. Diese Form verfolgt als einzige auch konkrete ökonomische Ziele, da beispielsweise nach einem Sieg der gesponserten Person die Umsätze steigen. Daneben wird beabsichtigt, den Bekanntheitsgrad zu stabilisieren bzw. zu erhöhen. Ferner zielen derartige Maßnahmen darauf ab, dass das Image des Gesponserten auf den Sponsor abfärben soll. Im Rahmen der Sportsponsoring lassen sich verschiedene Kommunikationsträger unterscheiden: Sponsoring von Einzelsportlern, Mannschaften, Sportveranstaltungen und Sportarenen (vgl. *Bruhn* 2007, S. 414).

Kultursponsoring stellt eine Form des kulturellen Engagements von Unternehmen dar, bei dem durch die Unterstützung von Künstlern, kulturellen Gruppen, Institutionen oder Projekten auch Wirkungen im Hinblick auf die Unternehmenskommunikation erzielt werden. Direkte Umsatzsteigerungen werden dabei nicht erwartet. Die Unternehmung verbindet damit eher Imageziele bei bestimmten Zielgruppen. Der Preis pro tausend Kontakte liegt vergleichsweise hoch. Aufgrund der verringerten staatlichen Fördermittel ist in Zukunft mit einem steigenden Sponsoringaufkommen in diesem Bereich zu rechnen.

Der Anteil von Sponsoringausgaben im Bereich **Sozio- und Umweltsponsoring** ist derzeit noch relativ gering. Auch hier kann prognostiziert werden, dass die Unternehmen sich künftig stärker engagieren werden. Zudem eignet sich Sozio- und Umweltsponsoring gerade für ein lokales bzw. regionales Engagement. Als Oberziel werden auch hier meist Imagegründe genannt, der Fördergedanke steht im Vordergrund und ökonomische Ziele spielen eine untergeordnete Rolle (vgl. *Bruhn* 2007, S. 417 ff.). Die Tätigkeitsbereiche des **Umweltsponsoring** erstrecken sich im Wesentlichen auf den Natur- und Artenschutz durch Unterstützung von Umweltschutzorganisationen. Ein Beispiel ist die Baumpflanzungsaktion des Brillen-Filialisten Fielmann, der jedes Jahr für jeden Mitarbeiter einen Baum pflanzen lässt (bis heute schon über 750.000 Bäume). Parallel zum Umweltsponsoring entwickelte sich auch der Bereich **Soziosponsoring**. Auch hier liegt der Fokus auf dem Fördergedanken. Schwerpunkte der Förderung liegen in den Bereichen Gesundheit und Sozialwesen sowie in Wissenschaft und Bildung. Bereitgestellt werden finanzielle Mittel sowie Sachmittel zur Lösung sozialer Aufgaben. Oft steht die Region im Mittelpunkt.

6. Sonstige Instrumente der Kundenbindung: Events, Kundenkarten und Kundenclubs

In einer Zeit der anonymen Massenmärkte ist es für den Handel mehr denn je von Interesse, Kundenbindungen aufzubauen und zu pflegen. Dadurch soll vor allem den Kunden, die eine Einkaufsstätte häufig aufsuchen, das Gefühl vermittelt werden, besonders zuvorkommend behandelt zu werden. Dazu werden zunehmend **Kunden-Events, Kundenkarten** und **Kundenclubs** eingesetzt. Mit diesen Instrumenten will der Handel folgende Ziele erreichen:

- Die **Bindung der Kunden** an ein bestimmtes Handelsunternehmen soll verstärkt werden, so dass sie auch zukünftig dort ihre Einkäufe tätigen.

- Sie sollen zu **Mehrkäufen** veranlasst werden.

- Sie sollen dazu beitragen, **Neukunden** zu werben.

- **Verbesserter Dialog** mit dem Kunden: Sie sollen der Handelsunternehmung Daten zur Verfügung stellen, aus denen ersichtlich wird, welche Kunden die Kernzielgruppe darstellen, über welche Präferenzen diese verfügen und welche Beträge ausgegeben werden (**Data Mining**), sodass das Marketing-Mix intensiver auf diese abgestimmt werden kann.

- Öffnung für **zukünftige Medienentwicklung** (z. B. Teleshopping).

Maßnahmen zur Kundenbindung können auf der Basis von Veranstaltungen durchgeführt werden, zu deren Teilnahme es keiner Clubmitgliedschaft bedarf. Zentrales Element ist dabei eine ständig aktualisierte Kundendatei. Mit einer **Clubmitgliedschaft** wird die Exklusivität formalisiert. In fast allen Fällen ist ein Element der Einsatz einer **Kundenkarte**. Zudem kommt das Clubmitglied in den Genuss anderer Vorteile wie besonderen Einkaufs- und Zahlungsbedingungen, speziellen Einladungen, kleinen Geburtstagsgeschenken und Ähnlichem.

Events

Unter einem Marketingevent werden inszenierte Ereignisse verstanden, die das Ziel verfolgen, den Teilnehmern Erlebnisse zu vermitteln bzw. bei diesen Emotionen auszulösen, und die sich gleichzeitig dazu eignen, einen positiven Beitrag zur Durchsetzung der Marketingstrategie zu leisten (vgl. *Nickel* 1998, S. 7). Diese werden von den finanzierenden Unternehmen i. d. R. selbst geplant und umgesetzt. Damit verfolgen sie zwei Arten von Zielen:

- **Kontaktziele:** Durch Events soll der direkte Kontakt zwischen Anbieter und Kunden hergestellt werden.

- **Kommunikationsziele:** Das Handelsunternehmen beabsichtigt konkrete Beeinflussungsziele zu bewirken. Die Vorstellungen stehen meist im Mittelpunkt der Aktionen.

Im Gegensatz zur Werbung versuchen Unternehmen mit diesem Instrument, durch reale Erfahrungen der Kunden auf ihr Verhalten einzuwirken. Events wirken dabei wie dreidimensionale inszenierte Bilder, die über alle Sinneskräfte wirksam werden. Im Gegensatz dazu wirken die anderen Kommunikationsinstrumente über die Medien und sprechen damit meist nur einen, höchstens zwei Sinne an. Durch die Teilnahme an konkreten Ereignissen nimmt der Kunde das Unternehmen bewusster wahr und verbindet mit diesem schöne Erlebnisse.

Erfolgreich sind Events jedoch nur, wenn sich die Teilnehmer langfristig an das Ereignis erinnern. Dies kann dadurch erreicht werden, dass die Events aktivierend und einprägsam gestaltet werden, die Kunden aktiv miteinbeziehen und originell inszeniert werden.

Events werden meist zu speziellen Anlässen getätigt. Z. B. feierten zahlreiche Buchgeschäfte im Oktober 2007 überall in Deutschland mit ihren Kunden um Mitternacht das Erscheinen des letzen Harry Potter-Bandes. Events zählen zu den imageorientierten Verkaufsförderungsaktionen (vgl. 3.3) und werden i. d. R. in Kooperation mit namhaften Herstellern durchgeführt.

Problematisch erscheint die Messung des Eventerfolgs. Rein quantitative Größen wie Umsatz greifen oft zu kurz, ist doch i. d. R. in erster Linie ein Imagegewinn mit der Durchführung von Veranstaltungen beabsichtigt. Daher sollten Bekanntheitsgrad, Erlebniswirkungen, Imageveränderung und Kaufabsicht gemessen werden (vgl. *Esch* 1998).

Kundenkarten

Bei einer Kundenkarte handelt es sich um einen Identifikationsbeleg, i. d. R. in Form einer Plastikkarte, den ein Unternehmen oder eine Gruppen von Unternehmen an Kunden ausgibt. Diese erhalten durch das Vorzeigen der Karte geldwerte Vorteile, Zusatzleistungen oder andere Vergünstigungen (vgl. *Ausschuss für Definitionen* 2006, S. 117). Dabei werden grob zwei Arten von Karten unterschieden: solche mit und solche ohne Zahlungsfunktion. Bei Kundenkarten spricht man von einem „Zwei-Parteien-System", dem Kartenherausgeber und dem Karteninhaber (vgl. *Kaapke* 2001, S. 180). Im Gegensatz dazu sind es bei Kreditkarten und allgemeinen Bonuskarten wie z. B. Payback drei Parteien, die beteiligt sind: der Herausgeber, der Akzeptant und der Inhaber.

Servicekarten spielen als Instrument zur Kundenbindung eine immer größere Rolle. Nach einer empirischen Untersuchung des *Instituts für Handelsforschung* setzen rund 24 % der befragten Unternehmen Kundenkarten ein (vgl. *Kaapke/Dobbelstein* 2001). Weitere 27 % planten 2004 einen Einsatz. Dabei steht die wachsende Kartenflut der Akzeptanz des Verbrauchers entgegen. Diese beschränkt sich i. d. R. auf wenige Karten, die er in seiner Brieftasche mit sich herumträgt.

Mit der Ausgabe von Kundenkarten verfolgen Handelsunternehmen verschiedene **Ziele**:

• Sie erhalten sehr detailliertes Datenmaterial über die Kunden.

• Eine umfassende Datenbasis vereinfacht den gezielten Einsatz von Kommunikationsinstrumenten.

• Steigerung der Kundenbindung

• Erhöhung der Besuchsfrequenz

• Erhöhung der Umsätze.

Diesen Zielen, die den Einsatz von Kundenkarten zweifellos vorteilhaft erscheinen lassen, stehen die **Kosten** gegenüber, die dem Handelsunternehmen durch die Durchführung der kartengebundenen Prozesse und die gewährten Kundenvorteile entstehen. Insbesondere das Handling von Kundenkarten wird nach wie vor unterschätzt (vgl. *Kaapke* 2001, S. 183). Neben den technischen Voraussetzungen in allen Outlets müssen die Mitarbeiter sich umfassend mit den Funktionen der Karten und den Voraussetzungen des Kartenerwerbs auskennen. Dazu sind Schulungen nötig. Und schließlich wird ein Kunde nur Karteninhaber, wenn er sich davon Vorteile erhofft. Dazu müssen ihm besondere Leistungen geboten werden, die ebenfalls Kosten verursachen. Es werden daher zwei Kostenblöcke unerschieden:

- Kosten, die aus den mit der Kundenkarte gewährten Leistungen resultieren. Hierbei lassen sich Kosten für die konzeptionelle Vorarbeit (z. B. Redaktion für die Herausgabe eines Kartenmagazins), für das Datenmanagement und für die Bereitstellung von Boni und anderen Vorteilen unterscheiden.

- Kosten, die dem Händler dadurch entstehen, dass sich Mitarbeiter um das Handling der Karten kümmern (Personalkosen und direkt zurechenbare Kosten wie Technik, anteilige Raumnutzung etc.).

Daher stellt sich vor diesem Hintergrund die Frage, ob die Ausgabe von Kundenkarten ökonomisch zu rechtfertigen ist. Mit anderen Worten: Ist der dadurch erlangte Nutzen größer als die damit verbundenen Kosten? Eine wissenschaftlich gesicherte Antwort auf diese Frage steht bis heute aus. Eine gestiegene Kundenbindung resultiert in höherer Einkaufsstättentreue, Besuchsfrequenz und gestiegener Bonhöhe. Doch wie lässt sich dieses Kriterium Treue exakt messen? I. d. R. sind die Karteninhaber bereits die treueren Kunden, erst dadurch wird der Kartenbesitz für sie interessant. Ein Vergleich zwischen Karteninhabern und Nicht-Inhabern liefert daher keine objektiv diskriminierenden Indikatoren. Auch die Einlösungsquoten von Coupons geben keine exakten Anhaltspunkte. Denn wenn ein Gut umsonst ist, wird es gern „mitgenommen" und muss keine weiteren Auswirkungen auf Kundeneinstellungen und Verhaltensweisen haben.

Viele Handelsunternehmen stehen zwischenzeitlich dem Karteneinsatz trotz der weiten Verbreitung skeptisch gegenüber. Kritisch wird das Kosten-Nutzen-Verhältnis betrachtet. Dazu kommt, dass bei der derzeitigen Datenflut der „Kampf ums Portemonnaie" immer härter wird, d. h. die Unternehmen müssen den Kunden immer mehr Vorteile gewähren, möchten sie sie für ihre Karte gewinnen. Um sicher zu gehen, dass sich das Engagement rechnet, müssen Händler heute zu den TOP 3 oder TOP 5 der Kartenanbieter gehören (vgl. *Kaapke* 2001, S. 189).

Kundenclubs

Maßnahmen zur Kundenbindung können auf der Basis von Veranstaltungen und/ oder Leistungen durchgeführt werden, zu deren Teilnahme es keiner besonderen Voraussetzung bedarf. Mit einer Clubmitgliedschaft wird die Exklusivität von Events und Karten formalisiert. In fast allen Fällen ist ein Element der Einsatz von Kundenkarten. Zudem kommt das Clubmitglied in den Genuss anderer Vorteile: besondere Einkaufs- und Zahlungsbedingungen, spezielle Einladungen, kleine Geburtstagsgeschenke oder Ähnliches.

Genauer definiert *Holz* (vgl. 1997, S. 19): Ein **Kundenclub** ist ein **Leistungsangebot**,

- welches von einem Unternehmen initiiert und organisiert wird,
- welches einem Teil der Kunden offeriert wird, dem exklusive Leistungen angeboten werden,
- dessen Beitritt eine Kundenaktivität voraussetzt,
- das eine kontinuierliche, dialogorientierte Kommunikation aufweist.

Generell lassen sich offene und geschlossene Clubs unterscheiden. Von einem **offenen** Club spricht man, wenn er jedermann zugänglich ist und zur Erlangung der Mitgliedschaft keine Eintrittsschwellen (z. B. in Form eines Beitrags) bestehen (vgl. *Hartmann / Kreutzer / Kuhfuß* 2004, S. 75). Um Mitglied in einem **geschlossenen** Club zu werden, muss ein Beitrag gezahlt oder eine andere Qualifizierungshürde genommen werden (z. B. bestimmte Umsatzhöhe erreicht). Solche Clubs wachsen i. d. R. entsprechend langsam.

Eine Reihe von Aspekten sind beim **Aufbau und der Organisation von Kundenclubs** zu beachten: die Auswahl der Adressaten, die Vorteile der Clubmitgliedschaft, die Kosten sowie die Wirkung und Wirkungsmessung des Clubs bei den Kunden.

Auswahl der Adressaten

Es stellt sich die Frage, wer als Zielgruppe für die Clubmitgliedschaft in Betracht kommt. Die **Heavy Users** sind i. d. R. ohnehin einkaufsstättentreu. Zusätzliche Vorteile stellen daher unter Umständen ein reines Geschenk dar für diese Gruppe, Mehrkäufe werden eventuell damit nicht bewirkt. Andererseits darf das Handelsunternehmen diese Zielgruppe auf keinen Fall verlieren. **Gelegenheitskunden** oder **Nichtkunden** stellen weitere mögliche Zielgruppen dar. Eine geringe **Clubgebühr** sollte erhoben werden, damit eine Eintrittsbarriere für minder Interessierte besteht. Die Pflege sehr großer Clubs mit einem hohen Anteil inaktiver Kunden ist mit beträchtlichen Kosten verbunden.

Vorteile der Clubmitgliedschaft

- **Geldwerte Leistungen:** Monetäre Vorteile für die Clubmitglieder werden stark nachgefragt. Diese können in Form von Rabatten oder Boni gewährt werden (vgl. Kap. F, 5.5). Auch Coupons lassen sich zielgruppengenau einsetzen.

- **Informationsleistungen:** Bestimmte Verkaufsinformationen werden vorab an die Mitglieder gestreut. Sie erhalten z. B. in einem Newsletter einen Tag vor einem Sonderverkauf diese Information. Damit stehen diese Waren den Nicht-Mitgliedern oftmals nicht mehr zur Verfügung, da sie schnell ausverkauft sind.

- **Kreditierung:** Da Clubmitgliedschaften i. d. R. mit Kundenkarten verbunden sind, bietet sich die Kreditierung als Instrument an. Sie kann mit verschiedenen Modi der Abrechnung eingesetzt werden, beispielsweise vierzehntägig oder monatlich. Dem Kunden wird für eine kurze Periode ein kostenloser Kredit gewährt.

- **Sonstige Leistungen:** Hier existiert eine Vielzahl denkbarer Leistungen (vgl. *Hartmann / Kreutzer / Kuhfuß* 2004, S. 73 ff.). Z. B. kann ein Baumarkt Know-How-Leistungen in Form von Kurzseminaren (z. B. „Tipps und Tricks beim Hausausbau") anbieten. Betreuungsleistungen werden von Sammlern sehr geschätzt, z. B. durch die Einführung von Kommunikations- und Tauschmöglichkeiten mit anderen Sammlern. Gemeinschaftsleistungen sind auf emotionale und soziale Leistungen ausgerichtet, sie beinhalten z. B. regionale periodische Treffen.

Praxisbeispiel: Der Ikea Family Club

„Deine IKEA FAMILY Vorteile:

- *IKEA FAMILY LIVE: Viermal im Jahr kannst du unser Einrichtungsmagazin mit vielen Tipps und Anregungen kostenlos in deinem IKEA FAMILY Shop mitnehmen.*

- *Spezielle Angebote: Als IKEA FAMILY Mitglied sparst du im IKEA Einrichtungshaus und im IKEA Restaurant bares Geld.*

- *IKEA FAMILY Sortiment: Lass dich vom ständig wechselnden Sortiment zum Mitgliedspreis überraschen.*

- *E-Mail-Newsletter: Damit bist du als Erster über Neuheiten und aktuelle Angebote bei IKEA informiert.*

- *Aktionen und schwedische Events: Du erhältst Einladungen zu Veranstaltungen wie z. B. Einrichtungsworkshops.*

- *Spezielle Partnerangebote: Freu dich auf exklusive Angebote unserer zahlreichen Kooperationspartner!*

- *Kostenlose Transportversicherung: Zeig deine IKEA FAMILY Card an der Kasse – und falls deine Einkäufe beim Eigentransport beschädigt werden, bekommst du sie kostenlos ersetzt.*

- *Gratiskaffee: In unserem Restaurant bekommst du kostenlos Kaffee und jeden Monat neue Gerichte zum Mitgliedspreis."*

Quelle: http:///www. ikea.com / ms / de_DE / IKEA_FAMILY / IKEA_FAMILY_08.html, Abruf am 21.2.2008

Kosten des Kundenclubs

Bei Aufbau und Pflege eines Kundenclubs fallen zum einen Personal- und Sachkosten an und zum anderen Erlösschmälerungen in Form gewährter Rabatte und Kredite. Letztere lassen sich berechnen. Aufwändig scheint die Wartung und Pflege der Kundendatei, die mindestens aus mehreren tausend Adressen bestehen sollte. Zudem ist die Abrechnung von Einkäufen, die mittels Karte getätigt wurden, kostenintensiv. Oft bedienen sich die Handelsunternehmen hierbei der Kooperation mit Finanzdienstleistern. Ferner benötigt ein Kundenclub eine werbliche Unterstützung durch Direct Mails. Falls es nicht gelingt, selbsttragende Aktionen durchzuführen, müssen auch hier entsprechende Kosten einkalkuliert werden. Allerdings muss berücksichtigt werden, dass ein Kundenclub auch zusätzliche Einnahmen ermöglicht. Diese können einen Teil der zusätzlichen Kosten kompensieren.

Aufgrund des hohen Fixkostenanteils sollte der Club nicht zu klein konzipiert sein und mehrere tausend Mitglieder umfassen.

Wirkung und Wirkungsmessung

Größtenteils problematisch erscheint die Wirkungsmessung der Clubs. Im Rahmen von speziellen Leistungen ist die Wirkung daran zu messen, ob die betreffende Leistung in Anspruch genommen wurde. Mittels Kundenkarte lässt sich erkennen, inwieweit Klubmitglieder höhere Beträge ausgeben als andere Kunden. Auch die Häufigkeit des Einsatzes ist erkennbar. Schließlich können Befragungen durchgeführt werden, die Auskunft darüber geben sollen, für wie attraktiv die Kunden den Club halten. Von zentraler Bedeutung sind auch Daten zum Bindungsgrad der Clubmitglieder. Indikatoren dafür sind die Kundenzufriedenheit, die Wechselbereitschaft, der Anteil der Kündiger oder die durchschnittliche Kundenlebensdauer.

7. Rechtliche Restriktionen der Kommunikationspolitik

Auch im Rahmen der Kommunikationspolitik sind eine Reihe rechtlicher Restriktionen zu beachten. Über 20 unterschiedliche Gesetze muss der Handel im Zusammenhang mit der Werbung beachten. Das wichtigste davon ist das **UWG (Gesetz gegen unlauteren Wettbewerb)**. Es gibt eine Reihe von Sondertatbeständen (§§ 3 ff. UWG) sowie eine Generalklausel (§ 1 UWG). Diese stehen in Anspruchskonkurrenz, d. h. sie können selbstständig nebeneinander treten. Eine Wettbewerbshandlung kann sowohl gegen den einen als auch gegen den anderen Paragrafen verstoßen.

Das UWG soll Konkurrenten, Verbraucher und die Allgemeinheit vor unlauterem Wettbewerb schützen.

- Der **Mitbewerber** wird geschützt, da sich kein Konkurrent durch unsachgerechte Maßnahmen einen Wettbewerbsvorsprung verschaffen darf.

- Der **Abnehmer** soll vor unsachlicher Beeinflussung geschützt werden.

- Schließlich soll die **Allgemeinheit** vor unzumutbaren Belästigungen bewahrt werden.

Das Leitbild des UWG ist das Prinzip des Leistungswettbewerbs. Kein Unternehmen darf sich einen Vorteil verschaffen, indem es seine eigenen Leistungen unberechtigt „hochjubelt" oder die Leistungen der Mitbewerber ungerechtfertigt herabsetzt. Postuliert wird der Absatz durch die eigene „tüchtige" Leistung.

Die bedeutsamsten Vorschriften des UWG sind § **3 (Irreführende Werbung)**, die auch **kleine Generalklausel** genannt wird, und § **1**, die **große Generalklausel**.

Nach § **3 UWG** ist es untersagt, im geschäftlichen Verkehr zu Zwecken des Wettbewerbs über geschäftliche Verhältnisse Angaben zu machen, die irreführend sind. Dieser Paragraf soll im Einzelnen näher erläutert werden:

- **Geschäftlicher Verkehr:** Dazu zählt jede selbständige wirtschaftliche Betätigung im Rahmen des Gewerbes.

- **Zu Zwecken des Wettbewerbs:** Ein Wettbewerbsverhältnis muss vorliegen. Im Normalfall gehören Unternehmen der gleichen Branche und Wirtschaftsstufe an und wenden sich an dieselben Abnehmer.

- **Geschäftliche Verhältnisse:** Die Gesetzgebung und die Rechtsprechung legen dieses Merkmal weit aus. Darunter fallen Angaben über Beschaffenheit, Ursprung, Herstellungsart, Preislisten, über den Zweck des Verkaufs oder über die Menge oder Vorräte.

- **Angaben:** Bei Angaben handelt es sich um nachprüfbare Aussagen, die einen Aussagegehalt haben. Wertungen fallen nicht darunter. Z. B.: „A kostet weniger als B" (objektiv nachprüfbar, demnach eine Angabe). „Mutti gibt mir nur das Beste" (nicht nachprüfbar, keine Angabe).

- **Irreführung:** Eine Angabe gilt als irreführend, wenn eine Diskrepanz besteht zwischen der Realität und der subjektiven Vorstellung der Umworbenen. Wichtig ist, dass es sich bei den Umworbenen um die Zielgruppe handeln muss. Die Diskrepanz kann auf zwei Gründen beruhen. Zum einem kann die **Angabe objektiv unwahr** sein. Zum anderen kann sie zwar objektiv wahr sein, wird aber von den Adressaten **missverstanden**.

Beispiele für unwahre Werbung:

Ein Händler wirbt für Textilien aus 100 % Baumwolle, tatsächlich handelt es sich um ein Mischgewebe.

Ein Händler wirbt für Schwarzwälder Uhren, die tatsächlich in Hongkong produziert wurden.

Ein Händler wirbt mit Preisnachlässen, die Preise sind jedoch nicht herabgesetzt.

Ein Händler wirbt mit „2.000 Damenblusen in allen Größen", hat jedoch nur 300 Stück auf Lager.

Objektiv unwahre Angaben sind irreführend und damit zu unterlassen.

Bei objektiv wahrer Werbung, die missverstanden wird, können mehrere Gründe dafür vorliegen:

- Werbung mit mehrdeutigen Aussagen

   Bsp.: Ein KFZ-Händler bewirbt ein Modell, das zu diesem Zeitpunkt nicht mehr gebaut wird, mit „fabrikneu".

- Werbung mit unvollständigen Aussagen

Bsp.: Ein Händler verkauft Designermode aus zweiter Hand, gibt diese Tatsache jedoch nicht an.

- Werbung mit Selbstverständlichkeiten

Bsp.: Ein Schuhhandel wirbt mit dem Text: „Markenschuhe mit Qualitätsgarantie – Bei einer berechtigten Reklamation erhalten Sie kostenlosen Ersatz".

- Blickfangwerbung: Ein Beispiel für Blickfangwerbung stellen besonders herausgestellte Angaben dar. Sie sind isoliert zu betrachten und dürfen für sich allein nicht irreführend sein. Der Durchschnittsbetrachter registriert vor allem das, was ihm ins Auge sticht, was durch große Buchstaben, Fettdruck oder Ähnliches hervorgehoben ist.

Bsp.: Ein Möbelhaus wirbt für ein Schlafzimmer, bestehend aus mehreren Möbeln zum Gesamtpreis von 10.000 Euro. Darunter befindet sich eine Frisierkommode, die ebenfalls als Einzelobjekt verkäuflich ist. Sie ist durch ein Schild mit der Aufschrift 2.000 Euro gekennzeichnet. Dies wird als irreführend angesehen, da der Betrachter diesen Preis auf das ganze Schlafzimmer beziehen könnte.

Nach § 1 UWG ist es untersagt, im geschäftlichen Verkehr zu Zwecken des Wettbewerbs Handlungen vorzunehmen, die **gegen die guten Sitten** verstoßen. Die zentrale Frage, die sich stellt, ist: Wann ist eine Handlung sittenwidrig? Die Rechtsprechung hat u. a. die folgenden Angaben und Handlungen als sittenwidrig eingestuft.

Persönliche Werbung: Über einen Mitbewerber werden in Bezug auf persönliche Eigenschaften herabwürdigende Äußerungen gemacht.

Bsp.: Es werden Äußerungen über seine Vorstrafen, Krankheiten, Konfession etc. gemacht.

Belästigung: Zur Belästigung zählt das Ansprechen von Passanten auf der Straße, um sie in ein Verkaufsgespräch zu verwickeln. Erst im Geschäft ist dies gestattet. Ebenso sittenwidrig ist der Telefonvertrieb bei Privatpersonen.

Verlockung: Der Kunde wird durch einen starken Anlockeffekt in moralischen Kaufzwang versetzt. Dies geschieht beispielsweise durch unentgeltliche Zuwendungen wie Werbegeschenke oder Vorspannangebote.

Ausnutzen von Trieben und Gefühlen: Dazu zählen das Ausnutzen von Freundschaften, Mitleid, sexueller Neugier und anderen. Auch die Spielleidenschaft wird dazu gerechnet. Preisausschreiben dürfen z. B. nur durchgeführt werden, wenn sie nicht an den Kauf einer Ware gekoppelt sind. Es darf nicht einmal der Eindruck entstehen, als sei es sinnvoll, zur Lösung des Preisausschreibens das Produkt zu erwerben.

Kontrollfragen zu G

Literatur

Ausschuss für Definitionen zu Handel und Distribution: Katalog E, 5. Ausgabe, Köln 2006

Barth, K./Hartmann, M./Schröder, H.: Betriebswirtschaftslehre des Handels; 6. Aufl., Wiesbaden 2007

Barth, K./Theis, H. J.: Werbung des Facheinzelhandels, Wiesbaden 1991

BDVA (Bundesverband Deutscher Anzeigenblätter): Marktdaten, http://www.bdva.de, Stand 2007, Abruf am 13.2.2008

Berekoven, L.: Erfolgreiches Einzelhandelsmarketing; Grundlagen und Entscheidungshilfen, 2. Aufl., München 1995

Biegel, B.: Visual Merchandising: Erfolgsstrategien zur Verkaufsförderung, 2. Aufl., Frankfurt am Main 1997

Bruhn, M.: Integrierte Unternehmens- und Markenkommunikation. Strategische Planung und operative Umsetzung, 3. Aufl., Stuttgart 2003

Bruhn, M.: Sponsoring; Systematische Planung und integrativer Einsatz, 4. Aufl., Wiesbaden 2003 (2003a)

Bruhn, M.: Unternehmens- und Marketingkommunikation, Handbuch für ein integriertes Kommunikationsmanagement, München 2005

Bruhn, M.: Kommunikationspolitik, 4. Aufl., München 2007

Diehl, S.: Erlebnisorientiertes Internet-Marketing, Wiesbaden 2002

Diller, H./Kusterer, M.: Erlebnisbetonte Ladengestaltung im Einzelhandel – Eine empirische Studie, in: Forschungsstelle für den Handel (FfH) (Hrsg.): Handelsforschung 1986, Berlin 1987, S. 105-123

Dreiklausen, K.: Kiosksysteme für den POS – die Praxis, in: Frey, U. (Hrsg.): POS-Marketing, Integrierte Kommunikation am Point of Sale, Wiesbaden 2001, S. 179-189

Esch, F.-R.: Eventcontrolling, in: Nickel, O. (Hrsg.): Eventmarketing, Grundlagen und Erfolgsbeispiele, München 1998, S. 149-166

Festinger, L.: A Theory of Cognitive Dissonance, Stanford 1957

Gümbel, R.: Handel, Markt und Ökonomik, Wiesbaden 1985

Gröppel, A.: Erlebnisstrategien im Einzelhandel, Heidelberg 1991

Hagemann, H.: Aktionswirkungen und Nebenwirkungen, in: Dynamik im Handel, 1/96, S. 44-47

Hansen, U.: Absatz- und Beschaffungsmarketing des Einzelhandels, 2. Aufl., Göttingen 1990

Hartmann, W./Kreutzer, R./Kuhfuß, H.: Kundenclubs & More, Innovative Konzepte zur Kundenbindung, Wiesbaden 2004

Holz, S.: Kundenclubs als Kundenbindungsinstrument. Generelle und situationsbezogene Gestaltungsempfehlungen für ein erfolgreiches Kundenclub-Marketing, Bamberg 1997

Homburg, C./Krohmer, H.: Marketingmanagement, Strategie – Instrumente – Umsetzung – Unternehmensführung, 2. Aufl., Wiesbaden 2006

Jauschowetz, D.: Marketing im Lebensmitteleinzelhandel, Wien 1995

Kaapke, A.: Kundenkarten als Instrument der Kundenbindung, in: Müller-Hagedorn, L. (Hrsg.): Kundenbindung im Handel, Frankfurt am Main 2001, S. 177-192

Kaapke, A./Dobbelstein, T.: Kundenbindung im Handel – Empirische Ergebnisse, in: Müller-Hagedorn, L. (Hrsg.): Kundenbindung im Handel, Frankfurt am Main 2001, S. 47-66

Knaack, R.: Werbung für den Einzelhandel, 4. Aufl., Frankfurt 2006

Kotler, P./Keller, K. L./Bliemel, F.: Marketing-Management, 12. Aufl., München 2007

Kroeber-Riel, W./Weinberg, P.: Konsumentenverhalten, 8. Aufl., München 2003

Lerchenmüller, M.: Handelsbetriebslehre, 4. Aufl., Ludwigshafen 2003

Meffert, H./Burmann, C./Kirchgeorg, M.: Marketing, Grundlagen marktorientierter Unternehmensführung; Konzepte – Instrumente – Praxisbeispiele, 10. Aufl., Wiesbaden 2008

Meißner, B.: Verkaufsförderung mit Displays, in: Handbuch der Verkaufsförderung, Hamburg 1981

Müller-Hagedorn, L.: Handelsmarketing, 5. Aufl., Stuttgart/Berlin/Köln 2005

Nickel, O.: Event – ein neues Zauberwort des Marketing?, in: Nickel, O. (Hrsg.): Eventmarketing, Grundlagen und Erfolgsbeispiele, München 1998, S. 3-12

Pepels, W.: Kommunikationsmanagement, 4. Aufl., Stuttgart 2001

Pflaum D./Eisenmann, H.: Einführung in die Handelswerbung, Stuttgart 1988

Riecke, F.: Instore-Medien: Einordnung, Einsatzmöglichkeiten und Erfolgskontrolle, in: Frey, U. (Hrsg.): POS-Marketing, Integrierte Kommunikation am Point of Sale, Wiesbaden 2001, S. 169-178

Rivinius, C.: Displays in der POP-Kommunikation, in; Dynamik im Handel, Heft 1, 1996, S. 53-55

Rogge, H. J.: Werbung, 6. Aufl., Ludwigshafen 2004

Sattler, H./Hartmann, A./Colmorgen, W./Lohre, R.: POS-Marketing; Instore Medien aus Sicht der Marketing-Entscheider, in: Absatzwirtschaft, Heft 2, 2004, S. 11-15

Schader, P.: Der letzte Kaufimpuls, in: Horizont Report 45, 8. Nov. 2007, S. 84

Schenk, H.-O.: Psychologie im Handel, 2. Aufl., München 2007

Schnödt, D.: Die Landmarkierung – wichtig zur Orientierung, in: Grüner Markt, November 2006, S. 32-33 (2006)

Schnödt, D.: Landmarkierungen im Detail: Grüner Markt, Dezember 2006, S. 38-39 (2006a)

Schnödt, D.: Festlegen von Markierungspunkten, in: Grüner Markt, Januar/Februar 2007, S. 46-47

Theis, H.-J.: Handbuch Handelsmarketing, Erfolgreiche Strategien und Instrumente im Handelsmarketing, Frankfurt am Main 2007

Tietz, B.: Der Handelsbetrieb, 2. Aufl., München 1993

Weinberg, P.: Erlebnismarketing, München 1992

Weis, H. C.: Verkaufsgesprächsführung, 4. Aufl., Ludwigshafen 2003

Weis, H. C.: Verkaufsmanagement, 6. Aufl., Ludwigshafen 2005

Weis, H. C.: Marketing, 14. Aufl., Ludwigshafen 2007

Winkelmann, P.: Vertriebskonzeption und Vertriebssteuerung, 3. Aufl., München 2005

ZAW (Hrsg.): Werbung in Deutschland 2007, Bonn 2007

Zielke, S.: Kundenorientierte Warenplatzierung, Modelle und Methoden für das Category Management, Stuttgart 2002

H. Standortpolitik

1. Grundlagen der Standortpolitik

Die **Standortpolitik** befasst sich mit allen Entscheidungen und den darauf aufbauenden Maßnahmen, die dazu dienen, den Ort der Leistungserstellung einer Handelsunternehmung festzulegen und zu erschließen. Dabei handelt es sich um eine langfristige Unternehmensentscheidung mit strategischer Bedeutung. Mit Aufnahme der Betriebstätigkeit an einem neuen Ort ist die Aufgabe eines Standorts mit hohem Aufwand und Imageverlust verbunden. Daher sind diesbezügliche Entscheidungen von hoher Relevanz und sorgfältig zu prüfen (vgl. *Lerchenmüller* 2003, S. 85).

Zu den möglichen Anlässen, die zu Standortentscheidungen führen können, sind zu zählen:

Anlass	Beispiel
Neugründung	Suche nach Ladenlokal zum Aufbau einer selbstständigen Existenz
Umsiedlung ohne Veränderung der Betriebsgröße	Verlagerung eines Großhandelsstandortes nach Stilllegung einer Bahnstrecke
Erweiternde Verlagerung	Umzug an Stadtrand in größere Räumlichkeiten wegen zu starker Beengtheit des bisherigen Citystandortes
Quantitative Unternehmensausweitung	Erschließung neuer Filialen ohne Veränderung des bisherigen Konzepts
Funktionale Differenzierung	Räumliche Aufspaltung der Funktionsausübung: Großhandelsverwaltung an einem Standort, Lager für Zustellgeschäft an einem zweiten, C&C-Markt an einem dritten Standort
Sortimentsbezogene Differenzierung	Aufspaltung eines Sportgeschäfts in eine Filiale für Sportgeräte und eine Filiale für Sportbekleidung

Abb.: Mögliche Anlässe für Standortentscheidungen
Quelle: *Lerchenmüller* 2003, S. 85

Im Falle einer kleinen Handelsunternehmung werden es hauptsächlich Entscheidungen zur Neugründung, Umlagerung oder Ausweitung des Standorts sein, die als Standardentscheidungen zum Tragen kommen. Anders verhält es sich bei den großen Handelsketten. Hier müssen in größeren Zeitabständen Überlegungen dahingehend getroffen werden, ob die Handelsaktivitäten auf eine neue, bislang noch nicht bediente Region/Bundesland ausgedehnt werden sollen. Ebenso stellt sich die Frage, ob die internationale Betätigung verstärkt werden soll. Wird hierzu eine positive Entscheidung getroffen, so muss evaluiert werden, welche Staaten oder

Regionen sich für diese Marktexpansion eignen. Erst danach beginnt die eigentliche Standortsuche.

In der Literatur zur allgemeinen Betriebswirtschaftslehre werden die Einflussfaktoren, an denen sich Standortentscheidungen allgemein ausrichten, als Standortorientierungen bezeichnet. Sie sollen ein Hilfsmittel zur Standortwahl bilden, sind jedoch derart allgemein formuliert, dass sie im Fall der konkreten Entscheidung für einen Handelsstandort als wenig hilfreich angesehen werden können.

- **Beschaffungsorientierung**
- **Faktororientierung**
  Personalorientierung
  Raumorientierung
  Energieorientierung
- **Absatzorientierung**
  Abnehmerorientierung
  Konkurrenzorientierung
- **Verkehrsorientierung**
- **Sonstige Orientierung**
  Informationsorientierung
  Umweltorientierung
  Abgabeorientierung
  Politische Orientierung

Abb.: Allgemeine Standortorientierungen

2. Standortpolitik im Großhandel

Im Großhandel stellt die Standortpolitik überwiegend einen weniger relevanten Faktor dar (vgl. *Lerchenmüller* 1995, S. 91 f.). Im lagerführenden Großhandel sind die Kosten für Fläche und Logistik ausschlaggebend. Im Streckengroßhandel ist kein Standortfaktor relevant. Eine Ausnahme bildet der Cash & Carry-Handel, für den vergleichbare Kriterien wie für den Einzelhandel gelten.

Von den allgemeinen Standortkriterien sind die folgenden für den Großhandel dominant:

- **Beschaffungsorientierung**
- **Faktororientierung** (überwiegend bezüglich des Faktors **Raum**)
- **Absatzorientierung** (überwiegend als **Kundenorientierung**)
- **Verkehrsorientierung**.

Eine Wahl des Standorts nach **beschaffungsorientierten Kriterien** bedeutet, ihn aus strategischen Gründen nach einem der folgenden Faktoren festzulegen:

- Herstellernaher Standort
- Standort in der Nähe von Grenzübergängen
- Standort in der Nähe wichtiger Verkehrsknotenpunkte (Flughafen, Hafen, etc.).

Die überwiegende Orientierung am **Faktor Raum** erscheint insbesondere im lagerhaltenden Großhandel sehr plausibel. Hier werden für die Lagerhaltung große Flächen benötigt. Konsequenterweise wird hier ein Standort gewählt, der in ausreichendem Maße und zu niedrigen Kosten den nötigen Raum bietet. Da wenig bzw. kein Kundenkontakt am Standort anfällt, sind eine attraktive Lage und gute Erreichbarkeit von geringer Relevanz. Standorte, die dieses Kriterium erfüllen, finden sich

- in Gewerbegebieten
- am Stadtrand
- außerhalb von Ballungsgebieten.

Vor allem im Abhol- und im Zustellgroßhandel ist die **Abnehmerorientierung** von Bedeutung. Im ersten Fall gelten die Kriterien, die vom Einzelhandel an den Standort gestellt werden. Im Zustellgroßhandel dagegen sind die standortabhängigen Distributionskosten von großer Bedeutung. Hier muss überlegt werden, welchen Einfluss die Standortwahl auf die Lieferkosten und die Tourenplanung hat. Nach diesen Kriterien ist die Entscheidung zu optimieren. Auch ist in größeren Zeitabständen zu überprüfen, ob die Abnehmerstruktur sich verändert hat und vielleicht nicht mehr zu dem Standort passt.

Mit der Ausnahme der Streckengroßhändler ist die **Verkehrsorientierung** bei allen Großhandelsformen von Bedeutung. Da eine große Menge von Waren, oft auch sperrige Güter, transportiert werden müssen, ist eine ausreichende Verkehrsanbindung von großer Bedeutung. Dazu gehören Wasserstraßen, Bahnlinien, Autobahnen und Bundesstraßen. Wenn auch zurzeit in der Bundesrepublik die Autobahnanbindung dominiert, so werden Verkehrsmittel wie Bahn und Schiff im Zuge der verstärkten Ökologieorientierung an Bedeutung gewinnen.

Mit Ausnahme der Cash & Carry-Märkte und der Zustellgroßhandlungen kommt der **Standortanalyse im Großhandelsbereich keine hohe Bedeutung** zu. Als Kriterien sind günstige und ausreichende Raumversorgung, zufriedenstellende Verkehrsanbindung und hinreichende Nähe zu Kunden und Lieferanten ausreichend.

3. Standortpolitik im Einzelhandel

3.1 Generelle Standortorientierung

Der Kontakt mit den Endverbrauchern unterscheidet den Einzel- vom Großhandel. Dieser Fakt hat zur Folge, dass die Zahl der Abnehmer im Einzelhandel ungleich höher liegt als im Großhandel. Die Kundenbeziehung gestaltet sich anonymer, die Einkaufsbeträge pro Kunde sind niedriger. Auch ist davon auszugehen, dass sich Endverbraucher weniger rational verhalten als gewerbliche Kunden. Hierin liegen die Ursachen dafür, dass die Standortpolitik im Einzelhandel anders gestaltet sein muss (vgl. *Lerchenmüller* 2003, S. 98 f.).

Von den allgemeinen Standortkriterien sind als die wichtigsten anzusehen:

* **Faktororientierung** (in Bezug auf den Leistungsfaktor **Raum**)

* **Absatzorientierung** (sowohl in Form der **Abnehmer-** als auch der

* **Konkurrenz- und Passantenorientierung**)

* **Verkehrsorientierung**.

Raumorientierung in Verbindung mit guter **Verkehrsanbindung** spielt für die großflächigen Betriebsformen wie Verbrauchermärkte und SB-Warenhäuser eine große Rolle. Eine größere Artikelzahl im Sortiment und Substitution der Bedienung durch Selbstbedienung, die mehr Platz für die Präsentation benötigt, schufen den Trend, sich „auf der grünen Wiese" anzusiedeln, da dort die Grundstückspreise niedriger liegen als in der Stadt.

Zentrales Standortkriterium der meisten Einzelhandelsbetriebe ist jedoch die **Absatzorientierung**. Eine große Zahl von Betrieben sucht die Nähe zum Kunden (Wohngebiet, Stadtteil). Dabei handelt es sich meist um solche Betriebe, die Convenience-Waren, das bedeutet solche des täglichen Bedarfs, verkaufen. Sie versuchen eine Alleinstellung zu erreichen. Es soll vermieden werden, dass ein Mitbewerber in der Nähe einen Teil des Umsatzes abzieht. Diese Standortorientierung wird als **Abnehmerorientierung** bezeichnet.

Im Gegensatz dazu sucht der Einzelhandelsanbieter von aperiodischen Gütern geradezu die Konkurrenz. Beim Kauf von Textilien, Schuhen, Möbeln etc. möchte der Kunde die Angebote vergleichen können und unter mehreren Anbietern auswählen. Die Agglomeration mehrerer gleichartiger Anbieter erhöht somit die Attraktivität des Standortes. Sie wird auch als **Konkurrenzagglomeration** bezeichnet. Geeignete Standorte dieser Kategorie sind in der Regel Citylagen, belebte Einkaufsstraßen, Fußgängerpassagen. Im Gegensatz zu den gewachsenen Stadtzentren können sie auch künstlich geschaffen werden. Dies ist bei Einkaufszentren oder Shopping Malls der Fall.

Typ	Standortlage	Bevorzugt eingesetzt von Betriebsform	Bevorzugte Güterarten
Typ 1	In großer räumlicher Nähe zu den Wohnorten der Haushaltungen, die als Kandidaten gewonnen werden sollen	Nachbarschaftsgeschäfte, Lebensmittelfilialbetriebe	Güter des täglichen Bedarfs, Routinierte Einkäufe, Einkäufe, die zu Fuß erledigt werden
Typ 2	In räumlicher Nähe zu Konkurrenzbetrieben	Großflächige Kaufhäuser (z. B. Möbelgeschäfte), Großflächige Fachgeschäfte (z. B. Automobilhandel)	Aperiodische Güter, Güter, deren Anschaffung hohen Informationsbedarf erfordert
Typ 3	In großer räumlicher Nähe zu Geschäften mit ergänzendem Sortiment	Fachgeschäfte	Aperiodische Güter oder Güter des Spezialbedarfs
Typ 4	In großer räumlicher Nähe zu Passantenströmen	Filialisierter Fachhandel (z. B. Mode, Parfumerie, Schuhe)	Aperiodische Güter mit hohem Impulskaufanteil
Typ 5	Verkehrsgünstig gelegen	Fachmärkte, Verbrauchermärkte und SB-Warenhäuser	Güter des täglichen und des aperiodischen Bedarfs, Güter mit hohem Flächenbedarf

Abb.: Standortlagen
Quelle: in Anlehnung an *Müller-Hagedorn* 2002, S. 112

Insbesondere für kleinere Geschäfte mit einem hohen Anteil an Impulswaren ist die **Passantenzahl** wichtigstes Standortkriterium. Hier ist der Händler davon abhängig, dass genügend Konsumenten an seinem Standort vorbeigehen. Solche Standorte findet man häufig in der Nähe der Eingänge zentraler U-Bahn- oder S-Bahn-Stationen, aber auch in belebten Einkaufsstraßen.

Neben der Absatzorientierung zählt die **Verkehrsorientierung** im Einzelhandel zu den wichtigsten Standortfaktoren. Nur für Spezialformen wie den Versandhandel, den ambulanten Handel und Kleinstanbieter in Nachbarschaften ist sie irrelevant. In Citylagen und Stadtteilzentren muss eine gute Erreichbarkeit mit öffentlichen Verkehrsmitteln und eine ausreichende Zahl von Parkplätzen gewährleistet sein. Besonders Letzteres stellt ein immer größeres Problem dar, denn die meisten größeren Städte versuchen, den privaten Autoverkehr aus den Innenstädten zumindest teilweise zu verbannen. Hier sind neue Konzepte zwischen Stadtverwaltungen und Handelsunternehmungen gefordert, um die Attraktivität der Zentrumslagen zu erhalten. Im Gegensatz dazu verfügen Handelsunternehmen auf der grünen Wiese über genügend Parkplätze, hier ist eher auf eine Anbindung des öffentlichen Nahverkehrs zu achten.

Es zeigt sich, dass die betriebswirtschaftlichen Standortfaktoren viel zu allgemein gefasst sind, um aussagekräftig zu sein. Das Wissen um die Notwendigkeit der Absatzorientierung gewährleistet noch lange keinen hervorragenden Standort. Hierzu wurden eine Vielzahl von qualitativen und quantitativen Verfahren entwickelt, die in ihrer Kombination eine hohe Komplexität erreichen können.

3.2 Methoden der Standortbewertung

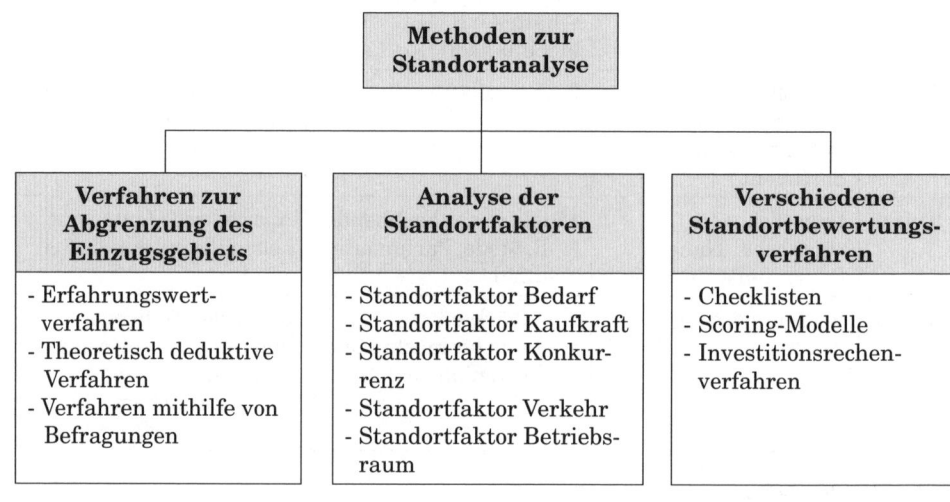

3.2.1 Verfahren zur Abgrenzung des Einzugsgebiets

Mit Verfahren zur Abgrenzung des Einzugsgebiets wird versucht, den **Einzugsbereich** der Kunden zu künftigen Standorten zu bestimmen. Es soll berechnet werden, wie viele Kunden aus welchen Wohngebieten gewonnen werden können. Anhaltspunkte darüber lassen sich z. B. durch empirische Erhebungen an der Kasse gewinnen, indem die Kunden nach ihrem Wohnort befragt werden. Zusätzlich zu Kenntnissen bezüglich des Einzugsbereichs lassen sich damit Anhaltspunkte zur Streuung von Werbung gewinnen.

Gesetzmäßigkeiten des relevanten Marktgebietes:

- Der Anteil der Käufer in einem Gebiet nimmt mit wachsender Entfernung ab.
- Das geografische Gebiet hängt von der Sortimentsbreite und -tiefe ab.
- Die Entfernung, die der Käufer zurückzulegen bereit ist, hängt von der Art des Gutes ab.
- Der Einzugsbereich hängt von den vorhandenen Mitbewerbern ab.

Die Ermittlung des räumlichen Marktgebietes ist sowohl für **einzelne Handelsstandorte** (Filialen) interessant als auch für **Einkaufszentren**, deren Attraktivität sich aus der Anzahl der Geschäfte, deren Zusammensetzung, dem Design des Zentrums, den Parkmöglichkeiten und anderen Faktoren ergibt.

3.2.1.1 Erfahrungswertverfahren

In der Einzelhandelspraxis wird häufig die Abgrenzung des Einzugsgebietes nach **Gehminuten** bestimmt. Ein Radius um den geplanten Standort wird bei 10 Gehminuten eingezeichnet, wobei eine Gehminute ca. 80 m beträgt. Da die Haushalte nicht gleichmäßig über die ermittelte Fläche verteilt sind, sollte zusätzlich eine engere Einzugsgebietsgrenze bestimmt werden, aus der der größte Teil des Umsatzpotenzials zu erwarten ist. Das engere Einzugsgebiet wird als **primäres** bezeichnet, daneben wird ein **sekundäres** und ein **tertiäres** unterschieden (vgl. *Falk / Wolf* 1992, S. 289 ff.). Aufgrund zahlreicher Erfahrungswerte im Lebensmittelhandel kann man davon ausgehen, dass ca. 80 % der Kunden aus einem Einzugsgebiet kommen, das fünf Gehminuten (Fahrminuten) umfasst. Das sekundäre Einzugsgebiet umfasst in diesem Bereich acht Gehminuten und zusätzliche 15 % des Kundenpotenzials, das tertiäre Einzugsgebiet zusätzliche zwei Gehminuten und weitere 5 %.

Die folgende Tabelle veranschaulicht eine solche Analyse mittels Zeitdistanzen, wobei allerdings bereits Konkurrenzabflüsse berücksichtigt wurden.

Zeitdistanz-zonen	Anzahl Haus-haltungen	Markt-anteil	Ø Ausgaben pro Monat in Euro	Monats-umsatz in Euro	Kaufkraft-abfluss			
					Konkurrenten City A	B	C	
bis 2 Min.	200	90 %	300	54.000	10			
2 - 3 Min.	240	70 %	300	50.400	10	20		
3 - 4 Min.	300	50 %	300	45.000	15	25	10	
4 - 5 Min.	180	40 %	300	21.600	10	30	20	
5 - 6 Min.	230	20 %	300	13.800	10	20	30	20
6 - 8 Min.	420	15 %	300	18.900	10	-	40	35
8 - 12 Min.	1.200	5 %	300	18.000	20	-	40	35

Abb.: Umsatzprognose für einen Supermarkt, aufgegliedert nach Zeitdistanzen
Quelle: in Anlehnung an *Institut für Selbstbedienung*, 1963/1967; aktuelle Zahlen von der Verfasserin

Verbrauchermärkte und Shopping-Center nutzen dagegen meist die **Zeitdistanzen-Methode**. Sie beruht auf der **Wegezeit in Autominuten** zwischen Wohnung und Handelsbetrieb. Dabei muss berücksichtigt werden, dass es sich um tatsächliche Fahrzeiten handeln muss. Dies heißt, Ampeln, Stau, Bahnübergänge und dergleichen müssen bedacht werden. Empirischen Untersuchungen zufolge liegt die

kritische Fahrzeit bei 30 Autominuten. Zur Feststellung der tatsächlichen Fahrtzeit, auch ökonomische Fahrtzeit genannt, sollten auf einer Karte die realen Daten eingetragen und zu einem Einzugsgebiet verbunden werden. Ermittelte Linien
mit gleicher Zeitentfernung werden auch als **Isochronen** bezeichnet. Auch hier
kann eine Einteilung in primäres, sekundäres und tertiäres Einzugsgebiet vorgenommen werden. Allerdings muss beachtet werden, dass bei Anwendungen dieses
Verfahrens die individuellen Gegebenheiten des Standortes nicht berücksichtigt
werden und es sich damit nur um ein relativ grobes Verfahren handelt, welches
mit anderen kombiniert werden sollte.

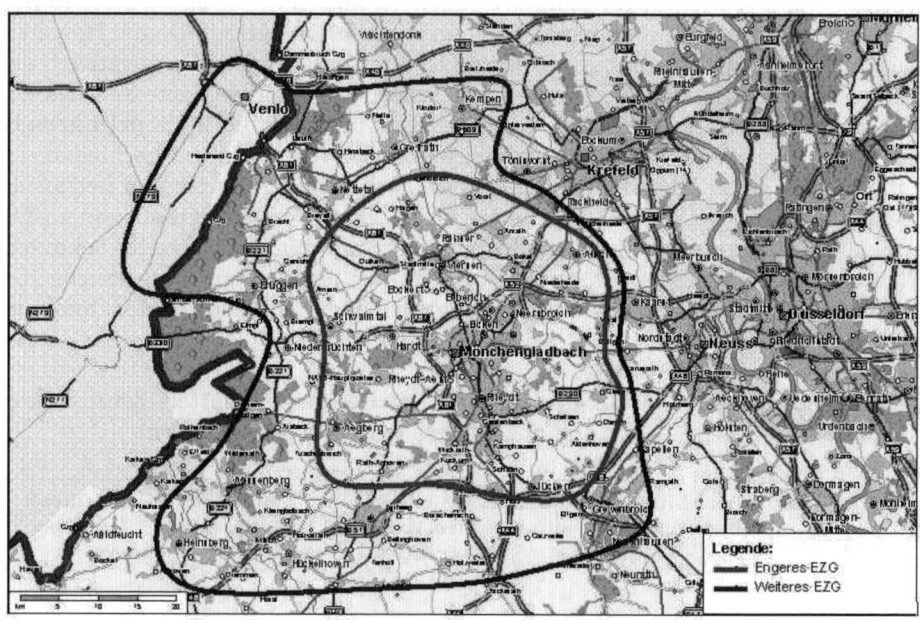

**Abb.: Einzugsgebiet eines Glas-/Porzellan-/Keramik-Fachgeschäftes am Standort Mön-
      chengladbach-Innenstadt**
Quelle: *BBE-Unternehmensberatung: www.handelswissen.de*, Zugriff am 20.10.2007

Im folgenden Beispiel wird eine Standortbewertung mittels Erfahrungswertverfahren exemplarisch aufgezeigt. Auf der Landkarte wurden das sekundäre und
das tertiäre Einzugsgebiet eingezeichnet. Je weiter das Gebiet entfernt liegt, desto
geringer ist die anteilige Kaufkraft, die in Mönchengladbach ausgegeben wird. Unter Berücksichtigung dieser unterschiedlichen Bindungsquoten pro Einzugsgebiet
lässt sich die Umsatzerwartung berechnen:

Bevölkerung, Bindungsquoten und Kaufkraftkennziffern 2002

Standort: Mönchengladbach, Stadt

Gebietsbezeichnung des Einzugsbereiches	Ort/Ortsteil/Kreis	Bevölkerung (absolut)	Zurechnungs-quoten in Prozent [1]	Bevölkerung (gewichtet) [2]	Kaufkraft je Einwohner in EURO 2002	Kaufkraft-kennziffer je Einwohner [3] 100 = Ø BRD	
Kerneinzugsbereich	Mönchengladbach, Stadt	263.014	80	210.411	17.673	104,62	22.013.930,27
							22.013.930,27
Engeres Einzugebiet	Jüchen	22.710	15	3.407	16.821	99,58	339.217,8639
(ohne Kern)	Korschenbroich, Stadt	33.782	20	6.756	21.055	124,65	842.163,9619
	Wegberg, Stadt	28.543	20	5.709	17.261	102,19	583.336,8516
	Schwalmtal	19.177	25	4.794	16.428	97,25	466.264,5356
	Viersen, Stadt	77.130	20	15.426	17.638	104,42	1.610.800,283
	Willich, Stadt	50.300	15	7.545	18.283	108,24	816.654,7993
Weiteres Einzugsgebiet	Grevenbroich, Stadt	64.688	5	3.234	17.640	104,43	337.763,6728
	Kempen, Stadt	36.019	5	1.801	18.286	108,25	194.960,3288
	Nettetal, Stadt	41.871	10	4.187	17.183	101,73	425.935,5332
	Brüggen	15.863	10	1.586	16.827	99,62	158.023,4694
	Erkelenz, Stadt	43.194	10	4.319	16.931	100,23	432.954,7512
	Heinsberg, Stadt	41.318	5	2.066	16.103	95,33	196.944,6069
	Hückelhoven, Stadt	38.970	5	1.949	14.465	85,63	166.858,009
	Wassenberg, Stadt	15.815	5	791	15.383	91,07	72.010,64003
	Grenzgebiet NL	**109.708**	**5**	**5.485**	**10.200**	**60,38**	331.234,9438
Summe Kerneinzugsbereich		263.014	80	210.411	17.673	104,62	22.013.930,27
Summe Engeres Einzugsgebiet		231.642	19	43.637	18.033	106,75	4.658.438,296
Summe Weiteres Einzugsgebiet		407.446	6	25.419	15.395	91,14	2.316.685,955
Summe Marktgebiet		902.102	31	279.467	17.522	103,73	28.989.054,53

1) Diese Kennzahl besagt, wie viel Prozent der Kaufkraft des Einzugsgebiets bezogen auf die hier untersuchten Warengruppen im Einzugsgebiet verbleibt. Die Differenz zu 100 % spiegelt demnach den Kaufkraftabfluss wider.
2) Hier wurde die Bevölkerung (Spalte 3) mit der Zurechungsquote multipliziert.
3) Die Kaufkraftkennziffer ist ein Indexwert, wobei 100 dem Bundesdurchschnitt entspricht. Die Kennziffer zeigt, um wie viel das Einkommen im Einzugsgebiet über oder unter dem Bundesdurchschnitt liegt.

Abb.: Bevölkerung, Bindungsquoten und Kaufkraftkennziffern 2002
Quelle: *BBE-Unternehmensberatung*: *www. handelswissen.de*, Zugriff am 20.10.2007

Im Durchschnitt gab jeder Bundesbürger für GPK/Hausrat/Geschenkartikel ca. 30 € im Jahr aus. Im ersten Schritt lassen sich also die zu erwartenden branchenbedingten Ausgaben im relevanten Marktbereich abschätzen und ergeben das Marktpotenzial für GPK-Waren. Nun muss das betreffende Fachgeschäft überlegen, wie viel Prozent dieses Marktpotenzials es realistischer weise abschöpfen kann (hier als mögliche Bindungsquote bezeichnet). Somit kann es seine erwarteten Umsätze prognostizieren. Mit einem geschätzten Umsatz von 1,6 Millionen Euro ist der Standort durchaus als profitabel zu betrachten.

Marktpotenzial in 1.000 Euro zu EVP (Endverbraucherpreise inkl. MwSt.) für das Jahr 2002 nach Warengruppen				
Warengruppe	Kerneinzugs-bereich	Engeres Einzugsgebiet	Erweitertes Einzugsgebiet	Markt-gebiet
Zwischensumme GPK/Bestecke	6.868,3	1.453,4	722,8	9.044,6
Zwischensumme Hausrat	12.107,7	2.562,1	1.274,2	15.944,0
Summe GPK/Hausrat/ Geschenkartikel	18.976,0	4.015,5	1.997,0	24.988,6
Mögliche Bindungsquote in %	7,5 %	3,0 %	2,0 %	
Umsatzerwartung in 1.000 Euro	1.423,2	120,5	39,9	1.583,6

Abb.: Marktpotenziale der relevanten Warengruppen im Marktgebiet der Stadt Mönchengladbach
Quelle: *BBE-Unternehmensberatung*: *www. handelswissen.de*, Zugriff am 20.10.2007

Vorteile der Erfahrungswertverfahren:

- einfach zu handhaben
- geringer Erhebungsaufwand.

Nachteile:

- individuelle Gegebenheiten werden nicht berücksichtigt
- relativ grobe Verfahren (keine Berücksichtigung von Kaufkraft, Konkurrenz, etc.).

Grundsätzlich gilt: Je kürzer die Distanz von der Wohnung zur Einkaufsstätte, desto höher ist die Wahrscheinlichkeit, dass dort die Einkäufe getätigt werden. Diese Annahme kann im Prinzip aufrecht erhalten werden. Der Gesamttrend geht allerdings dahin, dass die Attraktivität der Einkaufsstätte ebenfalls eine zentrale Rolle spielt (vgl. *Berekoven* 1995, S. 357).

3.2.1.2 Theoretisch-deduktive Verfahren

Zu den empirischen Verfahren werden in letzter Zeit auch zunehmend theoretisch-deduktive Verfahren herangezogen. Zur Abgrenzung des Einzugsgebietes sind bestimmte Gesetzmäßigkeiten im Beziehungsgefüge zwischen den Standorten des Angebots und denen der Nachfrage zu berücksichtigen.

Dabei geht es hauptsächlich um die Beantwortung folgender Fragen:

1. Werden die Konsumenten des Regionalortes i im Handelsort 1 oder Handelsort 2 ihre Einkäufe tätigen?

2. Welcher Punkt zwischen den Orten 1 und 2 stellt die Grenze dar, an der die Anziehungskraft beider Handelsorte gleich hoch ist?

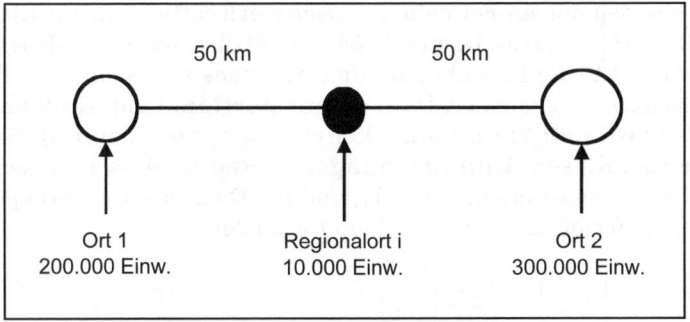

Abb: Einwohner und Entfernungen zweier Orte

Die Antwort auf diese Fragen können durch die Anwendung von **Gravitationsmodellen** gefunden werden. Deren Grundgedanke basiert auf Newtons Gravitationsgesetz. Dabei wirken auf die Einwohner des Regionalortes i die Anziehungskräfte der Handelsorte 1 und 2. Diese Kräfte werden als „Bereitschaft zur Interaktion" bezeichnet.

Die Interaktionsbereitschaft (I) der Einwohner des Regionalortes (B_i) mit den Einwohnern des Handelsortes (B_1) gibt die folgende Formel wieder. Die Konstante (k) resultiert aus der ursprünglichen Formel für die Berechnung der Gravitationskraft; sie wird bei der vorliegenden Anwendung gleich 1 gesetzt. (d) stellt die Entfernung zwischen dem Regionalort und dem Handelsort dar. Diese Entfernung wird mittels λ gewichtet. Für λ gilt i. d. R. ein Wertebereich zwischen 1,5 und 3. In der Praxis wird ein Wert von 2 verwendet, der auch in den folgenden Ausführungen gelten soll.

$$I_{1i} = k\,\frac{B_1 \cdot B_i}{d_{1i}^{\lambda}}$$

Für die Interaktionsbereitschaft mit Handelsort 2 ergibt sich folgende Formel:

$$I_{2i} = k\,\frac{B_2 \cdot B_i}{d_{2i}^{\lambda}}$$

Die Ergebnisse von I (1_i, 2_i) sind nur im Verhältnis zueinander interpretierbar. Ist I_{1i} größer als I_{2i} werden die Konsumenten des Regionalortes (i) im Handelsort 1 einkaufen und umgekehrt (vgl. *Müller-Hagedorn* 2005, S. 152 ff.).

 33 ⟩⟩ Seite 457  34 ⟩⟩ Seite 457

Reilly leitete aus den obigen Formeln das **„Schwerkraftgesetz im Einzelhandel"** (Law of Retail Gravitation) her (vgl. *Reilly* 1953). Er stellte fest, dass zwei zentrale Handelsorte (1,2) die Einzelhandelsumsätze eines zwischen ihnen liegenden Untersuchungsortes (Reginonalort i) **direkt proportional zur Einwohnerzahl (der Handelsorte 1 und 2) und umgekehrt proportional zum Quadrat der Entfernungen zu diesem Untersuchungsort (Regionalort i)** an sich ziehen. Dazu bildete *Reilly* den Quotienten aus I_{1i} und I_{2i}. Die Herleitung erfolgt aus den vorangegangenen Formeln. Das Gesetz lautet wie folgt:

$$\frac{I_{1i}}{I_{2i}} = \frac{B_1}{B_2} \cdot \left(\frac{d_{2i}}{d_{1i}}\right)^2 = \frac{U_1}{U_2}$$

Nach *Reilly* gibt der Quotient U_1/U_2 das Verhältnis wieder, in dem die Konsumenten aus i ihre Umsätze auf die Handelsorte 1 und 2 verteilen. Zu beachten ist, dass es sich hierbei lediglich um ein Verhältnis handelt, das keine weiterführenden Aussagen erlaubt.

Durch eine Umformung dieser Gleichung lässt sich die Grenzlinie zwischen den Einzugsbereichen zweier konkurrierender Standorte bestimmen (vgl. *Converse* 1949, S. 379-384). An diesem Punkt ist der Umsatzabfluss zu den Handelsorten 1 und 2 gleich groß. Dazu wird in der Formel $d_{1i} = d_{12} - d_{2i}$ und $d_{2i} = d_{12} - d_{1i}$ gesetzt, und für den Fall $U_i = U_j$ nach d_{1i} bzw. d_{2i} aufgelöst. d_{12} ist die Entfernung zwischen den Handelsorten 1 und 2.

$$d_{1i} = d_{12} \frac{1}{1 + \sqrt{\dfrac{B_2}{B_1}}} \qquad d_{2i} = d_{12} \frac{1}{1 + \sqrt{\dfrac{B_1}{B_2}}}$$

Die Faktoren *geografische Entfernung* und *Einwohnerzahl* lassen sich durch andere Größen wie *ökonomische Fahrtzeiten* und *Verkaufsfläche* als Attraktionsmaß eines Einkaufszentrums ersetzen (vgl. *Falk / Wolf* 1992, S. 292).

$$Z_B = \frac{Z_{AB}}{1 + \sqrt{\dfrac{V_A}{V_B}}}$$

wobei:
V_A = Verkaufsfläche des Einkaufszentrums A
V_B = Verkaufsfläche des Einkaufszentrums B
Z_{AB} = Zeitdistanz vom Einkaufszentrum A bis zum Einkaufszentrum B
Z_B = Zeitpunkt bis zum Punkt gleicher Anziehungskraft der Einkaufszentren A und B

Auf allen vom Einkaufszentrum ausgehenden Straßen werden die Punkte gleicher Anziehungskraft zu anderen Einkaufszentren ermittelt. Durch Verbindung dieser Punkte erhält man die Grenzen des Einzugsgebiets.

Kritische Beurteilung:

- Empirische Untersuchungen haben ergeben, dass der Exponent im Modell von *Reilly* Werte zwischen 1,5 und 3 annehmen kann. Im Extremfall führt dies zu Schwankungen von mehreren hundert Prozent. Als zuverlässig erwies sich der Wert für den Exponenten von 2 nur, wenn die betrachteten Städte annähernd gleich groß sind.

- Das Modell beschränkt sich auf die Determinanten Entfernung und Bevölkerungszahl.

- Es handelt sich um ein deterministisches Modell. Die Annahme, dass Konsumenten abwechselnd in den Handelsorten 1 und 2 einkaufen, findet keine Beachtung.

- Das Modell zeigt einerseits Überschneidungen, andererseits bleiben nicht zuordbare Gebiete zurück.

- Positiv kann angemerkt werden, dass mit dem Modell auch andere Variablen bearbeitet werden können (z. B. Verkaufsfläche/ökonomische Fahrtzeit).

35 ≫ Seite 458

Dagegen versucht *Huff* (vgl. *Huff* 1964), die Wahrscheinlichkeit W_{ij} zu ermitteln, mit der der Einwohner eines Ortes i im Einkaufszentrum/Geschäftszentrum j einkauft. Zusätzlich zu der Entfernung werden die Faktoren Konkurrenz und Angebot berücksichtigt.

$$W_{ij} = \frac{\dfrac{A_j}{e_{ij} \cdot \lambda}}{\displaystyle\sum_{j=1}^{n} \dfrac{A_j}{e_{ij} \cdot \lambda}}$$

wobei:

W_{ij} = die Wahrscheinlichkeit, dass ein Verbraucher aus dem Wohnort/-gebiet i im Einkaufszentrum j einkauft.

A_j = die Attraktivität eines Einkaufszentrums (ausgedrückt in Umsätzen bzw. Verkaufsflächen)

e_{ij} = die Zeitdistanz zwischen Wohnort/-gebiet i und Einkaufszentrum bzw. Shopping-Center in j

λ = ein Widerstandskoeffizient, der aus empirischen Erhebungen jeweils ermittelt wird und ausdrückt, welche Zeit der Konsument bei den jeweiligen Einkäufen aufzuwenden bereit ist.

Prinzipiell besagt das Modell, dass die Wahrscheinlichkeit, dass ein Kunde eine längere Fahrtzeit in Kauf nimmt, mit der Zahl der Geschäfte/Verkaufsflächenzahl eines Einkaufszentrums steigt und mit zunehmender Entfernung abnimmt.

Kritische Betrachtung:

• Positiv ist zu werten, dass mehrere konkurrierende Einkaufsorte erfasst werden.

• Problematisch erscheint die Ermittlung des Widerstandskoeffizienten.

Zusammenfassend muss zu den theoretisch-deduktiven Verfahren gesagt werden, dass sie den gravierenden Nachteil aufweisen, nur wenige Einflussfaktoren in die Analyse einzubeziehen. Es bleiben eine Reihe von relevanten Standortkriterien unberücksichtigt, die in der praktischen Anwendung zu berücksichtigen sind.

3.2.1.3 Verfahren mithilfe von Befragungen: Der Einsatz der Analogiemethode

Bei der **Analogiemethode** handelt es sich um eine Methode, den Umsatz eines anvisierten Standorts zu prognostizieren (vgl. *Applebaum* 1966, S. 127-141). Von einem Scoring-Modell unterscheidet sich die Methode dadurch, dass zum einen die Gewichtungsfaktoren wegfallen und zum anderen auf die Erfahrungen des Unternehmens mit anderen Standorten zurückgegriffen wird.

Diese Erfahrungen sind von zentraler Bedeutung. Es müssen bereits Betriebe existieren, die die Vergleichsdaten liefern. Dies bedeutet, dass sie in Bezug auf Einkaufsgewohnheiten der Konsumenten, Konkurrenz, Lage und Absatzpolitik vergleichbar sein müssen. Für diese wird der Umsatz pro Kopf im Einzugsgebiet festgestellt. Dazu wird das Einzugsgebiet in verschiedene Entfernungszonen eingeteilt, und es wird festgestellt, wie viele Personen in dem jeweiligen Gebiet leben.

Einzugsbereich (in Meilen)	Bevölkerung in dieser Zone	Geschätzter Umsatz in $ pro Kopf (Werte von analogen Verkaufsstellen)	Geschätzter Umsatz in $ pro Woche	
			absolut (4)=(2)x(3)	in % (5)
(1)	(2)	(3)		
0 - 0,25	4.700	2,00	9.400	28 %
0,25 - 0,50	12.900	0,76	9.804	29 %
0,50 - 0,75	23.000	0,22	5.060	15 %
0,75 - 1,00	36.300	0,12	4.356	13 %
über 1 Meile			5.051	15 %
			33.671	100 %

Abb.: Umsatzprognose mithilfe der Analogiemethode
Quelle: *Applebaum* 1966, S. 140

In Spalte (4) werden die Umsätze prognostiziert, die mit Personen aus den einzelnen Einzugsbereichen voraussichtlich erzielt werden können. Die Bevölkerungswerte müssen für jeden zu bewertenden Standort neu ermittelt werden. Zentrale Kennziffer dabei ist der geschätzte **Umsatz pro Kopf der Bevölkerung.** Dieser muss im Analogieverfahren bei den bestehenden Standorten ermittelt werden. Dazu wird folgendes Verfahren angewendet:

Einzugsbereich (in Meilen)	Anzahl der befragten Kunden	Errechnete Umsätze in $	Bevölkerung		Pro-Kopf-Umsatz in $
(1)	(2)	(2) · 100 (3)	in % (4)	(5)	(3) : (5) (6)
0 - 0,25	17	1.700	5,3 %	1.525	1,11
0,25 - 0,50	56	5.600	17,5 %	5.900	0,95
0,50 - 0,75	38	3.800	11,9 %	6.575	0,58
0,75 - 1.00	53	5.300	16,6 %	9.925	0,53
1,00 - 1,50	70	7.000	21,9 %	23.375	0,30
1,50 - 2,00	41	4.100	12,8 %	36.725	0,11
über 2 Meilen	28	2.800	8,8 %		
von außerhalb der Stadt	17	1.700	5,3 %		
	320	32.000	100,0 %		

Abb.: Ermittlung des Pro-Kopf-Umsatzes für einzelne Entfernungszonen
Quelle: *Applebaum* 1966, S. 128

Erläuterung:

(1) Das gesamte Verkaufsgebiet wird in Quadrate unterteilt. Für jedes Quadrat ist die Bevölkerungsdichte zu ermitteln.

(2) In einem Analogiebetrieb wird eine Stichprobe von Kunden nach ihrem Wohnort befragt. Für je 100 $ Umsatz wird ein Kunde befragt. Die Anzahl der befragten Kunden wird mit 100 multipliziert (Spalte (3)).

(4) Es wird errechnet, wie viel Prozent des gesamten Umsatzes mit Kunden der jeweiligen Einzugsgebiete getätigt wird.

(6) Die pro Rastereinheit getätigten Umsätze (3) werden durch die Bevölkerungszahl geteilt (5). Daraus ergibt sich der Pro-Kopf-Umsatz pro Quadrat.

Kritische Beurteilung des Verfahrens:

• Positiv ist anzumerken, dass das Verfahren die Erfahrungen der Realität berücksichtigt.

• Die Vergleichbarkeit der Analogiefiliale muss gegeben sein.

• Es wird unterstellt, dass Kunden aus unterschiedlichen Regionen pro Einkaufsvorgang gleich viel ausgeben.

- Das Auswahlverfahren bei der Befragung entspricht nicht den abgesicherten statistischen Methoden (vgl. *Müller-Hagedorn* 2005, S. 149).

- Es werden lediglich Anwohner, nicht aber Pendler oder Touristen berücksichtigt.

Neben dem Einsatz des Analogieverfahrens können **Kundenbefragungen** auch zur Abgrenzung des Einzugsgebietes eingesetzt werden. Dabei kann die Zahl der Besucher aus verschiedenen Herkunftsorten in Bezug zur Einwohnerzahl derselben gesetzt werden. Auf diese Weise lassen sich das primäre, sekundäre und tertiäre Einkaufsgebiet abgrenzen.

3.2.2 Analyse der Standortfaktoren

3.2.2.1 Standortfaktor Bedarf

Der Standortfaktor Bedarf wird bestimmt durch die Zahl der Bedarfsträger, die im Einzugsgebiet wohnen, deren Bedarfsintensität und deren Konsumverhalten. Daher ist es notwendig, die Anzahl und Struktur der Haushalte zu analysieren. **Relevante Strukturmerkmale** sind u. a.:

Anzahl der Kunden:

- Einwohnerdichte
- Passantendichte
- Bevölkerungsstruktur
- Konkurrenzintensität

Art der Kunden:

- Haushaltsgröße
- soziale Stellung
- Altersstruktur
- Gesamteinkommen des Haushalts
- Anzahl der Kraftfahrzeuge

Einkaufsverhalten der Kunden:

- Bequemlichkeit
- Wahl- und Vergleichsmöglichkeiten

3.2.2.2 Standortfaktor Kaufkraft

Unter **Kaufkraft** wird hier der Betrag verstanden, der einem Einwohner in einer festgelegten Periode (monatlich oder jährlich) zur Verfügung steht.

Kaufkraftindex deutscher Städte 2006	
(Durchschnitt der Bundesrepublik Deutschland = 100)	
Berlin	94,84
Dresden	87,83
Düsseldorf	122,14
Frankfurt/Main	111,60
Hamburg	111,88
Köln	111,31
Leipzig	82,64
München	136,70
Stuttgart	118,58

Quelle: *MB Research*

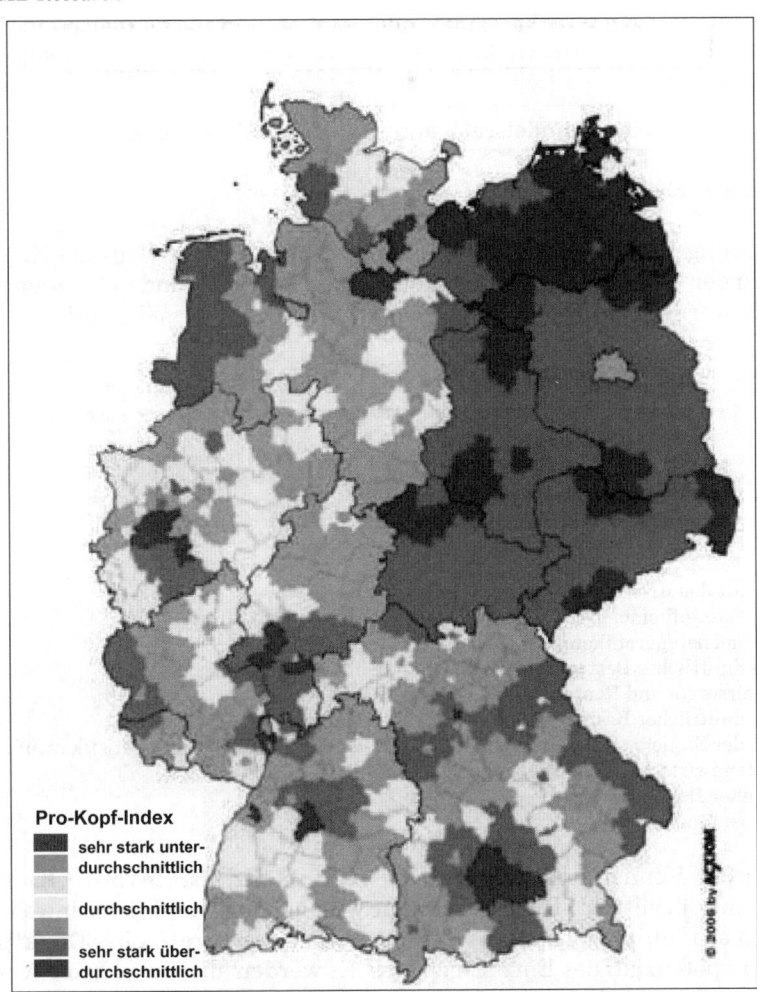

Abb.: Kaufkraft 2006 – Pro-Kopf-Index auf Kreis-Ebene
Quelle: *Axiom*

Nicht das gesamte Nettoeinkommen fließt dem Einzelhandel zu. Vom Nettoeinkommen ist zunächst die Sparquote abzuziehen, womit das **ausgabefähige Einkommen** ermittelt ist. Davon sind die Beträge abzuziehen, die nicht dem Einzelhandel zukommen (Miete, Strom etc.). Nach der gegenwärtigen Ausgabenstruktur werden ca. 27 % des ausgabefähigen Einkommens für Einzelhandelswaren ausgegeben.

	Verfügbares Einkommen
-	Sparquote

=	ausgabefähiges Einkommen (privater Verbrauch)
-	nicht einzelhandelsfähiger Verbrauch (Miete, Strom, Gas, Wasser, Telefon, Urlaub, usw.)

=	funktionale einzelhandelsrelevante Kaufkraft (Ausgaben)
-	Ausgabenanteile, die im Versandhandel, Markt- und Beziehungshandel, Großhandel, bei den Herstellern und in Gaststätten für Einzelhandelswaren getätigt werden.

=	institutionelle einzelhandelsrelevante Kaufkraft (Ausgaben)

Quelle: *Falk / Wolf* 1992, S. 299

Zur Ermittlung des ausgabefähigen Einkommens wird meist auf die Kaufkraftkennziffern der GfK zurückgegriffen, die aus Einkommens- und Lohnsteuer ermittelte Schätzwerte darstellen. Sie werden nach folgender Formel errechnet:

$$K_i = \frac{1.000 \left(\dfrac{L_j}{l_j} + \dfrac{E_j}{e_j} + W_j + S_j \right)}{\displaystyle\sum_{i=1}^{I} \left(\dfrac{L_i}{l_i} + \dfrac{E_i}{e_i} + W_i + S_i \right)}$$

wobei:

K_i = Kaufkraft des Kreises i in 0/00 vom Bundesgebiet
L = Lohnsteueraufkommen
E = Einkommensteueraufkommen
e = durchschnittlicher Besteuerungssatz bei der Einkommenssteuer
S = Sozialfürsorge- und Renteneinkommen
l = durchschnittlicher Besteuerungssatz bei der Lohnsteuer
W = infolge der Steuervergünstigung der Landwirtschaft durch die Steuerstatistik nicht zu erfassende landwirtschaftliche Einkommen
i = Index aller Bundeskreise
j = Interessierender Kreis

Mithilfe dieser Kennziffern lässt sich die **einzelhandelsrelevante Kaufkraft** pro Einwohner ermitteln. Diese wiederum wird mit der Zahl der Einwohner im Einzugsgebiet multipliziert. Daraus ergibt sich das **theoretische Marktpotenzial** (Umsatzpotenzial) des Einzugsgebietes. Es werden allerdings keine Aussagen darüber getroffen, wo dieses ausgegeben wird. Dies ist nur unter Beachtung von Branchenkennzahlen und der Konkurrenzsituation möglich.

Ferner muss berücksichtigt werden, ob der gesamte Umsatz von den Einwohnern des Einzugsgebiets getätigt wird oder ob durch Einkaufspendler oder Touristen mit Umsatzzu- bzw. -abflüssen zu rechnen ist.

Standortspezifisches Nachfragevolumen im Einzugsgebiet in der (den) betreffenden Warengruppe(n)
+ Nachfragezuflüsse aus anderen Einzugsgebieten
- Nachfrageabflüsse in andere Einzugsgebiete

= Tatsächliches Gesamtnachfragevolumen im Einzugsgebiet (in der betreffenden Warengruppe)

3.2.2.3 Standortfaktor Konkurrenz

Von anderen Handelsbetrieben am Standort können sowohl positive als auch negative Einflüsse auf den zu planenden Standort ausgehen.

Positive Effekte können sich durch eine **Absatzagglomeration** ergeben. In diesem Fall erhöht eine Vielzahl von Anbietern die Attraktivität eines Standortes und somit auch das Umsatzpotenzial, sowohl auf die Anbieter als Gruppe als auch auf den einzelnen Anbieter bezogen. Zu diesen Agglomerationsformen zählen sowohl die Cities mit ihren gewachsenen Strukturen als auch die neuen, künstlich geschaffenen Shopping-Center der Vorstädte. Die Attraktivität kann sich in bestimmten Branchen auch bei branchengleicher Agglomeration wie z. B. mehreren Schuhgeschäften dicht beieinander erhöhen. Allerdings erreicht das Gruppenpotenzial, verstanden als gesamte zusätzliche Umsätze durch branchengleiche Agglomeration, bei hoher Konzentration einen Sättigungspunkt. Erhöht sich nun die Konkurrenzintensität weiter, führt dies zu **negativen** Standorteffekten.

In einigen Branchen wie z. B. der Lebensmittelbranche profitiert der Einzelne nicht von branchengleicher Agglomeration. Hier zeichnet sich als wichtiger Standortfaktor die regionale Alleinstellung ab.

Generell lassen sich Kennzahlen darüber ermitteln, wie viele qm Verkaufsfläche oder welcher Umsatz in einer bestimmten Branche in der Bundesrepublik im Durchschnitt auf 1.000 Einwohner entfallen. Lassen sich diese Kennziffern bei den Mitbewerbern in der geplanten Standortregion abschätzen, lässt sich ermitteln, ob eine Region über- bzw. unterversorgt ist. Im Falle einer Überversorgung ist ein Handelsunternehmen hauptsächlich auf Verdrängungswettbewerb angewiesen. Es muss abschätzen können, inwieweit es über ein solches Potenzial verfügt.

Ein wichtiger Indikator für die Anziehungskraft eines Standortes ist der **Zentralitätsgrad**, aus dem die Versorgungslage einer Region ersichtlich wird.

$$Z = \frac{K}{M}$$

K = Verkaufsfläche der Konkurrenten multipliziert mit dem branchenüblichen Umsatz/qm

M = Marktpotenzial (Einwohner im Einzugsgebiet multipliziert mit durchschnittlicher branchenbedingter Kaufkraft je Einwohner)

Liegt der Versorgungsgrad über 100 %, so ist von einem Versorgungsüberschuss auszugehen. Ist er dagegen geringer als 100 %, liegt eine Versorgungslücke vor.

3.2.2.4 Standortfaktor Verkehr

Der Standortfaktor Verkehr bestimmt heutzutage die Eignung eines Standortes weitgehend mit. Ein Standort sollte nicht nur in räumlicher Nähe liegen, er muss auch zugänglich sein. Generell lassen sich drei Gruppen von Kunden unterscheiden: Fußgänger, Autokunden und solche, die öffentliche Verkehrsmittel benutzen.

Mit Ausnahme der Handelsunternehmen, die sich ausschließlich auf den Verkauf von Waren für den täglichen Bedarf beschränken, ist die Zugänglichkeit des Standortes für den motorisierten Verkehr ein entscheidendes Kriterium. Einerseits muss der Standort gut zu erreichen sein, zum anderen sind ausreichend Parkflächen zur Verfügung zu stellen. Als zumutbare Entfernung zwischen Parkplatz und Geschäft akzeptiert der Kunde im Allgemeinen 300 bis 400 Meter (vgl. *Falk / Wolf* 1992, S. 303 f.). Die Pkw-Besucher machen im Durchschnitt 50 % aller Citybesucher aus und erbringen rund 62 % des Gesamtumsatzes (vgl. *Tietz* 1993, S. 212). Zwischenzeitlich hat man aus Erfahrungswerten Richtwerte abgeleitet, wonach sich für **Verbrauchermärkte** eine Relation von **2 qm Parkfläche zu 1 qm Verkaufsfläche** sowie für **Shopping-Center** eine Relation von **1,8 qm Parkfläche zu 1 qm Verkaufsfläche** ergibt.

Der Parkplatzbedarf lässt sich annähernd exakt mittels **Parkstandsmodellen** ermitteln, von denen ein möglicher Ansatz im Folgenden dargestellt ist. Im Beispiel wird der Parkplatzbedarf nach dem Engpassfaktor „umsatzstärkster Tag" (= Samstag) ausgerichtet. Die Formel lautet dann wie folgt:

$$S_p = \frac{A_p \cdot U_p}{k_p \cdot DU_p}$$

mit

$$k_p = H_p / PD_p$$

wobei:

S_p = Zahl der erforderlichen Kfz-Stellplätze im Center in der Betrachtungsperiode

p = Betrachtungsperiode (z. B. langer Samstag)

A_p = Anteil des Umsatzes mit Kfz-Benutzern am Gesamtumsatz in der Betrachtungsperiode p in Prozent

U_p = Gesamtumsatz in der Betrachtungsperiode p in Euro

k_p = Kfz-Umschlagskennzahl

H_p = Öffnungszeit in der Betrachtungsperiode in Stunden

PD_p = durchschnittliche Kfz-Stellplatzbelegungsdauer in der Betrachtungsperiode

DU_p = durchschnittlicher Umsatz je Kfz (das mit mehreren Personen besetzt sein kann), in der Betrachtungsperiode

Diese Kennzahlen müssen teils durch Beobachtungen, teils durch Befragungen ermittelt werden.

3.2.2.5 Standortfaktor Betriebsraum

Für einen Großteil der Einzelhandelsunternehmen sind die Auswirkungen des **Standortfaktors Raum** ausschlaggebend. Die Güte eines Standortes spiegelt sich in den qm-Preisen wider. Als monatliche Miete wurden 2006 in 1a-Lagen in deutschen Großstädten zwischen 190,00 und 260,00 Euro pro Quadratmeter verlangt. Damit stellt die **Miete** einen Kostenfaktor dar, der von vielen Handelsbranchen nicht mehr erwirtschaftet werden kann. Als Auswirkung zeigt sich, dass gewachsene Strukturen aufgelöst werden. Lediglich finanzkräftige große Filialisten, Flagship-Stores namhafter Hersteller und Branchen wie Fast Food mit hohe Spannen sind in der Lage, sich diese Standorte noch leisten zu können.

Einzelhandelsmieten in Deutschland			
Die 10 teuersten Einkaufsmeilen			
Rang	Stadt, Straße	Spitzenmiete 2006 in Euro/qm	Spitzenmiete 2007 in Euro/qm
1	München, Kaufingerstraße	250	260
2	Frankfurt/Main, Zeil	220	225
3	Stuttgart, Königstraße	205	210
4	Köln, Schildergasse	195	205
5	Berlin, Tauentzienstraße	180	200
6	Düsseldorf, Königsallee	185	200
7	Hamburg, Spitalerstraße	190	195
8	Dortmund, Westenhellweg	180	190
9	Hannover, Georgstraße	150	160
10	Münster, Ludgeristraße	137	138
Spitzenmieten in Euro/qm/Monat, Neuvermietung 100 qm, 6m Front			

Quelle: *Kemper's*

Zur vereinbarten Miete müssen die **Betriebskosten** berücksichtigt werden, die durch die Nutzung verursacht werden. Dazu zählen Strom, Wasser, Heizung, Reinigung und Instandhaltung. 2007 wurden diese Kosten mit monatlich ca. 4,00 Euro/qm veranschlagt.

Bei Neuanmietungen fallen zusätzlich **Ausbau- und Umbaukosten** an. Solche Investitionen können sich auf bauliche Umgestaltungen und die Ausstattung der Geschäftsräume beziehen. Sie können in der Bilanz aktiviert und über die Laufzeit des Mietvertrags abgeschrieben werden. Somit wird berücksichtigt, dass das Mietverhältnis beendet sein kann, bevor die betriebliche Nutzungsdauer abgelaufen ist.

In vielen Fallen wird zwischen Vermieter und Mieter eine **Umsatzmiete** vereinbart. Dies trifft überwiegend auf Shop in the Shop-Verträge zu, die z. B. von Warenhausunternehmen abgeschlossen werden. Auch neu entstandene Einkaufszentren gehen vermehrt zu dieser Form der Vermietung/Verpachtung über. Üblich ist die Vereinbarung einer (relativ niedrigen) Grundmiete und einer prozentualen Umsatzbeteiligung des Vermieters. Diese kann bis zu 30 % des Umsatzes betragen, eine Summe, die die Spannen vieler Branchen nicht hergeben.

Neben den Raumkosten ist natürlich auch der **Raumgrundriss** von Bedeutung. Faktoren wie **Frontfläche, Ladenbreite** und **-tiefe** und **Anzahl der Schaufenster** sind für viele Betriebstypen und Branchen ausschlaggebend für die Wahl des Standorts.

3.2.3 Verschiedene Standortbewertungsverfahren

3.2.3.1 Einsatz von Checklisten und Scoring-Modellen

Checklisten und Scoring-Modelle sind zu den qualitativen Verfahren der Standortanalyse zu zählen. Hierbei werden Kataloge erstellt, die alle Merkmale des Standortes berücksichtigen sollten, die dem Handelsunternehmen relevant erscheinen. Diese Aufzählungen erscheinen dann geeignet, wenn sie tatsächlich eine vollständige Aufzählung aller bedeutenden Faktoren enthalten.

Faktoren-gruppe	Einzelne Faktoren	
Demografische Faktoren	Bevölkerungsbestand und Verteilung	- Gesamteinwohnerzahl - Zahl der Einwohner und Haushalte nach Entfernungszonen - Bevölkerungsdichte - Bevölkerungsentwicklung - Altersklassen
	Bevölkerungsstruktur	- Nationalität - Haushaltsstruktur
	Erwerbs- und Sozialstruktur	- Erwerbsquote - soziale Einstufung
Wirtschaftliche Faktoren	Einkommensverhältnisse	- Einkommen je Kopf der Bevölkerung - Aufteilung nach Einkommensklassen
	Einkommensverwendung	- Sparquote pro Kopf der Bevölkerung - Konsumtive Kaufkraft pro Einwohner
	Marktpotenzial	- Haushaltsausgaben (Statistik und Panels) - regionale Verkaufskennziffern - regionale konsumtive Kaufkraft - Berufspendlerströme - Einkaufspendlerströme - Fremdenverkehr - Passantenströme
Psychologische und sozial-psychologische Faktoren	Lebensgewohnheiten	- Lebensstandard - Freizeit - Arbeitszeit - Motorisierung
	Konsumgewohnheiten	- Einkaufsintervall - durchschnittlicher Einkaufsbetrag - in Kauf genommene Wegstrecke - benutzte Verkehrsmittel - Einkaufszeiten
Infrastruktur	Städtebau	- Projekte der Regional- und Ortsplanung - Entwicklung von City und Agglomerationen - öffentliche und private Bauprojekte - Zentralitätswirkung der Stadt - Verkehrslage (Haupt- oder Nebenverkehr)
	Verkehr	- öffentliche Verkehrsmittel - Ausmaß des Verkehrsstromes - zeitlicher Anfall des Verkehrsstromes - Anzahl der Parkplätze

Konkurrenz-verhältnisse	Konkurrenzbestand und Formen	- Anzahl und Distributionsform der Betriebe - Größe und Umsatz - Filialbetriebe, Einkaufsgenossenschaften, freiwillige Ketten
	Räumliche Vorteile	- Kundennähe - Lage in Bezug auf „Passantenmagneten"
	Sachliche Vorteile	- Preisvorteile - Qualitätsvorteile - größere Auswahl - besseres Image - besserer Kundendienst
Objekt-bewertung	Bewertung des Objektes	- Größe (Verkaufsfläche) - Gestaltung der Ladenfront - Ausbaumöglichkeiten - Zufahrtsmöglichkeiten (Wirtschaftsverkehr) - Lagerräume
	Bewertung des Platzes	- Zusammensetzung der Nachbargeschäfte - Passantenmagneten - Lage innerhalb des Verkehrsnetzes - Parkplatzangebot
Standortabhän-gige Faktoren	Beschaffung und Vertrieb	- Zulieferungskosten - Transportkosten Außenlager-Stammhaus - Hauszustellungskosten - Kosten für Fuhr- und Wagenpark
	Gebäude und Unterhalt	- Grundstück- und Gebäudekosten - Miete und Pacht - Einrichtungskosten - Reparaturen und Unterhalt - Energiekosten
	Diverse	- Personalkosten - Steuern und Abgaben - Beteiligung an Gemeinschaftsaktionen (z. B. Parkhäuser)
Störfaktoren	Gesetzliche Bestimmungen	- Ladenöffnungszeiten - Baupolizeiliche Vorschriften - sonstige Einschränkungen
	Immissionen	- klimatische und topographische Nachteile - Lärm, Rauch- und Geruchsbelästigung

Abb.: Checkliste zur Bestimmung der Güte eines Standortes
Quelle: in Anlehnung an *Nauer* 1970, S. 44-46; *Müller-Hagedorn* 2005, S. 140-142

Scoring-Modellen liegt eine Checkliste zur Bewertung zu Grunde. Den einzelnen Faktoren werden Gewichtungen zugeordnet; zur konkreten Merkmalsbewertung eines Standortes werden Punkte vergeben. Die Gesamtpunktzahl über alle Faktoren kann in Relation zur maximal erreichbaren Punktzahl gesetzt werden. Ein Beispiel soll die Vorgehensweise verdeutlichen. Die höchste erreichbare Punktzahl je Kriterium beträgt 5 Punkte, die niedrigste 1 Punkt.

Merkmale	Gewichtungsfaktor	Standort A			Standort B			Standort C		
		Zahlenwert	Bewertung 1-10	Gewichtete Bewertung	Zahlenwert	Bewertung 1-10	Gewichtete Bewertung	Zahlenwert	Bewertung 1-10	Gewichtete Bewertung
Anzahl der Konsumenten	60	1.000	2	120	3.000	4	240	6.000	8	480
Anzahl der Konkurrenten	15	1	8	120	2	5	75	3	2	30
Durchschn. Kaufkraft	25	1.000	8	200	4.000	4	100	6.000	2	50
Insgesamt	100			440			415			560

Abb.: Vergleich von Standorten mithilfe eines Scoring-Modells (Beispiel)
Quelle: *Müller-Hagedorn* 2005, S. 144

Kritische Anmerkungen zum Einsatz von Scoring-Modellen:

- Es lässt sich nicht sicherstellen, dass alle bedeutenden Faktoren in den Katalog aufgenommen wurden.
- Die Kriterien können sich inhaltlich überschneiden. Dadurch kann es zu verfälschten Ergebnissen kommen.
- Die Gewichtung erfolgt subjektiv.
- Die Punktbewertung erfolgt ebenfalls subjektiv.

Dennoch zählen Scoring-Modelle zum Standardinstrumentarium der Standortbewertung. Ihr Einsatz ist hauptsächlich deshalb gerechtfertigt, da es an Instrumenten zum Vergleich qualitativer Kriterien mangelt. Mit zunehmender Erfahrung und durch Bewertung, die von mehreren Personen durchgeführt wird, lassen sich die oben aufgeführten Nachteile verringern.

3.2.3.2 Der Einsatz von Investitionsrechenverfahren

Standortentscheidungen lassen sich als Investitionsentscheidungen charakterisieren. Sowohl Einzahlungsströme (Umsätze) als auch Auszahlungsströme (Kosten) müssen über den Zeitraum von mehreren Jahren prognostiziert werden. Da diese Zahlungsströme in der Zukunft liegen, werden sie unter Unsicherheit vorhergesagt. Eine exakte Quantifizierung ist mit großen Problemen verbunden.

Wenn es gelungen ist, einzelne Standorte durch ihre Ein- und Auszahlungen zu kennzeichnen, lassen sich die Zahlungsreihen mithilfe der Kapitalwertmethode vergleichen.

$$K = \sum_{t=0}^{n}(E_t - A_t) \cdot (1+i)^{-t}$$

wobei:

K = Kapitalwert
t = Periode
n = Anzahl der betrachteten Perioden (Planungshorizont)
E = Einzahlungen
A = Auszahlungen
i = Zinsfuß

Der Kapitalwert K stellt die Maßgröße für die Vorteilhaftigkeit der Investition dar. Ist er größer als Null, ist die Investition als vorteilhaft anzusehen. Unter mehreren Alternativen ist die mit dem höchsten Kapitalwert auszuwählen. Von Bedeutung sind die Zahl der betrachteten Perioden und die Höhe des gewählten Zinsfußes, wie das nachfolgende Beispiel zeigt.

nach ... Jahren	Kapitalwerte (in Tsd. Euro)		
	Projekt I	Projekt II	Mehrbetrag von Projekt I
			i = 8 %
1	-791	-1.108	317
3	-96	-238	142
5	501	508	-7
10	1.647	1.937	-290
			i = 10 %
1	-791	-1.108	317
3	-113	-261	148
5	449	441	8
10	1.453	1.695	-242
			i = 12 %
1	-791	-1.108	317
3	-180	-283	103
5	341	304	37
10	1.141	1.302	-161

Abb.: Vergleich der Kapitalwerte von zwei Projekten
Quelle: *Müller-Hagedorn* 2005, S. 177

Kritische Beurteilung:

- **Planungshorizont:** Über den Zeitraum von 5 Jahren betrachtet, sind je nach Zinssatz beide Projekte ungefähr gleich attraktiv. Je höher der Zinssatz ist, desto besser schneidet Projekt I ab. Legt man jedoch den Planungshorizont auf 10 Jahre fest, so sollte Projekt II gewählt werden. Allerdings ist zu berücksichtigen, dass die genaue Schätzung der Ein- und Auszahlungen über 10 Jahre mit sehr hohen Risiken verbunden ist.

- **Wahl des Zinsfußes:** Je höher der Zinsfuß gewählt wird, desto geringer fallen die Kapitalwerte aus.

- **Bestimmung der Restwerte:** Wenn der Kapitalwert richtig ermittelt werden soll, müssen die Restwerte der Anlagen am Ende des Planungshorizonts berücksichtigt werden. Dies bedeutet, Geschäftswert und eventuell Grundstückspreise müssen prognostiziert werden.

37 >> Seite 459

3.3 Die Selektion eines Standorts für einen neuen Betriebstyp

Ein besonderes Problem stellt die Standortwahl für einen neuen Betriebstyp dar. Hier stehen keinerlei Analogiewerte anderer Verkaufsstellen zur Verfügung, auf die man zurückgreifen kann.

Zunächst ist der Mindestumsatz zu ermitteln, den der neue Betriebstyp erwirtschaften muss, um einen Mindestgewinn zu gewährleisten. Aus Statistiken lässt sich die Gesamtnachfrage nach bestimmten Warengruppen ersehen. Daraus lässt sich die Eignung bestimmter Standorte für diesen Betriebstyp ableiten.

Diese Vorgehensweise soll an einem Beispiel erläutert werden (in Anlehnung an *Tietz/Rothhaar* 1991, S. 397):

Die Nachfrage nach Sportartikeln im Kernsortiment belief sich im Jahre 2003 auf ca. 7,2 Mrd. Euro. Bei einer Einwohnerzahl von 82 Millionen errechnet sich pro Einwohner eine durchschnittliche Nachfrage von ca. 89 Euro (vgl. *VDS* 2004).

Basisdaten:	
Neuer Betriebstyp:	Sportartikel-Fachgeschäft
Mindestflächenbedarf:	350 qm Verkaufsfläche
Mindestumsatz:	1,5 Mio. Euro brutto
Nachfrage je Einwohner im Kerngruppensortiment:	89,- Euro brutto
Anteil Randsortiment:	11 %

Gegenstand	Typen von Standortregionen				
	S1	S2	S3	S4	S5
Bevölkerung in der Standortregion (Kernstadt und Umland) in 1.000	50	75	100	125	150
Nachfrage je Einwohner nach Sportartikeln in Euro	89	89	89	89	89
Nachfragevolumen für das Kernsortiment in 1.000 €	4.450	6.675	8.900	11.125	13.350
realisierbarer Marktanteil in %	30	26	23	21	20
= Umsatz Kernsortiment in 1.000 €	1.335	1.736	2.047	2.336	2.670
+ Umsatz Randsortiment (11 %) in 1.000 €	147	191	225	257	294
= Gesamtumsatz in 1.000 €	1.482	1.927	2.272	2.593	2.964

Durch die Analyse zeigt sich, dass dieser Betriebstyp erst in Regionen mit einem Bevölkerungspotenzial von 75.000 Personen einen Umatz generieren kann, bei dem das Unternehmen mit Gewinn betrieben werden kann. Der Standort sollte demnach nicht in kleineren Orten als solchen mit 40.000 bis 50.000 Einwohnern liegen. Hier kommt es allerdings darauf an, wie groß die im Umland lebende Bevölkerung ist. Bei einer Vielzahl von Dörfern und kleineren Städten besteht die Möglichkeit, dass die Kaufkraft ausreicht.

3.4 Ablauf einer Standortanalyse im Einzelhandel

1. Phase: Makler bietet Baukörper für mögliche Einzelhandelstätigkeit an. Da generelles Interesse besteht, erfolgt eine Besichtigung der Immobilie und ihrer näheren Umgebung. Die prinzipielle Eignung wird festgestellt.

2. Phase: Eine grobe Überprüfung führt zu dem Ergebnis, dass keine grundsätzlichen Genehmigungshindernisse für die vorgesehene Nutzung vorliegen.

3. Phase: Nach der Weg-Zeit-Methode und unter Berücksichtigung psychologischer Hemmnisse für die Erreichung des Standorts wird das potenzielle Einzugsgebiet abgegrenzt. Beim Einwohnermeldeamt werden hierfür die aktuellen Einwohnerzahlen sowie die relevanten Strukturdaten festgestellt. Nach Erhebungen einschlägiger Handelsinstitute und unter Berücksichtigung betriebsinterner Erfahrungswerte wird die Kaufkraft je Kunde im Einzugsgebiet festgelegt, von welcher beim geplanten Sortimentsumfang ausgegangen werden kann. Aus der Multiplikation von Einwohnerzahl mit Kaufkraft je Einwohner ergibt sich ein theoretisches Umsatzpotenzial.

4. Phase: Es werden Umsatzzu- bzw. -abflüsse prognostiziert, welche sich aus freizeit- oder berufsbedingten Pendlerströmen ergeben können. Das Umsatzpotenzial wird entsprechend korrigiert (Zentralitätskennzahl).

↓

5. Phase: Es wird eine Begehung der wesentlichen Konkurrenzbetriebe vorgenommen, bei welcher ihre Größe, gemessen in Verkaufsfläche, sowie ihre Attraktivität beurteilt werden. Unter Zugrundelegung der Qualität des Planstandortes, der eigenen zu erwartenden Leistungsstärke und der Attraktionswirkung der beurteilten Wettbewerber wird ein im Einzugsgebiet erzielbarer Marktanteil prognostiziert. Hierbei werden Erfahrungswerte aus der Vergangenheit zu Grunde gelegt. Die Marktanteilsprognose erfolgt nicht global für das gesamte Einzugsgebiet, sondern differenziert nach marktanalytischen Zonen, welche sich durch einen erwarteten einheitlichen Marktanteilswert je Zone auszeichnen.

↓

6. Phase: Aus dem theoretischen Umsatzpotenzial, korrigiert um zu erwartende Umsatzzu- und -abflüsse, ergibt sich unter Ansatz der Marktanteilswerte je Zone ein Planumsatz für den zur Entscheidung anstehenden Standort. Dieser dient als Ausgangswert für eine Rentabilitätsplanung, in welche zusätzlich die aufgrund des Plansortiments zu erwartenden Erträge und die standortspezifisch zu prognostizierenden Kosten einbezogen werden. Jede Kostenposition wird möglichst realistisch geplant, z. B. Personalkosten nach geltenden Tarifen am Standort, Kosten für Anzeigenwerbung nach den Millimeterpreisen der lokalen Zeitung usw. Es errechnet sich ein Plangewinn bzw. -verlust für das Projekt, anhand dessen die betriebswirtschaftliche Entscheidung über die Realisation getroffen wird.

↓

7. Phase: Bei grundsätzlich positiver Entscheidung erfolgt die rechtliche Durchsetzung des Projekts unter Berücksichtigung von städtebaulichen Planungen, baurechtlichen Vorschriften und sonstigen Bestimmungen. Im Erfolgsfalle wird die Anmietung oder der Kauf der fraglichen Immobilie vorgenommen.

Abb.: Phasenschema für Standortanalysen im Einzelhandel
Quelle: *Lerchenmüller* 2003, S. 100

4. Rechtliche Rahmenbedingungen

Im Rahmen der Standortplanung sind eine Fülle von rechtlichen Restriktionen zu beachten. *Berekoven* (vgl. *Berekoven* 1995, S. 363) zitiert diesbezüglich einen Händler: „Standortanalysen sind unproblematisch und können in vier Wochen durchgeführt werden, für ihre Durchsetzung benötigen wir vier Jahre."

Soweit sie für standortpolitische Belange von Interesse sind, sollen hier lediglich die wichtigsten Gesetze und Verordnungen aufgeführt werden.

Bundesraumordnungsgesetz (BROG): Das Bundesraumordnungsgesetz liefert Richtlinien für die Landesplanungsgesetze der Bundesländer. Damit baut es auf die Rahmengesetzgebungskompetenz des Bundes auf.

Ein wichtiger Grundsatz des BROG lautet, dass der Erhalt und die Entwicklung gesunder Lebens- und Arbeitsbedingungen sowie eine ausgewogene Versorgungsstruktur zu fordern sei. Es kann insofern als eine allgemeine Grundlage angesehen werden, da eine möglichst gleichmäßige Versorgung der Bevölkerung als Ziel postuliert wird. Dabei basieren die Vorstellungen von Bund und Ländern auf dem Prinzip der Zentrenhierarchie. Die einzelnen Orte werden in Ober-, Mittel- und Kleinzentren eingestuft. Jeder dieser Formen fallen unterschiedliche Versorgungsfunktionen zu.

Baugesetzbuch (BauGB): Das Baugesetzbuch trägt diesen Namen seit der vollständigen Novellierung im Jahre 1987. Es umfasst seitdem das Bundesbaugesetz und das Städtebauförderungsgesetz. Im Rahmen der Bauleitplanung regelt es die grundsätzliche Nutzung einzelner Bebauungsgebiete. Von den Gemeinden wird festgelegt, ob Gebiete als Wohnbaufläche, gemischte Baufläche oder Sonderbaufläche ausgewiesen werden. Das Baugesetzbuch unterscheidet zwei Arten von Plänen. Der **Flächennutzungsplan** ist als ein noch nicht rechtsverbindlicher Vorab-Bauleitplan anzusehen, der **Bebauungsplan** als rechtsverbindlicher Bauleitplan. Für Handelsunternehmen ist diese Ausweisung von zentraler Bedeutung, denn bestimmte Einzelhandelsbetriebe sind nur in bestimmten Gebieten zugelassen. Dies ist in Einzelheiten in der Baunutzungsverordnung geregelt.

Baunutzungsverordnung (BauNVO): Die wichtigste Rechtsgrundlage für Handelsunternehmen stellt die „Verordnung über die bauliche Nutzung der Grundstücke (**Baunutzungsverordnung**)" dar. Nach der Art ihrer baulichen Nutzung werden Gebiete unterschieden, in denen verschiedene Formen von Handel zugelassen sind. In reinen Wohngebieten sind Läden nur ausnahmsweise erlaubt, und dies auch nur, wenn es sich um solche des täglichen Bedarfs handelt.

Der für den Handel bedeutendste **Paragraf** ist § 11 (3), der besagt, dass großflächige Handelsbetriebe außer in Kerngebieten (innerstädtische Geschäftsgebiete) nur in für sie festgesetzten Sondergebieten zulässig sind. Als großflächige Handelsbetriebe werden alle Unternehmen verstanden, die eine Geschossfläche von 1.200 qm und mehr aufweisen. Da ein Laden auch Lager, Büros und andere nicht zum Verkaufsraum zählende Flächen aufweist, reduziert sich die Verkaufsflächenzahl auf ca. 900 qm. Solche Sondergebiete müssen von den Gemeinden separat ausgewiesen werden. Somit sind Betriebsformen mit hoher Geschossflächenzahl in ihrer Standortwohl sehr eingeschränkt. Zudem sind die Länder bemüht, ihre Zahl gering zu halten. Dies ist vorrangig in Ober- und Mittelzentren der Fall.

Auch die Stellplatz- und Garagenbaupflicht ist auf Landesebene festgelegt. Fast alle Bundesländer sehen vor, dass im Rahmen der Neuerrichtung baulicher Anlagen Stellplätze für Kraftfahrzeuge in ausreichender Anzahl errichtet werden müssen.

Kontrollfragen zu H

(19)	Welche Faktoren fließen in die Berechnung der Kaufkraftkennziffern durch die GfK ein?	404
(20)	Unter welchen Voraussetzungen profitieren Anbieter von Konkurrenz am Standort?	405
(21)	Was verstehen Sie unter „Parkstandsmodellen"?	406
(22)	Welche Komponenten spielen bei der Beurteilung eines Ladenlokals eine Rolle?	408
(23)	Welche Ziele verfolgen „Standortbewertungsverfahren"?	408
(24)	Nennen Sie die wichtigsten Faktorengruppen in Checklisten!	409/410
(25)	Stellen Sie den Grundgedanken eines „Scoring-Modells" dar!	410
(26)	Welche Probleme entstehen beim Einsatz von „Scoring-Modellen"?	411
(27)	Welches Ziel verfolgt der Einsatz von „Investionsrechenverfahren" bei der Standortpolitik?	411
(28)	Schildern Sie die Vorgehensweise bei der Selektion eines Standortes für einen neuen Betriebstyp!	413
(29)	Stellen Sie die Phasen der Standortanalyse im Einzelhandel dar!	414
(30)	Welche rechtlichen Rahmenbedingungen sind bei der „Standortanalyse" zu beachten?	416
(31)	Welche Rolle spielt der Paragraf 11 (3) der „Baunutzungsverordnung" für den Handel?	417

Literatur

Applebaum, W.: Methods for Determining Store Trade Areas, Market Penetration and Potential Sales, in: Jounal of Marketing Research, Vol. 3, No. 5, 1966, S. 127-141

Barth, K./Hartmann, M./Schröder, H.: Betriebswirtschaftslehre des Handels; 6. Aufl., Wiesbaden 2007

Behrens, K.-C.: Der Standort der Handelsbetriebe, Köln/Opladen 1965

Berekoven, L.: Erfolgreiches Einzelhandelsmarketing; Grundlagen und Entscheidungshilfen, 2. Aufl., München 1995

Converse, P. D.: New Laws of Retail Gravitation, in: Journal of Marketing, Vol. 14, 1949, S. 379-390

Falk, B.: Immobilien-Handbuch, 4. Aufl., Landsberg/Lech 1991

Falk, B./Wolf, J.: Handelsbetriebslehre, 11. Aufl., Landsberg/Lech 1992

Huff, D. L.: Defining and Estimating a Trading Area, in: Journal of Marketing, Vol. 28, No. 7, 1964, S. 34-38

Lerchenmüller, M.: Handelsbetriebslehre, 4. Aufl., Ludwigshafen 2003

Müller-Hagedorn, L.: Handelsmarketing, 4. Aufl., Stuttgart/Berlin/Köln 2005

Nauer, E.: Standortwahl und Standortpolitik im Einzelhandel, Methoden der Unternehmungs- und Geschäftsflächenplanung, Bern/Stuttgart 1970

Reilly, W. J.: The Law of Retail Gravitation, 2. ed., New York 1953 (Nachdruck von 1931)

Tietz, B.: Der Handelsbetrieb, 2. Aufl., München 1993

Tietz, B./Rothhaar, P.: City-Studie - Marktbearbeitung und Management für die Stadt, Neue Konzepte für Einzelhandels- und Dienstleistungsbetriebe, Landsberg/Lech 1991

VDS (Verband Deutscher Sportfachhandel e.V.): Der Sportartikelmarkt 2003 in Deutschland, o. O. 2004

I. Von der Strategischen Marketingplanung zum Marketing-Mix

1. „Putting it all together"

Im Kapitel D wurden die Grundlagen der Strategischen Marketingplanung gelegt. Jeder Strategischen Planung geht eine umfassende Situationsanalyse voraus. Aufbauend auf die daraus resultierende SWOT-Analyse können die Ziele des Handelsunternehmens festgelegt werden. Auch werden die Hauptzielgruppen festgelegt. Im folgenden Schritt geht es um die Wettbewerbsstrategie. Hier werden die grundsätzlichen Wettbewerbsvorteile bestimmt, über die das Handelsunternehmen am Markt konkurrieren möchte. Und schließlich werden langfristige Entscheidungen zur Expansionsstrategie getroffen, d. h. im Unternehmen wird Einigkeit darüber erzielt, mit welchen Betriebstypen auf welchen nationalen oder internationalen Märkten agiert werden soll.

All diese Entscheidungen fallen auf einer allgemeinen Ebene. Um jedoch eine Strategie erfolgreich umzusetzen, bedarf es der Konkretisierung. Ein Betriebstyp besteht aus einer Reihe von Kriterien des Marketing-Mix. Mit der Betriebstypenfestlegung werden automatisch Entscheidungen zur Sortiments-, Preis- und Standortpolitik getroffen. Allerdings bestehen im Rahmen des Marketing-Mix zahlreiche weitere Optionen, denn jeder Betriebstyp kann auf dem Markt mit variierenden Ausprägungen auftreten. Z. B. müssen Entscheidungen dahingehend getroffen werden, ob Handelsmarken geführt werden sollen und in welchem Umfang. Will der Händler sich eher über Sonderangebote oder über Sonderposten profilieren? Und wie soll die Expansion gestaltet werden, über eigene Filialen oder über Franchising? Kurzum, eine Strategie bedarf der Konkretisierung an Hand der Instrumente des Marketing-Mix. Nachdem die Instrumente des Marketing-Mix in den vorangegangenen Kapiteln eingeführt wurden, soll der Schwerpunkt in diesem letzten Kapitel darauf liegen, das Spektrum der Optionen im Marketing-Mix aufzuzeigen, welches die Konkretisierung der Marketingstrategie darstellt. Die alternativen Ausprägungen der einzelnen Instrumente werden daher wieder zu einem Rahmenmodell zusammengefügt.

2. Betriebstypenstrategien

2.1 Festlegung einer grundsätzlichen Betriebstypenstrategie

Jegliche Handelsstrategie muss im Rahmen von bestimmten Betriebstypen formuliert werden. Sie stellen im Handel das Pendant zum Markenartikel dar. Analog dazu gilt es, den Betriebstyp zu profilieren. Gelingt es, sich positiv von den Mitbewerbern abzugrenzen und ein klares, unverwechselbares Konzept zu kreieren, steigert dies die Erfolgschancen beträchtlich.

Zur Betriebstypenprofilierung ist eine strategische Ausrichtung der Hauptinstrumente erforderlich:

• Vertriebsform
• Wettbewerbsstrategie
• Sortiment
• Preis
• Kommunikation und Information
• Fläche und Präsentation
• Expansionsstrategie
• Standort

Ist der Betriebstyp einmal festgelegt, besteht im Zeitablauf die Tendenz zu einer Abweichung vom ursprünglichen Konzept. Bei großen Handelsunternehmen neigen die Filialen dazu, eine Eigendynamik zu entwickeln und vom ursprünglichen Konzept der Standardisierung abzuweichen. Dieser Umstand erfordert in größeren Zeitabständen eine Anpassung des Betriebstypenkonzeptes. Sie entspricht dem **Relaunch** eines Produktes, nur dass die Entscheidungen komplexere Strukturen aufweisen. Sie werden im Handel auch **Redevelopment**, **Restrukturierung** oder auf das Geschäft bezogen als **Restoring** bezeichnet.

Zur Individualisierung kommt die **Store Erosion**, mit der eine Standortentwertung zu Lasten des Geschäfts bezeichnet wird und die ebenfalls eine veränderte Betriebstypenstrategie notwendig macht. Gründe dafür sind (vgl. *Tietz* 1993a, S. 130):

• Kundenabwanderung
• Sortimentsumbewertung durch die Kunden mit geringerem Umsatz je Kunde
• verändertes Preisbewusstsein der Kunden
• Auftreten von Konkurrenz
• Restriktionen bei der Anpassung aufgrund einer zu geringen Betriebsgröße
• veraltetes Geschäftslayout

Im Einzelhandel lassen sich acht Strategiealternativen zur Positionierung eines Betriebstyps identifizieren. Ebenso viele sind es im Großhandelsbereich, die sich in ihrer Ausprägung voneinander unterscheiden.

Strategischer Fokus		
Sortimentsgestaltung	**Preis vor Leistungstiefe**	**Leistungstiefe vor Preis**
enges Zielgruppenkonzept	Spezialfachmarkt (Fliesen-, Sanitärmarkt)	Boutique
weites Zielgruppenkonzept	preisaktive Zielgruppenfachgeschäfte und -märkte (Ikea) (Fachmarkt I)	Lebensstilein- und -mehr-branchenfachgeschäft
enges Angebotskonzept	Fachdiscounter	Spezialgeschäft
weites Angebotskonzept	Fachmarkt I SB-Warenhaus Kleinpreisgeschäft	Fachmarkt II meist Warenhäuser

Abb.: Strategiealternativen im Einzelhandel
Quelle: in Anlehnung an *Tietz* 1993a, S. 149

Strategischer Fokus		
Sortimentsgestaltung	**Preis vor Leistungstiefe**	**Leistungstiefe vor Preis**
enges Zielgruppenkonzept	Abholmärkte	Spezialgroßhandel
weites Zielgruppenkonzept	Cash-und-Carry-Handel	Sortimentsgroßhandel
enges Angebotskonzept	„Rucksackgrossisten"	teils Handelsvertreter
weites Angebotskonzept	oft Importgrossisten	oft Mehrbranchengrossisten

Abb.: Strategiealternativen im Großhandel
Quelle: in Anlehnung an *Tietz* 1993a, S. 149

2.2 Analyse des bestehenden Betriebstypen-profils

2.2.1 Erarbeitung der einzelnen Profildimensionen

Hier wird ein Profil für einen bestehenden Betriebstyp aufgestellt. Selbstverständlich kann diese Vorgehensweise auch auf zukünftige Betriebstypen angewandt werden. Dazu wird die Betriebsform in die einzelnen Determinanten zerlegt, die sich im Bereich des Marketing-Mix ergeben. Dazu kommen die Strategie und der regionale Expansionseffekt. Das Profil kann bei Bedarf um weitere Elemente ergänzt werden.

Strategische Elemente

Im Betriebstypenprofil sind zunächst die **strategischen Elemente** von zentraler Bedeutung. Hier wird der grundsätzliche Auftritt des Handelsunternehmens am Markt festgelegt. Grundsätzlich lassen sich hier die Strategien nach *Porter* zu Grunde legen. Zudem sollte ein Zielgruppenkonzept definiert werden.

Eine zweite grundsätzliche Entscheidung betrifft die **Vertriebsform**. Hier muss sich der Händler festlegen, ob er über den stationären Vertrieb oder andere Formen (z. B. Versand über Internet) auf dem Markt tätig werden möchte. Dabei stellt dies keine Entweder-/Oder-Entscheidung dar, der Trend geht zum Multichannel-Marketing. Verschiedene Vertriebsstrategien lassen sich miteinander kombinieren. Z. B. verkauft Quelle über die Filialen und per Versand (Katalog und Internet), ebenso Yves Rocher. Zusätzlich wird ein Großteil der Filialen von Franchisenehmern betrieben. Butter Lindner ist neben dem Filialnetz auf Wochenmärkten im Raum Berlin tätig.

Von zentraler und langfristiger Bedeutung sind schließlich die eigentlichen Standortstrategien. Hier ist zunächst eine Entscheidung über die dominierende Standortorientierung notwendig. Ferner zeichnet es sich als ein bedeutendes Strategieelement aus, sich auf bestimmte Standortlagen zu konzentrieren.

Strategische Entscheidungsparameter				
Strategie				
Wettbewerbs-strategie	Kostenführerschaft	Differenzierungs-strategie		Nischenstrategie
Zielgruppe	Enges Zielgruppenkonzept	◄──────►		Weites Zielgruppenkonzept
Vertriebsform				
Vertriebs-kanal	Single Channel-Marketing	◄──────►		Multi Channel-Marketing
Stationärer Handel	0 %	◄──────►		100 %
Versand-handel	0 %	◄──────►		100 %
Sonstiger Vertrieb	0 %	◄──────►		100 %
Standort				
Standort-orientierung	Konsumenten-orientierung	Passantenorientierung		Verkehrsorientierung

Standort-lagen	Innenstadt, 1a-Lage	Innenstadt, 1b-Lage	Innenstadt, Rand-lage	Nahversorger im Wohn-gebiet	Einkaufs-zentren in der Vorstadt	„Grüne Wiese"

Sortimentsstrategie

Im Rahmen der **Sortimentsstrategie** geht es zunächst darum, die **Sortimentsbreite** und den **Umfang** der Artikel zu definieren, die in jedem Warenbereich angeboten werden sollen. Hier wird festgelegt, worin der Schwerpunkt des Sortiments besteht. Gleichzeitig sollte determiniert werden, wie häufig das Sortiment **aktualisiert** werden soll. Soll es alle zwei Wochen neue Anreize durch neue Artikel bieten oder reicht es zweimal im Jahr aus? Allgemein geht der Trend unweigerlich zum schnelleren Umschlag und zur höheren Variation.

Auf operativer Ebene wird festgelegt, wir hoch der Anteil an Handelsmarken liegen soll. Dieser kann je nach Strategie zwischen 0 % und 100 % betragen. Eine weitere Frage ist, wie sich das Handelsunternehmen gegenüber dem Kunden profilieren möchte. Wird die klassische Sonderangebotsstrategie gefahren oder soll ein Schwerpunkt auf die Vermarktung von Partien gelegt werden? Hier sind auch Kombinationen denkbar. Und schließlich geht es um die Serviceintensität, die im Strategieprofil festgelegt wird. Die Alternativen reichen hier vom Streben nach Servicedominanz bis zur einer sehr niedrigen Serviceintensität.

Sortiment			
Sortimentsbreite und Umfang	Warenbereich A Tiefe: X % der Artikel	Warenbereich B Tiefe: X % der Artikel	Warenbereich C Tiefe: X % der Artikel
Sortimentsaktualisierung	Neue Sortimente jede Woche	Alle 2 Wochen ◄────► Alle 5 Monate	Neue Sortimente zweimal im Jahr
Markenstrategie	Reine Herstellermarkenstrategie	Handelsmarken im Umfang von 10 % ◄────────► 90 %	Reine Handelsmarkenstrategie
Aktionsstrategie	Sonderangebote	Partievermarktung und Dauerniedrigpreise	Dauerniedrigpreise
Servicestrategie	Servicedominanz	Durchschnittliche Serviceintensität	Niedrige Serviceintensität

Die Preisstrategie

Neben dem Sortiment kommt der **Preisstrategie** eine zentrale Bedeutung zu. Von großer Relevanz ist die grundsätzliche Entscheidung bezüglich eines **Preisniveaus**, da hiermit der Erfolg und auch das Image des Handelsunternehmens geprägt werden. Daneben ist eine Bestimmung der Preislagenstrategie zu determinieren. Hier sollte festgelegt werden, welche Preislagen mit je wie viel Umsatzanteil dauerhaft das Sortiment kennzeichnen sollen. Ferner sind die Aktionsstrategien von Interesse, wobei gegebenenfalls noch weitere Profilfelder eingefügt werden können, z. B. für den konsequenten Einsatz der Entbündelungsstrategie oder der Preisdifferenzierung. Zudem werden das Unternehmensimage und die Retail Brand wesentlich geprägt durch den Einsatz von Sonderangeboten bzw. Partien. Hier muss vor allem bestimmt werden, ob diese als Loss Leader lediglich eine Magnetfunktion übernehmen sollen oder ob sie als Ausgleichsgeber kalkuliert werden. Und schließlich können die Rabattaktionen festgelegt werden.

Preis			
Generelle Preisstrategie	Reine Preisdominanz-strategie	„Value for money"-Strategie	Reine Leistungsdominanz-strategie
Preislagen-strategie	Eine Preislage, Umsatzanteil 100 %	←——————————→	Vier Preislagen mit jeweils X % Umsatzanteil
Aktions-strategie	Wöchentliche Sonderan-gebote, X % unter Normalpreis	←——————————→	Dauerniedrigpreise
Rabatt-strategie	Häufiger Einsatz von Rabatt- und/oder Couponing-Aktionen	←——————————→	Kein Einsatz von Rabatt- und/oder Couponing-Aktionen

Vertriebsstrategien

Es müssen Entscheidungen hinsichtlich des **Absatzweges** getroffen werden. Der Vertriebsstrategie wurde in diesem Buch bislang kein Raum eingeräumt. Der Handel agiert per se als Absatzmittler und steht in direktem Kontakt zum Kunden. Dennoch stehen dem Handel eine Reihe von Optionen offen, wie er seinen Vertrieb gestalten möchte. Hier geht es im Wesentlichen darum, ob er eigenständig oder in Form von Kooperationen am Markt auftreten möchte. Daneben stellt sich die Frage nach dem Einsatz von Absatzhelfern.

In der Strategie lassen sich zunächst zwei unterschiedliche Ausprägungen von Handelsstrategien beim Auftritt am POS unterscheiden: Einige Ketten treten ausschließlich durch eigene Filialen auf. Dies verschafft ihnen ein exklusives Image, doch müssen dafür die hohen Managementanforderungen zur Akquise der Standorte, zum Leiten der Filialen und zur ihrer Bekanntmachung in Kauf genommen werden. Durch eine andere Strategie versuchen meist Hersteller, aber auch Händler, in Kooperation mit anderen Handelsunternehmen aufzutreten. Dazu bieten sich Shop in the Shop-Systeme oder Concessions an.

- Beim **Shop in the Shop-System** werden bestimmte, meist aktuelle Teile des Sortiments großer Einzelhandelsbetriebe akquisitorisch und räumlich als Spezialabteilungen herausgehoben (vgl. *Ausschuss für Definitionen* 2006, S. 72). Dadurch werden spezifische Kompetenzen suggeriert und eine gehobene Atmosphäre geschaffen. Auch die Kollektionen gehobener Hersteller werden auf diese Weise präsentiert. Shop in the Shop eignet sich auch zur Vermietung von Flächen. Dann geht dieses Konzept in einen Concession-Shop über.

- Beim **Concession-Shop** handelt es sich um ein kooperatives Flächenkonzept, bei dem ein Concession-Nehmer Verkaufsfläche von einem Handelsunternehmen anmietet und bewirtschaftet (vgl. *Ausschuss für Definitionen* 2006, S. 66). Die Fläche wird durch eigenes Ladenbaudesign und Personal abgegrenzt und selbstständig in eigener Verantwortung bewirtschaftet. Der Handel erhält eine Concession-Fee, die in einer umsatzabhängigen Vergütung, meist verbunden mit einer Mindestvergütung, besteht. Auf diese Weise trägt er einen Teil des Absatzrisikos.

Ebenso sollten Entscheidungen zum Einsatz von **Absatzhelfern** getroffen werden, wobei diese sich wiederum kombinieren lassen. Hier bieten sich als Optionen an, Reisende, d. h. eigene Außendienstmitarbeiter, Handelsvertreter oder Kommissionäre einzusetzen.

* Der **Handelsvertreter** vertreibt die Ware in Namen und Rechnung des Unternehmens, das die Ware zur Verfügung stellt. Im Unterschied zu dem Reisenden ist er selbständig Gewerbetreibender, dabei besteht die Selbständigkeit in der freien Gestaltung seiner Arbeitszeit und der Möglichkeit, für mehrere Unternehmen gleichzeitig tätig zu sein. Für seine Tätigkeit erhält der Handelsvertreter entweder Fixum und Provision oder nur eine Provision (vgl. *Weis* 2007). Die rechtlichen Grundlagen seiner Tätigkeit regelt das HGB. Dabei wird nach Abschluss- und Vermittlungsvertreter unterschieden (§ 91a HGB). Die Pflichten des Handelsvertreters bestehen in der Vermittlung oder dem Abschluss von Geschäften, wobei das Unternehmensinteresse zu wahren ist (§ 86 Abs. 1 HGB). Er hat ein Recht auf Vermittlungs- oder Abschlussprovision (§ 87 Abs. 1 HGB).

* Der **Kommissionär** vertreibt Waren auf fremde Rechnung (vgl. *Pepels* 1995, S. 54 ff.). Der Kommitent (Veräußerer) bleibt dabei Eigentümer der Ware. Der Kommissionär erhält bei Verkauf eine Provision. Die Vorteile für den Kommitenten sind hierbei die Durchsetzung einheitlicher Preise am Markt und das Erreichen vieler kleiner Händler, da i. d. R. keine Vergabe eines Gebietsschutzes erfolgt. Als nachteilig sind die hohen Kosten für Vorfinanzierung der Ware sowie die relativ schwache Bindung des Kommissionärs einzuschätzen.

Und schließlich muss besonders mit Blick auf die Expansion eine Entscheidung zur **vertikalen oder horizontalen Kooperation** getroffen werden. Diese kann über Franchise-Systeme, Vertragshändler oder über den Beitritt zu einer Verbundgruppe realisiert werden.

* Unter **Franchising** wird ein vertikal-kooperativ organisiertes Absatzsystem rechtlich selbständiger Unternehmen mit starker Bindungsintensität verstanden. Ein Franchise-Nehmer übernimmt mit Vertragsabschluss das Recht sowie die Pflicht zu einer Beteiligung am Marktauftritt eines Anbieters (Franchise-Geber) und zur damit verbundenen Nutzung des Vertriebskonzeptes des Anbieters (vgl. *Homburg/Krohmer* 2006, S. 869). Das Leistungsprogramm des Franchise-Gebers ist das Franchise-Paket. Es besteht aus einem Beschaffungs-, Absatz- und Organisationskonzept. Der Franchise-Nehmer ist im eigenen Namen und auf eigene Rechnung tätig, tritt aber nach außen selbst nicht in Erscheinung, sondern unter dem Namen des Franchise-Gebers. Neben einer fixen Eintrittsgebühr entrichtet der Franchise-Nehmer eine i. d. R. umsatzabhängige Gebühr an den Franchise-Geber. Dieser behält sich i. d. R. ein Weisungsrecht vor. Im Bereich der vertikalen Kooperation stellt Franchising eine sehr umfas-

sende Form der Bindung selbstständiger Unternehmer dar. Die **Vorteile des Franchise-Nehmers** sind ein geringeres Startrisiko, eine umfassende Unterstützung durch den Franchise-Geber sowie die volle Konzentration auf den Verkauf. Dagegen profitiert der **Franchise-Geber** vom geringen Kapitalbedarf für die Expansion und der hohen Motivation des Franchise-Nehmers.

* Der **Vertragshändler** ist ebenso wie der Franchise-Nehmer rechtlich selbständig. Er vertreibt Waren und Serviceleistungen auf eigene Rechnung und in eigenem Namen. Dabei verpflichtet sich der Vertragshändler häufig zum exklusiven Vertrieb eines bestimmten Produktes und der dazugehörigen Dienstleistungen (vgl. *Ausschuss für Definitionen* 2006, S. 74). Das Maß an Weisungs- und Kontrollrechten des Warengebers kann sehr unterschiedlich ausgeprägt sein. In vielen Fällen (z. B. Vertragshändler von Elektro-Haushaltsgeräten) handelt es sich um eine Vereinbarung mit geringen Weisungs- und Kontrollrechten. In anderen Fällen, z. B. in der Automobilbranche, finden sich sehr umfassende vertragliche Regelungen, die in ihrer Bindungsintensität einem Franchisevertrag nahe kommen. Neben dem Vertrieb über eigene Niederlassungen vertreiben Automobilhersteller ihre Fahrzeuge über Vertragshändler. Die **Vorteile für den Vertragshändler** liegen zumeist in der Garantie eines Gebietsschutzes. Ferner profitiert der Vertragshändler vom Goodwill des Produzenten, da der Vertragshändler sich dem Kunden gegenüber als Vertriebseinheit des Herstellers präsentiert. Die **Nachteile** liegen für das Vertragshändler einsetzende Unternehmen in der häufig lockeren vertraglichen Bindung zwischen Produzent und Vertragshändler.

* Unter **vertikalen Verbundgruppen** werden Systeme subsumiert, die eine Verbindung von Groß- und Einzelhandel zum Inhalt haben. Dabei kann zwischen **Einkaufsverbänden** und **Freiwilligen Ketten** unterschieden werden. Bei den Einkaufsverbänden handelt es sich um rückwärtsintegrierende Verbundsysteme, mit anderen Worten die Initiative zur Gründung geht vom Einzelhandel aus. Freiwillige Ketten hingegen werden vom Großhandel initiiert. Verbundgruppen werden i. d. R. von kleineren Facheinzelhändlern gebildet, die sich dadurch Vorteile z. B. im gemeinsamen Einkauf, teilweise auch in der Durchführung gemeinsamer Werbung erhoffen. In Deutschland sind die Verbundgruppen in vielen Branchen noch sehr stark ausgeprägt. Dazu zählen z. B. Electronic Partners im Bereich der Elektronik oder Vedes im Bereich Spielwaren.

Vertrieb				
Räumlicher Auftritt	100 % eigene Filialen ←		→ 100 % Auftritt über Shop in the Shop, Corners, Concessions	
Einsatz von Absatzhelfern	Keine	Reisende	Handelsvertreter	Konzessionäre
Vertikale/ Horizontale Kooperation	Keine Kooperation	Franchising	Vertragshändler	Anschluss an Verbundgruppe

Kommunikationsstrategien

Unter den Kommunikationsstrategien lassen sich im Handel neben Werbung, PR, Verkaufsförderung, persönlichem Verkauf und Sponsoring auch das Ladenäußere, Schaufenster, Ladengestaltung und Warenanordnung subsumieren. Die Kombination aller Instrumente ergibt den Marktauftritt. Entscheidungskriterien zum **Werbeeinsatz** bieten sich zunächst in der Festlegung des Werbeetats besonders im Vergleich zur Konkurrenz. Daneben sind Entscheidungen dahingehend zu treffen, wie dieser Etat schwerpunktmäßig auf welche Werbemittel aufgeteilt werden soll. Und schließlich ist die Bestimmung der Art der Werbung, ob Imagewerbung oder Produktwerbung (gegebenenfalls in welchen Anteilen), zu treffen.

Entscheidungskriterien zur **POS-Kommunikation** umfassen die angestrebte Ladenatmosphäre, das Ladenlayout, den Einsatz von Instore-Medien und den Umfang und die Form, in welcher Verkaufsförderungsaktionen durchgeführt werden sollen.

Schließlich sind in Bezug auf die anderen Instrumente der Kommunikation Entscheidungen dahingehend zu treffen, welche umfassend, in geringem Umfang oder gar nicht eingesetzt werden sollen.

Kommunikation				
Werbung				
Höhe des Werbeetats	Kein oder sehr geringer Werbeetat ◄————————►			Sehr hoher Werbeetat
Werbemittel	TV (%)	Zeitungen (%)	Prospekte (%)	Direct Mail (%)	Sonstige (%)
Werbeart	Imagewerbung (%)		Produktwerbung (%)	Sonderangebotswerbung (%)
POS-Kommunikation				
Laden-atmosphäre	Reiner Versorgungskauf ◄————————►			Erlebniskauf
Ladenlayout	Regalanordnung		Marktplatz-Regal-Konzept	Marktplatz-Konzept
Instore-Medien	Geringer Einsatz ◄————————►			Umfassender Einsatz
Verkaufsför-derungsaktionen	Kein Einsatz	Sonderangebots-aktionen	Produktaktionen	Image- und Themenaktionen
Sonstige Kommunikationsinstrumente				
Persönlicher Verkauf	Selbstbedienung	Vorwahl/Teil-Selbstbedienung	Persönlicher Verkauf im Laden	Persönlicher Verkauf beim Kunden
Sonstige Instrumente	Kein Einsatz ◄————————►			Umfassender Einsatz

2.2.2 Erstellung des Betriebstpyenprofils

Alle oben genannten und ausgeführten Entscheidungsparameter lassen sich zu einem Betriebstypenprofil verbinden. Ein solches Profil lässt sich einsetzen, um den bzw. die eigenen eingesetzten Betriebsformen zu charakterisieren. Ebenso dient es dazu, sie mit denen der Wettbewerber zu vergleichen und die Alleinstellungsmerkmale herauszuarbeiten. Der Einsatz der Parameter lässt sich hierbei variieren.

Betriebstypenprofil					
Strategische Entscheidungsparameter					
Strategie					
Wettbewerbs-strategie	Kostenführerschaft		Differenzierungsstrategie		Nischenstrategie
Zielgruppe	Enges Zielgruppenkonzept	◄──────────►			Weites Zielgruppen-konzept
Vertriebsform					
Vertriebskanal	Single Channel-Marketing	◄──────────►			Multi Channel-Marketing
Stationärer Handel	0 %	◄──────────►			100 %
Versandhandel	0 %	◄──────────►			100 %
Sonstiger Vertrieb	0 %	◄──────────►			100 %
Standort					
Standort-orientierung	Konsumentenorientierung		Passantenorientierung		Verkehrsorientierung
Standortlagen	Innenstadt, 1a-Lage	Innenstadt, 1b-Lage	Innenstadt, Randlage	Nahversorger Wohngebiet	Einkaufszen-tren Vorstadt	„Grüne Wiese"
Sortiment					
Sortimentsbreite und Umfang	Warenbereich A Tiefe: X % der Artikel		Warenbereich B Tiefe: X % der Artikel		Warenbereich C Tiefe: X % der Artikel
Sortiments-aktualisierung	Neue Sortimente jede Woche	Alle 2 Wochen ◄──────► Alle 5 Monate			Neue Sortimente zweimal im Jahr
Markenstrategie	Reine Herstellermarken	10 % ◄── Handelsmarken im Umfang von ──► 90 %			Reine Handelsmarken
Aktionsstrategie	Sonderangebote		Partievermarktung und Dauerniedrigpreise		Dauerniedrigpreise
Servicestrategie	Servicedominanz		Durchschnittliche Serviceintensität		Niedrige Serviceintensität
Preis					
Generelle Preisstrategie	Reine Preisdominanz-strategie		„Value for money"-Strategie		Reine Leistungs-dominanzstrategie

Preislagen- strategie	Eine Preislage, Umsatzanteil 100 %	◄─────────►		Vier Preislagen mit jeweils X % Umsatzanteil
Aktionsstrategie	Wöchentliche Sonder- angebote, X % unter Normalpreis	◄─────────►		Dauerniedrigpreise
Rabattstrategie	Häufiger Einsatz von Rabatt- und/oder Couponing-Aktionen	◄─────────►		Kein Einsatz von Rabatt- und/oder Couponing- Aktionen

Vertrieb

Räumlicher Auftritt	100 % eigene Filialen		◄─────────►		100 % Auftritt über Shop in the Shop, Corners, Concessions
Absatzhelfer	Keine		Reisende	Handelsvertreter	Konzessionäre
Kooperation	Keine Kooperation		Franchising	Vertragshändler	Verbundgruppe

Kommunikation

Werbung

Höhe des Etats	Kein oder sehr ger. Etat		◄─────────►		Sehr hoher Werbeetat
Werbemittel	TV (%)	Zeitungen (%)	Prospekte (%)	Direct Mail (%)	Sonstige (%)
Werbeart	Imagewerbung (%)		Produktwerbung (%)		Sonderangebotswerbung (%)

POS-Kommunikation

Ladenatmosphäre	Reiner Versorgungskauf		◄─────────►		Erlebniskauf
Ladenlayout	Regalanordnung		Marktplatz-Regal-Konzept		Marktplatz-Konzept
Instore-Medien	Geringer Einsatz		◄─────────►		Umfassender Einsatz
Verkaufsför- derungsaktionen	Kein Einsatz	Sonderangebotsaktionen		Produktaktionen	Image- und Themenaktionen

Sonstige Kommunikationsinstrumente

Persönlicher Verkauf	Selbstbedienung	Vorwahl/Teil- Selbstbedienung	Persönlicher Verkauf im Laden	Persönlicher Verkauf beim Kunden
Sonst. Instrumente	Kein Einsatz	◄─────────►		Umfassender Einsatz

2.3 Filialanalyse

Die Filialanalyse bietet sich für Handelsunternehmungen an, die bereits über ein bestehendes Filialnetz verfügen. Dieses wird einer Evaluation unterzogen. Alle Standorte werden im Hinblick auf ihre Zukunftsorientierung überprüft. Auf der Basis der Ergebnisse lassen sich Maßnahmen einleiten, die beispielsweise in der Umwidmung einzelner Filialen oder deren Ausbau bestehen können. Ebenfalls

dient die Filalnetzplanung dazu, Prioritäten zu setzen, welchen Häusern die meis-
te und dringlichste Aufmerksamkeit zugewandt werden sollte. Mögliche Gewinn-
potenziale sollen durch Revitalisierungsprogramme erschlossen werden (vgl. *Tietz*
1993, S. 1513 ff.).

Durch die Evaluation des gesamten Filialnetzes sollen die Filialen selektiert
werden, die einer Revitalisierung besonders dringend bedürfen und die größten
Chancen der Ergebnisverbesserung bieten. Ohne eine Prioritätenliste läuft die
Handelsunternehmung Gefahr, dass Maßnahmen an zahlreichen Schwachstellen
gleichzeitig angesetzt werden und durch mangelnde Konzentration ins Leere laufen, da sie nicht stringent durchgeführt werden. Das folgende Beispiel stellt eine
Filialnetzevaluierung aus dem Lebensmittelbereich dar.

Im ersten Schritt werden die Evaluierungskriterien aufgestellt. Der Fokus sollte
auf wenigen relevanten Faktoren liegen.

1. **Absolute Größe der Verkaufsfläche** der Filiale: Je größer die Verkaufsfläche
   ist, desto höher ist die Priorität der Filiale.

2. **Abweichung von der Mindest-Verkaufsflächenproduktivität** (nach Betriebstypen und nach Eröffnungsdaten der Filiale).

3. **Veränderung der Verkaufsflächenproduktivität** in den letzten zwei Jahren.

4. **Abweichung des Deckungsbeitrags II** (Nettoumsatz – Wareneinsatz – übrige Filialkosten) von einem festgelegten Mindestwert.

Die Bewertungskriterien, die diesem Beispiel zu Grunde liegen, müssen quantifi-
ziert werden.

1. Absolute Größe der Verkaufsfläche
Filialen mit großer Verkaufsfläche erhalten eine höhere Priorität. Eine Nachana-
lyse erscheint bei ihnen zweckmäßiger, da sie eine größere Ertragssteigerung versprechen. Diese höhere Dringlichkeit drückt sich in einem Multiplikator aus. Das
bedeutet, die bei der Analyse erreichte Punktzahl wird multipliziert, wodurch eine
Gewichtung erfolgt.

Verkaufsfläche	Multiplikator
über 600 qm	2,5
400 bis 600 qm	2,0
200 bis 400 qm	1,5
unter 200 qm	1,0

Abb.: Multiplikatoren für Verkaufsflächengröße
Quelle: *Tietz* 1993, S. 1516

2. Abweichung von der Mindest-Verkaufsflächenproduktivität

Die Abweichung der Verkaufsflächenproduktivität von der Mindest-Verkaufsflächenproduktivität bildet den Bewertungsfaktor 1. Die Mindest-Verkaufsflächenproduktivität darf nicht mit der Soll-Verkaufsflächenproduktivität verwechselt werden, die i. d. R. höhere Anforderungen an die Ertragskraft stellt. Jede Abweichung um einen Prozentpunkt wird mit einem Punkt bewertet. Die Vorzeichen sind dabei anzugeben.

Beispiel:

Gegenstand	Verkaufsflächenproduktivität im Monat in Euro		Soll-/Ist-Abweichung in %	Punktwert Faktor 1
	Mindestwert 2007	Istwert 2007		
Filiale 1	870	908	+ 4,4	+ 4
Filiale 2	870	812	- 6,7	- 7

Abb.: Berechnung von Faktor 1
Quelle: *Tietz* 1993, S. 1515

3. Die Veränderung der Verkaufsflächenproduktivität

in den letzten zwei Jahren bilden die Faktoren 2 und 3, die in die Bewertungstabelle eingehen. Jedes Prozent Abweichung entspricht einem Punkt.

Beispiel:

Gegenstand	Ist-Verkaufsflächenproduktivität im Monat in Euro			Veränderung in %		Punktwert	
	2007	2006	2005	2007/06	2006/05	Faktor 2	Faktor 3
Filiale 1	908	944	973	- 3,8	- 3,0	- 4	- 3
Filiale 2	812	827	783	- 1,8	+5,6	- 2	+ 6

Abb.: Berechnung von Faktor 2 und Faktor 3
Quelle: *Tietz* 1993, S. 1515

4. Die Abweichung des Deckungsbeitrags II

von den Mindestwerten der letzten beiden Jahre der beurteilten Filiale bilden den vierten und fünften Faktor. Auch hier wird jeder Prozentpunkt Abweichung mit einem Punkt bewertet.

Gegen-stand	DB II in % des Umsatzes				Abweichungs-prozentpunkte		Punktwert	
	Mindestwert		Istwert					
	2007	2006	2007	2006	2007	2006	Faktor 4	Faktor 5
Filiale 1	+ 4,0	+ 4,0	+ 4,8	+ 6,2	+ 0,8	+ 2,2	+ 1	+ 2
Filiale 2	+ 4,0	+ 2,0	+ 2,4	- 1,6	- 1,6	- 3,6	- 2	- 4

Abb.: Berechnung von Faktor 4 und Faktor 5
Quelle: *Tietz* 1993, S. 1515

5. Im letzten Schritt müssen die **Bewertungskriterien gewichtet** werden. Die
Punktwerte werden dann mit der Gewichtung multipliziert. Das Ergebnis wiederum muss mit dem Multiplikator der Verkaufsflächengröße multipliziert werden.
Um einen besseren Überblick zu erhalten, werden diese Schritte in drei Tabellen
visualisiert. In der ersten davon wurden auf einem Datenblatt die Werte der vorangegangenen Tabellen zusammengestellt. In der zweiten erfolgt die Gewichtung
der Faktoren, die subjektiv nach Erfahrungswerten durchgeführt wird. In der dritten wird das Resultat mit dem Multiplikator multipliziert. Das Ergebnis ist die
Prioritätenliste.

Gegenstand	Filiale 1	Filiale 2
Mindest-Verkaufsflächenproduktivität 2007 in €/Monat	870	870
Ist-Verkaufsflächenproduktivität 2007 in €/Monat	908	812
Ist-Verkaufsflächenproduktivität 2006 in €/Monat	944	827
Ist-Verkaufsflächenproduktivität 2005 in €/Monat	973	783
Mindest-Deckungsbeitrag II in % des Umsatzes 2007	+ 4,0	+ 4,0
Mindest-Deckungsbeitrag II in % des Umsatzes 2006	+ 4,0	+ 2,0
Ist-Deckungsbeitrag II in % des Umsatzes 2007	+ 4,8	+ 2,4
Ist-Deckungsbeitrag II in % des Umsatzes 2006	+ 6,2	- 1,6

Abb.: Datenblatt für die Filialen
Quelle: *Tietz* 1993, S. 1516

Gegenstand	Gewicht	Filiale 1		Filiale 2	
		Punktwert	gew. Punktwert	Punktwert	gew. Punktwert
Faktor 1	50	+ 4	+ 200	- 7	- 350
Faktor 2	15	- 4	- 60	- 2	- 30
Faktor 3	10	- 3	- 30	+ 6	+ 60
Faktor 4	15	+ 1	+ 15	- 2	- 30
Faktor 5	10	+ 2	+ 20	- 4	- 40
Gesamtbewertung:			+ 145		- 390

Abb.: Bewertungsblatt für die Filialen
Quelle: *Tietz* 1993, S. 1516

Gegenstand	Betriebstyp	Verkaufsfläche	gew. Punktwerte	Multiplikator	Bewertungspunkte	Priorität
Filiale 1	A	650	- 30	2,5	- 75	4.
Filiale 2	A	520	+ 70	2,0	+ 140	
Filiale 3	A	430	- 170	2,0	- 340	1.
Filiale 4	A	380	+ 180	1,5	+ 270	
Filiale 5	B	750	+ 300	2,5	+ 750	
Filiale 6	B	620	- 90	2,5	- 225	3.
Filiale 7	B	450	- 120	2,0	- 240	2.
Filiale 8	B	360	+ 70	1,5	+ 105	

Abb.: Prioritätenfestlegung für den Einsatz von Revitalisierungsprogrammen
Quelle: *Tietz* 1993, S. 1517

Für die Filialen 3, 6 und 7 ergeben sich hohe negative Punktzahlen. Hier sollten Revitalisierungsprogramme ansetzen. Dabei lassen sich prinzipiell zwei Arten unterscheiden. Einzelbetriebliche Maßnahmen sollen dazu dienen, Schwächen in den einzelnen Filialen abzubauen und so zur Verbesserung des Unternehmensergebnisses beizutragen. Strukturelle Maßnahmen dagegen beziehen sich auf das gesamte System, dessen Ergebnis insgesamt angehoben werden soll. Dabei können folgende Optionen in Betracht gezogen werden:

- Überlegungen zur Schließung von Filialen
- Überlegungen zur Differenzierung der Betriebstypenpolitik
- Überlegungen zur Umwidmung in andere Betriebstypen

38 〉〉 Seite 460

3. Festlegung der zukünftigen Betriebs-typenstrategie

Zur Festlegung der zukünftigen Betriebstypen und der Auswahl zukunftsträchtiger Vertriebsformen steht einem Handelsunternehmen zunächst einmal die Wahl zwischen zwei Alternativen zur Verfügung. Zum einen kann die derzeitige Struktur beibehalten werden (Beibehaltungshaltungsstrategie), zum anderen können die strukturgebenden Merkmale verändert werden (Veränderungsstrategie). Hier wiederum bestehen die Optionen der Diversifikation, Reduktion oder Konversion.

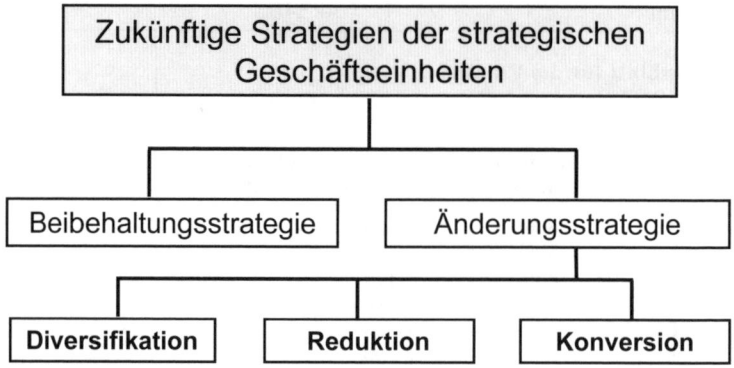

Abb.: Systematik kernverändernder Strategien im Überblick
Quelle: in Anlehnung an *Mattmüller/Tunder* 2004, S. 362

In den folgenden Absätzen sollen die Änderungsstrategien im Mittelpunkt der Betrachtungen stehen.

Unter der **Strategiealternative der Diversifikation** wird eine Erweiterung des Portfolios um neuartige, bislang für das Unternehmen nicht angebotene Leistungen verstanden, oder aber die Bearbeitung neuartiger Zielgruppen (vgl. *Mattmüller/Tunder* 2004, S. 365). Sie kann für den Handel zwei Ausprägungen aufweisen:

- **Handelsexterne Diversifikation:** Der Handel dringt in externe Bereiche vor. Er kauft z. B. Touristikunternehmen. Hier werden Geschäftsfelder außerhalb der Handelstätigkeit aufgebaut.

- **Handelsinterne Diversifikation:** Hier verbleibt das Unternehmen innerhalb des Handels. Diese Strategie beinhaltet sowohl die Ansprache neuer Zielgruppen (z. B. kauft ein Drogeriediscounter eine Drogeriemarktkette hinzu). Es kann bestehenden Zielgruppen neue Angebote offerieren (z. B.: Ein hochwertiger Herrenausstatter eröffnet zusätzlich einen Weinvertrieb). Und schließlich können im Rahmen der Diversifikationsstrategie neue Zielgruppen mit neuen Angeboten bedient werden (z. B.: Eine Supermarktkette eröffnet einen Textildiscounter).

Die Ziele der Diversifikationsstrategie sind die Risikostreuung, die allerdings nur dann eintritt, wenn unterschiedliche Zielgruppen angesprochen werden, und die Renditeverbesserung, die das in erster Linie verfolgte Ziel darstellt. Die Ursachen dafür sind angestrebte Synergieeffekte. Z. B. können Logistikkapazitäten besser ausgelastet oder Beschaffungskonditionen bei Lieferanten verbessert werden.

Neue Geschäftsfelder können selbst aufgebaut oder aber akquiriert werden. Der Eigenaufbau erfordert relativ lange Zeitspannen zum Aufbau der Filialen. Allerdings lassen sich neue Filialen regional stufenweise ausbauen und vorhandene Kapazitäten wirtschaftlich nutzen. Die Akquisition hingegen bietet einen schnellen Markteintritt zur Übernahme offensichtlich erfolgreicher Betriebskonzepte. Mit den Verkaufsstellen werden auch Marktanteile übernommen, die insbesondere in gesättigten Märkten sonst nur sehr mühsam aufgebaut werden könnten. Besonders im internationalen Bereich ist ein Eintritt in den Markt nur über die Akquisition möglich. Allerdings bringt diese Eintrittsstrategie auch eine Reihe von Nachteilen und Gefahren mit sich. Insbesondere die Integration des neuen Unternehmensteils hat sich als häufig unterschätzter Problembereich herausgestellt. Mentalität und Kultur gelten insbesondere im Rahmen der internationalen Expansion als häufige Problemfelder, an der schon sehr große Händler scheiterten.

Die Strategie der **Reduktion** dagegen ist, wie der Name bereits sagt, auf Rückzug aus bestimmten Geschäftsfeldern ausgerichtet. Damit wird oft eine Bündelung der Ressourcen angestrebt, das Handelsunternehmen beschränkt sich auf seine Kernkompetenzen. Zielobjekte der Reduktion sind Engagements, die sich als nicht rentabel oder verlustbringend erwiesen haben. Oft ist es dem Unternehmen nicht gelungen, im Wettbewerb nennenswerte Marktanteile zu erreichen. In diesem Fall ist die „kritische Masse" zu gering, als dass das Unternehmen seine angestrebte Rentabilität realisieren könnte. Teilweise werden aber auch sehr erfolgreiche Engagements verkauft, wenn die Konkurrenz bereit ist, einen hohen Kaufpreis zu zahlen oder aber der Handelseigentümer sich aus dem Geschäftsleben zurückziehen möchte.

Als Umsetzungsformen der Reduktion bieten sich Stilllegung oder Verkauf an (vgl. *Mattmüller / Tunder* 2004, S. 382). Eine Stilllegung ist i. d. R. mit zahlreichen Austrittsbarrieren verbunden (langfristige Verträge, Sozialpläne). Ein Verkauf kann oftmals sogar mit einem negativen Kaufpreis verbunden sein, wenn z. B. Verbindlichkeiten vom Käufer mit übernommen werden.

Unter der **Strategie der Konversion** wird dagegen die vollständige oder zumindest teilweise Substitution bereits bearbeiteter Geschäftsfelder zu Gunsten neuer verstanden, wobei die frei werden Ressourcen von den alten in die neuen Aktivitäten überführt werden. Hier kann es sich um einen veränderten Auftritt handeln oder um die Ansprache anderer Zielgruppen. Ziele können hier sowohl in der Risikostreuung oder aber in der Konzentration auf Kernkompetenzen liegen.

Neben den kernverändernden Strategien gibt es solche, die auf das bearbeitete Einzugsgebiet und/oder die Anzahl der Betriebsstätten ausgerichtet sind. Diese werden als **Multiplikations-** bzw. **Kontraktionsstrategien** bezeichnet (vgl. *Mattmüller / Tunder* 2004, S. 386).

Die **Multiplikation** stellt die im Handel am häufigsten angetroffene Strategie dar. Zur Expansion werden erfolgreiche Betriebstypenkonzepte eingesetzt, indem neue Filialen nach exakt demselben Muster eröffnet werden. Sowohl die Kriterienzusammensetzung der Betriebsform als auch die bislang angesprochenen Zielgruppen werden übernommen. Es findet somit eine reine Vervielfältigung des Konzepts statt. Die Multiplikation dient der intensiveren Durchdringung bereits bearbeiteter Regionen oder aber der Erschließung neuer Gebiete. Die Strategie der **Kontraktion** stellt das Gegenstück zur Multiplikation dar. Hier beschließt das Handelsunternehmen, sich aus bestimmten Arealen zurückzuziehen.

Die Strategie der Multiplikation kann auf zwei Wegen erfolgen: über den Aufbau eigener Filialen oder über Franchising/Vertragshändler. Durch den Aufbau eigener Filialen wird die Zahl der vom Unternehmen geführten Outlets erhöht. Das Handelsunternehmen behält dabei die Kontrolle über das Management. Allerdings muss es auch sämtliche Kosten der Filialisierung selbst aufbringen, ein Umstand, der besonders in Zeiten schnellen Wachstums Liquidität und Rentabilität stark belastet. Demgegenüber tragen die Franchise-Nehmer bzw. Vertragshändler die Kosten für die Erschließung der einzelnen Standorte selbst. Hier kann ein Ausbau sehr viel schneller und mit weniger Kapitaleinsatz erfolgen als im Rahmen der Filialisierung. Daher werden diese Formen besonders im Rahmen der internationalen Expansion sehr gern eingesetzt. Allerdings erhält das Handelsunterunternehmen, welches auf eine Expansion über Franchising gesetzt hat, langfristig lediglich die (meist umsatzabhängige) Franchisegebühr. Diese entspricht i. d. R. nicht dem Betrag, der in den eigenen Filialen an Gewinnen realisiert wird.

Handelsunternehmen, die sich nicht in der Lage sehen, ihre (erfolgreiche) Geschäftsform zu multiplizieren, haben heute langfristig wenig Perspektiven. Die sinkende Verkaufsflächenproduktivität und der starke Rückgang der Fachgeschäfte werden es in der Zukunft immer schwieriger machen, mit einem Einzelgeschäft am Markt zu bestehen.

Kontrollfragen zu I

**Lösungs-
hinweise**

Seite

(1)	Was ist unter einer Betriebstypenstrategie zu verstehen?	421
(2)	Was ist Store Erosion?	422
(3)	Welche Alternativen zur Positionierung eines Strategietyps lassen sich unterscheiden?	423
(4)	Worin besteht der Unterschied zwischen einem Zielgruppen- und einem Angebotskonzept?	423
(5)	Welche strategischen Elemente werden im Rahmen der Betriebstypenstrategie festgelegt?	424
(6)	Was wird im Rahmen der Sortimentsstrategie festgelegt?	425
(7)	Welche Entscheidungen werden im Rahmen der Preisstrategie getroffen?	425
(8)	Welche Alternativen gibt es zum Aufbau eigener Filialsysteme?	426
(9)	Welche Absatzhelfer können eingesetzt werden?	427
(10)	Welche Vor- und Nachteile sind mit dem Franchising verbunden?	427
(11)	Worin liegt der Unterschied zwischen einem Vertragshändler und einem Franchisenehmer?	428
(12)	Was ist eine Verbundgruppe?	428
(13)	Welche Entscheidungen werden im Rahmen der Kommunikationsstrategie getroffen?	429
(14)	Wie wird eine Filialanalyse durchgeführt?	432
(15)	Was kann mit Filialen geschehen, die niedrige Punktzahlen aufweisen?	435
(16)	Welche Optionen stehen im Rahmen der Veränderungsstrategie zur Verfügung?	436
(17)	In welchen Formen kann eine Diversifikationsstrategie durchgeführt werden?	436
(18)	Was beinhaltet die Strategie der Reduktion?	437

Literatur

Ausschuss für Definitionen zu Handel und Distribution: Katalog E, 5. Ausgabe, Köln 2006

Homburg, C./Krohmer, H.: Marketingmanagement, Strategie – Instrumente – Umsetzung – Unternehmensführung, 2. Aufl., Wiesbaden 2006

Mattmüller, R./Tunder, R.: Strategisches Handelsmarketing, München 2004

Pepels, W.: Handelsmarketing, Wiesbaden 1995

Tietz, B.: Der Handelsbetrieb, 2. Aufl., München 1993

Tietz, B.: Zukunftsstrategien für Handelsunternehmen, Frankfurt am Main 1993 (1993a)

Weis, H. C.: Marketing, 14. Aufl., Ludwigshafen 2007

Übungsteil

01: Handelsfunktionen

Welche aktionsorientierten Handelsfunktionen erfüllen die folgenden Handelsunternehmen?

Dr. Haller & Co. EDV-Systeme: Handel mit Hard- und Software im Herzen von Plauen, Belieferung von Geschäfts- und Privatkunden, Installation und Wartung, Verkauf auf Ziel.

Edeka-Filiale: 60 qm Filiale im dünnbesiedelten Randgebiet von Berlin, alteingesessene Kunden im Einzugsgebiet nahe der Havel, im Sommer zusätzliche Kunden aus den Laubenkolonien, vom Campingplatz und Bootsbesitzer, Handel mit Nahrungs- und Genussmitteln, Gegenstände des täglichen Bedarfs, Barzahlung.

Media-Markt-Filiale: Fachmarkt für Elektronik im Zentrum Spandaus (Bezirk von Berlin, über 200.000 Einwohner), große Artikelzahl, Vorwahl, Barzahlung.

02: Struktur des Einzelhandels

Wie schätzen Sie die Wettbewerbsposition des deutschen Einzelhandels im Vergleich ein? In welchen Bereichen sehen Sie eine starke Position, in welchen dagegen eher eine schwache?

03: Dynamik der Betriebsformen

Ordnen Sie die unterschiedlichen Betriebsformen nach ihrer Stellung im Lebenszyklus ein! Unterscheiden Sie nach Einführung, Wachstum, Reife und Degeneration!

04: Betriebstyp Warenhaus

Stellen Sie anhand des Lebenszyklus der Betriebsformen die Situation der Warenhäuser dar!

1. Welche Faktoren wirkten und wirken auf die Warenhäuser ein?

2. Mit welchen Strategien versuchen die Warenhauskonzerne, der Degeneration zu begegnen?

05: Kundenorientierte Marketing- forschung

Sie übernehmen die Geschäftsführung der modischen Textileinzelhandelskette Gringa mit 20 Filialen. Sie stellen fest, dass das Unternehmen eigentlich nichts über seine Kundinnen und deren Wahrnehmung der Kette weiß. Da das Unternehmen weiter expandieren möchte, benötigen Sie diesbezüglich Informationen. Welche Formen der Marktforschung führen Sie durch? Begründen Sie Ihre Entscheidung!

06: Konkurrenzorientierte Marketing- forschung

Das Großhandelsunternehmen Verotech handelt mit Waren im Bereich Sicherheitstechnik. Hier spielt der Servicebereich eine große Rolle, denn Kunden möchten sich zum Thema Sicherheit umfassend beraten lassen und benötigen Einbau- und Wartungsleistungen. Verotech war ursprünglich ein sehr kleines Unternehmen, wurde dann von einem französischen Konzern übernommen. Dieser möchte zukünftig auch Sicherheitsdienste (z. B. Wachschutz) anbieten. Aufgrund der veränderten Rahmenbedingungen müssen auch die Konkurrenten neu definiert werden. Erläutern Sie, welche Informationen über die Konkurrenten gewonnen werden sollen und in welcher Form dies geschehen soll.

07: PESTE-Analyse

Führen Sie eine PESTE-Analyse für folgende Handelsunternehmen durch:

a) Kleiner Supermarkt im Wohngebiet

b) Modischer Textilfilialist im Niedrigpreisbereich, Innenstadtlage, „Junge Mode"

c) Großhandelsunternehmen, Fruchtimporteur im Hamburger Hafen

08: Nachfragetrends im Handel

Zwei bedeutende Trends sind in der Convenience- und in der Erlebnisorientierung zu sehen. Welche Arten von Unternehmen könnten sich welchen Trend zunutze machen?

09: Einsatz der RFID-Technologie

Besuchen Sie den Future Store der Metro Group im Internet (**http://www.future-store.de**). Lassen Sie sich durch den virtuellen Laden führen. Erläutern Sie die unterschiedlichen demonstrierten Möglichkeiten der RFID-Technologie. Worin sehen Sie die größten Vor- und Nachteile für die Handelsunternehmen? Und worin liegen sie für den Kunden?

10: Betriebsformen-Portfolio

Sie sollen ein Betriebsformen-Portfolio aufstellen und daraus Strategievorschläge für die Geschäftsleitung ableiten. Sie haben bereits eine Chancen/Gefahren- und eine Stärken/Schwächen-Analyse durchgeführt und die Punkte in Prozentzahlen umgerechnet.

Betriebstyp	Betriebsformen-attraktivität	Wettbewerbs-stärke	Umsatzanteil
Gartenfachgeschäfte	35 %	50 %	30 %
Gartenfachmärkte	90 %	20 %	5 %
Baumärkte	55 %	35 %	20 %
Farbenfachgeschäfte	25 %	10 %	25 %
Teppichmärkte	70 %	60 %	15 %
Teppichstudios	85 %	20 %	5 %

11: Zielmarktfestlegung

Geben Sie je drei reale Beispiele aus dem Groß- und Einzelhandel für die folgenden Strategien der Zielmarktfestlegung:

a) Konzentration auf ein klar definiertes Segment
b) Produktspezialisierung
c) Marktspezialisierung (Zielgruppe)
d) Selektive Spezialisierung
e) Vollständige Marktabdeckung

12: Sortimentspyramide

Erstellen Sie eine Sortimentspyramide für die folgenden Artikel/Sorten:

1. im Verbrauchermarkt für Dr. Oetker Gelierzucker Express
2. im Elektronik-Fachmarkt für die Handy-Tasche Nokia E63 der Marke Hama

13: Sortimentsbreite/-tiefe von Betriebstypen

Ordnen Sie folgende Betriebstypen nach Sortimentsbreite/-tiefe ein:

1. Fachmarkt
2. Verbrauchermarkt
3. SB-Warenhaus
4. Convenience Store
5. Fachgeschäft
6. Nachbarschaftsladen
7. Kaufhaus

14: Sortimentsausrichtung

Suchen Sie Beispiele für hinkunftsgerichtete Sortimente. Überlegen Sie, in welchen Bereichen sich diese sinnvoll einsetzen lassen.

15: Sortimentsunterteilungen

Ordnen Sie folgende Artikel dahingehend ein, ob es sich um

- **Kern-, Zusatz- oder Randsortiment**
- **Dauer-, Saison- oder Aktionssortiment**
- **Lager- oder Bestellsortiment** handelt.

1. Shine-Schuhcreme schwarz (Schuhfachgeschäft)
2. Hochwertiger, schneller PC-Prozessor (Elektronik-Fachhandel)
3. Pierre Cardin Ledergürtel (Herrenausstatter)
4. Kaltlaufregler (Nachrüstartikel zur Emissionssenkung älterer PKW) (Autoersatzteilhandel)

5. Feuerwerkskörper (Lebensmitteleinzelhandel)
6. Tulpenzwiebeln (Discounter)

16: Sortimentsveränderungen

Um welche Art von Sortimentsveränderungen handelt es sich? Welche der drei Effekte könnten zum Tragen kommen?

1. Reduzierung von Tafelschokolade und Aufnahme von Schokoladenspezialitäten
2. Aufnahme zusätzlicher Geschmackssorten Eiscreme
3. Aufstellung eines neues Regals mit frischen Sandwiches
4. Einführung eines Bio-Obst- und Gemüseregals

17: Sortimentsverbund

Um welche Art von Verbundbeziehungen könnte es sich bei folgenden gemeinsam gekauften Artikeln handeln?

1. Reifen und Felgen
2. Benzin, Zigaretten und Kaugummi
3. Anzug und drei Hemden
4. Spielzeug und Hundefutter
5. Grillfleisch, Holzkohle und 5 l-Bierfass

18: Listung/Auslistung von Artikeln

Sie sind Category Manager einer Supermarktkette. Ein Hersteller stellt Ihnen sein neues Produkt vor: Pizza Delgada. Es handelt sich um eine neue fettarme Tiefkühl-Pizza. Sie besteht aus einem dünnen knusprigen Teig und ist belegt mit sehr fettarmen Ziegenkäse, Tomaten, Thunfisch (ohne Öl) und vielen Kräutern. Die Pizza wird hochpreisig angesetzt, da sie eine enge Zielgruppe anspricht und einen USP aufweist: die Pizza fast ohne Fett für Figurbewusste. Der Hersteller ist bereit, sich mit Rabatten und Werbekostenzuschüssen an Sonderangebotsaktionen zu beteiligen. Er ist im Bereich TK-Pizzen Spezialist und bundesweit bekannt. Der von ihm geforderte Einkaufspreis ist relativ hoch angesetzt, sodass er gerade Ihre Anforderung an die Mindestspanne erfüllt.

Ihr Tiefkühlplatz ist dicht belegt und kann nicht erweitert werden. Somit käme nur die Substitution einer anderen Pizza infrage.

19: Zuweisung von Verkaufsraum

Die gesamte Verkaufsfläche eines Geschäftes soll neu aufgeteilt werden. Dabei sollen Wirtschaftlichkeitsbetrachtungen zu Grunde gelegt werden. Diejenigen Kategorien, die nur eine geringe Verkaufsflächenproduktivität aufweisen, sollen weniger Platz erhalten. Davon sollen jene Kategorien profitieren, die einen hohen Umsatz pro qm vorzeigen können. Die Filialleitung gibt jedoch vor, dass 10 qm als Mindestgröße gewährt werden sollten, da es ansonsten nicht möglich sei, die Waren ansprechend zu platzieren. Die Maximalgröße einer Abteilung/Warengruppe wird auf 30 qm festgelegt. Die Gesamtfläche umfasst 183 qm und kann nicht erweitert werden.

Ihnen liegen folgende Daten vor:

Abteilung	Bisher beanspruchte Fläche in qm	Verkaufspreis pro Stück in Euro	Absatz in Stück
1	12	20,-	2.000
2	20	50,-	1.500
3	16	100,-	1.300
4	25	1,-	50.000
5	15	200,-	800
6	10	80,-	1.000
7	20	60,-	1.200
8	30	40,-	1.100
9	20	150,-	900
10	15	50,-	1.300

Quelle: in Anlehnung an *Baum* 2002, S. 186/187

20: Regalplatzierung

Erstellen Sie ein Haarpflegeregal für einen Drogeriemarkt. Welche Platzierungskriterien würden Sie ansetzen? Begründen Sie Ihre Entscheidung

a) aus Herstellerperspektive
b) aus Handelssicht.

Bitte berücksichtigen Sie folgende Hersteller (Marken): L'Oréal (Elvital, Garnier), P&G (Pantène, Wella), Beiersdorf (Nivea), Unilever (Dove), Schwarzkopf/Henkel (Gliss, Schauma). Dazu kommen die Handelsmarken des Unternehmens und die Kategorie „Spezialanbieter".

21: Sortimentsanalyse

Sie sollen im Warenbereich Schreib- und Papierwaren eine Sortimentsanalyse durchführen. Alle Preise sind Nettopreise, die Mehrwertsteuer wird nicht berücksichtigt. Folgende Daten stehen Ihnen zur Verfügung:

Basisdaten:

Artikel	Verkaufte Mengeneinheiten	Einkaufspreis in Euro	Verkaufspreis im Euro	laufende Regalmeter
Grußkarten (GK)	22.987	1,05	3,00	6,00
Geschenkpapier (GS)	14.035	1,13	3,75	3,00
Ordner (O)	7.123	2,72	4,95	6,00
Schreibhefte (SH)	24.573	0,75	1,50	4,00
Schulranzen (SR)	212	47,40	79,00	2,00
Klebestifte (KS)	8.681	1,30	2,00	1,00
Füllfederhalter (F)	1.881	4,61	7,95	0,50

Führen Sie eine Umsatzanalyse durch und interpretieren Sie die Abweichungen!

Artikel	Ist-Umsatz in Euro	Ist-Umsatz in %	Soll-Umsatz in Euro	Abweichung in %	Vorjahresumsatz in Euro	Abweichung in %
GK			74.648,51		71.093,81	
GS			57.267,16		54.540,16	
O			37.395,75		35.615,00	
SH			39.694,85		37.804,62	
SR			17.763,03		16.917,17	
KS			18.891,30		17.991,71	
F			16.022,09		15.259,13	
			261.682,68		249.221,60	

a) Berechnen Sie die Handelsspannen:
   Handelsspanne (HS) = (Verkaufspreis (VK) - Einkaufspreis (EK)) : Verkaufspreis (VK)

b) Führen Sie eine Deckungsbeitragsanalyse durch! Ermitteln Sie den absoluten Deckungsbeitrag sowie den prozentualen Anteil am gesamten Deckungsbeitrag der Warengruppe!

c) Ermitteln Sie die Verkaufsflächenproduktivität in Bezug auf den Umsatz und auf den Deckungsbeitrag!

d) Berechnen Sie die Umschlagshäufigkeit!

Artikel	Anfangsbestand	Endbestand
GK	1.145	1.276
GS	570	543
O	1.253	1.154
SH	1.132	1.345
SR	10	14
KS	396	378
F	107	87

e) Berechnen Sie die Bruttorentabilität!

f) Ihnen steht für die oben genannten Artikel ein Regal mit vier Böden und drei Meter Länge zur Verfügung. Entwickeln Sie einen Platzierungsvorschlag! Begründen Sie Ihre Wahl!

22: Sortimentsportfolio

Erstellen Sie ein Sortimentsportfolio für die folgenden Kaffeesorten. Leiten Sie Maßnahmen daraus ab!

Sorte	Einkaufspreis in Euro	Verkaufspreis in Euro	Absatzmenge	Ø Lagerbestand
Dicke Bohne	4,90	6,90	10.500	250
Brazilero	7,20	8,40	9.600	280
Colombiano	6,35	7,20	15.800	240
Kenia-Auslese	6,90	9,40	3.200	200
Muckefuck	6,50	7,20	15.300	220

23: Dienstleistungen

Entwickeln Sie für folgende drei Handelsunternehmen Dienstleistungskonzeptionen. Welche Services sollten angeboten werden? Sollten Sie direkt oder indirekt berechnet werden? Gewinn bringend oder kostendeckend? Sollen die Leistungen selbst erbracht oder an Dritte ausgelagert werden?

1. Großes Möbelgeschäft mit exklusiven Marken und großer Auswahl, hochpreisig

2. Drogeriemarkt

3. Elektronikgroßhandel

24: Preiselastizität der Nachfrage

Für drei Artikel ergeben sich folgende Beziehungen zwischen Preiserhöhung und nachgefragter Menge:

		Zeitpunkt t1	Zeitpunkt t2
Artikel 1	Preis Euro	500,00	600,00
	Absatzmenge (Stck)	70	40
Artikel 2	Preis Euro	2,00	2,50
	Absatzmenge (Stck)	1.200	700
Artikel 3	Preis Euro	12,00	15,00
	Absatzmenge (Stck)	50	50

a) Wie hoch sind die Preiselastizitäten?
b) Was sollten Sie bei der Gestaltung der Preispolitik beachten?
c) Können Sie Beispiele für diese Artikel geben?

25: Preisbildung im Handel

Die Exhibition GmbH handelt mit Messebau-Systemen. Hauptsächlich wird Oktanorm verkauft, das gebräuchlichste Messebausystem. Der Hersteller verfügt über ein Patent und ist Monopolist in diesem Bereich.

Ein Supermarkt bietet im Bereich Tiefkühlkost die gängigen Marken der bekannten Hersteller an.

Ein Nachbarschaftsgeschäft verkauft die gängigsten Artikel des täglichen Bedarfs.

a) Welche Kalkulationsverfahren bieten sich für die dargestellten Fälle an?
b) Wie sieht das jeweilige Kalkulationsschema aus?

26: Kompensationskalkulation

Betriebskosten eines Handelsunternehmens: 415.000 €
Plangewinn: 100.000 €
Umsatz: 2.000.000 €

a) Berechnen Sie die Abschlag- und die Aufschlagspanne!

b) Ermitteln Sie die Aufschlag- und Abschlagspannen für die einzelnen Warengruppen! Bestimmen Sie die gewogene Umschlagshäufigkeit und den Bruttonutzen für das Gesamtsortiment.

Warengruppen	Anteil in %	Umschlag	Umsatz	Wareneinsatz
Hifi	25 %	10	500.000	368.404,08
Felgen	10 %	8	200.000	138.264,13
Lacke	35 %	11	700.000	528.408,70
Werkzeug	15 %	9	300.000	214.762,05
Tuning	15 %	12	300.000	231.183,38

c) Für die Warengruppe der *Lacke* soll die Aufschlagspanne für die Ausgleichsgeber berechnet werden. Dazu stehen folgende Daten zur Verfügung:

Anteil Zugartikel:	10 % vom Umsatz
Geplante Preissenkung:	15 %
Neue Umschlagshäufigkeit	13

27: Sonderangebotswirkungen

Schätzen Sie die einzelnen Wirkungen folgender Sonderangebotsartikel ein. Kennzeichnen Sie die Effekte mit +, - oder 0, wenn Sie keine Wirkung erwarten.

	Primär-effekt	Frequenz-effekt	Spill Over-Effekt	Substitu-tionseffekt	Verbund-effekt	Carry Over-Effekt
Marken-waschmittel						
Marken-kaffee						
Sonder-posten mit Topfblumen						
Grillfleisch im Sommer						
Eiscreme						

28: Organisatorische Voraussetzungen der Werbung

Ein bislang kleines Handelsunternehmen im Bereich hochwertige Bekleidung hat in den letzten zwei Jahren mehrere Filialen eröffnet. Bislang beschränkte sich die Werbung auf Schaufensterdekoration. Als Assistent/in der Geschäftsführung werden Sie mit der Aufgabe betraut, die Kommunikationspolitik zu gestalten. Welche Schritte würden sie einleiten bzw. welche Vorschläge machen Sie zur Lösung dieser Aufgabe?

29: Intramedien-Vergleich

Ein Unternehmen handelt mit exklusiven Wohnaccessoires. In allen Großstädten der Bundesrepublik Deutschland bestehen Filialen. Die Zielgruppe besteht überwiegend aus Frauen. Besonders moderne jüngere Leute mit gehobenen Ansprüchen und überdurchschnittlichem Einkommen fühlen sich angesprochen. Die Zielgruppe umfasst 4 Mio. Personen. Mit der neuen Werbestrategie in Zeitschriften sollen mindestens 75 % davon erreicht werden. In Frage kommt die Schaltung von Anzeigen in folgenden Zeitschriften:

Zeitschrift	verbr. Auflage	Anzeigenpreis 1/1 Seite, 4c in Euro	LpE-Wert	Anteil der Leser, die zur Zielgruppe zählen
Nur Du	1.000.000	85.000	2,1	25 %
Birgitta	1.200.000	135.000	3,2	45 %
Amiga	250.000	29.000	2,2	33 %
Saskia	150.000	22.000	4,0	28 %
Alexandra	480.000	65.000	2,6	60 %
Globetrotterin	150.000	25.000	4,6	80 %

a) Berechnen Sie die quantitative Reichweite!

b) Berechnen Sie die qualitative Reichweite!

c) Errechnen Sie den unqualifizierten Tausenderpreis!

d) Berechnen Sie den Anzeigenpreis bezogen auf je 1.000 Zielgruppen-Leser!

e) Welche der Zeitschriften würden Sie belegen, um mindestens 75 % der Zielgruppe zu erreichen?

30: Messung des Werbeerfolgs mittels Bu-BaW-Verfahren

Es wird eine Anzeige geschaltet, der ein Rücksendecoupon beigefügt ist. Die Kosten für Konzeption, Druck und Streuung betragen 40.000 Euro. Es gehen 1.000 Bestellungen ein. Der Preis des Produktes beträgt 299 Euro, wobei der Gewinn pro Produkt 49 Euro beträgt.

a) Ermitteln Sie den ökonomischen Erfolg der Werbeaktion!

b) Wie viele Bestellungen müssen erfolgen, damit die durch die Werbung verursachten Kosten ausgeglichen werden?

31: Messung des Werbeerfolgs durch Gebietsverkaufstest

Es existieren zwei vergleichbare Gebiete, in denen sich Filialen der Unternehmung befinden.

Gebiet A ist Experimentiergruppe, Gebiet B ist Kontrollgebiet.

Umsätze in Gebiet A vor Werbeaktion:	2.500.000 €
Umsatze in Gebiet B vor Werbeaktion:	2.000.000 €
Umsätze in Gebiet A mit Werbeaktion:	2.900.000 €
Umsätze in Gebiet B ohne Werbeaktion:	2.100.000 €
Kosten der Werbeaktion:	100.000 €

Die durchschnittliche Handelsspanne beträgt 42 %, als Handlungskosten sind ca. 8 % anzusetzen.

Wie ist der Erfolg der Werbeaktion einzuschätzen?

32: Erlebnisbetonte Ladengestaltung

Der Modehersteller House-Fashion beabsichtigt, eigene Geschäfte zu eröffnen. Er hat sich überwiegend auf hochwertige, tragbare Business-Mode für die jüngere Karrierefrau spezialisiert. Das Sortiment wechselt alle 4 - 6 Wochen. Das Kernsortiment besteht aus modischen Kostümen und Hosenanzügen. Viele Teile können kombiniert getragen werden. Blusen und T-Shirts ergänzen das Outfit. Dazu kommen Accessoires wie Taschen, Schals und Schuhe. Das Preisniveau ist als hoch, aber doch erschwinglich einzuschätzen (ca. 200-250 Euro für einen Hosenanzug). House-Fashion möchte in seinen Läden eine Atmosphäre schaffen, die zum Sortiment passt. Sie soll die Kundin zum Verweilen einladen und sie in eine positive Stimmung versetzen.

Machen Sie House-Fashion Vorschläge, mit welchen Instrumenten sie diese Atmosphäre im Geschäft kreieren können!

33: Interaktionsbereitschaft

Es werden die Kreisstädte Sieg und Burg betrachtet. Zwischen diesen Städten liegt die Kleinstadt Winz mit ca. 15.000 Einwohnern. Sieg hat 200.000 Einwohner. Burg hat 245.000 Einwohner. Von Sieg nach Winz sind es 35 km, von Winz nach Burg sind es 50 km.

a) Berechnen Sie die Umsatzanteile, die aus Winz nach Sieg und Burg abfließen.

b) An welchem Punkt zwischen Sieg (von Sieg ausgehend) und Burg ist die Höhe der Umsatzabflüsse gleich?

34: Standortplanung für einen Sportfachmarkt

Das Handelsunternehmen Zaphod plant, neue Sportfachmärkte zu eröffnen. In Frage kommt der Ort Z mit 70.000 Einwohnern. Im Durchschnitt gibt jeder Bundesbürger 93 € pro Jahr für Sportartikel aus. Da das Unternehmen mindestens 10 Millionen Umsatz tätigen muss, damit die Einkaufsstätte sich rentiert, reicht die Bevölkerung von Z allein nicht aus. Zusätzliche Kaufkraft muss aus dem Umland von Z kommen. Fünf große Straßen verbinden Z mit anderen Städten, dazwischen liegen kleinere Orte. Aus den dick umrandeten Städten ist keine Kaufkraft zu erwarten, da dort Sportfachmärkte bestehen.

Landkarte:

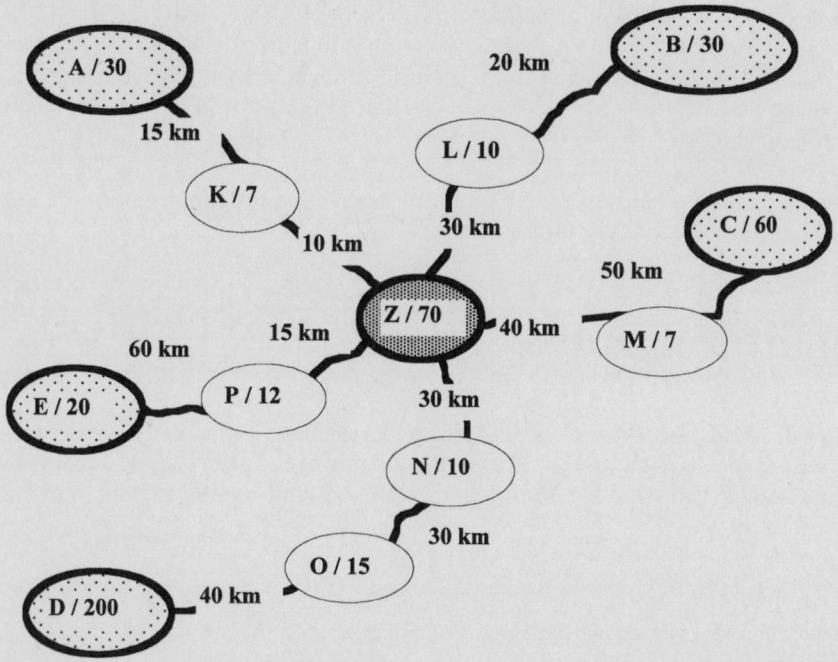

Legende: Der Ort Z hat 70.000 Einwohner. Die Stadt C hat 60.000 Einwohner. Die beiden Orte sind durch eine Straße verbunden. 40 km von Z entfernt liegt das Dorf M mit 7.000 Einwohnern. Von M nach C sind es 50 km.

Als Handelsmanager sollen Sie beurteilen, ob Zaphod den Sportfachmarkt in Z eröffnen soll. Berechnen Sie die Kaufkraft, auf deren Basis das Unternehmen seine Investitionspläne aufstellen kann! Mit welcher Nachfrage kann Zaphod kalkulieren?

35: Koeffizient von *Reilly*

In der Kleinstadt Neuen soll ein neues Shopping-Center gebaut werden. Neuen ist von der Stadt Alten aus in ca. 120 Minuten zu erreichen. Dabei sind bereits alle Stau- und Wartezeiten eingerechnet. Die Stadt Alten verfügt über ein Shopping-Center mit ca. 500 qm Verkaufsfläche. Bei der Planung des neuen Shopping-Centers stellt sich den Bauherrn die Frage, über welche Verkaufsfläche das Center nach Fertigstellung verfügen soll. Es gibt Vorschläge über 1.000, 2.000, 3.000 und 4.000 qm.

Berechnen Sie für alle vier Alternativen den möglichen Einzugsbereich, den das neue Center auf die Bewohner zwischen Neuen und Alten ausübt. Benutzen Sie hierzu die Abwandlung der *Reilly*-Formel.

36: Parkstandsmodell

Für den Bau eines neuen Parkplatzes soll die Zahl der Kfz-Stellplätze ermittelt werden. Ihre Marktforschung liefert Ihnen die folgenden Daten: Am Donnerstag beträgt die Anzahl der Kunden 1.000, davon sind 650 mit dem PKW gekommen. Von den 650 haben 300 ca. 35 Minuten geparkt. Die restlichen 350 haben 45 Minuten geparkt. An diesem Tag hatte das Geschäft bis 20:30 Uhr offen. Normalerweise sind die Öffnungszeiten 9-20 Uhr. Durchschnittlich gaben die Kunden, die länger parkten, 75,00 € aus. Die kürzer parkenden gaben nur 55,00 € aus. Die Kunden, die ohne PKW kamen, gaben im Schnitt 58,00 € aus.

Berechnen Sie die Anzahl der notwendigen Kfz-Stellplätze!

37: Existenzgründung im Einzelhandel

1. Falldarstellung

Ihr Bekannter *El Bandy* hat Sie von den rosigen Zukunftsaussichten des Schuhverkaufs überzeugt. Sie wollen sich nun mit einem Einzelhandelsgeschäft im Bereich Schuhhandel selbständig machen. Strategisch soll das Segment modebewusster Niedrigpreiskäufer angesprochen werden.

In der bestehenden Stadt mit ca. 3,5 Mio. Einwohnern bieten sich verschiedene Lagen an. Dabei steht eine 1b-Lage (120 qm/6 m Schaufensterfront) zur Auswahl in einer Einkaufsstraße mit guter Passantenfrequenz, einer Vielzahl von Bushaltestellen und einem U-Bahn-Eingang in nächster Nähe. In der Straße befinden sich ebenfalls zwei Schuhgeschäfte mit modischen Schuhen im Hochpreis-Segment. Bei der 2a-Lage (110 qm/8 m Schaufensterfront) handelt es sich um ein Einkaufszentrum, das der Nahversorgung in einem Stadtteil dient. Das Einzugsgebiet besteht aus dicht besiedelten Hochhäusern, bei denen es sich überwiegend um Sozialwohnungen handelt. Im Einkaufszentrum finden sich einige Discounter des Lebensmitteleinzelhandels sowie Kleidungs- und Modeläden. Ein Schuhgeschäft ist nicht vorhanden.

2. Kosten und Umsätze

2.1 Umsätze

Generell ist festzuhalten, dass die folgenden Angaben alle auf Netto-Basis bestimmt sind. Ein Geschäft in dem angegebenen Marktsegment kann Erfahrungswerten zufolge einen maximalen jährlichen Umsatz von 750.000,00 € erzielen. Für Existenzgründungen ist typisch, dass die Umsatzentwicklung stufenweise erfolgt. Es gilt, dass im ersten Jahr ca. 60 % und im zweiten Jahr ca. 80 % des möglichen Gesamtumsatzes erzielt werden. Dabei ist zu beachten, dass in der 2a-Lage i. d. R. nur 85 % des Umsatzes zu erzielen sind, der in der 1b-Lage zu erwarten ist.

2.2 Kosten

Die Investitionskosten liegen bei 120.000,00 € in der 1b-Lage und ca. 100.000,00 € in der 2a-Lage. Die Bauzeit beträgt 2 Monate. Gleichzeitig ist ein Kfz nötig, dessen Kosten sich auf 30.000,00 € belaufen. Beide Investitionen werden linear über 6 Jahre abgeschrieben. Die Investitionskosten fallen vor Geschäftseröffnung an. Die Miete in der 1b-Lage beträgt 110,00 €/qm sowie 60,00 €/qm in der 2a-Lage. Die Kosten für Makler und Kaution betragen jeweils 2 Monatsmieten. Für sonstige Kosten sind 10.000,00 € anzusetzen.

Es werden an beiden Standorten eine Vollzeit- und eine Halbzeitkraft benötigt. Ein Verkäufer verursacht 32.000,00 € Lohnkosten inkl. aller Arbeitgeberanteile und Nebenkosten pro Jahr. Der Wareneinsatz beträgt 300.000,00 € bei vollem Umsatz in der 1b-Lage und 290.000,00 € bei vollem Umsatz in der 2a-Lage. Die Kosten für die Werbung belaufen sich auf 6.000,00 € in der 2a-Lage. In der 1b-Lage wird auf eine Werbung verzichtet. Die Eröffnungswerbung kostet 5.000,00 €. An Bürokosten werden in der 1b-/2a-Lage 5.600,00 €/4.600,00 € fällig. Die Reinigungskosten belaufen sich auf 10,00 €/qm pro Jahr. Als Gewerbesteuer verlangt das Finanzamt eine Vorauszahlung von 24.000,00 €. Die Kfz-Kosten ohne Afa betragen 2.000,00 €, dies gilt ebenfalls für sonstige Kosten.

a) Stellen Sie eine Umsatzplanung für 5 Jahre auf!

b) Bewerten Sie die beiden Standorte mittels Kapitalwertmethode (5 Jahre)! Der Kalkulationszinssatz beträgt 10 %.

c) Bewerten Sie die Standorte anhand eines Scoring-Modells!

38: Filialnetzplanung

Sie haben die Aufgabe erhalten, Ihr Filialnetz einer Evaluierung zu unterziehen, um Revitalisierungsprogramme sinnvoll einsetzen zu können. Welchen Filialen kommt dabei die höchste Priorität zu?

Multiplikatoren:

| Betriebstyp A | 3 |
| Betriebstyp B | 1 |

Der Mindestumsatz pro Quadratmeter Verkaufsfläche für 2008 betrug für alle Filialen 2.700 €.

Für die fünf Faktoren sind folgende Gewichtungen vorgesehen:

Faktor	Gewichtung
Faktor 1	4
Faktor 2	2
Faktor 3	1
Faktor 4	2
Faktor 5	1

Filialen	Verkaufsflächenproduktivität IST-Werte		
	2008	2007	2006
Filiale 1	3.610	3.460	3.240
Filiale 2	1.950	2.020	2.040
Filiale 3	2.250	2.460	2.680
Filiale 4	3.250	3.250	3.160
Filiale 5	2.900	2.850	2.800
Filiale 6	2.750	2.630	–
Filiale 7	2.430	2.540	2.690
Filiale 8	2.690	2.350	2.200

Filialen	DB II in % Mindestwerte		DB II in % IST-Werte	
	2008	2007	2008	2007
Filiale 1	+ 4,0	+ 4,0	+ 9,2	+ 8,6
Filiale 2	+ 2,0	+ 2,0	- 2,0	+ 1,6
Filiale 3	+ 2,0	+ 2,0	+ 0,1	+ 0,8
Filiale 4	+ 1,0	+ 1,0	+ 8,2	+ 8,5
Filiale 5	+ 4,0	+ 3,0	+ 4,8	+ 4,5
Filiale 6	+ 2,0	+ 1,0	+ 2,1	+ 1,3
Filiale 7	+ 3,0	+ 4,0	+ 1,4	+ 3,2
Filiale 8	+ 1,0	+ 2,0	+ 0,1	+ 1,6

Lösungen

01: Handelsfunktionen

Funktionen	Dr. Haller & Co. EDV-Systeme	Edeka-Filiale	Media-Markt-Filiale
reine Warenfunktionen	• Verteilung • Sortimentsbreiten- und -tiefenfunktion • Bedarfsanpassung durch Individuallösungen	• Verteilung • Sortimentsbreiten- und -tiefenfunktion • Bedarfsanpassung durch Dienstleistungen	• Verteilung • Sortimentsbreiten- und -tiefenfunktion • Bedarfsanpassung durch Dienstleistungen
Überbrückungsfunktionen i. e. S.	• Raumüberbrückung durch Transport • Zeitüberbrückung durch Lagerung und Kredit	• Raumüberbrückung durch Transport in geringem Maße • Zeitüberbrückung durch Lagerung	• Raumüberbrückung durch Transport • Zeitüberbrückung durch Lagerung
Funktionen der Umsatzorganisation	• Preisbildung durch Berücksichtigung von Anbieter- und Nachfragerinteressen • Leistungssicherung • Umsatzdurchführung	• Preisbildung durch Berücksichtigung von Anbieter- und Nachfragerinteressen • keine Leistungssicherung • Umsatzdurchführung	• Preisbildung durch Berücksichtigung von Anbieter- und Nachfragerinteressen • Leistungssicherung • Umsatzdurchführung
Kommunikationsfunktionen	• hohe Beeinflussungsfunktion • hohe Informationsfunktion	• Beeinflussungsfunktion • geringe Informationsfunktion	• hohe Beeinflussungsfunktion • hohe Informationsfunktion
Sozialfunktionen	• keine	• Schaffung von persönlichen Kontaktmöglichkeiten	• keine

02: Struktur des Einzelhandels

Wettbewerbsposition des deutschen Einzelhandels im internationalen Vergleich:

Eher starke Position	Eher schwache Position
• Sehr stark bei der Betriebsform der Lebensmitteldiscounter, Drogeriediscounter, Fachdiscounter. „Erfinder der Discounter". • Sehr stark im Lebensmitteldiscount mit Aldi und der Schwarz-Gruppe. • Stark im europäischen Lebensmitteleinzelhandel mit den Gruppen Metro, Rewe, Edeka und Tengelmann • Stark im internationalen Versandhandel mit Otto als weltweit größtem Versender und Quelle, Bertelsmann und Klingel unter den TOP 6. • Stark im Modebereich mit C&A als weltweit agierendem Kaufhaus im Niedrigpreisbereich. • Starke Auslandsaktivitäten der Metro Group, vor allem mit Metro C&C und Saturn/Media Markt.	• Eher schwache Position im Modebereich bei den „modischen" Händlern. • Eher schwache Position im internationalen Vergleich bei den Betriebsformen, die nicht auf das Discountprinzip setzen. • Im Vergleich zu Franzosen eher schwach im Bereich der „Hypermarchés", der großen SB-Warenhäuser. • Schwach im Conveniencebereich. • Eher schwach bei internationaler Expansion, auch bedingt durch die Eigentümerstrukturen (z. B. Edeka (Genossenschaft), Tengelmann (Familienbesitz)). • Warenhäuser im Vergleich zum Ausland (z. B. El Corte Inglés, Galaries Lafayette, Marks & Spencer) eher profillos/defizitär trotz guten Sortiments.

03: Dynamik der Betriebsformen

Einordnung unterschiedlicher Betriebsformen nach ihrer Stellung im Lebenszyklus:

Phase im Lebenszyklus	Beispiele für Betriebstypen
Einführung	Online-Apotheken
Wachstum	Online-Handel, Factory Outlet Center, Teleshopping, Fachdiscounter (z. B. Schuhe, Bekleidung etc.), Fachmärkte (in verschiedenen Bereichen: Elektronik, Bau, Garten, Teppich, Möbel, Mode, Schuhe), „Nachbarschaftsgeschäfte"
Reife	Lebensmitteldiscounter, Drogeriemärkte, SB-Warenhäuser, Verbrauchermärkte, die Mehrzahl der modischen Filialisten
Degeneration	Warenhäuser, Supermärkte, Fachgeschäfte, „Tante-Emma"-Läden

04: Betriebstyp Warenhaus

Einflussfaktoren in der Vergangenheit:

- Veränderung des Konsumverhaltens: Verstärkte Nachfrage nach preiswerten Produkten.

- Polarisierung des Konsums: Hybrider Kunde, Smart Shopper.

- Technologie: Zunehmende Motorisierung der Bevölkerung, daher Abfluss von Kaufkraft auf die „Grüne Wiese".

- Konkurrenten: Aufkommen finanzstarker Mitbewerber, die zunehmend auch den Nonfood-Bereich mittels Verbrauchermärkten, SB-Warenhäusern und Fachmärkten erschlossen haben.

Reaktionen der Warenhauskonzerne:

- Fusionen

- Schließung von Häusern, die zu klein waren oder nicht über ein ausreichendes Einzugsgebiet verfügten.

- Schließung von Abteilungen mit geringem Deckungsbeitrag/Quadratmeter (z. B. Möbel).

- Differenzierung der Strategie der einzelnen Häuser (Weltstadtfilialen – Vororthäuser).

- Differenzierung innerhalb der Abteilungen, Sortimente für spezielle Zielgruppen.

- Branching-Out: Auslagern von Abteilungen und Weiterführung in Form von Fachmärkten (z. B. Sport, Wand + Boden, Elektronik, Wohnen & Accessoires).

- Shop in the Shop-Prinzip: Aufnahme starker Markenartikel, die für positiven Imagetransfer sorgen sollen.

- Schaffung von Erlebniswelten als Reaktion auf die wachsende Genussorientierung.

- Einstieg in die virtuellen Warenwelten.

05: Kundenorientierte Marketing-forschung

Kundenorientierte Marktforschung bei der Modekette Gringa:

Form der Marketing-forschung	Beispiele für den Einsatz bei Gringa:
Beobachtung	Bonanalysen: durchschnittliche Zahl an Artikeln, durchschnittliche Einkaufsumme, Tag und Zeitpunkt des Kaufs. Dies kann verbunden werden mit einer Kundenstrukturanalyse. Das Alter der Kundinnen wird von den Mitarbeiterinnen geschätzt und notiert. Kundenlaufstudien geben Auskunft über Laufverhalten und Verweildauer und zeigen, welche Artikel und Ladenzonen besonders starke Beachtung finden.
Befragung	Die Kundenstruktur- und Zufriedenheitsanalyse gibt Auskunft über Haupt- und Randzielgruppen, die Zufriedenheit mit der Kette wird erhoben. Präferenzen der Stammkunden können erhoben werden (Stärken/Schwächen des Sortiments). Hauptkonkurrenten werden identifiziert (Wo kaufen Sie noch gern ein?). Das Image kann gemessen werden. Das Einzugsgebiet kann eingeschätzt werden.
Experiment	Preise, Werbung und Standort der Artikel im Laden können variiert werden. Es kann dann erhoben werden, wie die Kunden darauf reagieren.

06: Konkurrenzorientierte Marketing-forschung

Konkurrenzorientierte Marketingforschung bei Verotech:

Konkurrenzinformationen:	Form der Erhebung
Identifikation der Konkurrenten im Einzugsgebiet	Jährlich durchzuführen
Basisinformationen:	Name, Anschrift, Betriebstyp, Größe, Standort, Parkmöglichkeiten, Erscheinungsbild, evtl. Umsatzschätzung, Marktanteile
Strategie:	Form der Betriebstypen, genaue Ausprägung, Vertriebskanäle, Expansionsgrad, Aggressivität der Expansion, Konzentration auf bestehende oder auf neue Märkte
Sortiment:	Umfang des Sortiments, Preisniveau, Eigenmarken (Umfang und Ausbau), Trends zu Sortimentsveränderungen, Qualität der Artikel
Preis:	Erstellung eines Warenkorbs mit den 100 wichtigsten Artikeln (Frequenzbringer und Gewinnbringer) Sammlung von Preislisten, Eruierung von Rabattsystemen
Services:	Anzahl und Qualifikation der Mitarbeiter, Intensität der Beratung, termintreue Lieferungsquoten, Finanzierungsleistungen, Stammkundenbetreuung etc.
Kommunikation:	Permanente gezielte Sammlung von Informationen: Wöchentliche Auswertung des Internetauftritts und der Angebote dort, Sammlung von Sonderangeboten Versuch, den Kommunikationsetat der Konkurrenten zu schätzen

07: PESTE-Analyse

PESTE-Analyse für folgende Handelsunternehmen:

a) Kleiner Supermarkt im Wohngebiet

- P Steuergesetze, andere Gesetze (z. B. Abgabe von Tabak und Alkohol an Jugendliche), Ladenöffnungszeiten, Bauaktivitäten in der Umgebung
- E Konjunktur, Arbeitslosigkeit, Kaufkraft
- S Haushaltsgröße, Altersstruktur im Wohngebiet, Trend zu Convenience
- T Trend zur bargeldlosen Zahlung, Internetbestellung mit anschließender Lieferung
- E Trend zu Bio- und regionalen Produkten

b) Modischer Textilfilialist im Niedrigpreisbereich, Innenstadtlage, „Junge Mode"

- P Steuergesetze, Bauaktivitäten in der Umgebung
- E Konjunktur, Arbeitslosigkeit, Kaufkraft im Einzugsgebiet
- S Altersstruktur im Einzugsgebiet, Modebewusstsein, Trend zum Erlebniskauf
- T Trend zur bargeldlosen Zahlung
- E Trend zu schadstofffreien Produkten

c) Großhandelsunterunternehmen, Fruchtimporteur im Hamburger Hafen

- P Importgesetze, Zölle, neue Gesetze, die den Fruchthandel betreffen
- E Konjunktur, Arbeitslosigkeit, Wechselkurse
- S Gesundheitsbewusstsein der Konsumenten, Trend zu Convenience und Fertiggerichten (in diesem Fall negativ)
- T Genveränderte Produkte, RFID-Technik, neue Kühltechniken
- E Trend zu Bio- und regionalen Produkten

08: Nachfragetrends im Handel

Beispiele für den Einsatz von Convenience- und Erlebnisorientierung sind:

Convenienceorientierung	Erlebnisorientierung
Lebensmitteleinzelhandel im Nahversorgerbereich	Innenstadthandel und Shopping-Center
Tankstellen, Kioske	Warenhäuser in zentraler Innenstadtlage
Händler, die einen Vertriebskanal per Internet aufgebaut haben	Handel mit Luxusgütern
	Handel mit Bekleidung, Möbeln, Büchern, Accessoires
Heimzustellung, Home Meal Replacement	Automobilhandel

09: Einsatz der RFID-Technologie

Einsatzmöglichkeiten für den Handel: Abgleich von Bestell- und Lieferdaten, automatische Warenempfangsbestätigung, automatische Wareneingangsbuchung, Vollständigkeitskontrolle, Bestandsaktualisierung, gleichzeitiges Einlesen sämtlicher Artikel im Warenkorb, automatische Abbuchung und Nachbestellung.

Vorteile: Verminderung von Inventurdifferenzen (Schwund und Diebstahl), Vermeidung von Fehlbestellungen und Out of Stock-Situationen, erhebliche Verschlankung und Automatisierung der Prozesse, hohe aktuelle Transparenz im Warenwirtschaftssystem, permanente Inventur, Erfassung von Kundendaten und Zuordnung zu gekauften Artikeln.

Nachteile: Relativ hoher Aufwand für Anschaffung und Pflege der Hard- und Software.

Einsatzmöglichkeiten für den Kunden:

Vorteile: Schnellere Kassierprozesse, zusätzliche Produktinformationen, Vorrätigkeit der gewünschten Artikel steigt, Wegleitsysteme.

Nachteile: Datenschutz, eventuell Deaktivierungsgeräte nötig, Elektrosmog durch Funkstrahlen.

10: Betriebsformen-Portfolio

Das Betriebsformen-Portfolio hat folgenden Aufbau:

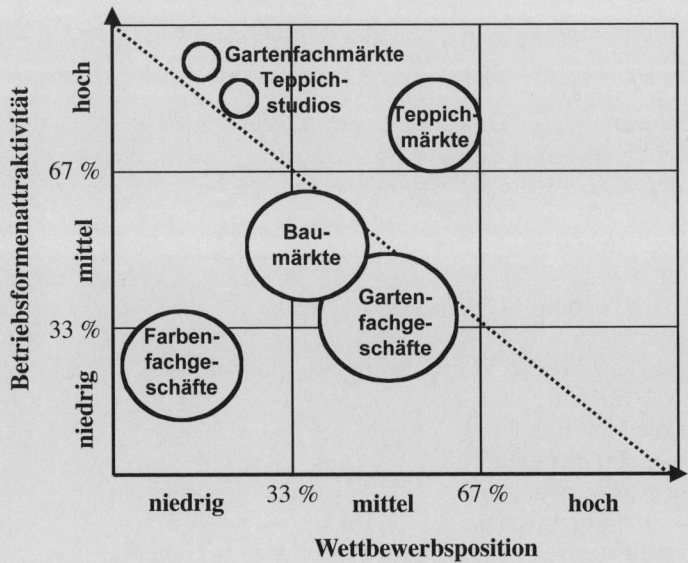

11: Zielmarktfestlegung

Beispiele für Strategien der Zielmarktfestlegung:

a) Konzentration auf ein klar definiertes Segment: Mode für Übergrößen, Versand für umweltbewusste Verbraucher, Reitsportartikelgeschäft

b) Produktspezialisierung: Parfumerien, Lederwarengeschäfte, Zigarrengeschäfte, Weinhandel

c) Marktspezialisierung (Zielgruppe): Designermöbel für kaufkräftige stilbewusste Verbraucher, Kleinpreisgeschäfte, Alles für das Baby (Mutter und Kind), Alles für den Globetrotter

d) Selektive Spezialisierung: Lifestyle-Geschäfte, Versender, die verschiedene Zielgruppen mit unterschiedlichen Katalogen ansprechen

e) Vollständige Marktabdeckung: Warenhäuser, Sortimentsversender, große SB-Warenhäuser

12: Sortimentspyramide

Eine Sortimentspyramide für die folgenden Artikel/Sorten könnte wie folgt aussehen:

1. im Verbrauchermarkt für Dr. Oetker Gelierzucker Express
   Warenbereich: Food
   Warengattung: Nährmittel
   Warengruppe: Zucker und Substitute
   Artikelgruppe: Zucker
   Artikel: Gelierzucker
   Position/Sorte: Dr. Oetker Gelierzucker Express

2. im Elektronik-Fachmarkt für die Handy-Tasche Nokia E63 der Marke Hama
   Warenbereich: Telefonie
   Warengattung: Mobiltelefonie
   Warengruppe: Handyzubehör
   Artikelgruppe: Handytaschen
   Artikel: Nokia-Handytaschen
   Position/Sorte: Handy-Tasche Nokia E63 der Marke Hama

Es sind jedoch auch andere Lösungen möglich, hier wird nur eine Alternative aufgeführt.

13: Sortimentsbreite/-tiefe von Betriebstypen

Betriebstypen nach Sortimentsbreite/-tiefe eingeordnet:

1. Fachmarkt: tief/weniger breit
2. Verbrauchermarkt, Food: tief, Non-Food: flach, relativ breit
3. SB-Warenhaus, Food: tief, Non-Food: flach, sehr breit
4. Convenience Store: flach, breit
5. Fachgeschäft: tief bis flach, schmal
6. Nachbarschaftsladen: flach, relativ breit
7. Kaufhaus: tief, relativ schmal

14: Sortimentsausrichtung

Suchen Sie Beispiele für herkunfts- und hinkunftsgerichtete Sortimente. Überlegen Sie, in welchen Bereichen es sinnvoll ist, hinkunftsgerichtete Sortimente einzusetzen.

Generell finden sich sehr viele Beispiele im Bereich Haushalt und Textil. Beispiele sind Badezimmereinrichtungen in Bädern repräsentiert, Möbel in Räumen dekoriert, gedeckte Esstische mit Dekomaterial.

Im Sommer finden sich viele Angebote „rund um den Urlaub", von Badebekleidung über Accessoires und Sonnenschutz bis hin zu Strandsportartikeln.

Im Lebensmitteleinzelhandel findet man vor Weihnachten Displays „rund um die Weihnachtsbäckerei" mit allen Zutaten, Dekoartikeln und Backformen.

Weitere Beispiele für hinkunftsgerichtete Sortimente wären „Alles für den Schulanfang", „Alles für den Winterurlaub" oder „Alles für die Halloween-Party".

15: Sortimentsunterteilungen

Ordnen Sie folgende Artikel dahingehend ein, ob es sich um

- **Kern-, Zusatz- oder Randsortiment**
- **Dauer-, Saison- oder Aktionssortiment**
- **Lager- oder Bestellsortiment** handelt.

	Kern-	Zusatz-	Rand-	Dauer-	Saison-	Aktions-	Lager-	Bestell-
Shine-Schuhcreme, schwarz			X	X			X	
schneller PC-Prozessor	X			X				X
Pieter Cardin Ledergürtel		X		X			X	
Kaltlaufregler	X			X				X
Feuerwerks-körper					X	(X)	X	
Tulpenzwiebeln		X			X	(X)	X	

16: Sortimentsveränderungen

Um welche Art von Sortimentsveränderungen handelt es sich? Welche der drei Effekte könnten zum Tragen kommen?

1. Reduzierung von Tafelschokolade und Aufnahme von Schokoladenspezialitäten.
   Sortimentsmodifikation, Substitutionseffekt: gering, Partizipationseffekt: wahrscheinlich gering, Bedarfserweiterungseffekt: hoch.

2. Aufnahme zusätzlicher Geschmackssorten Eiscreme.
   Sortimentsdifferenzierung, Substitutionseffekt: wahrscheinlich hoch, Partizipationseffekt: wahrscheinlich gering, Bedarfserweiterungseffekt: eher gering.

3. Aufstellung eines neues Regals mit frischen Sandwiches.
   Sortimentsdiversifikation, Substitutionseffekt: gering, Partizipationseffekt: eventuell hoch, Bedarfserweiterungseffekt: hoch.

4. Einführung eines Bio-Obst- und Gemüseregals.
   Sortimentsdifferenzierung bzw. -diversifikation, Substitutionseffekt: eher hoch, Partizipationseffekt: eventuell hoch, Bedarfserweiterungseffekt: gering.

17: Sortimentsverbund

Um welche Art von Verbundbeziehungen könnte es sich bei folgenden gemeinsam gekauften Artikeln handeln?

1. Reifen und Felgen	Verwendungs- oder Bedarfsverbund
2. Benzin, Zigaretten und Kaugummi	Kaufverbund
3. Anzug und drei Hemden	Verwendungs- oder Bedarfsverbund Anregungsverbund
4. Spielzeug und Hundefutter	Nachfrageverbund, Kaufverbund
5. Grillfleisch, Holzkohle und 5 l -Bierfass	Verwendungs- oder Bedarfsverbund, eventuell Anregungsverbund

18: Listung/Auslistung von Artikeln

Überlegungen zur Listung der neuen Pizza Delgada:

Beurteilung der Marktentwicklung:

Die neue Pizza liegt zwar nicht direkt im Wellness-Trend, kommt diesem aber schon nahe. In diesem Bereich sind hohe Wachstumsraten zu verzeichnen. Generell erfreut sich der TK-Pizzaverkauf eines hohen Marktvolumens und es ist anzunehmen, dass dies auch in der Zukunft der Fall sein wird. Die Marktentwicklung kann daher positiv eingeschätzt werden.

Beurteilung des Sortimentpotenzials:

Marktpotenzial: etwas überdurchschnittlich

Innovationsgehalt: Die neue Pizza ist aufgrund ihres geringen Fettanteils kein reines Me Too-Produkt. Ihr kann daher ein geringer Innovationsgehalt zugestanden werden.

Image des Herstellers: Der Hersteller ist ein bekannter Anbieter. Es kann daher als gut eingeschätzt werden.

Herstellerunterstützung: Der Hersteller ist bereit, das Produkt mit Werbekostenzuschüssen und Sonderaktionen zu unterstützen. Dieser Aspekt kann als gut eingeschätzt werden.

Konditionen: Die Handelsspanne liegt am Minimum.

Positive Markttestergebnisse liegen nicht vor.

Logistikleistung: Da der Hersteller Sie bereits beliefert, kann diese als gut eingeschätzt werden.

Exakte Positionierung: Als Supermarktkette haben Sie es den Discountern gegenüber schwer. Ihre einzige Möglichkeit ist es, sich durch andersartige, hochwertige Produkte zu differenzieren. Diese Pizza passt daher von der Positionierung her sehr gut in Ihr Sortiment.

Alles im allem kann die Pizza Delgada ins Sortiment aufgenommen werden. Sie würde prinzipiell zwischen Halten und Erweitern eingestuft werden. Da Ihr TK-Platz jedoch begrenzt ist, muss eine andere Pizza ausgelistet werden.

19: Zuweisung von Verkaufsraum

Sie ermitteln zunächst den Umsatz pro Abteilung. Dann berechnen Sie den Umsatz pro qm, indem Sie den Gesamtumsatz durch die qm-Zahl teilen. Sodann können Sie sehen, welche Abteilungen sich durch eine hohe bzw. eine niedrige Verkaufsflächenproduktivität auszeichnet. Sie verteilen jetzt die Fläche neu. Eine solche Lösung könnte wie folgt aussehen:

Abteilung	alte Fläche in qm	Umsatz in Euro	Umsatz pro qm in Euro	Rangplatz	neue Fläche in qm
1	12	40.000,-	3.333,-	8	10
2	20	75.000,-	3.750,-	6	10
3	16	130.000,-	8.125,-	2	30
4	25	50.000,-	2.000,-	9	10
5	15	160.000,-	10.667,-	1	30
6	10	80.000,-	8.000,-	3	30
7	20	72.000,-	3.600,-	7	10
8	30	44.000,-	1.467,-	10	10
9	20	135.000,-	6.750,-	4	30
10	15	65.000,-	4.333,-	5	13

Quelle: in Anlehnung an *Baum* 2002, S. 186/187

Sollte bei der neuen Flächenverteilung die Verkaufflächenproduktivität insbesondere der großen Abteilungen konstant bleiben, so würde der Gesamtumsatz durch die neue Aufteilung um ca. 40 % steigen.

20: Regalplatzierung

Erstellung eines Haarpflegeregals für einen Drogeriemarkt:

a) Aus Herstellerperspektive:

Hersteller würden stets einen Markenblock favorisieren, in welchem ihre eigenen Produkte einen möglichst herausragenden Regalplatz einnehmen. Ein solches Regal könnte z. B. folgenden Aufbau haben:

Hersteller- block Marke Nivea	Hersteller- block Marke Dove	Herstellerblock Marken Pantene, Wella	Herstellerblock Marken El Vital, Garnier	Herstellerblock Marken Gliss, Schauma
Handelsmarken				**Sonstige**

b) Aus Handelssicht:

Der Handel berücksichtigt die Kundenwünsche. Kunden bevorzugen den Produktblock, da sie so schneller die gesuchten Artikel finden und die Preise besser vergleichen können. „Reine" Produktblöcke würden jedoch den Interessen der Hersteller entgegenstehen und außerdem die Produktlinien stark auseinanderreißen. Der Handel wird daher eine Mischung aus Produkt- und Herstellerblock bevorzugen, z. B. werden Shampoo, Spülung und Kur gemeinsam platziert, die Spezial-Haaranwendungen jedoch separat. Für die einzelnen Hersteller eignet sich dann der Kreuzblock. Ein solches Regal könnte diesen Aufbau haben:

Shampoo, Spülung, Kur				Spezialpräparate
Spezial- anbieter Marke Nivea	Hersteller Marken Pantene, Wella	Hersteller Marken El Vital, Garnier	Hersteller Marke Gliss	Verschiedene Hersteller mit Spezialpräparaten
Handels- marken	Herstellerblock Marke Schauma			
	Handelsmarken			Handelsmarken

Anmerkung der Verfasserin: Die hier dargestellten Regale sind rein fiktiv und selbst entworfen. Selbstverständlich gibt es zahllose weitere Alternativen.

21: Sortimentsanalyse

Umsatzanalyse:

Ar-tikel	Ist-Umsatz in Euro	Ist-Um-satz in %	Soll-Umsatz in Euro	Abwei-chung in %	Vorjahres-umsatz in Euro	Abwei-chung in %
GK	68.961,00	28,41	74.648,51	- 7,62	71.093,81	- 3,0
GS	52.631,25	21,68	57.267,16	- 8,10	54.540,16	- 3,5
O	35.258,85	14,52	37.395,75	- 5,71	35.615,00	- 1,0
SH	36.859,50	15,18	39.694,85	- 7,14	37.804,62	- 2,5
SR	16.748,00	6,90	17.763,03	- 5,71	16.917,17	- 1,0
KS	17.362,00	7,15	18.891,30	- 8,10	17.991,71	- 3,5
F	14.953,95	6,16	16.022,09	- 6,67	15.259,13	- 2,0
	242.774,55	100,00 %	261.682,68	- 7,20	249.221,60	- 2,6

Der Umsatzrückgang ist offensichtlich auf die schlechte Konjunkturlage zurück-zuführen.

a) Handelsspannenanalyse:

Artikel	Handelsspanne in %
GK	65
GS	70
O	45
SH	50
SR	40
KS	35
F	42

b) Deckungsbeitragsanalyse:

Deckungsbeitrag (DB) = (Verkaufspreis - Einkaufspreis) · verkaufte Mengenein-heiten

Artikel	DB in €	DB in %
GK	44.824,65	33,21
GS	36.771,70	27,24
O	15.884,29	11,77
SH	18.429,75	13,65
SR	6.699,20	4,96
KS	6.076,70	4,50
F	6.282,54	4,65
		100,00

c) Verkaufsflächenproduktivität:

Umsatzorientierte Verkaufsflächenproduktivität = Umsatz/lfd. Regalmeter

Deckungsbeitragsorientierte Verkaufsflächenproduktivität = Deckungsbeitrag/lfd. Regalmeter

Artikel	Umsatz/Regalmeter	DB/Regalmeter
GK	11.493,50	7.470,78
GS	17.543,75	12.257,23
O	5.876,48	2.647,38
SH	9.214,88	4.607,44
SR	8.374,00	3.349,60
KS	17.362,00	6.076.70
F	29.907,90	12.565,08

d) Umschlagshäufigkeit:

Berechnung der Umschlagshäufigkeit:
Umschlagshäufigkeit = Wareneinsatz: Ø Warenbestand

Der Wareneinsatz ist bekannt, da er den verkauften Mengeneinheiten entspricht. Somit muss nur der durchschnittliche Warenbestand ermittelt werden.

durchschnittlicher Warenbestand = (Anfangsbestand + Endbestand) : 2

Artikel	Ø Warenbestand	Umschlagshäufigkeit
GK	1.210,50	18,99
GS	556,50	25,22
O	1.203,50	5,92
SH	1.238,50	19,84
SR	12,00	17,67
KS	387,00	22,43
F	97,00	19,39

e) Bruttorentabilität

Berechnung:

Bruttorentabilität = Rohertrag (DB in €) : (Ø Lagerbestand · Ø Einkaufspreis) · 100

Oder: Bruttorentabilität = Aufschlagspanne · Umschlagshäufigkeit

Artikel	Bruttorentabilität
GK	3.526,65
GS	5.847,50
O	485,24
SH	1.984,09
SR	1.177,78
KS	1.207,85
F	1.404,96

f) Es gibt zahllose Möglichkeiten für Platzierungsvorschläge. Grußkarten und Geschenkpapier sollten große und zugleich auch die besten Regalflächen zugewiesen werden. Auch sollten beide nebeneinander platziert werden, um Verbundeffekte zu fördern. Ordner und Schulranzen brauchen viel Platz, bringen jedoch im Vergleich zu den anderen Artikeln nur einen geringen Deckungsbetrag. Daher sollte ihnen nicht zu viel Regalfläche zugewiesen werden. Auch sind hier Randflächen, z. B. der oberste Regelboden und die Außenflächen, ausreichend. Schulranzen können vor Schulanfang umplatziert werden bzw. es wird eine Zweitplatzierung arrangiert.

Bei Klebestiften handelt es sich um einen reinen Bedarfskauf. Hier ist eine kleine Fläche ausreichend, die auch von minderer Qualität sein darf. Die Füller benötigen wenig Platz. Sie sollten eingeschweißt in hängender Form präsentiert werden. Hierzu eignen sich die Randzonen der Sicht- und Griffhöhe. Schulhefte sollten ebenfalls in den Randzonen der Griffhöhe platziert werden, möglichst in Nähe zu den Füllern. Hier wird eine größere Regalfläche benötigt.

22: Sortimentsportfolio

Sorte:	DB	Umschlagshäufigkeit
Dicke Bohne	21.000	42
Brazilero	11.520	34,3
Colombiano	13.430	65,8
Kenia-Auslese	8.000	16
Muckefuck	10.710	69,5

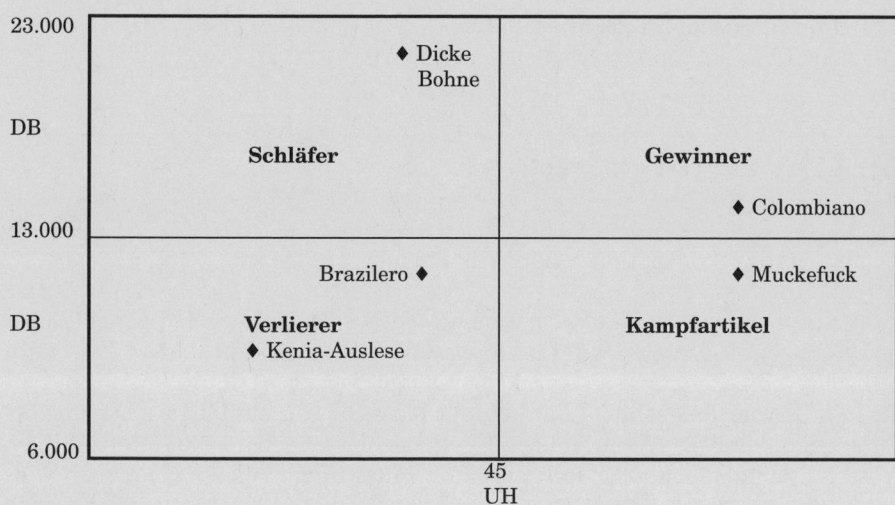

Strategien:

Schläfer – Dicke Bohne:
- Eventuell Kontaktfläche ausweiten
- Position im Regal verbessern
- Da der Preis bereits niedrig ist, kommt eine weitere Preissenkung nicht in Betracht
- Fehlverkäufe überprüfen
- Bewerben

Verlierer – Kenia-Auslese:
- Auslistung muss überprüft werden. Handelt es sich um ein hochwertiges Produkt, welches das Unternehmen aus Imagegründen und zur Sortimentsabrundung führen sollte, ist davon Abstand zu nehmen.
- Regalfläche reduzieren
- Preissenkung in Erwägung ziehen
- Lagerkosten senken durch geringere Bestellmengen

Brazilero:
- Einkaufspreis überprüfen
- Regalfläche reduzieren
- Lagerkosten senken

Gewinner – Colombiano:
- Regalfläche ausweiten
- Position verbessern
- Bewerben

Kampfartikel – Muckefuck:
- Kostensenkungspotenziale suchen
- Eventuell Regalfläche verringern

- Schlechtere Position im Regal
- Gegebenenfalls Promotionsfrequenz verringern

23: Dienstleistungen

Die Dienstleistungskonzeptionen könnten wie folgt aussehen:

1. Großes Möbelgeschäft: Da es sich um hochwertige Designermöbel handelt, dürfen die Serviceleistungen wie Lieferung oder Montage nicht fehlen. In diesem Fall sollten die Leistungen indirekt berechnet werden, d. h. im Preis inbegriffen sein. Ferner müssen alle Formen der bargeldlosen Zahlungsweise angeboten werden. Von Vorteil wären auch Finanzierungsangebote wie Ratenzahlung. Diese Leistungen sollten jedoch an einen Finanzdienstleister übergeben werden. Und selbstverständlich ist auf eine hohe Serviceorientierung während des Kaufprozesses zu achten wie intensive Beratung, Ruhezonen, eventuell kostenlose Getränke, eine Cafeteria etc.

2. Drogeriemarkt: Ein Drogeriemarkt verfolgt i. d. R. eine Discountstrategie. Daher sollten die Leistungen auf ein Minimum beschränkt bleiben, da jede Dienstleistung die Kosten erhöht. Angeboten werden sollten bargeldlose Zahlungsmöglichkeiten.

3. Elektronikgroßhandel: Ein Großhandel im Elektronikbereich wird hauptsächlich andere, kleine Unternehmen beliefern. Diese benötigen eine Vielzahl von Leistungen. Dazu gehören: intensive Beratung, Transport- und Aufbauleistungen, Einweisungs- und Schulungsleistungen. Besonders wichtig sind hier Wartungsleistungen, i. d. R. in Form eines langfristigen Wartungsvertrags. Ferner brauchen die Kunden eine Hotline bei EDV-Problemen sowie Datensicherungsleistungen. Diese Services können mit Ausnahme der Beratung direkt berechnet werden. Einige davon wie Lieferung sollten kostendeckend gestaltet werden, während Wartungsverträge gewinnbringend kalkuliert werden können. Gegebenenfalls sind die Services wie Schulung oder Aufbau an Subunternehmen zu vergeben.

24: Preiselastizität der Nachfrage

Preiselastizität e = relative Mengenänderung (in %) : relative Preisänderung (%)

a) Artikel 1: - 42,86 : + 20 = - 2,14
   Artikel 2: - 41,67 : + 25 = - 1,67
   Artikel 3: 0 : + 25 = 0,0

b) Bei Artikel 1 ist die Elastizität sehr hoch. Bei Preiserhöhungen ist daher große Vorsicht angebracht. Auch bei Artikel 2 reagiert die Menge stärker als der Preis. Bei Artikel 3 dagegen ist die Nachfrage starr, die Menge geht trotz Preiserhöhung nicht zurück.

c) Artikel 1: Hier handelt es sich um Artikel, die für die gewöhnliche Lebensführung nicht benötigt werden, z. B. Communicator.

Artikel 2: Dies sind Artikel, die zur gewöhnlichen Lebensführung benötigt werden, z. B. Ketchup oder Joghurt.

Artikel 3: Die Nachfrage reagiert gar nicht. Entweder es handelt sich um Folgeprodukte, z. B. Staubsaugertüten oder Zündkerzen. Es könnten aber auch Basisprodukte sein wie z. B. ein Sack Kartoffeln.

Allerdings gibt es in der Praxis fast immer Ausweichmöglichkeiten. Generell lässt sich die Nachfrage nur gesamtwirtschaftlich berechnen und nicht für den einzelnen Handelsbetrieb.

25: Preisbildung im Handel

a) Exhibition GmbH: Einstandspreise sind vorgegeben, da der Hersteller über ein Monopol verfügt. Es erfolgt eine progressive Kalkulation zum Verkaufspreis.

Supermarkt: Hier ist der Verkaufspreis vorgegeben, da auch die Mitbewerber diese Marken führen und die Konsumenten die Preise für die gängigsten Produkte kennen. Es erfolgt eine retrograde Kalkulation zum Einstandspreis.

Nachbarschaftsgeschäft: Ein kleines Unternehmen verfügt nicht über die Macht, über Einstandspreise zu verhandeln. Bei vielen Produkten sind auch die Verkaufspreise nicht in Frage zu stellen. Es erfolgt eine Differenzkalkulation. Verluste bei einigen Artikeln sind durch hohe Handelsspannen bei anderen zu kompensieren.

b)

Kalkulationsschema		
Exhibition GmbH	**Supermarkt**	**Nachbarschaftsgeschäft**
Einstandspreis + Gemeinkostenaufschlag = Selbstkosten + Gewinnaufschlag + MwSt. = Plan-Verkaufspreis	(Markt-) Verkaufspreis - MwSt. - Gewinnabschlag = Selbstkosten - Gemeinkostenabschlag = Plan-Einkaufspreis	(Markt-)Verkaufspreis - MwSt. - Gemeinkostenabschlag - Einstandspreis = Gewinn oder Verlust

26: Kompensationskalkulation

a) Berechnung von Abschlag- und Aufschlagspanne:

Betriebskosten eines Handelsunternehmens: 415.000 €
Plangewinn: 100.000 €
Umsatz: 2.000.000 €

Abschlagspanne =   (Betriebskosten + Plangewinn) : Umsatz
                     (415.000 + 100.000) : 2.000.000   =   25,75 %

Aufschlagspanne =   (100 · r) : (100 - r)
                     (100 · 25,75) : (100 - 25,75)   =   34,68 %

b) Ermittlung von Aufschlag- und Abschlagspannen für die einzelnen Warengruppen:

Warengruppen	Aufschlag-spanne	Abschlag-spanne
Hifi	35,72	26,32
Felgen	44,65	30,87
Lacke	32,47	24,51
Werkzeug	39,68	28,41
Tuning	29,77	22,94

Bestimmung von gewogener Umschlagshäufigkeit und Bruttonutzen für das Gesamtsortiment:

Gewogene Umschlagshäufigkeit   = 10,3
Bruttonutzen   = 357,21

c) Bestimmung der Aufschlagspanne für die Ausgleichsgeber:

In der Warengruppe **Lacke** beträgt der Umsatz 700.000 €. 10 % der Artikel zählen zu den Zugartikeln, d. h. der auf diese Artikel bezogene Umsatz beträgt 70.000 €. Es sind 15 % Preissenkung geplant (70.000 - 15 %), d. h. der zu erwartende Umsatz beträgt 59.500 €. Ebenso wird der Wareneinsatz auf die 10 % Zugartikel in der Warengruppe bezogen.

Ermittlung der Aufschlagspanne für die Zugartikel:

Umsatz neu für Zugartikel der Warengruppe Lacke: 59.500,00 €
Wareneinsatz für Zugartikel der Warengruppe Lacke: 52.840,87 €
Handelsspanne für Zugartikel der Warengruppe Lacke: 11,19 %
Aufschlagspanne für Zugartikel der Warengruppe Lacke: 12,60 %
Bruttonutzen für Zugartikel der Warengruppen Lacke: 163,83
(Aufschlagspanne · Umschlag neu)

Bruttonutzen für Ausgleichsgeber: 378,69

(Ø BN · 100 – (BN Zugartikel · Anteil an der Warengruppe)) : Anteil der Ausgleichsgeber an der Warengruppe

Aufschlagspanne für die Ausgleichsgeber   34,43

27: Sonderangebotswirkungen

Es lässt sich nur eine Schätzung vornehmen. Die tatsächlichen Wirkungen sind
nicht bekannt. Eine Möglichkeit wäre die folgende:

	Primär-effekt	Frequenz-effekt	Spill Over-Effekt	Substitu-tionseffekt	Verbund-effekt	Carry Over-Effekt
Marken-waschmittel	+	+	0	-	0	-
Marken-kaffee	+	++	0	-	0	--
Sonder-posten mit Topfblumen	+	+	+	0	0/+	0
Grillfleisch im Sommer	+	+	+	0/-	++	0
Eiscreme	+	+	+	0/-	0	0

28: Organisatorische Voraussetzungen der Werbung

Um der Kommunikation einen angemessenen Platz in der Unternehmung zu beschaffen, sollten Sie zunächst die folgenden Fragen klären und darauf aufbauend
Maßnahmen einleiten:

- Welche Instrumente der Kommunikationspolitik sollen eingesetzt werden?
  (Werbung, PR, Verkaufsförderung, Sponsoring)

- Klärung der Zuständigkeitsbereiche für die Kommunikation (einzelne Aufgaben und Koordination)

- Forderung der Festlegung eines Werbeetats, Vorkalkulation der Kosten (Gestaltung und Streuung)

- Entwicklung eines Organigramms

- Entwicklung einer Langfriststrategie
- Festlegung der Kommunikationsziele und Kontrollverfahren
- Aufbau eines Werbeinformations-Systems durch Sammlung von Informationen, Aufzeichnungen über durchgeführte Aktionen, Beobachtung der Konkurrenz
- Vereinheitlichung aller nach außen gerichteten Kommunikationsmaßnahmen.

29: Intramedien-Vergleich

Zeitschrift	quant. RW (verbr. Aufl. · LpE)	qual. RW (quant. RW · Anteil ZG-Leser)	unqual. TSD-Preis (Preis · 1.000 : verbr. Aufl.)	Preis pro 1.000 Ziel-gruppen-Leser (Preis · 1.000 : qual. RW)
Nur Du	2.100.000	525.000	85,0	161,9
Birgitta	3.840.000	1.728.000	112,5	78,1
Amiga	550.000	181.500	116,0	159,8
Saskia	600.000	168.000	146,7	130,9
Alexandra	1.248.000	748.800	135,4	86,8
Globetrotterin	690.000	552.000	166,7	45,3

a) quantitative Reichweite: verbr. Auflage · LpE-Wert

b) qualitative Reichweite: quantitative Reichweite · Anteil der Zielgruppen-Leser

c) unqualifizierter Tausenderpreis: Preis der Anzeige · 1.000 : verbr. Auflage

d) Preis bezogen auf je 1.000 Zielgruppen-Leser: Preis der Anzeige · 1.000 : qualitative Reichweite.

e) Welche der Zeitschriften würden Sie belegen, um mindestens 75 % der Zielgruppe zu erreichen?

Entscheidend ist der Preis, den man für je 1.000 Leser der Zielgruppe zahlt. Jetzt werden die Zeitschriften mit den niedrigsten Preisen ausgewählt, bis 3 Millionen (75 % von 4 Mio.) erreicht werden.

	Zeitschrift	**Preis pro 1.000 ZGL**	**qual. RW**
1.	Globetrotterin	45,3	552.000
2.	Birgitta	78,1	1.728.000
3.	Alexandra	86,8	748.800
Gesamt:			3.028.800

Knapp über drei Millionen Personen der Zielgruppe werden mit diesen drei Medien erreicht. Jetzt sollte allerdings beachtet werden, dass externe Überschneidungen auftreten. Eine Reihe von Personen der Zielgruppe liest mehrere Zeitschriften! Diese wurden hier nicht berücksichtigt.

30: Messung des Werbeerfolgs mittels Bu-BaW-Verfahren

a) Ermittlung des ökonomischen Erfolgs der Werbeaktion:

zusätzlicher Umsatz durch Werbung:	299.000 €
Gewinn vor Werbekosten:	49.000 €
zusätzliche Kosten durch Werbung:	40.000 €
ökonomischer Werbeerfolg:	**9.000 €**

b) Wie viele Bestellungen müssen erfolgen, damit die durch die Werbung verursachten Kosten ausgeglichen werden?
Mindestzahl der Bestellungen: 40.000 : 49 = 816,3
Es müssen somit 817 Bestellungen erfolgen.

31: Messung des Werbeerfolgs durch Gebietsverkaufstest

Umsätze in Gebiet A vor Werbeaktion:	2.500.000 €
Umsatze in Gebiet B vor Werbeaktion:	2.000.000 €
Umsätze in Gebiet A mit Werbeaktion:	2.900.000 €
Umsätze in Gebiet B ohne Werbeaktion:	2.100.000 €
Kosten der Werbeaktion:	100.000 €

Gebiet	Umsatz vor Aktion (in €)	Umsatz nach Aktion (in €)	Veränderung in %
Gebiet A	2.500.000	2.900.000	+ 16 %
Gebiet B	2.000.000	2.100.000	+ 5 %
Differenz			+ 11 %

Lediglich 11 % der Umsatzsteigerung in Gebiet A ist auf den Werbeerfolg zurückzuführen.

Werbeinduzierte Umsatzsteigerung in Gebiet A	275.000 €
davon 34 % (Handelsspanne 42 % - Handlungskosten 8 %) =	93.500 €
minus Kosten der Werbeaktion	100.000 €
Erfolg der Werbeaktion:	**- 6 500 €**

Der direkte Erfolg der Werbeaktion ist in diesem Fall negativ.

32: Erlebnisbetonte Ladengestaltung

Erlebnisbetonte Ladengestaltung für House-Fashion:

- Sortiment: Hinkunftsgerichtete Platzierung geordnet nach Farben und Kombinationsmöglichkeiten. Accessoires farblich passend daneben platzieren. Relativ schneller Kollektionswechsel, damit Kundinnen häufiger kommen. Knappheit suggerieren durch geringe Mengen des gleichen Artikels. Vorn im Laden Impulsartikel wie T-Shirts platzieren.

- Fassade und Schaufenster: Hochwertige Fassadengestaltung. Regelmäßige Schaufensterdekoration, passend zum angestrebten Image.

- Ladenlayout großzügig gestalten, Fokuspunkte mit Dekoration setzen. Wegführung durch den Laden beachten, Stopper in Form von Frontalpräsentationen einsetzen. Rückwand ansprechend gestalten (evtl. Bilddekoration).

- Farb- und Lichtgestaltung beachten. Neutrale Grundfarben, auf denen die Ware gut wirken kann. Warmes Licht, Einsatz von Fokus-Lichtpunkten. Neben der Grundbeleuchtung evtl. indirekte Beleuchtung wählen. Auch in den Umkleidekabinen auf warmes Licht und „schlank machende" Spiegel achten!

- Akustische Reize: Einsatz von Musik (nicht zu laut!). Musikrichtung der Zielgruppe anpassen.

- Olfaktorische Reize: Gegebenenfalls dezente Beduftung (Parfum, Blumen).

33: Interaktionsbereitschaft

1) Es gilt die Formel von *Reilly*:

$$\frac{I_{1i}}{I_{2i}} = \frac{B_1}{B_2} \cdot \left(\frac{d_{2i}}{d_{1i}}\right)^2 = \frac{U_1}{U_2}$$

mit:

B_1 = Bevölkerung von Sieg (200.000)
B_2 = Bevölkerung von Burg (245.000)
d_{1i} = Entfernung Sieg-Winz (35 km)
d_{2i} = Entfernung Burg-Winz (50 km)

Einsetzen ergibt:

$$\frac{U_1}{U_2} = \frac{200}{245} \cdot \left(\frac{50}{35}\right)^2 = \frac{500.000}{300.125}$$

Dieser Wert lässt sich wie folgt interpretieren: Von den möglichen Umsatzab-
flüssen aus der Stadt Winz fließen 5/8 nach Sieg und 3/8 nach Burg. Mit anderen Worten: der Umsatz zwischen Sieg und Burg teilt sich 5 zu 3.

2) Es gilt folgende Formel:

$$d_{1i} = d_{12} \frac{1}{1 + \sqrt{\dfrac{B_2}{B_1}}}$$

mit:

d_{12} = Strecke Sieg-Burg (85 km)
B_1 = Bevölkerung von Sieg (200.000)
B_2 = Bevölkerung von Burg (245.000)

$$40,35 = 85 \cdot \frac{1}{1 + \sqrt{\dfrac{245}{200}}}$$

D. h. die Marktgrenze liegt bei 40,35 km auf dem Weg von Sieg nach Burg. An
dieser Stelle sind die Umsatzabflüsse gleich hoch.

34: Standortplanung für einen Sportfach-markt

Die Kaufkraft aus Z beträgt   6,510 Mio. Euro
Die Kaufkraft aus der Umgebung   3,334 Mio. Euro

Insgesamt kann die potenzielle Nachfrage nach Sportartikeln auf 9,844 Mio. Euro
geschätzt werden. Damit ist das Ziel, mindestens 10 Millionen Umsatz machen zu
können, knapp verfehlt.

Orte	Einwohnerzahl (in Tausend)	Spezifische Kaufkraft	Kaufkraft-Verteilung	Potenzieller Kaufkraftab-fluss nach Z
K	7	651	5,25	546,48
L	10	930	1,04	473,45
M	7	651	1,82	420,39
N	10	930	1,91	609,92
O	15	1.395	0,16	187,79
P	12	1.116	56,00	1.096,42
Gesamt:				3.334,42

35: Koeffizient von *Reilly*

Es gilt folgende Formel:

$$Z_A = \frac{Z_{AB}}{1 + \sqrt{\dfrac{V_B}{V_A}}}$$

Verkaufsfläche A	1.000 qm	2.000 qm	3. 000 qm	4.000 qm
Verkaufsfläche B (in qm) Fahrzeit in Minuten	500 120	500 120	500 120	500 120
Marktgrenze von A nach B (in Minuten)	70,29	80,00	85,21	88,66

Selbst bei einer Verdoppelung von 2.000 auf 4.000 qm nimmt die Fahrzeit, die die Kunden in Kauf nehmen, nur unwesentlich zu.

36: Parkstandsmodell

Es gilt folgende Formel:

$$S_p = \frac{A_p \cdot U_p}{k_p \cdot DU_p}$$

mit

$$k_p = H_p \cdot PD_p$$

a) Berechnung des Umsatzes U_p
   $U_p = (350 \cdot 75,00\ € + 300 \cdot 55,00\ € + 350 \cdot 58,00\ €) = 63.050\ €$

b) Umsatz der Autokunden $AU_p = 42.750\ €$
   damit ist $A_p = 0,68\ \%$

c) Berechnung des Durchschnittsumsatzes je Kfz (DU_p)
   $DU_p = (350 \cdot 75,00\ € + 300 \cdot 55,00\ €) : 650 = 65,80\ €/Kfz$

d) Berechnung der durchschnittlichen Parkplatzbelegung (PD_p)
   $PD_p = (300 \cdot 0,58\ Std. + 350 \cdot 0,75\ Std.) : 650 = 0,67\ Std./Kfz$

e) Berechnung der Kfz-Umschlagskennzahl (k_p)
   $k_p = 11,5\ Std. : 0,67\ Std. = 17,16$

f) Berechnung der Kfz-Stellplätze (S_p)

$S_p = (0,68 \cdot 63.050 \ \text{€}) : (17,16 \cdot 65,80 \ \text{€/Kfz}) = 37,97$ Kfz

Es sind also 38 Kfz-Stellplätze zu bauen.

37: Existenzgründung im Einzelhandel

Lösung a)

Geschäftsjahr	Umsatz - Prozent	Umsatz 1b-L. (100 %)	Umsatz 2a-L. (85 %)
1	60	450.000,00 €	382.500,00 €
2	80	600.000,00 €	510.000,00 €
3	100	750.000,00 €	637.500,00 €
4	100	750.000,00 €	637.500,00 €
5	100	750.000,00 €	637.500,00 €

Lösung b)

Investitionskosten/Eröffnungskosten:

Investitionskostenart	1b-Lage	2a-Lage
Ladenbau/Ausstattung	120.000,00 €	100.000,00 €
Kfz	30.000,00 €	30.000,00 €
Miete während Ausbau	26.400,00 €	13.200,00 €
Eröffnungswerbung	5.000,00 €	5.000,00 €
Makler	26.400,00 €	13.200,00 €
Kaution	26.400,00 €	13.200,00 €
Sonstige Kosten	10.000,00 €	10.000,00 €
Summe	244.200,00 €	184.600,00 €

Kostenart lfd. (bei 100 % Umsatz)	1b-Lage	2a-Lage
Wareneinsatz	300.000,00 €	290.000,00 €
Personal	48.000,00 €	48.000,00 €
Miete	158.400,00 €	79.200,00 €
Bürokosten	5.600,00 €	4.600,00 €
Reinigung	1.200,00 €	1.100,00 €
Gewerbesteuer	24.000,00 €	24.000,00 €
Werbung	0,00 €	6.000,00 €
Kfz-Kosten (ohne Afa)	2.000,00 €	2.000,00 €
Sonstiges	2.000,00 €	2.000,00 €
Summe	541.200,00 €	456.900,00 €

Die Abschreibung für Ladenbau und Kfz sollen hier vernachlässigt werden, da für das folgende Investitionsrechenverfahren nur Auszahlungen relevant sind. In den ersten beiden Jahren müssen die Kosten für den Wareneinsatz niedriger angesetzt werden, da der volle Umsatz noch nicht erreicht wird.

Es gilt folgende Formel: $K = \sum_{t=0}^{n} (E_t - A_t) \cdot (1 + i)^{-t}$

	0	1	2	3	4	5	Kapitalwert
1b-Lage							
Einzahl..	0,0	450,0	600,0	750,0	750,0	750,0	
Auszahl.	244,2	241,2	241,2	241,2	241,2	241,2	
Auszahl. Ware	0,0	180,0	240,0	300,0	300,0	300,0	
E-A	-244,2	28,8	118,8	208,8	208,8	208,8	
Diskont	-244,2	25,92	98,6	156,6	141,98	129,46	**308,36**
2a-Lage							
Einzahl.	0,0	382,5	510,0	637,5	637,5	637,5	
Auszahl.	184,6	166,9	166,9	166,9	166,9	166,9	
Auszahl. Ware	0,0	174,0	232,0	290,0	290,0	290,0	
E-A	-184,6	41,6	111,1	180,6	180,6	180,6	
Diskont	-184,6	37,44	92,21	135,45	122,80	111,97	**315,27**

Lösung c) Scoring-Modell

Objekt: __-Lage					
Faktor/Teilfaktor	Gewicht	Teilge-wicht	Bewertung (0-100)	Punkte Teilfaktor	Gesamt-punkte
Konkurrenz					
- Quantität					
- Qualität					
Lage					
- Parkmöglichkeiten					
- Frequenz					
- Agglomeration					
- Anbindung ÖPNV					
Ladenlokal					
- Verkaufsfläche					
- Schaufensterstrecke					
- Miete					
Summe					

Eine Musterlösung erscheint in diesem Falle nicht sinnvoll, da Scoring-Modelle grundsätzlich subjektiv sind. Vervollständigen Sie diese Tabelle und listen Sie die Vor- und Nachteile dieses Verfahrens auf!

38: Filialnetzplanung

Faktor	Gewich-tungen	F1	F2	F3	F4	F5	F6	F7	F8
Faktor 1	4	+ 34	- 28	- 17	+ 20	+ 7	+ 2	- 10	- 0,4
Faktor 2	2	+ 4	- 3	- 9	0	+ 2	+ 5	- 4	+ 15
Faktor 3	1	+ 7	- 1	- 8	+ 3	+ 2	-	- 6	+ 7
Faktor 4	2	+ 5	- 4	- 2	+ 7	+ 1	0	- 2	- 1
Faktor 5	1	+ 5	- 0,4	- 1	+ 8	+ 2	+ 0,3	- 1	- 0,4
Gesamt		+ 166	- 123,4	- 99	+ 105	+ 38	+ 18,3	- 59	+ 33
Filialtyp		B	A	B	A	A	A	A	B
Gesamt		+ 166	- 370,2	- 99	+ 315	+ 114	+ 54,9	- 177	+ 33
Priorität			1.	3.				2.	

Faktor 1 gibt das Verhältnis der Verkaufsflächenproduktivität im Vergleich zur Mindest-Verkaufsflächenproduktivität wieder (in Prozent der Mindest-Verkaufsflächenproduktivität).

Faktor 2 zeigt die Veränderung der Verkaufsflächenproduktivität von t-1 zu t an (in Prozent der Verkaufsflächenproduktivität in t-1).

Faktor 3 zeigt die Veränderung der Verkaufsflächenproduktivität von t-2 zu t-1 an (in Prozent der Verkaufsflächenproduktivität in t-2).

Faktor 4 wird bestimmt durch die Abweichung des DB II (Istwert) zum Mindestwert in Periode t.

Faktor 5 wird bestimmt durch die Abweichung des DB II (Istwert) zum Mindestwert in Periode t-1 (Vorperiode).

Auf die Revitalisierung der Filialen 2, 7 und 3 ist höchste Priorität zu legen.

Stichwortverzeichnis

Stichwortverzeichnis

Eines der auflagenstärksten Marketingbücher!

Marketing
Kompendium der praktischen Betriebswirtschaft

Von Professor Dr. Hans Christian Weis.
15. überarbeitete und aktualisierte Auflage. 2009. 618 Seiten. € 26,-.
ISBN 978-3-470-51275-4.

NEU!

Dem Marketing kommt in Zeiten des härteren Wettbewerbs eine unverzichtbare Funktion als Steuerungsinstrument im Unternehmen zu. Die Entwicklung zeigt, welche Dynamik und Möglichkeiten das Marketing besitzt, welche Grenzen ihm aber auch gesetzt sind.

Die Kenntnis des Marktes steht am Anfang des Marketingprozesses. Daher beschreibt dieses Buch ausführlich die Methoden der Informationserhebung. Aus den vorliegenden Informationen und der Zielsetzung des Unternehmens leitet sich der Einsatz der verschiedenen marketingpolitischen Instrumente ab. Breiten Raum nehmen die Marktinformationsbeschaffung, die Produkt-, Kontrahierungs-, Distributions- und Kommunikationspolitik sowie die Marketingplanung ein.

Mit Foliensatz zum Download für Dozenten!

Gemäß der Konzeption der Reihe enthält der Band zur Vertiefung des Wissens 550 Kontrollfragen mit Lösungshinweisen. 50 Übungsaufgaben mit Lösungen in einem separaten Übungsteil dienen der strukturierten Wiederholung und Aufbereitung des Stoffes.

Leseproben finden Sie im Internet!

kiehl
Kiehl Verlag · 67021 Ludwigshafen · www.kiehl.de

Bestellen Sie bitte per Telefon: [06 21] 635 02-0, per Fax: [06 21] 635 02-22, per E-Mail: bestellung@kiehl.de oder bei Ihrer Buchhandlung!

Preise inkl. MwSt. Buchbestellungen über den Verlag: bis zu einem Warenwert von € 30,- pauschal € 2,- Versandkosten, darüber hinaus € 4,50. Bestellungen über Internet: alle Lieferungen ab einem Warenwert von € 20,- versandkostenfrei.

MODERNES MARKETING FÜR STUDIUM UND PRAXIS
Herausgeber Hans Christian Weis

Verkaufsmanagement
von Prof. Dr. Hans Christian Weis

Verkaufsgesprächsführung
von Prof. Dr. Hans Christian Weis

Marktforschung
von Prof. Dr. Hans Christian Weis
und Prof. Dr. Peter Steinmetz

Internationales Marketing
von Prof. Dr. Jürgen Bruns

Direktmarketing
von Prof. Dr. Jürgen Bruns

Business-to-Business-Marketing
von Prof. Dr. Peter Godefroid
und Prof. Dr. Waldemar Pförtsch

Marketing-Kommunikation
von Prof. Dr. Harald Vergossen

Marketing-Controlling
von Prof. Dr. Harald Ehrmann

Werbung
von Prof. Dr. Hans-Jürgen Rogge

Produktpolitik
von Prof. Dr. Klaus Hüttel

Dienstleistungsmarketing
von Prof. Dr. Ingo Bieberstein

Handels-Marketing
von Prof. Dr. Sabine Haller

Ausführliche Informationen zu den Titeln der Buchreihe Modernes Marketing für Studium und Praxis finden Sie unter **www.kiehl.de**

kiehl

Kiehl Verlag · 67021 Ludwigshafen · www.kiehl.de

**Bestellen Sie bitte per Telefon: [06 21] 635 02-0, per Fax: [06 21] 635 02-22,
per E-Mail: bestellung@kiehl.de oder in Ihrer Buchhandlung!**